AF573242

Cash Management mit SAP S/4HANA®

SAP PRESS ist eine gemeinschaftliche Initiative von SAP SE und der Rheinwerk Verlag GmbH. Unser Ziel ist es, Ihnen als Anwendern qualifiziertes SAP-Wissen zur Verfügung zu stellen. SAP PRESS vereint das Know-how der SAP und die verlegerische Kompetenz von Rheinwerk. Die Bücher bieten Ihnen Expertenwissen zu technischen wie auch zu betriebswirtschaftlichen SAP-Themen.

Damit Sie nach weiteren Titeln Ihres Interessengebiets nicht lange suchen müssen, haben wir eine kleine Auswahl zusammengestellt.

Holger Handel
Unternehmensplanung mit SAP Analytics Cloud
470 Seiten, 2021, gebunden
ISBN 978-3-8362-7944-4
www.sap-press.de/5308

Patrik Monz, Cynthia Glodeanu-Kerkhoff, Jan Gräter, Fabian Zollikofer
Konzernabschluss mit SAP S/4HANA for Group Reporting
581 Seiten, 2021, gebunden
ISBN 978-3-8362-6887-5
www.sap-press.de/4850

Andrea Hölzlwimmer
Integrierte Werteflüsse mit SAP S/4HANA
620 Seiten, 2021, gebunden
ISBN 978-3-8362-7505-7
www.sap-press.de/5062

Thomas Kunze, Daniela Reinelt, Kathrin Schmalzing
SAP S/4HANA Finance – Customizing
1053 Seiten, 2., aktualisierte und erweiterte Auflage 2020, gebunden
ISBN 978-3-8362-7459-3
www.sap-press.de/5048

Martin Peto

Cash Management mit SAP S/4HANA®

Liebe Leserin, lieber Leser,

offenen Zahlungsverpflichtungen nachkommen zu können, ist für jedes Unternehmen das A und O: Nicht nur in wirtschaftlich stürmischen Zeiten ist die Liquidität entscheidend für jedes Unternehmen. Um den reibungslosen Fluss der Geldströme sicherzustellen, müssen Einnahmen und Ausgaben effektiv geplant und gesteuert werden.

Nicht erst seit SAP S/4HANA verfügt das SAP-System über Funktionen für das Cash Management. Die Möglichkeiten, Transparenz zu schaffen und vorausschauend zu planen haben sich jedoch durch neue Funktionen erheblich erweitert.

Martin Peto und sein Team führen Sie in diesem Buch durch die Funktionen von SAP S/4HANA sowie SAP Analytics Cloud, die Sie für das Cash Management nutzen können. Sie profitieren auf den folgenden 600 Seiten von der fachlichen Expertise und der jahrelangen Projekterfahrung des Autorenteams. Mit diesem Buch haben Sie die Finanzsituation Ihres Unternehmens jederzeit im Griff!

Wir freuen uns stets über Lob, aber auch über kritische Anmerkungen, die uns helfen, unsere Bücher zu verbessern. Scheuen Sie sich nicht, sich bei mir zu melden. Ihr Feedback ist jederzeit willkommen.

Ihr Eva Tripp
Lektorat SAP PRESS

eva.tripp@rheinwerk-verlag.de
www.rheinwerk-verlag.de
Rheinwerk Verlag · Rheinwerkallee 4 · 53227 Bonn

Auf einen Blick

Wir hoffen, dass Sie Freude an diesem Buch haben und sich Ihre Erwartungen erfüllen. Ihre Anregungen und Kommentare sind uns jederzeit willkommen. Bitte bewerten Sie doch das Buch auf unserer Website unter **www.rheinwerk-verlag.de/feedback**.

An diesem Buch haben viele mitgewirkt, insbesondere:

Lektorat Eva Tripp
Korrektorat Monika Klarl, Köln
Herstellung Nadine Preyl
Typografie und Layout Vera Brauner
Einbandgestaltung Silke Braun
Coverbild iStock: 959888630 © Krishnadev Chattopadhyay
Satz Typographie & Computer, Krefeld
Druck Beltz Grafische Betriebe, Bad Langensalza

Dieses Buch wurde gesetzt aus der TheAntiquaB (9,35/13,7 pt) in FrameMaker. Gedruckt wurde es auf chlorfrei gebleichtem Offsetpapier (90 g/m²). Hergestellt in Deutschland.

Bibliografische Information der Deutschen Nationalbibliothek:
Die Deutsche Nationalbibliothek verzeichnet diese Publikation in der Deutschen Nationalbibliografie; detaillierte bibliografische Daten sind im Internet über *http://dnb.dnb.de* abrufbar.

ISBN 978-3-8362-7509-5

1. Auflage 2021

Informationen zu unserem Verlag und Kontaktmöglichkeiten finden Sie auf unserer Verlagswebsite **www.rheinwerk-verlag.de**. Dort können Sie sich auch umfassend über unser aktuelles Programm informieren und unsere Bücher und E-Books bestellen.

Inhalt

Vorwort

Die strategische Bedeutung des Cash Managements in Unternehmen ist unbestreitbar. In der heutigen dynamischen Welt ist es eine Herausforderung und zwingende Notwendigkeit, dass Unternehmen die richtige Softwarelösung etablieren – für das Management der Zahlungsströme, der Bankbeziehungen und der Liquiditätsplanung. Immer mehr Unternehmen streben nach einer integrierten Datenbasis für einen vollständigen Liquiditätsstatus in Echtzeit und die gesellschafts- und länderübergreifende Konsolidierung ihrer Bankkontenverwaltung. Dies dient als Grundlage für fundierte Management- und Dispositionsentscheidungen.

Martin Peto habe ich vor ca. 5 Jahren kennengelernt, als er uns dabei unterstützt hat, das Liquiditätsmanagement bei Zalando aufzubauen. Er hat sehr viel Leidenschaft und Enthusiasmus in unser Projektteam eingebracht. Seine Expertise hat wesentlich zum Projekterfolg und der stabilen SAP-Lösung beigetragen, die für mehrere Jahre das Treasury unterstützt hat, bis wir unser System auf SAP S/4HANA migriert haben.

Als Online-Plattform für Mode und Lifestyle ist Zalando in 17 europäischen Ländern aktiv. Unsere Unternehmensentwicklung ist dynamisch und erfordert ein anpassungsfähiges ERP-System zur Abbildung der Unternehmensprozesse. Besondere Herausforderungen und Risiken für das Cash Management ergeben sich aus unserer Plattformstrategie zur Digitalisierung der Modebranche.

Ich bin begeistert von diesem Buch, da es eine hervorragende Orientierungshilfe und Unterstützung liefert, nicht nur für Personen aus den Fachabteilungen, sondern auch für die technischen Teams und das Management. Außerdem liefert es wertvolle Einblicke, wie man die täglichen Herausforderungen in Cash-Management- und Treasury-Teams mit SAP S/4HANA lösen kann.

Tinatin Biganashvili
Team Lead SAP Treasury at Zalando SE

Einleitung

Der Unternehmensbereich Cash Management hat die Aufgabe, den Geldkreislauf eines Unternehmens zu managen, für alle Gesellschaften die Liquidität ergebnisoptimiert bereitzustellen und transparent darüber zu berichten. Hierzu ist in der zunehmend regulierten, vernetzten, und digitalisierten Welt die Integration einer modernen IT-gestützten Lösung in die cashrelevanten Unternehmensprozesse unerlässlich.

SAP hat mit SAP S/4HANA eine grundlegend überarbeitete Version der Cash-Management-Applikation vorgestellt, die im Laufe der vergangenen Jahre um neue Funktionen und Konzepte ergänzt und überarbeitet wurde.

Dieses Buch gibt Ihnen einen aktuellen und ganzheitlichen Überblick über die Potenziale, Funktionen und Konzepte, die die SAP-Software für das Cash Management Ihres Unternehmens bietet. Unser Anspruch ist es, neben einer detaillierten Beschreibung der Softwarebedienung auch die zugrunde liegenden Konzepte und betriebswirtschaftlichen Rahmenbedingungen zu erläutern. Wir möchten darüber hinaus aufzeigen, welche Voraussetzungen geschaffen sein müssen, um individuell für Ihr Unternehmen eine qualitativ hochwertige Lösung aufzubauen. In diesem Kontext beleuchten wir auch die Integrationsaspekte mit anderen Unternehmensprozessen. Schließlich möchten wir vermitteln, wie das SAP Cash Management technisch im Detail arbeitet, wie Sie es an Ihre Bedürfnisse anpassen (customizen) können und wie Sie von einem SAP-ERP-System nach SAP S/4HANA migrieren können.

Für wen eignet sich dieses Buch?

Dieses Buch wendet sich an alle, die die Cash-Management-Applikation in SAP S/4HANA evaluieren, nutzen, konzipieren, einrichten, administrieren oder migrieren möchten. Es richtet sich an die Fachabteilungen *Treasury* und *Finanzwesen*, die in die Prozesse des Cash Managements eingebunden sind. Für die IT-Abteilungen, externe und interne Beratungen sowie Key-User enthält das Buch zusätzliche Informationen zur Einrichtung und zum Betrieb des Systems.

Das Buch enthält außerdem Abschnitte, die die Konzepte und Prozesse erläutern und wendet sich damit auch an die verantwortlichen Führungskräfte dieser Abteilungen. Hier erhalten sie Entscheidungshilfen für die Fragen, ob und wie Sie die verschiedenen Softwarekomponenten im Unternehmen einsetzen möchten und welche prozessualen Voraussetzungen dafür notwendig sind.

Für wen eignet sich welches Kapitel?

Da sich die Interessen der verschiedenen Lesergruppen unterscheiden, geben wir an dieser Stelle einen kurzen Überblick darüber, welches Kapitel sich an welche Zielgruppe richtet. Kapitel 1 richtet sich an alle, die mehr über SAP S/4HANA und SAP Fiori erfahren möchten. Kapitel 2 richtet sich an diejenigen, die einen Überblick über die Prozesse erhalten möchten, die von SAP Cash Management und weiteren Komponenten im Treasury und Finanzbereich unterstützt werden. Kapitel 3 bis Kapitel 8 beschreiben detailliert, welche Prozesse im Cash Management unterstützt werden, wie Sie die Anwendungen bedienen und welche Voraussetzungen für eine hohe Datenqualität notwendig sind. In diesen Kapiteln wird das Cash Management eher aus Anwendungssicht beschrieben, verzichtet weitestgehend auf technische Details und richtet sich damit an alle Lesergruppen. Kapitel 9 bis Kapitel 11 erlauben es Ihnen, ein tieferes Verständnis des SAP Cash Managements zu entwickeln und eignen sich damit für Personen mit primär technischem Interesse.

Die Inhalte der nachfolgenden Kapitel sind wie folgt:

SAP S/4HANA und SAP Fiori

In **Kapitel 1**, »SAP S/4HANA im Überblick«, erfahren Sie, was die Software SAP S/4HANA kennzeichnet und in welchen Varianten Sie diese Softwarelösung betreiben können. Im Detail beschreibt das Kapitel die Benutzeroberfläche SAP Fiori. Die hier gezeigten Bedienkonzepte helfen Ihnen in den folgenden Kapiteln, die Anwendungsschritte nachzuvollziehen.

SAP-Lösungen für das Cash Management

Einen Überblick über SAP-Lösungen, die Sie bei der Digitalisierung und Automatisierung der Cash-Management-Prozesse unterstützen, erhalten Sie in **Kapitel 2**, »SAP-Lösungen für das Cash Management«. Wir stellen hier das SAP Cash Management für die Bankkontenverwaltung, Funktionen und Berichte für Cash-Vorgänge sowie die Liquiditätsplanung im Überblick vor und erläutern die verschiedenen Lizenzierungsoptionen dieser Applikation.

Zusätzlich lernen Sie, welche weiteren Applikationen Ihnen bei der Abbildung von Zahlungs- und Freigabeprozessen und bei der Bankenkommunikation helfen können. Weitere vorgestellte Lösungen umfassen das Einrichten einer In-House-Bank und einer Payment Factory sowie die Unterstützung von Prozessen im Treasury. Der Inhalt ist relevant für alle, die verstehen möchten, welche Komponenten SAP für die unterschiedlichen

Prozesse anbietet und wie eine integrierte Lösungsarchitektur ausgeprägt werden kann.

Das Cash Management in SAP S/4HANA wird im Detail in Kapitel 3 bis Kapitel 7 dargestellt. Zu Beginn jedes Kapitels werden die besonderen Herausforderungen und Lösungsansätze der SAP-Software als Grundlage für die detaillierten Anwendungsbeschreibungen aufgezeigt.

Übergreifende Konzepte im Cash Management

Einen Überblick über Funktionen, Konzepte und Begriffe, die für alle Komponenten im Cash Management gelten, gibt **Kapitel 3**, »Grundlegende Konzepte im Cash Management in SAP S/4HANA«. Hier lesen Sie, wie die cashrelevanten Informationen im SAP-System nach SAP Cash Management überführt werden und wie Sie verschiedene interne und externe Datenquellen einbinden können. Sie erfahren außerdem, mit welchen Merkmalen Sie Ihr Berichtswesen strukturieren können.

Liquiditätsstatus

Detailliert beschreibt **Kapitel 4**, »Liquiditätsstatus ermitteln«, wie Sie einen Überblick über Ihre Geldbestände und Informationen zu historischen Cashflows erhalten. Dabei erfahren Sie, wie Sie mit dem elektronischen Kontoauszug eine effiziente und automatisierte Lösung schaffen, um eine zuverlässige und vollständige Basis für einen aktuellen Liquiditätsstatus zu erhalten.

Liquiditätsvorschau

Wie Sie eine Liquiditätsvorschau erstellen, lesen Sie in **Kapitel 5**, »Kurzfristige Liquiditätsvorschau erzeugen«. Wir zeigen zusätzlich, welche Voraussetzungen in den Prozessen für eine qualitativ hochwertige Prognose geschaffen werden sollten. Sie lernen einzuschätzen, welche Faktoren die Sichtweite und Qualität Ihrer Liquiditätsvorschau beeinflussen.

Liquiditätsdisposition

Kapitel 6, »Kurzfristige Liquidität steuern und disponieren«, beschreibt, wie Sie den Zahlungsprozess steuern und absichern können und welche automatisierten Verfahren zur Disposition Ihrer liquiden Mittel verfügbar sind. Sie lernen, wie Sie Kontenüberträge erstellen und automatisierte Verfahren zum Cash Pooling und Kontenclearing nutzen.

Bankkontenverwaltung

Die Bankkontenverwaltung stellen wir in **Kapitel 7**, »Stammdaten für Banken und Bankkonten pflegen«, vor. Sie lernen, wie die Stammsätze für Banken und Bankkonten strukturiert sind und welche Steuerungsfunktionen die Felder in den Prozessen des Cash Managements haben. Sie erfahren ferner, welche Workflow-Prozesse Sie für die Stammdatenadministration nutzen können. Ein Exkurs in die Möglichkeiten zur Überwachung der Bankgebühren schließt das Kapitel ab.

SAP-Fiori-Apps und SAP-GUI-Transaktionen

Jeweils am Ende von Kapitel 4 bis Kapitel 7 finden Sie eine tabellarische Übersicht über alle SAP-Fiori-Apps und SAP-GUI-Transaktionen, die Ihnen für die jeweiligen Aufgaben zur Verfügung stehen.

Liquiditätsplanung

Kapitel 8, »Liquidität langfristig planen«, beschreibt die Liquiditätsplanung mit SAP Analytics Cloud. Diese Lösung ist ein eigenständiger Cloud-Service außerhalb von SAP S/4HANA. Das Kapitel widmet sich neben einer betriebswirtschaftlichen Einführung auch Anwendungs- und Konfigurationsaspekten, um das Thema umfassend zu erläutern. Hiermit greifen wir auch den Grundgedanken von SAP auf, dass SAP Analytics Cloud sich als Self-Service-Lösung versteht, die Ihnen die Möglichkeit gibt, Ihre Lösungen selbständig gestalten zu können. Sie erfahren in diesem Kapitel, wie Sie mit dem Standard-Content von SAP für die Liquiditätsplanung arbeiten, auf dieser Basis ein eigenes Planungsmodell entwickeln und Ihre Liquidität operativ planen können.

One Exposure

Im Cash Management in SAP S/4HANA ist das sogenannte *One Exposure from Operations* der zentrale Sammelpunkt für alle cashrelevanten Bewegungsdaten. In **Kapitel 9**, »Cashflow-Informationen im One Exposure from Operations zusammenführen«, zeigen wir im Detail auf, wie die Informationen gesammelt, angereichert und gespeichert werden. Sie lernen hier die möglichen internen und externen Datenquellen für das One Exposure kennen und erfahren, welche Besonderheiten zu berücksichtigen sind. Zum Abschluss des Kapitels stellen wir einige Hilfsmittel vor, die für die Administration der Anwendung wichtig sind.

Customizing

Kapitel 10, »SAP Cash Management implementieren«, zeigt Ihnen die Einstellungsmöglichkeiten im Customizing des Cash Managements auf. Wir gehen mit Ihnen gemeinsam durch den Customizing-Leitfaden und erläutern, wie die Einstellungen Einfluss auf die Prozesse im Cash Management nehmen. Hier zeigen wir auf, mit welchen Hilfsmitteln Sie die Bewegungsdaten im One Exposure initial aufbauen und aktualisieren können.

Migration von SAP ERP nach SAP S/4HANA

Die Verfahren zur Umstellung der Applikationen Cash Management und Liquidity Planner von einem SAP-ERP-System auf ein SAP-S/4HANA-System erläutern wir in **Kapitel 11**, »Von SAP ERP nach SAP S/4HANA migrieren«. Sie erfahren, wie Sie Ihre Migration planen, schrittweise durchführen und abschließend prüfen.

Behandelte Releasestände von SAP S/4HANA und SAP Analytics Cloud

Dieses Buch beschreibt Releasestand 2020 (Auslieferungsdatum 7. Oktober 2020) der On-Premise-Version von SAP S/4HANA Enterprise Management. Für SAP Analytics Cloud beziehen wir uns auf Releasestand 2021.1. An vielen Stellen haben wir Hinweise zu Veränderungen gegenüber vorherigen Releaseständen und gegenüber SAP ERP aufgenommen, sodass sich dieses

> Buch auch (mit Einschränkungen) für Personen eignet, die vorhergehende Release-Stände nutzen.

Abbildungen im Buch

In diesem Buch verwenden wir Screenshots aus dem SAP-System, die entweder eine SAP-Fiori-App, eine SAP-GUI-Transaktion oder eine Customizing-Aktivität darstellen. Um eine einheitliche und übersichtliche Darstellung sicherzustellen, werden in den dargestellten Abbildungen die restlichen Bereiche des Browsers, einschließlich der individuellen URL zum SAP Fiori Launchpad, ausgeblendet.

Hinweis
Kästen, die mit diesem Icon gekennzeichnet sind, bieten Ihnen besonders wichtige Hinweise zu den besprochenen Themen. Außerdem warnen wir Sie hier vor möglichen Fehlerquellen oder Stolpersteinen.

Tipp
In diesem Buch geben wir Ihnen Tipps und Empfehlungen, die sich in der Praxis bewährt haben. Sie finden sie in den Kästen, die mit diesem Icon versehen sind.

Beispiel
Anhand von Beispielen aus unserer Beratungspraxis wird das besprochene Thema erläutert und vertieft. Sie erkennen die Beispiele an diesem Icon.

Danksagung

Für die Erstellung dieses Buches hatten wir eine immense Unterstützung im privaten und beruflichen Bereich, ohne die wir das Buch in dieser Form nicht hätten schreiben können. Wir möchten uns ganz herzlich für das Verständnis, die Unterstützung und den Freiraum in unserem familiären Umfeld bedanken – bei Jasmin und Anne sowie Bennet, Joshua, Samuel und Lukas. Besonderer Dank gilt dem STELLWERK-Team und externen Mitarbeitenden, die uns mit Qualitäts-Reviews, Recherchen, Formatierungen und bei der Erstellung einzelner Passagen des Buches sehr unterstützt haben. Leider können wir nicht alle Beteiligten aufzählen, möchten aber besonders Chahla, Claudia, Denis, Detlef, Lara, Robert und Tino unseren herzlichen Dank aussprechen. Vielen Dank auch an Frau Eva Tripp und das Team des Rheinwerk Verlags, die uns mit dem Lektorat und der professionellen Verlagsunterstützung sehr weitergeholfen haben.

Wir hoffen, dass dieses Buch Ihnen hilft, SAP Cash Management besser zu verstehen, passender zu konfigurieren und effektiver zu nutzen.

Kapitel 1
SAP S/4HANA im Überblick

SAP stellt seit 2015 mit SAP S/4HANA eine umfassend modernisierte Unternehmenssoftware zur Verfügung. Dieses Kapitel gibt Ihnen einen Überblick über das Datenmodell, über die In-Memory-Datenbank sowie über die verschiedenen Betriebs- und Lizenzmodelle. Besonderes Augenmerk richten wir auf die neue Benutzeroberfläche SAP Fiori, um Ihnen die Bedienung des Cash Managements in SAP S/4HANA zu erleichtern.

SAP entwickelt seit 1972 betriebswirtschaftliche Software zur Unterstützung und Optimierung von Geschäftsprozessen in großen und mittelständischen Unternehmen und Organisationen. Die ERP-Software (Enterprise Ressource Planning) von SAP unterstützt alle wichtigen Prozesse in Finanzwesen, Logistik und Personalwesen auf Basis einer gemeinsamen Datenbank. Darüber hinaus bietet die integrierte Software viele bereichsübergreifende Funktionen wie das Management von Stammdaten und Prozesse zur Sicherstellung der Compliance.

Die Software ist an die unternehmensspezifischen Anforderungen über Einstellungstabellen (Customizing) und kundenindividuelle Programmierungen flexibel anpassbar. Über die Jahre entstand mit SAP R/3 eine komplexe Softwareanwendung mit zuletzt über 150.000 Funktionen (Transaktionen) und mehr als 100.000 Daten- und Customizing-Tabellen. Mit SAP S/4HANA stellte SAP im Jahr 2015 eine substanziell veränderte Generation der ERP-Software vor. SAP S/4HANA steht für *SAP Business Suite 4 SAP HANA*. Merkmale sind u. a. vereinfachte Datenstrukturen und eine erhöhte Datenkonsistenz (*Single Source of Truth*). Die Funktionen wurden verdichtet und automatisiert (*Simplifications*). SAP S/4HANA basiert auf der leistungsfähigen In-Memory-Datenbank SAP HANA.

In Abschnitt 1.1, »Die Datenbank SAP HANA«, erhalten Sie einen Überblick über SAP HANA. Abschnitt 1.2, »Single Source of Truth«, macht Sie mit den Konzepten zur Verbesserung von Funktionen und für die Konsistenz der Datenhaltung vertraut. Außerdem lernen Sie in Abschnitt 1.3, »Softwarevarianten und Betriebsmodelle: On-Premise und Cloud«, und Abschnitt 1.4, »Lizenzen und Gebühren für SAP S/4HANA«, die verschiedenen Betriebs- bzw. Lizenzmodelle kennen.

Ebenfalls neu in SAP S/4HANA ist die Benutzeroberfläche SAP Fiori (siehe Abschnitt 1.5, »Die Benutzeroberfläche SAP Fiori«). SAP Fiori ist übersichtlich, modern und rollenbasiert gestaltet und erlaubt die Nutzung auf verschiedenen Endgeräten. Diese neue Oberfläche kann auch in SAP ERP genutzt werden, aber erst in SAP S/4HANA wurden viele neue Funktionen ausschließlich für SAP Fiori entwickelt.

1.1 Die Datenbank SAP HANA

Als technische Basis zur Speicherung der Unternehmensdaten in der neuen Softwaregeneration SAP S/4HANA dient die Datenbank *SAP HANA*. HANA steht für *High Performance Analytic Appliance*. Diese Datenbank zeichnet sich durch eine gleichermaßen hohe Leistungsfähigkeit für die Verarbeitung von Transaktionen und für die Durchführung von Analysen aus. In der Vergangenheit wurden von SAP und anderen Softwareanbietern getrennte Lösungen für den jeweiligen Anwendungsfall angeboten, sodass z. B. operative Geschäftstransaktionen in SAP ERP und Analysen in einem Data Warehouse verarbeitet wurden.

In-Memory-Technologie

Die SAP-HANA-Datenbank basiert auf der sogenannten *In-Memory-Technologie*. Hier werden alle Daten des Unternehmens im Arbeitsspeicher vorgehalten und können mit deutlich kürzeren Zugriffszeiten ausgewertet und verändert werden als dies mit einer Datenspeicherung auf einer Festplatte möglich ist.

Spaltenbasierte Verarbeitung

Für eine weitere Optimierung der Verarbeitungsgeschwindigkeit sorgt die spaltenbasierte Speicherung der Datensätze, die eine einfache Aggregation und schnellere Auswertung von Daten zulässt. Um den Speicherplatz des Arbeitsspeichers effizienter zu nutzen, werden Kompressionsverfahren eingesetzt.

Die Nutzung von SAP HANA setzt eine spezielle Hardware voraus, in der alle Stamm- und Bewegungsdaten im Arbeitsspeicher verfügbar sind und mit einem hohen Datendurchsatz verarbeitet werden können.

1.2 Single Source of Truth

In SAP ERP wurden Daten mehrfach bzw. redundant im System gespeichert, um die Lesegeschwindigkeit zu optimieren. So wurde beispielsweise eine Geschäftstransaktion für unterschiedliche Auswertungssichten mehrfach gespeichert.

[zB]

1

Beispiel für eine redundante Datenhaltung

Eine erfolgswirksame Ausgangsrechnung wurde z. B. im Finanzwesen als Beleg in der Finanzbuchhaltung, als offener Posten in der Debitorenbuchhaltung, als Erlös in der Kostenrechnung, in der Profit-Center-Rechnung und in der Ergebnisrechnung verbucht.

In der Vergangenheit waren somit aufwendige Abstimmarbeiten zwischen den verschiedenen Sichten und SAP-Komponenten notwendig. Zusätzlich wurden in jedem dieser Komponenten eigene Summensatztabellen fortgeschrieben, deren vorgegebene Aggregationsstufen im Reporting nicht flexibel angepasst werden konnten.

Universal Journal (Tabelle ACDOCA)

SAP S/4HANA verfolgt einen grundsätzlich neuen Ansatz: Der ursprüngliche Rechnungswesenbeleg wird nur einmal im *Universal Journal* (Tabelle ACDOCA) gespeichert. Dort sind alle Kontierungsobjekte der einzelnen Komponenten für das Rechnungswesen enthalten (siehe Abbildung 1.1). So werden z. B. die Datentabellen BSID, BSIK und BSID für offene Posten in der Finanzbuchhaltung und die Datentabellen ANEP und ANLP aus der Anlagenbuchhaltung überflüssig und alle Auswertungen stattdessen über das Universal Journal durchgeführt.

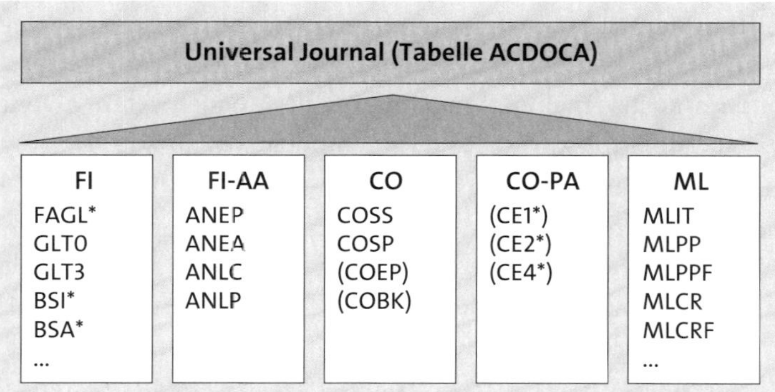

Abbildung 1.1 Exemplarische Harmonisierung der Datenstrukturen im Finanzwesen mit SAP S/4HANA

[«]

Views ersetzen physikalische Tabellen

Die nicht mehr benötigten Datenbanktabellen wurden häufig durch gleichnamige Sichten (sogenannte CDS Views) auf die neue Zentraltabelle ersetzt, sodass alle Programme, die lesend auf Daten zugreifen, lauffähig bleiben.

Die Leistungsfähigkeit der SAP-HANA-Datenbank erlaubt es, Summensätze dynamisch aus den Einzelsätzen des Universal Journals zu berechnen, sodass Aggregationsstufen flexibel gestaltet werden können. Zusätzlich spart das Datenmodell erheblich Speicherplatz und erlaubt damit eine effizientere Nutzung des teuren Arbeitsspeichers von SAP HANA.

Das neue Datenmodell von SAP S/4HANA wurde neben dem Rechnungswesen auch in weiteren SAP-Komponenten, wie z. B. Materialwirtschaft und Vertrieb umgesetzt. SAP verwendet in diesem Zusammenhang den Begriff *Single Source of Truth*, um zu dokumentieren, dass die Daten widerspruchsfrei und ohne Redundanzen im System gespeichert werden. Im Cash Management wurden die in SAP ERP verwendeten einzelnen Tabellen für Ist-Cashflows und prognostizierte Cashflows in der zentralen Flow-Tabelle FQM_FLOW zusammengeführt (siehe Abschnitt 3.1.1, »Daten speichern mit dem One Exposure«).

1.3 Softwarevarianten und Betriebsmodelle: On-Premise und Cloud

SAP S/4HANA kann sowohl auf den Servern der Kundenunternehmen (*on-premise*) betrieben oder als Service in der Cloud genutzt werden. SAP S/4HANA wird in den Softwarevarianten *SAP S/4HANA, On-Premise*, und *SAP S/4HANA Cloud* angeboten. Unterschiedlich sind nicht nur die Betriebsmodelle, sondern auch der Funktionsumfang, die Möglichkeiten, eigene Anpassungen vorzunehmen, sowie die Lizenzmodelle von SAP.

On-Premise-Version

Die On-Premise-Version von SAP S/4HANA wird auf eigener Hardware oder in einem Rechenzentrum eines Service-Providers installiert und betrieben. Auch ist es möglich, die On-Premise-Software in der Cloud von SAP zu betreiben. Die Bereitstellung erfolgt hier als Infrastructure-as-a-Servive (IaaS) und erlaubt Unternehmen, ein eigenständiges Applikationsmanagement. Dieses hybride Modell wird auch *Private Cloud* oder *AnyPremise managed by SAP (HEC)* genannt. Statt *On-Premise* wird neuerdings auch der Begriff *AnyPremise* genutzt, um die Installierbarkeit auf verschiedenen Plattformen zu unterstreichen.

Sie können eine On-Premise-Installation flexibel durch eigene Customizing-Einstellungen anpassen und durch kundenindividuelle Programmierungen erweitern. So können Sie Ihre Prozesse individuell abbilden und das SAP-System an Ihre Bedürfnisse anpassen. Es stehen außerdem funktionale Erweiterungen, wie z. B. Länder- oder Branchenlösungen zur Verfügung.

Cloud-Version

Die Cloud-Version von SAP S/4HANA wird auf Servern von SAP (*Public Cloud*) installiert und als Software-as-a-Service (SaaS) vollständig von SAP administriert. In der Cloud-Version können Sie einige Customizing-Einstellungen nicht ändern, und kundenindividuelle Programmierungen sind nicht möglich. Die Cloud-Version bildet damit die SAP-Standardprozesse im Sinne eines Best-Practice-Ansatzes ab und ist daher auch mit geringerem Aufwand implementierbar. Die Cloud-Version ist in zwei Ausprägungen verfügbar: in einer *Essentials Edition* (ES) für eine hochgradig standardisierte Implementierung und in einer *Extended Edition* (EX) mit mehr Anpassungsspielraum in Bezug auf die Bedürfnisse Ihres Unternehmens.

Releasezyklus

Neue Funktionen werden in der Cloud-Version über einen vierteljährlichen Releasezyklus bereitgestellt. Ein neues On-Premise-Release wird einmal pro Jahr veröffentlicht. Das heißt, dass Neuerungen zuerst in der Cloud-Version verfügbar sind. Die neuen On-Premise-Releases wurden in den letzten Jahren im Herbst (September/Oktober) ausgeliefert. Unabhängig von den Releases stellt SAP mehrmals pro Jahr Programmkorrekturen in Form von *Support Package Stacks* (SPS) und Funktionserweiterungen in Form von *Feature Package Stacks* (FPS) zur Verfügung.

[«]

SAP-S/4HANA-Releasestand dieses Buches

Dieses Buch beschreibt den Releasestand 2020 (Auslieferungsdatum 7. Oktober 2020) von SAP S/4HANA Enterprise Management der On-Premise-Version mit dem »Initial Shipment Stack«.

1.4 Lizenzen und Gebühren für SAP S/4HANA

SAP bietet seinen Kunden ein modulares Konzept für Lizenzen und Servicegebühren. Die drei zentralen Komponenten für die Kalkulation der Kosten sind das Lizenzmodell, das Betriebsmodell und die genutzten Softwarekomponenten. Bei den Lizenzmodellen unterscheidet SAP die unbefristete Lizenz, das Lizenzabonnement und die verbrauchsbasierte Lizenz.

Unbefristete Lizenz

Bei einer unbefristeten Lizenz unterteilen sich die Kosten in eine einmalige Lizenzgebühr für die unbegrenzte Nutzung der Software und eine jährliche Wartungsgebühr für die regelmäßigen Updates der Software. Dieses Lizenzmodell gilt für die Softwarevariante *SAP S/4HANA, On-Premise-Version*, auch wenn sie im Betriebsmodell *Private Cloud* genutzt wird. Im Betriebsmodell *Private Cloud* fallen zusätzliche Servicegebühren für die Bereitstellung der Cloud durch SAP an.

Lizenzabonnement Das Lizenzabonnement ist eine zeitlich befristete Lizenz. Die jährlichen Lizenzgebühren für ein Abonnement beinhalten die Nutzungsgebühren für die geplanten Softwarekomponenten sowie die Kosten für die Hardware und Services (SaaS) von SAP. Das Modell ist damit auf Unternehmen ausgerichtet, die ihr SAP-System nicht selbstständig betreiben möchten. Dieses Modell wird z. B. für eine SAP-S/4HANA-Cloud-Installation in der Public Cloud angewendet.

Verbrauchsbasierte Lizenz Die verbrauchsbasierte Lizenz wird auf Basis des geschätzten Verbrauchs einer Ressource berechnet. Dieses Lizenzmodell gilt für ausgewählte Cloud-Lösungen wie SAP Fieldglass und ist für den Funktionsumfang im Cash Management nicht relevant.

Lizenzumfang – digitaler Kern Die *Basislizenz* für beide Softwarevarianten von SAP S/4HANA erlaubt die Nutzung der betriebswirtschaftlichen und übergreifenden Grundfunktionen. SAP bezeichnet diesen Grundumfang als *digitalen Kern* (Digital Core) der Software. Die Berechnung der Basislizenzkosten erfolgt auf der Grundlage der Anzahl der im Unternehmen tätigen Personen. Somit unterscheidet SAP damit nicht mehr (wie in SAP ERP) in sogenannte *Named Users* und deren Nutzerkategorien. Lösungen für spezielle Prozesse, Branchen oder Länder können Sie zusätzlich zum digitalen Kern einzeln lizenzieren. Für die Berechnung der Lizenzkosten für diese Zusatzkomponenten verwendet SAP verschiedene Messgrößen, wie die Anzahl der User, den Umsatz des Unternehmens oder die Anzahl an Transaktionen.

Lizenzen im Cash Management: Full Cash und Basic Cash Für das Cash Management unterscheidet SAP zwischen den Grundfunktionen (*Basic Cash*), die in der SAP-S/4HANA-Lizenz enthalten sind, und einem erweiterten lizenzpflichtigen Funktionsumfang (*Full Cash*). In Abschnitt 2.2.2, »Lizenzvarianten im SAP Cash Management«, lesen Sie mehr zu den Unterschieden zwischen Basic Cash und Full Cash. Ergänzend zum Cash Management können Sie lizenzpflichtige Produkte wie SAP Bank Communication Management (Abschnitt 2.3, »SAP Bank Communication Management«), SAP Multi-Bank Connectivity (Abschnitt 2.4, »SAP Multi-Bank Connectivity«) und Advanced Payment Management (Abschnitt 2.6, »Advanced Payment Management«) nutzen.

Im Lizenzumfang der Cloud-Variante sind Grundfunktionen von SAP Analytics Cloud für das Reporting der SAP-S/4HANA-Daten enthalten. In der On-Premise-Version von SAP S/4HANA ist keine SAP-Analytics-Cloud-Lizenz enthalten. Für die Planungsfunktionen von SAP Analytics Cloud ist in jedem Fall eine zusätzliche Lizenz erforderlich.

Die Nutzung der Datenbank SAP HANA und teilweise die Anbindung fremder Softwareprodukte an SAP S/4HANA erfordern zusätzliche Lizenzen.

1.5 Die Benutzeroberfläche SAP Fiori

Anwenderinnen und Anwender interagieren mit dem SAP-S/4HANA-System über eine Benutzeroberfläche. SAP stellt dazu das klassische *SAP GUI* (SAP Graphical User Interface) und *SAP Fiori* zur Verfügung.

Bereits in den 90er Jahren hat SAP die transaktionsbasierte Benutzeroberfläche SAP GUI etabliert. Die Oberfläche wurde im Laufe der Jahre modernisiert, wird aber dennoch von einigen SAP-Benutzern als veraltet, überladen und unübersichtlich empfunden.

SAP-Fiori-Apps

Seit der Einführung im Jahr 2013 wurde SAP Fiori konsequent weiterentwickelt. Sogenannte *SAP-Fiori-Apps* (Applikationen) ermöglichen eine intuitive Bedienung und stellen eine moderne Oberfläche zur Verfügung, mit dem Ziel die Produktivität und Benutzerfreundlichkeit zu steigern. SAP-Fiori-Apps können auf einer Vielzahl von Endgeräten wie Smartphones und Tablets verwendet werden. Während sich das SAP GUI an der Baumstruktur der SAP-Applikationen orientiert, stellt die SAP-Fiori-Oberfläche die täglichen Aufgaben der individuellen Benutzer in den Mittelpunkt.

Auch wenn die Bedienung von SAP S/4HANA in vielen Bereichen noch über das SAP GUI möglich ist, setzt SAP langfristig auf SAP Fiori. Neue Funktionen werden von SAP oft nur noch in Form von SAP-Fiori-Apps bereitgestellt. Dies gilt im besonderen Maße für die Funktionen im Cash Management in SAP S/4HANA mit der Full-Cash-Lizenz. SAP Fiori erfordert keine weiteren Lizenzgebühren.

Verfügbarkeit des SAP GUI

Mit allen On-Premise-Installationsformen und der Cloud-Variante *Extended Edition* stehen Ihnen SAP Fiori und das SAP GUI als Benutzeroberflächen zur Verfügung. Für die Cloud-Variante *Essentials Edition* kann ausschließlich SAP Fiori verwendet werden.

Der Fokus dieses Buches liegt auf den SAP-Fiori-Apps. Wo eine entsprechende SAP-GUI-Transaktion zur Verfügung steht, nennen wir zusätzlich den Transaktionscode.

In diesem Abschnitt stellen wir Ihnen SAP Fiori und die verschiedenen Typen von SAP-Fiori-Apps vor. Sie lernen grundlegend, mit der neuen Benutzeroberfläche zu arbeiten. Außerdem werden Sie mit wichtigen Begriffen vertraut gemacht: Startseite, Gruppe, Kachel, App, Rolle, Katalog usw. Sie erhalten Einblicke in die Suchfunktion, das Benachrichtigungskonzept und die Personalisierung Ihres SAP Fiori Launchpads.

1.5.1 Das Konzept von SAP Fiori

Personalisierung

Die Benutzeroberfläche SAP Fiori erlaubt Ihnen eine geräteunabhängige Interaktion mit dem System über einen Webbrowser. Zur Ausführung von Funktionen werden SAP-Fiori-Apps bereitgestellt. Der Inhalt der Benutzeroberfläche orientiert sich an Ihren individuellen Aufgaben. Ein *rollenbasiertes Berechtigungskonzept* stellt Ihnen die benötigten Apps bereit. Diese personalisierte App-Auswahl wird in Form von Kacheln dargestellt. Diese Kacheln enthalten teilweise bereits eine Vorschau auf aktuelle Kennzahlen (Key Performance Indicators, KPIs) oder die zu bearbeitenden Vorgänge.

Eine SAP-Fiori-App stellt dabei oft gleichzeitig Funktionen für die Neuanlage, Änderung, Anzeige und für das Reporting von Daten eines Anwendungsbereichs zur Verfügung. Im Vergleich dazu stellt das klassische SAP GUI die Funktionen granularer in Form von vielen Einzeltransaktionen in Menübäumen oder einer Favoritenliste ohne Vorschau von aktuellen Daten zur Verfügung.

[»]

Historie von SAP Fiori

Im Jahr 2013 veröffentlichte SAP auf der Basis des *SAPUI5-Frameworks* erste Apps mit *SAP Fiori 1.0 für SAP ERP*. Mit Release SAP S/4HANA 2020 ist SAP Fiori in Version 3.0 fest im SAP-S/4HANA-System verankert. Darüber hinaus ermöglicht die Benutzeroberfläche den Zugriff auf weitere SAP-Lösungen, wie z. B. SAP Customer Relationship Management (SAP CRM) oder SAP BW/4HANA. SAP entwickelt laufend neue Apps und überführt vorhandene Funktionen aus dem SAP GUI in die neue SAP-Fiori-Welt. Stand Dezember 2020 enthält die SAP Fiori Apps Reference Library über 12.700 Apps, die über das SAP Fiori Launchpad bereitgestellt werden.

Usability und User Experience

Im Zusammenhang mit SAP Fiori verwendet SAP den Begriff *User Experience* (UX). Um dem damit verbundenen Anspruch an eine konsistente, intuitive und grafisch ansprechende Oberfläche gerecht zu werden folgen alle Apps einem einheitlichen Design für die Bedienelemente, die Einstellungen und die Ausgabe. In der Kachelübersicht im Einstiegsbild werden bereits aktuelle Informationen angezeigt, die Handlungsbedarf signalisieren. So wird für das Cash Management z. B. die Liquiditätsentwicklung der nächsten Wochen auf der App-Kachel für die Liquiditätsvorschau grafisch dargestellt. Des Weiteren wird die Anzahl der freizugebenden Zahlungsmappen als KPI in der Kachel der SAP-Fiori-App **Bankzahlungen genehmigen** angezeigt. SAP Fiori bietet darüber hinaus grafische Übersichten für Anwendungsbereiche, wie z. B. für das Bankbeziehungsmanagement; mit der Möglichkeit zum Absprung auf die detailliertere Monitoring-App für Bankgebühren. Die Kachelanordnung im SAP Fiori Launchpad, die Inhalte sowie die Filterkriterien und Spaltenstrukturen der Apps können flexibel personalisiert werden.

Architektur von SAP Fiori

In Ergänzung zur klassischen Client-Server-Architektur, wird für die SAP-Fiori-Benutzeroberfläche eine zusätzliche Kommunikationsschicht verwendet. Diese Schicht kann als Central Hub oder als Embedded System ausgeprägt werden (siehe Abbildung 1.2).

Central Hub

Mit der Systemarchitektur *Central Hub* wird hierzu ein eigenständiger Frontend-Server ausgeprägt. Dies ist aktuell die von SAP für die meisten Szenarien empfohlene Variante. Der Vorteil dieser Architektur ist, dass an den SAP-Fiori-Server weitere Systeme angeschlossen werden können, wie ein BW- oder CRM-System. Darüber hinaus können Updates unabhängig vom Backend-System durchgeführt werden.

Embedded System

In einem *Embedded System* erfolgt die Kommunikation zwischen SAP S/4HANA und den Anwenderinnen und Anwendern über ein integriertes Gateway, sodass kein eigenständiger Server benötigt wird. Der Vorteil dieser Lösung liegt in der einfacheren Implementierung und in geringeren Wartungs- und Administrationskosten, wie z. B. bei der Pflege von Berechtigungen.

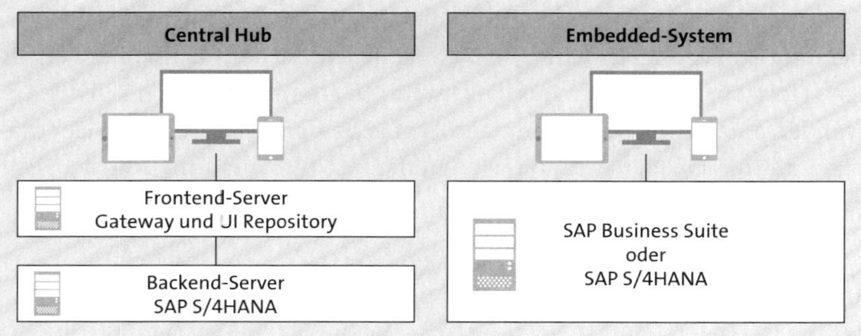

Abbildung 1.2 Architektur des SAP-Fiori-Frontend-Servers

Endgeräteunabhägiger Zugang

Auch im SAP-Umfeld ist es zunehmend üblich, unabhängig von einem festen Arbeitsplatzrechner im Unternehmen auf Anwendungen zuzugreifen. Zur Darstellung der SAP-Fiori-Oberfläche nutzt SAP das Framework *SAPUI5*. Dieses basiert auf HTML5 und lässt sich somit auf jedem HTML5-fähigen Webbrowser darstellen. Die Installation einer zusätzlichen Software, wie für die Nutzung des SAP GUI, entfällt bei SAP Fiori. Dadurch kann der Zugriff über mobile Rechner, Smartphones oder Tablets über den dort installierten Webbrowser erfolgen. Die Darstellung ist aufgrund des HTLM-Formats geräteübergreifend identisch.

Rollenkonzept

Auf Basis eines *Rollenkonzepts* wird den Personen, die das System nutzen, eine personalisierte Auswahl von SAP-Fiori-Apps im SAP Fiori Launchpad bereitgestellt. Die Auswahl der Apps leitet sich aus dem Verantwortungsbereich der einzelnen Person ab, der durch eine Berechtigungsrolle repräsentiert wird. SAP stellt eine Reihe von Standardrollen zur Verfügung, wie z. B. die Rollen **Cash Manager** und **Bankbuchhalter**, die als Kopiervorlagen für eigene Rollen verwendet werden können. Innerhalb der transaktionalen Apps werden rollenspezifische Sichten genutzt, wobei nur die Felder angezeigt werden, die für die Erledigung der Arbeit erforderlich sind. Für das SAP GUI werden auch Berechtigungsrollen verwendet, aber im Unterschied zu SAP Fiori ist das SAP GUI eher funktionsorientiert und stellt so im SAP-Standard-Menü immer alle verfügbaren Transaktionen zur Verfügung.

Volltextsuche

Eine zusätzliche nützliche Funktion stellt die *SAP-Fiori-Suche* dar. Nach der Eingabe eines Suchbegriffs zeigt eine Volltextsuche, die der Suche mit einer Suchmaschine im Web ähnelt, eine Ergebnisliste für Apps und Datensätze.

Abgrenzung von SAP Fiori und SAP GUI

Auch wenn viele Funktionen bereits für SAP Fiori verfügbar sind, gibt es weiterhin Funktionen, die nur über das SAP-GUI ausgeführt werden können. Teilweise ist für die massenhafte Einzelverarbeitung von Geschäftstransaktionen die Bearbeitung im SAP GUI flüssiger und schneller möglich. Das Customizing erfolgt weiterhin über das SAP GUI. Viele neue oder verbesserte Funktionen in SAP S/4HANA sind andererseits ausschließlich als SAP-Fiori-Apps verfügbar. Aus diesem Grund arbeitet heute ein Teil der Anwender noch mit beiden Benutzeroberflächen parallel. Da beide Oberflächen auf die gleiche Datenbasis zugreifen, ist dies aus funktionaler Sicht problemlos möglich.

1.5.2 Das SAP Fiori Launchpad

Das SAP Fiori Launchpad ist der zentrale Einstiegspunkt für die Nutzung des SAP-Systems über SAP Fiori. Von hier aus können Sie die SAP-Fiori-Apps starten, um Daten im SAP-System zu bearbeiten und auszuwerten.

Startseite öffnen

Den Zugriff auf das SAP Fiori Launchpad erhalten Sie über Ihren Internetbrowser. Geben Sie entweder die vom SAP-System generierte Startseite (URL) direkt in Ihrem Browser ein, oder öffnen Sie die Startseite über das SAP GUI mit Transaktion UI2/FLP (SAP Fiori Launchpad). Beim Start öffnet sich der Anmeldebereich, in dem Sie sich mit Ihren Login-Daten anmelden (siehe Abbildung 1.3).

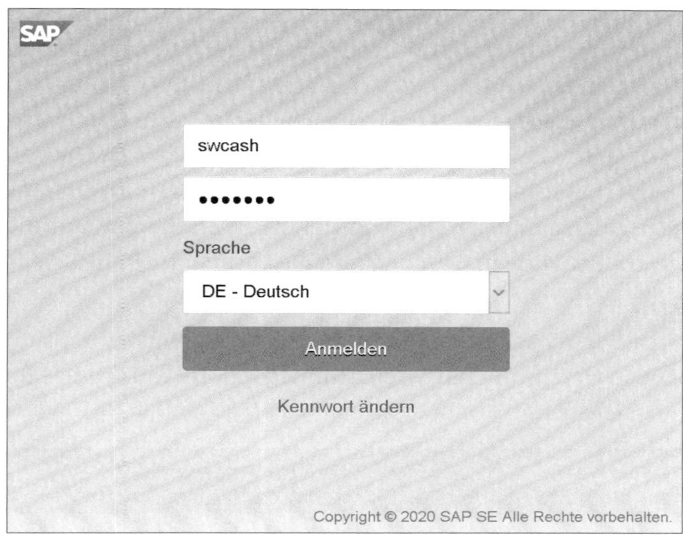

Abbildung 1.3 SAP Fiori Launchpad – Login

Nach dem Login sehen Sie das SAP Fiori Launchpad (siehe Abbildung 1.4). Die Startseite enthält verschiedene quadratische Kacheln ❶. Jede Kachel ❷ repräsentiert eine Anwendung im SAP-System, also eine Applikation bzw. App. Jede Kachel enthält den jeweiligen App-Titel, ein Symbol und gegebenenfalls eine Zahl oder eine Vorschaugrafik.

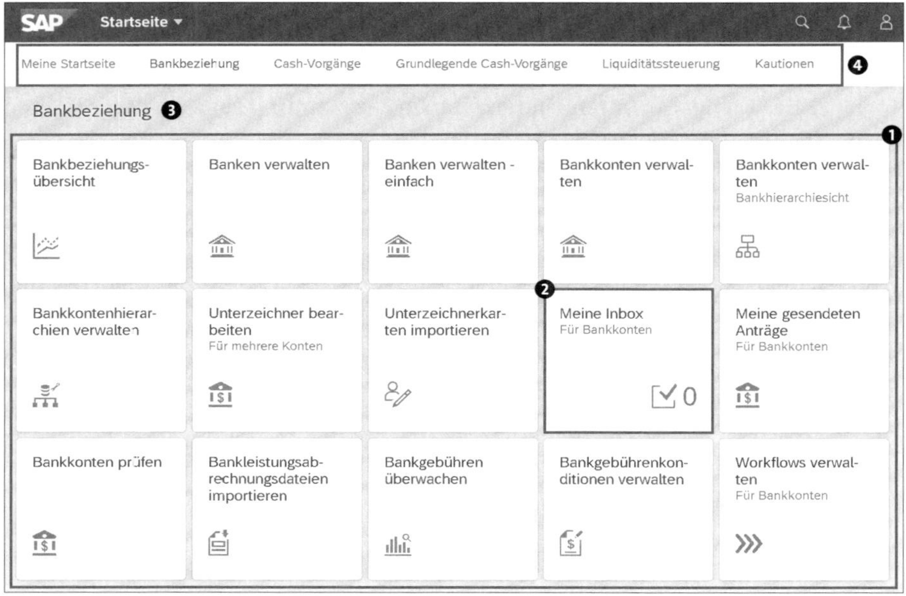

Abbildung 1.4 SAP Fiori Launchpad – Startseite

Anwendungsgruppen

Zur Kategorisierung sind die Apps in Anwendungsgruppen (in diesem Buch nachfolgend *Gruppen* genannt) zusammengefasst. Diese Gruppen sind im Standard bereits mit einem sprechenden Titel bezeichnet ❸. Der Titel wird oberhalb jeder Gruppe ausgegeben. Eine Übersicht der in Ihrem Launchpad vorhandenen Gruppen sehen Sie oberhalb des Kachelbereichs ❹. Hier sehen Sie beispielhaft die Gruppe **Bankbeziehung** mit den zugehörigen Apps im Kachelbereich. Aufgrund des rollenbasierten Ansatzes werden nur die für die jeweilige Rolle wichtigen Gruppen und die darin enthaltenen Apps dargestellt.

Shell Bar

Nach dem Login auf der Startseite und während der Nutzung der Apps im SAP Fiori Launchpad wird im oberen Bereich immer die *SAP Fiori Launchpad Shell Bar* angezeigt (siehe Abbildung 1.5).

Abbildung 1.5 SAP Fiori Launchpad Shell Bar

Die Shell Bar ist ein zentraler und fester Bestandteil des SAP Fiori Launchpads und bietet appübergreifende Funktionen zur Navigation, zur Suche von Inhalten, zum Aufruf von Benachrichtigungen und zum Zugang zum Benutzermenü für Personalisierungen. Die Shell Bar unterstützt den Anwender, wie nachfolgend beschrieben:

❶ Über das dargestellte Unternehmenslogo gelangen Sie zur Startseite. Im Standard wird das SAP-Logo angezeigt.

❷ Das Navigationsmenü beinhaltet die Bezeichnung der aktuell geöffneten App oder der Startseite.

❸ Mit der Suchfunktion können Sie Inhalte auf dem SAP-System suchen, wie Apps, Banken, Bankkonten und vieles mehr (siehe Abschnitt 1.5.3, »SAP-Fiori-Suche«).

❹ SAP CoPilot ist Ihr digitaler Sprachassistent (siehe Abschnitt 1.5.4, »SAP CoPilot«).

❺ Über die Benachrichtigungsfunktion erhalten Sie Hinweise oder Aufgaben (siehe Abschnitt 1.5.5, »Benachrichtigungen«).

❻ Das Benutzermenü erlaubt den Zugriff auf Funktionen zur Anpassung des SAP Fiori Launchpads (siehe Abschnitt 1.5.6, »Benutzermenü«).

Wenn eine App geöffnet ist, wird zusätzlich das Icon ◀ (**Zurück**) angezeigt. Dieses befindet sich im linken Bereich der Shell Bar (siehe Abbildung 1.6).

Über einen Klick auf dieses Icon gelangen Sie in die vorherige Ansicht zurück.

Abbildung 1.6 SAP Fiori Launchpad Shell Bar – das Icon »Zurück«

1.5.3 SAP-Fiori-Suche

SAP Fiori durchsuchen

Das SAP Fiori Launchpad enthält eine umfassende Suchfunktion über Anwendungsgrenzen hinweg. Diese Funktion ist als Volltextsuche über App-Titel, Stamm- und Bewegungsdaten ausgeprägt. Neben der Suche nach Apps können Sie so z. B. Stammdaten für Banken und Bankkonten oder Buchhaltungsbelege und Bestellungen über einen Suchbegriff finden und direkt zur Detailansicht der Daten navigieren. Über einen Klick auf das Lupen-Icon in der Shell Bar öffnen Sie die Suchmaske (siehe Abbildung 1.7).

Abbildung 1.7 SAP Fiori Launchpad Shell Bar – Suchfunktion

Geben Sie in das Feld **Suchen** den gewünschten Suchbegriff ein. In diesem Beispiel möchten wir die SAP-Fiori-App **Bankkonten verwalten** finden. Bereits während der Eingabe des Wortes »Bankkonten« öffnet sich eine Vorschau mit Auswahlmöglichkeiten über passende Suchergebnisse zu App-Titeln (siehe Abbildung 1.8). Mit einem Klick auf einen der vorgeschlagenen App-Titel navigieren Sie direkt zu der korrespondierenden App.

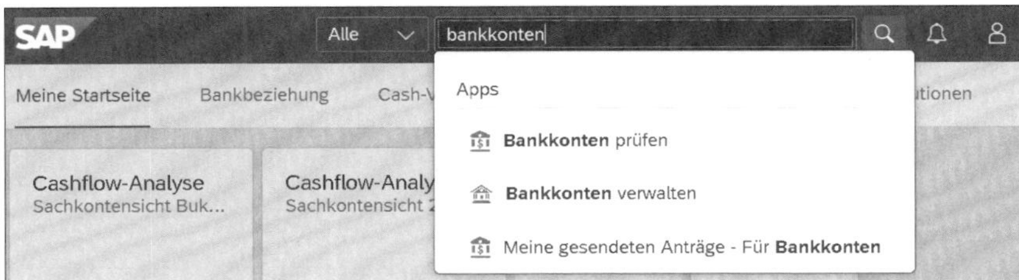

Abbildung 1.8 SAP Fiori Launchpad Shell Bar – Suchfunktion nutzen

Verfeinerte Suche

Für eine verfeinerte Suche können Sie Suchbereiche verwenden. Das Auswahlfeld links neben der Sucheingabe gibt an, ob die Suche auf einen Anwendungsbereich eingegrenzt werden oder anwendungsübergreifend erfolgen soll. Hier können Sie eine gezielte Suche nach Apps, Banken, Hausbanken, Hausbankkonten oder Buchhaltungsbelegen durchführen. In diesem Beispiel ist die Suche nicht eingeschränkt, erkennbar durch die voreingestellte Auswahl **Alle**.

Sobald im Suchfeld ein Wert eingegeben ist, können Sie entweder ein Ergebnis aus der Vorauswahl auswählen oder die ausgiebige Suche starten, die auch die Stamm- und Bewegungsdaten berücksichtigt. Für die ausgiebige Suche können Sie auf das Lupen-Icon klicken oder die Eingabe mit der Taste [↵] bestätigen, um die Ergebnisliste auszugeben (siehe Abbildung 1.9).

Die abgebildete Ergebnisliste verdeutlicht die Stärken der SAP-Fiori-Launchpad-Suche. Denn zusätzlich zu den in der Vorschau gezeigten App-Ergebnissen ❶ wird die Suche auf eine Vielzahl von im System hinterlegten Stamm- und Bewegungsdaten ❷ erweitert. Über die Filterleiste ❸ oberhalb der Ergebnisse können Sie die Ausgabe wieder durch das Eingrenzen auf Bereiche filtern. Ein Klick auf den als Link dargestellten Schlüssel eines Datensatzes ❹ öffnet die korrespondierende App in der Detailansicht.

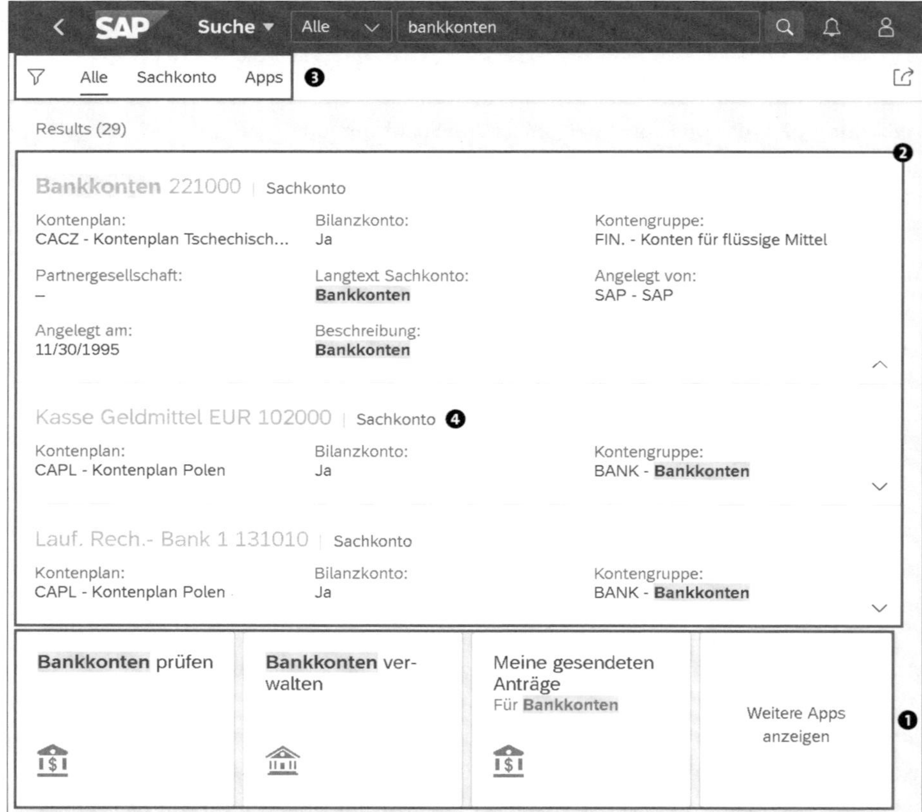

Abbildung 1.9 SAP-Fiori-Launchpad-Suchfunktion – Ergebnisliste

1.5.4 SAP CoPilot

Intelligente Assistenz

Mit SAP CoPilot erhalten Sie einen digitalen Assistenten für die Interaktion mit dem SAP-System im täglichen Arbeitsalltag. Ein Algorithmus mit künstlicher Intelligenz beantwortet Ihre individuellen Anfragen. Die Kommunikation erfolgt über die natürliche Sprach- oder Texteingabe. In der Bedienung ist SAP CoPilot vergleichbar mit aus dem Heimbereich bekannten Sprachassistenten.

Nutzung von Skills

Für die Verwendung dieses digitalen Assistenten wird eine zusätzliche Lizenz in der SAP-Cloud benötigt. Die Möglichkeit zur Erweiterung oder Individualisierung von SAP CoPilot besteht durch die Integration von sogenannten *Skills*. Skills erweitern die Interaktionsfähigkeit Ihres Systems. So können Sie auf Ihr Unternehmen zugeschnittene Skills erstellen und aktivieren. Auch für das Cash Management sind bereits Erweiterungen für SAP CoPilot verfügbar.

SAP CoPilot für die Genehmigung von Bankzahlungen

Für die SAP-Fiori-App **Bankzahlungen genehmigen** wird durch SAP ein Skill zur Erweiterung der SAP-CoPilot-Funktionalität bereitgestellt. Durch Abfragen, wie beispielsweise »Zeige mir meine Zahlungsmappen für den Buchungskreis SU15«, erhalten Sie die Informationen zu den Zahlungsmappen und Genehmigern der Zahlungsmappen für den Buchungskreis SU15.

1.5.5 Benachrichtigungen

In Ihrem Unternehmen beschleunigen Sie Prozesse und vermeiden unnötige Verzögerungen, wenn beteiligte Personen umgehend über Vorgänge informiert werden, die von ihnen bearbeitet werden müssen. Wenn Sie z. B. ein Bankkonto eröffnen, wird ein Bankbuchhalter ein Sachkonto in der Finanzbuchhaltung eröffnen müssen. Nach der Anlage des Bankkontos benötigen Sie die Fertigstellungsmeldung mit der Sachkontennummer, um diese im Stammsatz des Bankkontos einzutragen. In vielen Unternehmen werden dazu E-Mail oder Telefon verwendet.

Im SAP Fiori Launchpad ist für eine standardisierte und direkte Weitergabe von Informationen eine Benachrichtigungsfunktion über den Versand von E-Mails integriert. Diese Funktion nutzen Sie, um sich über den Status offener Aktivitäten zu informieren und um zu Handlungen aufgefordert zu werden. Sie erhalten z. B. Benachrichtigungen zu offenen Freigaben, Workflow-Prozessen, Prüfprozessen oder Fehlern.

Im Cash Management werden z. B. für die Aktivierung von Bankkonten oder zur Durchführung von Bankkontenprüfungen Benachrichtigungen aus dem SAP-System erstellt, um die zuständigen Nutzer zu informieren und zur Handlung aufzufordern.

Benachrichtigung per E-Mail

Eine beispielhafte E-Mail-Benachrichtigung ist in Abbildung 1.10 dargestellt. Diese enthält bereits im Betreff die eindeutige Antragsnummer und die zu erledigende Tätigkeit, das Bankkonto zu prüfen. Zudem sind im Nachrichteninhalt die Details zu dem Bankkonto angegeben.

STELLWERK Cash
Eingang - Stellwerk 12:39
SC
Bankkonten in Review-Antrag 000000000093 überprüfen
An: Sascha Daniels

Benachrichtigung zu Ihrem Bankkonto-Review-Antrag

Überprüfen Sie die Bankkonten im Review-Antrag 000000000093 "Bitte Bankkonto 1801724015 prüfen.", der am 03/31/2020 angelegt wurde.

	Bankverbindung
Bank	37069252
Bankland	DE
Kontonummer	1801724015
Kontowährung	EUR

Beachten Sie, dass obige Tabelle nur ein Bankkonto anzeigt, wenn dieser Änderungsantrag mehrere Bankkonten betrifft. Verwenden Sie nachfolgenden Link, um alle Bankkonten sowie die Details anzuzeigen.

Bankkonten prüfen

Dies ist eine automatisch generierte E-Mail. Bitte antworten Sie nicht auf dieses Nachricht.

Abbildung 1.10 Benachrichtigung per E-Mail

Falls Sie den Prüfprozess des Bankkontos durchführen möchten, können Sie das Bankkonto nun über die App **Bankkonten verwalten** suchen. Alternativ wird Ihnen der initiierte Review-Prozess in der App **Bankkonten prüfen** angezeigt. Einen schnelleren und einfacheren Zugriff ermöglicht Ihnen die in der Nachricht enthaltene Verlinkung, über die Sie umgehend über das SAP Fiori Launchpad zu der jeweiligen App navigieren.

Benachrichtigungen im SAP Fiori Launchpad

Zusätzlich zur E-Mail erhalten Sie im SAP Fiori Launchpad Benachrichtigungen. Diese werden in der SAP Shell Bar im oberen rechten Bereich des Launchpads im Icon (**Benachrichtigungen**) angezeigt. Die rote Zahl über dem Symbol signalisiert Ihnen die Anzahl der ungelesenen Benachrichtigungen. Durch die Auswahl des Icons öffnet sich das in Abbildung 1.11 dargestellte Fenster mit den eingegangenen Benachrichtigungen.

Auch dieser Hinweis enthält bereits Informationen zu der Antragsnummer und der durchzuführenden Aktivität. Durch die Auswahl der Benachrichtigung öffnen Sie die zur Durchführung Ihrer Aktion benötigte SAP-Fiori-App.

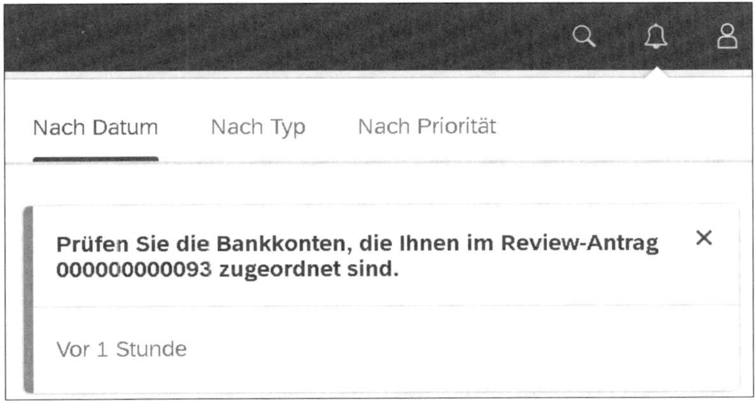

Abbildung 1.11 Benachrichtigung im SAP Fiori Launchpad

1.5.6 Benutzermenü

Zusätzlich zu den bereits genannten Symbolen enthält die SAP Fiori Launchpad Shell Bar das *Benutzermenü*. Mit der (als *Me Area* aus vergangenen SAP-Fiori-Versionen bekannten) Funktion können Sie Ihr SAP Fiori Launchpad individuell an Ihre persönlichen Anforderungen anpassen und Informationen zu Ihrem Benutzer und der aktuellen Systemumgebung einsehen. Zudem erfolgt die Abmeldung vom SAP-System über dieses Menü. Über das Icon (**Benutzer**) in der Shell-Bar öffnet sich das Benutzermenü (siehe Abbildung 1.12).

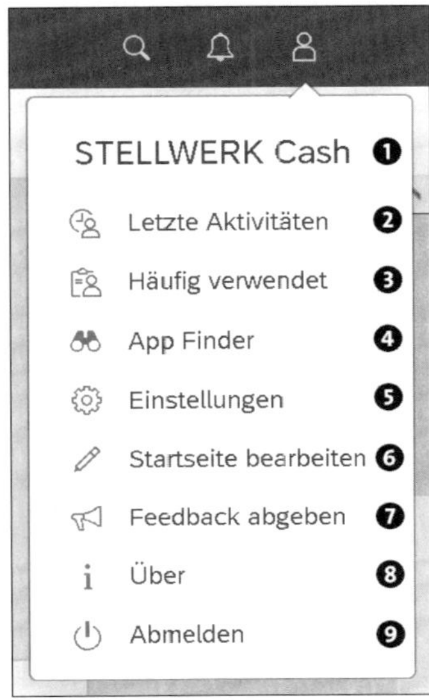

Abbildung 1.12 SAP Fiori Launchpad Shell Bar – Benutzermenü

Das Benutzermenü umfasst die folgenden Funktionen, Einstellungsmöglichkeiten und Informationen:

❶ Oben im Menü wird der vollständige Name des angemeldeten Benutzers angezeigt.

❷ Durch die Auswahl **Letzte Aktivitäten** wird ein Pop-up-Fenster geöffnet, in dem Ihre zuletzt aufgerufenen Aktivitäten angezeigt werden. Die Sicherung der historischen Nutzungsdaten enthält beispielsweise die Aktivität, wie die Suche nach »Bankkonten« oder die Ausführung der SAP-Fiori-App **Bankkonten verwalten**.

❸ Die Funktion **Häufig verwendet** listet vergleichbar mit der Funktion **Letzte Aktivitäten** ihre historischen Nutzungsdaten auf. Diese sind jedoch nach der Häufigkeit der Aufrufe sortiert.

❹ Mit dem App Finder können Sie Apps suchen und Ihrer personalisierten Startseite hinzufügen. Diese Funktion wird in Abschnitt 1.5.6, »Benutzermenü«, genauer beschrieben.

❺ Unter **Einstellungen** passen Sie SAP Fiori an Ihre individuellen Bedürfnisse an. Die Anpassungsmöglichkeiten werden in Abschnitt 1.5.7, »Einstellungen«, detailliert beschrieben.

❻ Das Hinzufügen, Löschen oder Verschieben von Kacheln auf der Startseite des SAP-Fiori-Launchpads ermöglicht die Funktion **Startseite bearbeiten** (siehe Abschnitt 1.5.8, »Personalisierung von SAP Fiori«).

❼ Die Funktion **Feedback abgeben** ermöglicht Ihnen das Senden einer individuellen Nachricht an das *SAP-Endanwender-Feedback-Team*, in der Sie Ihre Erfahrungen mit dem SAP Fiori Launchpad mitteilen können.

❽ Die Funktion **Über** enthält Informationen zu der aktuell geöffneten App und zu dem Systemstand des SAP-Systems und der SAP-Fiori-Daten.

❾ Über **Abmelden** trennen Sie Verbindung zum SAP-System.

1.5.7 Einstellungen

In SAP Fiori können Sie für folgende Bereiche persönliche Einstellungen vornehmen:

- Erscheinungsbild des SAP Fiori Launchpads
- Formate für Uhrzeit und Region
- Speicherung Ihrer Benutzeraktivitäten
- Strukturierung Ihrer Startseite
- Vorbelegung von Standardwerten
- Anpassung der Benachrichtigungsfunktion

Ihre Einstellungen ändern Sie über die Funktion **Einstellungen** im Benutzermenü in der SAP Fiori Shell Bar (siehe 1.5.6, »Benutzermenü«). Das in Abbildung 1.13 dargestellte Fenster erscheint im Vordergrund.

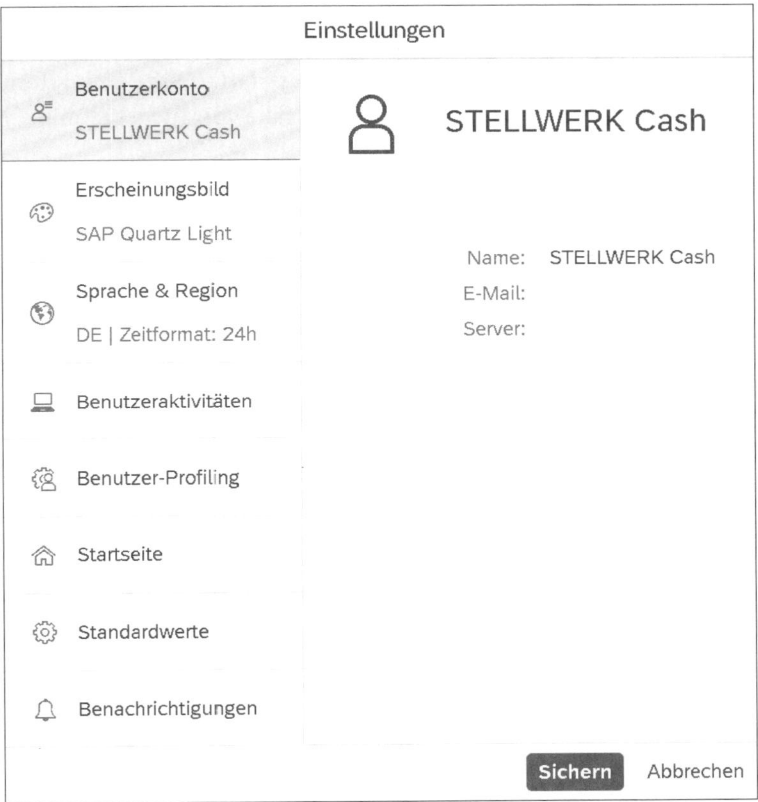

Abbildung 1.13 SAP Fiori Launchpad – Benutzereinstellungen

In den Einstellungen sind im linken Bereich der Ansicht auswählbare Menüpunkte:

- **Benutzerkonto**
  Anmeldeinformationen zu Benutzer und Server finden Sie unter dem Menüpunkt **Benutzerkonto**.
- **Erscheinungsbild**
  Sie können über **Erscheinungsbild** ein anderes Design des SAP Fiori Launchpads auswählen.
- **Sprache und Region**
  Über **Sprache & Region** können Sie eine Sprache auswählen oder die automatische Anpassung an die in den Browsereinstellungen definierte Sprache wählen. Zusätzlich kann das Uhrzeitformat angepasst werden.

- **Benutzeraktivitäten**
  Ob Ihre Aktivitäten während der Nutzung gespeichert werden sollen, legen Sie unter **Benutzeraktivitäten** fest. Zusätzlich können sie hier jederzeit den historischen Verlauf löschen.
- **Benutzer-Profiling**
  Über die Aktivierung von **Benutzer-Profiling** gestatten Sie dem System die Speicherung Ihrer Aktivitäten, um die Ausgabe von Suchergebnissen zu personalisieren.
- **Startseite**
  Über **Startseite** können Sie festlegen, ob auf Ihrem SAP Fiori Launchpad alle App-Gruppen und die dazugehörigen Kacheln oder nur eine ausgewählte Gruppe angezeigt werden soll.
  - Falls die Option **Sämtlichen Inhalt anzeigen** aktiviert ist, werden alle zugewiesenen Gruppen nacheinander dargestellt. Einschließlich der Gruppenbezeichnung werden die jeweilig zugehörigen Kacheln zusammengefasst und alle Gruppen nacheinander ausgegeben.
  - Alternativ können Sie für eine bessere Übersicht die Option **Eine Gruppe auf einmal anzeigen** aktivieren. Durch die Aktivierung dieser Option wird die Anzeige der Kacheln auf die jeweilig ausgewählte Gruppe eingegrenzt. Die Kacheln der anderen Gruppen werden ausgeblendet und die Navigation zwischen den Gruppen durch Scrollen entfällt. Hierdurch erhalten Sie eine übersichtliche Darstellung und eine Verbesserung der Performance, da das Laden auf die für Sie relevanten Kacheln und die gegebenenfalls enthaltenen KPIs beschränkt wird.
- **Standardwerte**
  Die Funktion **Standardwerte** erlaubt die automatische Vorbelegung von Filtern in der Filterleiste einer SAP-Fiori-App. In den Standardwerten können Sie beispielsweise einen Buchungskreis, ein Geschäftsjahr oder ein Hausbankkonto definieren. Beim Öffnen der SAP-Fiori-App wird der definierte Wert in dem Filterfeld automatisch eingesetzt.
- **Benachrichtigungen**
  Ob und in welcher Form Sie Nachrichten für einzelne Benachrichtigungsarten erhalten wollen, definieren Sie unter **Benachrichtigungen**. Eine Benachrichtigungsart ist z. B. ein Änderungsantrag für Bankkonten.

1.5.8 Personalisierung von SAP Fiori

Berechtigungen/ Rollen

SAP Fiori ist eine rollenbasierte Benutzeroberfläche. Anwenderinnen und Anwendern werden individuell Rollen zugewiesen, die ihren Verantwortungsbereich repräsentieren. Die Rollen beinhalten u. a. Berechtigungen für SAP-Fiori-Apps, die in Katalogen und Gruppen organisiert sind. Das SAP Fiori Launchpad zeigt nur die Apps an, für die der Benutzer eine Legitimation über eine Rolle erhalten hat. Für das Cash Management sind im SAP-Standard bereits die Rollen SAP_BR_CASH_MANAGER (Cash Manager) und SAP_BR_CASH_SPECIALIST (Cash Spezialist) angelegt.

Kataloge

Die *Kataloge*, auch Kachelkataloge genannt, enthalten SAP-Fiori-Apps. Für Rollen, beispielsweise die Cash-Management-Rollen, sind Kataloge mit einer Auswahl an SAP-Fiori-Apps vordefiniert.

Gruppen

Zur Kategorisierung und übersichtlichen Darstellung auf der SAP-Fiori-Launchpad-Startseite werden SAP-Fiori-Apps in *Gruppen* zusammengefasst. Eine Gruppe repräsentiert eine Teilmenge der Apps aus einem Kachelkatalog. Entsprechend den Berechtigungen, den Systemeinstellungen und Ihren individuellen Anpassungen werden die SAP-Fiori-Apps im SAP Fiori Launchpad dargestellt.

App Finder

Über die Funktion **App Finder** können Sie weitere Apps ausfindig machen, die in Ihren Katalogen enthalten sind, aber ausgeblendet wurden. Sie können diese bei Bedarf in Ihrem SAP Fiori Launchpad wieder sichtbar machen.

Öffnen Sie über das Benutzermenü die Funktion **App Finder**. Es öffnet sich die in Abbildung 1.14 dargestellte Ansicht. Im oberen Bereich der Ansicht befinden sich drei Kategorien.

- Katalog
- Benutzermenü
- SAP-Menü

Durch die Auswahl einer der Kategorien können Sie den Suchbereich definieren. Die Kategorie **Katalog** enthält alle dem Benutzer über Rollen zugewiesenen Apps. Die Kategorien **Benutzermenü** und **SAP-Menü** repräsentieren das im SAP-System definierte Benutzer- bzw. SAP-Menü, die auch im SAP GUI angezeigt werden. Beachten Sie hierbei, dass nicht alle dort aufgeführten Transaktionen als SAP-Fiori-Apps über das SAP Fiori Launchpad aufrufbar sind, sondern über das SAP GUI gestartet werden müssen.

Über das Suchfeld im oberen rechten Bereich der Anzeige können Sie die jeweilige Kategorie nach SAP-Fiori-Apps durchsuchen.

Apps ein- und ausblenden

In der rechten unteren Ecke einer jeweiligen App-Kachel ist durch ein Icon symbolisiert, ob die App in Ihrem SAP Fiori Launchpad angezeigt wird oder nicht. Hierbei sind zwei Symbolvarianten zu unterscheiden (siehe Abbildung 1.14).

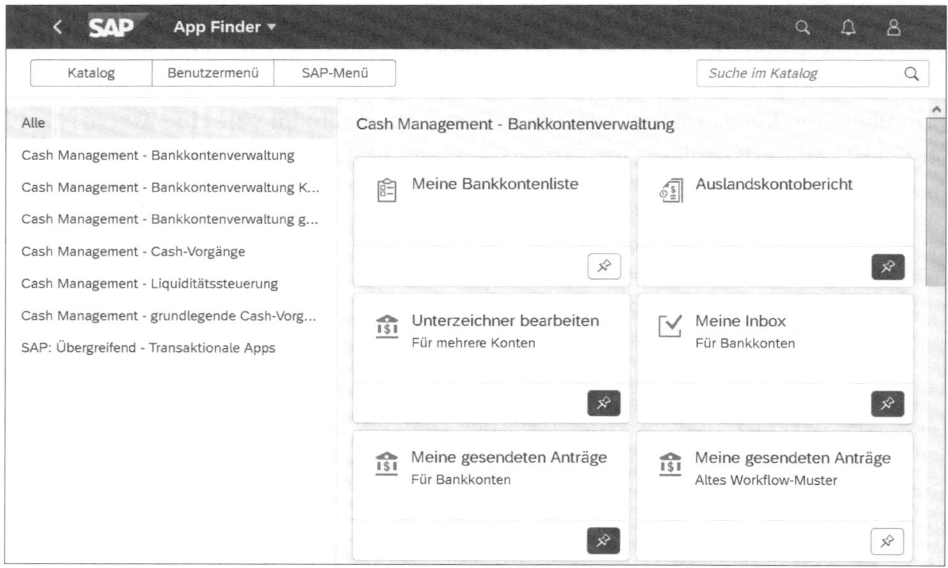

Abbildung 1.14 SAP Fiori Launchpad – App Finder

- Das Icon (**Zuordnung bearbeiten**) symbolisiert, dass die Kachel nicht im SAP Launchpad sichtbar ist.
- Das gleichnamige Icon (**Zuordnung bearbeiten**) mit der invertierten Farbgebung symbolisiert, dass die Kachel auf Ihrem SAP Fiori Launchpad in der gewählten Gruppe angezeigt wird.

Durch einen Klick auf das Icon können Sie das Element aktivieren bzw. deaktivieren und damit dem SAP Fiori Launchpad hinzufügen bzw. es daraus entfernen.

SAP-Fiori-Apps anordnen

Zur Personalisierung des SAP Fiori Launchpads kann dort die Reihenfolge der Apps oder die Gruppenbezeichnung individuell angepasst werden. Zusätzlich können dort Gruppen hinzugefügt und Apps individuell zugeordnet werden.

In dem in Abbildung 1.12 dargestellten Benutzermenü ist die Funktion **Startseite bearbeiten** enthalten. Durch die Auswahl öffnet sich das SAP Fiori Launchpad in der in Abbildung 1.15 dargestellten Ansicht.

Hier können Sie die Startseite mit den folgenden Funktionen bearbeiten.

- Eigene Gruppe **Startseite** erstellen
- Kachel entfernen
- Kachel verschieben
- Link für den Aufruf einer App hinzufügen

- Gruppe hinzufügen
- Gruppe ausblenden
- Gruppe zurücksetzen auf den SAP-Standard nach einer Änderung durch einen Anwender

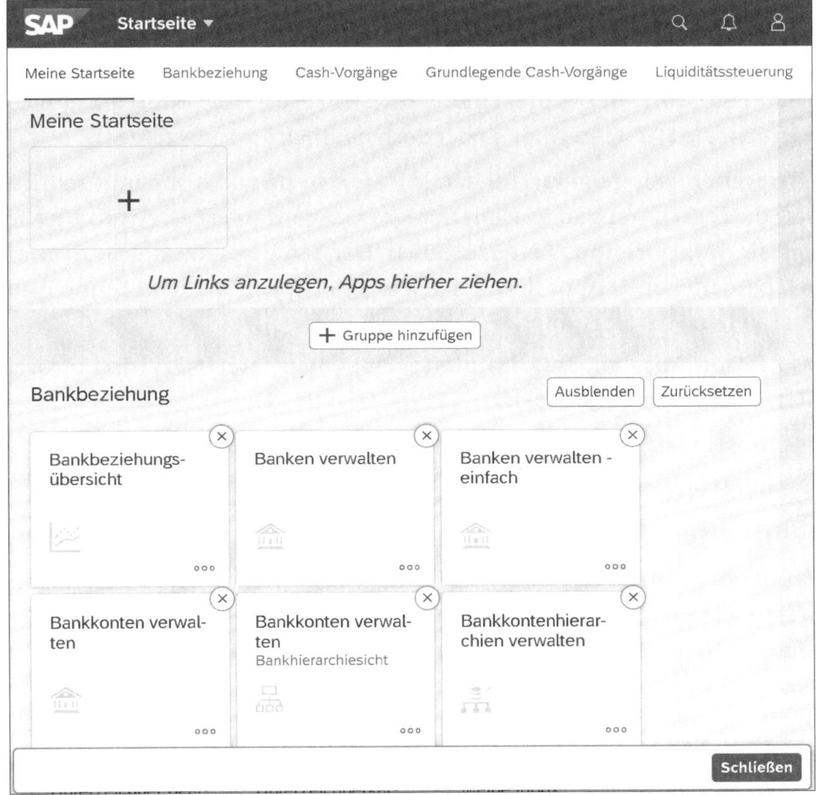

Abbildung 1.15 SAP Fiori Launchpad – Startseite bearbeiten

1.5.9 Arten von SAP-Fiori-Apps

SAP-Fiori-Apps und SAP-Fiori-Legacy-Apps

Mit SAP Fiori steht Ihnen eine Vielzahl von Apps zur Verfügung, die über das SAP Fiori Launchpad verwendet werden können. Auf der technischen Ebene unterscheidet man in erster Linie zwischen *SAP-Fiori-Apps* und *SAP-Fiori-Legacy-Apps*.

- **SAP-Fiori-Apps**
  »Echte« SAP-Fiori-Apps sind eigens für SAP Fiori entwickelte Apps auf der Basis des SAPUI5-Frameworks. Sie nutzen die neuen Konzepte der Benutzerinteraktion. Im Januar 2021 wurden in der SAP Fiori Apps Reference Library 2030 Apps dieser Kategorie zugeordnet.

- **SAP-Fiori-Legacy-Apps**
  Dies sind Apps mit einer anderen technischen Basis wie z. B. Web-Dynpro-Apps oder SAP-Design-Studio-Apps (aufgrund der Verschmelzung mit SAP Lumira auch SAP-Lumira-Designer-Apps genannt). Auch klassische Transaktionen, die im SAP-Fiori-Design über das SAP Fiori Launchpad bereitgestellt werden, gelten als SAP-Fiori-Legacy-Apps.

Bei der Nutzung der Apps ist der Unterschied zwischen einer SAP-Fiori-App auf der Basis von SAPUI5 und einer SAP-Fiori-Legacy-App optisch kaum zu erkennen; die SAP-Fiori-Apps sind jedoch deutlich leistungsfähiger.

SAP erweitert stetig die Anzahl der SAP-Fiori-Apps und löst damit schrittweise die Legacy-Apps ab. Ein langfristiges Ziel von SAP ist es, zukünftig alle Apps als SAP-Fiori-Apps bereitzustellen. Der Schwerpunkt der in diesem Buch beschriebenen Apps liegt auf den eigens für das SAP Fiori Launchpad entwickelten SAP-Fiori-Apps.

SAP-Fiori-Apps

Bei SAP-Fiori-Apps mit SAPUI5 unterscheidet man zusätzlich zwischen drei unterschiedlichen App-Typen:

- transaktionale Apps
- analytische Apps
- Infoblätter

Transaktionale Apps

Transaktionale Apps dienen der Erfassung, Bearbeitung und Analyse von Daten in einem spezifischen Anwendungsgebiet. Sie sind für die prozessorientierte Abarbeitung von Aufgaben bestimmt. Ein Beispiel ist das Anlegen eines Bankkontos mit der SAP-Fiori-App **Bankkonten verwalten** oder die Durchführung einer Zahlung mit der SAP-Fiori-App **Überweisungen tätigen**.

Analytische Apps

Analytische Apps dienen der interaktiven Auswertung von Unternehmensdaten in Echtzeit. Große Datenmengen können hier dynamisch von dem Anwender verdichtet oder bis ins Detail analysiert werden. Diese SAP-Fiori-Apps stellen z. B. flexible Analysen über die Bewegungsdaten im Cash Management zur Verfügung. Sie können dabei zwischen grafischen oder tabellarischen Darstellungsformen wechseln. Eine besondere Form von analytischen Apps stellen die Smart Business Apps dar, wie die SAP-Fiori-Apps **Tagesfinanzstatus** und **Liquiditätsvorschau**. Diese Apps ermöglichen eine dynamische Interaktion mit Drill-down, Filter- und Gruppierungsfunktionen über einen *Key Performance Indicator* (KPI).

Infoblätter

Infoblätter, auch Factsheets genannt, bieten eine Zusammenstellung von Daten, Fakten und Kontextinformationen zu einem Geschäftsobjekt in einem übersichtlichen Report. So zeigt z. B. die SAP-Fiori-Suche nach einem

Hausbankkonto zentrale Stammsatzfelder komprimiert über ein Infoblatt in der Ergebnisliste an.

KPI-Kacheln

Im SAP Fiori Launchpad erhalten Sie bei manchen App-Kacheln, den sogenannten *KPI-Kacheln*, bereits vor dem Öffnen der App Informationen in Form einer KPI. Eine Auswahl von KPI-Kacheln sehen Sie in Abbildung 1.16.

Abbildung 1.16 KPI-Kacheln im SAP Fiori Launchpad

KPI-Kacheln werden für unterschiedliche Zwecke verwendet. Zum Beispiel können finanzielle Werte ausgegeben werden, die Aufschluss über den Tagesfinanzstatus des Unternehmens geben. Aber auch für Ihre persönlichen Aufgaben finden KPIs Verwendung, z. B. mit dem Hinweis auf offene Genehmigungsvorgänge in der SAP-Fiori-App **Meine Inbox**.

Verweis und Drill-down

Viele Apps erlauben Absprünge zu anderen Apps. So gelangen Sie z. B. über eine Verlinkung aus einer analytischen App mit kumulierten Zahlen in eine transaktionale App für die dahinter liegenden Stammdaten und von dort zu den Detaildaten in Form eines Factsheets. Dies erlaubt die stufenweise Analyse von kumulierten Kennzahlen bis zum detaillierten Ursprung der dahinter liegenden Stamm- und Bewegungsdaten.

Die Möglichkeit, von einer App zur anderen zu navigieren oder an weitere detailliertere Informationen zu gelangen, wird im Allgemeinen als *Drill-down* oder im SAP-Fiori-Umfeld auch als *Insight-to-Action* bezeichnet. Mithilfe eines Drill-downs können Sie hierarchisch in den Daten navigieren. Wenn Ihnen eine App Daten aufsummiert ausgibt, können Sie durch den Drill-down den Detailgrad erhöhen und die einzelnen Positionen des aggregierten Wertes anzeigen lassen.

Ein Beispiel stellt die SAP-Fiori-App **Cashflow-Analyse** dar: Im Ergebnisbereich dieser SAP-Fiori-App wird der Tagesfinanzstatus zu einem Buchungskreis in einer Position angezeigt. Um jedoch den Ursprung der Summe zu analysieren, können Sie den Wert auf einzelne Bankländer, Banken oder Bankkonten herunterbrechen. Über einen Verweis auf die SAP-Fiori-App **Cashflow-Positionen prüfen** erhalten Sie die einzelnen Cashflow-Positionen, aus denen sich der Tagesfinanzstatus zusammensetzt. So erhalten Sie über den Drill-down detailliertere Informationen zu einem Objekt durch die Navigation von App zu App.

SAP-Fiori-Apps in diesem Buch

In Kapitel 4 bis Kapitel 7 befindet sich jeweils vor dem Fazit ein Abschnitt, in dem die für das jeweilige Kapitel wichtigen Apps und Transaktionen tabellarisch aufgelistet sind. Sie erhalten hier Informationen über die Funktion, den App-Typ, die App-ID, die Releaseversion der erstmaligen Bereitstellung durch SAP und Lizenzinformationen.

SAP Fiori Apps Reference Library

Zusätzliche Informationen, wie z. B. technische Details oder Implementierungsvoraussetzungen der einzelnen Apps, erhalten Sie über die in Abbildung 1.17 dargestellte SAP Fiori Apps Reference Library. Diese können Sie über die URL *https://fioriappslibrary.hana.ondemand.com* aufrufen.

Im ersten Schritt können Sie die Suche über eine App-Kategorie einschränken. In der SAP Fiori Apps Reference Library werden die eigens für das SAP Fiori Launchpad entwickelten SAP-Fiori-Apps von den angepassten Legacy-Apps unterschieden. Wenn Sie über alle verfügbaren Apps suchen möchten, wählen sie die Kategorie **All apps for SAP S/4HANA**. Möchten Sie die Suche auf die ca. 2.100 SAP-Fiori-Apps begrenzen, selektieren Sie die Kategorie **SAP Fiori apps for SAP S/4HANA**.

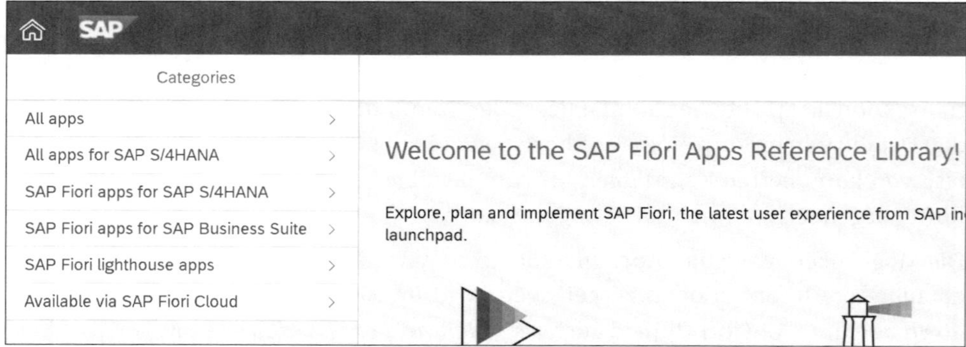

Abbildung 1.17 SAP Fiori Apps Reference Library – Startseite

SAP Fiori Apps Reference Library durchsuchen

Wählen Sie eine Kategorie, und grenzen Sie die Ausgabe durch einen Suchbegriff ein. Für die SAP-Fiori-App **Cashflow-Analyse** mit der App-ID F2332 ist in Abbildung 1.18 ein Ausschnitt der Informationen dargestellt. Beispielsweise ist in der SAP Fiori Apps Reference Library die zugrunde liegende Technik, wie SAPUI5 oder Web Dynpro, und die Art der App durch das Feld **Application Type** beschrieben.

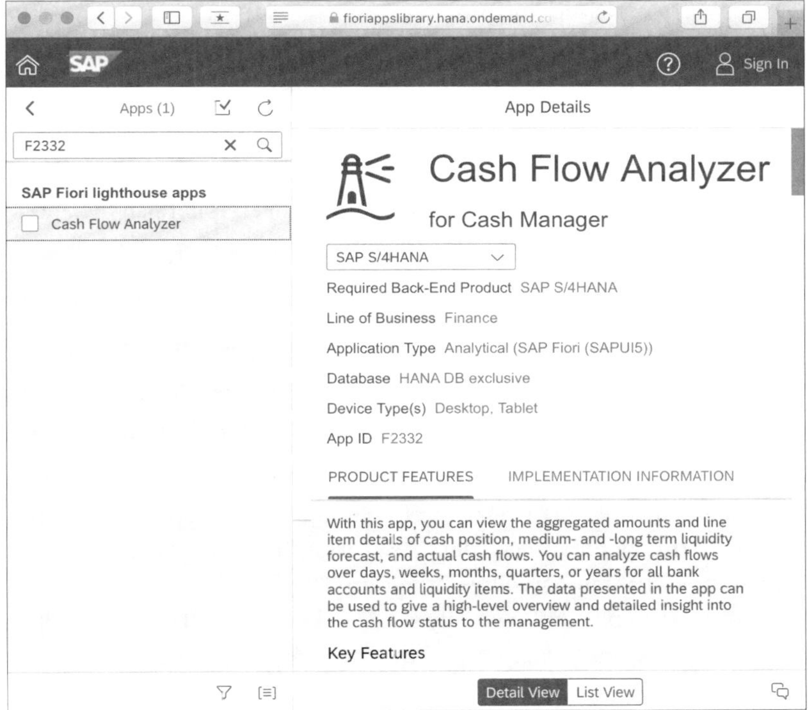

Abbildung 1.18 Detailinformationen zur SAP-Fiori-App »Cashflow-Analyse« in der SAP Fiori Apps Reference Library

Beachten Sie, dass die SAP Fiori Apps Reference Library ausschließlich in englischer Sprache verwendet werden kann. So müssen Sie bei Ihren Recherchen die englische Bezeichnung der App oder die App-ID nutzen, um die gesuchte App zu finden.

Identifizierung einer SAP-Fiori-App

Im Benutzermenü ist die Funktion **Über** enthalten. Hier wird Ihnen die App-ID einer aktuell geöffneten App angezeigt. Diese App-ID können Sie für die Suche in der Fiori Apps Reference Library verwenden und detailliertere Informationen aufrufen.

SAP hat in den vergangenen Releases viele Änderungen an den Apps im Cash Management vorgenommen. So wurden z. B. ältere Apps durch neuere Apps ersetzt, Filterfunktionen und Feldnamen geändert sowie technische Verbesserungen vorgenommen. Deshalb ist es besonders wichtig, sich im Rahmen eines Releasewechsels über Änderungen von Apps zu informieren und neu verfügbare Apps zu implementieren.

1.5.10 Layouts von SAP-Fiori-Apps

SAP-Fiori-Apps sind konsistent und einheitlich gestaltet, um Ihnen die Einarbeitung in unbekannte Apps zu erleichtern. Beim Layout wird zwischen der *Vollbildansicht* und der *Master-Detail-Ansicht unterschieden*.

- **Vollbildansicht**
  Bei Apps mit Vollbildansicht befindet sich im oberen Bereich die Filterleiste zur Selektion der Ausgabe und im unteren Bereich eine Ergebnisliste.
- **Master-Detail-Layout**
  Apps mit dem Master-Detail-Layout öffnen sich in einer vertikal zweigeteilten Ansicht. So ermöglicht der linke Bereich eine Ansicht der verfügbaren anzuzeigenden Elemente und in der rechten Seite eine Detailansicht zum gewählten Objekt.

Vollbildansicht

Die allgemeinen Funktionen zur Filterung und Layoutgestaltung möchten wir Ihnen nachfolgend anhand der SAP-Fiori-Apps **Cashflow-Analyse** und **Bankkontenhierarchien verwalten** erläutern. Die in Abbildung 1.19 dargestellte SAP-Fiori-App **Cashflow-Analyse** öffnet sich im Vollbildmodus. Hier befindet sich im oberen Bereich die Filterleiste ❶ und im unteren Bildteil der Ergebnisbereich ❷, der beim Start einer App noch keine Datensätze zeigt. Diese Anordnung ist typisch für einen großen Teil der SAP-Fiori-Apps.

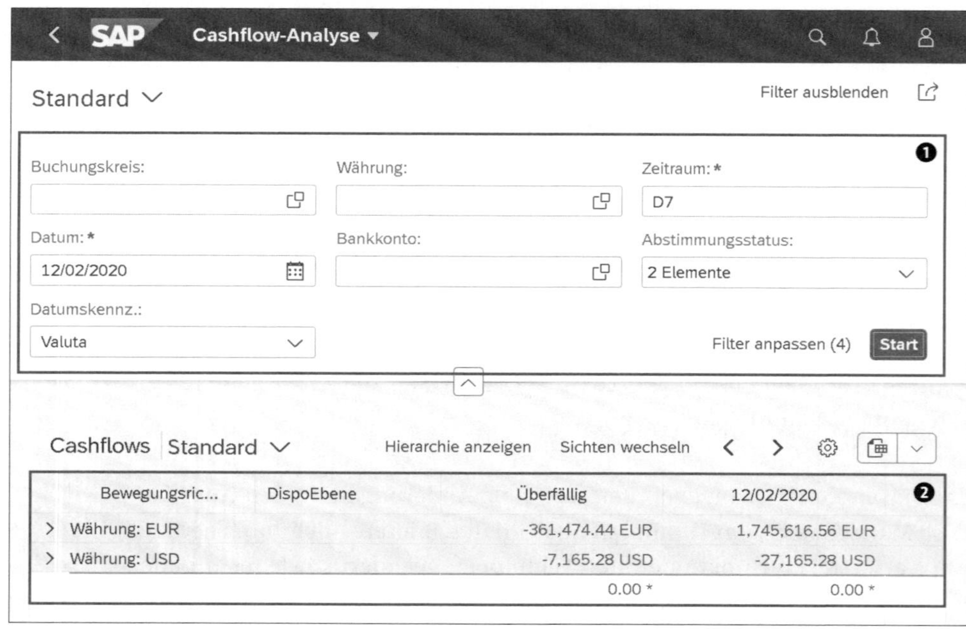

Abbildung 1.19 Darstellung der SAP-Fiori-Apps am Beispiel der Cashflow-Analyse

Filterleiste

In der Filterleiste ❶ finden Sie Filterkriterien in Form von Datenbankfeldern wie z. B. Buchungskreis oder Bankkonto mit feldspezifischen Auswahlhilfen. Die Ausgabe der Ergebnisliste wird durch die Werte in den Filterfeldern eingegrenzt. Beachten Sie, dass Standardwerte, die Sie in Ihren individuellen Benutzereinstellungen hinterlegen, automatisch die korrespondierenden Filterfelder füllen.

[«]

Felder in der Filterleiste zur App-Steuerung

Einige Felder fungieren nicht als Filterkriterien, sondern beeinflussen das Systemverhalten im Ergebnisbereich. So steuert z. B. das Feld **Datumskennzeichen** in der SAP-Fiori-App **Cashflow-Analyse**, ob die Datumszuordnung der Cashflows über das Buchungsdatum oder über das Valutadatum erfolgt. Das Feld **Anzeigewährung** in Kombination mit dem **Kurstyp** definiert, in welche Währung alle Buchungen umgerechnet werden sollen und stellt somit kein Filterkriterium dar. Im Unterschied dazu filtert das Feld **Währung** auf die Bewegungsdaten mit der korrespondierenden Währung.

Die Feldauswahl des Filters können Sie durch die Hinzunahme von zusätzlichen oder dem Entfernen nicht benötigter Filterkriterien mit der Funktion **Filter anpassen** individuell gestalten. Sie können die Filterleiste über einen Klick auf das Icon (**Kopfbereich komprimieren**) ausblenden.

Ergebnisbereich

Durch die Bestätigung der Selektion mit **Start** werden die Daten im *Ergebnisbereich* ❷ ausgegeben. Auch dieser Bereich ist in Apps oftmals identisch aufgebaut. Im oberen Teil des Ergebnisbereichs sind Icons für Benutzeraktionen und zur Änderung der Darstellung zu finden. Im unteren Teil des Ergebnisbereichs sind die eigentlichen Daten sichtbar.

Anzeigeeinstellungen

Über das Icon (**Einstellungen**) im Ergebnisbereich können Sie die eingeblendeten Spalten verändern oder die Ergebnisse gruppieren, filtern oder sortieren. Bei Apps mit einer grafischen Darstellung kann zusätzlich der Diagrammtyp der Grafik verändert werden. Die Anzeigeeinstellungen öffnen sich in einem zusätzlichen Fenster (siehe Abbildung 1.20). In den Einstellungen sind mehrere Funktionen zusammengefasst.

Spalten anzeigen oder ausblenden

Auf der Registerkarte **Spalten** können Sie die im Ergebnisbereich angezeigten Spalten verwalten. Ein aktiviertes Kontrollkästchen gibt an, dass die jeweilige Spaltenüberschrift im Ergebnisbereich angezeigt wird. Zusätzliche Spalten können Sie durch die Aktivierung hinzufügen, und nicht benötigte Spalten können Sie durch die Deaktivierung entfernen.

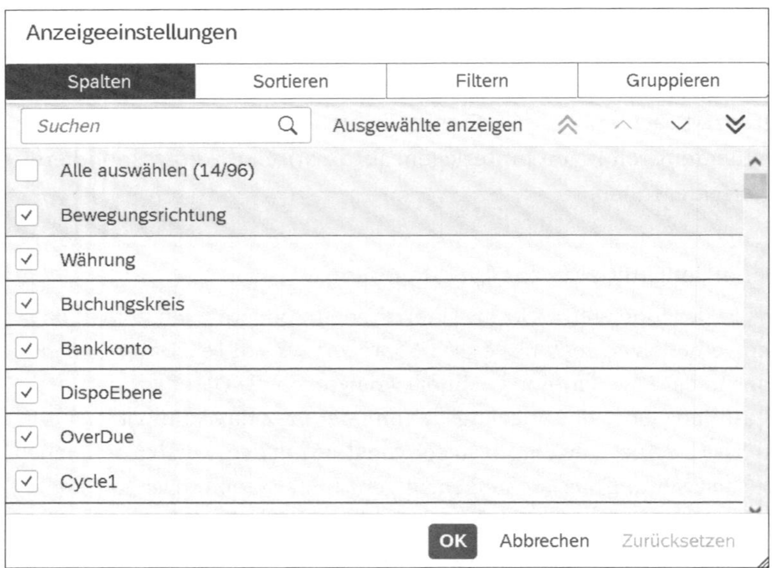

Abbildung 1.20 Anzeigeeinstellungen der SAP-Fiori-Apps – Registerkarte »Spalten«

Sortierung In den Einstellungen können Sie eine Sortierung der Ausgabe definieren. Wählen Sie dafür die Registerkarte **Sortieren** (siehe Abbildung 1.21).

Abbildung 1.21 Anzeigeeinstellungen der SAP-Fiori-Apps – Registerkarte »Sortieren«

Über die Sortierfunktionen können Sie definieren, nach welchem Wert die Ausgabe sortiert werden soll und ob nach diesem Wert **Aufsteigend** oder **Absteigend** angeordnet werden soll.

Ausgabe filtern Zusätzlich zur Verwendung von Filtern in der Filterleiste kann die Ausgabe in der Ergebnisliste durch diese erweiterte Filterfunktion eingegrenzt werden. Die Filterfunktion ist in Abbildung 1.22 dargestellt.

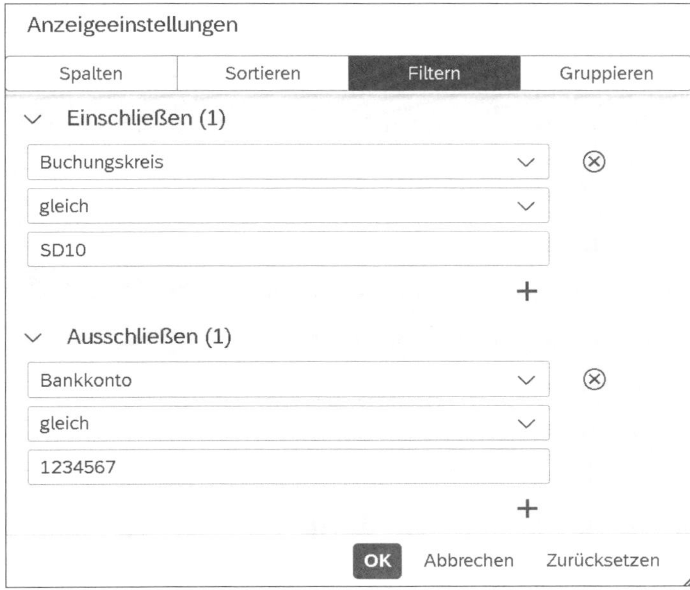

Abbildung 1.22 Anzeigeeinstellungen der SAP-Fiori-Apps – Registerkarte »Filtern«

Die Filterfunktion bietet zwei Möglichkeiten: Das **Einschließen** der Ausgabe auf übereinstimmende Merkmale oder das **Ausschließen** von Daten im Ergebnisbereich. Bei beiden Funktionen gehen Sie folgendermaßen vor:

1. Wählen Sie das Merkmal, zu dem die Ausgabe eingegrenzt werden soll (z. B. Buchungskreis, Bankkonto, Bankland oder Liquiditätsposition).
2. Wählen Sie einen Vergleichsoperator, über den der Filterwert mit den Daten abgeglichen werden soll. Zur Verfügung stehen **gleich**, **kleiner als** oder **größer als**.
3. Tragen Sie den Filterwert ein. Beim Einschließen wird die Datenausgabe auf die Datensätze eingegrenzt, die den Filterkriterien entsprechen. Beim Ausschließen werden genau die Datensätze in der Ausgabe nicht angezeigt, die den Filterkriterien entsprechen. Achten Sie bei der Eingabe der Werte auf die korrekte Groß- und Kleinschreibung.

[zB]

Filtern der Ergebnisliste

In dem in Abbildung 1.22 dargestellten Beispiel würde die Ausgabe der Cashflows in der SAP-Fiori-App **Cashflow-Analyse** folgende Werte ausgeben:

- ausschließlich Cashflows aus dem Buchungskreis SD10
- keine Cashflows des Bankkontos 1234567

Zusätzliche Filter grenzen die Ausgabe weiter ein. Wählen Sie dafür das Icon [+] (**Hinzufügen**).

Gruppieren

Eine weitere Funktion zum Anpassen der Ausgabe im Ergebnisbereich wird in den **Anzeigeeinstellungen** mit der Gruppierung bereitgestellt (siehe Abbildung 1.23).

Abbildung 1.23 Anzeigeeinstellungen der SAP-Fiori-Apps – Registerkarte »Gruppieren«

Mit der Gruppierung definieren Sie, wie die Daten in dem Ergebnisbereich gruppiert oder verdichtet angezeigt werden. Gruppieren können Sie in mehreren Ebenen. Entsprechend der hier dargestellten Reihenfolge erfolgt auch die Gruppierung in der Ausgabe. Durch [+] (**Hinzufügen**) können Sie eine weitere Ebene hinzufügen.

Im Beispiel der SAP-Fiori-App **Cashflow-Analyse** und der soeben definierten Gruppierung werden die Cashflows als Erstes nach der Währung verdichtet aufgelistet (siehe Abbildung 1.24). Danach erfolgt die verdichtete Ausgabe nach Buchungskreis und anschließend nach Bankkonten.

Sichtbarkeit der Spalte für die Gruppierung

Für die Auswahl eines Merkmals in der Gruppierung muss dieses auch als Spalte eingeblendet sein. Falls Sie im Bereich **Gruppieren** ein Merkmal auswählen, das im Bereich **Spalten** nicht aktiviert ist, müssen Sie diese Spalte noch nachträglich einblenden, um die gewünschte Gruppierung zu erreichen.

Über einen Klick auf **Zurücksetzen** werden die Standardeinstellungen übernommen und die jeweilige Eingrenzung oder Gruppierung entfernt bzw. zurückgesetzt.

Cashflows | Standard * | Hierarchie anzeigen | Sichten wechseln

Bewegungsric...	DispoEbene	Überfällig	12/08/2020
Währung: EUR		38,156.00 EUR	38,969.0
Buchungskreis: SD10 - Maschinenwerk AG		38,156.00 EUR	38,969.0
Bankkonto: 77777777 - CP-Unterkonto-2-SD10		649,122.00 EUR	649,935.0
Bankkonto: 88888888 - CP-Unterkonto-SD10		146,457.00 EUR	146,457.0
Bankkonto: 99999999 - CP-Sammelkonto-SD10		-757,423.00 EUR	-757,423.0
		0.00 EUR	0.0
→	CL	-808,563.00 EUR	-808,563.0
←	CL	63,650.00 EUR	63,650.0
→	PR	-12,510.00 EUR	-12,510.0
		-757,423.00 EUR	-757,423.0
		38,156.00 EUR	38,969.0

Abbildung 1.24 Gruppierung in der SAP-Fiori-App »Cashflow-Analyse«

Ansichten

Um eine individuelle Selektion oder Darstellung zu sichern, können Sie die Anpassung der Filterleiste oder des Ergebnisbereichs sichern und bei einem wiederholten Aufruf der App auswählen. Für den jeweiligen Bereich befinden sich in den SAP-Fiori-Apps sogenannte **Ansichten** ❶ und ❷ (siehe Abbildung 1.25). Beachten Sie dabei, dass es sich um zwei unterschiedliche Ansichten handelt, die im SAP-Sprachgebrauch eine identische Bezeichnung haben.

Abbildung 1.25 Ansichten in den SAP-Fiori-Apps

Klicken Sie zum Sichern einer personalisierten Ansicht auf das Icon ☐ (**Ansichten auswählen**). Es öffnet sich ein Auswahlfenster mit den bereits vorhandenen Ansichten (siehe Abbildung 1.26).

Abbildung 1.26 SAP-Fiori-Apps – Ansichten auswählen

Durch einen Klick auf den Button **Sichern als** öffnet sich die in der Abbildung 1.27 dargestellte Eingabemaske.

Abbildung 1.27 SAP-Fiori-Apps – Ansichten sichern

Fügen Sie hier eine Bezeichnung der Ansicht ein. Damit die Ansicht beim Öffnen der App mit Ihrem Benutzer automatisch gewählt und die in dieser Ansicht gespeicherten Werte übernommen werden, können Sie das Kontrollkästchen neben **Als Standard festlegen** anhaken. Für den Fall, dass die Datenselektion automatisch nach dem Start der App erfolgen soll, kann zusätzlich das Kontrollkästchen **Automatisch anwenden** angewählt werden. Dadurch wird das Anklicken des Buttons **Start** überflüssig.

Durch die Aktivierung der Option **Öffentlich** wird die Ansicht für alle Benutzer der SAP-Fiori-App freigegeben. Andere Benutzer können diese Ansicht dann in der Verwaltung der Ansichten auswählen und nutzen. Speichern Sie die Anlage mit dem Button **Sichern**. Die angelegte Ansicht ist nun in der Liste **Meine Ansichten** enthalten und kann ausgewählt werden (siehe Abbildung 1.26).

Master-Detail-App

Ein vertikal geteiltes Layout wird z. B. in der SAP-Fiori-App **Bankkontenhierarchien verwalten** verwendet (siehe Abbildung 1.28). Hierbei handelt es sich um eine sogenannte *Master-Detail-App*.

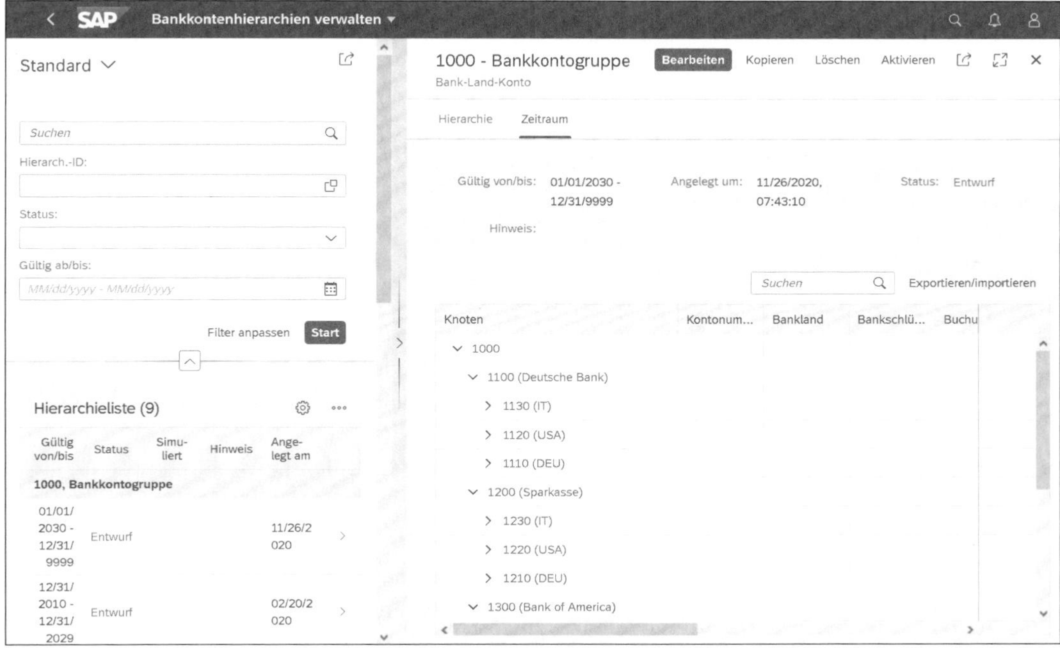

Abbildung 1.28 SAP-Fiori-Apps – Master-Detail-Ansicht

Im linken Bereich befindet sich die Masterliste mit den angelegten Objekten. Über die Auswahl eines Objekts werden die zugehörigen Details im rechten Bildbereich ausgegeben. Über das Icon (**Vollbild**) können Sie den linken Bereich ausblenden und sich den rechten Bereich in der vollen Fenstergröße anzeigen lassen.

Als Kachel sichern

Nachdem Sie die Darstellung einer App an Ihre Bedürfnisse angepasst haben und auch zukünftig von den Einstellungen mit einem einfachen Zugriff profitieren möchten, können Sie die vorgenommenen Einstellungen in einer Kachel auf Ihrer Startseite sichern. Wählen Sie dafür das Icon (**Teilen**) und anschließend die Option **Als Kachel sichern** (siehe Abbildung 1.29).

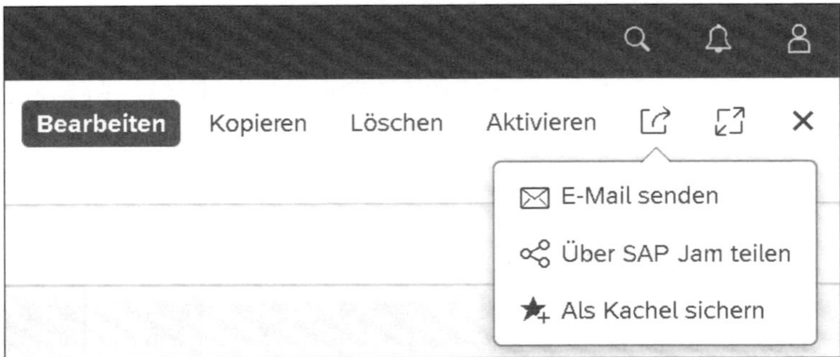

Abbildung 1.29 Ansicht teilen

Daraufhin wird eine neue Kachel zu Ihrer eigenen Startseite hinzugefügt. Bei einem Aufruf der App über die hinzugefügte Kachel werden alle gesicherten Einstellungen und Filterkriterien übernommen.

Ansicht teilen

Wenn Sie in einer angepassten Darstellung einen Mehrwert für Ihre Kollegen sehen oder genau in dieser Ansicht (beispielsweise nach der Eingrenzung eines Datensatzes) auf diesen Punkt aufmerksam machen möchten, können Sie diese individuelle Darstellung teilen. Nutzen Sie hierzu nach einem Klick auf das Icon (**Teilen**) entweder die Option **E-Mail senden** oder **Über SAP Jam teilen**.

1.5.11 SAP Fiori Launchpad Designer

Weitere Möglichkeiten zur Anpassung des SAP Fiori Launchpads ermöglicht der *SAP Fiori Launchpad Designer*. Mit dem SAP Fiori Launchpad Designer können zusätzliche App-Kataloge oder URLs hinzugefügt oder obsolete Apps entfernt werden. Um den SAP Fiori Launchpad Designer aufzurufen und Änderungen durchzuführen, werden zusätzliche Berechtigungen benötigt. Diese Aufgabe erfordert ein tieferes technisches Verständnis und wird daher hier nicht weiter vertieft.

Aktuelle Informationen und alle Möglichkeiten, die das SAP Fiori Launchpad bereitstellt, publiziert SAP auf der folgenden Webseite (siehe Abbildung 1.30):

https://experience.sap.com/fiori-design-web/

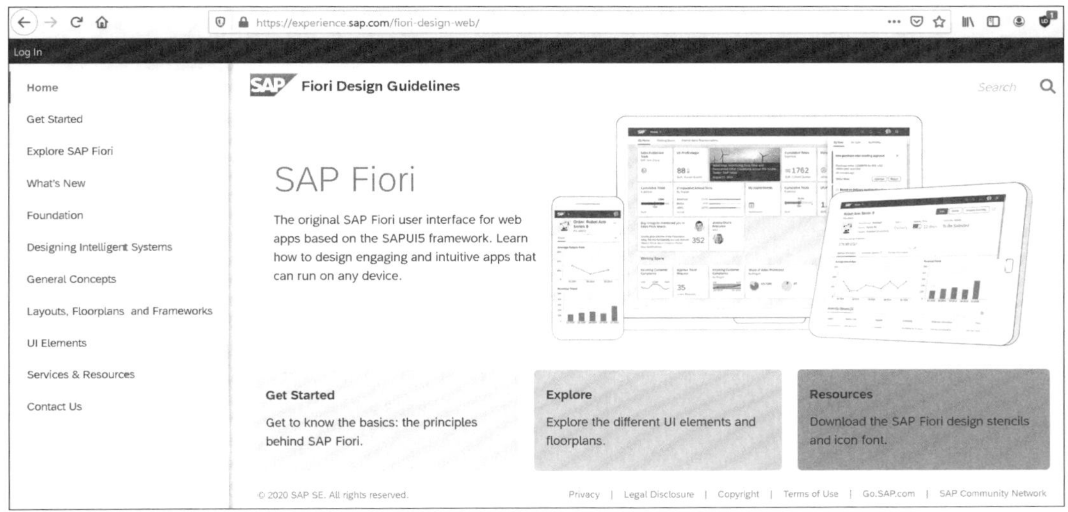

Abbildung 1.30 SAP Fiori Design Guidelines auf der SAP-Website

1.6 Fazit

In diesem Kapitel haben Sie einen Überblick über SAP S/4HANA erhalten und dabei die neuen Konzepte zur Datenhaltung, die Cloud- und On-Premise-Versionen von SAP S/4HANA sowie die verschiedenen Betriebs- und Lizenzmodelle kennengelernt.

Mit dem SAP Fiori Launchpad stellt SAP eine intuitive, moderne und rollenbasierte Benutzeroberfläche bereit, mit der Anwender Zugriff auf das SAP-System erhalten. Besonderer Fokus liegt dabei auf der personalisierten Ausprägung für jeden einzelnen Anwender. Für das Cash Management werden Sie in den nachfolgenden Kapiteln dieses Buches viele Apps zur Stammdatenpflege und Analyse von Cash-Management-Daten kennenlernen.

Kapitel 2
SAP-Lösungen für das Cash Management

Dieses Kapitel definiert die Ziele und Aufgaben des Cash Managements aus Praxissicht, und Sie erfahren, wie Sie die verschiedenen SAP-Lösungen hierbei unterstützen können. So können Sie beurteilen, welche Lösungen für Ihr Unternehmen geeignet sind.

Das Cash Management verantwortet die liquiden Mittel eines Unternehmens und sorgt für die bedarfsgerechte Bereitstellung dieser existenziellen Unternehmensressource. Das Cash Management ist für viele unterschiedliche Aufgaben verantwortlich und dabei in verschiedene Unternehmensprozesse als Akteur und als Sender bzw. Empfänger von Information eingebettet. Unternehmen legen den Begriff *Cash Management* häufig unterschiedlich aus. Auch SAP selbst interpretiert diesen Begriff im Laufe der Zeit im Rahmen der Vermarktung der Produkte immer wieder anders.

Für ein gemeinsames Verständnis des Cash Managements aus betriebswirtschaftlicher Sicht erläutert daher Abschnitt 2.1 »Aufgaben und Ziele des Cash Managements«, zunächst die Ziele, Herausforderungen und Aufgaben des Cash Managements.

SAP bietet mit SAP S/4HANA eine Vielzahl von Softwarekomponenten für die Prozesse im Cash Management. Einige davon sind in der Standardlizenz enthalten, weitere sind lizenzpflichtig. Bestimmte Komponenten sind nur als Cloud-Software erhältlich, während andere wahlweise im eigenen Haus oder in der Cloud betrieben werden können. Unternehmen mit einer Mehrsystemlandschaft können auf verschiedene Integrationsszenarien zurückgreifen.

Dieses Kapitel gibt Ihnen eine Orientierung dazu, welche Lösungen und welche damit verbundene Systemarchitektur für Ihre individuelle Situation sinnvoll sind. In den folgenden Abschnitten werden die Funktionen des Cash Managements im Detail vorgestellt.

Die Applikation *SAP Cash and Liquidity Management* wird in Abschnitt 2.2, »SAP Cash and Liquidity Management«, mit den drei Funktionsbereichen

Bankkontenverwaltung, *Cash-Vorgänge* und *Liquiditätsmanagement* vorgestellt. Die hier beschriebenen Funktionen bilden den funktionalen Kern des Cash Managements in einem SAP-S/4-HANA-System.

SAP Bank Communication Management (Abschnitt 2.3) unterstützt Sie bei der Freigabe und Bündelung von Zahlungsaufträgen sowie bei der Statusverfolgung von Zahlungen und dem Monitoring des elektronischen Kontoauszugs. Da diese Funktionen in die Prozesse des Cash Managements integriert sind, werden in diesem Buch die wichtigsten SAP-Fiori-Apps beschrieben.

SAP stellt weitere Applikationen und Services zur Verfügung, die für die Automatisierung und Digitalisierung der Prozesse im Cash Management relevant sind. In diesem Buch können leider nicht alle Lösungen von SAP im Detail vorgestellt werden; in den folgenden Abschnitten beschreiben wir jedoch kurz die wichtigsten Lösungen, die eng mit dem Cash Management integriert sind:

- SAP Multi-Bank Connectivity (siehe Abschnitt 2.4)
- Payment Medium Workbench (siehe Abschnitt 2.5)
- Advanced Payment Management (siehe Abschnitt 2.6)
- SAP In-House Cash (siehe Abschnitt 2.7)
- SAP Treasury and Risk Management (siehe Abschnitt 2.8)

2.1 Aufgaben und Ziele des Cash Managements

Das *Cash Management* versteht sich als Teilbereich des *Corporate Treasury* und ist damit dem Unternehmensbereich Finanzwesen zugeordnet. Für den Begriff *Cash Management* existiert eine Vielzahl an Interpretationen, die in diesem Unternehmensbereich unterschiedliche Verantwortungen und Aufgaben verorten. Dennoch gibt es einen gemeinsamen Nenner: Das Cash Management ist für die jederzeitige Sicherstellung der Zahlungsfähigkeit eines Unternehmens und das ertragsoptimierte Management der Geldbestände verantwortlich.

Häufig gestaltet und überwacht das Cash Management dabei auch die cashrelevanten Geschäftsprozesse, um für einen störungsfreien und sicheren Transfer der liquiden Mittel zu sorgen und die Prozesskosten für die Zahlungsvorgänge zu senken.

[«]

Die Begriffe »Cash« und »Cashflow«

Der Begriff *Cash* wird in diesem Buch mit den frei verfügbaren liquiden Geldmitteln wie Guthaben auf Bankkonten und Kassenbeständen eines Unternehmens gleichgesetzt. Wie ein Unternehmen den Begriff darüber hinaus abgrenzt, ist eine individuelle Entscheidung. In unseren Projekten haben wir immer wieder über Grenzfälle diskutiert, wie z. B. Tagesgelder, Geldmarktpapiere oder sonstige Near Money Assets, unterwegs befindliche Zahlungen, gesperrte Sichteinlagen oder Guthaben bei Kreditkartenunternehmen oder PayPal.

Ob Sie solche Grenzfälle hinzuzählen oder nicht: Definieren Sie im Rahmen Ihres Cash-Management-Projekts eindeutig, welche Positionen den liquiden Mitteln zugerechnet werden sollen.

Der Begriff *Cashflow* wird in diesem Buch als Bewegung von Cash (Einzahlung oder Auszahlung) definiert.

Für eine weitergehende Definition des Cash Managements dient Abbildung 2.1. Im Fokus des Cash Managements steht dabei, den unternehmerischen Geldkreislauf mit minimalen Kosten in Gang zu halten und abzusichern (symbolisiert durch das Schloss) sowie dafür zu sorgen, dass jederzeit auf allen Bankkonten die benötigte Liquidität in der richtigen Währung zur Verfügung steht. Hierbei sind externe Risiken, Anforderungen von diversen Stakeholdern sowie Veränderungen im Umfeld und in der Struktur des Unternehmens zu berücksichtigen.

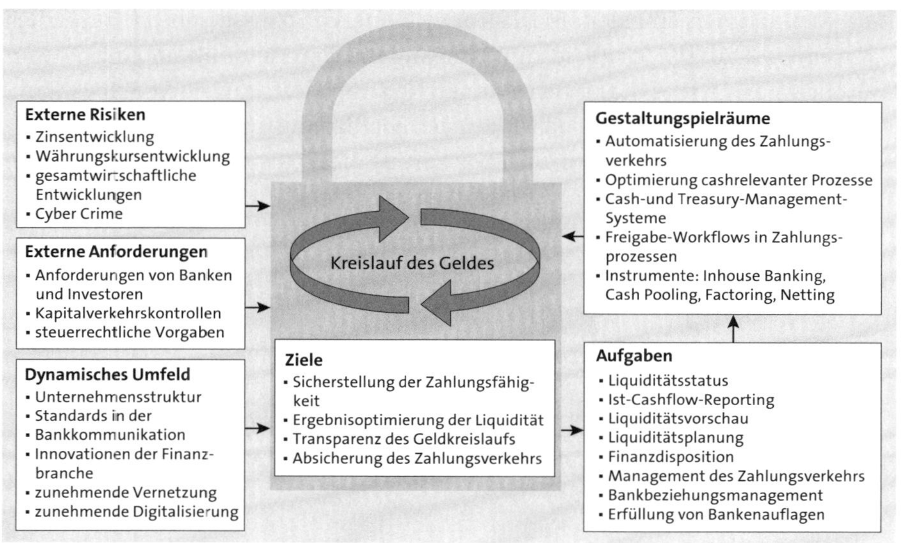

Abbildung 2.1 Management des unternehmerischen Geldkreislaufs

Ziele des Cash Managements

Das primäre Ziel des Cash Managements ist es, jederzeit die Zahlungsfähigkeit des Unternehmens sicherzustellen, um alle Verbindlichkeiten termingerecht bedienen zu können und schlimmstenfalls eine liquiditätsbedingte Insolvenz zu vermeiden. Der Geldkreislauf muss für das Cash-Management transparent werden und Informationen zur Ursache, Zeitpunkt, Währung und Betragshöhe von vergangenen und zukünftigen Geldbewegungen bereitstellen.

Ein weiteres Ziel ist die Ergebnisoptimierung der Liquidität. Dazu sind die Kosten für die Bereitstellung von Liquidität zu minimieren, überschüssige Liquidität gewinnbringend anzulegen und auch zunehmend Negativzinsen zu vermeiden. Dieses Ziel steht im Konflikt mit dem erstgenannten Ziel, da eine Erhöhung der Geldreserve zwar die potenzielle Zahlungsfähigkeit vergrößert, aber mit höheren Kosten verbunden ist. Für diesen Zielkonflikt gilt es, mit geeigneten Maßnahmen wie einer zuverlässigen Liquiditätsplanung eine Balance zu finden. Die Ergebnisverantwortung für den Geldkreislauf erstreckt sich aber auch auf die Reduktion von Transaktionskosten für Zahlungen und die Minimierung von Bankgebühren.

Externe Risiken für die Unternehmensliquidität

Die Unternehmensliquidität ist verschiedenen externen Risiken ausgesetzt, die in Planung und Disposition zu berücksichtigen sind und die ein flexibles und aktives Management der Liquidität erfordern. Ein Unternehmen muss auf gesamtwirtschaftliche Risiken, die die Unternehmensliquidität beeinflussen, antizipieren und darauf reagieren können. Wenn sich z. B. die Ertragssituation eines Unternehmens unerwartet ändert oder sich die Zahlungsmoral von Kunden abrupt verschlechtert, sind kompensierende Maßnahmen einzuleiten. Die Entwicklung von Zinssätzen hat zusätzlich Einfluss auf die Strategie zum Umgang mit den Geldmitteln eines Unternehmens, wie es die aktuell gültigen Negativzinsen aufzeigen. Schwankungen in den Wechselkursen wirken sich ebenfalls auf die verfügbare Gesamtliquidität aus. Auch wenn die Absicherung dieser Risiken nicht direkt in den Verantwortungsbereich des Cash Managements fällt, muss es dennoch die hiermit verbundenen Risiken antizipieren.

Cyber-Risiken

Zunehmend gefährden Cyber-Angriffe die IT-Landschaften von Unternehmen, verursachen dadurch Störungen in den Unternehmensprozessen oder manipulieren Unternehmensdaten. Sie stellen damit ein weiteres Risiko für die Zahlungsfähigkeit und die Sicherheit der Zahlungsprozesse eines Unternehmens dar.

Externe Anforderungen

Für Banken, Aktionäre und Investoren stellen die verfügbare Liquidität und der Cashflow eines Unternehmens kritische Kennzahlen dar, die sich auch auf die Bonität eines Unternehmens auswirken. Hieraus generieren sich Anforderungen an die vorzuhaltende Liquidität, das Cashflow-Reporting und die Liquiditätsplanung. Legale Anforderungen und Regularien, wie z. B. direkte und indirekte Kapitalverkehrskontrollen und steuerrechtliche Vorgaben beim Aufbau eines Cash Pools sind darüber hinaus vom Cash Management zu berücksichtigen. Darüber hinaus sind interne Vorgaben des Unternehmensmanagements oder der Revisionsabteilung einzubeziehen.

Dynamisches Umfeld des Cash Managements

Das Cash Management operiert in einem dynamischen Umfeld. Unternehmensintern muss das Cash Management flexibel auf Veränderungen in der Unternehmensstruktur, des Geschäftsmodells oder der finanziellen Unternehmensstrategie reagieren können. Darüber hinaus gibt es Änderungen im externen Umfeld des Unternehmens, die zu berücksichtigen sind. Unternehmen mit internationalem Zahlungsverkehr müssen z. B. auf Änderungen von Standards in der Bankenkommunikation reagieren. Darüber hinaus verändert sich aktuell die Finanzbranche durch Innovationen und die zunehmende Digitalisierung radikal, was neue Chancen und Risiken eröffnet. Die zunehmende Vernetzung von Unternehmen mit den Finanzinstituten und Service-Providern eröffnet neue Gestaltungsräume für optimierte Prozesse im Cash Management.

Aufgaben des Cash Managements

Um die Ziele des Cash Managements unter den gegebenen Rahmenbedingungen zu erreichen, ergibt sich ein breites Aufgabenspektrum für das Cash Management. Zur Bewertung der aktuellen Situation ist ein täglich aktueller Liquiditätsstatus essenziell, und das Unternehmensmanagement erwartet, dass die Ursachen unerwarteter Cashflow-Entwicklungen erklärt werden können. Als Basis für die kurzfristige Finanzdisposition und für Entscheidungen zur Aufnahme von Darlehen stellt das Cash Management Prognosen über zukünftige Liquiditätsströme in Form einer kurzfristigen Liquiditätsvorschau oder mittel- bis langfristigen Liquiditätsplanung bereit. Die Liquiditätsplanung hilft dabei, die notwendige Mindestreserve zu berechnen, um auch im Worst Case jederzeit zahlungsfähig zu bleiben. Um lokale Liquiditätsengpässe zu vermeiden, werden Geldmittel bedarfsgerecht im Konzern verteilt. Zusätzlich kommt dem Management des Zahlungsverkehrs große Bedeutung zu. Hier sorgt das Cash Management für eine sichere, reibungslose und kostengünstige Abwicklung der Zahlungen. Das Bankbeziehungsmanagement unterstützt das Cash Management bei der Kommunikation mit den Banken, stellt den Banken alle benötigten Informationen zur Verfügung und gewährleistet so jederzeitige Handlungsfähigkeit bei der Inanspruchnahme von Bankdienstleistungen.

Gestaltungsspielräume für das Cash Management

Dem Cash Management steht ein großer Baukasten an Hilfsmitteln und Optimierungsmaßnahmen zur Verfügung. Durch die aktuellen Entwicklungen in der Finanzbranche gibt es vielfältige Möglichkeiten, um den Zahlungsverkehr zu standardisieren und zu automatisieren. IT-gestützte Cash-und-Treasury-Management-Systeme (wie das in diesem Buch beschriebene *Cash Management in SAP S/4HANA*) helfen dabei, verbesserte Informationen zur aktuellen und zukünftigen Liquiditätssituation zu liefern, Zahlungsmittel bedarfsgerecht bereitzustellen und die operativen Zahlungsprozesse zu verbessern und abzusichern. So können unternehmensintern Cash Poolings vorgenommen oder Payment Factorys etabliert werden. Zusätzlich kann sich das Cash Management externer Dienste bedienen wie dem Factoring oder verschiedener Formen des bankseitigen Cash Poolings. Darüber hinaus können Cloud-Systeme oder Kommunikationsserver eingebunden werden, um die elektronische Bankenkommunikation zu verbessern.

Optimierung vorgelagerter Prozesse

Die beiden Unternehmensprozesse Order-to-Cash (O2C) und Procure-to-Pay (P2P) enden jeweils mit einem liquiditätsrelevanten Prozessschritt. Zunehmend nutzen Cash Manager daher auch die Möglichkeit, über die Optimierung dieser Prozesse Zahlungen zu beschleunigen oder die Zahlungsprognosen zu verbessern.

Prozessoptimierung E-Invoicing und Rechnungsprüfung

Die Einführung von E-Invoicing erlaubt z. B. im P2P-Prozess eine schnellere Sichtbarkeit von Verbindlichkeiten und im O2C-Prozess einen schnellen Rechnungseingang beim Kunden und damit häufig auch einen schnelleren Zahlungseingang. Ein weiteres Beispiel sind ineffiziente Rechnungsprüfungsprozesse, die die Sichtbarkeit von Eingangsrechnungen in der Liquiditätsvorschau verzögern. Damit wird das Cash Management auch zum Treiber von Geschäftsprozessoptimierungen, die seinen Zielen dienen.

Dieser Sichtweise folgend, zeigt dieses Buch auf, welche Möglichkeiten SAP S/4HANA dem Cash Management bietet, um seine Ziele zu erreichen und die notwendigen Aufgaben zu erledigen.

2.2 SAP Cash and Liquidity Management

Der Fokus dieses Buches liegt auf der SAP-Applikation *SAP Cash and Liquidity Management*. Sie unterstützt das Cash Management in der täglichen Arbeit, um die Liquidität im Unternehmen zu optimieren, zu analysieren und zu planen.

Diese Lösung ist dem Bereich *Financial Supply Chain Management* (FSCM) im Anwendungsmenü und im Customizing zugeordnet. Oft wird das Cash Management auch dem Treasury-Bereich zugeordnet. In diesem Buch verwenden wir die Bezeichnung Cash Management in SAP S/4HANA oder auch kurz SAP Cash Management.

2.2.1 Funktionsbereiche im SAP Cash Management

Die Funktionen des SAP Cash Managements können, wie in Abbildung 2.2 gezeigt, in die drei folgenden Kernbereiche eingeteilt werden:

- Bankkontenverwaltung
- Cash-Vorgänge
- Liquiditätsmanagement

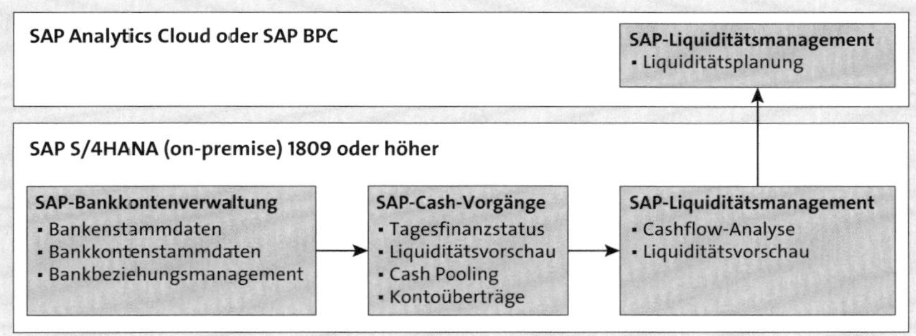

Abbildung 2.2 Übersicht über die Funktionen im SAP Cash Management

Bankkontenverwaltung

Die *Bankkontenverwaltung* stellt dem Anwender Funktionen zur Pflege der Bank- und Bankkontenstammdaten sowie Reports zur Analyse der Geschäftsbeziehung mit den Banken zur Verfügung (siehe Kapitel 7, »Stammdaten für Banken und Bankkonten pflegen«).

Cash Operations

Die Prozesse von *Cash-Vorgänge* (*Cash Operations*) werden durch Reports unterstützt – zum Liquiditätsstatus (siehe Kapitel 4, »Liquiditätsstatus ermitteln«), zur Liquiditätsvorschau (siehe Kapitel 5, »Kurzfristige Liquiditätsvorschau erzeugen«) sowie zur detaillierten Cashflow-Analyse. Zusätzlich stehen dem Anwender Funktionen zu manuellen und automatischen Kontoüberträgen zwischen Bankkonten über Cash Pools oder Kontenclearings zur Verfügung (siehe Kapitel 6, »Kurzfristige Liquidität steuern und disponieren«).

Liquiditätsplanung

SAP Cash Management erlaubt darüber hinaus mit dem *Liquiditätsmanagement* eine mittel- bis langfristige Liquiditätsplanung sowie die Analyse historischer Cashflows im Sinne einer *direkten Cashflow-Rechnung*. Die Erfassung und Speicherung der Plandaten erfolgt in der SAP Analytics Cloud oder in SAP Business Planning and Consolidation (SAP BPC), siehe Kapitel 8, »Liquidität langfristig planen«. Die Liquiditätsplanung greift hierbei auf die operativen Daten im SAP-S/4HANA-System für prognostizierte Cashflows und für Ist-Cashflows zu.

Abgrenzung zum Cash Management mit SAP ERP

In SAP ERP wurde zwischen den Komponenten *Cash Management* und *SAP Liquidity Planner* unterschieden. Mit SAP S/4HANA wurden diese beiden Komponenten betriebswirtschaftlich und technisch enger verzahnt und unter dem Namen *SAP Cash and Liquidity Management* zusammengeführt.

2.2.2 Lizenzvarianten im SAP Cash Management

SAP unterscheidet für die Lizenzierung beim Funktionsumfang des Cash Managements zwischen dem Grundfunktionsumfang und dem erweiterten Umfang.

Die Begriffe »Basic Cash« und »Full Cash«

In diesem Buch wird zur einfachen Unterscheidung der beiden Lizenzvarianten *Basic Cash* für den Grundfunktionsumfang und *Full Cash* für die erweiterte Lizenz verwendet.

Basic-Cash-Lizenz

Die Funktionen von Basic Cash sind im digitalen Kern von SAP S/4HANA enthalten und benötigen daher keine zusätzliche Lizenz. Im Prinzip können Sie die Funktionen, die bereits im Cash Management in SAP ERP verfügbar waren, auch weiterhin ohne zusätzliche Lizenzen nutzen. Zusätzlich können Sie die Bankkontenstammdaten mit einem vereinfachten Stammsatz über eine SAP-Fiori-App im Produktivsystem pflegen und dort Hausbanken und Konto-IDs verknüpfen.

Der Tagesfinanzstatus und die Liquiditätsvorschau stehen als SAP-GUI-Transaktionen und als SAP-Fiori-Apps zur Verfügung. Neue Fiori-Apps, z. B. für die Analyse der Bankkontensalden, für die Zahlungsträgerverwaltung und für eine vereinfachte Cashflow-Analyse, sind auch im Basic Cash nutzbar. Die bereits aus SAP ERP bekannten Funktionen für das Kontenclearing und die Zahlungsabwicklung stehen Ihnen weiterhin zur Verfügung.

Full-Cash-Lizenz

Für die Nutzung von Full Cash ist die zusätzliche Lizenz *SAP Cash Management* notwendig. Diese Full-Cash-Lizenz stellt zusätzliche Workflow-Funktionen und Stammsatzfelder für Bankkonten mit der *Erweiterten Bankkon-*

tenverwaltung zur Verfügung. Sie erhalten darüber hinaus die Möglichkeit, eine *direkte Cashflow-Rechnung* auf der Basis von Liquiditätspositionen zu etablieren, und Sie können über die Definition von unternehmensinternen Cash Pools ein automatisiertes Kontenclearing durchführen. Für ein flexibleres Reporting stehen Hierarchien für Bankkonten und Liquiditätspositionen zur Verfügung. Die Full-Cash-Lizenz beinhaltet außerdem das *Liquiditätsmanagement* mit zusätzlichen Planungs- und Analysefunktionen, die in der Basic-Cash-Lizenz nicht zur Verfügung stehen. Zudem ist in der Full-Cash-Lizenz bereits SAP Bank Communication Management (siehe Abschnitt 2.3, »SAP Bank Communication Management«) enthalten.

Darstellung von Basic Cash und Full Cash in diesem Buch

In diesem Buch werden alle Funktionen der Basic-Cash- und Full-Cash-Lizenz des SAP Cash Managements erläutert. Sie finden in den jeweiligen Abschnitten einen entsprechenden Verweis, wenn die beschriebene Funktion eine eigene Lizenz erfordert.

Weitere Informationen zum Funktionsumfang von Basic Cash und Full Cash

Im SAP Help Portal finden Sie unter dem Suchbegriff »Business Function: Cash and Liquidity Management« eine Hilfeseite mit einer Auflistung des jeweiligen Funktionsumfangs.

Zusätzliche Informationen zum Funktionsumfang auf der Basis älterer Releasestände erhalten Sie außerdem in den folgenden Hinweisen aus der SAP Knowledge Base:

- SAP-Hinweis 2270400 – Arbeitsvorrat für Übergang nach SAP S/4HANA Cash Management (allgemein)
- SAP-Hinweis 2149337 – Hinweis zum Umfang der Veröffentlichung für SAP Cash Management (SAP S/4HANA Finance, On-Premise-Edition 1503)
- SAP-Hinweis 2165520 – Unterschiede beim Funktionsumfang zwischen Bankkontenverwaltung und vereinfachter Bankkontenverwaltung

2.2.3 Deployment-Varianten für SAP Cash Management

SAP unterstützt verschiedene Szenarien, wie sich SAP Cash Management in die SAP-Systemlandschaft integriert. Dieser Abschnitt beschreibt kurz die verschiedenen Szenarien und deren Merkmale.

Einsystemlandschaft

Im Idealfall sind die cashrelevanten Geschäftstransaktionen aller Unternehmensbereiche in einem einzigen SAP-S/4HANA-System abgebildet. Um die volle Integration mit allen Unternehmensprozessen zu ermöglichen, würden Sie auf genau diesem System auch das Cash Management etablieren. So stehen Ihnen die Daten in Echtzeit zur Verfügung, und Sie benötigen keine Schnittstellen. Das Reporting im Cash Management erlaubt einen Drill-down aus summarischen Ansichten mit allen Merkmalen bis zum verursachenden Einzelbeleg.

Verteiltes Cash Management

Für den Fall, dass Sie mehrere SAP-Systeme betreiben, können Sie eines der Systeme als zentrales Cash-Management-System ausprägen. SAP spricht in diesem Zusammenhang von einem *verteilten Cash Management* oder einem *Side-by-Side-Szenario*. Die anderen Systeme werden als Satelliten angebunden und tauschen über ALE-Schnittstellen (Application Link Enabling) bidirektional Informationen in Form von IDocs (Intermediate Documents) zu Cashflows, Banksalden und Stammdaten aus. Die Flow-Tabelle (Tabelle FQM_FLOW) im Zentralsystem stellt die gemeinsame Datenbasis für Cashflows aus allen Systemen dar (siehe Abschnitt 3.1.1, »Daten speichern mit dem One Exposure«). Im zentralen System stehen die dezentral gesammelten Daten aggregiert ohne Drill-down-Funktion auf dem Ursprungsbeleg zur Verfügung. In einem solchen Szenario können SAP-S/4HANA- und SAP-ERP-Systeme als Satelliten eingebunden werden. Der Import weiterer Datenquellen aus Nicht-SAP-Systemen ist über Excel-Upload-Funktionen oder Webservices möglich.

Cash Management Workstation

Das Cash Management kann außerdem als *Cash Management Workstation* auf einer eigenständigen Instanz aufgebaut werden. Dann befinden sich ausschließlich die Cash-Management-Daten auf dieser Instanz. Die Cashflow-Informationen werden auch hier über Schnittstellen von den operativen SAP-Systemen an das zentrale Cash-Management-System gesendet und dort gespeichert. Detailinformationen der hinter den Cashflows liegenden Geschäftstransaktionen verbleiben in den Satellitensystemen. Mit diesem Szenario können Sie die SAP-S/4HANA-Funktionen des Cash Managements frühzeitig nutzen, auch wenn Ihr operatives ERP-System noch nicht auf SAP S/4HANA migriert wurde.

Treasury Workstation

Für den Fall, dass Sie die Treasury-Komponente auf einer eigenständigen *Treasury Workstation* implementiert haben, können Sie hier auch das Cash Management aktivieren. Dieses Szenario ist analog zur Cash Management Workstation zu sehen, es ergibt sich jedoch ein höherer Integrationsgrad, der zusätzliche Funktionen und Informationen verfügbar macht. So können z. B. Barmittelanforderungen direkt vom Cash Management an die Treasury-Komponente gesendet werden, und Treasury-Geschäfte sind automatisch als Plan-Cashflows in der zentralen Flow-Tabelle sichtbar.

Cash Management in einem Central-Finance-System

In einem *Central-Finance-System* ist der zusätzliche Betrieb von SAP Cash Management ebenfalls möglich. Dieses Szenario in einer Mehrsystemlandschaft bietet ebenfalls einen hohen Integrationsgrad, z. B. für zentral ausgeführte Zahlungsprozesse. Ein großer Vorteil liegt auch darin, dass im Central-Finance-System bereits alle buchhalterischen Daten mit allen Detailinformationen zur Verfügung stehen. Damit kann SAP Cash Management nahtlos auf diesen Daten aufsetzen.

2.3 SAP Bank Communication Management

Die Applikation *SAP Bank Communication Management* ist Bestandteil von Financial Supply Chain Management (FSCM). Das SAP Bank Communication Management zentralisiert die Zahlungsprozesse eines Unternehmens im SAP-S/4HANA-System und sichert die Abwicklung durch Genehmigungsschritte und verschiedene Monitoring-Funktionen ab. Einige SAP-Fiori-Apps und SAP-GUI-Transaktionen von SAP Bank Communication Management sind damit auch für das Cash Management relevant und werden daher in diesem Buch beschrieben (siehe Abschnitt 6.2, »Zahllauf abwickeln und freigeben«).

Funktionen von SAP Bank Communication Management

SAP Bank Communication Management stellt folgende Kernfunktionen bereit:

- Gruppierung von Zahlungsdateien
- Genehmigung von Zahlungsdateien
- Überwachung des Genehmigungsprozesses für Zahlungen
- Überwachung der elektronischen Kontoauszüge
- Statusverwaltung der elektronischen Zahlungen

Sammlung und Gruppierung von Zahlungsdateien

Zahlungen werden im SAP-System aus verschiedenen Applikationen erzeugt, wie z. B.:

- Lohn- und Gehaltszahlungen aus SAP ERP Human Capital Management (SAP ERP HCM)
- Finanztransaktionen aus dem Treasury Management
- Zahlungen von kreditorischen Eingangsrechnungen aus FI-AP
- Lastschrifteinzüge für Kundenforderungen aus FI-AR und FI-CA
- Kontenüberträge aus dem Kontenclearing
- Cash Poolings aus SAP Cash Management
- Weiterleitung externer Zahlungen aus SAP In-House-Cash

In SAP Bank Communication Management können Zahlungen aus den verschiedenen SAP-Quellen in Zahlungsmappen zusammengeführt und neu gruppiert werden. Im Customizing legen Sie fest, aus welchen Quellapplikationen SAP Bank Communication Management die Zahlungsdateien verarbeiten und nach welchen Regeln die Gruppierung erfolgen soll.

Genehmigung von Zahlungsmappen

Die Zahlungsmappen werden durch Freigabe-Workflows genehmigt. Möglich sind hier ein- und mehrstufige Genehmigungsverfahren. Optional kann die digitale Unterschrift zur Legitimierung und Absicherung der Genehmigung verwendet werden.

Nach der Genehmigung werden die Zahlungsträgerdateien über die *Payment Medium Workbench* erzeugt und an die Bank versendet. SAP Bank Communication Management übernimmt nicht die eigentliche Kommunikation mit der Bank; hierzu ist es erforderlich eine zusätzlichen Kommunikationsschicht zu etablieren. Diese Kommunikationsschicht kann über eine Drittanbieter-Software, über Konnektoren in SAP Process Integration oder über SAP Multi-Bank Connectivity realisiert werden. Mehr Informationen zu SAP Multi-Bank Connectivity finden Sie in Abschnitt 2.4, »SAP Multi-Bank Connectivity«.

Monitoring des Zahlungsstatus

SAP Bank Communication Management ist jedoch in der Lage, die von der Kommunikationsschicht bereitgestellten Statusmeldungen der Banken für die gesendeten Zahlungsdateien zu verarbeiten. Dies ermöglicht ein Monitoring des Zahlungsstatus bei der Bank.

Monitoring für elektronische Kontoauszüge

SAP Bank Communication Management stellt darüber hinaus eine einfache Monitoring-Funktion für eingelesene Kontoauszüge zur Verfügung. Auf diese Weise können auch untertägige Kontoauszüge überwacht werden. Im Monitoring wird aufgezeigt, welche Kontoauszüge eingelesen wurden und ob Fehler in der Verarbeitung oder Differenzen auftraten.

Lizenzen für SAP Bank Communication Management

Für Unternehmen mit der Basic-Cash-Lizenz ist SAP Bank Communication Management zusätzlich lizenzpflichtig. Die Full-Cash-Lizenz beinhaltet SAP Bank Communication Management.

Funktionen von SAP Bank Communication Management in SAP ERP und SAP S/4HANA

Der Funktionsumfang von SAP Bank Communication Management in SAP S/4HANA und SAP ERP ist ähnlich. In SAP S/4HANA sind jedoch einige SAP-Fiori-Apps neu hinzugekommen.

2.4 SAP Multi-Bank Connectivity

Ausgangssituation Bankenkommunikation

Die Kommunikation zwischen Unternehmen und Finanzdienstleistungsinstituten ist ein komplexer, zeit- und sicherheitskritischer Prozess. Mit den Banken sind Zahlungsträgerdateien, elektronische Signaturen, elektronische Kontoauszüge sowie Statusmeldungen zu Zahlungen und Bankgebührendateien auszutauschen.

Die Etablierung von Einzelverbindungen zu individuellen Instituten, gerade im internationalen Kontext außerhalb der EU, stellt eine große Herausforderung dar und erforderte in der Vergangenheit die Installation verschiedener Softwareprodukte zur Bankenkommunikation sowie die Etablierung von Einzelverbindungen zu den Banken mit verschiedenen Datenformaten.

SAP Multi-Bank Connectivity

Der Cloud-Service SAP Multi-Bank Connectivity ermöglicht eine harmonisierte Bankenkommunikation, die Unternehmen mit Ihren Finanzdienstleistungsinstituten verbindet. Die Lösung ist dabei eng an SAP Bank Communication Management angebunden und damit in die Prozesse des Cash Managements integriert. SAP Multi-Bank Connectivity fällt in die Kategorie *Software-as-a-Service* (SaaS) und ersetzt den SAP-Dienst *Financial Services Network*. Im Unterschied zum Financial Services Network bietet SAP mit SAP Multi-Bank Connectivity keine automatischen Formatumwandlungen mehr an.

Integration von SAP Multi-Bank Connectivity

In Abbildung 2.3 ist das Integrationsszenario von SAP Multi-Bank Connectivity schematisch dargestellt. Im SAP-System ist ein Konnektor zu installieren und einzurichten, um die Verbindung des SAP-Systems mit SAP Multi-Bank Connectivity aufzubauen.

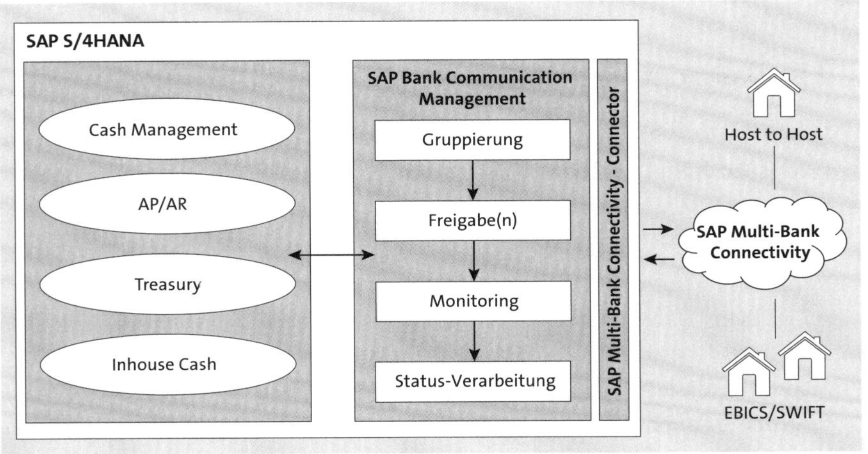

Abbildung 2.3 Integration von SAP Multi-Bank Connectivity in SAP S/4HANA

Sie müssen also nur die Verbindung vom SAP-System zu SAP Multi-Bank Connectivity verwalten und nicht mehr zu jeder einzelnen Bank. Dies reduziert administrative Kosten und erhöht die Sicherheit des Prozesses.

Die Kommunikationsschicht zwischen SAP Multi-Bank Connectivity und den Banken wird als Service von SAP bereitgestellt. Für die Kommunikation werden z. B. EBICS, SWIFT-NET oder auch direkte Host-to-Host-Verbindungen verwendet.

SAP Multi-Bank Connectivity ist in die Prozesse von SAP S/4HANA integriert und kann z. B. auch direkt die Weiterverarbeitung von transferierten Daten anstoßen. So kann z. B. ein elektronischer Kontoauszug aus SAP Multi-Bank Connectivity heraus direkt verbucht werden. Es entfallen Medienbrüche und der manuelle Transfer von physischen Dateien. Statusmeldungen der Banken werden unmittelbar an das SAP-System weitergegeben und stehen dort im Monitoring von SAP Bank Communication Management zur Verfügung.

Betriebsmodelle und Lizenzen für SAP Multi-Bank Connectivity

SAP Multi-Bank Connectivity kann mit SAP-ERP-Systemen und SAP-S/4HANA-Systemen on-premise und als Cloud-Service verbunden werden. Für die Nutzung von SAP Multi-Bank Connectivity werden von SAP volumenabhängige Lizenzkosten berechnet.

Alternative Lösungen für die Bankenkommunikation

Für die Bankenkommunikation sind alternativ zu SAP Multi-Bank Connectivity eine Vielzahl an Softwarelösungen von Banken (z. B. SFIRM), Finanzdienstleistern (z. B. TIS) oder Softwareunternehmen (z. B. SERALLA) mit und ohne SAP-Integration verfügbar.

2.5 Payment Medium Workbench

In einem SAP-System werden Zahlungsträgerdateien aus verschiedenen Prozessen heraus erstellt, wie z. B. für Lohn- und Gehaltszahlungen aus SAP ERP HCM, aus der Kreditorenbuchhaltung, dem Vertragskontokorrent (FI-CA) oder SAP Treasury.

Dateiformate für Zahlungsträgerdateien

In Abhängigkeit von dem Land, dem Zahlweg und der Bank werden unterschiedliche Dateiformate benötigt. Dazu gehören z. B. SEPA-CT (Credit-Transfer = Überweisung), SEPA-DD (Direct Debit = Lastschrift) oder die korrespondierenden Formate für CGI (Common Global Implementation). Häufig müssen auch bei einheitlichem Standardformat länderspezifische Besonderheiten berücksichtigt und im SAP-System konfiguriert werden.

Funktionen der Payment Medium Workbench

Zu diesem Zweck stellt SAP mit der Payment Medium Workbench ein Werkzeug zur Verfügung, um die Zahlungsformate für alle Prozesse an einer Stelle zentral zu verwalten. Die Payment Medium Workbench löst damit die klassischen Zahlungsträgerprogramme (RFFO*) ab. Technisch empfängt die Payment Medium Workbench Zahlungsdaten von den liefernden Prozessen und leitet die Zahlungsinformationen an die Data Medium Exchange Engine (DMEE) weiter. Hier werden sogenannte *Formatbäume* verwendet, um die Datei zu erzeugen. SAP liefert Standard-Formatbäume für gängige Formate aus; teilweise sind aber Anpassungen im Detail erforderlich.

[«]

Lizenzierung der Payment Medium Workbench

Die Payment Medium Workbench ist Bestandteil des digitalen Kerns und damit nicht zusätzlich lizenzpflichtig für ein SAP-S/4HANA-System.

2.6 Advanced Payment Management

Zahlungsprozesse in heterogenen Systemlandschaften

Viele Unternehmen verfügen über eine heterogene Systemlandschaft, die durch Unternehmenszukäufe oder durch strategische IT-Architekturentscheidungen entstanden sind. Zahlungsprozesse werden hier zum Teil über verschiedene SAP- und Nicht-SAP-Systeme abgewickelt. Es fehlen häufig einheitliche Prozesse und Standards. In vielen Unternehmen werden z. B. die Personalzahlungen über ein eigenständiges HCM-System (HCM = Human Capital Management) abgewickelt.

Payment Factory

SAP S/4HANA Finance for Advanced Payment Management erlaubt in diesem Kontext eine systemübergreifende Zentralisierung von Zahlungsprozessen in einer Unternehmensgruppe und den Aufbau einer sogenannten *Payment Factory*. Diese Lösung wurde erstmals mit SAP S/4HANA 1809 von SAP angeboten. SAP APM stellt folgende Funktionen bereit:

- Import und Weiterverarbeitung von Zahlungsträgern aus SAP- und Nicht-SAP-Vorsystemen
- Zentrale Pflege und Harmonisierung von Zahlungsträgerformaten
- Zahlungen »im Namen von« bzw. »im Auftrag von«
- interne Zahlungen
- Prüfen und Anreichern der Daten
- Weiterleiten von Zahlungsanforderungen
- Erstellen von Zahlungsträgerdateien über die Data Medium Exchange Engine (DMEE)

- Clearing und Abrechnung
- manuelle Zahlungen ohne Integration in das Finanzwesen des SAP-Systems (SAP-Fiori-App)
- Verschlüsselung (z. B. der HCM-Gehaltsdatei)
- Ausnahmebehandlung und Fehlerbearbeitung

Wie Abbildung 2.4 darstellt, kann Advanced Payment Management den Genehmigungsprozess in SAP Bank Communication Management zur Freigabe von Zahlungen nutzen. Es können jedoch auch Nicht-SAP-Softwareprodukte zur Freigabe und Weitergabe an die Banken verwendet werden.

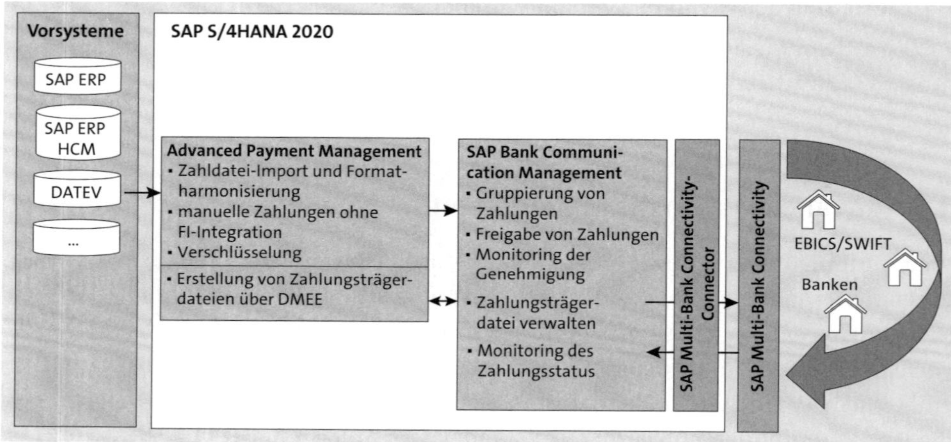

Abbildung 2.4 Genehmigungsprozess in SAP Bank Communication Management für Advanced Payment Management

Für die Nutzung von Advanced Payment Management benötigen Sie die zusätzliche Lizenz »SAP S/4HANA Finance for Advanced Payment Management« .

2.7 SAP In-House Cash

Mit der Applikation *SAP In-House Cash* zentralisieren Sie Zahlungsprozesse in einer Unternehmensgruppe. Stellvertretend führen ein oder mehrere *Cash-Center* Zahlungen für verbundene Unternehmen durch oder verrechnen konzerninterne Forderungen und Verbindlichkeiten. Das Cash-Center fungiert dabei als interne Bank, wobei die verbundenen Unternehmen jeweils über ein internes virtuelles Bankkonto verfügen. Die Tochterunternehmen selbst benötigen in einem solchen Szenario kein eigenes externes Bankkonto, um Zahlungen durchzuführen.

Zahlungsarten in SAP In-House Cash

Sie können über SAP In-House Cash die folgenden Zahlungsarten abwickeln:

- Intercompany-Verrechnung für konzerninterne Zahlungen
- zentrale Zahlungen
- lokale Zahlungen
- Zentralisierung von Eingangszahlungen

Intercompany-Verrechnung

Konzerninterne Verbindlichkeiten werden ohne physischen Transfer der Geldmittel verrechnet. Der Ausgleich erfolgt über eine Belastung des internen Kontos des Schuldners und über eine Gutschrift auf dem internen Konto des Gläubigers.

Zentrale Zahlungen mit SAP In-House Cash

Die lokalen Gesellschaften arbeiten weiterhin mit dem Zahllauf im SAP-Finanzwesen. Mit der Ausführung des Zahllaufs werden die offenen Posten bei der lokalen Gesellschaft entweder sofort ausgeglichen oder für eine spätere Auszifferung nach der tatsächlichen Zahlung gesperrt. Die Zahlungen werden dann als IDocs (Intermediate Documents) an das *Cash-Center* übermittelt und ermöglichen so auch systemübergreifende Prozesse. Das IDoc legt im Cash-Center automatisiert eine Zahlungsanordnung an. Über das Zahlprogramm für Zahlungsanordnungen (Transaktion F111) werden dann die externen Zahlungen bzw. Lastschriften über das externe Bankkonto des Cash-Centers ausgeführt. Das interne Konto des verbundenen Unternehmens, in dessen Namen die Zahlung durchgeführt wurde, wird belastet bzw. bei Lastschriften entlastet.

Lokale Zahlungen über regionale Cash-Center

Eine global agierende Unternehmensgruppe kann mit SAP In-House Cash mehrere lokale Cash-Center etablieren, die stellvertretend lokale Zahlungen für andere Gesellschaften durchführen. Zur Optimierung der Banklaufzeiten und Transaktionsgebühren können Zahlungen von einem Cash-Center an ein anderes Cash-Center weitergegeben werden. Zwischen den Cash-Centern findet dann ein virtueller Transfer auf den internen Bankkonten statt.

Kontoauszüge für die internen Bankkonten

Wie bei einer echten Bank erhalten die Tochterunternehmen für Ihre Bankkonten papierbasierte Kontoauszüge oder elektronische Kontoauszüge (als IDoc), sodass für die Belege in der Finanzbuchhaltung die korrespondierenden FI-Belege ordnungsgemäß dokumentiert sind.

Integration des Treasury Managements

Zahlungen aus dem Transaction Manager des Treasury Managements können ebenfalls von SAP In-House Cash empfangen und verarbeitet werden. Die Zahlungen werden auch in diesem Fall in Form von Zahlungsanordnungen an das Cash-Center übermittelt.

Lizenzgebühren für SAP In-House Cash

Die Funktionen von SAP In-House Cash sind nicht Bestandteil des digitalen Kerns und müssen somit zusätzlich lizenziert werden (Lizenz »SAP S/4HANA Finance for SAP In-House Cash«).

Vorteile von SAP In-House Cash

Mit SAP In-House Cash lässt sich die Anzahl der Bankkonten in einer Unternehmensgruppe verringern, sodass die Anzahl der Personen mit Bankvollmachten auf ein Minimum reduziert werden kann. Die Reduktion der Bankkonten vereinfacht außerdem die Disposition, Vorschau und Planung der Liquidität. Der Zahlungsverkehr wird standardisiert, zentral gesteuert und gebündelt. Das Zahlungsvolumen kann reduziert werden, was vor allem im internationalen Zahlungsverkehr die Transaktionskosten senkt. Insgesamt verkleinert sich das Volumen von *Cash in Transit* durch die Virtualisierung von Buchungen und die Reduzierung der Banklaufzeiten von Zahlungen.

2.8 SAP Treasury and Risk Management

Die Komponente *SAP Treasury and Risk Management* bietet Ihnen Funktionen zum Management Ihres finanziellen Umlaufvermögens und ein umfassendes Risikomanagement für Zins- und Währungsschwankungen, Rohstoffpreisänderungen und weitere Risikopositionen. Im Anwendungsmenü und im Customizing von SAP S/4HANA ist die Komponente dem Financial Supply Chain Management (FSCM) zugeordnet.

Transaktionsmanagement

Das Transaktionsmanagement erlaubt die Ausführung von Treasury-Geschäften zur Anlage liquider Mittel, zur Finanzierung und zur Absicherung von Risiken. So werden u. a. Geldhandel, Devisen, Derivate und Wertpapiere im Treasury Management unterstützt.

Integration in das Finanzwesen

Alle Vorgänge werden automatisiert in der Finanzbuchhaltungskomponente verbucht. Für Zahlungen werden Zahlungsanordnungen erzeugt, die vom Zahlprogramm über die SAP-Standardprozesse verarbeitet werden.

Integration in SAP Cash Management

Zwischen den Prozessen in SAP Treasury and Risk Management und in SAP Cash Management besteht naturgemäß eine starke Wechselwirkung, da die Transaktionen beider Komponenten die Liquidität eines Unternehmens beeinflussen. In der SAP-Welt wird dieser Integration auch systemtechnisch Rechnung getragen. Aus SAP Cash Management heraus können so z. B. Barmittelhandelsanforderungen für Finanzinstrumente erstellt werden, die zunächst einen Genehmigungsprozess durchlaufen. Nach der Genehmigung wird im Treasury Management eine Handelsanforderung erzeugt. Umgekehrt sind alle liquiditätswirksamen Transaktionen des Treasury Managements automatisch in SAP Cash Management in Form von prognostizierten oder historischen Cashflows sichtbar.

Geschäftspartnerverwaltung

Für die an den Geschäften beteiligten externen Organisationen legen Sie in der Geschäftspartnerverwaltung Geschäftspartner an. Hier stehen eine Vielzahl an Geschäftspartnerrollen (TR*) zur Verfügung, wie z. B. Emittent oder Kontrahent. Diesen Geschäftspartnern sind wiederum Stammdaten für Kontaktpersonen zugeordnet, die Sie in der Kommunikation mit den Banken nutzen können.

Marktdatenverwaltung

Die SAP-Fiori-Apps und SAP-GUI-Transaktionen für die Marktdatenverwaltung erlauben die manuelle Eingabe und den Import von externen Marktdaten wie z. B. Währungs- und Wertpapierkursen, Referenzzinssätzen und Basis-Spreads.

Risikomanagement

Für das Risikomanagement stehen verschiedene Funktionen zur Verfügung. Der *Market Risk Analyzer* unterstützt Sie mit Reports und Simulationen zum Wert und Risiko Ihrer Anlagen. Mit dem *Credit Risk Analyzer* analysieren Sie das Ausfallrisiko von Finanzpositionen Ihres Umlaufvermögens. Der *Portfolio Analyzer* fokussiert auf der Performance-Messung Ihrer Anlagen.

[«]

Lizenzierung von SAP Treasury and Risk Management

Für die Nutzung der in diesem Abschnitt genannten Funktionen ist die zusätzliche Lizenz von SAP für SAP S/4HANA Finance for Treasury zu erwerben.

2.9 Architektur eines integrierten Cash-Management-Systems in SAP S/4HANA

Zentrales Ziel des Cash Managements in einem Unternehmen ist die Etablierung eines effizienten, transparenten und sicheren Geldkreislaufs. Liquiditätsentwicklungen sollen analysiert und vorhergesagt werden können und die verfügbare Liquidität möglichst optimal in der Unternehmensgruppe verteilt werden.

In diesem Kapitel haben Sie die verfügbaren und teilweise lizenzpflichtigen Lösungen von SAP kennengelernt. Mithilfe dieser Lösungen können Unternehmen einen vollintegrierten Cash-Management-Prozess ohne Medienbrüche im SAP-System realisieren. Eine schematische Übersicht über die einzelnen SAP-Komponenten und Funktionen finden Sie in Abbildung 2.5.

Komponenten, wie Advanced Payment Management, SAP Multi-Bank Connectivity oder SAP Bank Communication Management sind hierbei nicht zwingend notwendig oder können durch Nicht-SAP-Software oder Cloud-Dienste anderer Anbieter ersetzt werden.

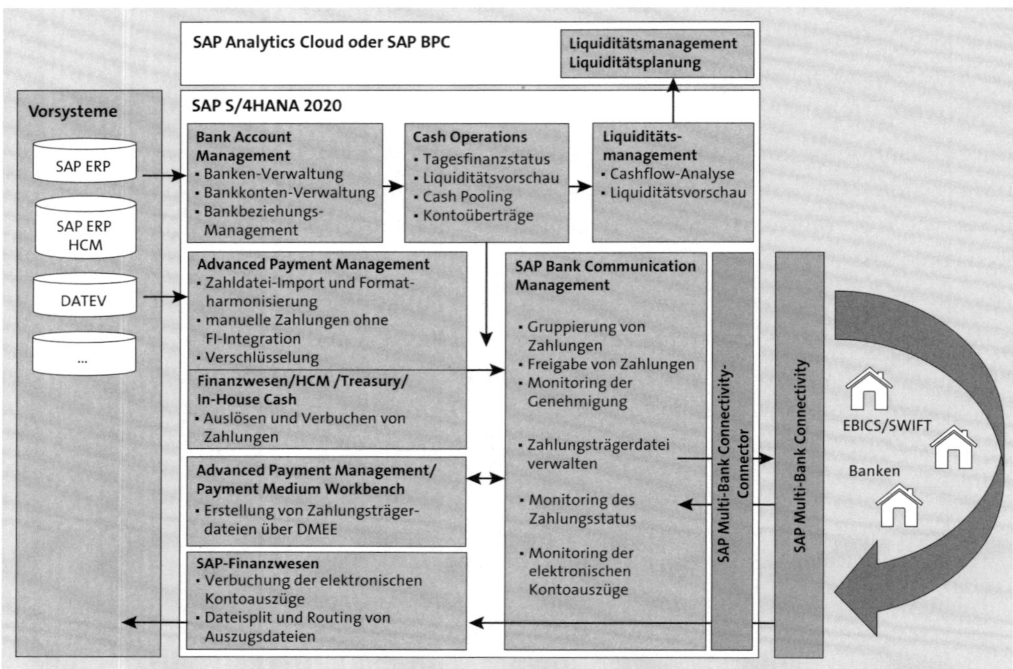

Abbildung 2.5 Beispielhafte Architektur eines integrierten Cash-Management-Systems mit SAP-Komponenten

Zur Abbildung eines systemgestützten Cash Managements bietet SAP Funktionen zur Stammdatenverwaltung von Banken und Konten zur Ermittlung eines Liquiditätsstatus sowie einer Liquiditätsplanung und -Vorschau. Um für einen reibungslosen und sicheren Transfer von Geldmitteln zu sorgen, ist die Bankenkommunikation und Freigabe von Zahlungen ein weiterer wichtiger Baustein. Kontenüberträge und Cash Poolings helfen mit einer optimierten und bedarfsgerechten Verteilung von Geldmitteln im Unternehmen.

Darüber hinaus sind insbesondere mit steigender Unternehmensgröße, Heterogenität der IT-Landschaft sowie Internationalität auch Funktionen zur Formatkonvertierung sowie zur Gruppierung und ein systemübergreifendes Management von Zahlungsdateien und Kontoauszügen erforderlich.

In jedem Fall ist vor einem Realisierungsprojekt eine Kosten-Nutzen-Analyse der verfügbaren Softwarekomponenten und eine Fit-GAP-Analyse über alle Prozessschritte hinweg empfehlenswert. Auf Basis dieser Analysen definieren Sie für die Prozesse des Cash Managements die finale IT-Architektur, die am besten zu Ihren Anforderungen und Ihren übergeordneten Unternehmenszielen passt.

2.10 Fazit

In diesem Kapitel haben Sie einen Überblick über die Ziele des Cash Managements erhalten. Sie haben erfahren, welche Herausforderungen zu bewältigen und welche Aufgaben zu erledigen sind.

Sie haben die verschiedenen Softwarekomponenten und Dienste von SAP kennengelernt, die dem Cash Management helfen, seine Ziele über geeignete Prozesse und Auswertungsmöglichkeiten zu erreichen.

In den folgenden Kapiteln erfahren Sie im Detail, welche Konzepte und Funktionen Ihnen für die Kernprozesse des Cash Managements in SAP S/4HANA zur Verfügung stehen.

Kapitel 3
Grundlegende Konzepte im Cash Management in SAP S/4HANA

Mit SAP S/4HANA führt SAP neue Prozesse und Datenstrukturen im Cash Management ein. Der Fokus dieses Kapitels liegt vor diesem Hintergrund auf betriebswirtschaftlichen und prozessbezogenen Themen. Wir erläutern technische Hintergründe nur dann, wenn es dem Gesamtverständnis dient.

SAP Cash Management unterstützt Cash-Management-Teams in ihren Aufgabenbereichen rund um das Bankbeziehungsmanagement, die kurzfristige Liquiditätsdisposition und die langfristige Liquiditätsplanung (siehe Abschnitt 2.2, »SAP Cash and Liquidity Management«). Dieses Kapitel erläutert die konzeptionellen Ansätze der Softwarelösung sowie wichtige Felder und Strukturen.

In Abschnitt 3.1, »Datenflüsse und zentrale Datenspeicherung im Überblick«, wird zunächst erläutert, wie die Vollständigkeit und Integrität der liquiditätsrelevanten Buchungsinformationen mit dem One Exposure und einer zentralen Stammdatenhaltung gewährleistet wird. Abschnitt 3.2, »Zentrale Konzepte von SAP Cash Management«, erklärt übergreifende Konzepte wie z. B. die Mehrwährungsfähigkeit oder den Umgang mit Datumsfeldern. Wichtige Reporting-Felder werden im abschließenden Abschnitt 3.3, »Reporting-Felder«, dargestellt.

3.1 Datenflüsse und zentrale Datenspeicherung im Überblick

Viele Unternehmensprozesse liefern dem Cash Management wichtige Informationen über Ist- und Plan-Cashflows. Zur Sammlung und Auswertung dieser Informationen ist eine zentrale Datenablage unerlässlich. Wichtig ist in diesem Zusammenhang, dass die Daten in Bezug auf den valutarischen Zeitpunkt, die Betragshöhe sowie die Währung der Zahlungen vollständig und möglichst genau sind. Um Cashflow-Zahlen verlässlich interpretieren zu können, sind Informationen über den verursachenden Unternehmensprozess, die Quelle und die Wahrscheinlichkeit der Zahlungen unentbehrlich.

3.1.1 Daten speichern mit dem One Exposure

Zentrale Tabelle FQM_FLOW

Mit dem *One Exposure* stellt SAP erstmalig eine konsistente und redundanzfreie Datenhaltung für die Cashflow-Daten aus Geschäftstransaktionen bereit. In einer zentralen Flow-Tabelle (Tabelle FQM_FLOW) werden alle Ist- und Plan-Cashflows gespeichert. Hierbei verschmelzen die aus den SAP-ERP-Komponenten *Cash Management* und *SAP Liquidity Planner* bekannten Konzepte zu einer einheitlichen Struktur.

Single Source of Cash

SAP spricht bei der Verdichtung von Tabellen im Zuge der SAP-S/4HANA-Strategie von *Single Source of Truth*, also der einzigen Quelle der Wahrheit. Für das Cash Management könnte man dies auch abgewandelt als *Single Source of Cash* bezeichnen. Auch wenn dieser Begriff werblich geprägt ist, repräsentiert er die Philosophie und Motivation der dahinter liegenden Konzeption prägnant: Alle cashrelevanten operativen Informationen liegen widerspruchsfrei und vollständig an einer zentralen Stelle.

Informationslieferanten für das One Exposure

In Abbildung 3.1 sind die Informationslieferanten für die zentrale Flow-Tabelle dargestellt. Für die bereits auf Bankkonten real verbuchten Cashflows stellen die SAP-Komponente FI (Finanzbuchhaltung) sowie der elektronische Kontoauszug die entsprechenden Daten bereit.

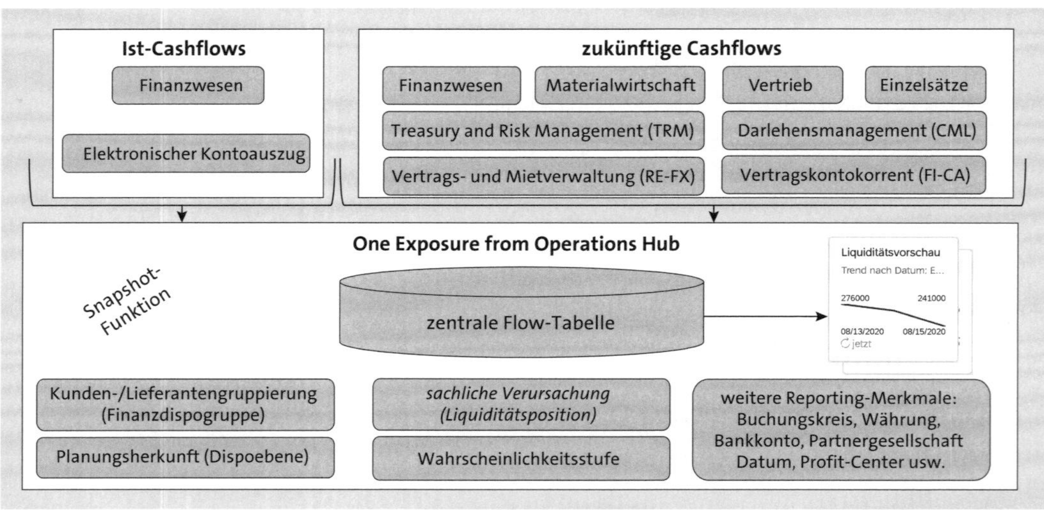

Abbildung 3.1 Überblick über das One Exposure

Für die kurzfristige Vorschau (Forecast) von Cashflows überträgt das System die folgenden Informationen zu cashrelevanten Geschäftstransaktionen in die zentrale Flow-Tabelle:

- Lieferpläne, Bestellanforderungen und Bestellungen aus der SAP-Komponente Materialwirtschaft (MM)

- Angebote und Aufträge aus der SAP-Komponente Vertrieb (SD)
- Offene Rechnungen und Zahlungsavise aus der SAP-Komponente Finanzwesen (FI)
- Zahlungen aus Verträgen oder Aufträgen aus der SAP-Komponente Vertragskontokorrent (FI-CA)
- Transaktionen aus der SAP-Komponente Treasury and Risk Management (TRM) für derivative Finanzgeschäfte wie Währungs- und Zins-Swaps, Termingeschäfte oder Darlehen
- Einzelsätze, die Sie manuell der Liquiditätsvorschau hinzufügen

Liquiditätsplanung

Die Daten der mittel- bis langfristigen Liquiditätsplanung (siehe Kapitel 8, »Liquidität langfristig planen«) werden nicht in der zentralen Flow-Tabelle gespeichert, sondern in SAP Analytics Cloud.

Wahrscheinlichkeit eines Cashflows

SAP speichert die Transaktionsdaten der Cashflows, die während eines Geschäftsprozesses entstehen, nur einmal ab. Im Verlauf des Prozesses aktualisiert das SAP-System die *Wahrscheinlichkeitsstufe* einer Zahlung, um eine höhere Datenkonsistenz zu erreichen. Somit leitet SAP einen zukünftigen Zahlungseingang bereits aus einem Kundenangebot ab und erhöht dann die Wahrscheinlichkeit der Zahlung sukzessive mit Auftragserteilung und Rechnungsstellung. Der Zahlungseingang wandelt den Plan-Cashflow schließlich in einen Ist-Cashflow um (siehe Abschnitt 3.3.1, »Wahrscheinlichkeitsstufe«).

Die Flow-Tabelle stellt eine Reihe von Merkmalen zur Verfügung, die eine tiefer gehende Analyse der Cashflows ermöglichen. Diese Reporting-Felder werden in Abschnitt 3.3 beschrieben.

3.1.2 Externe Quellen einbinden

Einige Unternehmen betreiben parallel mehrere SAP- und Nicht-SAP-ERP-Systeme. Transaktionale Ist- und Vorschaudaten sind in diesen Systemen dezentral gespeichert. Für ein schnelles und umfassendes Cash Management müssen die Daten dieser Systeme zentral zusammengeführt werden.

Das One Exposure ruft die Daten von anderen SAP-Systemen über die Funktion **Verteiltes Cash-Management** ab und speichert diese zentral (siehe Abbildung 3.2). Hierzu ist es erforderlich, dass das Cash Management in den lokalen Systemen und im zentralen System aktiviert ist. Für den Fall, dass Sie auf einem lokalen SAP-ERP-System den SAP Liquidity Planner nutzen, können Sie aus diesem System die Ist-Cashflows mit den Liquiditätspositionskontierungen in das zentrale System übernehmen. Sie finden eine detaillierte Beschreibung der verschiedenen Schnittstellen und Integrationsszenarien in Kapitel 9, »Cashflow-Informationen im One Exposure from Operations zusammenführen«.

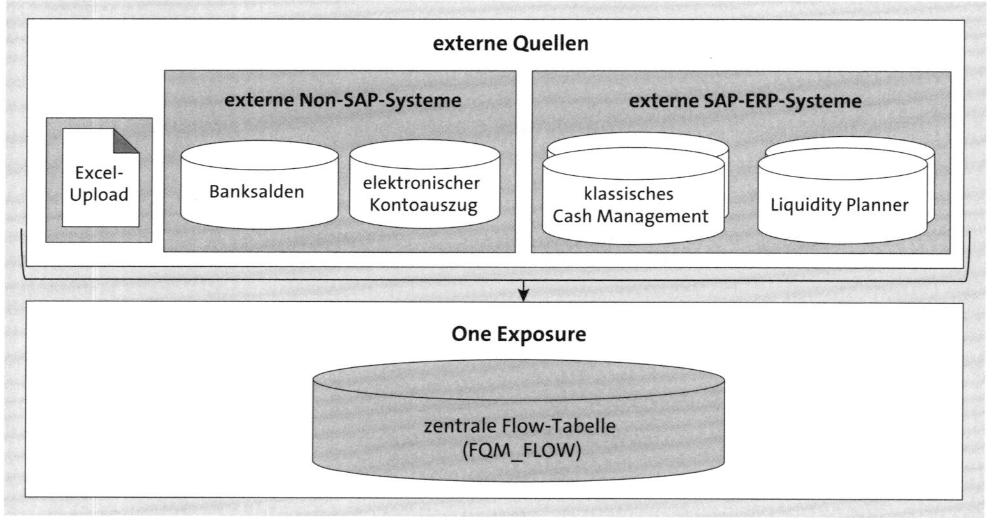

Abbildung 3.2 Externe Quelle für das One Exposure

Eine Excel-Upload-Funktion erlaubt den Import von geplanten Cashflows im Sinne von Einzelzahlungen. Typische Anwendungsfälle für diesen Import sind Geschäftsprozesse ohne Daten im SAP-System wie Personalzahlungen, Steuerzahlungen oder Annuitätenzahlungen für Darlehen.

Darüber hinaus stehen Ihnen Importfunktionen für Banksalden von Bankkonten oder für elektronische Kontoauszüge von extern geführten Bankkonten sowie ein Web-Service für Cashflows zur Verfügung.

Mit der SAP-Fiori-App **Bankleistungsabrechnungsdateien importieren** laden Sie die Gebührenabrechnungen Ihrer Banken im ISO-20022-Format in Ihr SAP-System.

3.1.3 Zentrale Stammdaten von Bankkonten verwalten

Für die Pflege der Stammdaten von Bankkonten stehen Ihnen Funktionen zur Verfügung, um alle Bankkonten des Unternehmens in das Cash Management einzubinden. Diese Funktionen erlauben es Ihnen, ein systemübergreifendes Cash Management zu etablieren, selbst wenn die Buchhaltung für diese Bankkonten nicht auf dem zentralen Cash-Management-System geführt wird.

Einbindung von Remote-Konten

Das SAP-System bietet die Möglichkeit, Bankkonten, die auf anderen SAP-Systemen geführt werden, als *Remote-Konten* für den Tagesfinanzstatus einzubinden. Alle Buchungen im Remote-System werden damit im Zentralsystem sichtbar. Hier sind verschiedene Varianten möglich, die im Detail in Abschnitt 7.3.2, »Bankkonto anlegen«, beschrieben werden. Sie können darüber hinaus auch Bankkonten verwalten, die in einem Nicht-SAP-System geführt werden und später für diese Konten den aktuellen Banksaldo hochladen.

3.2 Zentrale Konzepte von SAP Cash Management

Dieser Abschnitt erläutert ausgewählte Schlüsselkonzepte, die übergreifend für viele Funktionen und Reports im Cash Management relevant sind. So erfahren Sie, wie das System das Transaktionsdatum eines Cashflows ermittelt, Währungsumrechnungen vornimmt und den Vergleich von Ist-Zahlen mit vergangenen Planungszyklen ermöglicht.

Mehrwährungsfähigkeit

Für alle Ist- und Forecast-Cashflows wird in den Belegen grundsätzlich die Transaktionswährung gespeichert. Bei Ist-Cashflows entspricht die Transaktionswährung prinzipiell der Währung des Bankkontos. Die Beträge werden zum Zeitpunkt der Berichtserstellung auf Basis eines Kurstyps dynamisch in die Berichtswährung umgerechnet. Standardmäßig wird für die Umrechnung der aktuelle Mittelkurs (Kurstyp M) verwendet. Je nach Geschäftsvorfall wird darüber hinaus auch der Betrag in Hauswährung bzw. Bankkontenwährung im Cashflow-Beleg gespeichert.

Transaktionsdatum eines Cashflows

Für das Cash Management ist es von elementarer Wichtigkeit, dass jedem Cashflow ein präzises Datum zugewiesen wird. Das Datum eines Cashflows wird im Feld **Transaktionsdatum** gespeichert. Standardmäßig entspricht dieses Datum dem Valutadatum bei Bankbuchungen und dem Dispositionsdatum für offene Geschäftstransaktionen wie Rechnungen oder Bestellungen. Das Dispositionsdatum wird unter Berücksichtigung der Zahlungsbedingung mit dem höchsten Skonto-Prozentsatz und des historischen Zahlungsverhaltens der Kunden berechnet. In den Systemeinstellungen sind Einstellungen für davon abweichende Berechnungen des Dispositionsdatums möglich. In der Flow-Tabelle werden für informatorische Zwecke weitere Datumsfelder bereitgestellt wie z. B. Buchungsdatum, Belegdatum, Fälligkeitsdaten und Ausgleichsdatum. In der SAP-Fiori-App **Cashflow-Analyse** können Sie zur Laufzeit definieren, ob das Buchungs- oder das Valutadatum verwendet werden soll.

Snapshot-Funktion

Das System erlaubt mit der Full-Cash-Lizenz die Speicherung von sogenannten *Snapshots* des aktuellen Datenbestands. So kann u. a. mit der SAP-Fiori-App **Cashflow-Analyse** unter der Angabe der Snapshot-Zeit ein vergangener Datenstand reproduziert werden. Die Snapshot-Funktion erlaubt außerdem den späteren Vergleich eines früheren Planungsstands mit den tatsächlich eingetretenen Ist-Cashflows z. B. über die SAP-Fiori-App **Cashflow-Vergleich – Ist/Prognose**.

3.3 Reporting-Felder

Die Flow-Tabelle enthält eine Vielzahl an Feldern beziehungsweise Merkmalen, die in den Berichten des Cash Managements als Filterkriterium oder für die Verdichtung zur Verfügung stehen. In Tabelle 3.1 werden die wichtigsten Merkmale dargestellt. In den folgenden Abschnitten werden diese Merkmale nacheinander detaillierter vorgestellt.

Merkmal	Inhalte des Merkmals	Beispiele
Wahrscheinlichkeitsstufe	repräsentiert den verursachenden Prozessschritt und damit indirekt die Wahrscheinlichkeit des Cashflows	▪ MMPO (Bestellung MM) ▪ PAY_N (Offene Verbindlichkeit) ▪ ACTUAL (Ist-Cashflow)
Dispositionsebene	steht für den verursachenden Buchungsprozess und beantwortet die Frage, wie ein prognostizierter Cashflow verbucht wurde	▪ F0 (Buchung Bankkonto) ▪ B2 (Ausgehende Überweisung) ▪ TB (Termingeld Bank)
Dispositionsgruppe	klassifiziert den Sender oder Empfänger eines Cashflows und beantwortet die Frage nach dem »Wer«	▪ Verbundene Unternehmen ▪ Externe Inland Skonto ▪ Externe Ausland Netto
Liquiditätsposition	betriebswirtschaftliche Kategorie eines Cashflows im Sinne einer GuV-Position (GuV = Gewinn- und Verlustrechnung) oder einer Veränderung eines Bilanzknotens	▪ Umsatz/Kundenzahlungen ▪ Personalkosten ▪ Steuern ▪ Darlehenstilgung ▪ Investitionen
Partnergesellschaft	Nummer des Geschäftspartners im Konzernfirmenregister – nur für verbundene Unternehmen	▪ 1000 (Maschinenwerk AG, Düsseldorf) ▪ 2000 (Maschinenwerk Verwaltungsgesellschaft, Köln)

Tabelle 3.1 Auswahl von Merkmalen der Flow-Tabelle für Reporting-Zwecke

Merkmal	Inhalte des Merkmals	Beispiele
diverse Merkmale für Organisationseinheiten	Profit-Center, Kreditorennummer, Projektnummer, Segment	■ Segment Gas ■ Segment Wasser ■ Segment Strom

Tabelle 3.1 Auswahl von Merkmalen der Flow-Tabelle für Reporting-Zwecke (Forts.)

3.3.1 Wahrscheinlichkeitsstufe

Im SAP Cash Management wird jedem Cashflow eine Wahrscheinlichkeitsstufe zugeordnet. Diese Wahrscheinlichkeitsstufe versteht sich als klassifizierendes Merkmal für den verursachenden Geschäftsprozessschritt, wie z. B. Kundenauftrag (Wahrscheinlichkeitsstufe SDSO = Sales and Distribution Sales Order) oder Lieferantenbestellung (Wahrscheinlichkeitsstufe MMPO = Materials Management Purchase Order). Es handelt sich hierbei also explizit nicht um die Angabe einer Wahrscheinlichkeit im Sinne einer Prozentzahl, auch wenn die Bezeichnung dies suggeriert.

Ist-Cashflows und Forecast-Cashflows

Grundsätzlich unterscheidet SAP auf dieser Ebene zunächst Ist-Cashflows von Forecast-Cashflows. Ist-Cashflows sind ausschließlich mit der Wahrscheinlichkeitsstufe ACTUAL (Ist-Cashflow) gekennzeichnet und markieren den Endpunkt einer Geschäftstransaktion aus Liquiditätssicht. Eine feinere Differenzierung erfolgt für die Forecast-Cashflows.

Wahrscheinlichkeiten eines Cashflows

Ein Geschäftsvorfall im SAP-System läuft in aufeinanderfolgenden Prozessschritten ab, in denen aus Liquiditätssicht die Wahrscheinlichkeit der Zahlung zunimmt. Wie es Abbildung 3.3 darstellt, gliedert sich der Order-to-Cash-Prozess (O2C-Prozess) z. B. in drei Prozessschritte.

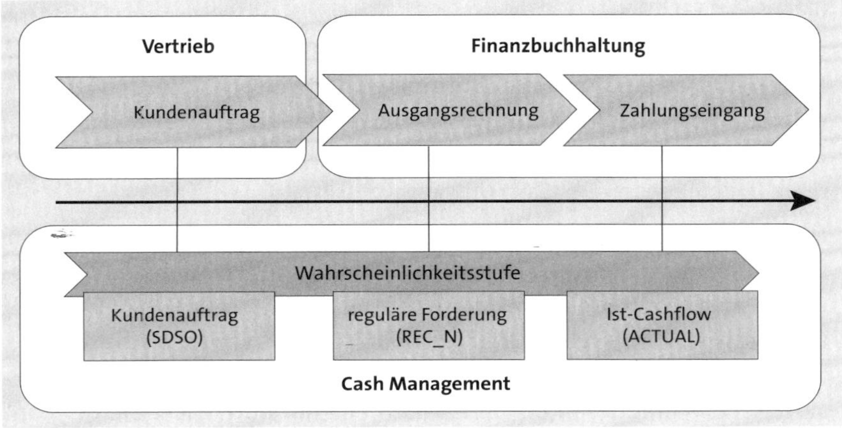

Abbildung 3.3 Wahrscheinlichkeitsstufen im Order-to-Cash-Prozess

Er wird entsprechend mit den korrespondierenden Wahrscheinlichkeitsstufen gekennzeichnet:

1. Kundenauftrag
2. Reguläre Forderung für die offene Kundenrechnung
3. Ist-Cashflow für den Zahlungseingang

3.3.2 Originalanwendung

Die Originalanwendung zeigt Ihnen den technischen Ursprung eines Cashflow-Belegs aus SAP-Sicht. Hierbei wird u. a. unterschieden zwischen

- Rechnungswesen (BSEGV)
- Materialwirtschaft (MM)
- Vertrieb (SDCM)
- Treasury and Risk Management (TRM)
- Kontoauszug (BS)
- Zahlungsanforderung (PAYRQ)
- Einzelsätze (CMMRD)
- Vertragskontokorrent (FICA)

Sie können das Feld **Originalanwendung** in den SAP-Fiori-Apps für die Analyse der Cashflows verwenden. Eine detaillierte Beschreibung der verfügbaren Originalanwendungen finden Sie in Abschnitt 9.2, »Datenquellen für das One Exposure«.

3.3.3 Dispositionsebenen

Jede Cashflow-Buchung wird einer *Dispositionsebene* zugeordnet. Das Merkmal kennen Sie möglicherweise schon aus dem SAP-ERP-System. Mit der Dispositionsebene analysieren Sie differenziert den Buchungsursprung. Sie erlaubt Ihnen bei den zukünftigen Cashflows eine präzisere Beurteilung der Eintrittswahrscheinlichkeit und eine gezielte Filterung von Vorschaupositionen in den Reports des Cash Managements.

Die Dispositionsebene beantwortet die Frage, wie eine prognostizierte Zahlung entstanden ist. Die Dispositionsebenen im Procure-to-Pay-Prozess (P2P-Prozess) zeigen ausgewählte Beispiele der SAP-Standardauslieferung für die Dispositionsebenen. Hier können Sie z. B. erkennen, ob die prognostizierte Zahlung ihren Ursprung in einer offenen Eingangsrechnung (Dispositionsebene F1) oder in einem Zahllauf hat, der noch nicht bei der Bank verbucht wurde (Dispositionsebene B2). Die Dispositionsebene B9 repräsentiert Geldeingänge, die noch keinem Kundenkonto zugeordnet werden konnten.

Namenskonvention für Dispositionsebenen

Standardmäßig liefert SAP die Dispositionsebenen mit einer empfohlenen Namenskonvention aus. Dispositionsebenen, die mit »F« beginnen, sind für Buchungen auf Bankkonten, Debitoren und Kreditoren reserviert. Der Anfangsbuchstabe »B« wird für Buchungen auf Bankverrechnungskonten verwendet. Auf Bankverrechnungskonten werden Zahlungen geparkt, die das Kontokorrent ausgeglichen haben, aber noch nicht bei der Bank verbucht wurden oder umgekehrt. Das »X« hat sich als Standard für gesperrte Belege im Nebenbuch etabliert. Weitere Buchstaben sind für Materialwirtschaft (M), Vertrieb (S) und Treasury Management (T) vorgesehen.

Dispositionsebenen im Procure-to-Pay-Prozess

Im Buchungsprozess kann der Status eines Cashflows mit einer Dispositionsebene präziser dargestellt werden als mit der Wahrscheinlichkeitsstufe, z. B. um gesperrte Belege differenzieren zu können. Dies können Sie am Beispiel des P2P-Prozesses in Abbildung 3.4 erkennen:

1. M1 – Bestellanforderung
2. M2 – Bestellung
3. XR – Eingangsrechnung in Rechnungsprüfung
4. F1 – Freigegebene Rechnung
5. B2 – Zahlung über Bankverrechnungskonto
6. FO – Zahlungsausgang auf dem Bankkonto verbucht

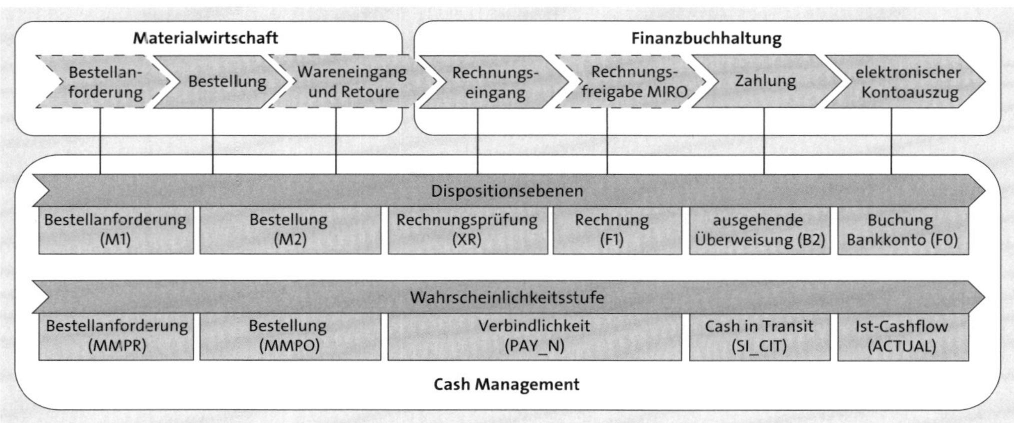

Abbildung 3.4 Verwendung der Dispositionsebenen im Purchase-to-Pay-Prozess

Ableitung der Dispositionsebene aus dem Sachkontenstammsatz

Zur Ableitung der korrekten Dispositionsebenen werden diese im Sachkontenstammsatz für Bank- und Bankverrechnungskonten hinterlegt sowie im Customizing den Prozessschritten zugeordnet. In Abschnitt 10.4.2, »Dispositionsebenen und -gruppen«, finden Sie weitere technische Details zur Ausprägung der Dispositionsebenen.

[»]

Unterschied zwischen Dispositionsebene und Wahrscheinlichkeiten

Teilweise überlappen sich die Wahrscheinlichkeiten (z. B. MMPO = Bestellung) und Dispositionsebenen (z. B. M2 = Bestellung), sodass die Informationen redundant erscheinen. Die wesentlichen Unterschiede sind:

Dispositionsebenen können Sie im System an die Bedürfnisse Ihres Unternehmens anpassen. Sie bieten daher eine deutlich feinere Strukturierung für die Analyse des Buchungsstoffes in der Komponente Finanzbuchhaltung und für manuelle Einzelsätze als die Wahrscheinlichkeitsstufen.

Die Wahrscheinlichkeitsstufen sind nicht änderbar, sondern fest mit den zugrunde liegenden Prozessen verdrahtet.

3.3.4 Dispositionsgruppen

In Analogie zur pragmatischen Definition der Dispoebene beantwortet die *Dispositionsgruppe* die Frage nach dem »Wer« im Sinne einer Kunden- und Lieferantengruppe als Zahlungspartner. Die Dispositionsgruppe wird im Stammsatz des Geschäftspartners hinterlegt und wird in allen Ist- und Forecast-Cashflows fortgeschrieben, die zu diesem Geschäftspartner gehören.

Dispositionsgruppen repräsentieren idealerweise bestimmte Eigenschaften oder Risiken der Geschäftspartner, die für eine differenzierte Cashflow-Betrachtung zielführend sind.

Sie können so z. B. folgende Differenzierungen vornehmen:

- fremde/verbundene Unternehmen
- Inland/Ausland
- Nettozahler/Skontozahler
- Lieferantenkategorien: Produktionsmaterial/Dienstleister

3.3.5 Liquiditätspositionen

Liquiditätspositionen werden zur Strukturierung der Finanzplanung und der Cashflow-Analyse nach sachlichen Kriterien genutzt. Sie repräsentieren den betriebswirtschaftlichen Verursacher eines Cashflows im Sinne einer GuV-Position oder einer Veränderung eines Bilanzknotens (siehe Tabelle 3.2). Die Liquiditätsposition erlaubt damit den Aufbau einer direkten Cashflow-Rechnung. Typischerweise definiert ein Unternehmen den Katalog der Liquiditätspositionen individuell und richtet diesen an seinem Geschäftsmodell aus. Das Feld Liquiditätsposition wird nur in der Full-Cash-Lizenz unterstützt.

Ableitungslogik für Liquiditätspositionen

Für die automatisierte Ableitung der Liquiditätspositionen für Ist- und Plan-Cashflows werden Regeln im System hinterlegt. Diese definieren Sie in Form einer Sachkontenzuordnung auf der Basis von flexiblen Kriterien in Form von Abfragen oder als kundenindividuelle Programmierung. Liquiditätspositionen werden im Customizing des SAP-Systems eingerichtet (siehe Abschnitt 10.4.3, »Liquiditätspositionen«).

[+]

Liquiditätspositionen gestalten

Ein Liquiditätspositionskatalog sollte minimalistisch angelegt werden und nur Positionen enthalten, die für die Steuerung der Liquidität relevant sind. Eine zu feine Struktur führt sonst bei der Ableitung der Positionen im Ist und Plan und in den Planungszyklen für die Liquidität zu einem erhöhten administrativen Aufwand. Typische Liquiditätskataloge enthalten 25 bis 50 Liquiditätspositionen.

Liquiditätsposition	Vorzeichen	Bezeichnung
E1000	+	Kundenzahlungen
E1999	+	Sonstige operative Einzahlungen
E3000	+	Steuereinzahlungen
E4000	+	Darlehensaufnahme
E5000	+	Einzahlungen Finanzderivate und Zinsen
E6000	+	Kapitalaufnahme
E9000	+	Geld in Transit
A1000	–	Auszahlungen für Materialbeschaffung
A2000	–	Auszahlungen für Fremdleistungen
A1999	–	Sonstige operative Auszahlungen
A2000	–	Personalauszahlungen
A3000	–	Steuerauszahlungen

Tabelle 3.2 Beispiele für Liquiditätspositionen

Liquiditätsposition	Vorzeichen	Bezeichnung
A4000	–	Darlehenstilgung
A5000	–	Auszahlungen Finanzderivate und Zinsen
A6100	–	Dividendenausschüttungen
A7000	–	Investitionen
A9000	–	Geld in Transit

Tabelle 3.2 Beispiele für Liquiditätspositionen (Forts.)

Liquiditätspositionshierarchien

Die Liquiditätspositionshierarchie gruppiert Liquiditätspositionen in hierarchischen Strukturen für eine verdichtete Darstellung in Reports und Erfassungslayouts von Plandaten. Liquiditätspositionshierarchien verwalten Sie über die SAP-Fiori-App **Globale Buchhaltungshierarchien verwalten – Für Liquiditätspositionen**.

3.3.6 Abstimmungsstatus

Ein weiteres Merkmal zur Klassifizierung der Verlässlichkeit der Daten ist der *Abstimmungsstatus*. Es stehen die folgenden Status zur Verfügung:

- Abgestimmte untertägige Kontoauszüge
- Nicht abgestimmte untertägige Kontoauszüge
- Abgestimmte prognostizierte Cashflows
- Nicht abgestimmte prognostizierte Cashflows

3.3.7 Partnergesellschaft

Für die Liquiditätsbetrachtung ist die Information wichtig, ob ein Cashflow innerhalb des Konzerns stattfindet oder ob er die Konzerngrenzen überschreitet. Üblicherweise wird für jede Konzerngesellschaft eine Partnergesellschaftsnummer definiert und in den Stammsätzen der korrespondierenden Geschäftspartner hinterlegt.

Ursprünglich wurde dieses Feld in der finanzwirtschaftlichen Konsolidierungskomponente zur Eliminierung von Innenumsätzen und zur Schuldenkonsolidierung genutzt. Wenn in den Transaktionsdaten eines Geschäftsvorfalls das Feld **Partnergesellschaft** in den Belegen versorgt wird, steht das Feld jedoch auch in den Reports des Cash Managements zur Verfügung.

Dies erlaubt mit einfachen Mitteln die Eliminierung der konzerninternen Cashflows im Reporting, um den Fokus auf die externen Cashflows legen und die Komplexität der Cash-Disposition reduzieren zu können.

3.3.8 Merkmale für Organisationseinheiten und Stammdaten

Neben den in den vorangehenden Abschnitten genannten Merkmalen stehen die folgenden Selektions- und Filterkriterien zur Verfügung, die Sie in einigen SAP-Fiori-Apps verwenden können:

- Bankkonto und Kontoattribute wie Kontoart oder Kontostatus
- Buchungskreis
- Geschäftsbereich
- Profit-Center
- Kundennummer
- Lieferantennummer
- Projektnummer
- Segment

3.4 Fazit

SAP bietet mit SAP S/4HANA eine zentrale Plattform für Stamm- und Bewegungsdaten aus dem Cash Management. Gegenüber SAP ERP ist vor allem von Vorteil, dass hier die Komponenten SAP Cash Management und SAP Liquidity Planner im *One Exposure* technisch und betriebswirtschaftlich integriert wurden.

Neue und alte Merkmalsfelder erlauben detaillierte Einsichten in die Cashflow-Situation. Mit der Snapshot-Funktion ist es möglich, historische Vorschaudaten mit den Istdaten abzugleichen. Die Anbindung von Fremdsystemen ermöglicht es Unternehmen mit einer dezentralen Systemlandschaft, ein gesamtheitliches Cash Management zu unterstützen.

Die in diesem Kapitel vorgestellten Konzepte werden in den nachfolgenden Prozess- und Funktionsbeschreibungen für den Liquiditätsstatus, die Liquiditätsvorschau, die Bankenstammdatenpflege sowie die Liquiditätsplanung referenziert.

Kapitel 4
Liquiditätsstatus ermitteln

Dreh- und Angelpunkt des Cash Managements ist der täglich aktuelle, vollständige und valutengerechte Liquiditätsstatus. Dieses Kapitel erläutert, welche Voraussetzungen im SAP-System dazu notwendig sind. Es geht dabei auch auf den elektronischen Kontoauszug, den Kontoauszugsmonitor sowie die wichtigsten SAP-Funktionen zum Liquiditätsstatus ein.

Als Basis für Dispositionsentscheidungen und zur Identifikation von Liquiditätsengpässen benötigen die Verantwortlichen im Cash Management täglich einen aktuellen Überblick über die Unternehmensliquidität. SAP S/4HANA stellt verschiedene Werkzeuge und Reports zur Verfügung, die Sie bei dieser Aufgabe unterstützen und die in diesem Kapitel beschrieben werden.

Abschnitt 4.1, »Überblick über den Tagesfinanzstatus«, gibt einen Überblick darüber, welche Prozessschritte und Informationen für die Erstellung eines Liquiditätsstatus notwendig sind.

Anschließend wird in Abschnitt 4.2, »Elektronische Kontoauszüge einlesen«, der Importprozess der elektronischen Kontoauszüge dargestellt. Eingelesene Kontoauszüge und die dadurch im System aktualisierten Bankensalden des Vortages sind die Basis für einen präzisen Tagesfinanzstatus.

Die Buchungslogik des elektronischen Kontoauszugs wird in Abschnitt 4.3, »Buchungslogik des elektronischen Kontoauszugs«, erläutert. Das Verständnis der Buchungslogik ist die Basis für die Interpretation des Tagesfinanzstatus.

Abschnitt 4.4, »Kontoauszugsverarbeitung überwachen«, beschreibt die Überwachung der Kontoauszüge. Mit dieser Überwachung stellen Sie sicher, dass alle Kontoauszüge vollständig eingelesen werden.

Abschnitt 4.5, »SAP-Fiori-Apps zum Liquiditätsstatus«, stellt abschließend die wichtigsten SAP-Fiori-Apps und SAP-GUI-Transaktionen zur Erstellung eines Liquiditätsstatus vor. Dabei bildet die flexible SAP-Fiori-App **Cashflow-Analyse** den Schwerpunkt.

4.1 Überblick über den Tagesfinanzstatus

Der Liquiditätsstatus wird in SAP S/4HANA auch als *Tagesfinanzstatus* bezeichnet. Der Tagesfinanzstatus zeigt den täglichen Valutasaldo auf den cashrelevanten Konten des Unternehmens sowie prognostizierte Cashflows mit einer hohen Wahrscheinlichkeit. Welche Vorgänge Sie hier berücksichtigen möchten, ist eine unternehmensindividuelle Entscheidung. Eine bespielhafte Übersicht über die Zusammensetzung des Tagesfinanzstatus gibt Abbildung 4.1.

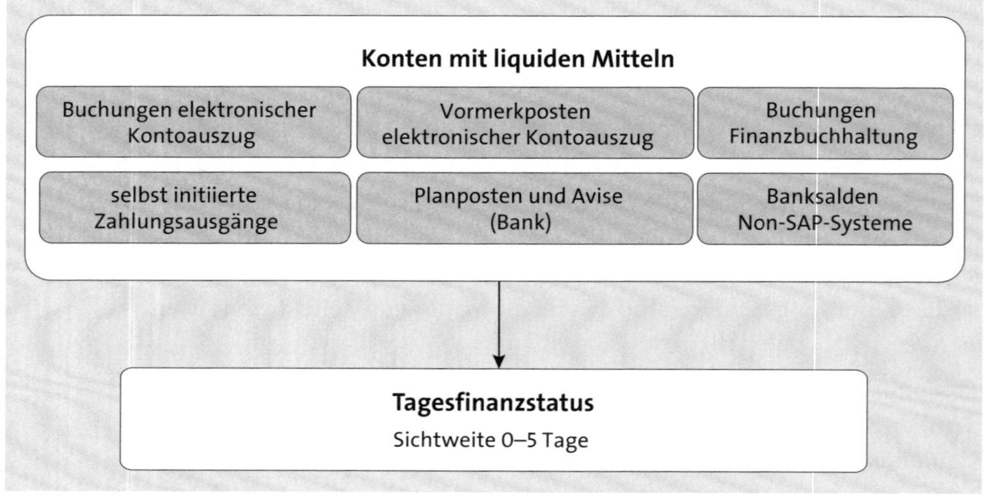

Abbildung 4.1 Buchungsquellen für den Tagesfinanzstatus – Beispiel

Komponenten des Tagesfinanzstatus

Die Werte im Tagesfinanzstatus basieren auf importierten Kontoauszügen und Buchhaltungsbelegen für Konten ohne elektronischen Kontoauszug. Geplante Cashflows mit hoher Wahrscheinlichkeit, wie z. B. Termingelder aus dem *Treasury and Risk Management* (TRM) – können Sie zusätzlich integrieren. Selbst initiierte Zahlungsausgänge aus Zahlläufen oder aus Kontenüberträgen sowie manuell geplante Einzelsätze werden ebenfalls berücksichtigt. Banksalden von Nicht-SAP-Systemen, die Sie über die Upload-Funktion ins System einlesen, werden im Tagesfinanzstatus zusätzlich berücksichtigt.

Letztlich bietet Ihnen das System aber die Flexibilität, frei zu entscheiden, welche der vorgenannten Daten Sie für Ihre Dispositionsentscheidungen in den Reports zeigen möchten. Tagesfinanzstatus und Liquiditätsvorschau sind in SAP S/4HANA nicht mehr strikt voneinander getrennt. Im einfachsten Fall verwenden Sie den Banksaldo, wie in Abschnitt 4.5.6, »Die SAP-Fiori-App ›Bankkontensaldo‹«, beschrieben.

Tagesgenau und in der disponierten Währung ermöglicht der Tagesfinanzstatus eine historische Betrachtung sowie eine Vorschau über die Entwicklung der nächsten Tage.

Kurzfristige Vorschau mit dem Tagesfinanzstatus

Die Verbuchung von Cashflows mit zukünftigem Valutadatum sowie die Einbindung der Bankverrechnungskonten und der geplanten Cashflows ermöglichen eine Vorschau über die nächsten Tage. So werden z. B. Zahlläufe, die bereits bei der Bank eingereicht, aber noch nicht vom Bankkonto abgebucht worden sind, als Zahlungsausgang auf dem Bankverrechnungskonto gezeigt. Dies ermöglicht im Tagesfinanzstatus eine kurze Vorschau von wenigen Tagen. Mittelabflüsse werden so berücksichtigt, bevor sie von der Bank über den elektronischen Kontoauszug als verbucht gemeldet werden.

Fahrplan für den Tagesfinanzstatus

Der Tagesfinanzstatus bildet die Grundlage für die anschließende Finanzdisposition. Die Erstellung des Tagesfinanzstatus folgt idealerweise einem Zeitplan mit definierten Verantwortlichkeiten. Ein Beispiel für einen solchen Plan zeigt Abbildung 4.2.

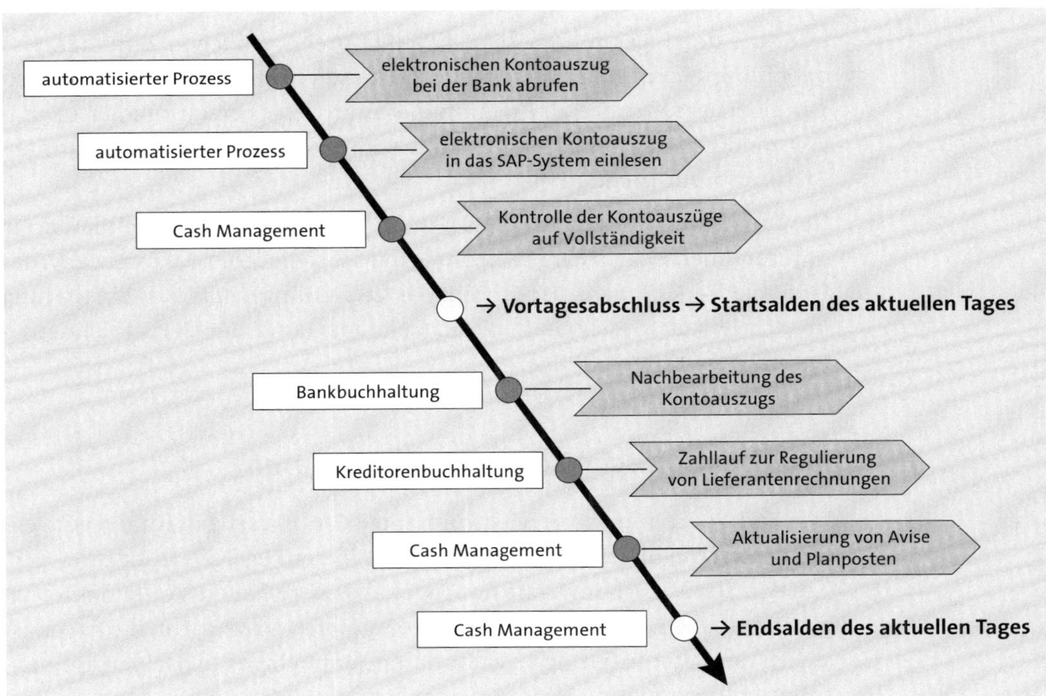

Abbildung 4.2 Exemplarischer Ablauf zur Erstellung des Tagesfinanzstatus

Tagesfinanzstatus als Datenbasis

Um einen verlässlichen Tagesfinanzstatus zu erhalten, bedarf es in erster Linie einer vollständigen, zeitnahen und korrekten Datenbasis für die aktuellen Banksalden und Kontenbewegungen.

Kontoauszüge importieren und buchen

Um diese Daten zu erhalten, wird idealerweise frühmorgens der elektronische Kontoauszug über Ihre Bankkommunikationssoftware bei der Bank abgerufen. Anschließend wird dieser automatisiert in das System eingelesen und verbucht (siehe Abschnitt 4.2, »Elektronische Kontoauszüge einlesen«). Alle Bankbewegungen werden in diesem Schritt verbucht, wobei unklare Vorgänge auf Bankverrechnungskonten geparkt werden (siehe Abschnitt 4.3, »Buchungslogik des elektronischen Kontoauszugs«).

Kontoauszug prüfen

Zur Überprüfung der Status von Import und Verbuchung der Kontoauszüge stehen verschiedene SAP-Fiori-Apps zur Verfügung, die in Abschnitt 4.4, »Kontoauszugsverarbeitung überwachen«, vorgestellt werden. Nachdem Sie sichergestellt haben, dass die Kontoauszüge vollständig verbucht worden sind, ist nach diesem Schritt der korrekte Saldo des Vortages auf den Bankkonten ablesbar.

Die unklaren Vorgänge werden anschließend durch die Bankbuchhaltung nachbearbeitet (siehe Abschnitt 4.2, »Elektronische Kontoauszüge einlesen«).

Im Laufe des Tages führen Sie Zahlläufe durch, verbuchen Zahlungsavise oder führen Kontenüberträge durch. Da diese Vorgänge den Plansaldo fortschreiben, erhalten Sie als Ergebnis dieses Prozesses einen validierten und vollständigen Tagesfinanzstatus zum Ende des Tages, der alle bekannten Faktoren berücksichtigt.

Die Prozessschritte zur Erstellung Ihres Tagesfinanzstatus definieren Sie unternehmensspezifisch in Abhängigkeit verschiedener Faktoren, z. B. der Periodizität der Finanzdisposition, des Zahllaufintervalls, der Einbindung internationaler Gesellschaften, der Zeitzonen und der Berücksichtigung untertägiger Kontoauszüge.

4.2 Elektronische Kontoauszüge einlesen

Der Abruf und Import von elektronischen Kontoauszügen für die gebuchten Bankbewegungen des Vortages erfolgt in der Regel am frühen Morgen. Um den Status auch im Laufe des Tages aktuell zu halten, können untertägige Kontoauszüge in das SAP-System eingespielt werden. Um die Zuverlässigkeit der Datenlieferung zu garantieren, empfiehlt es sich, einen automatisierten Prozess zum Einlesen zu etablieren.

Kontoauszug abrufen

In einem ersten Schritt erfolgt der Abruf der Kontoauszüge bei Ihren Banken. Hierzu verwenden Sie z. B. entweder ein Bankenkommunikationsprogramm wie SFIRM, einen Cloud-Service wie SAP Multi-Bank Connectivity (siehe Abschnitt 2.4, »SAP Multi-Bank Connectivity«) oder die korrespondierenden Dienste von Treasury Intelligence Solutions.

Formate für den elektronischen Kontoauszug

SAP unterstützt eine Vielzahl von Datenübertragungsformaten für den Kontoauszug, die Sie parallel in Ihrem System für verschiedene Bankkonten nutzen können. Die gängigsten Formate für den elektronischen Kontoauszug sind SWIFT (MT94*), SEPA (camt.*) und MultiCash. Weitere Formate entnehmen Sie der Programmdokumentation der im Folgenden beschriebenen Importprogramme.

Importvarianten des elektronischen Kontoauszugs

Der Import der elektronischen Kontoauszüge ins SAP-System erfolgt über die Finanzbuchhaltungskomponente, wie in diesem Abschnitt beschrieben. Das SAP-S/4HANA-System erlaubt auch den Import von Kontoauszügen, deren Buchhaltung nicht im SAP-System geführt wird.

Der elektronische Kontoauszug liefert neben vielen weiteren Informationen den Anfangs- und Endsaldo, die Kontobewegungen mit Betrag, Valutadatum, Verwendungszweck, Bankverbindung des Geschäftspartners und Geschäftsvorfallcode sowie die Auszugsnummer und das Auszugsdatum. Diese Informationen werden im SAP-System im sogenannten *Bankdatenspeicher* abgelegt (Tabellen FEBKO, FEBEP und FEBRE).

Apps und Transaktionen zum Einlesen der Kontoauszüge

Zum manuellen Import in das System stehen im SAP GUI Transaktionen FF_5 (Kontoauszüge hochladen) und FF.5 (Kontoauszüge hochladen – mit Formatauswahl) zur Verfügung. Im SAP Fiori Launchpad ruft die SAP-Fiori-App **Kontoauszüge hochladen** Transaktion FF_5 auf. Die SAP-Fiori-App **Kontoauszüge hochladen – Mit Formatauswahl** startet Transaktion FF.5. Diese Apps sind also keine nativen SAP-Fiori-Apps, sondern SAP-GUI-Transaktionen, die in einem aufgewerteten Design im SAP Fiori Launchpad dargestellt werden. Transaktion FEB_FILE_HANDLING (Kontoauszugsverarbeitung) unterstützt darüber hinaus den automatisierten Import der Dateien aus verschiedenen Quellen und ermöglich eine Splittung der Bankdateien.

[«]

Landesspezifische Importprogramme

Transaktion FF.5 (Kontoauszüge hochladen – mit Formatauswahl) startet in der Standardkonfiguration automatisch das Programm RFEBKA00. Beim Start von Transaktion FF_5 (Kontoauszüge hochladen) erhalten Sie eine Auswahlliste für verschiedene Reports. Davon abweichende landesspezifische Reports legen Sie im Customizing (Transaktion OT61, Report/Variantenauswahl) für die jeweilige Transaktion fest.

Kontoauszug einlesen

Bei der Nutzung von Transaktion FF_5 (Kontoauszüge hochladen – mit Formatauswahl) bzw. der SAP-Fiori-App **Kontoauszüge hochladen – Mit Formatauswahl** wählen Sie den Report RFEBKA00 (siehe Abbildung 4.3).

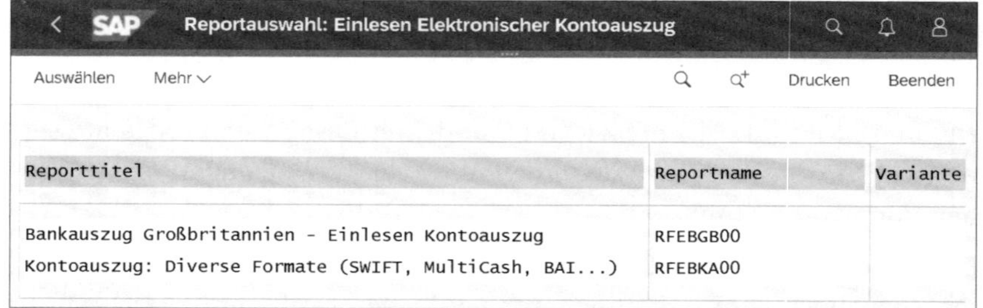

Abbildung 4.3 Elektronischen Kontoauszug einlesen – Report auswählen

Dieser Report öffnet sich in der in Abbildung 4.4 dargestellten Ansicht.

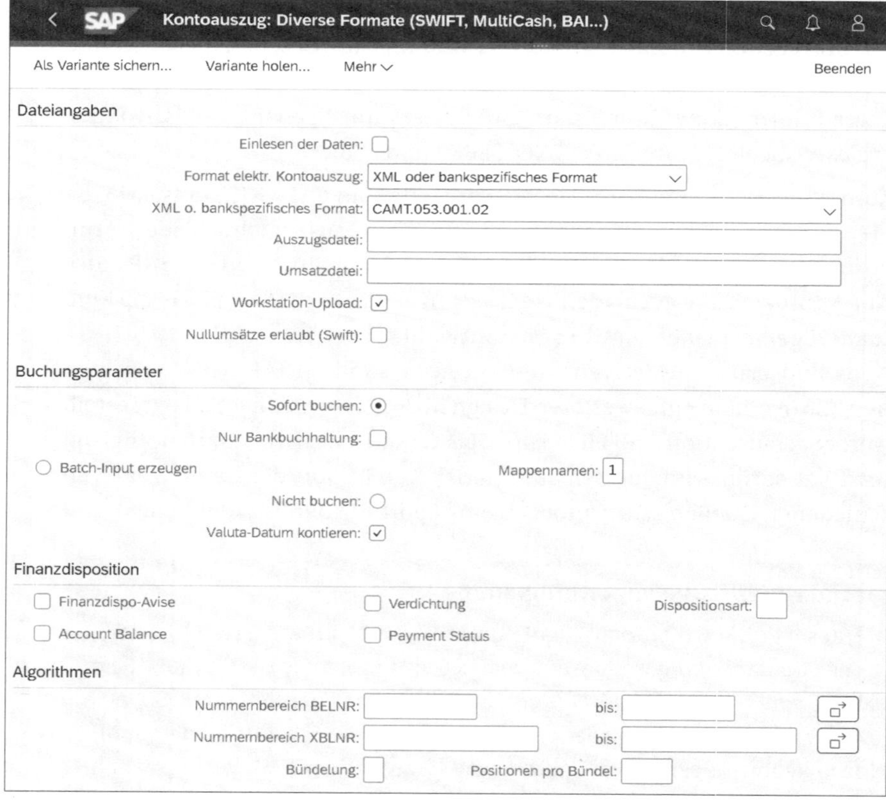

Abbildung 4.4 Elektronischen Kontoauszug einlesen – Übersicht

Benötigte Parameter

Füllen Sie nun die Felder des Reports, um einen elektronischen Kontoauszug zur Verbuchung im SAP-System manuell einzulesen. Dazu werden im Folgenden die wichtigsten Felder kurz erläutert:

- **Einlesen der Daten**
  Wenn Sie das Kontrollkästchen aktivieren, werden die Daten des elektronischen Kontoauszugs in den Bankdatenspeicher geladen.
- **Format des elektr. Kontoauszug**
  Wählen Sie in diesem Feld das Format aus, in dem Sie den Kontoauszug von Ihrer Bank erhalten.

  Anschließend tragen Sie den Pfad, unter dem die Auszugsdatei abgelegt ist, in das Feld **Auszugsdatei** ein. In Abhängigkeit vom Format besteht der Kontoauszug zum Teil aus zwei Dateien. Falls dies der Fall ist, müssen Sie auch im Feld **Umsatzdatei** den Pfad zur zweiten Datei pflegen.
- **Workstation Upload**
  Aktivieren Sie dieses Kontrollkästchen, wenn die Dateien von Ihrem lokalen Rechner eingelesen werden. Für einen automatisierten Upload über einen Job mit Reportvariante müssen die Daten auf dem Applikationsserver bereitgestellt werden und das Kontrollkästchen zu **Workstation Upload** deaktiviert sein.
- **Buchungsparameter**
  In diesem Bereich legen Sie fest, ob der Kontoauszug unverzüglich verbucht oder der Auszug nur in den Bankdatenspeicher eingelesen werden und somit die Verbuchung später stattfinden soll.

  Falls Sie die Auswahl **Nur Bankbuchhaltung** aktivieren, wird lediglich die Buchung im ersten Buchungsschritt, also die Buchung in der Bankbuchhaltung, durchgeführt. Der zweite Buchungsschritt in der Nebenbuchhaltung muss im Nachgang manuell durchgeführt werden. Die zweistufige Verbuchungslogik wird in Abschnitt 4.3, »Buchungslogik des elektronischen Kontoauszugs«, detaillierter beschrieben.

Nachdem Sie alle Daten eingegeben haben, starten Sie den Import mit einem Klick auf den Button **Ausführen**. Das Programm RFEBKA00 befüllt nun den Bankdatenspeicher des SAP-Systems mit den im Kontoauszug enthaltenen Daten und erzeugt die Finanzbuchhaltungsbelege auf Basis der im Customizing hinterlegten Buchungsregeln (siehe Abschnitt 4.3, »Buchungslogik des elektronischen Kontoauszugs«). Mit der zweistufigen Buchungslogik ist sichergestellt, dass nach diesem Schritt der Tagesfinanzstatus bereits alle Kontobewegungen als verbucht zeigt, auch wenn noch Einzelzahlungen im 2. Schritt nachzubearbeiten sind, da sie noch nicht sauber im Kontokorrent zugeordnet wurden.

[»]

Änderung Release 2021 für SAP-Fiori-Apps zum Hochladen der Kontoauszüge

Die SAP-Fiori-Apps **Kontoauszüge hochladen** und **Kontoauszüge hochladen – Mit Formatauswahl** werden laut Ankündigung von SAP mit dem Release 2021 obsolet und durch die SAP-Fiori-App **Eingangszahlungsdateien verwalten** ersetzt.

Kontoauszüge nachbearbeiten

Die Nachbearbeitung der Kontoauszüge wird üblicherweise von der Buchhaltungsabteilung mit Transaktion FEBAN (Nachbearbeitung Kontoauszüge) oder der vergleichbaren SAP-Fiori-App **Kontoauszugspositionen nachbearbeiten** durchgeführt. Hier werden fehlerhafte oder nicht erfolgreich durchgeführte Verbuchungen der Kontoauszüge manuell nachbearbeitet. Diese Funktion wird am Ende von Abschnitt 4.4, »Kontoauszugsverarbeitung überwachen«, kurz erläutert.

4.3 Buchungslogik des elektronischen Kontoauszugs

In diesem Abschnitt finden Sie Erläuterungen zur Verbuchungslogik des elektronischen Kontoauszugs als Basis für ein tieferes Verständnis der Cashflow-Bewegungen im Reporting.

Im Cash Management ist es wichtig, zeitnah einen vollständigen Überblick über die Banksalden des Vortages zu erhalten. Die Verbuchungslogik des elektronischen Kontoauszugs trägt diesem Ziel Rechnung, indem die Verbuchung von Cashflows auf dem Bankkonto zu 100 % automatisiert erfolgt. Dazu bedient sich SAP eines zweistufigen Buchungsverfahrens.

Buchungsbereich »Bankbuchhaltung«

Die erste Buchung wird dem *Buchungsbereich* »01 Bankbuchhaltung« (früher Buchungsbereich Hauptbuch) zugeordnet und erfolgt bei vollständig ausgeprägten Buchungsregeln immer sofort bei der automatisierten Verbuchung des Kontoauszugs. Damit ist der Saldo des Bankkontos direkt nach der Verbuchung des Kontoauszugs vollständig aufgebaut. Als Gegenkonto dieser Buchung wird entweder ein endgültiges Hauptbuchkonto, wie z. B. Bankgebühren, oder ein Bankverrechnungskonto verwendet.

Buchungsbereich »Nebenbuchhaltung«

Wenn die Buchungslogik für den Geschäftsvorfall dies vorsieht, erzeugt das System eine zweite Buchung im *Buchungsbereich* »02 Nebenbuchhaltung«, die das Bankverrechnungskonto entlastet und eine Ausgleichsbuchung im Nebenbuch für Debitoren oder Kreditoren vornimmt. Findet das SAP-System ausreichende Informationen im Bankdatenspeicher, erzeugt es den Beleg für das Nebenbuch automatisch. Liegen unvollständige Informationen vor, ist eine manuelle Nachbearbeitung mit Transaktion FEBAN (Nachbearbeitung Kontoauszüge) durch die Buchhaltung notwendig.

Im Folgenden wird dieses Buchungskonzept am Beispiel von zwei Geschäftsvorfällen erläutert und parallel die Auswirkungen auf die Reports im Cash Management aufgezeigt. Der erste Geschäftsvorfall beschreibt die Zahlung einer Debitorenrechnung, und der zweite dokumentiert die Zahlung einer kreditorischen Eingangsrechnung.

Beispiel 1: Buchung einer Debitorenzahlung

Die Buchungssätze aus dem ersten Beispiel finden Sie in Abbildung 4.5. Hier steht zunächst eine offene Debitorenrechnung aus, die als **Reguläre Forderung** (Wahrscheinlichkeitsstufe REC_N) und damit als potenzieller Zahlungseingang in der Liquiditätsvorschau steht (siehe Buchungssatz 1).

Bank (13300)	
(2) 1.000 EUR	

Bankverrechnungskonto Zahlungseingang (13302)	
(3) 1.000 EUR ↔	(2) 1.000 EUR

Nebenbuch Debitor A	
(1) 1.000 EUR ↔	(3) 1.000 EUR

Nr.	Buchungsvorgang Finanzbuchhaltung	Darstellung im Cashmanagement (Wahrscheinlichkeit)		
		Reguläre Forderung (REC_N) → Liquiditätsvorschau	Eigeninitiierter Cash in Transit (SI_CIT) → Tagesfinanzstatus	IST-Cashflow (ACTUAL) → Tagesfinanzstatus
(1)	Debitorenrechnung	+1.000		
(2)	Zahlungseingang: Bank an Bankverrechnungskonto (Buchungsbereich 1 - Bank)	+1.000	–1.000	+1.000
(3)	Buchung Bankverrechnungskonto an Debitor (Buchungsbereich 2 - Nebenbuch)			+1.000

Abbildung 4.5 Zweistufige Buchungslogik des elektronischen Kontoauszugs für einen debitorischen Zahlungseingang

Der Zahlungseingang auf dem Bankkonto führt im ersten Buchungsschritt (Buchungsbereich 1 – Bankbuchhaltung) zu einer Buchung »Bankkonto an Bankverrechnungskonto« (Buchungssatz 2 in Abbildung 4.5). Da das Bankkonto und das Bankverrechnungskonto als cashrelevant klassifiziert sind, erzeugt diese Buchung einen Ist-Cashflow (Wahrscheinlichkeitsstufe ACTUAL) und einen zweiten eigeninitiierten Cash in Transit (Wahrscheinlichkeitstufe SI_CIT) mit umgekehrten Vorzeichen.

Da die Verbindung von der eingegangenen Zahlung zur ursprünglichen Forderung noch nicht hergestellt wurde, werden also temporär drei Vorgänge im Cash Management dargestellt. Diese Buchungen liefern, summarisch betrachtet, ein richtiges Bild, stellen jedoch eine Unschärfe auf der

Ebene des Transaktionsdatums dar. Um die Qualität des Tagesfinanzstatus und der Liquiditätsvorschau zu erhöhen, ist es aus diesem Grund empfehlenswert, die Nachbearbeitung des Kontoauszugs – soweit es inhaltlich möglich ist – vor der täglichen Cash-Disposition durchzuführen, um diesen Sachverhalt aufzulösen.

Im zweiten Buchungsschritt (Buchungsbereich 2 – Nebenbuch) wird der Zahlungseingang vom Bankverrechnungskonto auf das Debitorenkonto umgebucht (Buchungssatz 3). Diese Buchung erfolgt automatisiert und zeitgleich mit dem Buchungsbereich Bankbuchhaltung, falls das System automatisch die Debitorenrechnung ermitteln kann. Andernfalls wird die Zahlung der Debitorenrechnung über die Nachbearbeitungstransaktion FEBAN (Nachbearbeitung Kontoauszüge) durch die Bankbuchhaltung manuell zugeordnet. Bei der Verbuchung werden die offenen Posten auf dem Bankverrechnungskonto und auf dem Debitorenkonto ausgeglichen. Die korrespondierenden Einträge im One Exposure werden damit gelöscht, und es verbleibt ein Ist-Cashflow für den Zahlungseingang in Höhe von 1.000 EUR.

Beispiel 2: Buchung einer Kreditorenzahlung

Die Zahlung einer Lieferantenrechnung soll als zweites Beispiel dienen. Die korrespondierenden Buchungssätze und deren Auswirkungen im Cash Management sind in Abbildung 4.6 dargestellt.

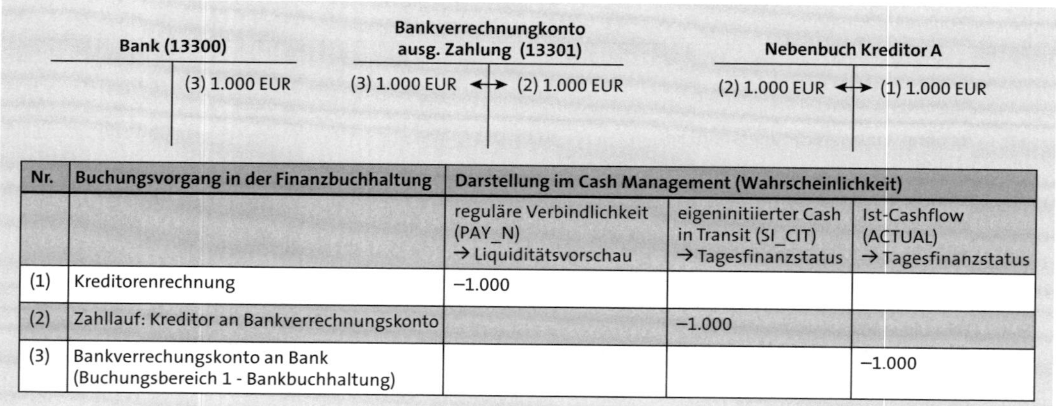

Nr.	Buchungsvorgang in der Finanzbuchhaltung	Darstellung im Cash Management (Wahrscheinlichkeit)		
		reguläre Verbindlichkeit (PAY_N) → Liquiditätsvorschau	eigeninitiierter Cash in Transit (SI_CIT) → Tagesfinanzstatus	Ist-Cashflow (ACTUAL) → Tagesfinanzstatus
(1)	Kreditorenrechnung	–1.000		
(2)	Zahllauf: Kreditor an Bankverrechnungskonto		–1.000	
(3)	Bankverrechungskonto an Bank (Buchungsbereich 1 - Bankbuchhaltung)			–1.000

Abbildung 4.6 Buchungslogik des elektronischen Kontoauszugs für einen kreditorischen Zahlungsausgang

Die Verbuchung einer Kreditorenrechnung (Buchungssatz 1) erzeugt zunächst einen potenziellen Zahlungsausgang als reguläre Verbindlichkeit (Wahrscheinlichkeitsstufe PAY_N) im Cash Management. Mit der Regulierung der Rechnung über den Zahllauf wird der offene kreditorische Posten ausgeziffert und ein offener Posten auf dem Bankverrechnungskonto für Zahlungsausgänge verbucht (Buchungssatz 2). Somit verändert sich die

Wahrscheinlichkeit der Zahlung von der regulären Verbindlichkeit auf den eigeninitiierten Cash in Transit (Wahrscheinlichkeitsstufe SI_CIT) im Cash Management.

Sobald die Überweisung vom Bankkonto abgebucht und im elektronischen Kontoauszug zurückgemeldet wird, erfolgen die Buchungen auf dem Bankkonto und der Ausgleich des Bankverrechnungskontos (Buchungssatz 3). Der Zahlungsausgang wird damit als Ist-Cashflow (Wahrscheinlichkeitsstufe ACTUAL) im Cash Management sichtbar. Der elektronische Kontoauszug erstellt in diesem Fall nur einen Beleg im Buchungsbereich 01 (Bankbuchhaltung), da das Nebenbuch schon durch den Zahllauf verbucht wurde.

4.4 Kontoauszugsverarbeitung überwachen

Wie es in den vorangehenden Abschnitten erläutert wurde, ist ein stets aktueller Buchungsstand der Kontoauszüge Grundvoraussetzung für die Vollständigkeit des Tagesfinanzstatus. Die Kontrolle der Verarbeitung von Kontoauszügen ist daher eine wichtige Tätigkeit im Cash Management.

Zu diesem Zweck erlauben die beiden analytischen Apps **Kontoauszugsmonitor – Tagesabschluss** und **Kontoauszugsmonitor – Untertägig** in der Gruppe **Cash-Vorgänge** im SAP Fiori Launchpad eine visuelle Analyse. Die transaktionale App **Kontoauszüge verwalten** bietet eine Statusübersicht in Listenform. Darüber hinaus löschen Sie mit dieser App noch nicht verbuchte Kontoauszüge und stornieren bereits gebuchte Kontoauszüge in der Buchhaltung. Im SAP GUI steht Ihnen zusätzlich die SAP-Bank-Communication-Management-Transaktion FTE_BSM (Kontoauszugsmonitor) für das Monitoring zur Verfügung.

Detaillierte Informationen auf der Belegebene stellt Ihnen die transaktionale App **Kontoauszugspositionen nachbearbeiten** zur Verfügung.

Nachfolgend werden in diesem Abschnitt die hier genannten SAP-Fiori-Apps detailliert beschrieben.

4.4.1 Die SAP-Fiori-App »Kontoauszugsmonitor – Tagesabschluss«

Die SAP-Fiori-App **Kontoauszugsmonitor – Tagesabschluss** ist eine Smart Business App mit einer grafischen Aufbereitung der Informationen, die auch über die SAP-GUI-Transaktion FTE_BSM (Kontoauszugsmonitor) bereitgestellt werden. Sie öffnen die App über die in Abbildung 4.7 dargestellte KPI-Kachel (KPI = Key Performance Indicator) im SAP Fiori Launchpad in der Gruppe **Cash-Vorgänge**.

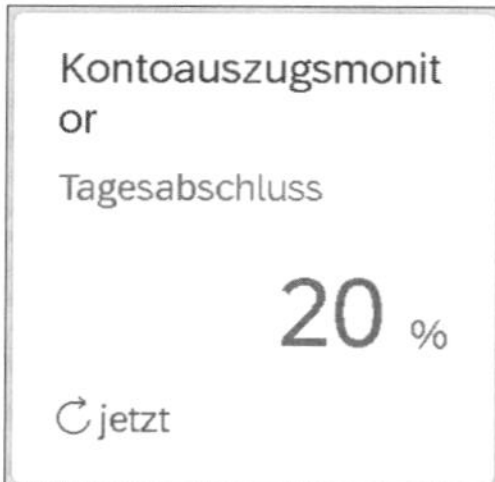

Abbildung 4.7 SAP-Fiori-Kachel »Kontoauszugsmonitor«

In der Vorschau dieser Kachel können Sie bereits die Erfolgsrate der zu prüfenden Bankkonten ablesen. Berechnet wird diese aus dem Verhältnis der Anzahl der Bankkonten, deren Kontoauszüge erfolgreich importiert und verbucht wurden, zur Anzahl der insgesamt zu überwachenden Bankkonten.

Kontoauszugsmonitor öffnen

Nach dem Start der SAP-Fiori-App wird der Importstatus Ihrer Bankkonten in Form eines Balkendiagramms dargestellt (siehe Abbildung 4.8). Dabei gibt der Kontoauszugsmonitor durch eine farbliche Unterscheidung den jeweiligen Status wie **Warnung**, **Fehler** oder **Erfolg** gemäß der Legende oben rechts an. Die Prozentangabe berücksichtigt nur für das Monitoring gekennzeichnete und vollständig eingerichtete Konten und bezieht sich auf die aktuell gefilterten Konten.

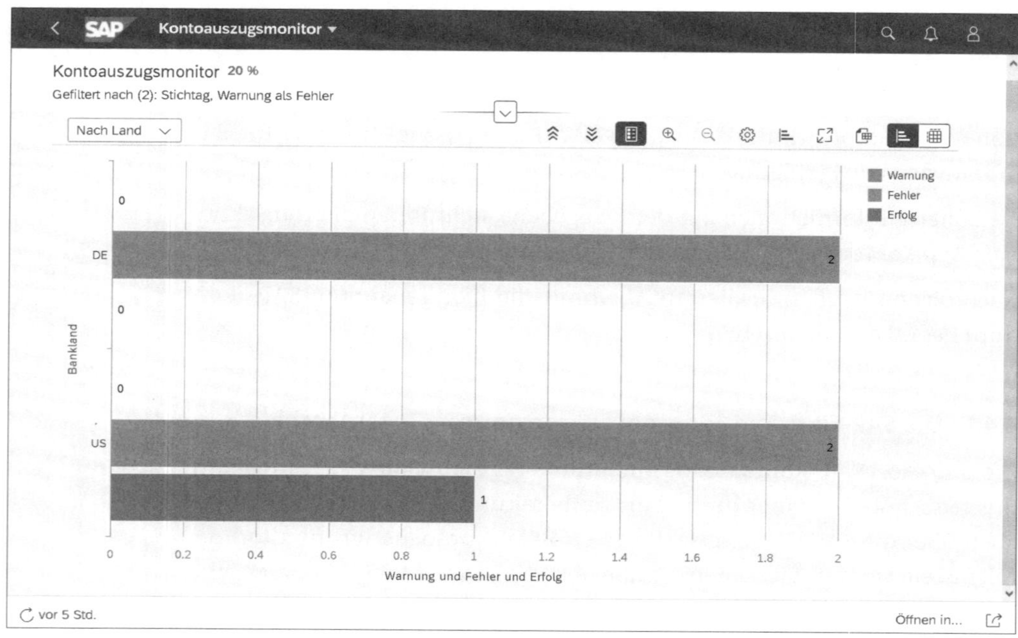

Abbildung 4.8 SAP-Fiori-App »Kontoauszugsmonitor« – Übersicht

Ausgabe anpassen

Für einen ersten Überblick ist in der Standardansicht die Gliederung nach Bankland gewählt (siehe Abbildung 4.8). Über die Auswahlliste verändern Sie die Gliederung für die Ansicht. Diese ist **nach Gesellschaft** (hiermit ist der Buchungskreis gemeint), **nach Bank und Gesellschaft**, **nach Gesellschaft und Bank** oder **nach Bankkonto (Ansprechpartner)** möglich. Mit der Ansicht **nach Bankkonto (Ansprechpartner)** wird das Ergebnis als Liste angezeigt (siehe Abbildung 4.9).

Abbildung 4.9 SAP-Fiori-App »Kontoauszugsmonitor« – Gliederung nach Bankkonto

Details in tabellarischer Ansicht

Mit der Ansicht **Nach Bankkonto** erhalten Sie eine tabellarische Aufstellung mit detaillierten Konteninformationen. Sollten Sie in der Übersicht erkennen, dass Bankkonten nicht erfolgreich importiert wurden, können Sie den im Bankkontenstamm hinterlegten internen Ansprechpartner in der Liste identifizieren und diesen anschließend über fehlende oder fehlerhafte Kontoauszüge per E-Mail oder Telefon informieren. Über die Drill-down-Funktion können Sie in die Banken- oder Bankkontenverwaltung oder die SAP-Fiori-App **Cashflow-Analyse** springen.

[«]

Notwendige Konfiguration zur Überwachung von Kontoauszügen

Beachten Sie, dass im ersten Schritt die zu überwachenden Bankkonten definiert sein müssen. Pflegen Sie dafür im Bankkontenstamm das Feld **Verarbeitungsstatus** im Bereich **Auszug am Tagesende**.

4.4.2 Die SAP-Fiori-App »Kontoauszugsmonitor – Untertägig«

Für das Monitoring untertägiger Kontoauszüge steht Ihnen mit der Full-Cash-Lizenz die SAP-Fiori-App **Kontoauszugsmonitor – Untertägig** zur Verfügung. Zur Überwachung des Importstatus öffnen Sie die App über die im SAP Fiori Launchpad dargestellte Kachel (siehe Abbildung 4.10).

Abbildung 4.10 SAP-Fiori-Kachel »Kontoauszugmonitor – Untertägig«

In der sich öffnenden Ansicht erhalten Sie einen Überblick über den Importstatus der untertägigen Kontoauszüge. Die Auswahl können Sie durch die Angabe des Kontoauszugsdatums eingrenzen. Im Ergebnisbereich können Sie die Anzahl der tatsächlich importierten Auszüge mit den erwarteten Auszügen vergleichen, um bei Verzögerungen zeitnah reagieren zu können. Auf einem Zeitstrahl werden Ihnen der Importplan und der jeweilige Status der Bankkonten angezeigt.

Für diese App ist zu beachten, dass eine Überwachungsregel im Banken- oder Bankkontenstamm zugeordnet sein muss. Es werden nur Bankkonten angezeigt, für die das Kontrollkästchen **Upload untertägiger Auszüge** im Bankkontenstamm angehakt wurde (siehe Abschnitt 7.2.1, »Bank anlegen« und Abschnitt 7.3.2, »Bankkonto anlegen«).

Überwachungsregeln für untertägige Kontoauszüge

Im Customizing definieren Sie über Transaktion FCLM_BRM_RULE (Regeln für untertägige Auszüge definieren) die Überwachungsregeln für untertägige Kontoauszüge. Diese definierten Regeln können Sie anschließend im Banken- oder Bankkontenstamm hinterlegen (siehe Abschnitt 7.3.2, »Bankkonto anlegen«).

Mit dem Report FCLM_BRM_GENERATE_APPT müssen Sie periodisch Termine generieren, die sich aus den Stammdaten für die Bankkonten und dem Customizing ableiten.

4.4.3 Die SAP-Fiori-App »Kontoauszugspositionen nachbearbeiten«

Zur Nachbearbeitung von Kontoauszügen ist die SAP-Fiori-App **Kontoauszugspositionen nachbearbeiten** (in der Gruppe **Cash-Vorgänge**) vorhanden. Die im SAP Fiori Launchpad abgebildete KPI-Kachel befindet sich ebenfalls in der Gruppe **Cash-Vorgänge** (siehe Abbildung 4.11). Die KPI-Kachel zeigt bereits vor dem Öffnen der App die Anzahl der zu bearbeitenden Positionen an.

Abbildung 4.11 SAP-Fiori-Kachel »Kontoauszugspositionen nachbearbeiten«

Im Folgenden wird beschrieben, wie Sie diese App nutzen können, um einen detaillierten Überblick über den Status der Verbuchung zu erhalten. Abbildung 4.12 zeigt die gestartete App. Im oberen Bereich befinden sich die Filtermöglichkeiten, nach denen Sie die Ergebnisliste für eine bessere Übersichtlichkeit eingrenzen können.

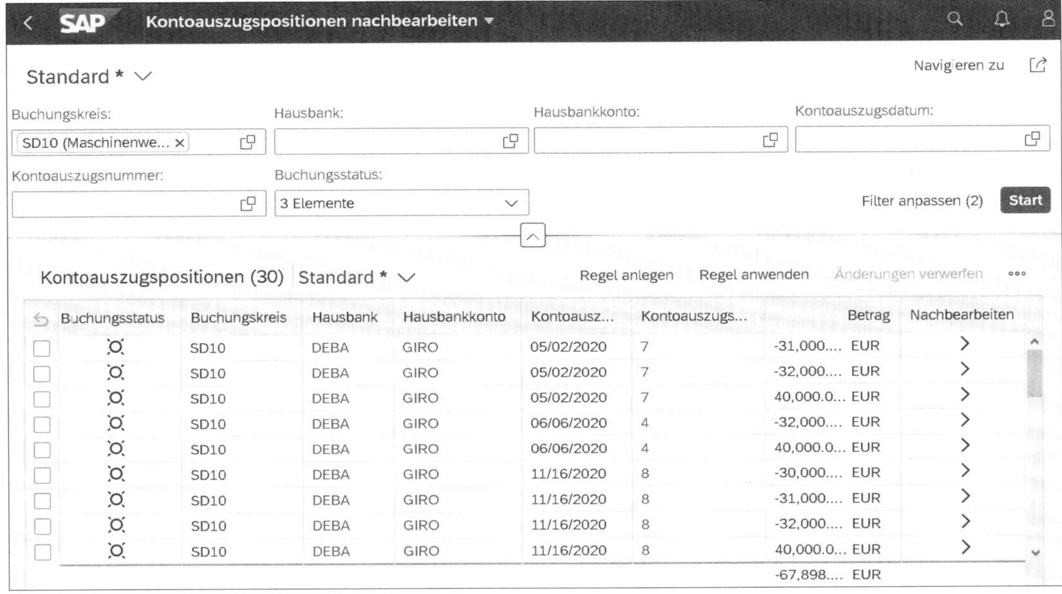

Abbildung 4.12 SAP-Fiori-App »Kontoauszugspositionen nachbearbeiten«

Möglich ist die Eingrenzung nach **Buchungskreis**, **Hausbank** und **Hausbankkonto**, **Kontoauszugsdatum**, **Kontoauszugsnummer** oder **Buchungsstatus**. Das Feld **Buchungsstatus** erlaubt die Eingrenzung nach **Abgeschlossen**, **Auf Erledigt setzen**, **Buchung nicht gestartet**, **Nicht abgeschlossen** und **automatisch akonto gebucht**.

Über den Verweis in der Zelle **Nachbearbeiten** gelangen Sie bei der jeweiligen Kontoauszugsposition zu einer Detailansicht (siehe Abbildung 4.13).

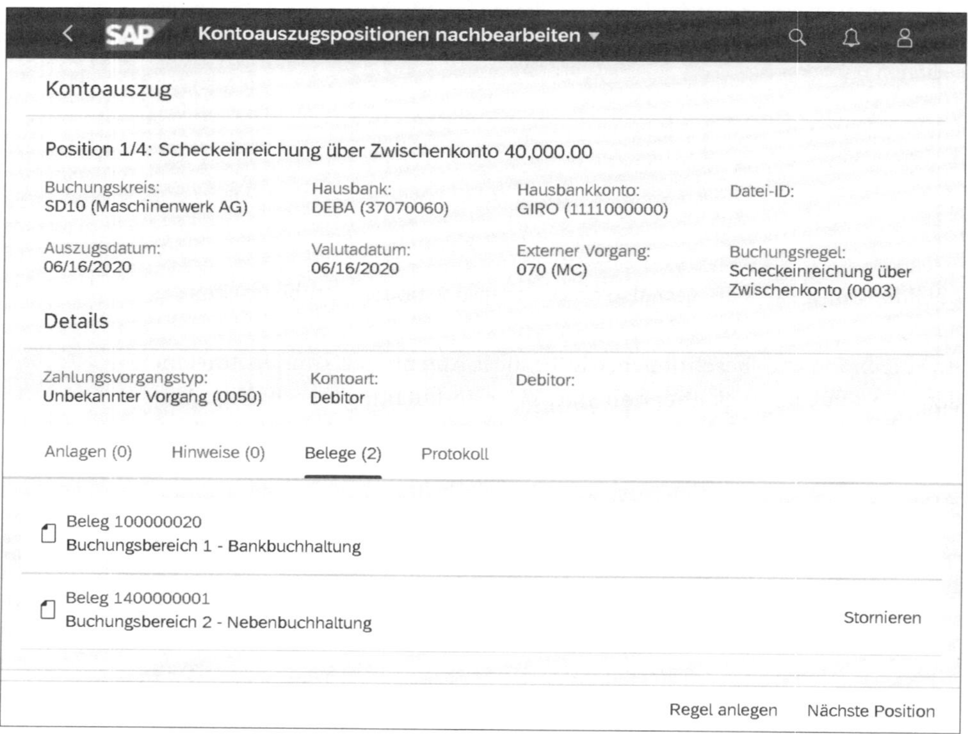

Abbildung 4.13 SAP-Fiori-App »Kontoauszugspositionen nachbearbeiten« – Detailansicht

Hier erhalten Sie einen Überblick über die Finanzbuchhaltungsbelege, die durch den automatischen Kontoauszug angelegt wurden. Die in Abschnitt 4.3, »Buchungslogik des elektronischen Kontoauszugs«, erläuterten Buchungsbereiche 1 (Bankbuchhaltung) und 2 (Nebenbuchhaltung) finden Sie in der Ansicht der Belege wieder. Mit einem Klick auf eine Belegnummer wird der betreffende Beleg in einer Detailansicht angezeigt. Der Buchhaltung obliegt in der Regel die Nachbearbeitung, weshalb diese Funktion an dieser Stelle nicht detaillierter beschrieben wird.

Kontoauszüge nachbearbeiten im SAP GUI

Die SAP-Fiori-App **Kontoauszugspositionen nachbearbeiten** ist eine native SAP-Fiori-App – daher ruft sie keine SAP-GUI-Transaktion auf. Vergleichbar ist der Funktionsumfang mit der SAP-GUI-Transaktion FEBAN (Nachbearbeitung – Kontoauszüge).

4.4.4 Die SAP-Fiori-App »Kontoauszüge verwalten«

Die SAP-Fiori-App **Kontoauszüge verwalten** bietet Ihnen eine Listendarstellung über alle Kontoauszüge (siehe Abbildung 4.15). Die App gibt Ihnen die Möglichkeit, noch nicht verarbeitete Kontoauszüge zu löschen oder verbuchte Kontoauszüge zu stornieren. Manuelle Kontoauszüge können Sie über diese App ebenfalls anlegen.

Sie rufen die SAP-Fiori-App **Kontoauszüge verwalten** über die in Abbildung 4.14 dargestellte Kachel auf. Die Zahl in der KPI-Kachel gibt an, wie viele Kontoauszüge noch nicht vollständig verarbeitet wurden.

Abbildung 4.14 SAP Fiori-Kachel »Kontoauszüge verwalten«

Nach dem Start der App können Sie zudem durch die Anpassung des Filters die Auswahl einschränken, z. B. nach **Manuell/Elektronisch** oder dem **Auszugsstatus**. Mit dem Feld **Kontoauszugstyp** (in der Standardansicht noch nicht in der Filtermöglichkeit vorhanden) können Sie sich auch untertägige Kontoauszüge anzeigen lassen. Nachdem Sie auf **Start** geklickt haben, werden die im System vorhandenen Kontoauszüge mit **Anfangssaldo** und **Endsaldo**, **Kontoauszugsdatum** und **Kontoauszugsnummer** sowie dem **Auszugsstatus** in der Ergebnisliste angezeigt (siehe Abbildung 4.15).

Über den Button **Anlegen** können Sie manuelle Kontoauszüge erfassen. Erfassen Sie die Details zu Konto, Auszugsdatum und Auszugsnummer im Bereich **Kontoauszug** (siehe Abbildung 4.16).

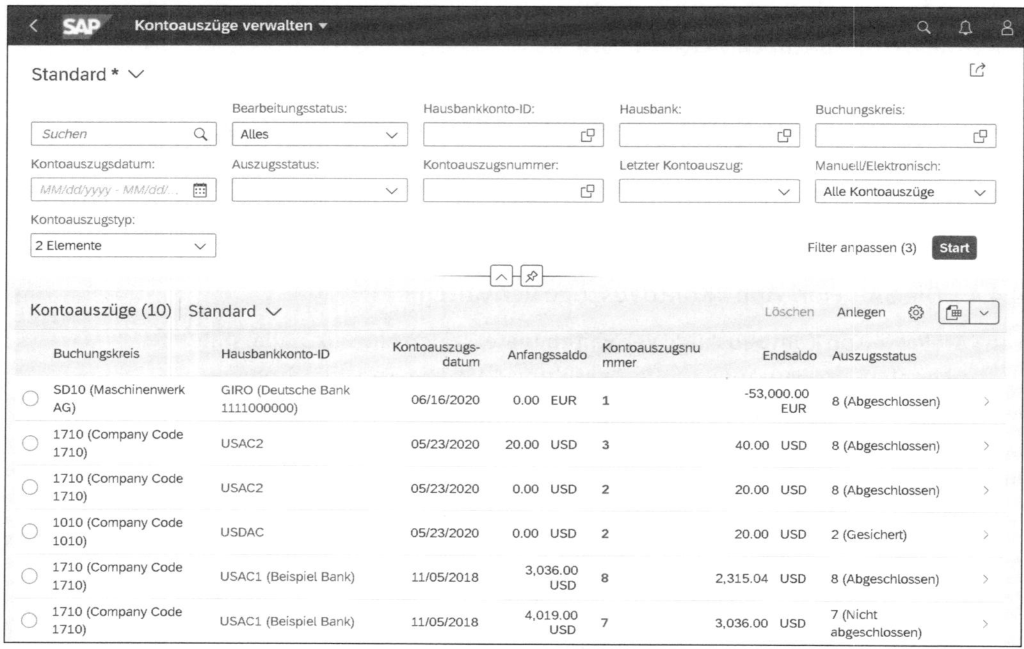

Abbildung 4.15 SAP-Fiori-App »Kontoauszüge verwalten«

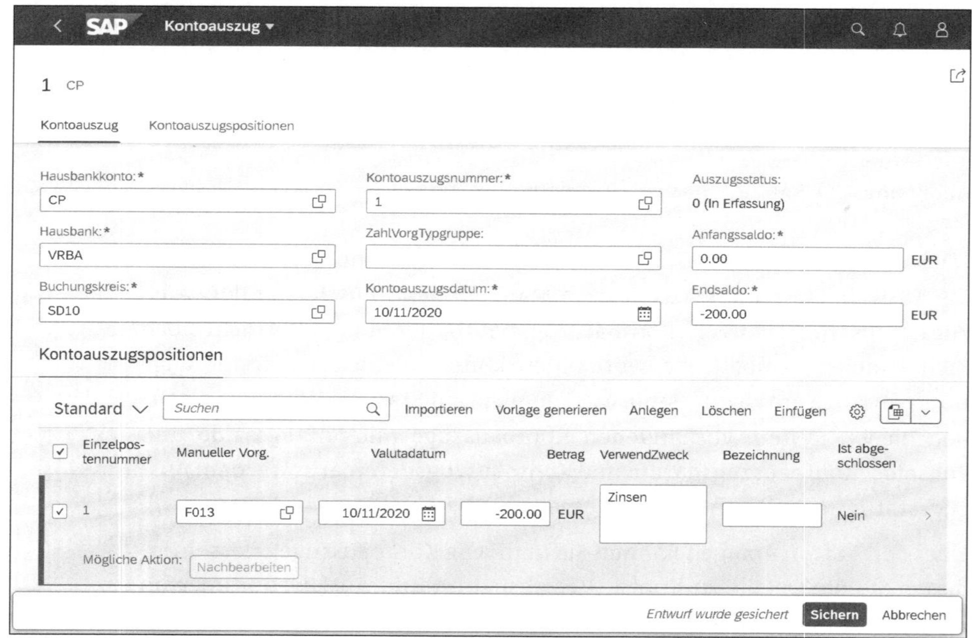

Abbildung 4.16 SAP-Fiori-App »Kontoauszüge verwalten« – Kontoauszug anlegen

Im unteren Bildbereich **Kontoauszugspositionen** erfassen Sie die einzelnen Buchungen des Kontoauszugs. Ein Doppelklick auf eine Zeile der Kontoauszugspositionen erlaubt den Zugriff auf weitere Felder der Auszugsposition. Über **Sichern** legen Sie den Kontoauszug im System an.

Vollständigkeit und Richtigkeit beachten

Achten Sie bei der Eingabe der Daten auf Vollständigkeit und Richtigkeit. Bei einer fehlerhaften Eingabe erhalten Sie einen Hinweis zur Überprüfung und Korrektur der Eingabe. Vor dem Sichern wird z. B. geprüft, ob die Kontoauszugsnummer mit dem Nummernstand der bereits im System abgelegten Kontoauszüge oder der Anfangssaldo mit dem im System gesicherten Wert übereinstimmt. Auch der Endsaldo wird durch die Berechnung der Kontoauszugspositionen zum Anfangssaldo berechnet.

4.4.5 Die SAP-Fiori-App »Cashflows abstimmen – Untertägige Einzelsätze«

Die Positionen eines untertägigen Kontoauszugs werden als Einzelsätze in der Cashflow-Tabelle gespeichert. Es findet keine Buchung auf den Bankverrechnungskonten und im Kontokorrent statt. Beim Import des Kontoauszugs führt das System einen automatisierten Abgleich zwischen den geplante Cashflows und den Cashflows aus den untertätigen Kontoauszügen durch. So wird vermieden, dass Zahlungsvorgänge doppelt berücksichtigt werden.

Um diesen automatischen Abgleich zu prüfen und zu korrigieren, verwenden Sie die SAP-Fiori-App **Cashflows abstimmen – Untertägige Einzelsätze**. Mit der App erhalten Sie einen Überblick über die automatisch vorgenommenen Abstimmungen. Sie können außerdem die automatischen Abstimmungen zurücknehmen und manuelle Abstimmungen hinzufügen.

4.5 SAP-Fiori-Apps zum Liquiditätsstatus

Informationen zu den Banksalden des Vortages und deren Entwicklung der nächsten Tage rufen Sie über verschiedene Apps und Transaktionen ab.

Apps für den Liquiditätstatus

In der Gruppe **Cash-Vorgänge** sind im SAP Fiori Launchpad alle wichtigen Apps für die Darstellung des Tagesfinanzstatus zusammengefasst. Als Einstieg bietet die SAP-Fiori-App **Tagesfinanzstatus** eine schnelle grafische Übersicht über die im Unternehmen vorhandene Liquidität. Die SAP-Fiori-App **Cashflow-Analyse** erlaubt flexible und tiefer gehende Analysen der Ist- und Plan-Cashflows. Vordefinierte Ansichten erlauben hier die Auswahl von Berichtsvarianten mit unterschiedlichem Fokus: **Tagesfinanzstatus**,

Liquiditätsvorschau (siehe Kapitel 5, »Kurzfristige Liquiditätsvorschau erzeugen«) und **Ist-Cashflow**. Die Ansicht **Ist-Cashflow** erlaubt eine Analyse von historischen Cashflows. Diese können hier, summiert nach Liquiditätspositionen (Full Cash) oder Buchungskreisen, angezeigt werden.

SAP-GUI-Transaktion für den Tagesfinanzstatus

Mit der SAP-GUI-Transaktion FF7AN (Tagesfinanzstatus) rufen Sie den Tagesfinanzstatus mit der klassischen Ansicht (analog zur SAP-ERP-Transaktion FF7A (Tagesfinanzstatus)) auf. Zur Strukturierung der Aggregationsebenen des Berichts verwenden Sie eine *Gliederung* (siehe Abschnitt 10.4.1, »Gruppierung«). Transaktion FF7AN (Tagesfinanzstatus) funktioniert analog zur artverwandten Transaktion FF7BN (Liquiditätsvorschau) die Sie in Abschnitt 5.6. »SAP-GUI-Transaktion FF7BN für die Liquiditätsvorschau«, detaillierter beschrieben finden.

4.5.1 Die SAP-Fiori-App »Tagesfinanzstatus – Heute«

Über die analytische SAP-Fiori-App **Tagesfinanzstatus – Heute** erhalten Sie einen grafischen Gesamtüberblick über den Cash-Bestand im Unternehmen. In die Berechnung werden die Endsalden des Vortags aus dem Kontoauszug und die für heute prognostizierten Cashflows mit hoher Wahrscheinlichkeit einbezogen, z. B. die selbst initiierten Kontenüberträge, die ausgeführten Zahlläufe und die Zahlungsavise. Die Werte sind also als prognostizierter Endsaldo des aktuellen Tages zu interpretieren.

Tagesfinanzstatus in der KPI-Kachel

Die SAP-Fiori-App **Tagesfinanzstatus – Heute** wurde von SAP als Smart Business App ausgeprägt. Die Kachel im SAP Fiori Launchpad zeigt als KPI den kumulierten Cash-Saldo zum Tagesende als Vorschau an (siehe Abbildung 4.17).

Abbildung 4.17 SAP-Fiori-Kachel »Tagesfinanzstatus – Heute«

Nachdem Sie die App gestartet haben, erhalten Sie eine grafische Übersicht der verfügbaren liquiden Mittel (siehe Abbildung 4.18). Wie für SAP-Fiori-Apps typisch, sind im oberen Bereich Filtermöglichkeiten vorhanden, die zunächst ausgeblendet sind. Im unteren Ergebnisbereich befindet sich die grafische Ausgabe der Cash-Bestände.

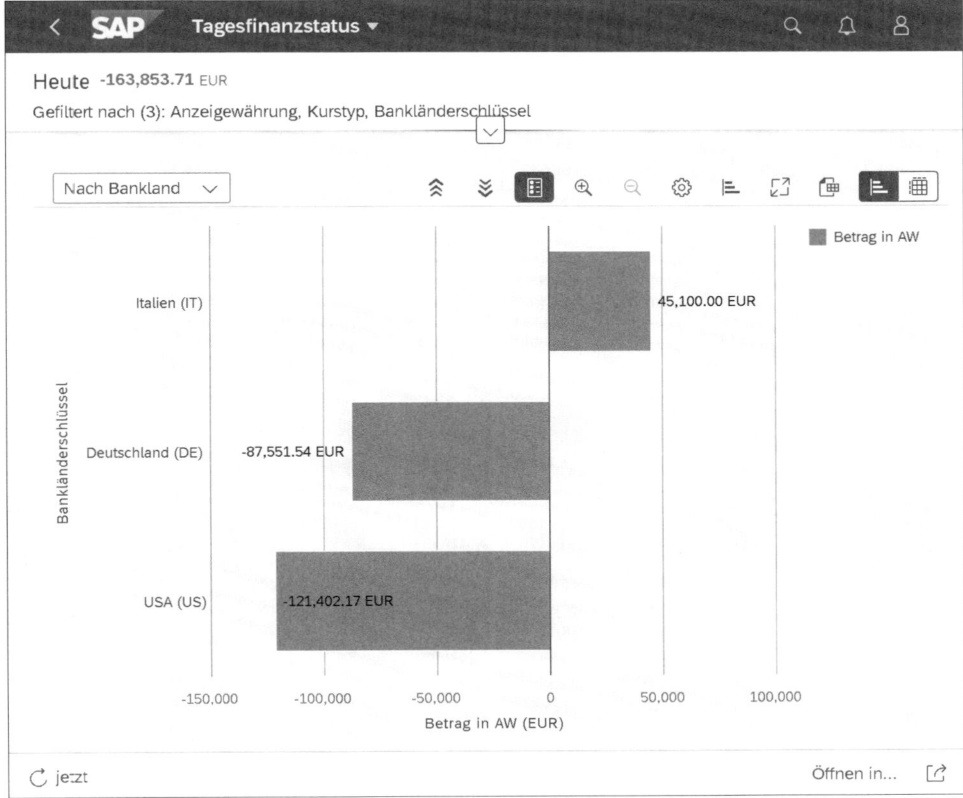

Abbildung 4.18 SAP-Fiori-App »Tagesfinanzstatus – Heute« – Standardansicht

Diese sind nach der in der Auswahl gewählten Gruppierung dargestellt. In der Standardansicht ist die Gruppierung **Nach Bankland** vorbelegt, und die Daten werden als Balkendiagramm angezeigt. Jeder Balken des Diagramms entspricht einem Bankländerschlüssel und gibt den kumulierten Betrag der in dem jeweiligen Land gepflegten Bankkonten an.

Gliederungen des Ergebnisbereichs

Entsprechend Ihrer Reporting-Anforderungen passen Sie die Ansicht im Ergebnisbereich an. Dafür bietet SAP folgende Gliederungen zur Auswahl:

- Nach Bankland
- Nach Bank
- Nach Gesellschaft (Buchungskreis)
- Nach Bank und Währung
- Nach Währung und Land

- Nach Währung
- Nach Währung (Tabellenansicht)

In Abbildung 4.19 ist die Gruppierung nach Gesellschaft dargestellt.

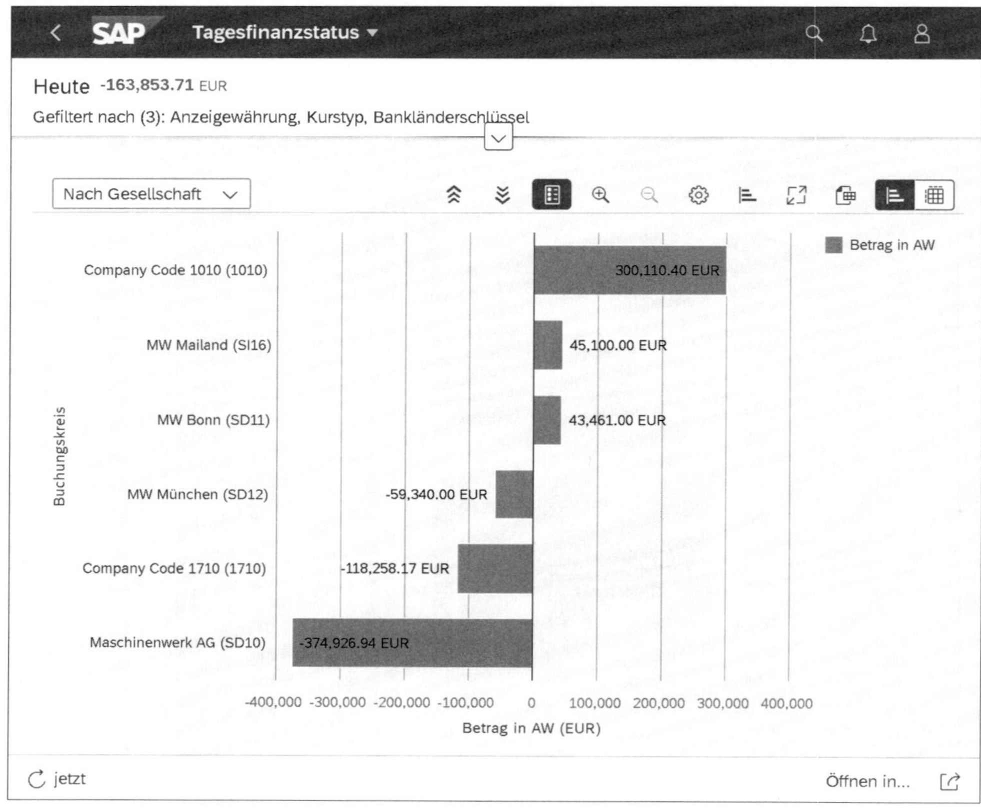

Abbildung 4.19 SAP-Fiori-App »Tagesfinanzstatus – Heute« – grafischer Aufriss der Cash-Bestände nach Gesellschaften

Diagrammtypen/Tabellen/Ansichten

Wie es der Name andeutet, können Sie eine alternative Diagrammansicht über das Icon (**Diagrammtyp**) auswählen. So lässt sich die Ansicht beispielsweise als Säulendiagramm darstellen (siehe Abbildung 4.20).

Drill-down

Als Übersicht über den aktuellen Liquiditätsstatus bietet diese App einen schnellen Einstieg. Wie bereits in Abschnitt 1.5.9, »Arten von SAP-Fiori-Apps«, erläutert, ermöglicht SAP mit den Drill-down-Optionen den Absprung zu anderen Ansichten und Apps. Für eine weitergehende Analyse öffnen Sie das Drill-down-Menü per Klick auf ein grafisches Element im Ergebnisbereich (siehe Abbildung 4.21).

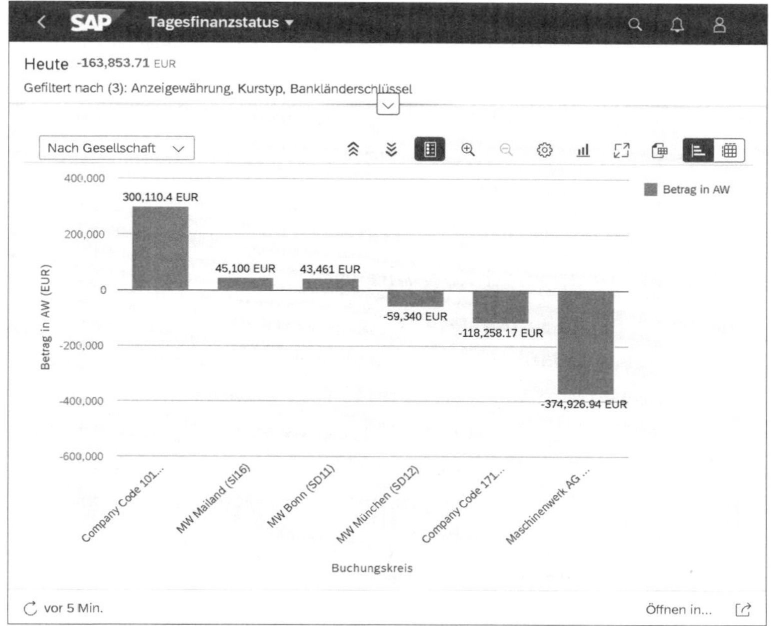

Abbildung 4.20 SAP-Fiori-App »Tagesfinanzstatus – Heute« – Säulendiagramm

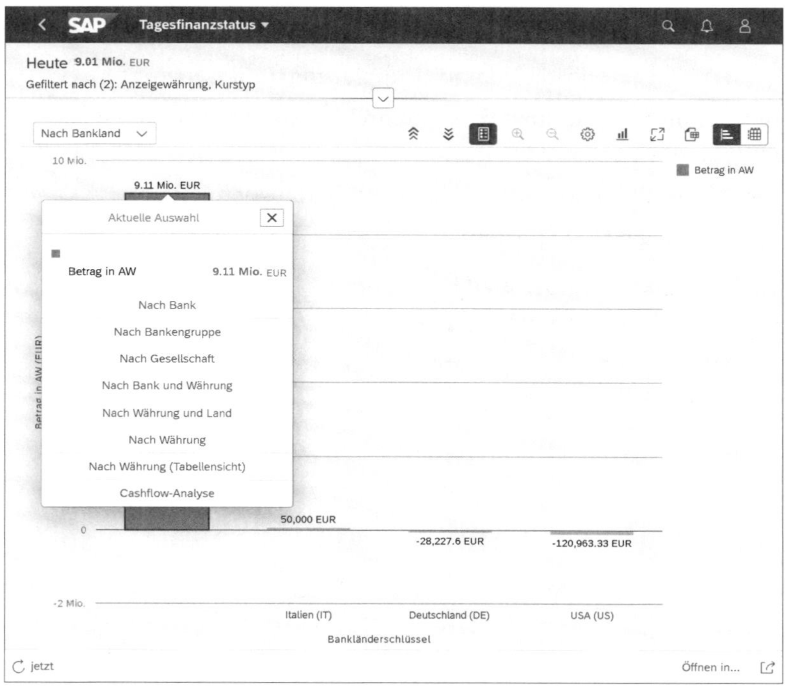

Abbildung 4.21 SAP-Fiori-App »Tagesfinanzstatus – Heute« – Drill-down-Menü

In diesem Menü sind zum einen die bereits zuvor angesprochenen Gliederungen als Aufriss auswählbar. Zum anderen ermöglicht die Position in der letzten Zeile der Liste den Absprung in die SAP-Fiori-App **Cashflow-Analyse**. Bei einem Absprung aus der SAP-Fiori-App **Tagesfinanzstatus** werden automatisch die Selektionskriterien des Objekts übernommen, aus dem das Drill-down-Menü geöffnet wurde.

4.5.2 Die SAP-Fiori-App »Cashflow-Analyse«

Die SAP-Fiori-App **Cashflow-Analyse** ist eine flexible Reporting-App zur Analyse aller Bewegungsdaten im Cash Management. Sie stellt eine Weiterentwicklung der SAP-Fiori-App **Details zum Tagesfinanzstatus** dar, die in vorherigen SAP-S/4HANA-Releases zur Verfügung stand. Sie erhalten hier einen ganzheitlichen Überblick über alle Salden und Bewegungen für liquide Mittel in Ist und Plan. Die App präsentiert die Daten in tabellarischer Form mit einer Vielzahl von Ansichten und Funktionen.

Funktionsumfang

So ermöglicht die App folgende Funktionen:

- Wechsel zwischen den vorgefilterten Ansichten **Standard**, **Ist-Cashflow**, **Liquiditätsvorschau** und **Tagesfinanzstatus**
- Wechsel zwischen der Saldenansicht und Delta-Ansicht
- flexible Anpassung der Zeilen- und Spaltenstruktur
- umfangreiche Filterkriterien und Gruppierungsfunktionen
- Gruppierung der Cashflows über Hierarchien von Bankkonten oder Liquiditätspositionen
- Auswertung aller Bewegungsdaten im Cash Management
- Absprung zu den Einzelposten

SAP-Fiori-App »Cashflow-Analyse« aufrufen

Sie öffnen die App **Cashflow-Analyse** in der Gruppe **Cash-Vorgänge** im SAP Fiori Launchpad (siehe Abbildung 4.22).

Abbildung 4.22 SAP-Fiori-Kachel »Cashflow-Analyse«

Die App öffnet sich zunächst in der Ansicht **Standard** (siehe Abbildung 4.23).

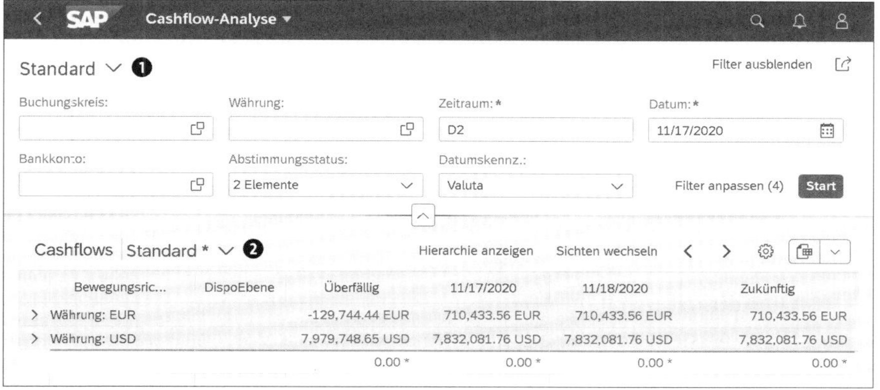

Abbildung 4.23 SAP-Fiori-App »Cashflow-Analyse« – Übersicht

Ansichten in der Cashflow-Analyse

Sie können die Ausgabe über zwei verschiedene Ansichten variieren: Zum einen befindet sich eine Auswahl im oberen linken Bereich nahe der Filterleiste ❶. Diese Ansichtsauswahl definiert die Filterung der Datensätze und beeinflusst die Spaltenstruktur der Wertfelder. Daher wird diese Ansicht im folgenden Abschnitt *Filteransicht* genannt.

Wie bei SAP-Fiori-Apps üblich, befindet sich die zweite Ansicht im Bereich der Ergebnisausgabe ❷. Diese Ansicht definiert die Darstellung im Ergebnisbereich und steuert die Parameter, die unter ⚙ (**Einstellungen**) zu finden sind.

Zum Wechsel der Filteransicht klicken Sie auf **Ansicht auswählen** ❶ und wählen im Auswahlbild die gewünschte Ansicht aus (siehe Abbildung 4.24).

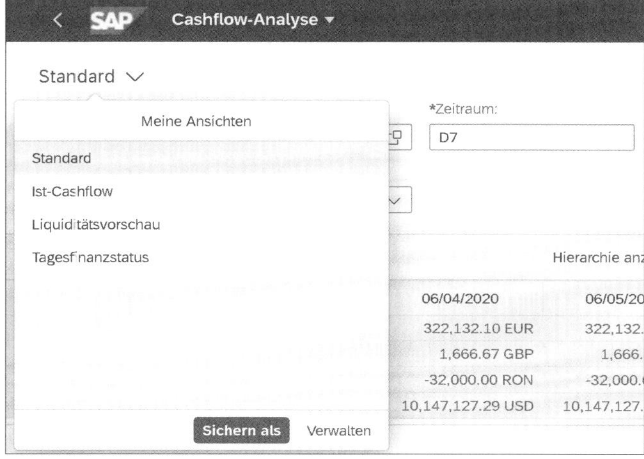

Abbildung 4.24 SAP-Fiori-App »Cashflow-Analyse« – Berichte

Filteransichten

Standardmäßig wird bei den Filteransichten unterschieden zwischen:

- **Standard**
  Diese Ansicht zeigt eine Sieben-Tage-Vorschau über die Cash-Entwicklung des Unternehmens. Hierzu werden alle prognostizierten inklusive der überfälligen Cashflows berücksichtigt.
- **Ist-Cashflow**
  Für eine tagesgenaue Darstellung der Cashflows des aktuellen Monats wählen Sie die Ansicht **Ist-Cashflow**. Die Wahrscheinlichkeitsstufe ist mit ACTUAL für die Ist-Buchungen vorbelegt.
- **Liquiditätsvorschau**
  Diese Ansicht zeigt ebenfalls eine Sieben-Tage-Vorschau über die Cash-Entwicklung des Unternehmens analog zur Standardsicht. Überfällige prognostizierte Cashflows werden jedoch ausgeblendet. Dieser Bericht dient als grundlegende Reporting-Ansicht für die Liquiditätsvorschau.
- **Tagesfinanzstatus**
  Für eine Übersicht über die prognostizierten Cashflows mit hoher Wahrscheinlichkeit der nächsten sieben Tage wählen Sie die Ansicht **Tagesfinanzstatus**. Neben den Ist-Cashflows werden hier z. B. selbst initiierte Überweisungen oder Planposten berücksichtigt. Prognostizierte Cashflows aus Debitoren- und Kreditorenrechnungen werden hier jedoch nicht berücksichtigt.

Im Bericht erhalten Sie nach der Auswahl der Filteransicht **Tagesfinanzstatus** das in Abbildung 4.25 dargestellte Bild.

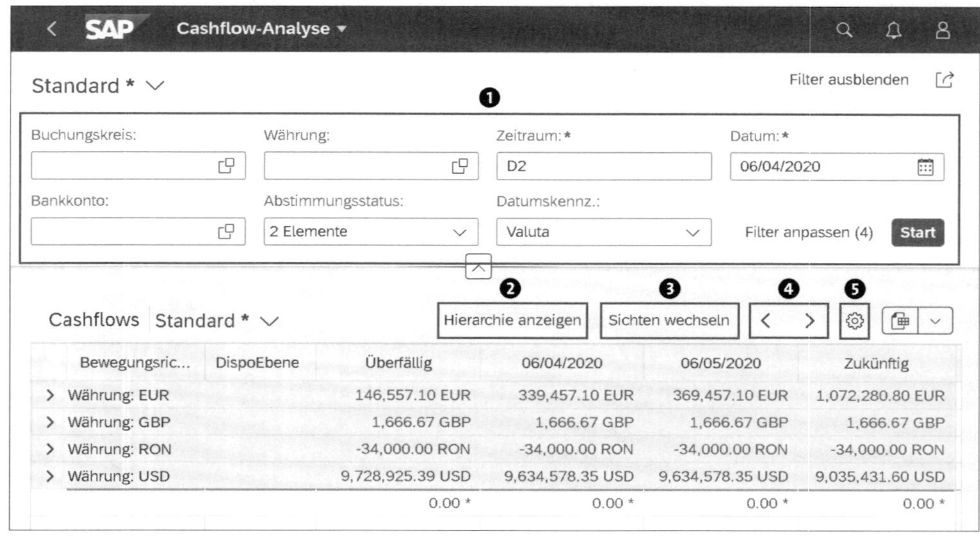

Abbildung 4.25 SAP-Fiori-App »Cashflow-Analyse« – Tagesfinanzstatus

Diese App erlaubt Anpassungen in den Bereichen, die nachfolgend detailliert beschrieben werden:

❶ Definition von Filterkriterien, Anzeigewährung und Definition der Spaltenstruktur

❷ Anzeige nach Hierarchien

❸ Ansichten wechseln

❹ Zeitraum verändern

❺ Anzeigeeinstellungen der Spalten, Sortierung und Gruppierung

Definition von Filterkriterien

Die Filtermöglichkeiten dienen zur Auswahl der analysierten Datensätze und zur Gestaltung der Spaltenstruktur für Cashflow-Daten im Ergebnisbereich. Im Tagesfinanzstatus werden einige Filterkriterien bereits standardmäßig angezeigt, wobei die Felder je nach gewählter Filteransicht variieren. Wie gewohnt, können Sie die Filterleiste durch das Hinzufügen oder Ausblenden von Feldern über **Filter anpassen** verändern.

- **Buchungskreis**
  Filtern Sie die Ergebnisliste nach dem Buchungskreis, wird die Ergebnisliste auf die Hausbankkonten der gewählten Buchungskreise reduziert.
- **Währung**
  Angezeigt werden ausschließlich die Konten, deren Währung der Auswahl in diesem Filter entsprechen. Konten mit einer abweichenden Währung werden in der Ergebnisliste nicht aufgeführt.
- **Zeitraum**
  Mit dem Feld **Zeitraum** definieren Sie die zeitliche Aufteilung der Cashflows in den Spalten des Ergebnisbereichs. Standardmäßig ist in der Ansicht **Tagesfinanzstatus** der Wert »D7« vorgegeben. Dabei steht das »D« für Tag (Day) und steuert, dass Tagesspalten im Bericht angezeigt werden. Die Zahl »7« gibt die Anzahl der Tagesspalten an, die in der Ergebnisliste ausgegeben werden sollen. Zusätzlich zu den Tagesspalten werden links die Spalte **Überfällig** und rechts die Spalte **Zukünftig** ausgegeben. Auch die Eingabe von Monatsspalten (M) und Jahresspalten (Y) ist kombiniert möglich. Dabei muss die Syntax D*+M*+Y* eingehalten werden, also z. B. D7+M1+Y3. Ein Leerzeichen darf nicht enthalten sein.
- **Datum**
  Der Tagesfinanzstatus spiegelt die Finanzsituation zum Tagesende des im Feld **Datum** definierten Datums. Alle Cashflows, die vor diesem Datum liegen, werden in der Spalte **Überfällig** ganz links summiert. Der Standardwert entspricht dem tagesaktuellen Datum.

- **Bankkonto**
  Mit diesem Filter können Sie sich einen Überblick über ein einzelnes Bankkonto oder eine Auswahl von Bankkonten verschaffen. Die Selektion nach einem oder mehreren Bankkonten grenzt die Ausgabe auf diese Konten ein.
- **Abstimmungsstatus**
  Über das Feld **Abstimmungsstatus** wird definiert, in welcher Form Sie untertägige Kontoauszüge oder prognostizierte Cashflows einbinden möchten (siehe Abbildung 4.26).

☐ Abgestimmte untertägige Kontoauszüge
☐ Nicht abgestimmte untertägige Kontoauszüge
☐ Abgestimmte prognostizierte Cashflows
☐ Nicht abgestimmte prognostizierte Cashflows

Abbildung 4.26 SAP-Fiori-App »Cashflow-Analyse« – Tagesfinanzstatus – Abstimmstatus

- **Datumskennzeichen**
  Ein Cashflow-Datensatz enthält das **Buchungsdatum** und das **Valutadatum**. Das Feld **Datumskennzeichen** steuert, welches der beiden Datumsfelder als Kriterium zur Filterung, Spaltenzuordnung und Summenbildung im Report verwendet wird.
- **Wahrscheinlichkeitsstufe**
  Beim Aufruf der App wird die Wahrscheinlichkeitsstufe mit Filterwerten vorbelegt, die Sie jedoch individuell an Ihre Bedürfnisse anpassen können. Die Wahrscheinlichkeitsstufe steht für den zugrunde liegenden Geschäftsprozessschritt, wie z. B. Kundenauftrag (SDSO) oder Lieferantenbestellung (MMPO). Eine detaillierte Beschreibung dieses Merkmals finden Sie in Abschnitt 3.3.1, »Wahrscheinlichkeitsstufe«.
- **Anzeigewährung (Optional)**
  In dieses Feld tragen Sie die Währung ein, in der Ihnen der Tagesfinanzstatus angezeigt werden soll. Sobald Sie eine Währung aus der Auswahlliste gewählt haben, erscheint ein weiteres Feld, in das Sie den Kurstypen für die Währungsumrechnung eintragen müssen. Ab Release 2020 müssen Sie dieses Feld über **Filter anpassen** im Bereich **Weitere Optionen** auswählen, da es standardmäßig nicht angezeigt wird.

Neben jeder Spalte mit dem Wert in Bankkontenwährung erscheint eine zusätzliche Spalte mit dem Betrag in der von Ihnen vorgegebenen Währung (siehe Abbildung 4.27).

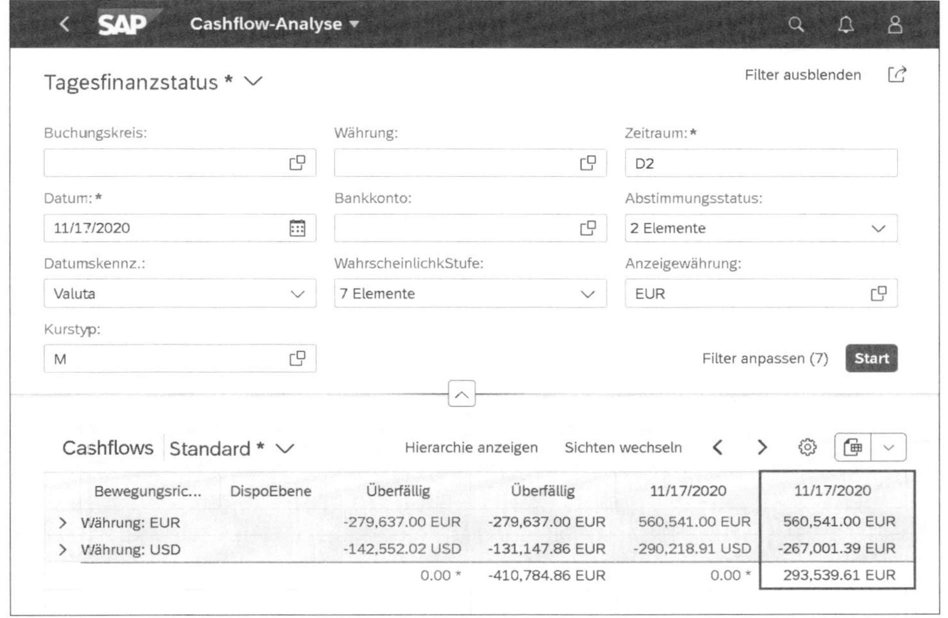

Abbildung 4.27 SAP-Fiori-App »Cashflow-Analyse« –Tagesfinanzstatus – Währung

Eine Anleitung, wie Sie eigene Ansichten für Filter anlegen und verwalten können, finden Sie in Abschnitt 1.5.10, »Layouts von SAP-Fiori-Apps«.

Ansicht des Ergebnisbereichs

Zur Anpassung der Liste an Ihre Bedürfnisse und an individuelle Aufgabenstellungen stehen Ihnen weitere Funktionen im Ergebnisbereich zur Verfügung. Beim Start der App ist die Ansicht **Standard** im Ergebnisbereich vorbelegt. In dieser Ansicht wird die Liste standardmäßig nach Währung, anschließend nach Buchungskreis und dann in der letzten Ebene nach Bankkonto gruppiert.

Klicken Sie auf den Button ⚙ (**Einstellungen**), um den Ergebnisbereich der Liste anzupassen. Wie es Abbildung 4.28 darstellt, können Sie die Anordnung der Spalten, die Sortierung, zusätzliche Filter und die Gruppierung anpassen. Auf der Registerkarte **Spalten** definieren Sie die Merkmale, die im Report als Spalten gezeigt werden sollen, und damit auch die Summierungsstufe in den Zeilen auf der detailliertesten Ebene. Wenn Sie also beispielsweise das Feld **Partnergesellschaft** den Spalten hinzufügen, enthält der Bericht zusätzliche Detailzeilen, da alle bereits vorher definierten Merkmale nochmals pro **Partnergesellschaft** detailliert in einer eigenen Zeile aufgerissen werden.

Abbildung 4.28 SAP-Fiori-App »Cashflow-Analyse« – Anzeigeeinstellungen

Auf der Registerkarte **Gruppieren** wählen Sie die Struktur der Zwischensummen (siehe Abbildung 4.29). In diesem Beispiel wurde die Reihenfolge der Gruppierung so angepasst, dass im obersten Knoten des Reports eine Summe pro Buchungskreis ausgegeben wird. Beim Aufriss der Buchungskreiszeile wird eine Zwischensumme je Bankkonto ausgegeben. Beachten Sie, dass nur Felder in der Gruppierung verwendet werden können, die auf der Registerkarte **Spalten** markiert sind.

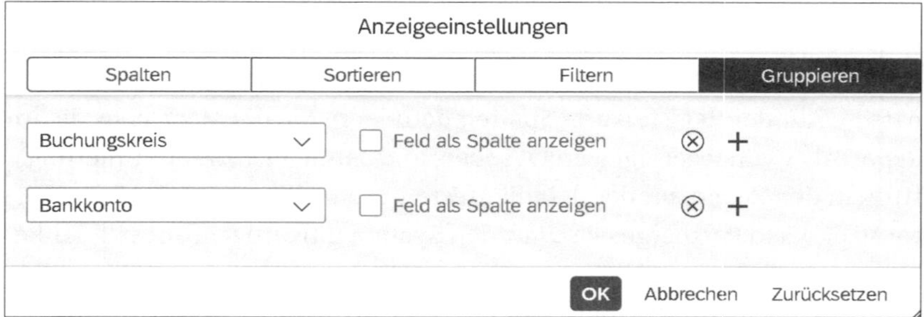

Abbildung 4.29 SAP-Fiori-App »Cashflow-Analyse – Anzeigeeinstellungen – Gruppieren«

Die Anzeigeeinstellungen erlauben zusätzlich eine Definition der Sortierreihenfolge oder weitere Filterkriterien. Selbst erstellte Ansichten für den Ergebnisbereich können Sie ebenfalls speichern und optional für den standardmäßigen Aufruf hinterlegen, wie in Abschnitt 1.5.10, »Layouts von SAP-Fiori-Apps«, beschrieben.

Über die Teilen- und Exportfunktion können Sie Ihre personalisierte Ansicht weiterleiten, speichern, als Kachel sichern oder die Inhalte exportieren.

Hierarchien anzeigen

Neben der bereits beschriebenen Gliederung erlaubt die App zusätzlich die Einbindung von Hierarchien für die Strukturierung und Summierung der Zeilen. Wählen Sie dazu den Button **Hierarchie anzeigen** ❷ (siehe Abbildung 4.25). Das entsprechende Pop-up-Fenster ist in Abbildung 4.30 dargestellt.

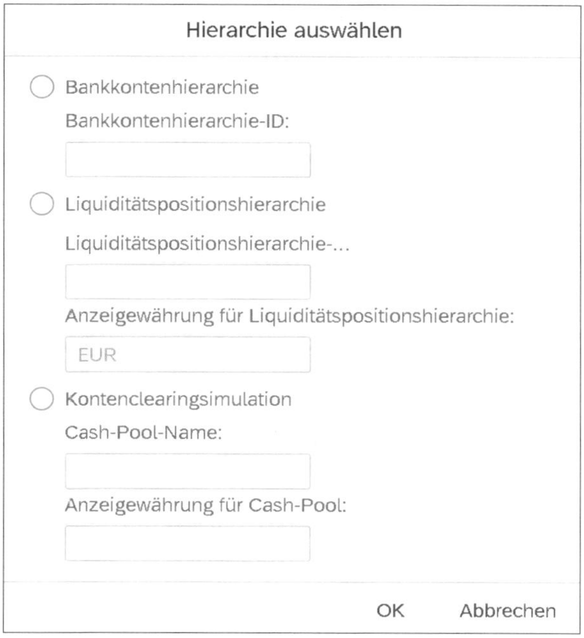

Hierarchie auswählen

Bankkontenhierarchie

Bankkontenhierarchie-ID:

Liquiditätspositionshierarchie

Liquiditätspositionshierarchie-...

Anzeigewährung für Liquiditätspositionshierarchie:

EUR

Kontenclearingsimulation

Cash-Pool-Name:

Anzeigewährung für Cash-Pool:

OK Abbrechen

Abbildung 4.30 SAP-Fiori-App »Cashflow-Analyse« – Ansicht nach Hierarchien

Wählen Sie hier aus den folgenden Hierarchiearten:

- Bankkontenhierarchie
- Liquiditätspositionshierarchie
- Kontenclearingsimulation/Cash-Pool-Name

Zur Auswahl einer Hierarchie markieren Sie den Radiobutton neben der gewünschten Hierarchieart und geben unterhalb davon die Hierarchie-ID ein.

Bankkontenhierarchien

Bankkontenhierarchien erlauben Ihnen eine freie Gruppierung und Verdichtung der Bankkonten z. B. nach regionalen Kriterien, nach Konzernstrukturen, Cash Pools oder auf der Basis von Bankengruppen. Wie Sie Bankkontenhierarchien im System pflegen, wird in Kapitel 7, »Stammdaten für Banken und Bankkonten pflegen«, detailliert erläutert.

Für den Tagesfinanzstatus können Sie die Bankkontenhierarchien für eine strukturierte Ausgabe der Cashflows nutzen. Wählen Sie dafür die gewünschte Hierarchie-ID in dem folgenden Pop-up-Fenster. Durch die Bestätigung der Auswahl mit den Button **OK** öffnet sich die Ausgabe in der Bankkontogruppensicht (siehe Abbildung 4.31).

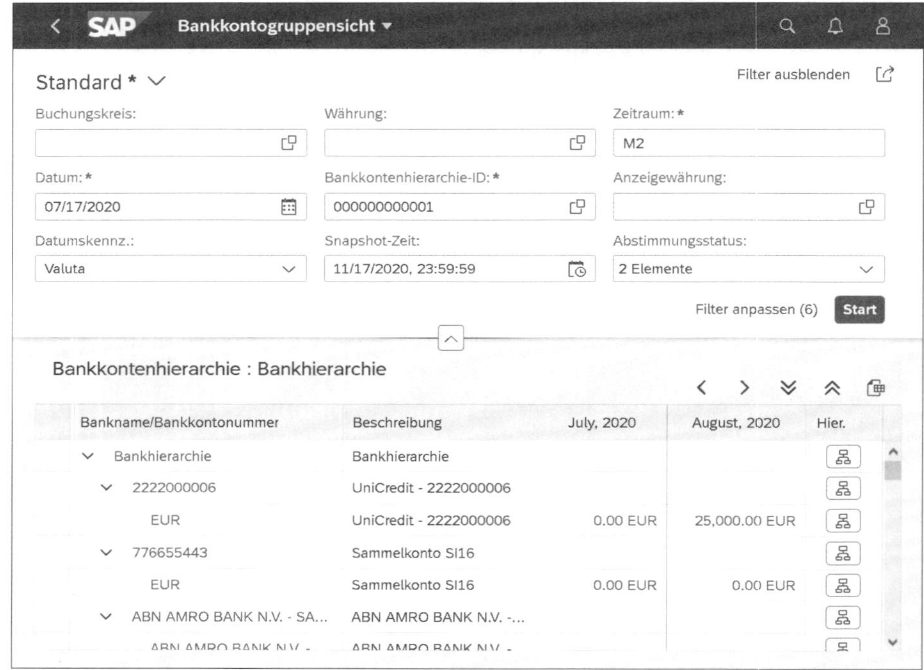

Abbildung 4.31 SAP-Fiori-App »Cashflow-Analyse« – Bankkontogruppensicht – Bankenhierarchie

Über das Icon (**Hierarchie auswählen**) in der letzten Spalte der Ergebnisliste können Sie die ausgewählte Zeile über die Liquiditätspositionshierarchie aufreißen.

Liquiditätspositionshierarchien

Analog zur Bankkontenhierarchie ist es möglich, dass Sie den gesamten Tagesfinanzstatus nach Liquiditätspositionen auswerten. Wählen Sie dazu die Hierarchieart **Liquiditätspositionshierarchie** im Auswahlfenster für die Hierarchieauswahl, und selektieren Sie anschließend die gewünschte Hierarchie (siehe Abbildung 4.30).

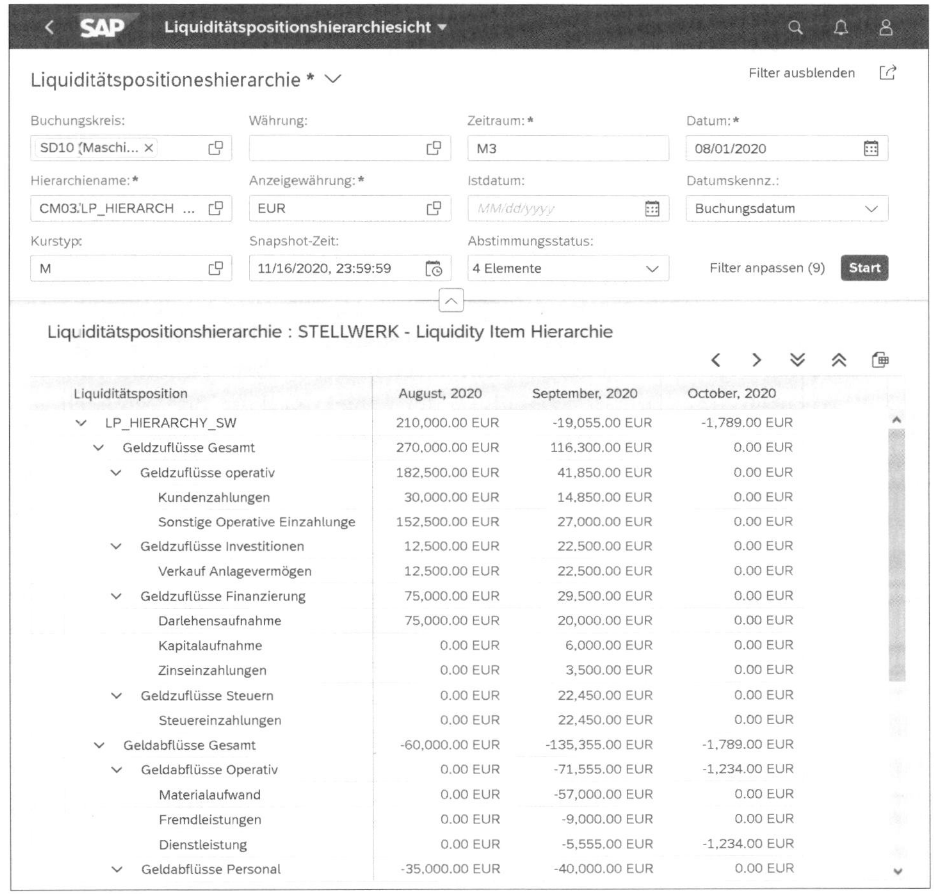

Abbildung 4.32 SAP-Fiori-App »Cashflow-Analyse« – Hierarchie für Liquiditätspositionen

In Abbildung 4.32 ist eine Ansicht dargestellt, die eine beispielhafte Hierarchiesicht nach Liquiditätspositionen repräsentiert.

Liquiditätspositionshierarchie verwalten

Mit der SAP-Fiori-App **Globale Buchhaltungshierarchien verwalten** (für Liquiditätspositionen) erstellen und verwalten Sie Liquiditätspositionshierarchien. Diese App löste in Release 1909 die Customizing-Aktivität **Liquiditätspositionshierarchien definieren** ab.

Ab Release 2020 steht ergänzend die SAP-Fiori-App **Liquiditätspositionshierarchien verwalten** zur Verfügung, um die Hierarchien zu bearbeiten.

Kontenclearing-simulationen

Die dritte Hierarchieart ist die Kontenclearingsimulation, die eine Verdichtung der Daten auf Ihre Cash Pools erlaubt. Diese Ansicht wird in Abschnitt 6.4.3, »Kontenclearing mit SAP-Fiori-Apps (Full Cash)« beschrieben.

Unterschied »Basic Cash« und »Full Cash«

Mit dem Grundfunktionsumfang im Cash Management stehen die Auswertungen nach Hierarchien nicht zur Verfügung, und es gibt Einschränkungen bei der flexiblen Definition der Periodenspalten.

Saldenanzeige und Delta-Anzeige

In der standardmäßigen Ansicht wird der kumulierte Banksaldo in den Periodenspalten angegeben. Diese Anzeige wird in der SAP-Fiori-App **Cashflow-Analyse** als **Saldenanzeige** bezeichnet. Um die Bewegungen einer Periode anzuzeigen, steht Ihnen auch die sogenannte **Delta-Anzeige** zur Verfügung. Zwischen den Ansichten schalten Sie über den Button **Sichten wechseln** um. Zur Unterscheidung der Ansichten dient der Vergleich von Abbildung 4.33 und Abbildung 4.34.

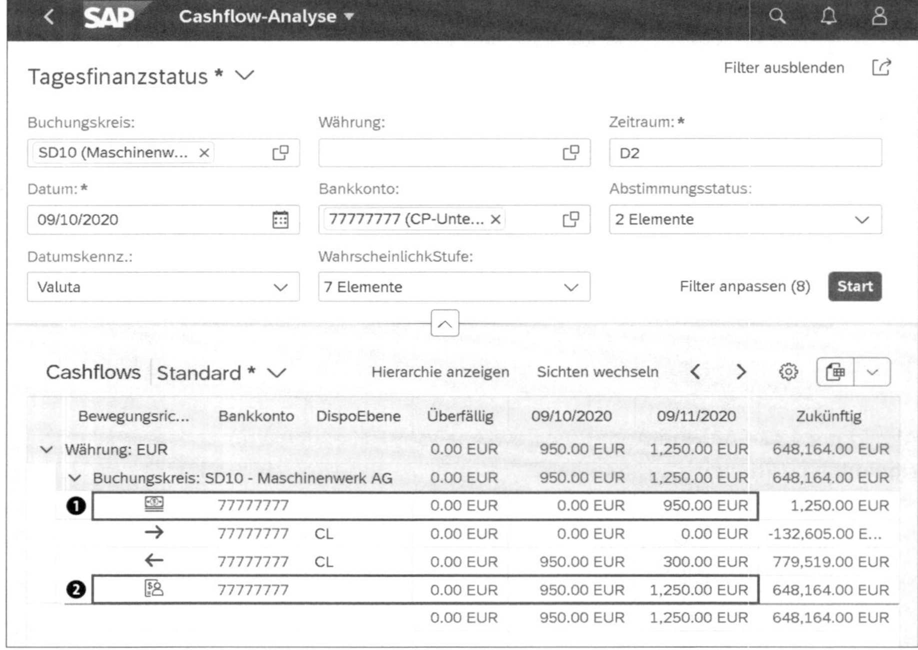

Abbildung 4.33 SAP-Fiori-App »Cashflow-Analyse« – Tagesfinanzstatus – Saldenanzeige

In der Ansicht **Saldenanzeige** wird der Endsaldo des jeweiligen Hierarchieknotens angezeigt (siehe Abbildung 4.33). Zusätzlich ist unter jedem Knoten der Hierarchie oben eine Zeile für den Startsaldo ❶ und unten eine Zeile für den Endsaldo ❷ sichtbar.

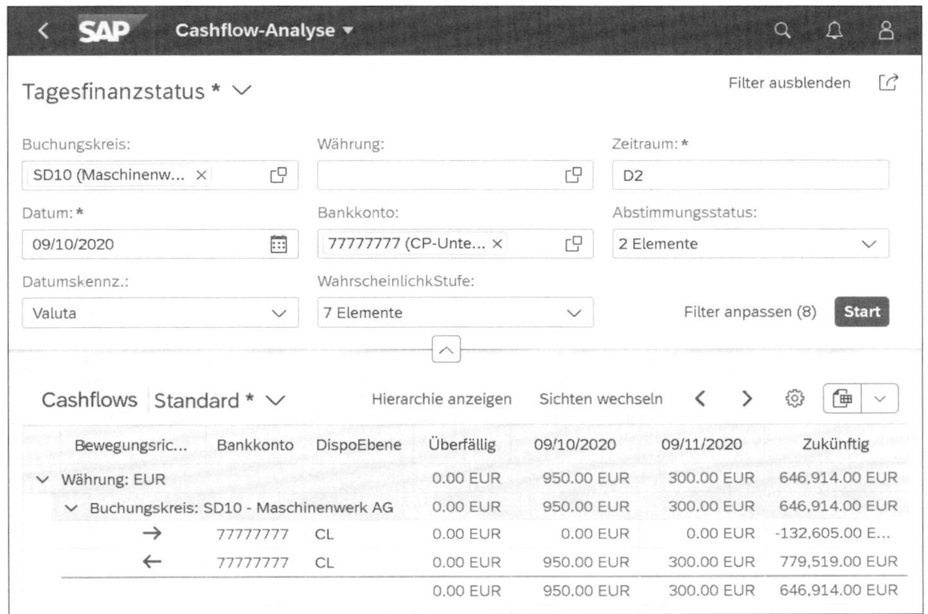

Abbildung 4.34 SAP-Fiori-App »Cashflow-Analyse« – Tagesfinanzstatus – Delta-Anzeige

In der Delta-Anzeige-Ansicht wird hingegen nur die Veränderung des Saldos aufgezeigt (siehe Abbildung 4.34). In der Spalte **Überfällig** befinden sich alle bis zum Valutadatum kumulierten Veränderungen, was summarisch dem Saldo entspricht.

Zeitraum verändern

In der SAP-Fiori-App **Cashflow-Analyse** können Sie die Zeitskala einfach verschieben. Wählen Sie dafür die Pfeile < (**Vorheriger Zeitraum**) oder > (**Nächster Zeitraum**) zur Veränderung. Die App verhält sich dabei so, als würden Sie seitenweise nach links oder rechts blättern und behält dabei die zeitliche Granularität der Spalten bei (Tag, Monat, Jahr).

Drill-down auf die Cashflow-Einzelbelege

Wie bereits bei den Gruppierungsoptionen in den Einstellungen beschrieben, liefert der Bericht eine summarische Ansicht auf die Cashflows ohne Darstellung der Einzelposten. Um weitere Details zu einer Reporting-Zeile zu erhalten, kann diese analysiert und aufgeschlüsselt werden. Durch die Auswahl eines Cashflows-Wertes öffnet sich ein Drill-down-Menü (siehe Abbildung 4.35).

Um die Einzelbuchungen zu dieser Position zu analysieren, wählen Sie den Verweis **Cashflow-Positionen anzeigen**. Dadurch wird die Ansicht **Cashflow-Positionen** geöffnet (siehe Abbildung 4.36).

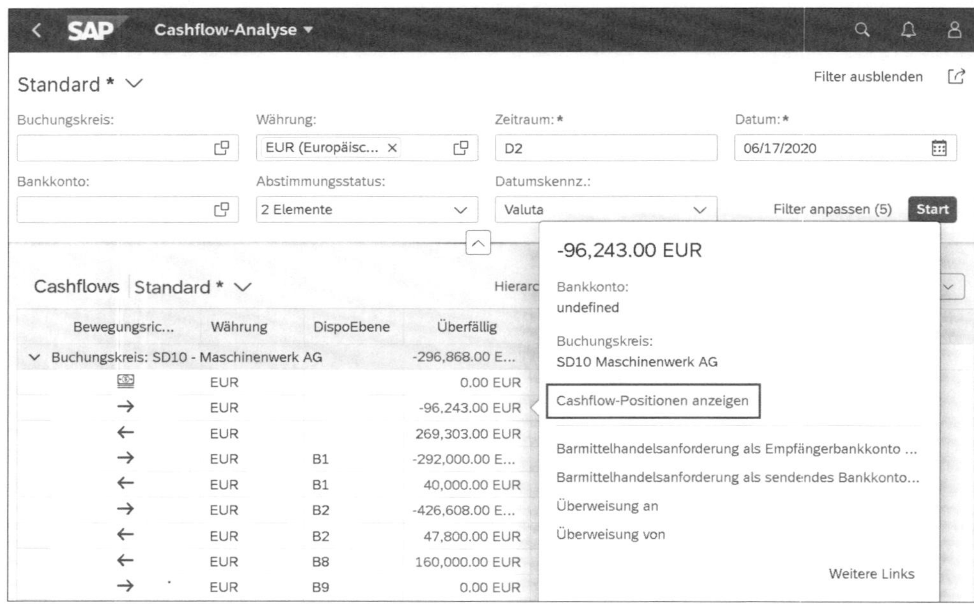

Abbildung 4.35 SAP-Fiori-App »Cashflow-Analyse« – Drill-down-Menü

Originalanwend...	Buchungskreis	Valuta	Betrag in Bankkontow...	Liquiditätspos.
Rechnungswesen	SD10 (Maschinenwerk AG)	03/05/2020	-999.00 EUR	A1000 (Materialaufwand)
Rechnungswesen	SD10 (Maschinenwerk AG)	03/05/2020	-44,000.00 EUR	A1500 (Fremdleistungen)
Rechnungswesen	SD10 (Maschinenwerk AG)	03/05/2020	-34,000.00 EUR	A2000 (Personal)
Rechnungswesen	SD10 (Maschinenwerk AG)	03/05/2020	-5,000.00 EUR	A1000 (Materialaufwand)
Rechnungswesen	SD10 (Maschinenwerk AG)	03/05/2020	-7,500.00 EUR	A1500 (Fremdleistungen)
Rechnungswesen	SD10 (Maschinenwerk AG)	03/05/2020	-444.00 EUR	A4000 (Darlehenstilgung)
Rechnungswesen	SD10 (Maschinenwerk AG)	03/05/2020	-500.00 EUR	A4100 (Zinsauszahlungen)
Rechnungswesen	SD10 (Maschinenwerk AG)	03/05/2020	-1,000.00 EUR	A6000 (Steuerauszahlungen)
Rechnungswesen	SD10 (Maschinenwerk AG)	03/05/2020	-2,800.00 EUR	A7000 (Investitionen)
			-96,243.00 EUR	

Abbildung 4.36 Drilldown in die SAP-Fiori-App »Cashflow-Positionen prüfen«

Im Ergebnisbereich finden Sie die korrespondierenden Einzelzahlungen zur ausgewählten Cashflow-Summenzeile mit Angaben zu Herkunft, Datum, Betrag und Liquiditätsposition. Diese Listdarstellung ist Bestandteil der SAP-Fiori-App **Cashflow-Analyse**. Mit einem Klick auf [>] (**Details**) in der rechten Spalte öffnet sich der einzelne Datensatz in der SAP-Fiori-App **Cashflow-Positionen prüfen**, in der der Detailierungsgrad zu den Informationen der Cashflow-Position höher ist und zusätzlich die Möglichkeit besteht, auf weitere Informationen, wie beispielsweise in den Buchungsbeleg, abzuspringen.

Die SAP-Fiori-App **Cashflow-Analyse** bietet umfangreiche Möglichkeiten zur Darstellung der aktuellen und zukünftigen Cash-Situation. Durch die verschiedenen Ansichten ermöglicht die App einen fließenden Übergang vom Liquiditätsstatus zur Liquiditätsvorschau und zur Cashflow-Analyse.

4.5.3 Die SAP-Fiori-App »Ist-Cashflow«

Mit der SAP-Fiori-App **Ist-Cashflow** erhalten Sie einen Überblick über die Ist-Cashflows der letzten Tage. Im Standard ist ein Rückblick von 90 Tagen hinterlegt. Diesen Zeitraum können Sie über das Feld **Intervall Tag** anpassen. So werden, je nach Gruppierung, die Cashflows aggregiert pro Tag, Liquiditätsposition oder Buchungskreis dargestellt. Der Absprung zur SAP-Fiori-App **Cashflow-Positionen prüfen** erlaubt es Ihnen, die einzelnen Positionen detailliert zu prüfen.

SAP-Fiori-App öffnen

Die SAP-Fiori-Kachel zum Öffnen der App finden Sie in der SAP Fiori-Gruppe **Liquiditätssteuerung** (siehe Abbildung 4.37).

Abbildung 4.37 SAP-Fiori-Kachel »Ist-Cashflow«

KPI-Kachel

Über die KPIs in der KPI-Kachel der App erhalten Sie einen Überblick über die Entwicklung der Unternehmensliquidität der letzten 90 Tage. Dabei entspricht der Wert auf der rechten Seite oberhalb des Tagesdatums dem heutigen Tagesfinanzstatus. Der Wert auf der linken Seite zeigt den Liquiditätsstatus von vor 90 Tagen.

Nach dem Öffnen werden in der Standardübersicht die aggregierten Cashflows je Tag als Balkendiagramm angezeigt (siehe Abbildung 4.38). Vorbelegt ist dabei der Filter **Intervall Tag** auf 90 Tage. Zusätzlich zum Intervall können Sie in der Filterleiste auch die Anzeigewährung verändern. Wie gewohnt, lässt sich die Filterleiste auch durch zusätzliche Parameter wie Buchungskreis, Kalendertag, Dispositionsebene oder Dispositionsgruppe erweitern.

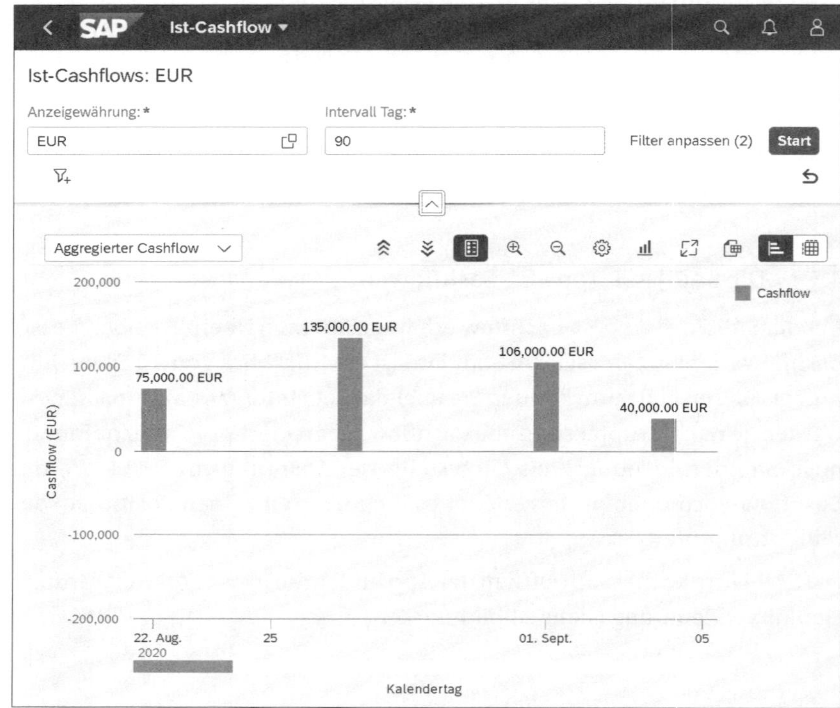

Abbildung 4.38 SAP-Fiori-App »Ist-Cashflow« – zeitlicher Verlauf der Cashflows

[»]

Enddatum der Selektion

Beachten Sie, dass das Enddatum der Ausgabe immer dem Tagesdatum entspricht. Dieses Systemverhalten lässt sich in der App nicht verändern.

Ansichten und Drill-down

Zusätzlich zur Ansicht **Aggregierter Cashflow** können Sie sich die Ist-Cashflows, gruppiert nach Liquiditätsposition oder nach Buchungskreis, anzeigen lassen.

Über das Drill-down-Menü, das Sie bereits in der SAP-Fiori-App **Cashflow-Analyse** kennengelernt haben, können Sie die Cash-Positionen in der SAP-Fiori-App **Cashflow-Positionen prüfen** analysieren. Das Menü mit den Drill-down-Berichten wird über einen Klick auf die jeweilige Buchungskreisposition geöffnet (siehe Abbildung 4.39).

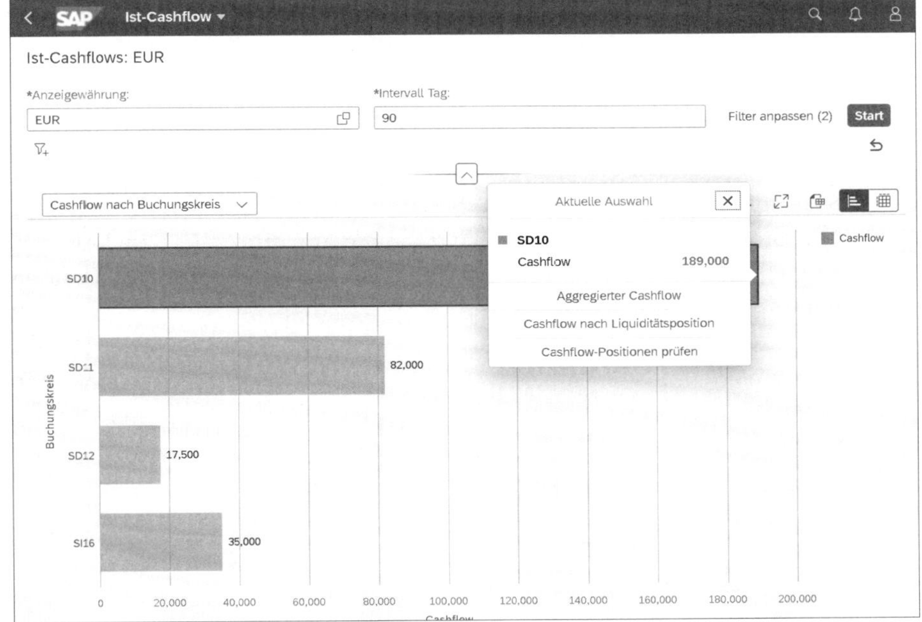

Abbildung 4.39 SAP-Fiori-App »Ist-Cashflows« – Drill-down-Berichte

Wenn Sie z. B. aus der Ansicht **Cashflow nach Buchungskreis** das Drill-down-Menü öffnen und zur SAP-Fiori-App **Cashflow-Positionen prüfen** navigieren, wird die Auswahl auf alle Cash-Bewegungen im gewählten Buchungskreis eingegrenzt und in der SAP-Fiori-App **Cashflow-Positionen prüfen** dargestellt (siehe Abbildung 4.40).

Cashflow-Positionen prüfen

Standard * Filterleiste ausblenden Filter (5) Start

*Valutadatum: Zeitraum (05/19/202 ...
Buchungskreis: SD10
TransaktWährung:
Kontonummer:
DispoEbene:
WahrscheinlichkStufe: 1 Element
Abstimmungsstatus: 2 Elemente
Bankkontowährung: =EUR

Belege (37) Standard *

Quellan...	Originalanwendungsbeschreib...	LiquidPosBschrbg	Buchungskreis	Name der Firma	Valutadat...	Betrag in TrWähr.	Transakt
	Bestätigte Zahlung		SD10	Maschinenwerk AG	08/15/2020	-25,000.00 EUR	EUR
	Bestätigte Zahlung		SD10	Maschinenwerk AG	08/14/2020	-10,000.00 EUR	EUR
	Bestätigte Zahlung		SD10	Maschinenwerk AG	08/13/2020	60,000.00 EUR	EUR
	Bestätigte Zahlung		SD10	Maschinenwerk AG	08/11/2020	-35,000.00 EUR	EUR
	Bestätigte Zahlung		SD10	Maschinenwerk AG	06/18/2020	-60,000.00 EUR	EUR
	Bestätigte Zahlung		SD10	Maschinenwerk AG	06/16/2020	10,000.00 EUR	EUR
	Bestätigte Zahlung		SD10	Maschinenwerk AG	06/16/2020	40,000.00 EUR	EUR
	Bestätigte Zahlung		SD10	Maschinenwerk AG	06/16/2020	-32,000.00 EUR	EUR
	Bestätigte Zahlung		SD10	Maschinenwerk AG	06/16/2020	32,000.00 EUR	EUR
						189,000.00 EUR	EUR

Abbildung 4.40 SAP-Fiori-App »Cashflow-Positionen prüfen« – Einzelsätze

4.5.4 Die SAP-Fiori-App »Cashflow-Positionen prüfen«

Die SAP-Fiori-App **Cashflow-Positionen prüfen** bietet umfangreiche und flexible Reporting-Möglichkeiten über alle Cashflow-Einzelbelege im Ist und Plan aus der zentralen Flow-Tabelle.

Diese App können Sie entweder, wie bereits im Zusammenhang mit der SAP-Fiori-App **Cashflow-Analyse** beschrieben, aus den Drill-down-Menüs von anderen Apps öffnen, oder Sie rufen die App direkt aus dem SAP Fiori Launchpad über die Kachel der SAP-Fiori-App **Cashflow-Positionen prüfen** auf (siehe Abbildung 4.41).

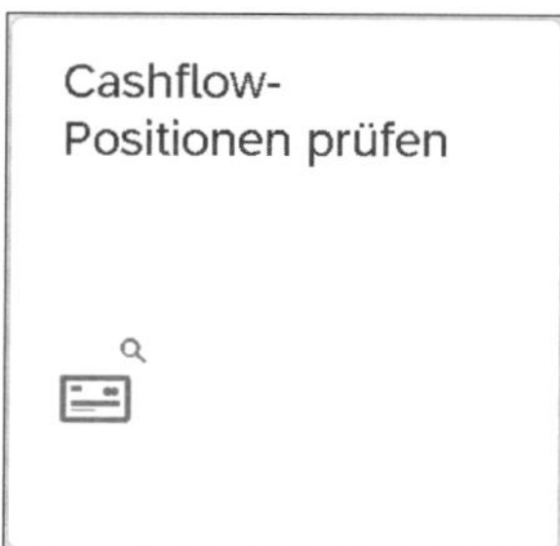

Abbildung 4.41 SAP-Fiori-Kachel »Cashflow-Positionen prüfen«

Wählen Sie nach dem Start der App die Filterkriterien, um die Ausgabe der Einzel-Cashflows im Ergebnisbereich einzugrenzen (siehe Abbildung 4.42). In der Standardansicht ist das Feld **Valutadatum** mit dem Tagesdatum vorbelegt. Hier ist auch die Auswahl eines Zeitraums möglich. In der Filterleiste können Sie u. a. nach der Originalanwendung (siehe Abschnitt 3.3.2, »Originalanwendung«), Wahrscheinlichkeitsstufe (siehe Abschnitt 3.3.1, »Wahrscheinlichkeitsstufe«) oder Buchungskreis selektieren. Ihre Selektionskriterien bestätigen Sie mit **Start**.

Cashflow-Positionen

Im Ergebnisbereich werden die Cashflow-Positionen ausgegeben, die den Filterkriterien entsprechen. Für jede Position stellt die App bereits in der Standardansicht eine große Anzahl an Informationen bereit, deren gesamte Ausgabe in einer Abbildung leider nicht möglich ist. Die jeweiligen Zeilen enthalten ausführliche Informationen, um einen ersten Überblick über die Cashflow-Position zu erhalten. Dazu zählen zusätzlich zu den bereits in der Filterleiste vorhandenen Werten auch die Liquiditätsposition, das Valuta- und das Buchungsdatum, der Betrag in Transaktions-, Haus- und Bankkontenwährung, die technische ID des Bankkontos oder der dazugehörige

Beleg. Zusätzlich sind gegebenenfalls Quellanwendungs- bzw. belegspezifische Informationen zu einem Konto oder dem zugehörigen Geschäftspartner enthalten.

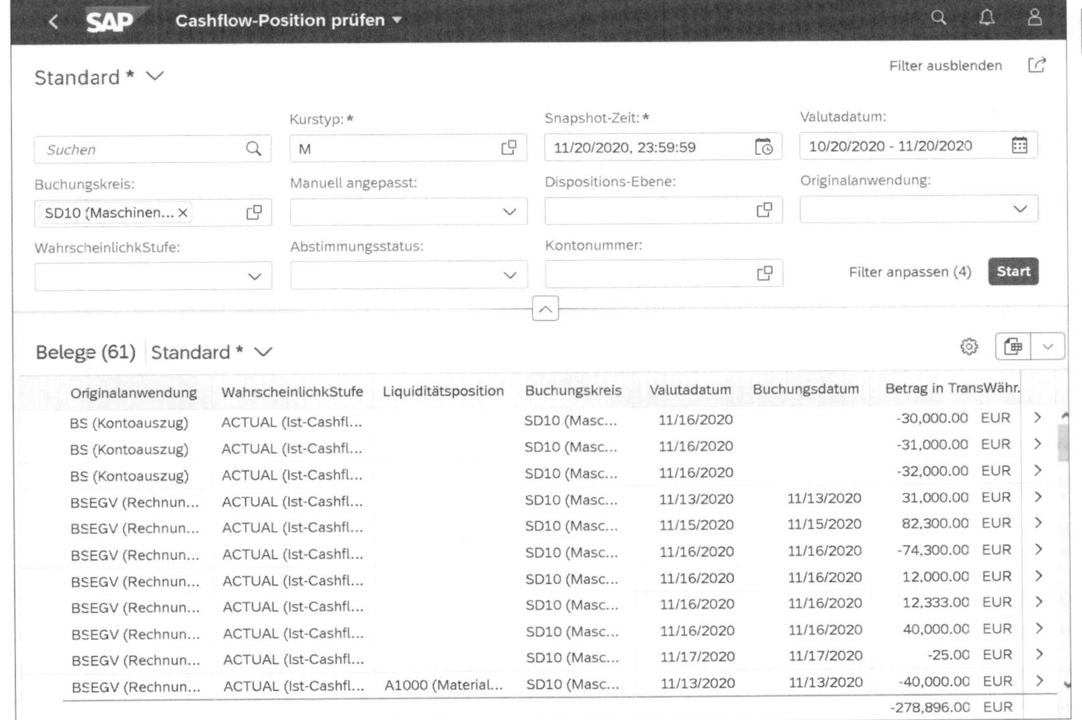

Abbildung 4.42 SAP-Fiori-App »Cashflow-Positionen prüfen« – Darstellung der Einzel-Cashflows

Über ⚙ (**Einstellungen**) können Sie auch in dieser App die Gruppierungsfunktionen nutzen, um beliebige Zwischensummen zu erzeugen. So erhalten Sie auch in dieser App kumulierte Darstellungen nach allen in der App verfügbaren Merkmalen.

Details zur Cashflow-Position

Eine übersichtliche Detailansicht zu einer Position erhalten Sie über das Icon > (**Details**), siehe Abbildung 4.43.

Der inhaltliche Mehrwert der Detailansicht besteht aus zusätzlichen Angaben zu den Buchungsbeleginformationen wie Belegart oder Hauptbuchkonto. Den Buchungsbeleg können Sie über den Verweis (Buchungsbelegnummer) aufrufen, um den Ursprung des Cashflows weiter zu analysieren.

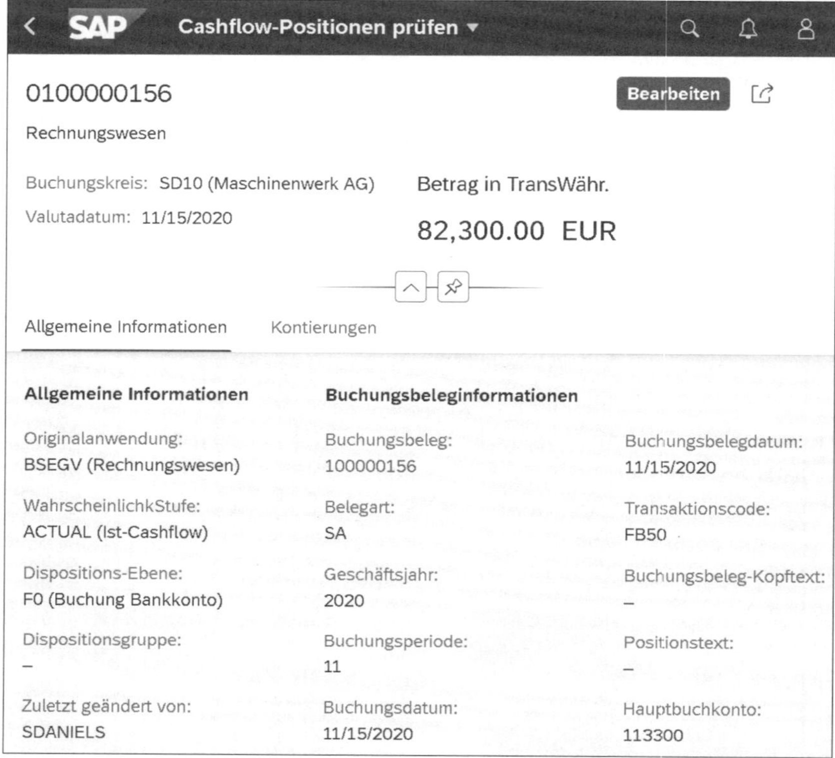

Abbildung 4.43 SAP-Fiori-App »Cashflow-Positionen prüfen« – Details zur Cashflow-Position

4.5.5 Die SAP-Fiori-App »Cashflows freigeben«

Das Cash Management bietet Ihnen die Möglichkeiten, für Cashflows aus externen Quellen, die Sie manuell prüfen möchten, eine Freigabestufe in Ihrem Dispositionsprozess zu etablieren. So können Sie z. B. Daten aus anderen SAP- oder Nicht-SAP-Systemen, die über eine Schnittstelle ins System importiert wurden, vor der Erstellung des Tagesfinanzstatus qualitätssichern.

Im Customizing definieren Sie dazu die Kriterien, wann ein externer Cashflow geprüft und freigegeben werden soll (siehe Abschnitt 10.5, »Verteiltes Cash Management einrichten«).

Die Prüfung und Freigabe der externen Cashflows führen Sie mit der SAP-Fiori-App **Cashflows freigeben** durch.

4.5.6 Die SAP-Fiori-App »Bankkontensaldo«

Mit der SAP-Fiori-App **Bankkontensaldo** erhalten Sie einen schnellen Überblick über die Salden Ihrer Bankkonten und können diese in grafischer und tabellarischer Form analysieren (siehe Abbildung 4.44).

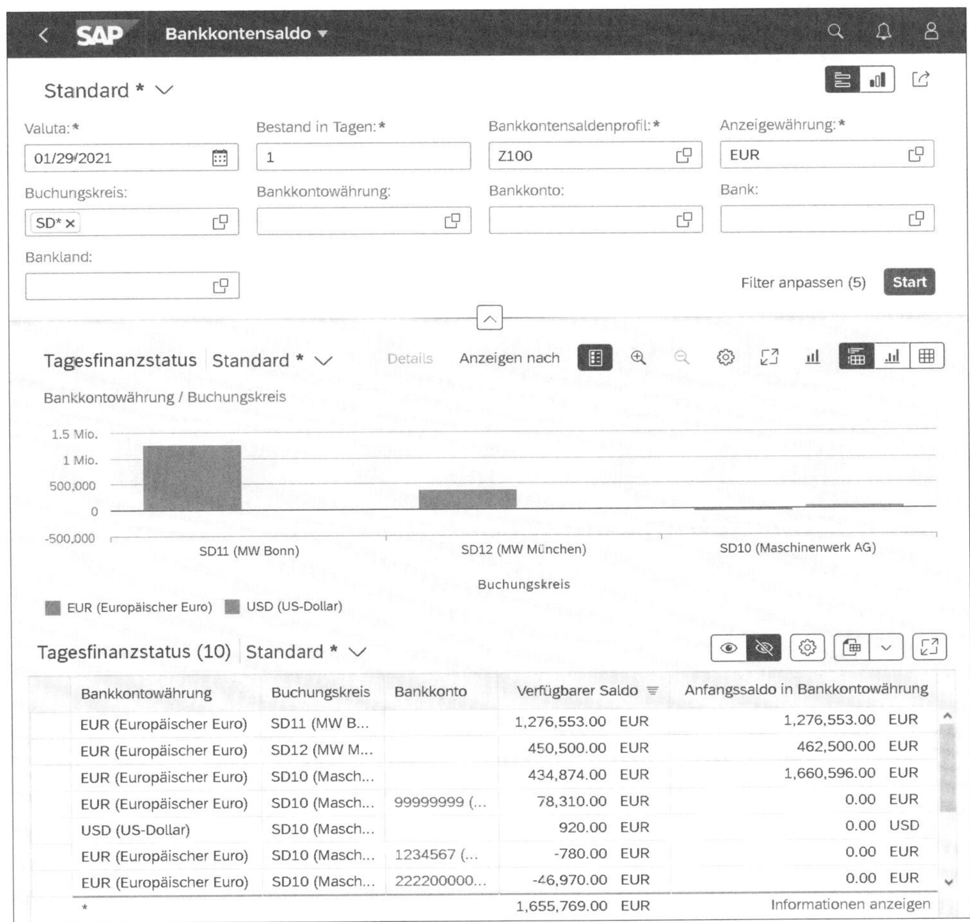

Abbildung 4.44 SAP-Fiori-App »Bankkontensaldo«

Mit dem Filterfeld **Bestand in Tagen** können Sie sich den zukünftigen Stand der Bankkonten ausgeben lassen, z. B. inklusive der eigeninitiierten Cash-in-Transit-Buchungen. Die Anzahl der Tage wird zum Valutadatum hinzugerechnet.

Im mittleren Teil der App sehen Sie eine grafische Darstellung der Salden, die Sie über den Button **Anzeigen nach** gruppieren können.

Eine tabellarische Übersicht finden Sie im unteren Bildbereich. Hier können Sie weitere Felder wie z. B. **Geldausgang in Anzeigewährung** hinzufügen, um die Bewegungen auf den Konten darzustellen.

4.6 Übersicht über SAP-Fiori-Apps und Transaktionen für den Liquiditätsstatus

In diesem Abschnitt sind die von SAP für die Erstellung des Liquiditätsstatus relevanten Funktionen tabellarisch dargestellt, getrennt nach SAP-Fiori-Apps (Tabelle 4.1) und SAP-GUI-Transaktionen (Tabelle 4.2). In der Spalte **Technische Details** sind neben der App bzw. Transaktions-ID noch Informationen zur notwendigen Lizenz, dem App-Typ und dem ersten Auslieferungsrelease aufgeführt.

Reportbezeichnung	Zweck	Technische Details
Tagesfinanzstatus – Heute	grafische Darstellung des prognostizierten Endsaldos des heutigen Tages	analytische SAP-Fiori-App seit 1511, App-ID F1737, SAP-Standard
Cashflow-Analyse	verdichtete tabellarische Darstellung von Ist- und Plan-Cashflows zur Erzeugung von Tagesfinanzstatus, Liquiditätsvorschau und Cashflow-Analyse	analytische SAP-Fiori-App seit 1709, App-ID F2332, SAP-Standard (eingeschränkt)
Ist-Cashflow	grafische Darstellung der Ist-Cashflows der letzten 90 Tage	analytische SAP-Fiori-App seit 1610, App-ID F0513A, SAP-Standard
Cashflow-Positionen prüfen	Analyse von Einzelzahlungen im Plan und Ist, Änderung von Einzelsätzen	transaktionale SAP-Fiori-App seit 1511, App-ID F0735, SAP-Standard
Zugeordnete Liquiditätspositionen anpassen	Ableitung von Liquiditätspositionen über maschinelles Lernen	transaktionale SAP-Fiori-App seit 1909, App-ID F3627, Full-Cash-Lizenz

Tabelle 4.1 Ausgewählte SAP-Fiori-Apps für die Erstellung eines Liquiditätsstatus

Reportbezeichnung	Zweck	Technische Details
Bankkontensaldo	grafische Darstellung der Banksalden-entwicklung	analytische SAP-Fiori-App seit 1909, App-ID F3940, SAP-Standard
Kontoauszugsmoni-tor – Tagesabschluss	grafische Darstellung des Sta-tus von eingelesenen Konto-auszügen	analytische SAP-Fiori-App seit 1511, App-ID F1734, Full-Cash-Lizenz
Kontoauszugsmoni-tor – Untertägig	grafische Darstellung des Sta-tus von eingelesenen Konto-auszügen als Zeitstrahl	analytische SAP-Fiori-App seit 1809, App-ID F3671, Full-Cash-Lizenz
Kontoauszüge verwalten	Bearbeitung von Kontoauszü-gen: anzeigen, löschen, stor-nieren, manuell anlegen	transaktionale SAP-Fiori-App seit 1610, App-ID F1564, SAP-Standard
Cashflows abstim-men – Untertägige Einzelsätze	Abgleich von geplanten Cash-flows mit untertägigen Kon-toauszügen	transaktionale SAP-Fiori-App seit 1809, App-ID F3418, Full-Cash-Lizenz
Kontoauszugspositi-onen nachbearbeiten	manuelle Verbuchung von Kontoauszugs-positionen, die nicht automatisiert verarbei-tet wurden	transaktionale SAP-Fiori-App seit 1610, App-ID F1520, SAP-Standard
Cashflows freigeben	Prüfung und Freigabe von Cashflows aus externen Quellen	transaktionale SAP-Fiori-App seit 1809, App-ID F3446, Treasury Workstation Cash Integration
Globale Buchhal-tungshierarchien verwalten	Pflegen von Hierarchien für Liquiditätspositionen	Transaktionale SAP-Fiori-App seit 1809, App-ID F2918, Full-Cash-Lizenz

Tabelle 4.1 Ausgewählte SAP-Fiori-Apps für die Erstellung eines Liquiditätsstatus (Forts.)

Reportbezeichnung	Zweck	Technische Details
Liquiditätspositionshierarchien verwalten	Pflegen von Hierarchien für Liquiditätspositionen (Neu)	Transaktionale SAP-Fiori-App seit 2020, App-ID F4966, Full-Cash-Lizenz
Eingangszahlungsdateien verwalten	Import, Nachbearbeitung und Verwaltung von elektronischen Kontoauszügen	Transaktionale SAP Fiori-App seit 1709, App-ID F1680

Tabelle 4.1 Ausgewählte SAP-Fiori-Apps für die Erstellung eines Liquiditätsstatus (Forts.)

Weitergehende Informationen zu diesen Apps finden Sie in der SAP Fiori Apps Reference Library (*https://fioriappslibrary.hana.ondemand.com/*).

Transaktionsbezeichnung	Funktion	Transaktions-Code, Lizenz
Tagesfinanzstatus	Anzeige der Salden und Bewegungen auf den Bank- und Bankverrechnungskonten mit den Merkmalen des Cash Managements in SAP ERP, wie Gliederung, Dispositionsebene und dispositive Kontenbezeichnung	FF7AN, SAP-Standard
Kontoauszugsmonitor	Überwachung der Verarbeitung des elektronischen Kontoauszugs	FTE_BSM, SAP-Bank-Communication-Management-Lizenz
Einlesen Elektronischer Kontoauszug	Import des elektronischen Kontoauszugs über den Standard-Importreport RFEBKA00	FF_5, SAP-Standard
Einlesen Elektronischer Kontoauszug	Import des elektronischen Kontoauszugs über verschiedene Import-reports	FF.5, SAP-Standard
Automatisch einlesen	automatisierter Import von Kontoauszügen vom Applikationsserver mit Option zur Aufteilung der Dateien	FEB_FILE_HANDLING, SAP-Standard

Tabelle 4.2 Ausgewählte SAP-GUI-Transaktionen für den Tagesfinanzstatus

Transaktionsbezeichnung	Funktion	Transaktions-Code, Lizenz
Nachbearbeitung Kontoauszüge	Manuelle Verbuchung von Kontoauszugspositionen, die nicht automatisiert verarbeitet wurden	FEBAN, SAP-Standard

Tabelle 4.2 Ausgewählte SAP-GUI-Transaktionen für den Tagesfinanzstatus (Forts.)

4.7 Fazit

In diesem Kapitel haben Sie erfahren, welche Apps und Transaktionen Ihnen zur Verfügung stehen, um einen aktuellen Liquiditätsstatus im SAP-System zu ermitteln. SAP bietet verschiedene Hilfsmittel zum Einlesen und Überwachen von Kontoauszügen. Fehlende Kontoauszüge können bei Bedarf manuell ergänzt oder importiert werden, um ein vollständiges Bild über die Liquidität zu erhalten.

Das Reporting berücksichtigt alle vergangenen Bankbewegungen und zukünftige Cash-Vorgänge mit hoher Verlässlichkeit, sodass Sie eine Vorschau von einigen Tagen erstellen können. Der so abrufbare Tagesfinanzstatus bildet die Basis für die im folgenden Kapitel beschriebene Liquiditätsvorschau.

Kapitel 5
Kurzfristige Liquiditätsvorschau erzeugen

5

Eine kurzfristige Vorschau der Liquiditätsentwicklung ist elementar, um die Liquidität eines Unternehmens sicherzustellen. Dieses Kapitel erklärt die Funktionen der Liquiditätsvorschau und erläutert die SAP-Standardberichte. Sie erfahren, wie One Exposure from Operations verschiedene Datenquellen in einer zentralen Tabelle zusammenführt und welche Faktoren die Qualität und Sichtweite der Vorschau beeinflussen.

Im Cash Management obliegt Ihnen die Aufgabe, jederzeit die Unternehmensliquidität sicherzustellen. Der Tagesfinanzstatus gibt Ihnen bereits einen Überblick über die tagesaktuelle Finanzsituation (siehe Kapitel 4, »Liquiditätsstatus ermitteln«). Um kurz- bis mittelfristige Unterdeckungen oder Überdeckungen der Liquidität frühzeitig zu erkennen, ermöglicht Ihnen die *Liquiditätsvorschau* im SAP-System darüber hinaus eine Vorhersage der zukünftigen Cashflows.

In Abschnitt 5.1, »Überblick über die Liquiditätsvorschau«, werden zunächst die einzelnen Komponenten der Liquiditätsvorschau im Überblick vorgestellt. Der darauffolgende Abschnitt 5.2, »Qualität und Sichtweite der Liquiditätsvorschau«, erläutert die Faktoren, die die Qualität und Sichtweite Ihrer Liquiditätsvorschau bestimmen. Die Konzepte zur Berechnung der zentralen Felder **Betrag**, **Valutadatum** und **Liquiditätsposition** sind Gegenstand von Abschnitt 5.3, »Zentrale Felder in der Liquiditätsvorschau«.

Die Bearbeitung von Einzelsätzen für die manuelle Planung wird in Abschnitt 5.4, »Einzelsätze bearbeiten«, beschrieben. In dem abschließenden Abschnitt 5.5, »SAP-Fiori-Apps für die Liquiditätsvorschau«, werden die wesentlichen SAP-Fiori-Apps zur Darstellung und Analyse der Liquiditätsvorschau vorgestellt.

5.1 Überblick über die Liquiditätsvorschau

Während der Tagesfinanzstatus eine Übersicht über die aktuelle Finanzsituation darstellt, dient die Liquiditätsvorschau der kurz- bis mittelfristigen Prognose der Liquidität der nächsten Wochen. Die Liquiditätsvorschau repräsentiert alle Cash-Bewegungen, die Sie aus den laufenden Geschäftstransaktionen im System ableiten können, manuell geplant haben oder die über externe Quellen importiert wurden.

Gesamtliquidität als Basis für Dispositionsentscheidungen

Für Dispositionsentscheidungen im Cash Management und anderen Unternehmensabteilungen werden Informationen zur zukünftigen Gesamtliquidität des Unternehmens benötigt. Diese setzt sich aus dem Tagesfinanzstatus und der Liquiditätsvorschau zusammen.

Datenquellen für die Liquiditätsvorschau

Abbildung 5.1 stellt die einzelnen Komponenten dar, die bei der Berechnung der Gesamtliquidität im SAP-System herangezogen werden. Der Tagesfinanzstatus beinhaltet die Banksalden des Vortages und alle Cashflows mit gesicherter Wahrscheinlichkeit für heute und die nächsten Tage (siehe Abschnitt 4.1, »Überblick über den Tagesfinanzstatus«).

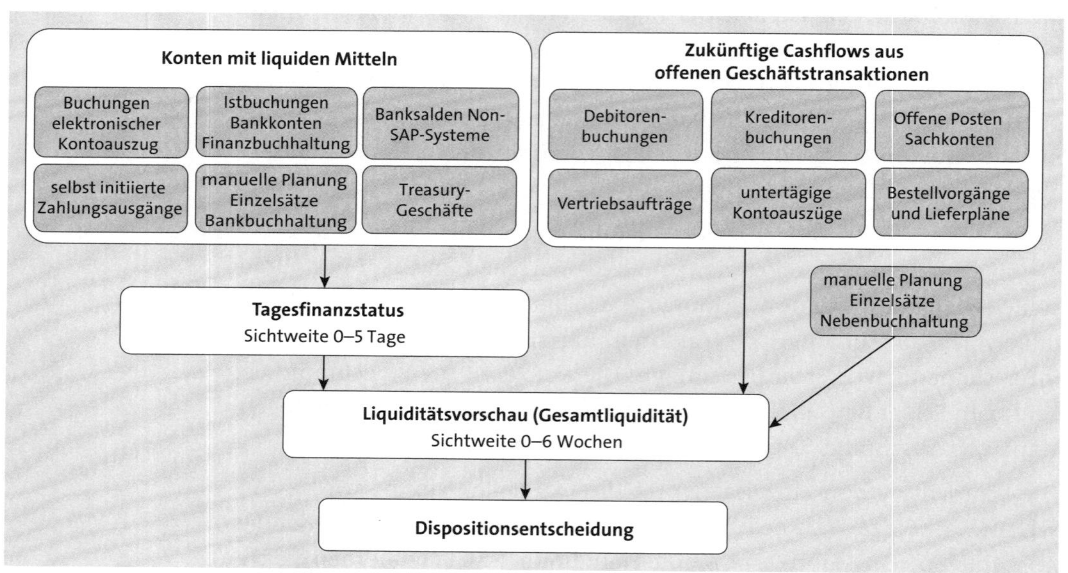

Abbildung 5.1 Komponenten zur Berechnung der Gesamtliquidität

Die Liquiditätsvorschau fügt dieser Datenbasis üblicherweise die prognostizierten Cashflows mit einer längeren Sichtweite und niedrigeren Wahrscheinlichkeiten hinzu. Dies umfasst alle Geschäftstransaktionen aus dem Nebenbuch für Debitoren und Kreditoren sowie cashrelevante Vorgänge aus den logistischen SAP-Komponenten Vertrieb (SD) und Einkauf (MM).

Untertägige Kontoauszüge können Sie wahlweise zusätzlich integrieren. Zukünftige Cashflows aus Geschäftsprozessen, die nicht im SAP-System abgebildet sind, planen Sie manuell. Dazu verwenden Sie Einzelsätze (siehe Abschnitt 5.4, »Einzelsätze bearbeiten«) oder Sachkontenbuchungen mit einem Valutadatum in der Zukunft, um so auch in der Vorschau ein vollständiges Bild zu erhalten.

5.2 Qualität und Sichtweite der Liquiditätsvorschau

Sichtweite der Liquiditätsvorschau

Ein Ziel von SAP Cash Management ist es, eine hochwertige Liquiditätsvorschau mit einer Sichtweite von mehreren Wochen aus den operativen Daten zu erstellen. Die maximal mögliche Sichtweite der Vorschau variiert in Abhängigkeit vom Geschäftsmodell Ihres Unternehmens. Sie hängt hier vor allem von den Durchlaufzeiten im Purchase-to-Pay- und im Order-to-Cash-Prozess ab. Einflussfaktoren der Durchlaufzeiten sind z. B. Lieferzeiten von Kundenaufträgen und Lieferantenbestellungen sowie Zahlungsbedingungen und Zahlungsmethoden Ihrer Geschäftspartner.

Wird in Ihrem Unternehmen z. B. ein Kundenauftrag 24 Stunden nach Auftragseingang ausgeliefert und fakturiert, verlängern die Vertriebsaufträge im Cash Management die Sichtweite nur um einen Tag. Zahlen Kunden bei der Auftragserteilung mit einer Kreditkarte, liegt die Sichtweite der Geschäftstransaktionen aus dem Vertrieb bei wenigen Tagen, also bis zur Gutschrift der Zahlung auf Ihrem Bankkonto.

Prognosequalität

Für die Qualität der Liquiditätsvorschau sind verschiedene Faktoren maßgeblich. Das SAP-System prognostiziert Cashflows zuverlässig, erfordert jedoch individuelle Systemeinstellungen, die zu Ihrem Unternehmen passen. Besonders wichtig für die Qualität sind darüber hinaus die Vollständigkeit und die rechtzeitige Bereitstellung der Daten. Betrag und Datum müssen zuverlässig aus den operativen Daten ableitbar sein.

Generell gilt, dass mit der Einführung einer Liquiditätsvorschau die Anforderungen an die liefernden Unternehmensprozesse, bezogen auf diese Faktoren, steigen. Für den Aufbau eines Cash-Management-Systems mit hoher Prognosequalität sind daher eine vorhergehende Analyse und Optimierung der Kernprozesse zentrale Voraussetzungen. So sollten Sie z. B. im Purchase-to-Pay-Prozess sicherstellen, dass folgende Voraussetzungen erfüllt sind:

- Eingabe eines verlässlichen Lieferdatums in Bestellungen
- Verbuchung von kreditorischen Rechnungen im SAP-System unmittelbar nach Rechnungseingang

- Sichtbarkeit von gesperrten Eingangsrechnungen im Rechnungsprüfungsprozess
- Freigabe von Eingangsrechnungen in der Rechnungsprüfung vor der Fälligkeit
- regelmäßige Durchführung von Zahlläufen, sodass die prognostizierten Zahlungstermine der Eingangsrechnungen berechenbar werden

Zusammenspiel der Quellen für die Liquiditätsvorschau

Die Liquiditätsvorschau setzt sich aus verschiedenen Quellen zusammen. Das zeitliche Zusammenspiel dieser Quellen ist in Abbildung 5.2 dargestellt. Auf der Y-Achse ist hier die Vollständigkeit der Geschäftstransaktionen in Prozent abgebildet.

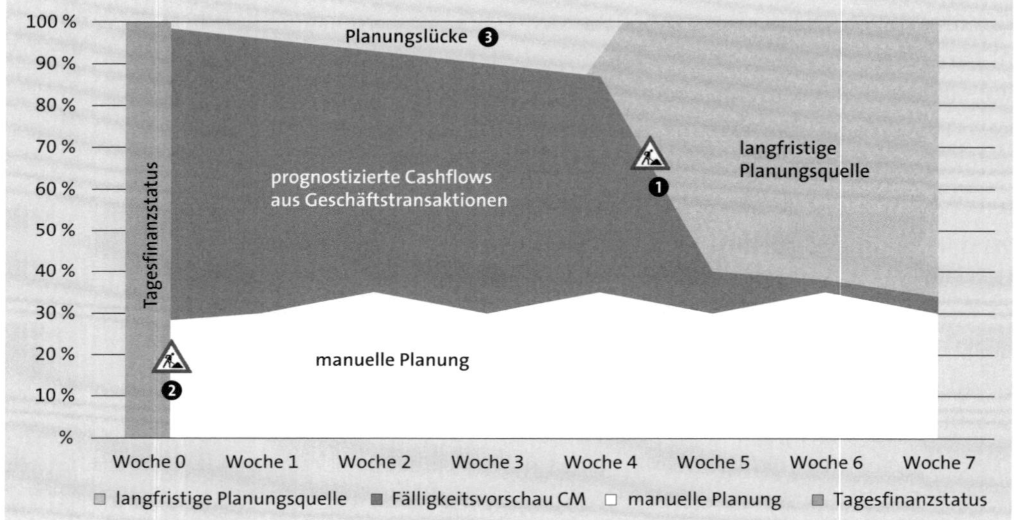

Abbildung 5.2 Planungsquellen für die Liquiditätsvorschau

Beachten Sie die nachfolgenden Anmerkungen, damit Sie eine realistische Einschätzung Ihrer individuellen Prognosequalität und Sichtweite erhalten.

Die Basis für den Startpunkt der Planung liefern die Salden aus dem Tagesfinanzstatus. Diese sind somit zwingende Voraussetzung für die Liquiditätsvorschau.

Für einige Wochen werden Ihre Geschäftstransaktionen im SAP-S/4HANA-System die zukünftigen Cashflows aus den zugrunde liegenden Geschäftsprozessen zuverlässig prognostizieren können. In der Prognose werden nach einigen Wochen Lücken entstehen, da die Geschäftstransaktionen noch nicht vollständig im System gespeichert sind, die zu diesem Zeitpunkt einen Cashflow generieren.

Wie weit Ihr Horizont reicht, hängt u. a. von der Durchlaufzeit der Belege bis zur Verbuchung, von den Lieferzeiten und von den Zahlungsbedingungen ab.

Einbindung weiterer Quellen zur Erweiterung des Planungshorizonts

Wenn Ihre Liquiditätsvorschau über diesen Horizont hinaus reichen soll, müssen Sie die Planung mit einer weiteren Planungsquelle oder zusätzlicher manueller Planung anreichern. Als zusätzliche Planungsquelle kann hier z. B. die in Kapitel 8, »Liquidität langfristig planen«, beschriebene Liquiditätsplanung dienen. Für die Abgrenzung der Planungsquellen ❶ aus den Geschäftstransaktionen und der langfristigen Quelle benötigen Sie ein klares Konzept, um die manuellen Abstimmungsarbeiten zu minieren.

Manuelle Planung für zusätzliche Vorgänge

Sie werden immer einen Bodensatz an manueller Planung im System benötigen, da einige cashrelevante Geschäftsprozesse im SAP-System nicht abgebildet oder diese systemtechnisch nicht in die Cash-Management-Komponente integriert sind. Dies ist z. B. für die Gehaltszahlungen aus SAP ERP Human Capital Management (SAP ERP HCM) der Fall.

Wenn Sie für manuell geplante Cashflows nicht zu 100 % den Tag des Zahlungsaus- oder Eingangs vorhersehen können, benötigen Sie auch an der Schnittstelle von der manuellen Planung zu den Ist- Buchungen ❷ einen effizienten Abgleichmechanismus. Dieser muss verhindern, dass ein verspäteter Cashflow aus der Planung herausfällt und ein vor dem Planungszeitpunkt eingetretener Cashflow doppelt berücksichtigt wird. Da die Bearbeitung der manuellen Planung und deren Abgleich mit den Ist-Cashflows mit Arbeitsaufwand verbunden sind, sollten Sie in Ihrer Lösung nur substanzielle Cashflows mit einem Mindestbetrag durch Ihre manuelle Planung abbilden.

Verbleibende Planungslücken

Sie werden bei der kurzfristigen Vorschau immer mit einer Planungslücke ❸ leben müssen, die aus der Unvollständigkeit der Daten resultiert. Daher müssen Sie einen entsprechenden Sicherheitspuffer in Ihrer Disposition vorsehen. Dies ist im Sinne eines pragmatischen Ansatzes auch sinnvoll, da der Aufwand exponentiell steigt, je näher Sie an eine 100%ige Genauigkeit herankommen wollen.

Liquiditätsvorschau erstellen – Ablauf

Für die Erstellung einer periodischen Liquiditätsvorschau empfiehlt sich ein Ablaufplan, der die einzelnen Prozessschritte in die Ablauforganisation Ihres Unternehmens integriert:

1. Einlesen des elektronischen Kontoauszugs
2. Tagesabschluss des Vortags
3. Erstellung manueller Planposten für neue Geschäftstransaktionen
4. Abgleich manueller Planposten mit den Istdaten

5. Planung und Durchführung von Zahlläufen
6. Zahlungsfreigabe
7. Planung der Kontenüberträge
8. Überwachung der Zahlungsausführung
9. Erstellung der Liquiditätsvorschau

5.3 Zentrale Felder in der Liquiditätsvorschau

Für eine zuverlässige Liquiditätsvorschau sind die Berechnung des potenziellen Zahlungsdatums (im SAP-Sprachgebrauch auch *Geschäftsdatum* oder *Valutadatum* genannt), die sachliche Zuordnung zu einer Liquiditätsposition und die Berechnung der Betragshöhe von entscheidender Bedeutung.

Berechnung des Valutadatums

Das erwartete Zahlungsdatum des prognostizierten Cashflows wird im System individuell pro Geschäftstransaktion berechnet und im Feld **Geschäftsdatum** in der Flow-Tabelle gespeichert. In den Auswertungen und Reports wird dieses Datum auch als **Valutadatum** dargestellt, analog zu den Ist-Cashflows. Für die Vorgänge in SD und MM wird zunächst aus den Grunddaten der Geschäftstransaktion ein Zahlungsfristenbasisdatum berechnet, sofern dieses noch nicht im Beleg gespeichert wurde. In SD und MM wird das Zahlungsfristenbasisdatum auf der Grundlage des erwarteten Liefertermins berechnet. Für Eingangs- und Ausgangsrechnungen im Finanzwesen (FI) ist das Feld **Zahlungsfristenbasisdatum** ein eigenständiges Feld, das in der Regel aus dem Belegdatum abgeleitet wird oder manuell auf das Datum des Rechnungseingangs gesetzt wird. In der nächsten Stufe wird aus dem Zahlungsfristenbasisdatum und den Zahlungsbedingungen der Zahlungstermin berechnet.

Identifikation von Skontozahlern

Handelt es sich um eine Skontozahlungsbedingung, wird über eine Customizing-Einstellung zur *Dispositionsgruppe* ermittelt, ob eine Nettozahlung, Skontozahlung oder eine fest definierte Anzahl an Tagen bis zur Zahlung erwartet wird. Als Standardeinstellung verwendet das SAP-System die maximal mögliche Skontozahlung. Wurde der Geschäftspartner als Skontozahler identifiziert, wird das spätmöglichste Datum verwendet, zu dem der größtmögliche Skontobetrag in Anspruch genommen werden kann.

Berücksichtigung des Zahlungsverhaltens

Wurde im Stammsatz des Geschäftspartners die Aufzeichnung des Zahlungsverhaltens aktiviert, wird dieses bei der Berechnung des Valutadatums ebenfalls berücksichtigt. Zahlt ein Kunde z. B. im Durchschnitt 10 Tage zu spät, wird das erwartete Zahlungsdatum des Cashflows um 10 Tage in die Zukunft verschoben.

Betragsberechnung

Für Rechnungen aus der Finanzbuchhaltung wird zunächst als Zahlungsbetrag der Rechnungsbetrag angenommen. Bei Geschäftstransaktionen in Einkauf und Vertrieb wird der Betrag aus der Bestellmenge und dem Preis im Auftrag, dem Lieferplan oder der Bestellung abgeleitet und die erwartete Mehrwertsteuer hinzugerechnet.

Skontoabzug

Wurde der Geschäftspartner über die Customizing-Einstellung der Dispositionsgruppe als Skontozahler identifiziert, wird die Betragshöhe der Zahlung um den größtmöglichen Skonto-Prozentsatz reduziert.

Liquiditätsposition ableiten

Für die Ableitung des Merkmals Liquiditätsposition wird in der Vorschau auf das gleiche Regelwerk referenziert, das auch für die Ist-Buchungen verwendet wird (siehe Abschnitt 10.4.3, »Liquiditätspositionen«). Das Cash Management splittet für die Ermittlung der Liquiditätsposition den prognostizierten Zahlungsbetrag aus einer Rechnung in den steuerlichen Teil und den Nettobetrag.

5.4 Einzelsätze bearbeiten

Wie in Abschnitt 5.2, »Qualität und Sichtweite der Liquiditätsvorschau«, ausgeführt, ergibt sich in Ihrer Liquiditätsvorschau eine Planungslücke, wenn nur Geschäftstransaktionen aus dem SAP-System und aus den externen Quellen über Schnittstellen berücksichtigt werden. Die Lücke resultiert daher, dass entweder keine transaktionalen Daten zu diesen Cashflows im System gespeichert sind oder sich zukünftige Cashflows technisch nicht oder nur unvollständig ableiten lassen. Um diese Lücke für Cashflows mit substanzieller Betragshöhe zu schließen, stellt SAP Funktionen für die Bearbeitung sogenannter *Einzelsätze* zur Verfügung. Ein Einzelsatz repräsentiert einen zukünftigen Cashflow, den Sie manuell erstellen können und der in der Liquiditätsvorschau dargestellt werden soll. Technische Varianten des Einzelsatzes sind die Auszugspositionen von untertägigen Kontoauszügen sowie Barmittelhandelsanforderungen, die technisch als Einzelsätze im System abgebildet sind und mit den SAP-Fiori-Apps für Einzelsätze bearbeitet werden können.

In diesem Abschnitt werden die SAP-Fiori-Apps und SAP-GUI-Transaktionen für die Bearbeitung von Einzelsätzen erläutert. Berücksichtigen Sie, dass im SAP-S/4HANA-Release 2020 die Funktionen der SAP-Fiori-Apps und SAP-GUI-Transaktionen unterschiedlich ausgeprägt sind und die Datensätze in unterschiedlichen Tabellen gespeichert werden.

5.4.1 Die SAP-Fiori-App »Einzelsätze verwalten«

Die SAP-Fiori-App **Einzelsätze verwalten** erlaubt die Bearbeitung der Einzelsätze für manuell geplante Cashflows, für Barmittelhandelsanforderungen und für Positionen aus untertägigen Kontoauszügen. Sie erhalten hier einen Überblick über die im SAP-System vorhandenen Einzelsätze und können neue Einzelsätze anlegen, vorhandene löschen und deren Status oder Detailinformationen verändern.

Status von Einzelsätzen

Einzelsätze können den Status **Aktiv** oder **Inaktiv** annehmen. Inaktive Sätze werden nicht im Reporting angezeigt, können jedoch gelöscht oder auf den Status **Aktiv** zurückgesetzt werden. Neue Einzelsätze haben zunächst immer den Status **Aktiv**. Sie öffnen die SAP-Fiori-App über die in Abbildung 5.3 gezeigte Kachel in der Gruppe **Grundlegende Cash-Vorgänge**.

Abbildung 5.3 Kachel der SAP-Fiori-App »Einzelsätze verwalten«

Die App öffnet sich in der Übersicht ohne Daten im Ergebnisbereich. Definieren Sie explizite Filterkriterien, wie **Valuta** und **Dispositions-Ebene**, oder verwenden Sie das generische **Suchen**-Feld links oben für eine Suche über alle Felder, sofern dies zur Einschränkung der Datensätze notwendig ist. Klicken Sie anschließend auf den Button **Start**, um die Einzelsätze in Form einer Liste sichtbar zu machen (siehe Abbildung 5.4).

Im Ergebnisbereich werden in der Standardansicht neben der Belegnummer (**Beleg-ID**) des Einzelsatzes auch die **Wahrscheinlichkeitsstufe** (siehe Abschnitt 3.3.1, »Wahrscheinlichkeitsstufe«), das **Valuta**-Datum, der **Betrag** in Transaktionswährung, der **Buchungskreis**, die **Dispositions-Ebene** und die **Liquiditätspositionsbeschreibung** angezeigt. Die Spalten der Liste verändern Sie über das Icon ⚙ (**Einstellungen**) ❶.

Für die Einzelsätze in der Liste stehen Ihnen Bearbeitungsfunktionen zur Verfügung, die sich auf einen oder mehrere Einzelsätze anwenden lassen. Zur Bearbeitung markieren Sie die gewünschten Einzelsätze und führen dann eine der folgenden Bearbeitungsfunktionen durch.

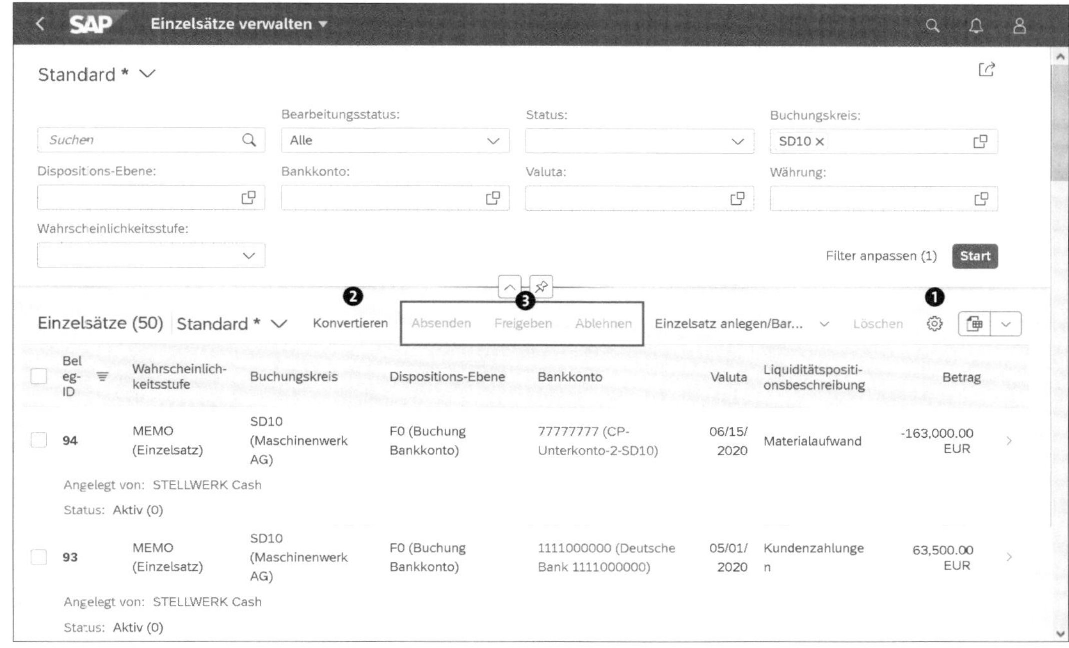

Abbildung 5.4 SAP-Fiori-App »Einzelsätze verwalten« – Übersicht

- **Einzelsätze konvertieren**
  Über einen Klick auf den Button **Konvertieren** ❷ setzen Sie den Status der selektierten Einzelposten von **Aktiv** auf **Inaktiv** bzw. von **Inaktiv** auf **Aktiv**.
- **Einzelsätze genehmigen**
  Für Einzelsätze können Sie ein Freigabeverfahren etablieren, z. B. für importiere Einzelsätze aus anderen Systemen. Den Status dieser Einzelsätze können Sie über die Buttons **Absenden**, **Freigeben** oder **Ablehnen** ❸ verändern.
- **Einzelsätze löschen**
  Einzelsätze entfernen Sie unabhängig vom Status über den Button **Löschen** vollständig aus dem SAP System.
- **Einzelsätze bearbeiten, verteilen und kopieren**
  Mit einem einfachen Klick auf die Zeile eines Einzelsatzes öffnet sich ein Bild, in dem Sie die Felder wie **Valutadatum**, **Betrag** oder **Liquiditätsposition** des ausgewählten Einzelsatzes ändern können.
- **Einzelsätze absenden, freigeben und ablehnen**
  Diese Funktionen sind für die Bearbeitung der Barmittelhandelsanforderungen vorgesehen.

Im Detailbild des Einzelsatzes erhalten Sie die Möglichkeit, diesen zu kopieren oder den Betrag auf der Zeitachse zu verteilen und damit in mehrere Einzelsätze aufzusplitten. Beachten Sie, dass die Buttons **Verteilen** und **Kopieren** erst für gespeicherte Datensätze zur Verfügung stehen.

Einzelsatz anlegen

Um einen Einzelsatz neu anzulegen, klicken Sie auf den Button **Anlegen** und wählen danach im Drop-down-Feld den Eintrag **Einzelsatz anlegen** (siehe Abbildung 5.5).

Abbildung 5.5 SAP-Fiori-App »Einzelsätze verwalten« – Einzelsatz anlegen

Dies öffnet das in Abbildung 5.6 dargestellte Bild **Neuer Einzelsatz**. Die Felder des Datensatzes sind in vier Bereiche gruppiert:

- Kopfdaten
- Allgemeine Daten
- Zusätzliche Daten
- Verwaltungsdaten

Kopfdaten des Einzelsatzes

Im Bereich **Kopfdaten** ❶ befinden sich die Pflichtfelder **Buchungskreis**, **Dispositions-Ebene** sowie **Betrag** und **Währung** (Details zur Dispositionsebene finden Sie in Abschnitt 3.3.3, »Dispositionsebenen«). In Abhängigkeit von der *Dispositionsebene* wird die Muss-Feldsteuerung definiert. Wählen Sie z. B. eine Dispositionsebene mit der Herkunft PSK für Personenkonten, wird das Feld **Dispositionsgruppe** zum Muss-Feld. Beachten Sie, dass der Einzelsatz unabhängig von Dispositionsebene und Herkunft mit der Wahrscheinlichkeitsstufe MEMO gespeichert wird.

Allgemeine Daten

Der Bereich **Allgemeine Daten** ❷ enthält Informationen zum **Valuta-Datum**, **Verfallsdatum** sowie die Merkmale für **Bankkonto**, **Dispositionsgruppe** und **Liquiditätsposition**. Über das Feld **Verfalldatum** definieren Sie, ab welchem Tagesdatum ein Einzelposten automatisch nicht mehr im Reporting berücksichtigt werden soll. Dies bietet sich für geplante Cashflows mit einer 100%igen Planungsgenauigkeit in Bezug auf das Valutadatum der Ist-Buchung an.

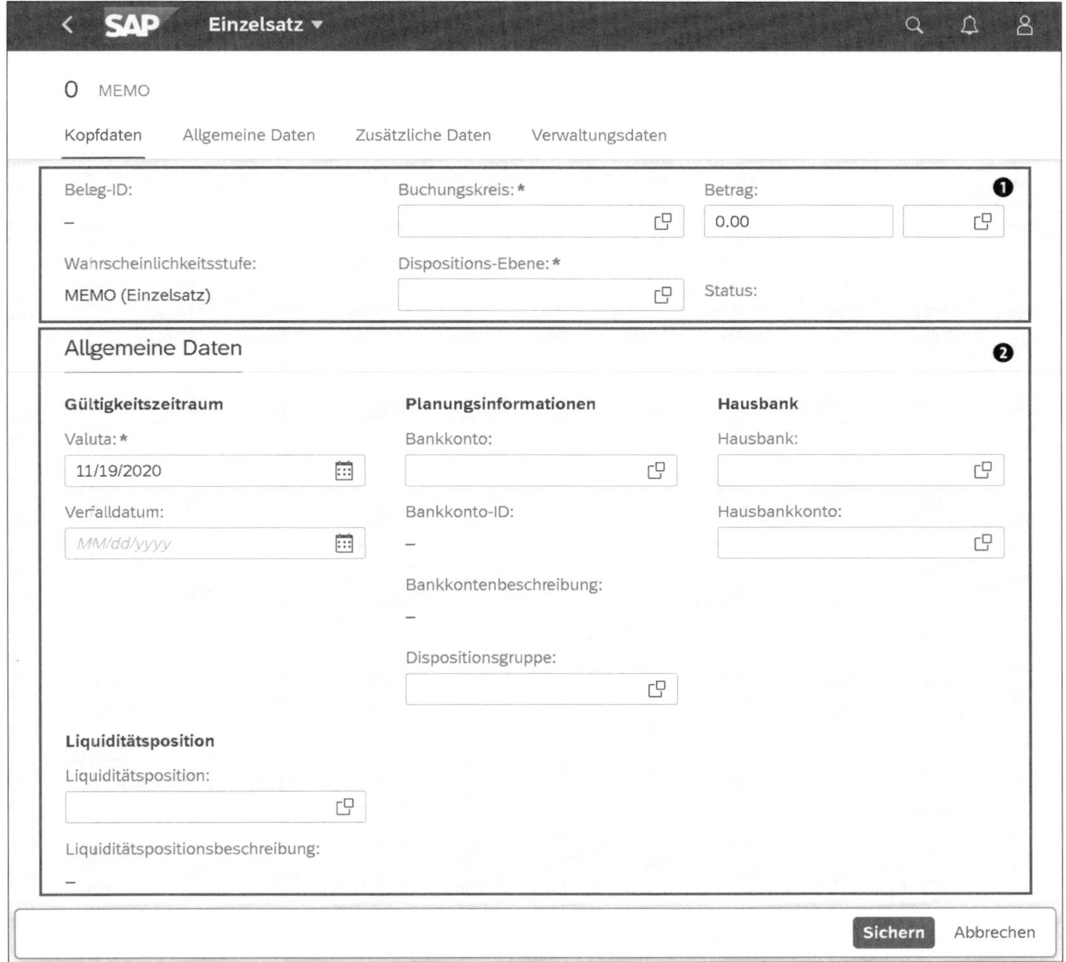

Abbildung 5.6 Kopfdaten und allgemeine Daten eines Einzelsatzes

Zusätzliche Daten des Einzelsatzes

Unter **Zusätzliche Daten** hinterlegen Sie weitere optionale Merkmale, wie z. B. das Gegenkonto, den Gegenbuchungskreis, das Profit-Center oder einen erläuternden Text (siehe Abbildung 5.7).

Verwaltungsdaten des Einzelsatzes

Die Verwaltungsdaten geben Einblick in die Historie des Datensatzes, nachdem dieser gespeichert worden ist.

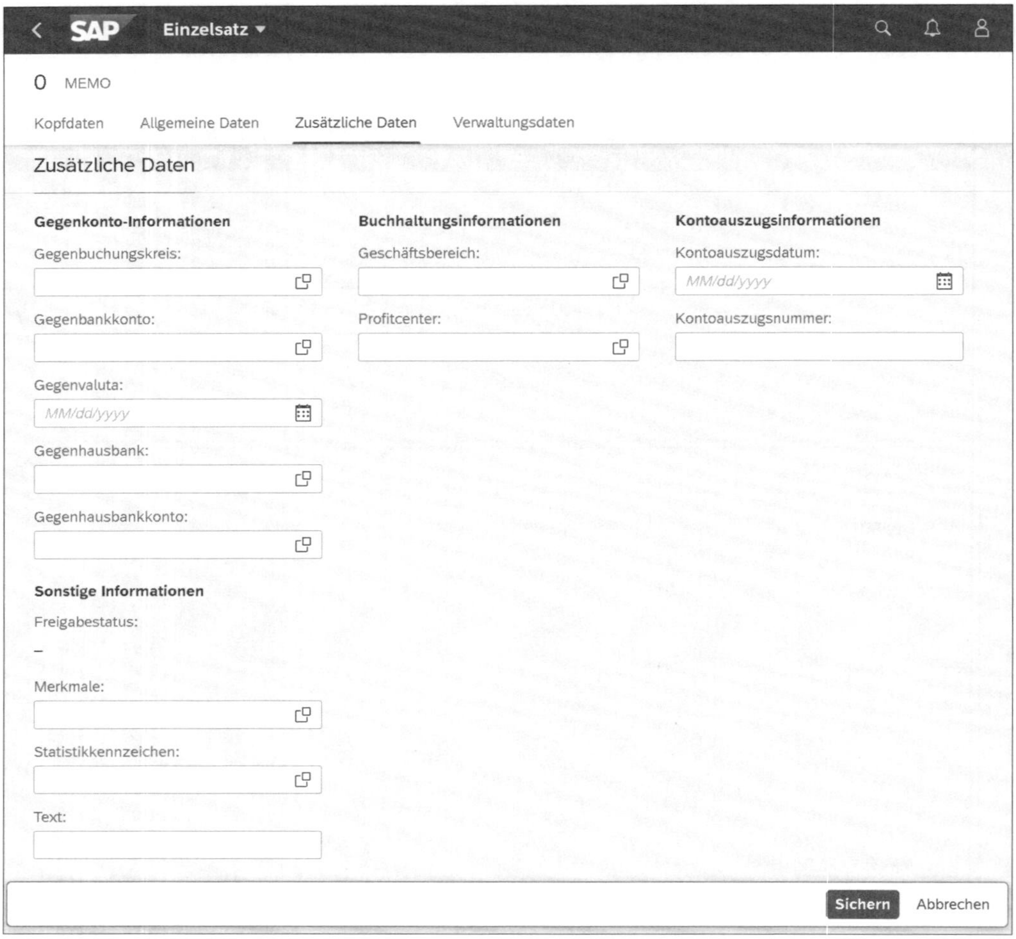
SAP
Einzelsatz
0 MEMO
Kopfdaten
Allgemeine Daten
Zusätzliche Daten
Verwaltungsdaten
Zusätzliche Daten
Gegenkonto-Informationen
Gegenbuchungskreis:
Gegenbankkonto:
Gegenvaluta:
MM/dd/yyyy
Gegenhausbank:
Gegenhausbankkonto:
Buchhaltungsinformationen
Geschäftsbereich:
Profitcenter:
Kontoauszugsinformationen
Kontoauszugsdatum:
MM/dd/yyyy
Kontoauszugsnummer:
Sonstige Informationen
Freigabestatus:
–
Merkmale:
Statistikkennzeichen:
Text:
Sichern
Abbrechen

Abbildung 5.7 Zusätzliche Daten im Einzelsatz

SAP
Einzelsatz
12 MEMO
Kopfdaten
Allgemeine Daten
Zusätzliche Daten
Verwaltungsdaten
Verwaltungsdaten
Informationen zur Erstellung
Angelegt von:
Angelegt am/um:
02/07/2020, 16:27:43
Informationen zur letzten Änderung
Zuletzt geändert am/um:
02/07/2020, 16:27:43
Sichern
Abbrechen

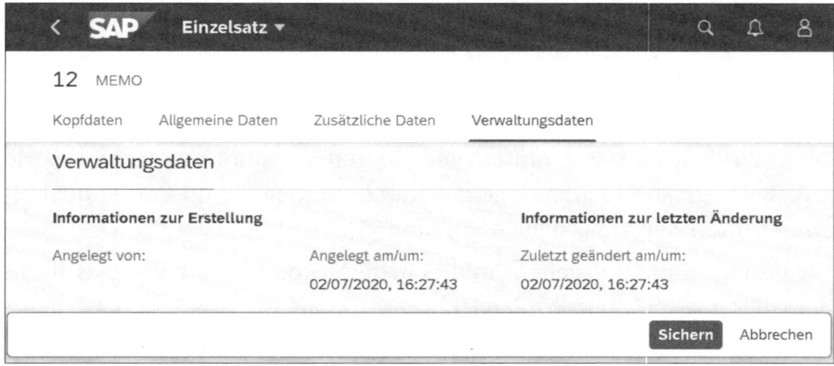

Abbildung 5.8 Verwaltungsdaten im Einzelsatz

Angezeigt wird, wer den Einzelsatz angelegt hat (**Angelegt von**), das Datum und die Uhrzeit wann er angelegt (**Angelegt am/um**) und wann er zuletzt geändert wurde (**Zuletzt geändert um/am**), siehe Abbildung 5.8. Einen Einzelsatz können Sie über den Button **Sichern** speichern, sobald zumindest alle Muss-Felder gefüllt wurden.

5

[«]

SAP-GUI-Transaktion FF63 (Einzelsatz anlegen)

Die SAP-GUI-Transaktion FF63 erlaubt ebenfalls die Anlage eines Einzelsatzes. Die Feldsteuerungslogik ist hier jedoch abhängig von der sogenannten *Dispositionsart* und definiert abweichende Kann- und Muss-Felder, z. B. für das Verfallsdatum. Seit Release 2020 werden Einzelsätze, die über diesen Weg erfasst wurden, direkt in der Tabelle FQM_FLOW gespeichert.

Barmittelhandelsanforderungen bearbeiten

Die SAP-Fiori-App **Einzelsätze verwalten** können Sie auch zur Anlage von *Barmittelhandelsanforderungen* verwenden. Sie erlauben die direkte Anbindung an die Handelsfunktionen der *Trading-Plattform-Integration* in SAP S/4HANA Cloud, um Finanztransaktionen zu initiieren. Zur Anlage klicken Sie auf den Button **Einzelsatz anlegen** und wählen zwischen **Barmittelhandelsanforderung (Devisen) anlegen** und **Barmittelhandelsanforderung (Geldhandel) anlegen** (siehe Abbildung 5.5). Der Einzelsatz erhält zunächst den Status **angelegt**. Den Status verändern Sie über die Buttons **Absenden**, **Freigeben** und **Ablehnen**.

5.4.2 Importfunktion für Einzelsätze

Wenn Sie SAP Cash Management für die Erstellung einer Liquiditätsvorschau nutzen, ist es oftmals erforderlich, eine Vielzahl an Einzelsätzen im SAP-System anzulegen. Dies ist z. B. notwendig für periodisch wiederkehrende Cashflows, die sich nicht aus den operativen Daten im SAP System ableiten lassen. So ist möglicherweise die Cash-Planung Ihrer Darlehen mit monatlicher Tilgung und Zinszahlung eine aufwendige Tätigkeit mit vielen Einzeltransaktionen. Darüber hinaus stellt für viele Unternehmen die Verarbeitung einer großen Menge von Zahlungsavisen eine große Herausforderung dar.

Massenimport von Einzelsätzen

SAP stellt in diesem Kontext eine Importfunktion zur Verfügung, die es Ihnen erlaubt, Plan-Cashflows aus einer Datei auszulesen und daraus automatisiert Einzelsätze im SAP-System zu erstellen. Sie starten den Import der Einzelsätze mit der SAP-GUI-Transaktion RFTS6510 (Einzelsätze aus Datei importieren), siehe Abbildung 5.9. Für einen Upload von Ihrem eigenen Rechner wählen Sie die Option **Präsentationsserver** und spezifizieren den

Dateinamen. Wenn das Programm automatisiert Daten einlesen soll, müssen Sie eine Datei auf dem SAP-Server angeben, die Option **Applikationsserver** wählen und das Programm über einen periodischen Job einplanen. Der Report bietet Ihnen verschiedene Importformate an wie XLSX, XML, TXT oder CSV. Für den Fall, dass Ihre Datei in der ersten Zeile Spaltenüberschriften enthält, wählen Sie die Option **Erste Zeile enthält nur Feldnamen**.

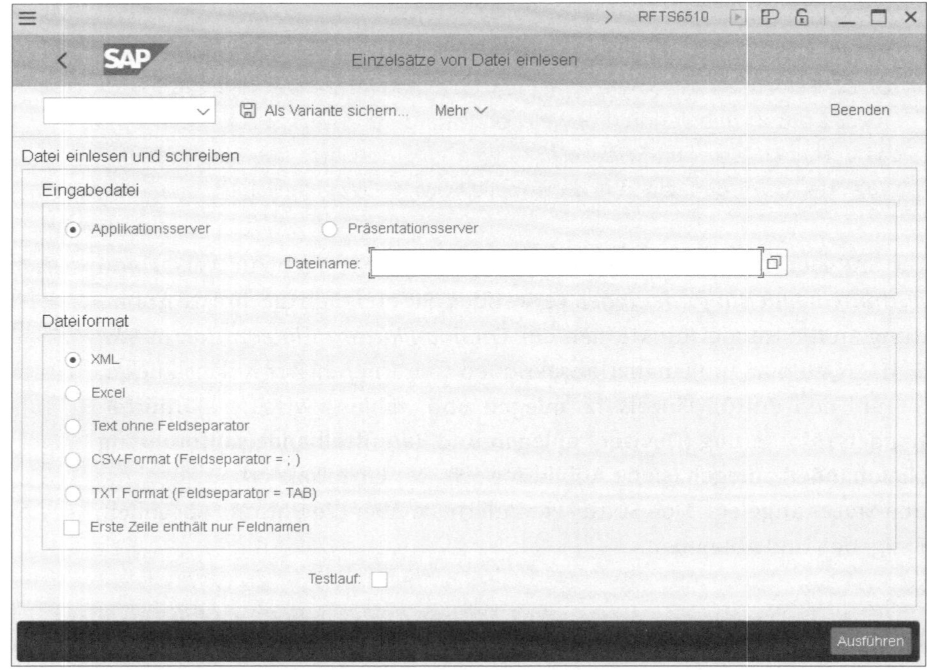

Abbildung 5.9 Importfunktion für Einzelsätze

Als Startpunkt für die externe Erfassung der Planungssätze können Sie mit der SAP-GUI-Transaktion RFTS6510CS (Einzelsätze aus Datei importieren) eine Beispieldatei erzeugen, die der vom System benötigten Struktur entspricht.

5.4.3 Einzelsätze mit Ist-Cashflows abstimmen

In den Einzelsätzen hinterlegen Sie ein Datum im Feld **Verfalldatum**, das bewirkt, dass der Satz ab diesem Datum nicht mehr in den SAP-Fiori-Apps berücksichtig wird. Dies ist hilfreich, wenn sich der Tag des Cashflows zuverlässig planen lässt.

Nicht alle geplanten Cashflows werden sich jedoch taggenau planen lassen. Für diese Fälle würden Sie das Feld **Verfalldatum** im Einzelsatz nicht füllen.

Zum Abgleich dieser Einzelsätze mit den Ist-Cashflows benötigen Sie ein Verfahren, um die geplanten Einzelsätze mit den Ist-Cashflows abzugleichen, um zu vermeiden, dass der Cashflow doppelt berücksichtigt wird.

Für den Abgleich können Sie die SAP-GUI-Transaktionen FF.7 (Abgleich Bankkonto – Avise) und FF/9 (Abgleich Bankkontoauszug – Avise) verwenden. Einzelsätze, die durch Bankbuchungen überflüssig geworden sind, archivieren Sie über diese Transaktionen, sodass sie nicht mehr in den SAP-Fiori-Apps dargestellt werden.

5.5 SAP-Fiori-Apps für die Liquiditätsvorschau

Um eine Liquiditätsvorschau anzuzeigen, können Sie unterschiedliche SAP-Fiori-Apps nutzen:

- **Liquiditätsvorschau**
  Als Einstieg bietet die SAP-Fiori-App **Liquiditätsvorschau** eine grafische Darstellung des zukünftigen Liquiditätsverlaufs.
- **Details zur Liquiditätsvorschau**
  Detailanalysen ermöglichen die beiden Design-Studio-Apps **Details zur Liquiditätsvorschau – Übersicht** und **Details zur Liquiditätsvorschau – Details** mit verschiedenen Reporting-Merkmalen.
- **Cashflow-Analyse**
  Die SAP-Fiori-App **Cashflow-Analyse** verfügt über eine Ansicht **Liquiditätsvorschau** zur Darstellung zukünftiger Cashflows. Diese App erlaubt eine flexible Abgrenzung der Wahrscheinlichkeitsstufen zwischen Tagesfinanzstatus und Liquiditätsvorschau (siehe Kapitel 4, »Liquiditätsstatus ermitteln«).

Diese Apps, die im Folgenden näher erläutert werden, finden Sie im SAP Fiori Launchpad sowohl in der Gruppe **Cash-Vorgänge** als auch in der Gruppe **Liquiditätssteuerung**.

5.5.1 Die SAP-Fiori-App »Liquiditätsvorschau«

Die SAP-Fiori-App **Liquiditätsvorschau** gibt Ihnen eine grafische Vorschau der Unternehmensliquidität. Im Standard wird der Trend der zukünftigen 90 Tage abgebildet.

Sie öffnen die App über die in Abbildung 5.10 dargestellte Kachel in der Gruppe **Liquiditätssteuerung**. Der KPI der KPI-Kachel zeigt bereits eine erste Vorschau. Während sich auf der linken Seite der Saldo des aktuellen Tages befindet, ist auf der rechten Seite der erwartete Saldo nach 90 Tagen abzulesen. Das Liniendiagramm skizziert den Trend der Liquiditätssituation optisch.

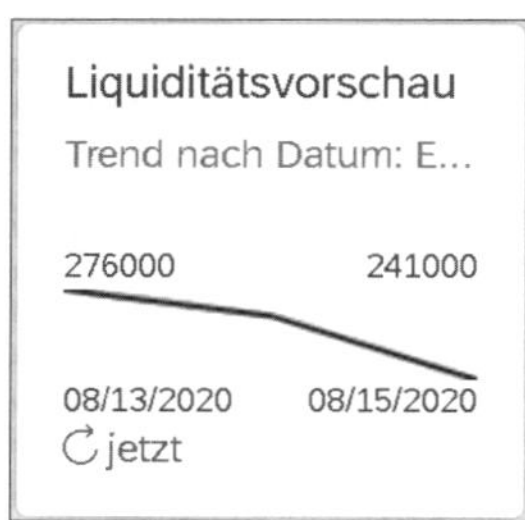

Abbildung 5.10 Kachel der SAP-Fiori-App »Liquiditätsvorschau«

Die App öffnet sich in der Standardansicht **Cashflow- und Saldovorschau** mit einer Kombination aus einem Linien- und einem Säulendiagramm, die in Abbildung 5.11 dargestellt sind. Ebenso wie durch den KPI der KPI-Kachel erhalten Sie in der Ansicht durch die Standard-Filtereinstellungen eine Vorschau von 90 Tagen auf Ihre Liquidität. Dabei repräsentiert die Linie den Endsaldo des jeweiligen Tages. Die Säulen geben jeweils den aggregierten Cashflow jedes Tages an.

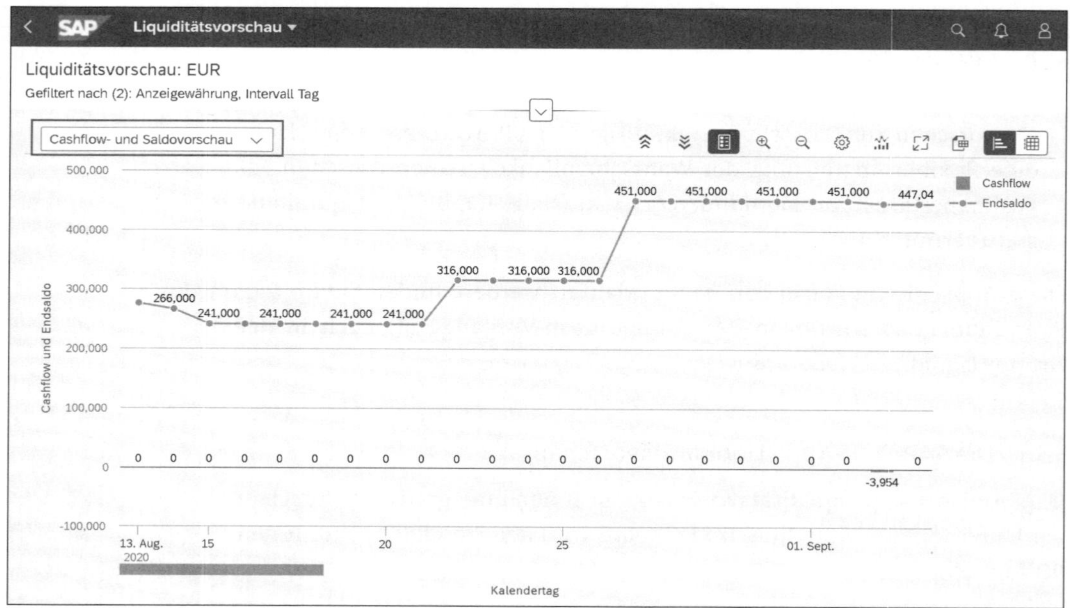

Abbildung 5.11 SAP-Fiori-App »Liquiditätsvorschau« – Ansicht »Cashflow- und Saldovorschau«

Ansichten

Neben der Standardansicht **Cashflow- und Saldovorschau** stehen die Ansichten **Cashflow nach Liquiditätsposition** und **Cashflow nach Buchungskreis** zur Verfügung.

Cashflow nach Liquiditätsposition

In der Ansicht **Cashflow nach Liquiditätsposition** werden die verdichteten Cashflows nach den Liquiditätspositionen angezeigt (siehe Abbildung 5.12). Hier können Sie im Detail erkennen, wie die Cashflows auf die sachlichen Kriterien im Sinne einer direkten Cashflow-Rechnung aufgeteilt sind.

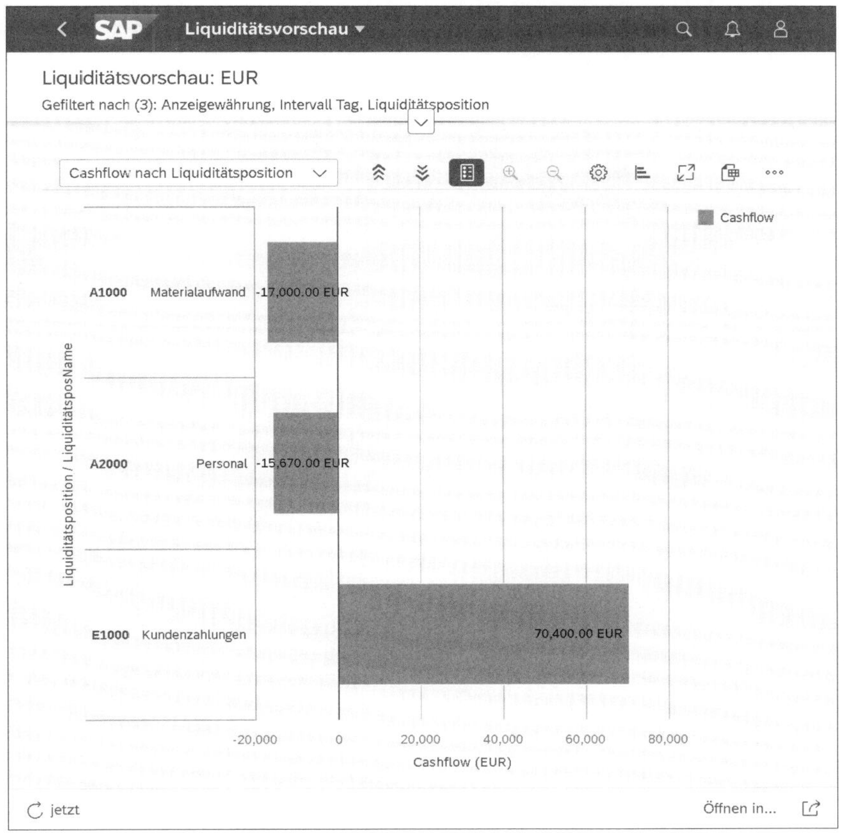

Abbildung 5.12 SAP-Fiori-App »Liquiditätsvorschau« – Ansicht »Cashflow nach Liquiditätsposition«

Cashflow nach Buchungskreis

Schließlich können Sie noch die Ansicht **Cashflow nach Buchungskreis** wählen. Sie erhalten in dieser App einen Überblick über die Verteilung der kumulierten Cashflows auf die einzelnen Buchungskreise (siehe Abbildung 5.13).

Neben den oben genannten Standardansichten können Sie über das Icon ⚙ (**Einstellungen**) Berichtsmerkmale und Gliederung flexibel anpassen.

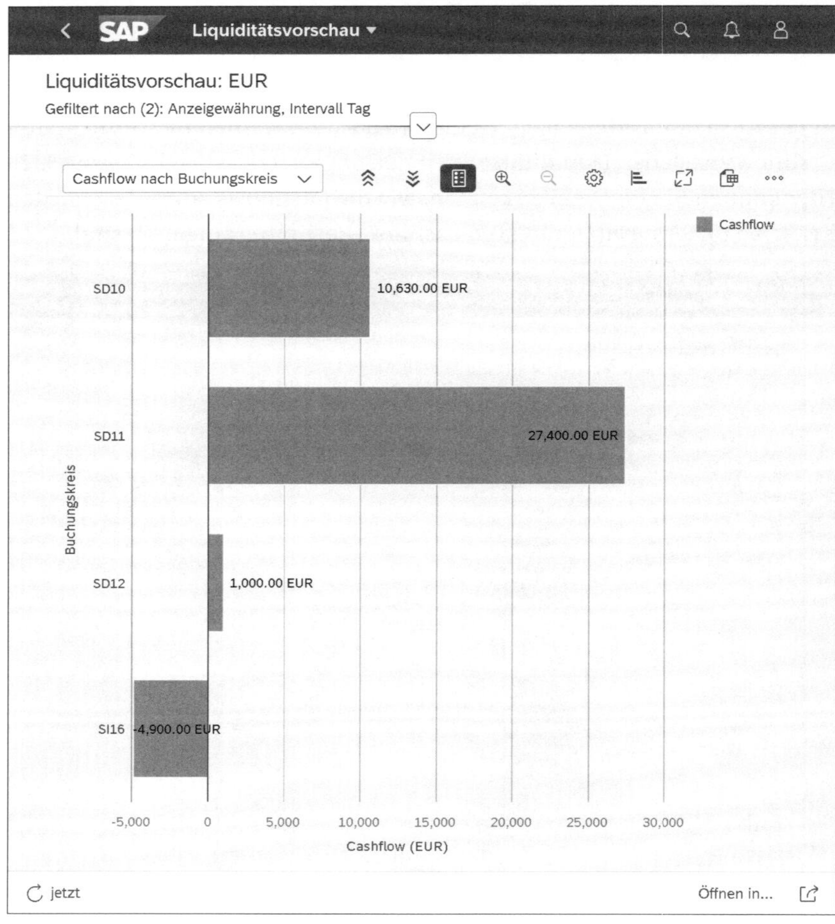

Abbildung 5.13 SAP-Fiori-App »Liquiditätsvorschau« – Ansicht »Cashflow nach Buchungskreis«

Drill-down

Auch in dieser SAP-Fiori-App sind Absprünge in andere Berichte möglich. So können Sie beispielweise ein grafisches Element in der SAP-Fiori-App **Cashflow-Positionen prüfen** detaillierter analysieren. Dafür klicken Sie einmal auf die zu analysierende Position, wodurch sich ein Drill-down-Menü öffnet (siehe Abbildung 5.14).

Wählen Sie dort den gewünschten Detailbericht aus. Die SAP-Fiori-App **Cashflow-Positionen prüfen** übernimmt beim Öffnen bereits die Daten aus der ursprünglichen App. Aufgrund des Absprungs aus der Buchungskreisposition ist auch die Ausgabe in der SAP-Fiori-App **Cashflow-Positionen prüfen** durch die automatische Vorbelegung der Filter auf diesen Buchungskreis eingegrenzt. In Abbildung 5.15 ist diese Ausgabe zu sehen.

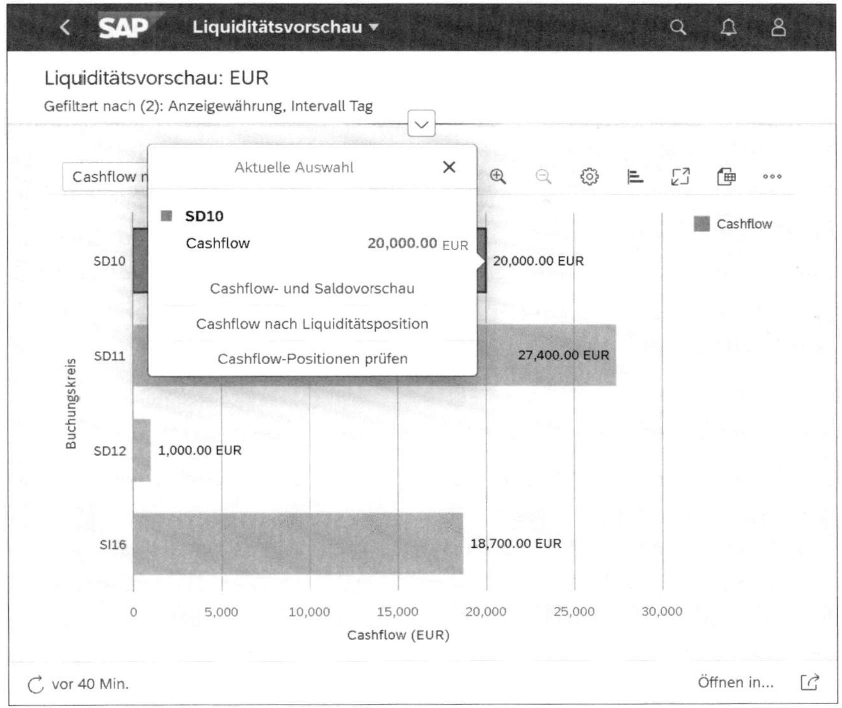

Abbildung 5.14 SAP-Fiori-App »Liquiditätsvorschau« – Drill-down-Menü

Abbildung 5.15 SAP-Fiori-App »Cashflow-Positionen prüfen« – Drill-down

Die Filter werden so vorbelegt, dass genau die Cash-Positionen angezeigt werden, die in der SAP-Fiori-App **Liquiditätsvorschau** verdichtet dargestellt wurden. In diesem Beispiel bildet eine Cashflow-Position die angezeigte Summe der 90-Tage-Liquiditätsvorschau für diesen Buchungskreis. Über das Icon [>] (**Details**) können Sie sich weitere Details zu der Cashflow-Position ausgeben lassen und so den Ursprung der bevorstehenden Zahlung analysieren. Um die Datenselektion weiter einzuschränken oder zu erweitern, passen Sie die vorbelegten Filterkriterien an und aktualisieren die Daten über den Button **Start**.

Mit der SAP-Fiori-App **Liquiditätsvorschau** erhalten Sie täglich einen schnellen grafischen Überblick über Ihre derzeitige und zukünftige Liquiditätssituation.

5.5.2 Die SAP-Fiori-Apps »Details zur Liquiditätsvorschau«

Die SAP-Fiori-Apps **Details zur Liquiditätsvorschau – Übersicht** und **Details zur Liquiditätsvorschau – Details** ermöglichen Ihnen detailliertere Analysen. Die beiden Apps unterscheiden sich nicht in ihrer Funktion, sondern lediglich im Umfang der Reporting-Felder. Daher werden diese beiden Apps in diesem Abschnitt zusammengefasst und exemplarisch am Beispiel der detaillierteren App erläutert. Die SAP-Fiori-App **Details zur Liquiditätsvorschau – Details** ist nur mit der Full-Cash-Lizenz sinnvoll nutzbar, da die Eingabe einer Liquiditätspositionshierarchie erforderlich ist.

Die beiden SAP-Fiori-Apps **Details zur Liquiditätsvorschau** liefern sowohl die historischen Daten als auch die Vorschau. Dabei lässt sich der Report sehr flexibel gestalten. Sie können die Dimensionen der Ansicht selbst bestimmen. Sowohl eine tabellarische als auch eine grafische Ansicht der Liquiditätspositionen lässt sich anzeigen. Sie können außerdem die jeweiligen Spalten- und Zeilenachsen dynamisch anpassen.

[»]

Apps für Web Dynpro und Design Studio (SAP Lumira Designer) verfügbar

Beide Apps sind sowohl als Web-Dynpro-Applikation als auch als Design-Studio-App verfügbar. Dies ist erkennbar durch den Zusatz »Design Studio« für die App auf der Basis von SAP BusinessObjects Design Studio oder »barrierefrei« als Kennzeichnung für Web Dynpro in der jeweiligen Kachel zur App (siehe Abbildung 5.16).

Öffnen der App

Nachfolgend wird die Design-Studio-App **Details zur Liquiditätsvorschau – Details** beschrieben. Sie öffnen diese App über die entsprechende Kachel in der Gruppe **Liquiditätssteuerung**.

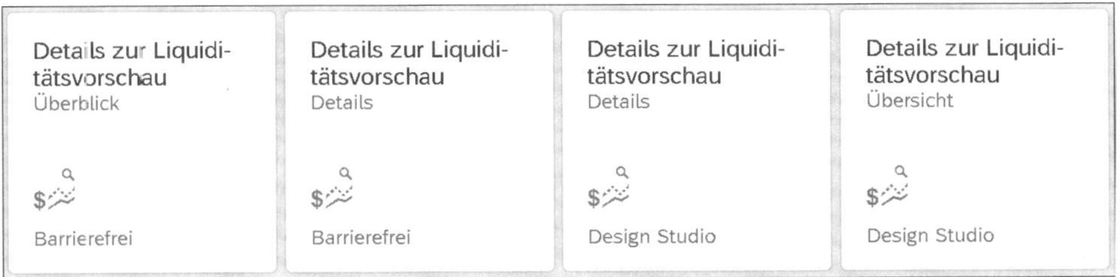

Abbildung 5.16 Kacheln der verschiedenen SAP-Fiori-Apps »Details zur Liquiditätsvorschau«

Daraufhin öffnet sich ein Abfragefenster (siehe Abbildung 5.17). In diesen SAP-Fiori-Apps werden die Feldnamen in englischer Sprache angegeben. Die appübergreifenden Funktionen, wie z. B. die Filterleiste, werden in der Anmeldesprache ausgegeben.

Abfragen

Suchen

*Start Date:	07/03/2020
*End Date:	11/25/2020
*Display Currency:	EUR ×
*Liquidity Item (Hierarchy):	CASH_POS ×
*Calendar Day (Hierarchy):	0YEA_DAY ×
Company Code:	
Transaction Currency:	
Liquidity Item (Node):	
Profit Center:	

OK Abbrechen

Abbildung 5.17 Details zur Liquiditätsvorschau – Abfragefenster

Füllen Sie das Abfrageformular mit den Daten, nach denen Sie die Ausgabe eingrenzen möchten. In dem abgebildeten Beispiel liegt der Fokus auf der Liquiditätsvorschau, auch wenn mit der App historische Cashflows ausgegeben werden können.

Pflichtfelder der Abfragen

Folgende Pflichtfelder müssen befüllt sein, damit die App einen Report erstellt und anzeigt:

- **Start Date und End Date**
  Tragen Sie in dieses Feld den Zeitraum ein, für den die Liquiditätssituation dargestellt werden soll.
- **Display Currency**
  Wählen Sie in diesem Feld die anzuzeigende Währung, in der die Salden zusätzlich zur Bankkontenwährung ausgegeben werden sollen.
- **Liquidity Item (Hierarchy)**
  Wählen Sie in diesem Feld eine Liquiditätspositionshierarchie, nach der die Ausgabe gegliedert werden soll.
- **Calendar Day (Hierarchy)**
  Über eine Zeithierarchie steuern Sie die zeitliche Aggregation der Cashflows in den Spalten der Berichtsausgabe. Im SAP-System sind dazu virtuelle Zeithierarchien auswählbar. Möglich ist im Standard eine verdichtete Ausgabe nach Wochentagen (Wert **0WDAY_DAY**), Wochen (Wert **0WEEK_DAY**), Monaten (Wert **0MON2_DAY**) oder Jahren (Wert **0YEAR_DAY**). Für eine 3-stufige Gliederung können Sie zwischen einer Hierarchie nach Jahr, Monat und Tag (Wert **0YEA_MON_DAY**) und einer Hierarchie nach Jahr, Quartal und Tag (Wert **0YEA_QUA_DAY**) wählen. Die unterste Ebene aller Hierarchien ist immer der Tag.

[»]

Virtuelle Zeithierarchien verwalten

Sie verwalten die virtuellen Zeithierarchien über die SAP-GUI-Transaktion RSRHIERARCHYVIRT (Pflege virtueller Zeithierarchien). Falls Ihnen in der SAP-Fiori-App im Selektionsfeld **Calendar Day (Hierarchy)** keine Hierarchien angezeigt werden, sollten Sie in der Transaktion prüfen, ob Hierarchien angelegt und aktiviert sind. Legen Sie bei Bedarf eigene Hierarchien an, und aktivieren Sie diese.

Report generieren

Nachdem Sie die Abfragefelder mit Daten gefüllt haben, generieren und öffnen Sie den Report über einen Klick auf **Ok**.

Die Ausgabe ist in drei Bereiche unterteilt (siehe Abbildung 5.18). Dabei befindet sich, wie bei SAP-Fiori-Apps üblich, im oberen Bereich die Filterleiste ❶ zur Eingrenzung der dargestellten Datensätze. Im linken Bereich befinden sich die im Report verwendeten Attribute ❷. Unterschieden wird dabei zwischen **SPALTEN** und **ZEILEN**. Der rechte Bereich beinhaltet den Report ❸. Dieser wird in der Standardansicht als Tabelle ausgegeben. Die Ausgabe können Sie durch eine grafische Ansicht erweitern.

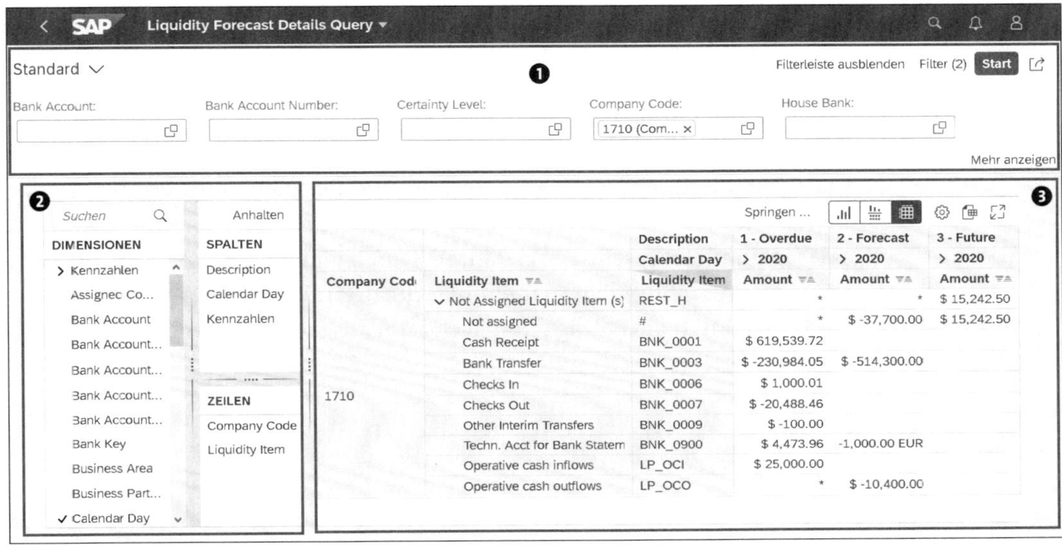

Abbildung 5.18 Details zur Liquiditätsvorschau – Report

Filterleiste und Filter

Eingrenzungen der Ausgabe nehmen Sie durch die Filter im oberen Bereich vor. Werden keine Filter in der Filterliste angezeigt, oder möchten Sie weitere Selektionsfelder hinzufügen, können Sie diese über den Button **Filter** verändern. Nach der Vornahme der Änderungen wird die Ausgabe durch einen Klick auf **Start** jeweils aktualisiert.

Dimensionen, Spalten und Zeilen

Sie können den Report individuell und flexibel gestalten. So können Sie die Gliederungsparameter selbst bestimmen und in der Reihenfolge verändern. In der Liste **DIMENSIONEN** sind alle verfügbaren Merkmalsfelder aufgeführt. Die Listen **SPALTEN** und **ZEILEN** enthalten die im Report abgebildeten Felder. Ob ein Wert in dem Report enthalten ist (also einer Zeile oder Spalte zugeordnet ist), kennzeichnet das Häkchen vor dem jeweiligen Feld in der Liste **DIMENSIONEN**. Durch die Auswahl eines Elements und Ziehen mit der Maustaste können Sie Elemente aus dem Kasten **DIMENSIONEN** in die Bereiche **SPALTEN** oder **ZEILEN** bewegen.

Report als Kachel sichern

Entsprechend Ihrer Konfiguration im SAP-System wird bei jedem Öffnen der App das Abfragefenster ohne vorbelegte Werte angezeigt. Nachdem Sie den Report mit den von Ihnen gefüllten Feldern gestartet haben, können Sie sich diesen Report als SAP-Fiori-Kachel sichern (siehe Abschnitt 1.5.8, »Personalisierung von SAP Fiori«. Dies ermöglicht das Öffnen der App mit den vorbelegten Abfragefeldern.

Ausgabe des Reports als Tabelle

Der Report wird in der Standardansicht als Tabelle ausgegeben. Die Zeilen und Spalten sind nach der individuell gestalteten Struktur gegliedert. Entsprechend der gewählten Zeithierarchie (**Calender Day (Hierarchie)**) werden die Beträge kumuliert je Jahr, Quartal, Monat, Woche oder Tag angezeigt. Durch diese Hierarchien lassen sich die Beträge schrittweise zur Erhöhung des Detailierungsgrades herunterbrechen. Beispielsweise ermöglicht die Hierarchie *Jahr => Quartal => Tag* im ersten Schritt eine kumulierte Ansicht der Liquiditätsvorschau nach Jahren. Durch einen Klick auf das Icon [>] vor einer Jahreszahl in der Spaltenüberschrift erfolgt ein Drill-down der Ausgabe, wodurch die Beträge nun je Quartal ausgegeben werden (siehe Abbildung 5.19).

Springen ...

Description	2 - Forecast					
Calendar Day	⌄ 2020	> 1/2020	> 2/2020	> 3/2020	> 4/2020	> 2021
Opening Balance	0.00 EUR	0.00 EUR	346,238.00 EUR	345,795.72 EUR	345,795.72 EUR	345,795.72 EUR
Net Flow	345,795.72 EUR	346,238.00 EUR	-442.28 EUR	0.00 EUR	0.00 EUR	0.00 EUR
Closing Balance	345,795.72 EUR	346,238.00 EUR	345,795.72 EUR	345,795.72 EUR	345,795.72 EUR	345,795.72 EUR
Opening Balance	0.00 EUR	0.00 EUR	-5,456.00 EUR	-5,456.00 EUR	-5,456.00 EUR	-5,456.00 EUR
Net Flow	-5,456.00 EUR	-5,456.00 EUR	0.00 EUR	0.00 EUR	0.00 EUR	0.00 EUR
Closing Balance	-5,456.00 EUR	-5,456.00 EUR	-5,456.00 EUR	-5,456.00 EUR	-5,456.00 EUR	-5,456.00 EUR
Opening Balance	$ -42,056.56	$ -42,056.56	$ 14,582.43	$ -597.24	$ -8,247.24	$ -8,247.24
Net Flow	$ 33,809.32	$ 56,638.99	$ -15,179.67	$ -7,650.00	$ 0.00	$ 0.00
Closing Balance	$ -8,247.24	$ 14,582.43	$ -597.24	$ -8,247.24	$ -8,247.24	$ -8,247.24
Opening Balance	0.00 EUR	0.00 EUR	-51.00 EUR	-300,092.00 EUR	-304,546.00 EUR	-304,546.00 EUR
Net Flow	-304,546.00 EUR	-51.00 EUR	-300,041.00 EUR	-4,454.00 EUR	0.00 EUR	0.00 EUR
Closing Balance	-304,546.00 EUR	-51.00 EUR	-300,092.00 EUR	-304,546.00 EUR	-304,546.00 EUR	-304,546.00 EUR
Opening Balance	$ 0.00	$ 0.00	$ 1,000.00	$ 1,000.00	$ 1,000.00	$ 1,000.00
Net Flow	$ 1,000.00	$ 1,000.00	$ 0.00	$ 0.00	$ 0.00	$ 0.00
Closing Balance	$ 1,000.00	$ 1,000.00	$ 1,000.00	$ 1,000.00	$ 1,000.00	$ 1,000.00

Abbildung 5.19 Liquiditätsvorschau nach Quartalen

Im nächsten Detaillierungsgrad werden anschließend alle Tage des gewählten Quartals angezeigt. Wie das Beispiel in Abbildung 5.20 zeigt, werden die Salden je Tag für das 4. Quartal abgebildet.

Zusätzlich zur tabellarischen Ansicht können Sie sich die Ausgabe als Diagramm oder als geteilte Ausgabe durch Diagramm und Tabelle anzeigen lassen. Wählen Sie zur Darstellung in grafischer oder kombinierter Form das jeweilige Icon in der Leiste oberhalb der Ausgabe.

Ausgabe des Berichts als Diagramm

Das Säulendiagramm zeigt eine grafische Darstellung der Liquiditätsvorschau (siehe Abbildung 5.21). Sie öffnen den Report durch die Auswahl des Icons [.ıl] (**Diagramm**) im oberen Bereich des Reports.

Springen ...

Description Calendar Day	2 - Forecast > 3/2020	⌄ 4/2020	10/01/2020	10/02/2020	10/03/2020	10/04/2020
Opening Balance	345,795.72 EUR	345,795.72 EUR	345,795.72 EUR	345,795.72 EUR	345,795.72 EUR	345,795.72 EUR
Net Flow	0.00 EUR	0.00 EUR	0.00 EUR	0.00 EUR	0.00 EUR	0.00 EUR
Closing Balance	345,795.72 EUR	345,795.72 EUR	345,795.72 EUR	345,795.72 EUR	345,795.72 EUR	345,795.72 EUR
Opening Balance	-5,456.00 EUR	-5,456.00 EUR	-5,456.00 EUR	-5,456.00 EUR	-5,456.00 EUR	-5,456.00 EUR
Net Flow	0.00 EUR	0.00 EUR	0.00 EUR	0.00 EUR	0.00 EUR	0.00 EUR
Closing Balance	-5,456.00 EUR	-5,456.00 EUR	-5,456.00 EUR	-5,456.00 EUR	-5,456.00 EUR	-5,456.00 EUR
Opening Balance	$ -597.24	$ -8,247.24	$ -8,247.24	$ -8,247.24	$ -8,247.24	$ -8,247.2
Net Flow	$ -7,650.00	$ 0.00	$ 0.00	$ 0.00	$ 0.00	$ 0.0
Closing Balance	$ -8,247.24	$ -8,247.24	$ -8,247.24	$ -8,247.24	$ -8,247.24	$ -8,247.2
Opening Balance	-300,092.00 EUR	-304,546.00 EUR	-304,546.00 EUR	-304,546.00 EUR	-304,546.00 EUR	-304,546.00 EUR
Net Flow	-4,454.00 EUR	0.00 EUR	0.00 EUR	0.00 EUR	0.00 EUR	0.00 EUR
Closing Balance	-304,546.00 EUR	-304,546.00 EUR	-304,546.00 EUR	-304,546.00 EUR	-304,546.00 EUR	-304,546.00 EUR
Opening Balance	$ 1,000.00	$ 1,000.00	$ 1,000.00	$ 1,000.00	$ 1,000.00	$ 1,000.0
Net Flow	$ 0.00	$ 0.00	$ 0.00	$ 0.00	$ 0.00	$ 0.0
Closing Balance	$ 1,000.00	$ 1,000.00	$ 1,000.00	$ 1,000.00	$ 1,000.00	$ 1,000.0

Abbildung 5.20 Liquiditätsvorschau nach Quartalen und Tagen

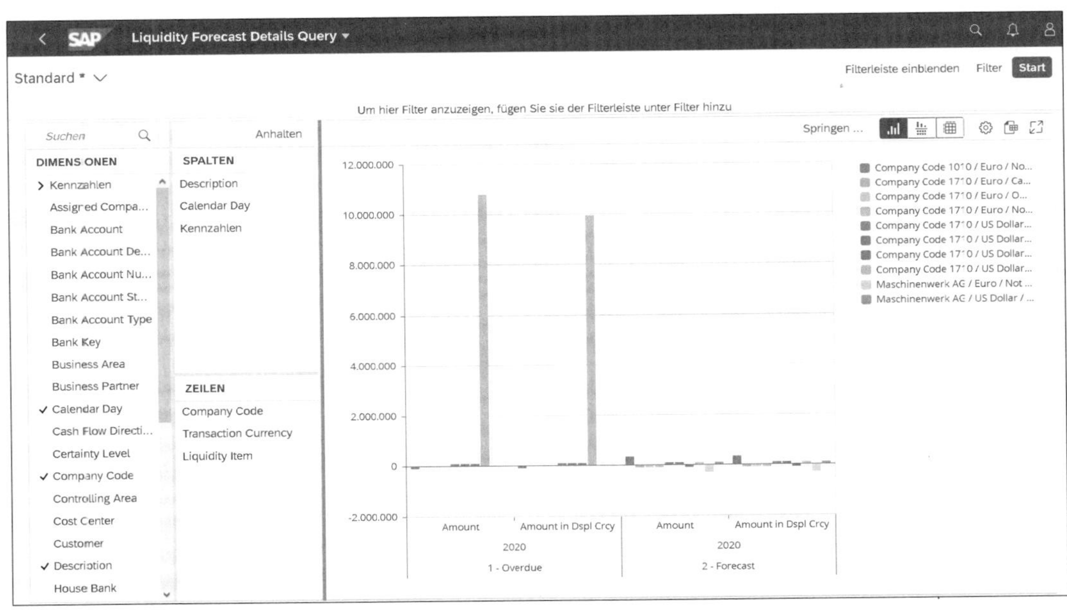

Abbildung 5.21 Liquiditätsvorschau als Säulendiagramm

Darstellung der Inhalte als Diagramm und Tabelle

Über das Icon ▦ (**Tabelle**) gelangen Sie jederzeit wieder zurück zur tabellarischen Ansicht. Eine geteilte Ansicht von Tabelle und Diagramm erhalten Sie durch die Auswahl von ▦ (**Diagramm und Tabelle**), siehe Abbildung 5.22.

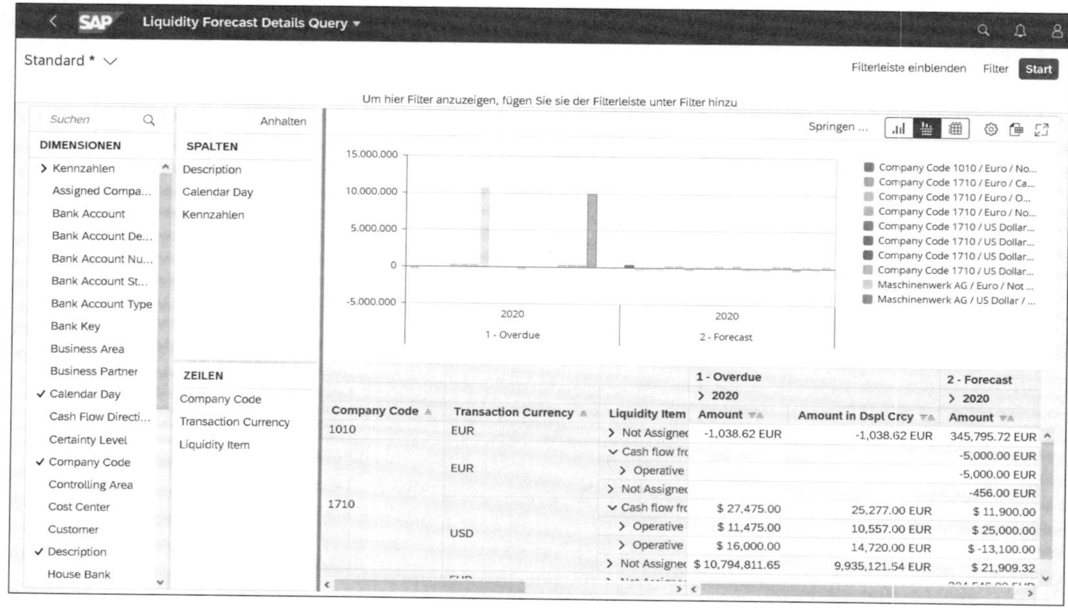

Abbildung 5.22 Darstellung von Diagramm und Tabelle in der SAP-Fiori-App »Details zur Liquiditätsvorschau« – Übersicht

5.5.3 Die SAP-Fiori-App »Cashflow-Analyse« für die Liquiditätsvorschau

Die SAP-Fiori-App **Cashflow-Analyse** haben Sie bereits detailliert in Abschnitt 4.5.2, »Die SAP-Fiori-App ›Cashflow-Analyse‹«, kennengelernt. Diese App ist vielseitig und erlaubt eine umfassende Analyse der Cash-Bewegungen im Ist und im Plan. Dieser Abschnitt erläutert nur die für die Liquiditätsvorschau relevanten Aspekte dieser App.

Während der Tagesfinanzstatus nur den tagesaktuellen Stand und eine sehr kurzfristige Vorschau von wenigen Tagen bietet, setzt die Liquiditätsvorschau auf dieser Datenbasis auf und zeigt Ihnen eine mittel- bis langfristige Vorschau von mehreren Wochen oder Monaten.

Durch die unterschiedlichen Ansichten in der SAP-Fiori-App **Cashflow-Analyse** werden die Filterleiste und die Ansicht bereits auf den jeweiligen Anwendungsfall angepasst.

Öffnen der App

Sie öffnen die App über die Kachel **Cashflow-Analyse** im SAP Fiori Launchpad. Anschließend wechseln Sie durch die Auswahl der Filteransicht im oberen linken Bereich der App-Ausgabe von der Standardansicht in die Ansicht **Liquiditätsvorschau** (siehe Abbildung 5.23).

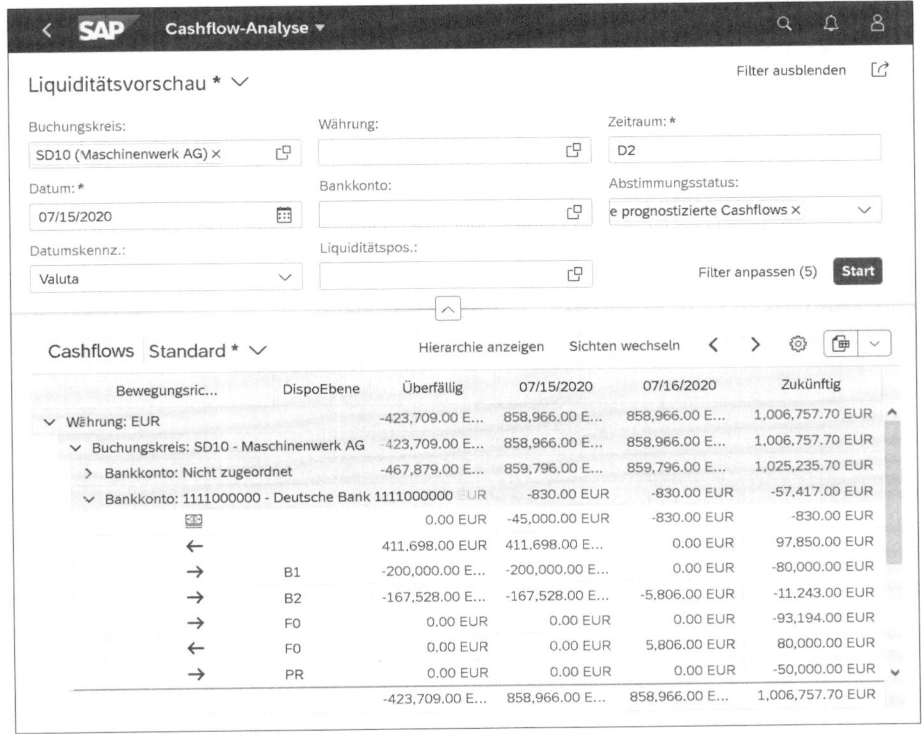

Bewegungsric...	DispoEbene	Überfällig	07/15/2020	07/16/2020	Zukünftig
Währung: EUR		-423,709.00 E...	858,966.00 E...	858,966.00 E...	1,006,757.70 EUR
Buchungskreis: SD10 - Maschinenwerk AG		-423,709.00 E...	858,966.00 E...	858,966.00 E...	1,006,757.70 EUR
Bankkonto: Nicht zugeordnet		-467,879.00 E...	859,796.00 E...	859,796.00 E...	1,025,235.70 EUR
Bankkonto: 1111000000 - Deutsche Bank 1111000000		EUR	-830.00 EUR	-830.00 EUR	-57,417.00 EUR
		0.00 EUR	-45,000.00 EUR	-830.00 EUR	-830.00 EUR
←		411,698.00 EUR	411,698.00 E...	0.00 EUR	97,850.00 EUR
→	B1	-200,000.00 E...	-200,000.00 E...	0.00 EUR	-80,000.00 EUR
→	B2	-167,528.00 E...	-167,528.00 E...	-5,806.00 EUR	-11,243.00 EUR
→	F0	0.00 EUR	0.00 EUR	0.00 EUR	-93,194.00 EUR
←	F0	0.00 EUR	0.00 EUR	5,806.00 EUR	80,000.00 EUR
→	PR	0.00 EUR	0.00 EUR	0.00 EUR	-50,000.00 EUR
		-423,709.00 E...	858,966.00 E...	858,966.00 E...	1,006,757.70 EUR

Abbildung 5.23 SAP-Fiori-App »Cashflow-Analyse« – Ansicht »Liquiditätsvorschau«

Im Vergleich zur Standardansicht wird die Filterleiste in der Liquiditätsvorschau um die Felder **Währung anzeigen** und **Liquiditätspos.** (Liquiditätsposition) erweitert. Dies ermöglicht ohne eine Anpassung der Filterleiste eine einfache Optimierung der Ausgabe durch die Nutzung der zusätzlichen Filter.

Zur Berücksichtigung aller im System vorhandenen zukünftigen Cashflows, wird die Ausgabe in der Ansicht **Liquiditätsvorschau** nicht nach Wahrscheinlichkeitsstufen selektiert. Dadurch werden hier zukünftige Cash-Bewegungen aus allen Bereichen, wie Rechnungswesen, Vertrieb oder Materialmanagement, und auch aus Einzelsätzen abgebildet.

5.5.4 Reporting mit Snapshots

Das erweiterte Cash Management erlaubt die Aktivierung der Snapshot-Funktion, sodass historische Datenstände der Flow-Tabelle über einen Zeitstempel reproduziert werden können. So können Sie Berichte wie z. B. die Liquiditätsvorschau oder den Tagesfinanzstatus über die SAP-Fiori-App

Cashflow-Analyse genauso ausgeben lassen, wie diese in der Vergangenheit erzeugt wurden.

Außerdem können Sie die Qualität Ihrer Liquiditätsvorschau durch den Vergleich von Planprognosewerten aus der Vergangenheit mit den Ist-Werten prüfen. Sie können so Ihre Prognosequalität analysieren, Schwachstellen Ihrer Liquiditätsvorschau identifizieren und bei Bedarf Maßnahmen zur Verbesserung ergreifen (siehe Abbildung 5.24). Die Verbesserung der Prognosequalität sollten Sie in Ihrem Cash Management als regelmäßigen und iterativen Prozess implementieren.

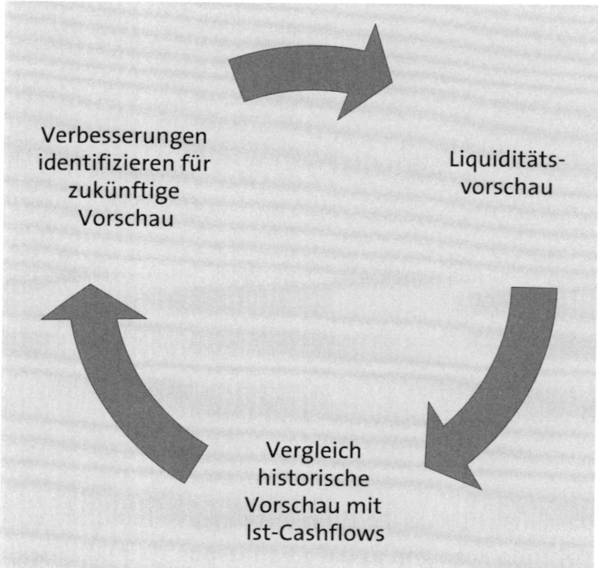

Abbildung 5.24 Iterativer Prozess zur Verbesserung der Liquiditätsvorschau mit Snapshots

Cashflows zur Snapshot-Zeit

In SAP S/4HANA können Sie sich die Cashflows in den SAP-Fiori-Apps **Cashflow-Analyse** und **Cashflow-Positionen prüfen** anzeigen lassen, wie sie zu einem bestimmten Zeitpunkt in der Vergangenheit im System gespeichert waren. Diesen Zeitpunkt geben Sie dazu im Filterfeld **Snapshot-Zeit** an (siehe Abbildung 5.25). Die SAP-Fiori-App blendet vereinfacht gesagt alle Aktivitäten und Datenänderungen aus, die nach diesem Zeitpunkt geschehen sind.

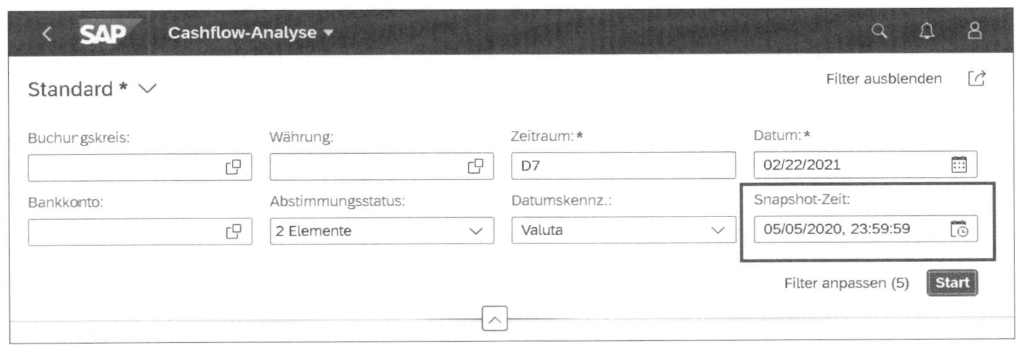

Abbildung 5.25 Snapshot-Zeit in der SAP-Fiori-App »Cashflow-Analyse«

Cashflows mit Snapshot-Zeiten vergleichen

Außerdem können Sie prognostizierte Cashflows aus zwei Snapshots untereinander oder die Ist-Cashflows mit prognostizierten Cashflows aus älteren Snapshots miteinander vergleichen.

Apps in der Gruppe Cash Vorgänge

Im SAP Fiori Launchpad enthält die Gruppe **Cash-Vorgänge** dafür die folgenden SAP-Fiori-Apps mit ähnlichem Funktionsumfang, jedoch mit unterschiedlicher Visualisierung der Daten (siehe Abbildung 5.26):

- Cashflow-Vergleich – nach Datumsbereich (Design Studio)
- Cashflow-Vergleich – nach Zeitstempel (Design Studio)
- Cashflow-Vergleich – Ist/Prognose (Web-Dynpro-App)

Abbildung 5.26 SAP-Fiori-Apps für den Vergleich prognostizierter Cashflows nach Zeitstempel

Die SAP-Fiori-App **Cashflow-Vergleich – Nach Zeitstempel** vereint diese beiden Vergleiche, denn sie zeigt sowohl die Ist-Cashflows als auch die prognostizierten Cashflows zu zwei Snapshot-Zeiten in einer übersichtlichen Tabelle an.

Cashflows vergleichen

Öffnen Sie nun die SAP-Fiori-App **Cashflow-Vergleich – Nach Zeitstempel** über das SAP-Fiori Launchpad in der Gruppe **Cash-Vorgänge**. Füllen Sie mindestens die mit einem Stern markierten Felder (siehe Abbildung 5.27). Dabei handelt es sich um die Angabe des Ausgabezeitraums, des Währungsformats und von zwei Snapshot-Zeiten. Bestätigen Sie Ihre Eingaben mit dem Button **OK**.

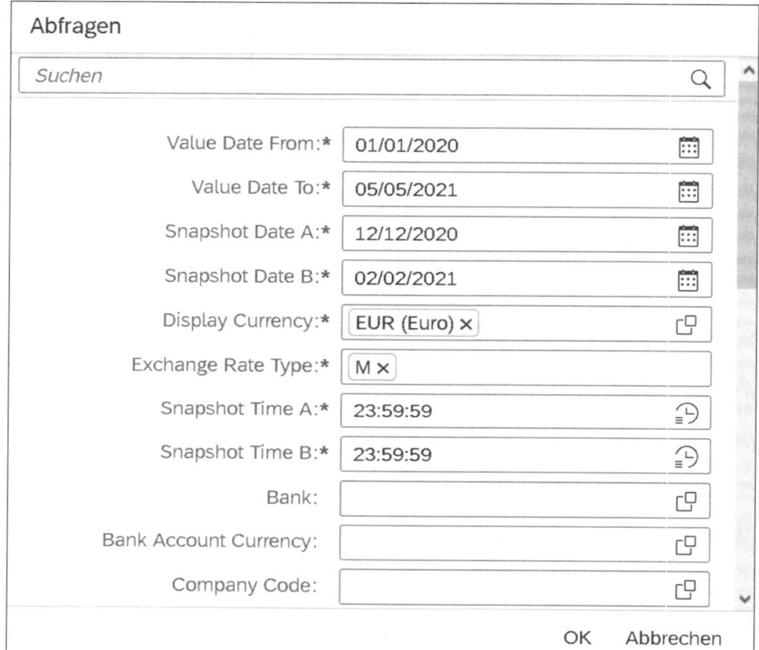

Abbildung 5.27 Abfrage zum Cashflow-Vergleich

Die App gibt anschließend eine tabellarische Auflistung der Cashflows aus. Dabei sind u. a. die folgenden Spalten enthalten (siehe Abbildung 5.28):

- Ist-Cashflows
- Forecast-Cashflow – Snapshot-Zeit A
- Differenz Ist-Cashflow zu Forecast-Cashflow (Snapshot-Zeit A)
- Forecast-Cashflow – Snapshot-Zeit B
- Differenz Ist-Cashflow zu Forecast-Cashflow (Snapshot-Zeit B)
- Differenz Forecast (Snapshot-Zeit A) zu Forecast (Snapshot-Zeit B)

Value Date	Actual	Forecast A	Actual/Forecast A Diff	Forecast A Difference%	Forecast B	Actual/Forecast B Diff
08/03/2020	0.00 EUR	-500.00 EUR	-500.00 EUR		-500.00 E...	-500.00 EUR
09/03/2020	0.00 EUR	-3,954.00 EUR	-3,954.00 EUR		-3,954.00...	-3,954.00 EUR
09/26/2020	0.00 EUR	-5,000.00 EUR	-5,000.00 EUR		-5,000.00...	-5,000.00 EUR
09/29/2020	0.00 EUR	4,850.00 EUR	4,850.00 EUR		4,850.00 ...	4,850.00 EUR
10/02/2020	0.00 EUR	-1,789.00 EUR	-1,789.00 EUR		-1,789.00...	-1,789.00 EUR
10/10/2020	-53,000.00 EUR	53,000.00 EUR	106,000.00 EUR	-200	53,000.0...	106,000.00 EUR
11/16/2020	-53,000.00 EUR	-90,000.00 EUR	-37,000.00 EUR	70	-90,000.0...	-37,000.00 EUR
11/17/2020	-1,000.00 EUR	0.00 EUR	1,000.00 EUR	-100	0.00 EUR	1,000.00 EUR
11/20/2020	-2,000.00 EUR	37,600.00 EUR	39,600.00 EUR	-1,980	37,600.0...	39,600.00 EUR
12/18/2020	0.00 EUR	-13,000.00 EUR	-13,000.00 EUR		-13,000.0...	-13,000.00 EUR
01/08/2021	2,000.00 EUR	0.00 EUR	-2,000.00 EUR	-100	0.00 EUR	-2,000.00 EUR
01/18/2021	10,000.00 EUR	0.00 EUR	-10,000.00 EUR	-100	0.00 EUR	-10,000.00 EUR
01/29/2021	0.00 EUR	35,000.00 EUR	35,000.00 EUR		35,000.0...	35,000.00 EUR

Abbildung 5.28 SAP-Fiori-App »Cashflow-Vergleich«

5.6 SAP-GUI-Transaktion FF7BN für die Liquiditätsvorschau

Mit einer Basic-Cash-Lizenz stehen nicht alle SAP-Fiori-Apps für die Liquiditätsvorschau zur Verfügung. Hier stellt Transaktion FF7BN (Liquiditätsvorschau) oder die entsprechende SAP-Fiori-Theme-App für den Aufruf der Liquiditätsvorschau eine Alternative dar.

SAP-Fiori-Theme-App FF7BN für Full-Cash-Benutzer

Die SAP-Fiori-Theme-App wird standardmäßig nur für Benutzer mit der Basic-Cash-Lizenz im SAP Fiori Launchpad angezeigt. Benutzer mit einer Full-Cash-Lizenz müssen diese App manuell ihrem App Katalog hinzufügen.

Funktionsumfang von Transaktion FF7BN

Die SAP-Fiori-Theme-App FF7BN ist die Nachfolgetransaktion von Transaktion FF7B aus dem SAP-ERP-Releasestand und bietet einen ähnlichen Funktionsumfang. Die Transaktion ist mit dem neuen Datenmodell aus dem One Exposure kompatibel und berücksichtigt alle in der Tabelle FQM_FLOW gespeicherten Informationen zu den Plan- und Ist-Cashflows sowie die Datensätze für manuelle Planpositionen aus der Tabelle FDES. Im Report stehen jedoch nur die klassischen Cash-Management-Felder wie **Buchungskreis**, **Währung**, **Dispoebene** und **Dispogruppe** analog zu SAP ERP zur Verfügung. Die mit SAP S/4 HANA neu eingeführten Felder wie z. B. **Wahrscheinlichkeit**, **Liquiditätsposition** und **Profit-Center** sind mit dieser Transaktion nicht auswertbar.

Nach dem Aufruf von Transaktion FF7BN (Liquiditätsvorschau) stehen Ihnen als wichtigste Selektionsparameter die Felder **Buchungskreis** und **Gliederung** sowie weitere Felder zur Definition des Berichtszeitraums zur Verfügung (siehe Abbildung 5.29). Das Feld **Anzeige per** wird standardmäßig mit dem aktuellen Tagesdatum vorbelegt und definiert den zeitlichen Startpunkt der Analyse. Wenn die Checkbox **Tagesfinanzstatus** aktiviert ist, beinhaltet der Bericht die Entwicklung der Bank- und Bankverrechnungskonten. Mit der Aktivierung des Kontrollkästchens zu **Liquiditätsvorschau** werden die prognostizierten Cashflows aus den offenen Geschäftstransaktionen berücksichtigt.

Eine **Gliederung** definiert Zwischensummen, Dispositionsebenen, Dispositionsgruppen und Bankkonten hierarchisch für den Drill-down im Reporting. Gliederungen werden im Customizing definiert (siehe Abschnitt 10.4.1, »Gruppierung«). Im nachfolgenden Beispiel wurde im Feld **Gliederung** die Option **GESAMT** gewählt.

Zusätzliche Selektionsfelder machen Sie über das Icon [icon] (**Alle Selektionen**) sichtbar.

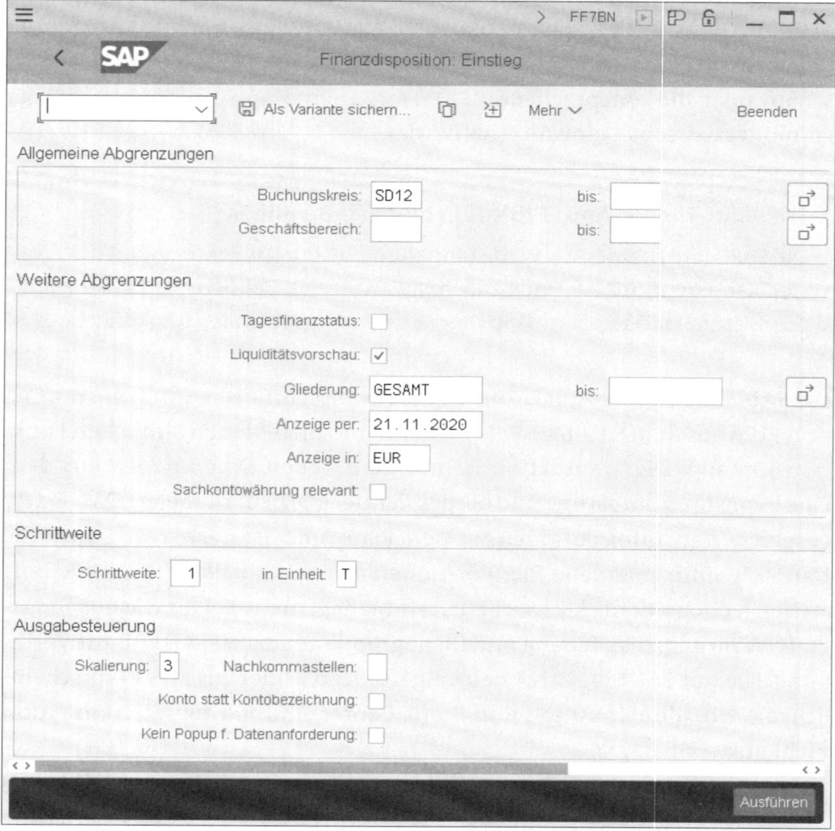

Abbildung 5.29 Startbild der SAP-GUI-Transaktion FF7BN – Liquiditätsvorschau

Nach der Eingabe der Selektionsparameter und einem Klick auf **Ausführen**, stellt die Transaktion zunächst die Liquiditätsentwicklung pro Währung dar. Mit einem Doppelklick auf eine Zeile verzweigt der Report auf die nächste Detailebene. Für die Gliederung **GESAMT** ist in der nächsten Ebene jeweils eine Zwischensumme für **BANKEN** und eine Zwischensumme für **PERSONEN** definiert. Nach einem Doppelklick auf **PERSONEN** zeigt das System die Dispositionsebenen an. Ein Doppelklick auf die Dispositionsebene F1 öffnet die in Abbildung 5.30 gezeigte Darstellung mit einer Vorschau der Cashflows nach Dispositionsgruppen aus den offenen Geschäftstransaktionen für Personenkonten.

Die Anzeige können Sie über den Button **Neue Darstellung** ändern. Hier können Sie z. B. die Schrittweite verändern, von der Delta- in die Saldenanzeige wechseln und die Skalierung ändern.

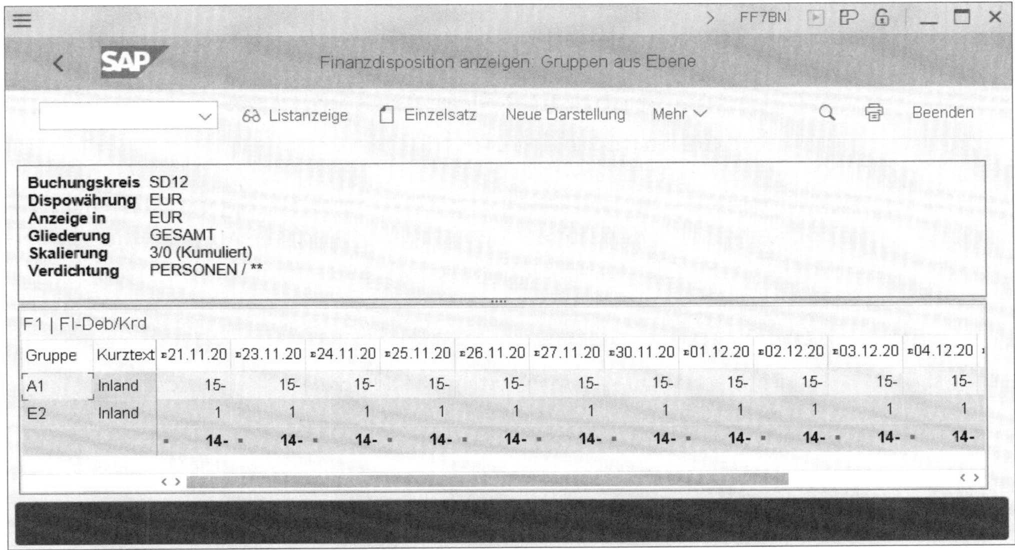

Abbildung 5.30 Drill-down auf die Dispositionsgruppe mit der SAP-GUI-Transaktion FF7BN – Liquiditätsvorschau

Ein weiterer Drill-down ist möglich, wenn Sie einen Doppelklick auf einen Wert in den Betragsspalten ausführen. Sie erhalten dann eine detaillierte Belegliste der korrespondierenden Belege, wie in Abbildung 5.31 gezeigt.

Mit einem Doppelklick auf eine Belegzeile öffnet sich die Detailanzeige des Belegs. Da die Belege aus verschiedenen Quellen stammen können, werden hierzu immer die applikationsspezifischen Anzeigetransaktionen verwendet.

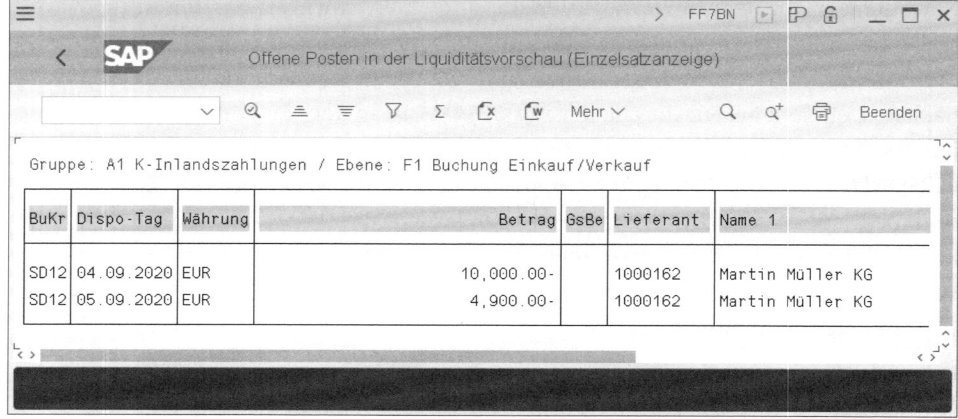

Abbildung 5.31 Drill-down auf die Belegebene mit der SAP-GUI-Transaktion FF7BN – Liquiditätsvorschau

5.7 Übersicht über SAP-Fiori-Apps und Transaktionen für die Liquiditätsvorschau

In diesem Abschnitt sind die nützlichsten SAP-Fiori-Apps (siehe Tabelle 5.1) und SAP-GUI-Transaktionen (siehe Tabelle 5.2) für die Ausgabe, die Bearbeitung und die Analyse der Liquiditätsvorschau aufgelistet.

Reportbezeichnung	Zweck	Details, Lizenz
Liquiditätsvorschau – Trend nach Datum	Reporting-Einstieg in die Liquiditätsvorschau. Zeigt standardmäßig grafisch den Trend des Cash-Bestands und der Cash-flows für 90 Tage	analytische SAP-Smart-Business-App seit 1610, App-ID F0512A, Full-Cash-Lizenz
Details zur Liquiditätsvorschau – Details (Design Studio)	verdichtete Darstellung von Ist- und Plan-Cash-flows zur Erzeugung eines Tagesfinanzstatus und der Liquiditätsvorschau	analytische Design-Studio-App mit SAP BW seit 1709, App-ID F0741A
Details zur Liquiditätsvorschau – Details (Web Dynpro)	verdichtete Darstellung von Ist- und Plan-Cash-flows zur Erzeugung eines Tagesfinanzstatus und der Liquiditätsvorschau	analytische Web-Dynpro-App seit 1610, App-ID F0741

Tabelle 5.1 SAP-Fiori-Apps für die Liquiditätsvorschau

Reportbezeichnung	Zweck	Details, Lizenz
Details zur Liquiditätsvorschau – Übersicht (Design Studio)	verdichtete Darstellung von Ist- und Plan-Cashflows zur Erzeugung eines Tagesfinanzstatus und der Liquiditätsvorschau	analytische Design-Studio-App mit SAP BW, App-ID F3252
Details zur Liquiditätsvorschau – Übersicht (Web Dynpro)	verdichtete Darstellung von Ist- und Plan-Cashflows zur Erzeugung eines Tagesfinanzstatus und der Liquiditätsvorschau	analytische Web-Dynpro-App seit 1610, App-ID W0125
Cashflow-Analyse	verdichtete Darstellung von Ist- und Plan-Cashflows zur Erzeugung eines Tagesfinanzstatus und der Liquiditätsvorschau	analytische SAP-Fiori-App seit 1709, Fiori-ID F2332, SAP-Standard (eingeschränkt)
Einzelsätze verwalten	Reporting und Verwaltung von Cash-Management-Einzelsätzen für geplante Cashflows	transaktionale SAP-Fiori-App seit 1809, Fiori-ID F2986, SAP-Standard
Cashflow-Vergleich – Ist/Prognose	Vergleich von Ist-Cashflows mit prognostizierten Cashflows aus einem Snapshot-Zeitraum.	analytische Web-Dynpro-App seit 1809, App-ID W0128, Full-Cash-Lizenz
Cashflow-Vergleich – Nach Datumsbereich	Vergleich von Ist-Cashflows mit prognostizierten Cashflows aus einem Snapshot-Zeitraum.	analytische Design-Studio-App mit SAP BW seit 1809, App-ID F3274, Full-Cash-Lizenz
Cashflow-Vergleich – Nach Zeitstempel	Vergleich von Ist-Cashflows mit prognostizierten Cashflows von zwei Snapshot-Zeitpunkten.	analytische Design-Studio-App mit SAP BW seit 1909, App-ID F3802, Full-Cash-Lizenz

Tabelle 5.1 SAP-Fiori-Apps für die Liquiditätsvorschau (Forts.)

Transaktions-bezeichnung	Funktion	Transaktionscode, Lizenz
Dispositions-Einzelsatz hinzufügen	Anlage von Cash-Management-Einzelsätzen für geplante Cashflows oder Avise	FF63, SAP-Standard
Listanzeige Finanzdispo-Einzelsätze	Listdarstellung aller Einzelsätze mit Absprung in die Detailanzeige	FF65, SAP-Standard
Avisabgleich	Abgleich geplanter Einzelposten mit den Ist-Buchungen auf Bankkonten	FF.7, SAP-Standard
Abgleich Avise gegen Kontoauszug	Abgleich geplanter Einzelposten mit dem Kontoauszug	FF/9 SAP-Standard
TR-CM Avise von Datei laden	Massenimport von Einzelsätze für geplante Cashflows oder Avise	RFTS6510, SAP-Standard
Struktur erstellen für externe Avise	erzeugt eine Musterdatei für den Massenimport mit Transaktion RFTS6510	RFTS6510CS, SAP-Standard
Liquiditätsvorschau	Reporting-Transaktion zur Anzeige der Liquiditätsvorschau mit den aus SAP ERP bekannten Merkmalen	FF7BN, SAP-Standard

Tabelle 5.2 Ausgewählte SAP-GUI-Transaktionen für die Liquiditätsdisposition

5.8 Fazit

SAP Cash Management bietet mit SAP S/4HANA verbesserte Funktionen und Konzepte zur Liquiditätsvorschau gegenüber SAP ERP. Das System prognostiziert zuverlässig aus allen vorliegenden operativen Daten die zukünftigen Cashflows und erlaubt zusätzlich die Einbindung von externen Informationen über Einzelsätze. Neue Merkmale im Reporting wie die Wahrscheinlichkeitsstufe, die Liquiditätsposition oder CO-Kontierungen erlauben differenzierte Analysen. Die SAP-Fiori-Apps zur Liquiditätsvorschau stellen grafische und tabellarische Reports zur intuitiven Auswertung der Cashflow-Tabelle zur Verfügung. Aus den summarischen Berichten und grafischen Ansichten verzweigen Sie per Drill-down auf die verursachenden Einzelbelege.

Die große Herausforderung besteht in der Optimierung der liefernden SAP-Prozesse für Finanzwesen, Vertrieb, Einkauf und Treasury. Hier ist sicherzustellen, dass die Geschäftstransaktionen zuverlässig den Zahlungszeitpunkt und Zahlungsbetrag vorhersagen und dass die Daten vollständig sind. Für die Liquiditätsvorschau gilt in besonderem Maße, dass die Qualität der Vorhersage nur so gut sein kann, wie die zugrunde liegenden Prozesse und Daten.

Die Liquiditätsvorschau ist die Basis für alle kurzfristigen Dispositionsentscheidungen. Die Konzepte und Funktionen für die tägliche Finanzdisposition werden im nachfolgenden Kapitel beschrieben.

Kapitel 6

Kurzfristige Liquidität steuern und disponieren

Im Rahmen der täglichen Disposition von Cash gibt das Cash-Management-Team Zahlungen frei, überwacht den Zahlungsverkehr, erstellt Kontoüberträge oder löst ein Cash Pooling aus. Im Cash Management werden ferner der organisatorische Rahmen und die Prozesse zur Freigabe und Legitimierung von Zahlungen definiert.

Unter dem Begriff *Liquiditätsdisposition* ist die Aktivität zur Optimierung und zum Ausgleich der Zahlungsmittelbestände im Konzern zu verstehen. Das Cash Management definiert Vorgaben für Zahlläufe, gibt Zahlungen frei und gleicht Cash-Unter- und Cash-Überdeckungen über ein Cash Pooling oder Kontenüberträge aus. Ziel ist es, eine optimale Verteilung der Geldmittel zu erreichen, sodass einerseits Zinsen vermieden und andererseits dem Konzern überschüssige Geldbestände verfügbar gemacht werden. Freiwerdende Mittel werden gewinnbringend angelegt. Darüber hinaus etabliert das Cash Management Prozesse für die Überwachung und Freigabe von Zahlungen sowie für den automatisierten Ausgleich von Konten und die Bündelung von Cash.

Dieses Kapitel bietet eine detaillierte Erklärung dieser Dispositionsfunktionen in SAP S/4HANA mit dem zusätzlichen Fokus auf die Zahlungsprozesse und das integrierte Cash Pooling.

Im SAP-System können liquide Mittel über unterschiedliche Funktionen disponiert und deren Disposition verfolgt werden. Ein exemplarischer Dispositionsfahrplan mit den einzelnen Prozessschritten und deren Eingliederung in den täglichen Arbeitsablauf im Cash Management wird in Abschnitt 6.1, »Überblick über die Disposition liquider Mittel«, vorgestellt. Abschnitt 6.2, »Zahllauf abwickeln und freigeben«, zeigt im Detail, wie Zahlläufe und Zahlungsfreigaben durchgeführt werden.

Abschnitt 6.3, »Kontenüberträge und Einzelzahlungen im SAP-System«, beschreibt die Funktionen zum Ausführen und Freigeben von Einzelüberweisungen für Ad-hoc-Zahlungen und den manuellen Ausgleich von Konten. Abschnitt 6.4, »Cash Pooling und Kontenclearing im SAP-System«, erläutert die Konzepte zum automatisierten Kontoausgleich durch Cash Pools und das Kontenclearing.

Schließlich erhalten Sie im abschließenden Abschnitt 6.5, »Übersicht über SAP-Fiori-Apps und Transaktionen für die Liquiditätsdisposition«, einen Überblick über alle für die Liquiditätsdisposition relevanten SAP-Fiori-Apps und SAP-GUI-Transaktionen in tabellarischer Form.

6.1 Überblick über die Disposition liquider Mittel

Im Cash Management ist ein periodischer Dispositionsprozess zur Überwachung und Feinsteuerung der täglichen Liquidität von zentraler Bedeutung. Dieser Prozess wird unternehmensindividuell ausgeprägt. Die Abläufe unterscheiden sich in Abhängigkeit unterschiedlicher Faktoren, wie z. B. Unternehmensstruktur, Bankkontenstruktur, Zahlungsmethoden, existierender Cash Pools sowie Organisation und Frequenz von Zahlläufen.

Ziele der Cash-Disposition

Ziele des Dispositionsprozesses sind die optimierte Ausnutzung und bedarfsgerechte Verteilung der gesamten, im Konzern verfügbaren Liquidität. Weitere konkrete Ziele sind z. B.:

- Vermeidung lokaler Liquiditätsengpässe
- Gewährleistung jederzeitiger Zahlungsfähigkeit aller Tochterfirmen
- Ausnutzung größtmöglicher Skonto-Erträge
- Minimierung von Negativzinsen auf Einlagen
- Minimierung von Überziehungszinsen
- Sammlung und gewinnbringende Anlage überschüssiger Mittel
- Reduzierung des langfristigen Finanzierungsbedarfs durch Darlehen

Diese Ziele werden u. a. erreicht, indem überschüssige Liquidität auf einem Konto zum Ausgleich einer Unterdeckung auf einem anderen Konto verwendet wird. Häufig wird der Liquiditätsüberschuss auch auf einem zentralen Konto der Konzernmutter akkumuliert und von dort bedarfsgerecht verteilt.

Cash-Disposition im internationalen Kontext

Besondere Herausforderungen ergeben sich, wenn Unternehmen Bankkonten bei unterschiedlichen Banken sowie in verschiedenen Ländern und Währungen führen. Zur Optimierung der Cash-Bestände schichtet das Cash Management im Konzernverbund regelmäßig das Cash über Länder- und Währungsgrenzen hinweg um. Eine besondere Herausforderung entsteht durch Fremdwährungskonten und durch ausländische Konten, bei denen Bankgebühren und Banklaufzeiten individuell zu berücksichtigen sind.

Dispositionsprozess

Die Disposition liquider Mittel gehört zum Tagesablauf im Cash Management und ist als Prozess mit Rückkopplung zu verstehen, denn durch die Disposition selbst entstehen fortlaufend Änderungen der Liquiditätsvorschau. Zur Verdeutlichung stellt Abbildung 6.1 diesen Zusammenhang visuell dar.

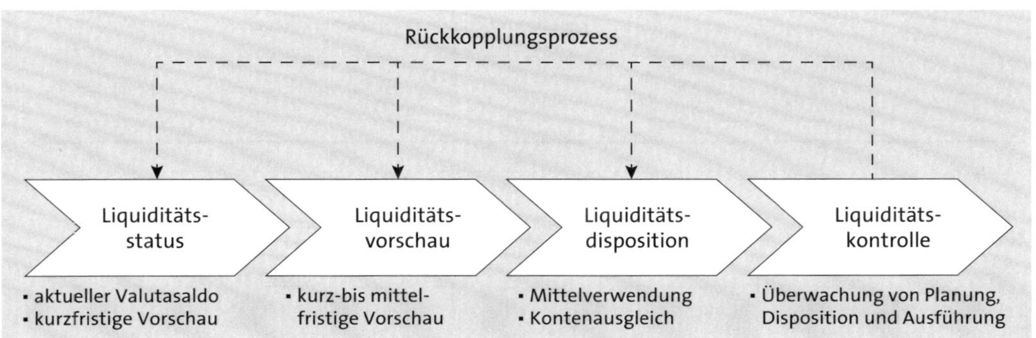

Abbildung 6.1 Disposition im täglichen Tagesablauf des Cash Managements

Basis der Dispositionsentscheidungen ist die aktuelle Liquiditätssituation, die sich aus dem Tagesfinanzstatus und der Liquiditätsvorschau ergibt. Das Cash Management disponiert auf dieser Basis die Mittelverwendung für Ausgangszahlungen, kurzfristige Geldanlagen und den internen Kontenausgleich. Da jede dispositive Entscheidung wiederum Veränderungen im Tagesfinanzstatus und der Liquiditätsvorschau auslöst, muss die Entscheidung an dieser Stelle auch sichtbar gemacht werden. SAP trägt dieser Anforderung Rechnung, indem die dispositiven Transaktionen umgehend im Cash-Management-Reporting erscheinen und automatisierte Ausgleiche simuliert werden können. In der Liquiditätskontrolle prüft das SAP Cash Management, ob die geplanten und initiierten Dispositionstransaktionen ausgeführt wurden.

In Abbildung 6.2 ist ein exemplarischer Dispositionsprozess im Detail dargestellt, der nachfolgend beschrieben wird. Im Reporting steht Ihnen das Feld **Wahrscheinlichkeit** in den Einzelzahlungen zur Verfügung, um Rückschlüsse auf den jeweils verursachenden Prozessschritt ziehen zu können.

Datenbasis für die Cash-Disposition

Basis der täglichen Disposition ist zunächst der Abschluss des Vortages. Damit ist sichergestellt, dass alle elektronischen Kontoauszüge verbucht und die Einzelsätze des Vortages für erwartete Cashflows abgeglichen wurden (siehe Abschnitt 5.4, »Einzelsätze bearbeiten«). Damit stehen die valutarischen Endsalden des Vortages zur Verfügung (für weitere Details siehe Kapitel 4, »Liquiditätsstatus ermitteln«). Zur präziseren Vorschau des Saldos des aktuellen und der nächsten Tage werden im nächsten Schritt die Einzelsätze für manuell geplante Einzel-Cashflows aktualisiert. Sofern Vormerkposten mit dem elektronischen Kontoauszug zur Verfügung stehen, können diese ebenfalls eingelesen werden. Diese Prozessschritte wurden bereits in den vorangehenden Kapiteln ausführlich beschrieben.

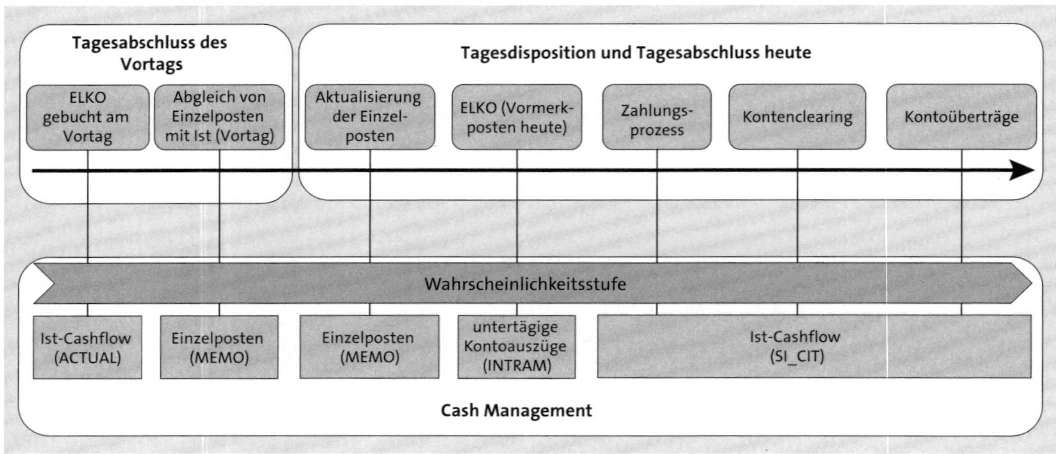

Abbildung 6.2 Exemplarischer Ablauf der täglichen Cash-Disposition

Operative Zahlungen durchführen

Auf der Basis der aktualisierten Prognose für den aktuellen und die nachfolgenden Tage definiert das Cash Management Obergrenzen für den Zahllauf, sofern die Liquidität hier einen Engpass darstellt. Mit diesen Vorgaben werden die Zahlläufe in der Buchhaltung durchgeführt und anschließend freigegeben. Nach der Durchführung des Zahllaufs sind die anstehenden Ausgangszahlungen und Lastschriften im Tagesfinanzstatus sichtbar.

Manueller Kontenausgleich

Das Cash Management führt anschließend den Kontoausgleich über manuelle Zahlungen oder über automatisierte Transfers durch. Beim manuellen Ausgleich initiiert der Cash Manager Einzelzahlungen und transferiert gezielt Geld von einem Quellkonto auf ein Zielkonto. Die manuelle Überweisung zwischen zwei Bankkonten eines Unternehmens wird im SAP-Sprachgebrauch als *Kontenübertrag* bezeichnet. Die beiden Verfahren Kontenübertrag per Überweisung und per Free-Form-Zahlung werden in Abschnitt 6.3, »Kontenüberträge und Einzelzahlungen im SAP-System«, beschrieben.

Automatisierter Kontenausgleich

Bei den automatisierten Verfahren sind bankinterne Cash Pools und SAP-Kontenclearingverfahren zu unterscheiden. Für diese beiden automatisierten Verfahren definieren Sie die Regeln und Strukturen in Form von Cash-

Pool-Stammsätzen und -hierarchien im SAP-System, um die Ausführung und Simulation der Cash Pools zu ermöglichen.

Bankinternes physisches Cash Pooling

Beim bankinternen physischen Cash Pooling haben Sie eine Vereinbarung mit Ihrer Bank getroffen, die dort geführten Cash-Bestände nach vordefinierten Regeln auf einem zentralen Sammelkonto zusammenzuführen. Die notwendigen Zahlungen werden hierbei von der Bank ausgeführt. Für diese Cash Pools legen Sie im SAP-System Stammsätze an, sodass eine Simulation der Zahlungen möglich ist.

SAP-internes Kontenclearing

Beim Kontenclearingverfahren definieren Sie die Regeln innerhalb des SAP-Systems und führen die Zahlungen zum Kontenausgleich selbstständig durch. Diese beiden automatisierten Verfahren werden im Abschnitt 6.4, »Cash Pooling und Kontenclearing im SAP-System«, erläutert.

Alle genannten Prozessschritte führen zu einer kontinuierlichen Fortschreibung der Werte im Cash Management, sodass der aktuellste Stand über die Reporting-Apps jederzeit abgefragt werden kann.

Für die Aufgaben der Liquiditätssteuerung stehen unterschiedliche Apps und SAP-GUI-Transaktionen zur Verfügung. Alle Prozessschritte werden auch mit der SAP-Standardlizenz unterstützt. Die Full-Cash-Lizenz bietet zusätzliche SAP-Fiori-Apps und Automatisierungen.

Eingeschränkter Funktionsumfang im Basic Cash

Das Cash Management umfasst in der Basic-Version stark eingeschränkte Funktionen für den automatischen Kontenausgleich und das Reporting von Cash Pools. Zum Beispiel sind die benötigten Apps nicht für Benutzer freigegeben, nur eingeschränkt nutzbar, oder sie enthalten keine Datensätze. In der SAP-Fiori-App **Bankkonten verwalten** ist z. B. die Registerkarte **Cash-Pool** nicht verfügbar (siehe Abschnitt 7.3.2, »Bankkonto anlegen«). Damit ist die Nutzung der SAP-Fiori-App **Kontenclearing verwalten** nicht möglich, und in der SAP-Fiori-App **Cashflow-Analyse** kann keine Kontenclearingsimulation durchgeführt werden.

Mit einer Basic-Cash-Lizenz können Sie jedoch manuelle Überträge durch Einzelzahlungen in Form von Kontenüberträgen und ein Kontenclearing über SAP-GUI-Transaktionen durchführen, siehe Abschnitt 6.4.4, »Kontenclearing im SAP GUI (Basic Cash)«.

In den jeweiligen Kapiteln wird das Lizenzthema vertiefend behandelt. In Abschnitt 6.5, »Übersicht über SAP-Fiori-Apps und Transaktionen für die Liquiditätsdisposition«, finden Sie eine Übersicht über die wichtigsten Funktionen mit einem Hinweis zur Verfügbarkeit in der Basic-Cash-Lizenz oder in SAP Bank Communication Management.

6.2 Zahllauf abwickeln und freigeben

Zahlläufe

Die Abwicklung von Zahlungen in einem Unternehmen läuft mehrstufig ab: Zahlungen und Bankeinzüge werden im ersten Schritt über einen Zahllauf initiiert. Mit dem Einsatz von SAP Bank Communication Management findet danach eine Bündelung der Zahlläufe in Zahlungsmappen statt, die dann von den verantwortlichen Managern freigegeben werden. Nach der Freigabe werden Zahlungsträgerdateien erzeugt und an die Bank versendet.

Die einzelnen Prozessschritte können entweder vollständig in das SAP-System integriert sein oder auch teilweise durch eine Fremdanbietersoftware unterstützt werden. Im Folgenden wird von einer vollständigen SAP-Integration ausgegangen. Die Verantwortlichkeiten für die Schritte sind unternehmensindividuell definiert. In der Regel sind Mitarbeiterinnen und Mitarbeiter aus der Kreditorenbuchhaltung, dem Finanzmanagement, dem Cash Management oder der Geschäftsführung involviert.

In Abbildung 6.3 ist der Ablauf der Zahlungsabwicklung im SAP-System dargestellt. Da der Prozess für die beiden Transaktionen F110 (Maschineller Zahlungsverkehr) und F111 (Maschineller Zahlungsverkehr für Zahlungsanordnungen) gilt, wird die Transaktion in der Abbildung mit F11x repräsentiert.

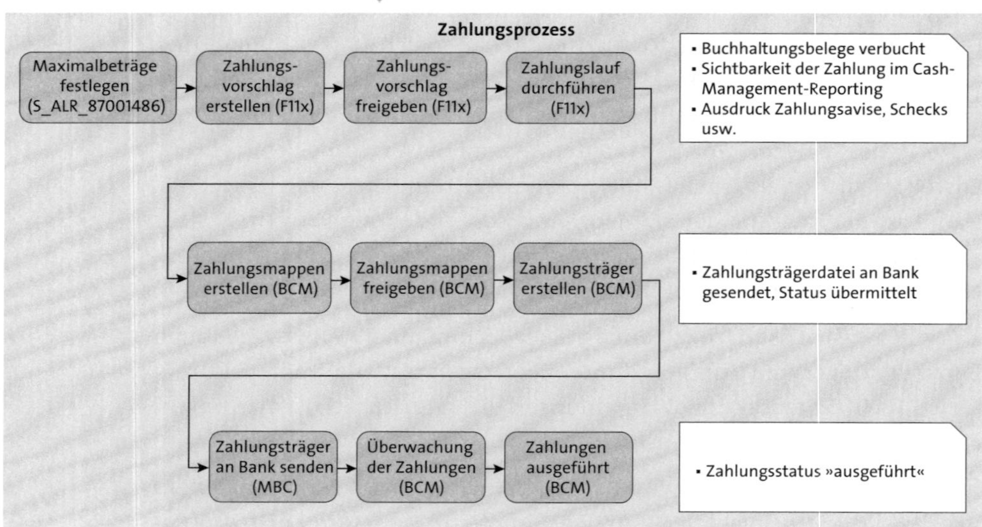

Abbildung 6.3 Exemplarischer Ablauf von Zahllaufabwicklung und -freigabe

1. **Maximalbeträge festlegen**
   Zunächst werden durch das Cash Management Maximalbeträge für den Zahllauf pro Bankkonto festgelegt, sofern die Liquidität des Unterneh-

mens dies erfordert. Die disponierten Beträge können im SAP-System mit der SAP-GUI-Transaktion S_ALR_87001486 (Disponierte Beträge für das Zahlprogramm eingeben) als Obergrenze hinterlegt werden und sind dann im Zahllauf nicht überschreitbar.

2. **Zahlungsvorschlag erstellen**
   Im nächsten Schritt wird ein Zahllauf gestartet, der einen Zahlungsvorschlag erstellt. Zahlläufe für offene Posten aus der Kreditoren- und Debitorenbuchhaltung werden über die SAP-GUI-Transaktion F110 (Maschineller Zahlungsverkehr) oder mit der SAP-Fiori-App **Automatische Zahlungen verwalten** durchgeführt. Zur Regulierung von Zahlungsanordnungen wird die SAP-GUI-Transaktion F111 (Maschineller Zahlungsverkehr für Zahlungsanordnungen) verwendet, siehe Abschnitt 6.4.4, »Kontenclearing im SAP GUI (Basic Cash)«.

   Zahlungsanordnungen werden aus verschiedenen SAP-Komponenten erzeugt, wie z. B. dem Treasury Management. Kontenüberträge, Kontenclearing sowie Free-Form-Zahlungen erzeugen ebenfalls Zahlungsanordnungen (siehe Abschnitt 6.3, »Kontenüberträge und Einzelzahlungen im SAP-System«, und Abschnitt 6.4, »Cash Pooling und Kontenclearing im SAP-System«).

3. **Zahlungsvorschlag freigeben**
   Einzelzahlungen in einem Zahlungsvorschlag können optional über die Funktion **Digitaler Zahlungsvorschlag** dezentral geprüft und mit einem Freigabe-Workflow freigegeben werden. Das Cash Management kann diesen Prozessschritt für eine zusätzliche Sicherheit in der Gestaltung des Zahlungsprozesses nutzen.

4. **Zahllauf durchführen**
   Nach der Freigabe des Zahlungsvorschlags wird der eigentliche *Zahllauf* durchgeführt. Der Zahllauf verbucht die korrespondierenden Belege in der Finanzbuchhaltung und erzeugt notwendige Dokumente wie Schecks oder Zahlungsavise zum Ausdruck oder Versand per E-Mail.

Zahlungsträgerverarbeitung ohne SAP Bank Communication Management

In einem Szenario ohne SAP Bank Communication Management erstellt der Zahllauf direkt die Zahlungsträgerdatei und druckt, falls notwendig, die Begleitzettel. Die Zahlungsträgerdatei können Sie mit der SAP-Fiori-App **Zahlungsträger verwalten** herunterladen. Die Datei kann dann mit einem externen Tool freigegeben und an die Bank gesendet werden.

5. **Zahlungsmappen erstellen**
SAP Bank Communication Management bündelt im nächsten Schritt einen oder mehrere Zahlläufe zu *Zahlungsmappen* (SAP-GUI-Transaktion FBPM1, Zahllaufübergreifender Zahlungsträger). Im Customizing wird eingestellt, wie die Zahlungsmappen gruppiert und aus welchen Quellen Zahlläufe in SAP Bank Communication Management verarbeitet werden. So können auch Zahlläufe aus SAP ERP Human Capitel Management (SAP ERP HCM), aus der Reisekostenabrechnung oder der Wechselbuchhaltung zur Erstellung von Zahlungsmappen genutzt werden.
6. **Zahlungsmappen freigeben**
Die Zahlungsmappen werden im nachfolgenden Schritt mit der SAP-Fiori-App **Bankzahlungen genehmigen** in SAP Bank Communication Management (siehe Abschnitt 6.2.1, »SAP-Fiori-App ›Bankzahlungen genehmigen‹«) freigegeben. SAP Bank Communication Management stellt hierzu ein- und mehrstufige Freigabeprozesse zur Verfügung. In diesem Prozessschritt hat das Cash Management die Möglichkeit, über die individuelle Gestaltung von Freigaberegeln im Workflow einen sicheren Rahmen für die Zahlungsabwicklung zu schaffen.
7. **Zahlungsträger erstellen**
Nach der Freigabe der Zahlungsmappen erstellt SAP Bank Communication Management die Zahlungsträgerdateien in Abhängigkeit der im Customizing der Zahlungsträgerformate hinterlegten Einstellungen.
8. **Zahlungsträgerdateien an die Bank senden**
Die freigegebenen Zahlungsträgerdateien werden nach der Freigabe automatisiert an die Bank übertragen und legitimiert. Hierzu steht als SAP-Cloud-Lösung SAP Multi-Bank Connectivity zur Verfügung, oder Sie können hier eine Fremdanbietersoftware nutzen.
9. **Überwachung der Zahlungen**
Den vom SAP Multi-Bank Connectivity bei der Bank abgerufenen Status der Zahlung können Sie anschließend in SAP Bank Communication Management mit der SAP-Fiori-App **Zahlungen überwachen** verfolgen.

In diesem Abschnitt werden nachfolgend nur die SAP-Fiori-Apps detaillierter vorgestellt, die für das Cash Management für die Freigabe von Zahlläufen und zur Statusverfolgung von Zahlungen relevant sind.

6.2.1 SAP-Fiori-App »Bankzahlungen genehmigen«

Im Rahmen der Zahlungsabwicklung eines Unternehmens müssen die Zahlungen freigegeben und legitimiert werden. Zahlungen aus Zahlläufen werden dazu in SAP Bank Communication Management in Zahlungsmappen gebündelt, und es wird ein Genehmigungs-Workflow gestartet.

Die Zahlungsmappen werden anschließend mit der SAP-Fiori-App **Bankzahlungen genehmigen** durch die verantwortlichen Genehmigenden geprüft und weiterverarbeitet. Diese können hierbei in Abhängigkeit der definierten Workflow-Regeln die Mappen oder Zahlungen genehmigen, ablehnen, zurückstellen oder an den Ersteller zurücksenden. Alternativ können Sie für diesen Prozessschritt auch die SAP-GUI-Transaktion BNK_APP (Bankzahlungen genehmigen) nutzen.

SAP-Fiori-App öffnen

Die KPI-Kachel zur SAP-Fiori-App befindet sich standardmäßig in der Gruppe **Cash-Vorgänge**. In der Kachel ist die Anzahl der von Ihnen zu bearbeitenden Mappen sichtbar. Öffnen Sie die App über die in Abbildung 6.4 dargestellte Kachel im SAP Fiori Launchpad.

Abbildung 6.4 SAP-Fiori-Kachel »Bankzahlungen genehmigen«

Klicken Sie auf **Start**, um die im System vorhandenen Daten abzurufen. Es öffnet sich die Ergebnisliste mit den Zahlungsmappen, die von Ihnen zu prüfen sind (siehe Abbildung 6.5).

Filterleiste und Filter

Sie können die Ergebnisliste durch die Auswahl verschiedener Kriterien eingrenzen oder das **Suchen**-Feld nutzen, um Zahlungsmappen zu finden. Dabei sind folgende Filterkriterien verfügbar:

- Status (**Zur Genehmigung**, **Genehmigt**, **Abgelehnt** usw.)
- Dringlichkeit
- Regel
- Buchungskreis
- Hausbank

Zweistufige Bestätigung

Die Bearbeitung einer Zahlungsmappe erfolgt zweistufig. In der ersten Stufe treffen Sie eine Genehmigungsentscheidung, und in der zweiten Stufe senden Sie die bearbeiteten Mappen an den jeweils nächsten Bearbeiter im Workflow. Zur Trennung der Zahlungsmappen nach Bearbeitungsstufen sind in der Ergebnisliste die beiden Bereiche **Zu überprüfen** ❶ und **Überprüft** ❷ vorhanden.

In der Kategorie **Zu überprüfen** befinden sich alle eingegangenen Zahlungsmappen, die noch zur Prüfung ausstehen. Zur Bearbeitung wählen Sie zunächst eine oder mehrere Mappen durch das Kontrollkästchen ❸ aus. Ihre Genehmigungsentscheidung dokumentieren Sie anschließend über einen der Buttons ❹ im oberen Bereich der Ergebnisliste.

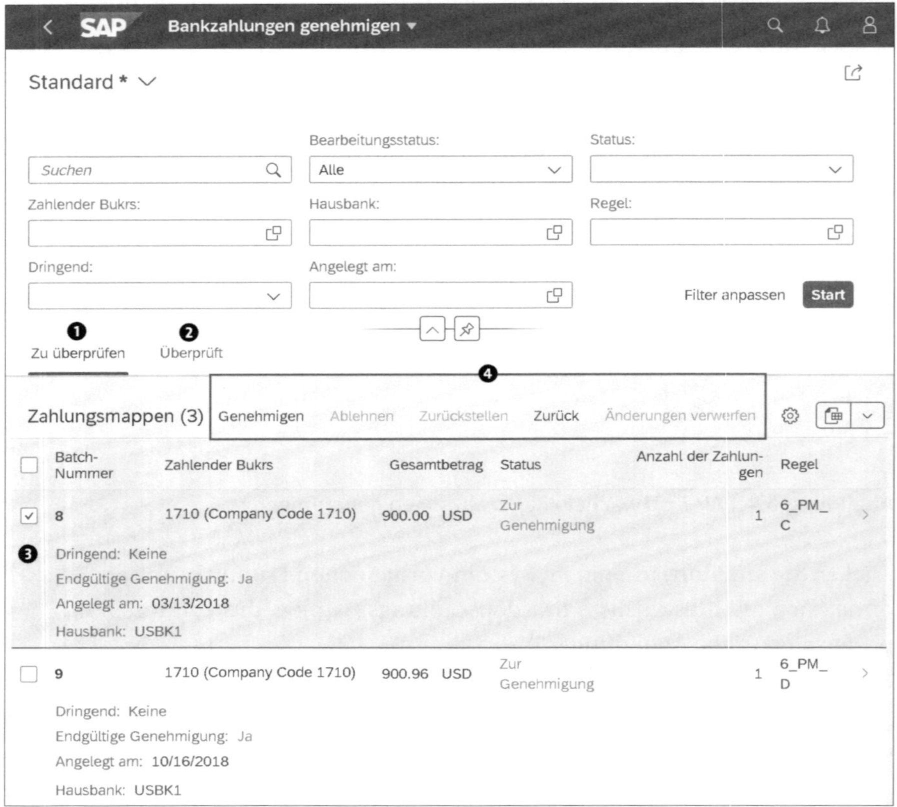

Abbildung 6.5 SAP-Fiori-App »Bankzahlungen genehmigen« – Übersicht

Genehmigungsoptionen

Als Handlungsalternativen für die Zahlungsmappen stehen Ihnen folgende Möglichkeiten zur Verfügung: **Genehmigen**, **Ablehnen**, **Zurückstellen** oder **Zurück**. Welche Möglichkeiten Sie haben, hängt davon ab, ob Sie die erste Person sind, die eine Genehmigung vornimmt. Dann haben Sie die Möglichkeit, Mappen oder einzelne Zahlungen zu genehmigen, abzulehnen oder für einen späteren Zahlungstermin zurückzustellen. Als nachfolgender Genehmiger oder nachfolgende Genehmigerin können Sie die Mappen nur über **Zurück** an die vorhergehende genehmigende Person zur Überarbeitung zurückgegeben oder die Mappe genehmigen.

Wenn Sie mit den Zahlungen einverstanden sind, wählen Sie den Button **Genehmigen**. Wenn Sie nicht einverstanden sind, wählen Sie **Ablehnen** bzw. **Zurück**. Nach einem Klick auf eine der Genehmigungsoptionen öffnet sich ein Bestätigungsfenster, in dem Sie eine optionale Notiz für die folgenden Bearbeitenden im Workflow erfassen können.

Detaillierte Prüfung der Zahlungsmappen

Zur genaueren Prüfung einer Zahlungsmappe können Sie den detaillierten Inhalt durch einen Klick auf die korrespondierende Zeile einsehen.

In der Detailansicht erhalten Sie einen ganzheitlichen Überblick über die Zahlungsmappe (siehe Abbildung 6.6). Im oberen Bereich befinden sich die allgemeinen Informationen zur Mappe, wie zahlender Buchungskreis, Status, Zahlungsmappen-ID und Betrag der Mappe.

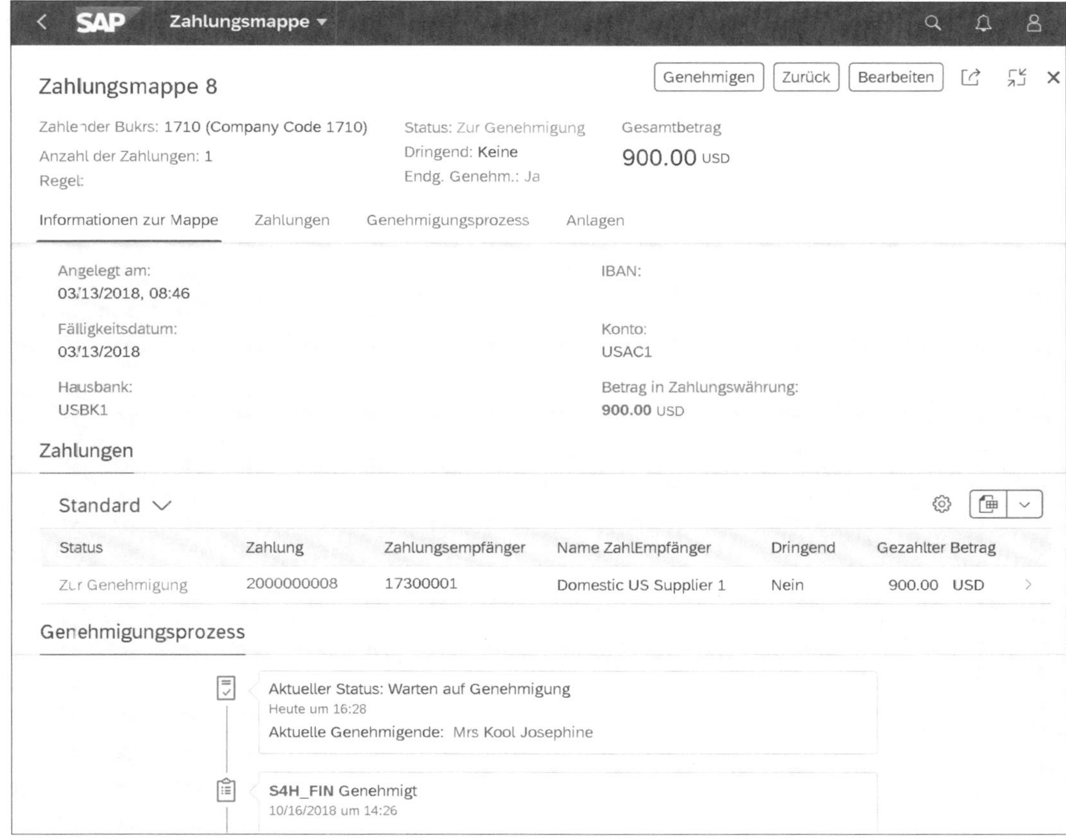

Abbildung 6.6 SAP-Fiori-App »Bankzahlungen genehmigen« – Details zur Zahlungsmappe

Ansicht der Einzelzahlungen

Im Bereich **Zahlungen** sind die in der Zahlungsmappe zusammengefassten Zahlungen aufgelistet, einschließlich der Zahlungsempfängerinformationen. Wenn Sie die erste Genehmigung innerhalb des Workflows haben, haben Sie noch die Möglichkeit, einzelne Zahlungen aus der Mappe zu entfernen. Über den Verweis durch die Zahlungs-ID können Sie sich den zugehörigen Buchungsbeleg einschließlich der zu zahlenden Rechnung ansehen, bevor Sie über die Genehmigung der Zahlungsmappe entscheiden.

Nachdem Sie den Buchungsbeleg aller enthaltenen Zahlungen geprüft haben, können Sie die Zahlungsmappe auch über die Werkzeuge im oberen rechten Bereich der Detailansicht verarbeiten.

Überprüfte Zahlungsmappen

Nach der Genehmigungsentscheidung befindet sich die Zahlungsmappe in dem zweiten Bearbeitungsschritt und wird in dem Bereich **Überprüft** aufgeführt (siehe Abbildung 6.7). Hier befinden sich alle Zahlungsmappen, für die Sie eine Entscheidung getroffen haben, die aber noch nicht an den nächsten Bearbeiter oder die nächste Bearbeiterin gesendet wurden.

Abbildung 6.7 SAP-Fiori-App »Bankzahlungen genehmigen« – geprüfte Zahlungsmappe

Auch im Bereich **Überprüft** sind oberhalb der Ausgabe Buttons zum Durchführen von Aktionen verfügbar. Analog zum ersten Bearbeitungsschritt können Sie auch hier die Mappe durch einen Klick in der Detailansicht öffnen und dort die Aktionen durchführen (siehe Abbildung 6.8).

Abbildung 6.8 SAP-Fiori-App »Bankzahlungen genehmigen« – geprüfte Zahlungsmappe absenden

Zahlungsmappe absenden

Um den Genehmigungsschritt abzuschließen und entsprechend den in SAP Bank Communication Management hinterlegten Freigabeschritten die Genehmigung fortzuführen muss die Prüfung der Zahlungsmappe zwingend gesendet werden. Wählen Sie dafür den Button **Absenden** im oberen rechten Bereich der Ansicht. Über den Button **Änderungen verwerfen** kann die Genehmigungsentscheidung korrigiert werden. Die Zahlungsmappe gelangt zurück in den ursprünglichen Bereich **Zu überprüfen**.

Nicht abgesendete Zahlungsmappen

Beachten Sie beim Verlassen der App darauf, dass alle bearbeiteten Zahlungsmappen abgesendet wurden. Durch nicht gesendete Zahlungsmappen verzögert sich die Zahlung dadurch, dass der Workflow-Prozess stoppt.

Bankzahlungen genehmigen mit SAP CoPilot

Für die App **Bankzahlungen genehmigen** ist ein Skill (siehe Abschnitt 1.5.4, »SAP CoPilot«) für SAP CoPilot verfügbar. Dieser ermöglicht den Abruf von Informationen zu Zahlungsmappen über die textuelle oder sprachliche Eingabe. Beispielsweise können Sie über CoPilot »Zeige mir meine Zahlungsmappen für den Buchungskreis ABC« abfragen.

6.2.2 SAP-Fiori-App »Zahlungen überwachen«

In SAP Bank Communication Management können Sie die Zahlungen und den Status der Zahlungen zur stetigen Kontrolle der Disposition über die SAP-Fiori-App **Zahlungen überwachen** verfolgen (siehe Abbildung 6.9). Eine vergleichbare Funktion steht Ihnen im SAP GUI mit Transaktion BNK_MONI (Zahlungen überwachen) zur Verfügung.

Abbildung 6.9 SAP-Fiori-Kachel »Zahlungen überwachen«

Die App bietet eine Übersicht über die angelegten Zahlungsmappen (siehe Abbildung 6.10). Über die in der Filterleiste zusammengefassten Filtermöglichkeiten können Sie die Ausgabe eingrenzen, z. B. nach dem Feld **Laufdatum** oder **Zahllaufnummer**. Einen ersten Überblick über die Anzahl der vorhandenen Mappen erhalten Sie durch die erweiterten Selektionsparameter, einschließlich der Anzahl vorhandener Batches zu dem jeweiligen Status.

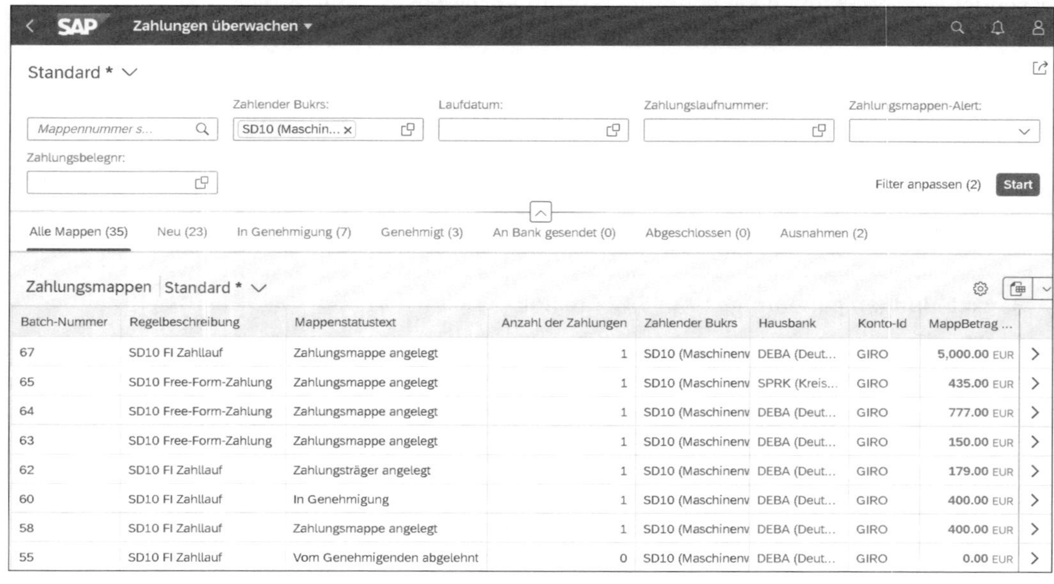

Abbildung 6.10 SAP-Fiori-App »Zahlungen überwachen«

Detailinformationen zu einer Zahlungsmappe können Sie durch einen Klick auf das Icon > (**Details**) aufrufen (siehe Abbildung 6.11). In dieser Detailansicht werden im Kopfbereich die allgemeinen Informationen wie Mappen-ID, zahlender Buchungskreis, Angaben zur Hausbank und Mappenbetrag angegeben. Zusätzlich erhalten Sie einen Status über die gesamte Zahlungsmappe, wie z. B. **Zahlungsmappe angelegt**, **Zahlungsträger angelegt** oder **von Genehmigenden abgelehnt**.

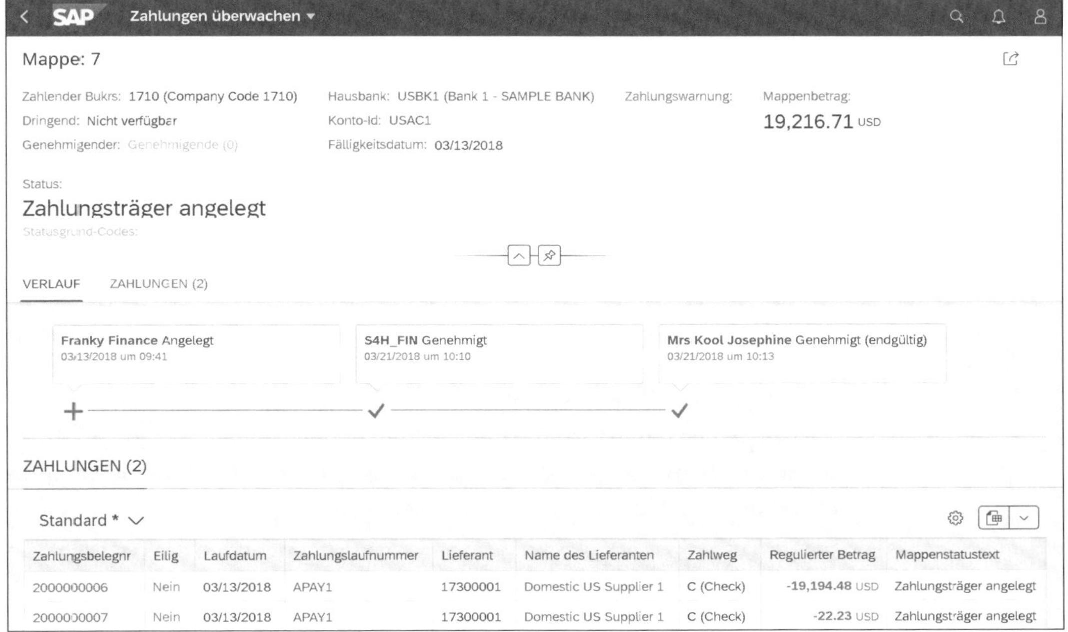

Abbildung 6.11 SAP-Fiori-App »Zahlungen überwachen« – Detailansicht

Welche und wie viele Zahlungen in der Mappe enthalten sind, wird im unteren Bereich ausgegeben. Hier sind zu jedem Zahlungsbeleg weitere Informationen enthalten. Wie bei SAP-Fiori-Apps üblich, sind auch hier Querverweise hinterlegt.

Bearbeitungsverlauf

Im mittleren Bereich der Ansicht ist der Bearbeitungsverlauf chronologisch mit Zeitangaben angegeben. Dadurch können Sie schnell auf Verzögerungen im Zahlungsprozess reagieren und bei Bedarf die für die Genehmigung zuständige Person identifizieren, um Verzögerungen in der Vorschau zu vermeiden.

6.2.3 SAP-Fiori-App »Zahlungsträger verwalten«

Die SAP-Fiori App **Zahlungsträger verwalten** unterstützt Sie bei der Anzeige, dem Download und dem Löschen von Zahlungsträgern, wenn Sie SAP Bank Communication Management nicht im Einsatz haben.

Sie öffnen die App über die in Abbildung 6.12 dargestellte Kachel im SAP Fiori Launchpad (Gruppe **Grundlegende Cash-Vorgänge**).

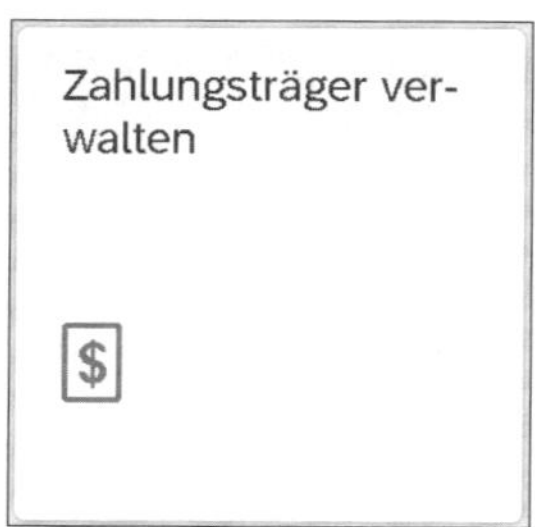

Abbildung 6.12 SAP-Fiori-Kachel »Zahlungsträger verwalten«

Filterkriterien für Zahlungsträger

In Abbildung 6.13 ist die Standardansicht der App abgebildet. Nach dem Öffnen ist das **Laufdatum** in der Filterleiste mit dem Wert der aktuellen Woche vorbelegt. Hier können Sie Filter für die Eingrenzung der Ausgabe nutzen. Zusätzlich besteht die Möglichkeit, in dem Bereich der Filterleiste durch die Auswahl der in der Abbildung umrahmten Buttons die Ausgabe entsprechend dem Verarbeitungsstatus zu selektieren.

Abbildung 6.13 SAP-Fiori-App »Zahlungsträger verwalten«

Im Bereich **Zahlungsdateien** werden die Zahlungsträger in einer Tabelle ausgegeben, die im System angelegt sind.

Details zum Zahlungsträger

Anhand der Referenznummer wird die Zahlungsdatei identifiziert. Der Zahlungsträgerstatus gibt Ihnen Auskunft über den aktuellen Bearbeitungsstand. Zusätzlich erhalten Sie Informationen über das Datum und die Identifikation des Zahllaufs sowie den Betrag, die Bankverbindung oder das Zahlungsträgerformat in der Liste.

Durch die Aktivierung des Kontrollkästchens einer Zahlungsdatei können Sie diese mit einem Klick auf **Löschen** entfernen oder über den Button **Herunterladen** aus der Übersicht herunterladen.

Um weitere Details zu erhalten, können Sie eine Zahlungsdatei über einen Klick auf das Icon [>] (**Details**) in der Detailansicht öffnen (siehe Abbildung 6.14).

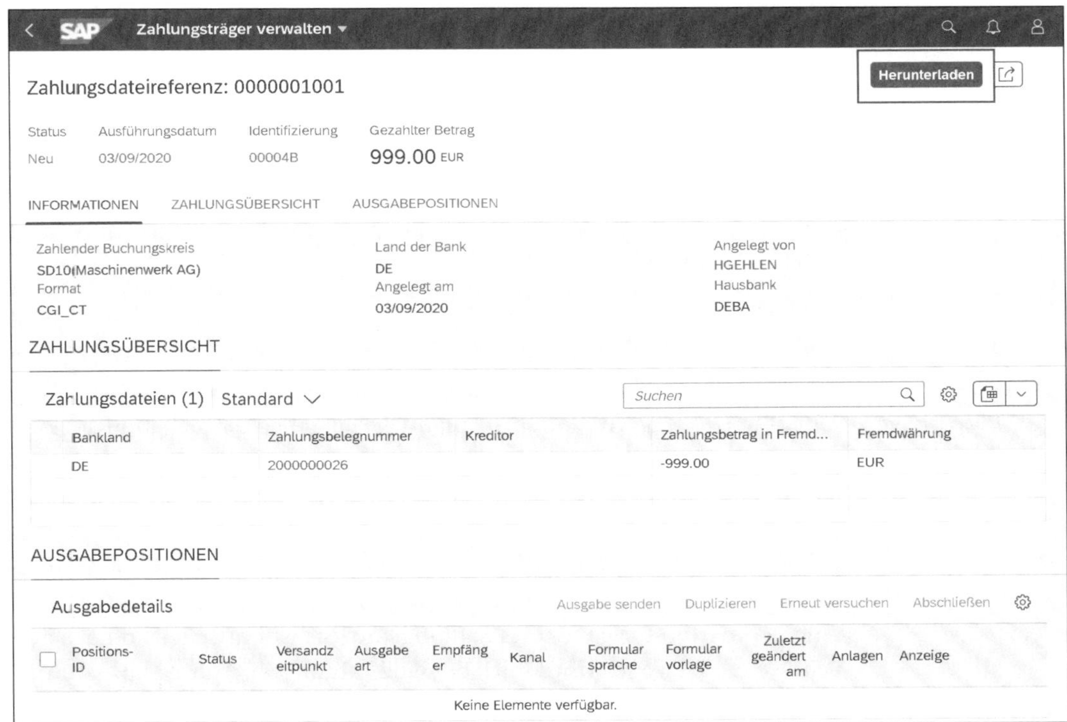

Abbildung 6.14 SAP-Fiori-App »Zahlungsträger verwalten« – Details zur Zahlungsdatei

Die Detailansicht erweitert die Informationsübersicht um zusätzliche Angaben zu dem zahlenden Buchungskreis, einschließlich der Hausbank. Die verknüpften Zahlungsbelegnummern sind im Bereich Zahlungsdateien aufgelistet. Auch Details zum Buchungsbeleg können ohne Umwege eingesehen werden. Nach der Auswahl einer Zahlungsbelegnummer öffnet sich ein Kontextmenü, über das ein Drill-down zur App **Buchungsbelege verwalten** ermöglicht wird. Diese App öffnet sich mit der Anzeige des Zahlungsbelegs.

Zahlungsträger herunterladen

Über einen Klick auf den Button **Herunterladen** wird der Zahlungsträger durch die App auf Ihrem System als Datei im Format ***.txt** oder ***.xml** abgelegt, sodass Sie diese in ein externes Programm zur Bankenkommunikation und Legitimierung importieren können. Der Download von Zahlungsträgerdateien ist nicht erforderlich, wenn Sie die volle Integration mit SAP Bank Communication Management und SAP Multi-Bank Connectivity nutzen.

Im SAP GUI steht Ihnen eine vergleichbare Funktion mit Transaktion FDTA (Zahlungsträger verwalten) zur Verfügung.

6.3 Kontenüberträge und Einzelzahlungen im SAP-System

Manuelle Kontenüberträge zwischen den Bankkonten im Konzern werden über Einzelzahlungen realisiert. Dabei überwacht das Cash Management den Bestand auf den jeweiligen Bankkonten und transferiert individuell den benötigten Betrag.

Mit SAP S/4HANA stehen die beiden Funktionen **Zahlung per Überweisung** und **Free-Form-Zahlung** zur Verfügung, um manuelle Kontenüberträge durchzuführen (siehe Abbildung 6.15).

Überweisung

Eine Überweisung wird durch die manuelle Eingabe des Quell- und des Zielkontos durchgeführt. Sie können hier nur eigene Bankkonten wählen, die als Stammsatz in Ihrem System angelegt sind. Durch die Hinzunahme von Repetitive Codes werden wiederkehrende Zahlungen vereinfacht mit Vorlagen durchgeführt. Nach dem Sichern der Überweisung wird automatisiert eine Zahlungsanordnungen angelegt. Entsprechend dem im Customizing definierten Freigabe- und Zahlungsprozess ist entweder im nächsten Schritt eine Freigabe erforderlich oder die Zahlung wird direkt ausgeführt.

Free-Form-Zahlungen

Free-Form-Zahlungen sind eine weitere Möglichkeit zur Durchführung von Kontenübertragungen. Mit dieser Funktion können jedoch auch Überweisungen an Dritte durchgeführt werden. Dabei kann der gesamte Prozess, einschließlich der Freigabe und Buchung von Zahlungsanordnungen und der Durchführung des Zahllaufs, in der Transaktion oder der äquivalenten App durchlaufen werden.

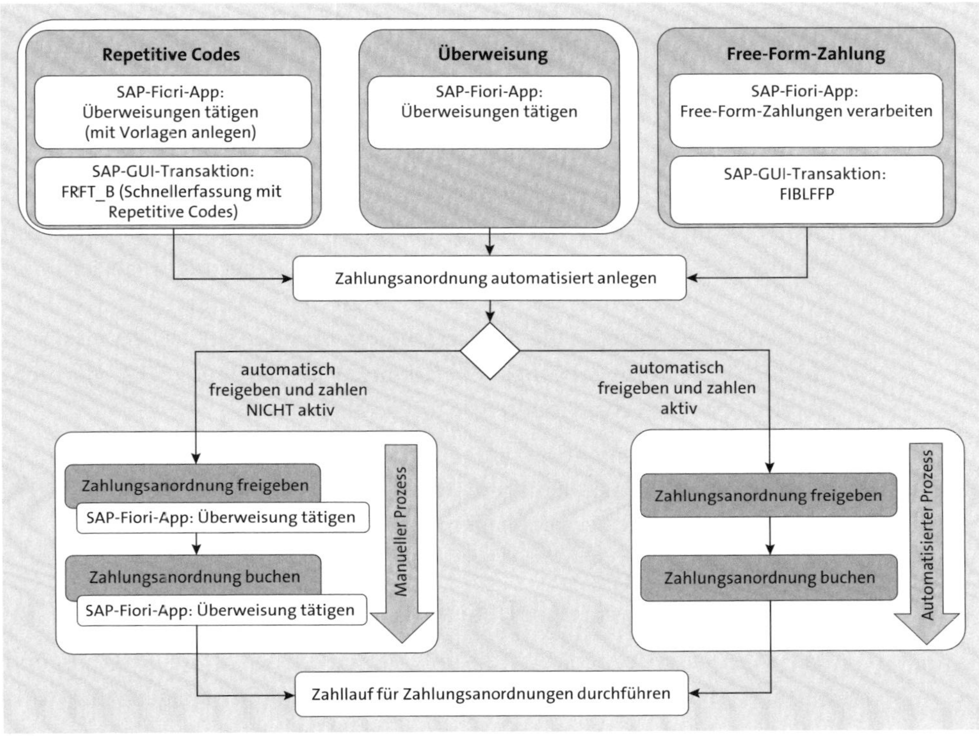

Abbildung 6.15 Kontenüberträge im SAP-Standard

Zahlungsanordnungen

Bei beiden Methoden werden für die Zahlungen im Hintergrund Zahlungsanordnungen angelegt.

Zahlungsanforderung und Zahlungsanordnung

SAP verwendet die Begriffe *Zahlungsanordnung* und *Zahlungsanforderung* nicht trennscharf. In früheren Releases hat SAP hier klarer differenziert: *Zahlungsanforderungen* werden über die Nebenbücher der Finanzbuchhaltung erstellt z. B. als *Anzahlungsanforderung* und mit Transaktion F110 reguliert. Zahlungsanordnungen, die aus anderen Applikationen stammen, wie aus dem Treasury and Risk Management oder dem Inhouse-Cash werden über die Transaktion F111 (Maschineller Zahlungsverkehr für Zahlungsanordnungen) abgewickelt.

Beide deutschen Begriffe übersetzt SAP ins Englische mit *Payment Request*. In der Rückübersetzung aus dem Englischen insbesondere in den SAP-Fiori-Apps und teilweise in den SAP-GUI-Transaktionen wird von SAP zunehmend der Begriff *Zahlungsanforderung* verwendet, auch wenn Zahlungsanordnungen gemeint sind. In den Beschreibungen der SAP-Fiori-Apps in diesem Buch haben wir diese Begriffsveränderung übernommen.

Überblick

In diesem Abschnitt wird die manuelle Zahlung zwischen zwei Bankkonten eines Unternehmens im Detail erläutert. Zunächst wird die Durchführung einer Überweisung mit der SAP-Fiori-App **Überweisungen tätigen** in Abschnitt 6.3.1, »Kontenübertrag per Überweisung«, vorgestellt.

Für wiederkehrende Zahlungen wird hier zusätzlich die Zahlung mit Repetitive Codes beschrieben. Diese Zahlungen können mit der SAP-Fiori-App **Überweisung tätigen – Mit Vorlagen anlegen** angelegt oder über die äquivalente SAP-GUI-Transaktion FRFT_B (Bankkontoübertrag) realisiert werden. Die Verarbeitung von Free-Form-Zahlungen werden mit der SAP-Fiori-App **Free-Form-Zahlungen verarbeiten** und der SAP-GUI-Transaktion FIBLFFP (Free-Form-Zahlungen verarbeiten) in Abschnitt 6.3.2, »Kontenübertrag per Free-Form-Zahlung«, vorgestellt.

Alle im vorstehenden Absatz aufgeführten Funktionen sind im Grundfunktionsumfang des Cash Managements enthalten. Somit wird keine zusätzliche lizenzpflichtige Cash-Management-Komponente benötigt.

6.3.1 Kontenübertrag per Überweisung

Das SAP-System unterstützt Sie mit verschiedenen SAP-Fiori-Apps und SAP-GUI-Transaktionen bei den täglichen Kontenüberträgen zum Ausgleich Ihrer Konzernkonten. Sie können hier Überweisungen als Einzelzahlung oder auf der Basis von Vorlagen tätigen und deren Ausführung überwachen.

SAP-Fiori-App »Überweisungen tätigen«

Einzelzahlungen zwischen Bankkonten in Ihrem Unternehmen können mit der SAP-Fiori-App **Überweisungen tätigen** durchgeführt werden. Dabei wird für jede Zahlung eine Zahlungsanforderung angelegt. Sie öffnen die App über die gleichnamige Kachel im SAP Fiori Launchpad (siehe Abbildung 6.16).

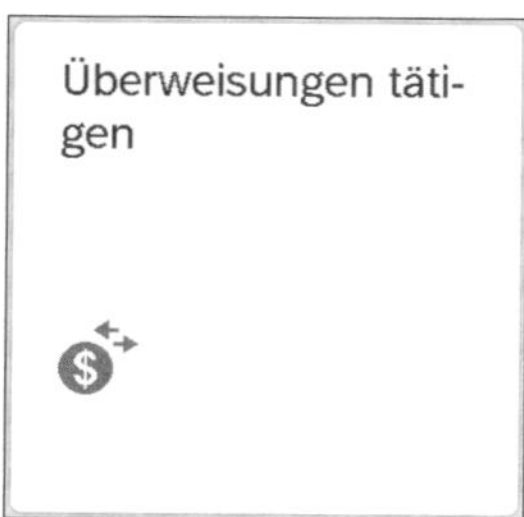

Abbildung 6.16 SAP-Fiori-Kachel »Überweisungen tätigen«

Beim Aufruf der App werden die bereits im System gespeicherten Überweisungen einschließlich der Zahlungsdetails angezeigt (siehe Abbildung 6.17). Über das Feld **Status** können Sie nach angelegten, freigegebenen, stornierten und ausgeglichenen Überweisungen filtern. Anhand dieser Details erhalten Sie einen Überblick über die vergangenen Kontoüberträge.

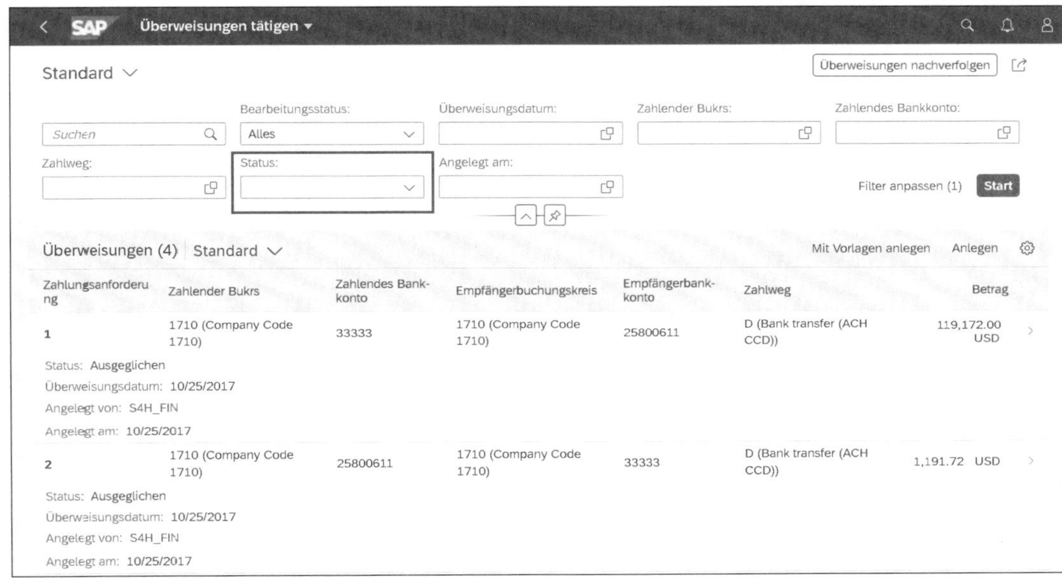

Abbildung 6.17 SAP-Fiori-App »Überweisungen tätigen« – Übersicht

Um tiefere Einblicke in die Transaktionsdetails zu erhalten, öffnen sich bei der Auswahl einer Zahlungsanforderung die erweiterten Transaktionsdetails zum jeweiligen Datensatz (siehe Abbildung 6.18).

In dieser Übersicht werden im oberen Teil die Zahlungsanforderungs-ID ❶ und der Status der Zahlung ❷ angegeben. Der untere Bildbereich zeigt detaillierte Informationen zu den involvierten Bankkonten von Sender und Empfänger. Im Bereich **Transaktionsinformationen** finden Sie detailliertere Informationen, wie z. B. **Überweisungsdatum**, **Zahlweg** und **Betrag**. Über das Icon ☒ (**Schließen**) gelangen Sie zurück zur Übersicht.

Überweisung anlegen

Eine neue Zahlung können Sie aus der Startübersicht, die wir bereits in Abbildung 6.17 gezeigt haben, hinzufügen. Dafür bietet die App zwei Möglichkeiten: Sie können ein leeres Formular öffnen, um die benötigten Daten manuell einzutragen, oder eine Vorlage zum Anlegen verwenden. Zum Anlegen einer Zahlung ohne Vorlage klicken Sie auf den Button **Anlegen** oberhalb des Ausgabebereichs. Dadurch öffnet sich die in Abbildung 6.19 dargestellte Eingabemaske.

Abbildung 6.18 SAP-Fiori-App »Überweisungen tätigen« – Details zur Überweisung

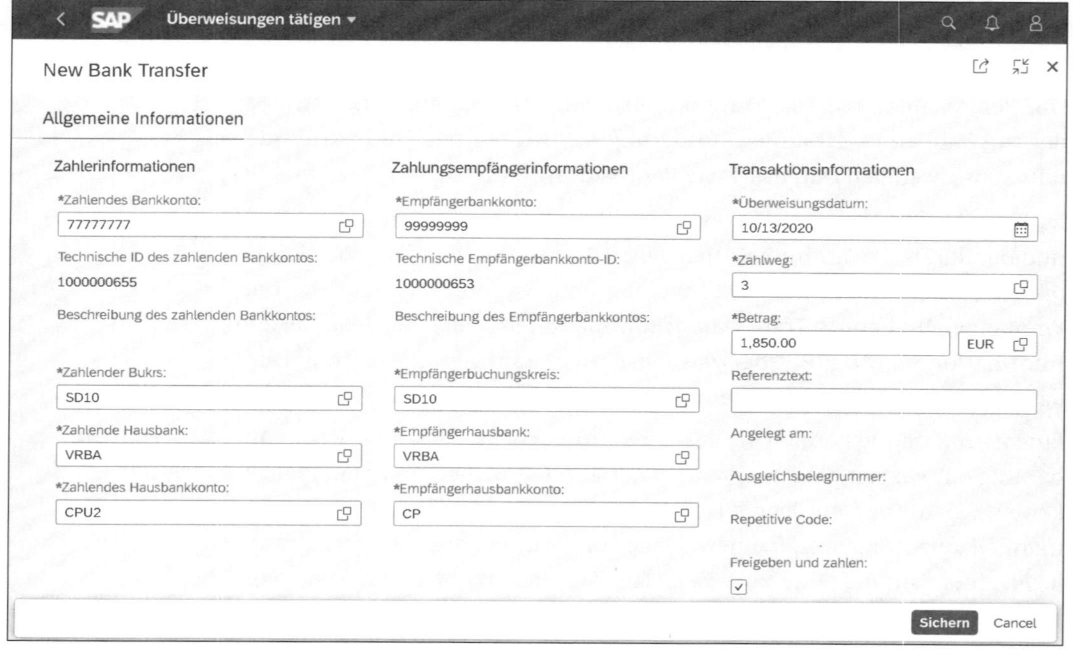

Abbildung 6.19 SAP-Fiori-App »Überweisung tätigen« – neue Zahlung anlegen

Diese Maske befüllen Sie mit den benötigten Daten (Pflichtfelder sind wie gewohnt mit einem * markiert). Nach der Eingabe des zahlenden oder empfangenden Bankkontos werden abhängige Felder automatisiert gefüllt.

- **Zahlerinformationen**
  Im Bereich **Zahlerinformationen** werden die allgemeinen Daten des Quellbankkontos angegeben. Hier geben Sie entweder einen Wert in das Feld **Zahlendes Bankkonto** oder in das Feld **Zahlendes Hausbankkonto** ein. Anschließend werden die Detailfelder **Technische ID des zahlenden Bankkontos**, **Beschreibung des zahlenden Bankkontos**, **Zahlender Bukrs**, **Zahlende Hausbank** und **Zahlendes Hausbankkonto** oder **Zahlendes Bankkonto** automatisch vervollständigt.
- **Zahlungsempfängerinformationen**
  An welches Bankkonto die Zahlung gesendet wird, wird in diesem Bereich definiert. Auch hier ist die Auswahl des Empfängerbankkontos oder des Empfängerhausbankkontos ausreichend. Durch das Bestätigen der Auswahl werden die weiteren Felder wieder automatisch befüllt.
- **Transaktionsinformationen**
  In diesem Bereich definieren Sie das **Überweisungsdatum**, den **Zahlweg** und den **Betrag**. Sie entscheiden hier durch die Aktivierung des Kontrollkästchens zu **Freigeben und zahlen**, ob die Überweisung bereits durch Sie zur Zahlung freigegeben und durchgeführt werden soll oder ob Sie die Zahlungsanforderung lediglich sichern möchten.
- **Zahlungsdaten**
  Im Bereich der Zahlungsdaten kann die Einzelzahlung gewählt werden (siehe Abbildung 6.20). Durch die Aktivierung dieser Option wird die Zahlungsanforderung bei einem automatischen Zahlungsverkehr gesondert ausgeführt.

Durch einen Klick auf **Sichern** legen Sie die Zahlungsanforderung im System an. In Abhängigkeit der Aktivierung des Kontrollkästchens zu **Freigeben und zahlen** und Ihrer Customizing-Einstellung gestaltet sich der weitere Prozess unterschiedlich, wie in Abbildung 6.15 dargestellt.

Je nach Einstellung wird die Zahlungsanforderung automatisiert freigegeben und gebucht, oder sie erfordert manuelle Aktionen zur Freigabe und Zahlung. Die Aktionen werden mit der SAP-Fiori-App **Überweisungen tätigen** durchgeführt. Diese App wird etwas später in diesem Abschnitt beschrieben.

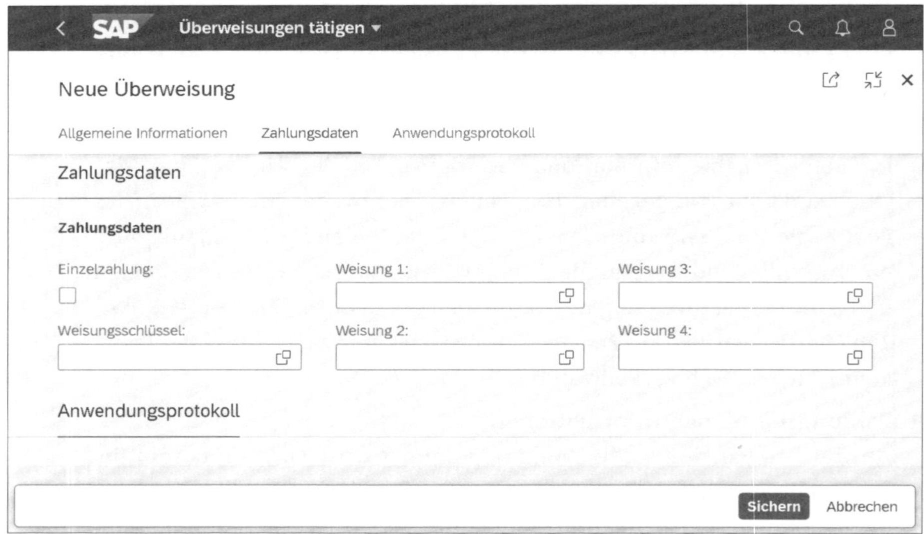

Abbildung 6.20 SAP-Fiori-App »Überweisung tätigen« – neue Zahlung anlegen – Zahlungsdaten

Überweisungen mit Vorlage anlegen (Repetitive Codes)

Falls Sie häufig Bankkontenüberträge in wiederholenden Mustern durchführen, können Sie eigene Vorlagen, sogenannte *Repetitive Codes*, verwenden. Dadurch können Sie Ihre Arbeitsweise beschleunigen und mögliche Fehlerquellen verringern. Angelegte Vorlagen können Sie aus der SAP-Fiori-App **Überweisungen tätigen – Mit Vorlagen anlegen** nutzen, um einen oder mehrere Kontenüberträge durchzuführen.

Wählen Sie dafür in der Startmaske der App den Button **Mit Vorlagen anlegen** (siehe Abbildung 6.17), der sich unmittelbar neben dem Button **Anlegen** befindet.

Die Ansicht öffnet sich mit einer Auflistung angelegter Vorlagen (siehe Abbildung 6.21). Über das Feld **Suchen** können Sie hier die Ausgabe eingrenzen. Die Suche ist sehr flexibel gestaltet, wodurch Sie sowohl nach dem Namen einer Vorlage (Repetitive Code) als auch nach weiteren Schlüsselfeldern filtern können. Beispielsweise reicht es dafür bereits aus, einen Teil der Bankkontonummer oder den Buchungskreisschlüssel in das Suchfeld einzugeben.

Sobald Sie die gewünschten Vorlagen gefunden haben, können Sie die veränderbaren Felder ausfüllen. Zwingend notwendig ist die Eingabe des zu übertragenden Betrags. Für in der Liste sichtbare Vorlagen ohne Betrag werden nach dem Sichern keine Zahlungsanforderungen angelegt.

Abbildung 6.21 SAP-Fiori-App »Überweisung tätigen – Mit Vorlagen anlegen«

Das Überweisungsdatum ist mit dem tagesaktuellen Datum vorbelegt, und die Währung entspricht der Kontenwährung des zahlenden Bankkontos. Zur Identifizierung können Sie einen Referenztext einfügen. Nach der vollständigen Eingabe und gegebenenfalls erforderlichen Anpassungen legen Sie die Zahlungsanforderungen für die Vorlagen mit Betragsangabe über einen Klick auf **Sichern** an. Umgehend erhalten Sie die Bestätigung über die erfolgte Anlage der Zahlungsanforderungen für die gewählten Repetitive Codes (siehe Abbildung 6.22).

Abbildung 6.22 SAP-Fiori-App »Überweisung tätigen – Mit Vorlagen anlegen« – Bestätigung

Die mit oder ohne Vorlage angelegten Zahlungsanforderungen können über die SAP-Fiori-App **Überweisungen tätigen** gesucht und zur weiteren Verarbeitung geöffnet werden. Öffnen Sie dafür die App, und suchen Sie die angelegte Zahlungsanforderung über die Filtermöglichkeiten, z. B. mit dem Wert **Angelegt** im Feld **Status** (siehe Abbildung 6.23).

Abbildung 6.23 SAP-Fiori-App »Überweisungen tätigen« – Weiterverarbeitung der Zahlungsanforderung

Wählen Sie die angelegte Zahlungsanforderung, und öffnen Sie die zugehörige Detailansicht (siehe Abbildung 6.24). Die Zahlungsanforderung befindet sich zunächst im Status **Eröffnet**.

Zahlungsanforderung freigeben

Die Freigabe der Zahlungsanforderung erfolgt über den Button **Freigeben** im unteren rechten Bildbereich.

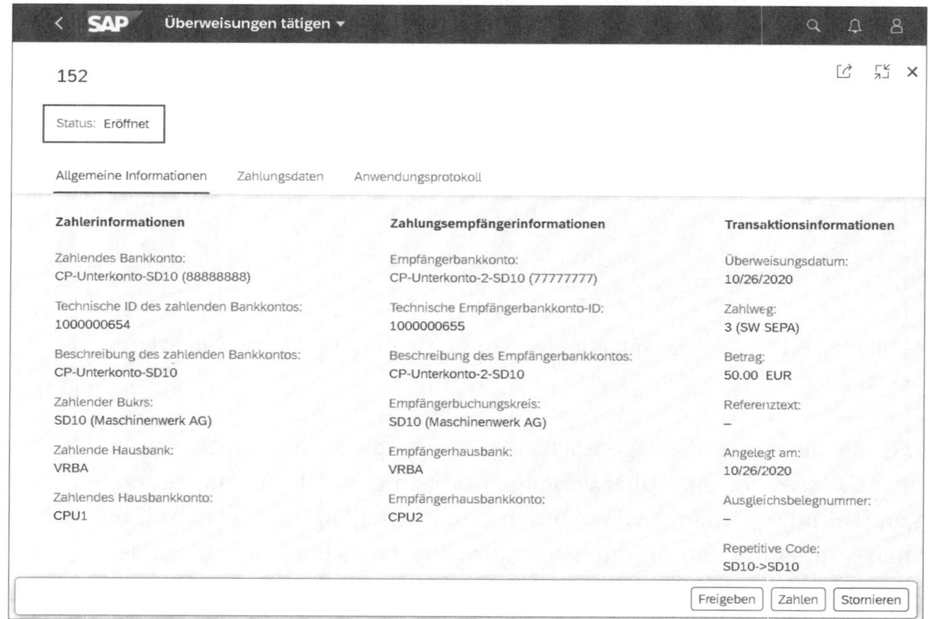

Abbildung 6.24 SAP-Fiori-App »Überweisungen tätigen« – Details zur Zahlungsanforderung

Der im oberen Bereich der Detailansicht angezeigte Status erhält umgehend den Wert **Freigegeben**. In diesem Status kann die Zahlung über den Button **Zahlen** initiiert werden. Sie erhalten nachfolgend die Bestätigung, mit welchem Zahllauf ein Zahlungsträger im Hintergrund erstellt wurde (siehe Abbildung 6.25). Um den weiteren Status der Überweisung zu verfolgen, nutzen Sie die in diesem Abschnitt beschriebene SAP-Fiori-App **Überweisungen nachverfolgen**. Ein ausführlicheres Protokoll bietet die SAP-GUI-Transaktion F111 (Maschineller Zahlungsverkehr für Zahlungsanordnungen) nach der Eingabe der Lauf-ID und des Datums aus der Bestätigungsmeldung.

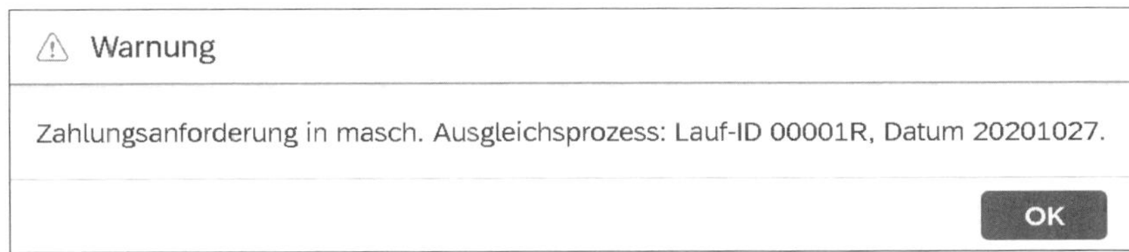

Abbildung 6.25 SAP-Fiori-App »Überweisungen tätigen« – Zahlungsanforderung im Zahllauf

SAP-Fiori-App »Überweisungsvorlagen definieren«

Wenn Sie zusätzliche Vorlagen benötigen, können diese über das SAP Fiori Launchpad angelegt werden.

SAP-Fiori-App »Überweisungsvorlagen definieren«

Für das Hinzufügen und die Verwaltung von Vorlagen (auch *Repetitive Codes* genannt) nutzen Sie die App **Überweisungsvorlagen definieren**. Sie öffnen die App über die entsprechende Kachel im SAP Fiori Launchpad. Nach dem Öffnen werden durch Betätigung des Buttons **Start** die bereits im System angelegten Vorlagen im Ergebnisbereich unter Berücksichtigung der von Ihnen angegebenen Filter aufgelistet (siehe Abbildung 6.26).

Abbildung 6.26 SAP-Fiori-App »Überweisungsvorlagen definieren«

In der Ergebnisliste können Sie vorhandene Vorlagen auf der linken Seite markieren und **Löschen** ❶. Die Überarbeitung einer vorhandenen Vorlage ist durch einen Klick auf die Zeile der Vorlage ebenfalls möglich.

Vorlage anlegen

Eine neue Vorlage fügen Sie über **Anlegen** ❷ hinzu. Nach dem Klick öffnet sich die Formularansicht (siehe Abbildung 6.27). Zur eindeutigen Identifizierung der Vorlage tragen Sie im ersten Schritt im Feld **Repetitive Code** eine eindeutige Bezeichnung für die Vorlage ein. Die Verwendung einer Namenskonvention erleichtert Ihnen später das Auffinden der Vorlagen und die gleichzeitige Ausführung mehrerer zusammenhängender Überweisungen.

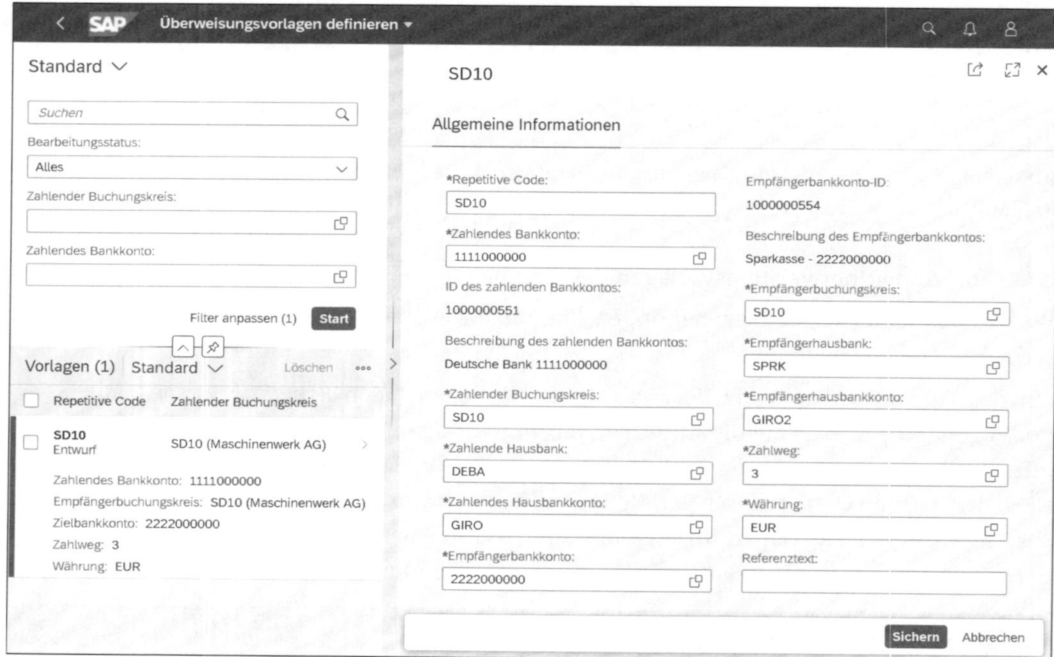

Abbildung 6.27 SAP-Fiori-App »Überweisungsvorlagen definieren« – Vorlagen definieren

Anschließend wählen Sie das sendende Konto entweder über das Feld **Zahlendes Bankkonto** oder über das Feld **Zahlendes Hausbankkonto**. Durch die Bestätigung Ihrer Auswahl mit der Eingabetaste werden die zusätzlichen Felder zum sendenden Konto automatisch ergänzt. Nehmen Sie analog dazu die Eingabe der Daten im Bereich des Empfängerkontos vor.

Über einen Klick auf den Button **Sichern** legen Sie die Zahlungsvorlage im System an. Diese wird von nun an in der Übersicht aufgelistet (siehe Abbildung 6.26).

SAP-Fiori-App »Überweisungen nachverfolgen«

Mit der SAP-Fiori-App **Überweisungen nachverfolgen** erhalten Sie einen Überblick über die Bank-zu-Bank-Überweisungen der letzten drei Monate.

Überweisungen nachverfolgen

Geöffnet werden kann die App über das SAP Fiori Launchpad. Aus diesem erhalten Sie durch die KPI-Kachel bereits einen Überblick über den Status und die Anzahl der offenen und fehlgeschlagenen Überweisungen. Beides sehen Sie in Abbildung 6.28.

Abbildung 6.28 SAP-Fiori-App »Überweisungen nachverfolgen«

Die App öffnet sich in einer dynamischen Reporting-Ansicht (siehe Abbildung 6.29).

Abbildung 6.29 SAP-Fiori-App »Überweisungen nachverfolgen«

Im oberen Bereich befinden sich Buttons, mit denen Sie die Zahlungen nach Status selektieren können. Beim Start der App sind zunächst nur die Überweisungen im Status Ausnahmen sichtbar. Wählen können Sie zwischen folgenden Status:

- Ausnahmen
- Neu
- In Genehmigung

- Genehmigt
- An Bank gesendet
- Abgeschlossen

Rechts oberhalb der Status-Buttons können Sie bereits die Anzahl der dort zugeordneten Zahlungen ablesen.

Ergebnisliste

In der Ergebnisliste werden die Zahlungen mit einem Zahlungsdatum innerhalb der letzten 3 Monate aufgelistet. Beachten Sie, dass zunächst nur die ersten 5 Zahlungen sichtbar sind und Sie bei Bedarf noch zusätzliche Zahlungen über **Weitere** am unteren Bildrand einblenden können. Neben dem Überweisungsdatum werden die Zahllauf-ID, das Quell- und Zielbankkonto und der jeweilige Buchungskreis ausgegeben. Auch der für die Zahlung genutzte Zahlweg, der Detailstatus und der Betrag werden abgebildet.

6.3.2 Kontenübertrag per Free-Form-Zahlung

Free-Form-Zahlungen können Sie für zeitkritische Einzelzahlungen und für Zahlungen ohne Bezug zu einem offenen Posten in der Buchhaltung verwenden. Sie können diese Funktion damit auch für Kontenüberträge zwischen Ihren Bankkonten nutzen. Wird diese Funktion in Ihrem Unternehmen für Zahlungen an externe Geschäftspartner genutzt, ist es wichtig, hierfür eine geeignete Absicherung über Prüfung und Freigabe der Zahlung zu etablieren.

In diesem Abschnitt finden Sie zunächst eine Beschreibung, wie Sie die beiden SAP-Fiori-Apps für Free-Form-Zahlungen nutzen können. Am Ende dieses Abschnitts wird die Funktionsweise der korrespondierenden SAP-GUI-Transaktion FIBLFFP (Free-Form-Zahlungen verarbeiten) erläutert.

SAP-Fiori-Apps für Free-Form-Zahlungen

Im SAP Fiori Launchpad finden Sie die beiden SAP-Fiori-Apps **Free-Form-Zahlungen verarbeiten** und **Meine Free-Form-Zahlungen** (siehe Abbildung 6.30) in der Gruppe **Cash-Vorgänge**.

Über beide Kacheln öffnet sich dieselbe App mit der ID 2564. Der Unterschied besteht lediglich in der Vorbelegung der Filter. Die SAP-Fiori-App **Meine Free-Form-Zahlungen** belegt den Selektionsfilter **Angelegt von** zur Selektion und beschränkt die Ausgabe auf die Zahlungsanforderungen des angemeldeten Benutzers. Die SAP-Fiori-App **Free-Form-Zahlungen verarbeiten** zeigt hingegen alle angelegten Zahlungsanforderungen unabhängig vom Ersteller an.

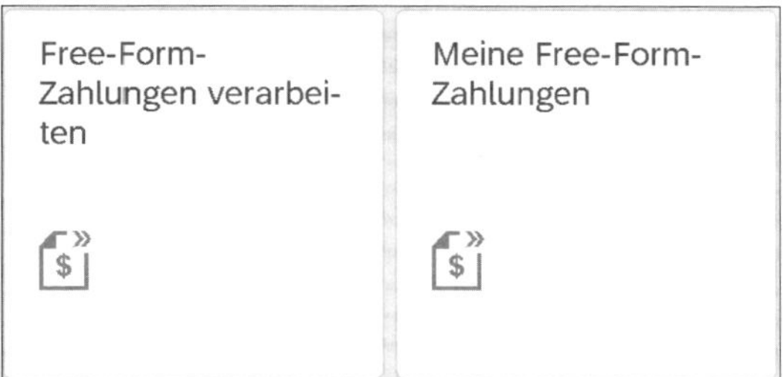

Abbildung 6.30 SAP-Fiori-Kachel »Free-Form-Zahlungen verarbeiten«

Mit den SAP-Fiori-Apps für die Free-Form-Zahlungen können Zahlungsanforderungen angelegt, angezeigt, geprüft, bearbeitet, freigegeben, gebucht und storniert werden.

Starten Sie zunächst eine der beiden SAP-Fiori-Apps, und selektieren Sie optional Filterkriterien im oberen Bereich. Im Ergebnisbereich werden nach einem Klick auf den Button **Start** die im SAP-System angelegten Zahlungsanforderungen dargestellt (siehe Abbildung 6.31). Dabei werden nicht nur durch Free-Form-Zahlungen initiierte, sondern alle im System vorhandenen Zahlungsanforderungen angezeigt.

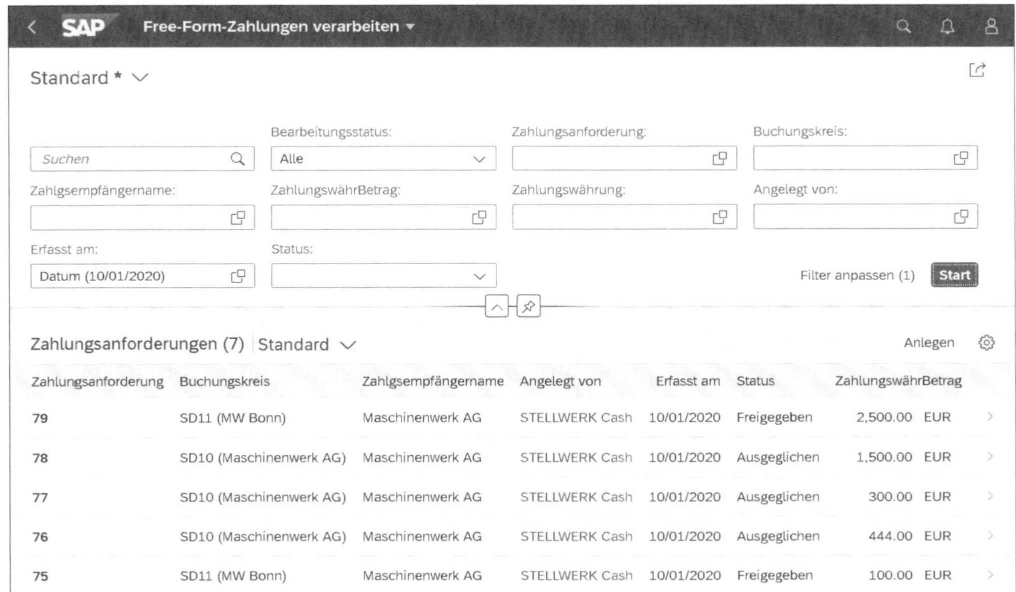

Abbildung 6.31 SAP-Fiori-App »Free-Form-Zahlungen verarbeiten« – Übersicht

Zahlung anlegen

Zum Anlegen einer Zahlung wählen Sie den Button **Anlegen**. Anschließend öffnet sich die Ansicht **Neue Zahlungsanforderung** (siehe Abbildung 6.32).

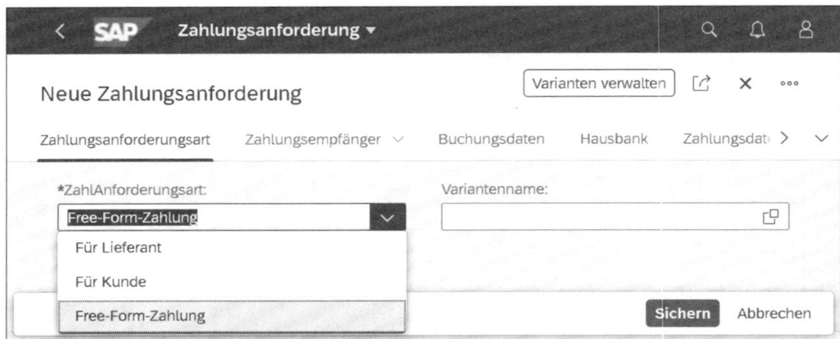

Abbildung 6.32 SAP-Fiori-App »Free-Form-Zahlungen verarbeiten« – Free-Form-Zahlung anlegen

Zahlungsanforderungsart

Im ersten Schritt wählen Sie die Zahlungsanforderungsart aus. Unterschieden wird dabei zwischen **Für Lieferant**, **Für Kunde** (Kreditoren- bzw. Debitorenbuchhaltung) und **Free-Form-Zahlung** (Bankbuchhaltung). Für einen Kontenübertrag wählen Sie **Free-Form-Zahlung**. Danach werden die nachfolgenden Abschnitte und Felder der Erfassungsmaske passend zu der gewählten Zahlungsanforderungsart sichtbar. Im Feld **Variantenname** kann optional eine Vorlage für wiederkehrende Zahlungen ausgewählt werden. Hierzu steht Ihnen eine Suchfunktion zur Verfügung (siehe Abbildung 6.33).

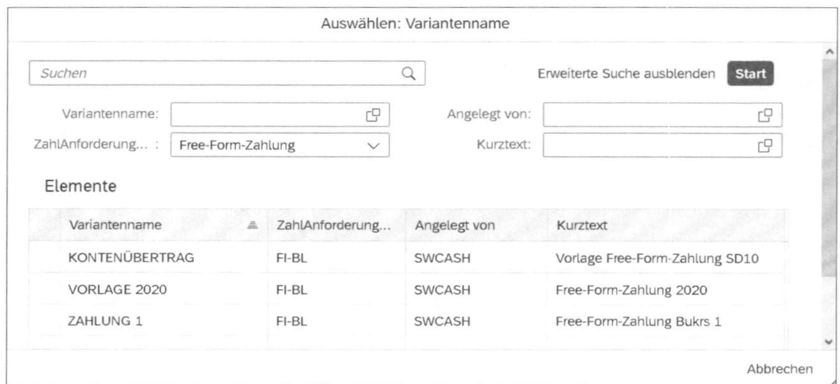

Abbildung 6.33 SAP-Fiori-App »Free-Form-Zahlungen verarbeiten« – Free-Form-Zahlung anlegen – Variante auswählen

Die Variante wird durch einen Doppelklick ausgewählt. Die in dieser Vorlage hinterlegten Parameter werden automatisiert in die jeweiligen Felder eingefügt. Sofern die Felder nicht durch die Variante befüllt wurden oder falls gar keine Variante genutzt wird, müssen diese Felder manuell eingegeben werden.

Zahlungsempfänger

Auf der Registerkarte **Zahlungsempfänger** (siehe Abbildung 6.34) werden die Angaben zum Zielkonto gepflegt. Hier geben Sie in einem ersten Schritt den Namen des Zahlungsempfängers ein. Dieser kann frei definiert oder aus der Geschäftspartnerauswahl selektiert werden. Durch die Bestätigung der Auswahl werden die Angaben im Bereich **Zahlungsempfängerdetails** ergänzt, falls diese im System gepflegt sind. Falls nicht, müssen die Felder im Bereich **Bankverbindung des Zahlungsempfängers** manuell gepflegt werden.

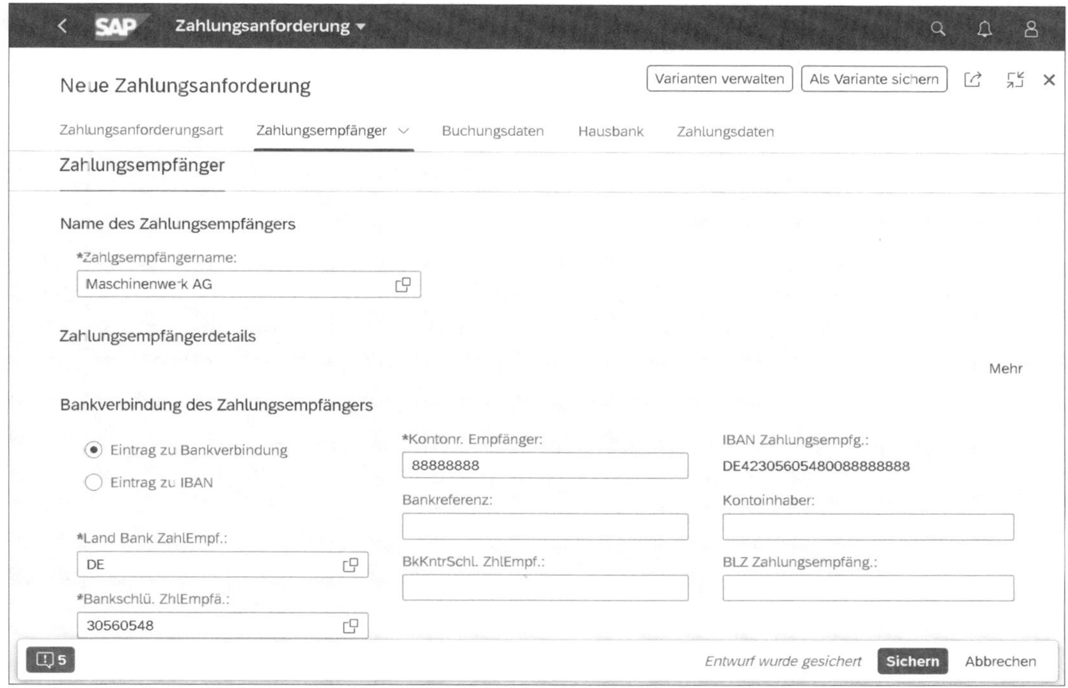

Abbildung 6.34 SAP-Fiori-App »Free-Form-Zahlungen verarbeiten« Free-Form-Zahlung anlegen – Zahlungsempfänger

Buchungsdaten

Auf der Registerkarte **Buchungsdaten** geben Sie an, auf welches Gegenkonto der Buchhaltungsbeleg verbucht werden soll (siehe Abbildung 6.35). Sie können hier zwischen den Kontoarten **Debitor**, **Kreditor** und **Sachkonto** wählen. Für einen Kontenübertrag wählen Sie die Kontoart **Sachkonto** aus.

Als Kontonummer spezifizieren Sie ein Bankverrechnungskonto oder ein internes Buchungskreisverrechnungskonto. Beachten Sie, dass das SAP-System nur die ausgehende Zahlungsbuchung erzeugt. Der Zahlungseingang auf dem Empfängerkonto wird erst später nach dem Geldeingang über den elektronischen Kontoauszug gebucht.

Abbildung 6.35 SAP-Fiori-App »Free-Form-Zahlungen verarbeiten« – Buchungsdaten

Hausbank Auf der Registerkarte **Hausbank** geben Sie das Quellkonto an, von dem der Betrag gezahlt wird. Dafür geben Sie den zahlenden Buchungskreis, die Hausbank und die Konto-ID an, auf die die Zahlungen im Zahlprogramm für Zahlungsanforderungen gebucht werden.

Zahlungsdaten Die Registerkarte **Zahlungsdaten** enthält alle wichtigen Felder für die Eingabe des Zahlungsbetrags, der Währung für die Zahlung, den Zahlweg und das Valutadatum (siehe Abbildung 6.36).

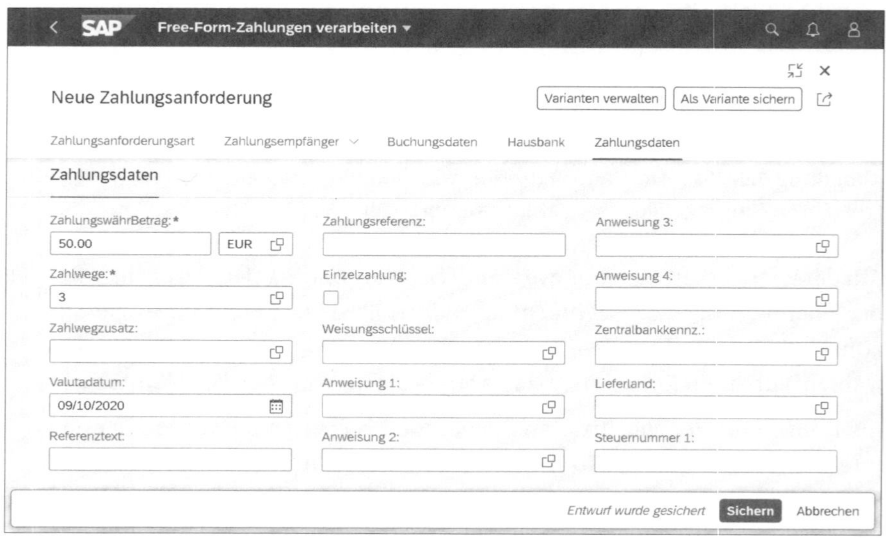

Abbildung 6.36 SAP-Fiori-App »Free-Form-Zahlungen verarbeiten« – Zahlungsdaten

Über den Button **Sichern** legen Sie die Zahlungsanforderung an. Nach dem Sichern haben Sie die Möglichkeit, die Zahlungsanforderung über den Button **Bearbeiten** im oberen rechten Bildbereich zu verändern (siehe Abbildung 6.37).

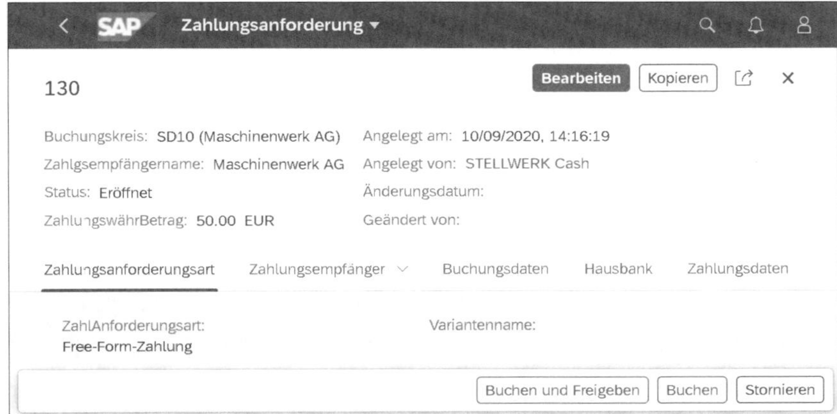

Abbildung 6.37 SAP-Fiori-App »Free-Form-Zahlungen verarbeiten« – gespeicherte Zahlungsanforderung

Über den Button **Buchen und Freigeben** geben Sie die Zahlungsanforderung frei und starten den Zahllauf. In dem sich öffnenden Pop-up-Fenster müssen Sie noch einmal die Ausführung bestätigen (siehe Abbildung 6.38).

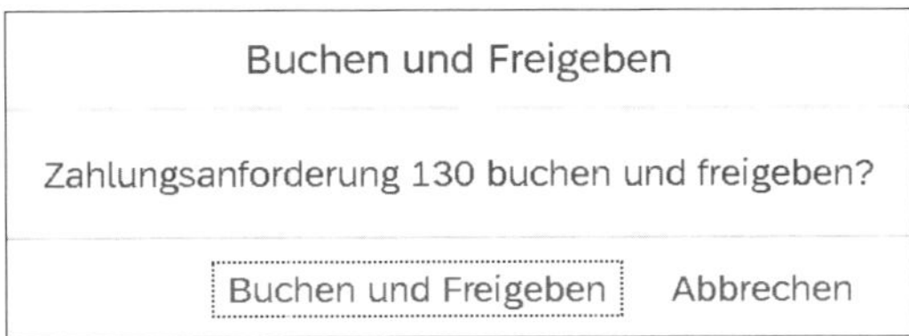

Abbildung 6.38 SAP-Fiori-App »Free-Form-Zahlungen verarbeiten« – Free-Form-Zahlungsanforderung buchen und freigeben

Die erfolgreiche Durchführung wird Ihnen umgehend über den Hinweisbereich im SAP Fiori Launchpad ausgegeben bzw. bestätigt (siehe Abbildung 6.39).

Varianten verwalten

Varianten sind Vorlagen für wiederkehrende Zahlungen. Bei der Anlage einer neuen Free-Form-Zahlung wurde die Auswahl einer Variante erläutert. Um eine neue Variante zu erstellen, gehen Sie wie oben bei der Neuanlage einer Zahlung beschrieben vor und sichern diese dann als Variante, bevor Sie die Zahlung selbst sichern. Wählen Sie dafür den Button **Als Variante sichern** im oberen rechten Bereich der Ansicht.

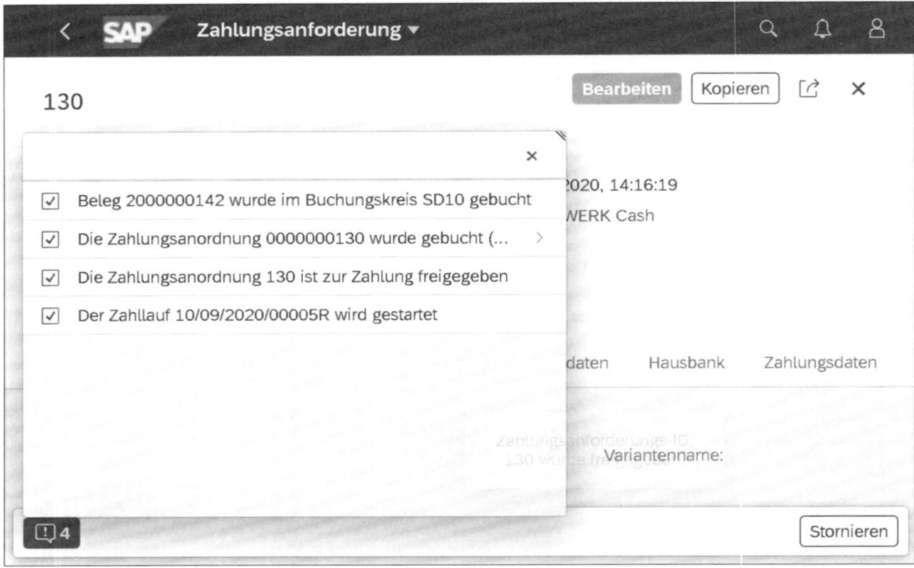

Abbildung 6.39 SAP-Fiori-App »Free-Form-Zahlungen verarbeiten« – Bestätigungsmeldung für eine Free-Form-Zahlung

In dem sich öffnenden Pop-up-Fenster ergänzen Sie nun die Pflichtfelder **Variantenname** und **Variantenbeschreibung** (siehe Abbildung 6.40).

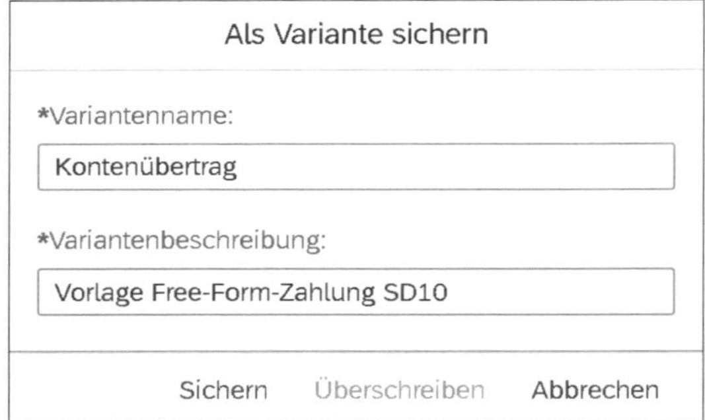

Abbildung 6.40 SAP-Fiori-App »Free-Form-Zahlungen verarbeiten« – Variante sichern

Die Anlage der Variante wird durch **Sichern** bestätigt. Sollte eine Variante mit dem identischen Variantennamen vorhanden sein, wird ein Hinweis ausgegeben. Die vorhandene Variante kann über den Button **Überschreiben** aktualisiert werden.

Nicht mehr benötigte Varianten können über die App entfernt werden. Wählen Sie dafür aus der **Anlegen**-Ansicht den Button **Varianten verwalten** (siehe Abbildung 6.32). In dem sich öffnenden Fenster werden alle im System vorhandenen Varianten angezeigt (siehe Abbildung 6.41).

Varianten verwalten

KONTENÜBERTRAG ×

VORLAGE 2020 ×

ZAHLUNG 1 ×

Sichern Abbrechen

Abbildung 6.41 SAP-Fiori-App »Free-Form-Zahlungen verarbeiten« – Varianten verwalten

Über das Icon ☒ (**Entfernen**) wird die entsprechende Vorlage der Zeile dauerhaft gelöscht.

Varianten in SAP-Fiori-App und Transaktion identisch

Sowohl über die SAP-Fiori-App als auch über die SAP-GUI-Transaktion können Sie Varianten nutzen. Diese Varianten unterscheiden sich nicht. Das heißt, dass Sie eine Variante sowohl über die Transaktion als auch über die App anlegen und nutzen können.

Free-Form-Zahlungen mit der SAP-GUI-Transaktion FIBLFFP

Für Free-Form-Zahlungen stellt SAP ebenfalls eine SAP-GUI-Transaktion zur Verfügung. Die Free-Form-Zahlung mit Transaktion FIBLFFP (Free-Form-Zahlung) bietet einen analogen Funktionsumfang wie die SAP-Fiori-App. Die Transaktion finden Sie über den Pfad **Rechnungswesen • Finanzwesen • Banken • Ausgänge • Online-Zahlungen** im SAP-Menü. Nach dem Start der Transaktion öffnet sich das Selektionsbild (siehe Abbildung 6.42).

Hier werden – analog zur SAP-Fiori-App – die Parameter für den Zahlungsempfänger, die Buchungsdaten und die Zahlungsdaten einschließlich der Angaben zum zahlenden Buchungskreis und des Hausbankkontos eingetragen. In der Werkzeugleiste im oberen Bereich befinden sich zusätzlich die Buttons **Holen** und **Sichern** für das Laden und Speichern der Varianten.

Mit dem Button **Zahlung** starten Sie den Zahllauf und verbuchen den Beleg. Die Durchführung der Zahlung wird durch einen positiven Status bestätigt (siehe Abbildung 6.43).

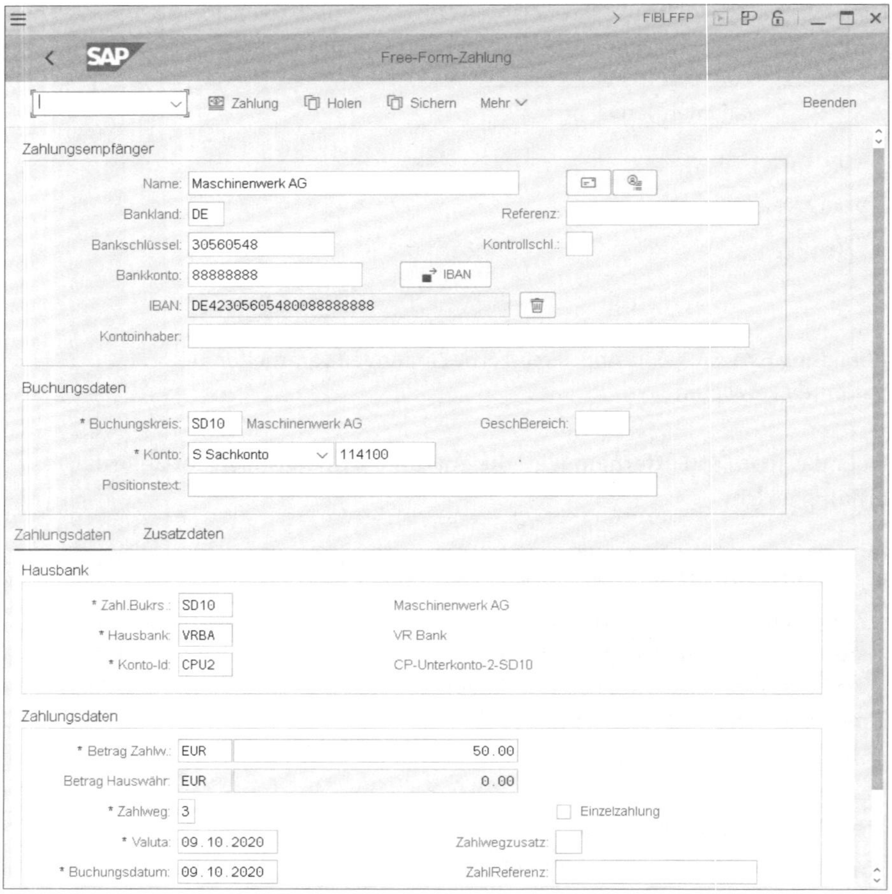

FIBLFFP
Free-Form-Zahlung
Zahlung
Holen
Sichern
Mehr
Beenden
Zahlungsempfänger
Name: Maschinenwerk AG
Bankland: DE
Referenz:
Bankschlüssel: 30560548
Kontrollschl.:
Bankkonto: 88888888
IBAN
IBAN: DE42305605480088888888
Kontoinhaber:
Buchungsdaten
* Buchungskreis: SD10 Maschinenwerk AG
GeschBereich:
* Konto: S Sachkonto 114100
Positionstext:
Zahlungsdaten
Zusatzdaten
Hausbank
* Zahl.Bukrs.: SD10 Maschinenwerk AG
* Hausbank: VRBA VR Bank
* Konto-Id: CPU2 CP-Unterkonto-2-SD10
Zahlungsdaten
* Betrag Zahlw.: EUR 50.00
Betrag Hauswähr: EUR 0.00
* Zahlweg: 3
Einzelzahlung
* Valuta: 09.10.2020
Zahlwegzusatz:
* Buchungsdatum: 09.10.2020
ZahlReferenz:

Abbildung 6.42 Free-Form-Zahlung (SAP GUI) – Parameter eingeben

Protokolle anzeigen
Typ
Meldungstext
Beleg 2000000138 wurde im Buchungskreis SD10 gebucht
Zahlungsanordnung 0000000128 wurde erstellt
Die Zahlungsanordnung 0000000128 ist zur Zahlung freigegeben
Der Zahllauf 20201009/00003R wird gestartet
Technische Informationen

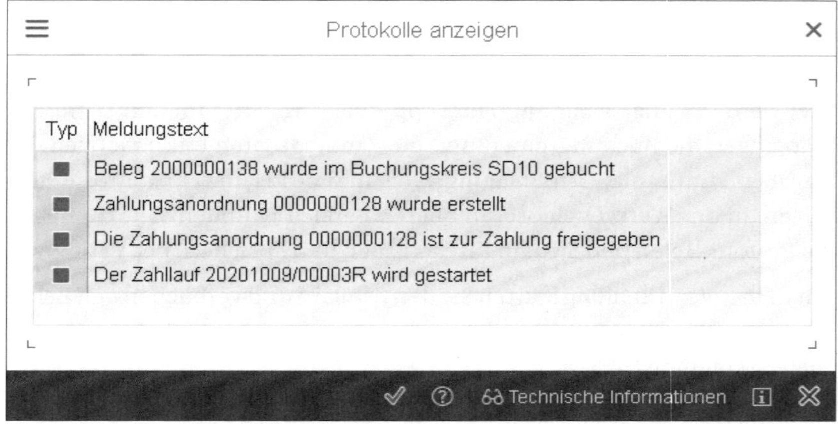

Abbildung 6.43 Free-Form-Zahlung (SAP GUI) – Protokoll

Das Detailprotokoll zum Zahllauf können Sie über die SAP-GUI-Transaktion F111 (Maschineller Zahlungsverkehr für Zahlungsanordnungen) einsehen, indem Sie die Zahllauf-ID und das Datum auswählen und das Protokoll zur Zahlung ausgeben lassen. Eine SAP-Fiori-App zur Einsichtnahme des Protokolls ist nach derzeitigem Stand noch nicht integriert.

6.4 Cash Pooling und Kontenclearing im SAP-System

Mit der erweiterten Cash-Management-Lizenz (Full Cash) haben Sie die Möglichkeit, Cash Pools im SAP-System abzubilden, automatisierte Kontenüberträge zu simulieren und sie selbstständig durchzuführen.

Funktion von Cash Pools

Cash Pools sind ein Verbund mehrerer Bankkonten im Unternehmen, um die Liquiditätsmittel einzelner Konten zu bündeln. Überschüsse und Unterdeckungen werden gegen ein zentrales Sammel- bzw. Hauptkonto auf Basis der Valutensalden ausgeglichen.

Die gesamte Liquidität aller beteiligten Konten wird auf dem Hauptkonto für die weitere Disposition verfügbar, und alle Unterkonten weisen einen täglichen valutarischen Saldo in Höhe von 0 EUR oder eine Mindestreserve auf. Dies reduziert die Komplexität und manuellen Tätigkeiten in der täglichen Finanzdisposition.

Insgesamt liefert das Cash Pooling einen substanziellen Beitrag zur Erreichung der Ziele der Liquiditätsdisposition (siehe Abschnitt 6.1, »Überblick über die Disposition liquider Mittel«). Daher sind Cash Pools ein wichtiges Instrument für das Liquiditätsmanagement in Ihrem Unternehmen.

Im SAP-System können Sie zwei Typen von Cash Pools verwalten. Unterschieden wird dabei grundsätzlich zwischen bankinternen und SAP-internen Cash Pools, deren Beschreibungen Sie in den folgenden Abschnitten finden.

Im ersten Abschnitt 6.4.1, »Cash Pools im SAP-System«, erfahren Sie, wie Sie Cash Pools beider Typen und Cash-Pool-Hierarchien definieren. Anschließend finden Sie in diesem Abschnitt eine Beschreibung der SAP-Fiori-App **Cash-Pool-Unterdeckung** für einen Überblick über die Auswirkungen der Cash Pools auf Ihre finanzielle Situation.

Eine ausführliche Erläuterung des Kontenclearings für SAP-interne Cash Pools finden Sie in Abschnitt 6.4.2, »Konzept zum Kontenclearing«. Dieser Abschnitt beschreibt das hinter der SAP-Fiori-App und der SAP-GUI-Transaktion liegende Konzept. In Abschnitt 6.4.3, »Kontenclearing mit SAP-Fiori-Apps (Full Cash)«, folgen detaillierte Informationen der SAP-Fiori-App **Kontenclearing verwalten** sowie zur Funktion der Kontenclearingsimulation mit der SAP-Fiori-App **Cashflow-Analyse**. Abschnitt 6.4.4, »Kontenclearing im SAP GUI (Basic Cash)«, behandelt die SAP-GUI-Transaktionen zum Kontenclearing.

[»]

Erforderliche Lizenz für Cash Pools und Kontenclearing

Für die Verwaltung von Cash Pools und die Definition von Cash-Pool-Strukturen im Bankkontenstamm wird die erweiterte Lizenz der Cash-Management-Komponente benötigt. Auch die Funktionen des Kontenclearings im SAP Fiori Launchpad/mit SAP-Fiori-Apps bedürfen der lizenzpflichtigen Erweiterung. Die SAP-GUI-Transaktionen sind bereits in der SAP-Standardlizenz enthalten.

6.4.1 Cash Pools im SAP-System

Cash Pools werden im SAP-System durch einen Cash-Pool-Stammsatz und durch die Zuordnung einzelner Bankkonten repräsentiert. Die Administration von Cash Pools erfolgt dabei im SAP-System in verschiedenen Apps.

Cash Pools anlegen

Zur Verdeutlichung sind die Prozessschritte zur Neuanlage eines einfachen Cash Pools tabellarisch in Tabelle 6.1 abgebildet. Hierbei ist die Definition eines Cash Pools mit zwei Unterkonten dargestellt.

Schritt	Tätigkeit	SAP-Fiori-App
1	Cash Pool definieren	Cash-Pools verwalten
2	Sammelkonto zuordnen	Bankkonten verwalten
3	Unterkonto 1 zuordnen	Bankkonten verwalten
4	Unterkonto 2 zuordnen	Bankkonten verwalten

Tabelle 6.1 SAP-Fiori-Apps zum Anlegen einer Cash-Pool-Struktur

Grundsätzlich kann die Reihenfolge bei der Zuordnung der Unterkonten auch vor der Zuordnung des Sammelkontos erfolgen.

Im ersten Schritt wird für den Cash Pool ein eigenständiger Stammsatz mit der SAP-Fiori-App **Cash-Pools verwalten** angelegt. Hier werden die Steuerungsparameter, wie z. B. der Cash-Pool-Typ, definiert und ein sprechender Name vergeben.

Schließlich müssen Sie diesem Cash Pool Bankkonten mit Ihrer jeweiligen Rolle hinzufügen. Unterschieden wird dabei zwischen einem Sammelkonto (Hauptkonto) und einem oder mehreren Unterkonten. Im jeweiligen Bankkontenstammsatz nehmen Sie die entsprechende Zuordnung mit der SAP-Fiori-App **Bankkonten verwalten** vor (Schritte 2–4).

Bei einer mehrstufigen Cash-Pool-Hierarchie würden sich die Schritte entsprechend wiederholen. Für die zweite Ebene würde ein weiterer Cash-Pool-Stammsatz angelegt. Bei der Kontenzuordnung wird das verbindende Konto einmal als Sammelkonto und einmal als Unterkonto zugeordnet.

SAP-Fiori-App »Cash-Pools verwalten«

Die Administration des Cash-Pool-Stammsatzes erfolgt mit der SAP-Fiori-App **Cash-Pools verwalten**. Hier können Sie die vorhandenen Cash Pools einsehen, neue Cash Pools anlegen und bei Bedarf nicht benötigte oder veraltete Cash-Pools löschen.

SAP-Fiori-App »Cash-Pools verwalten«

Sie starten die App über die Kachel **Cash-Pools verwalten** im SAP Fiori Launchpad (siehe Abbildung 6.44).

Abbildung 6.44 SAP-Fiori-Kachel »Cash-Pools verwalten«

Durch einen Klick auf den Button **Start** werden alle im SAP-System vorhandenen Cash Pools im Ergebnisbereich unter Berücksichtigung der Filterkriterien ausgegeben (siehe Abbildung 6.45).

Abbildung 6.45 SAP-Fiori-App »Cash-Pools verwalten« – Übersicht

Cash Pool ändern

Einen angelegten Cash Pool können Sie mit einem Klick auf die korrespondierende Zeile bearbeiten. Dabei öffnen sich im rechten Bereich der Ansicht die Details zu dem gewählten Cash Pool (siehe Abbildung 6.46).

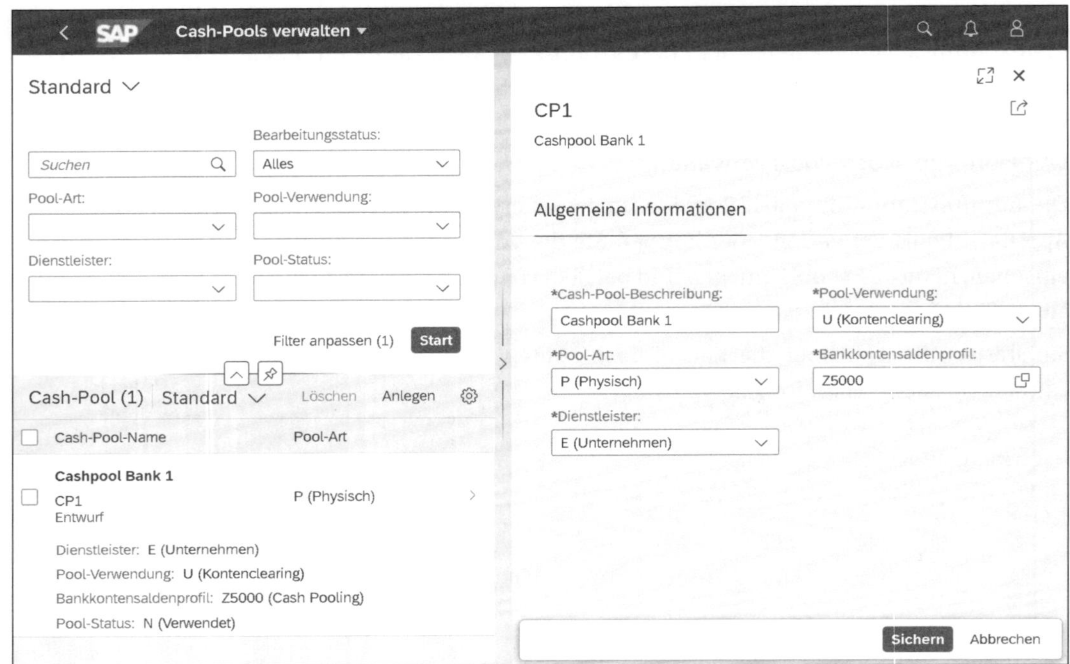

Abbildung 6.46 SAP-Fiori-App »Cash-Pools verwalten« – Cash Pool bearbeiten

Im oberen Bereich befinden sich der Cash-Pool-Name und die Cash-Pool-Bezeichnung. Im Bereich **Allgemeine Informationen** sind die Steuerungsparameter zum Cash Pool sichtbar. Wofür die einzelnen Felder benötigt werden und welche Auswahlmöglichkeiten vorhanden sind, wird durch das Anlegen eines Beispiel-Cash-Pools nachfolgend detailliert beschrieben.

Cash Pool definieren

Um einen neuen Cash Pool hinzuzufügen, wählen Sie den Button **Anlegen**. Daraufhin öffnet sich im rechten Bereich der Ansicht die Eingabemaske für die Cash-Pool-Angaben (siehe Abbildung 6.47).

Geben Sie im ersten Schritt einen gewünschten Namen für den Cash Pool und eine zugehörige **Cash-Pool-Beschreibung** ein. Beachten Sie, dass der Cash-Pool-Name nach dem Sichern nicht mehr änderbar ist. Befüllen Sie anschließend die folgenden erforderlichen Felder.

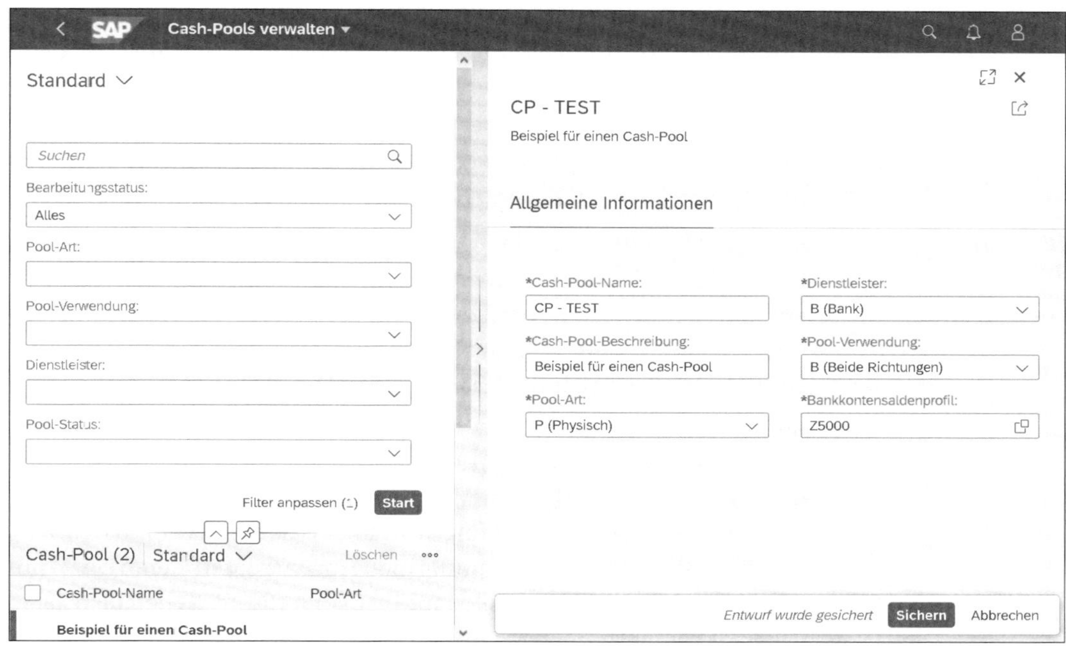

Abbildung 6.47 SAP-Fiori-App »Cash-Pools verwalten« – Cash Pool definieren

- **Pool-Art**
  Wählen Sie im Feld **Pool-Art** die Option **P (Physisch)**. Dies ist aktuell die einzige Auswahlmöglichkeit. Zur Verdeutlichung sei hier erwähnt, dass bei einem physischen Cash Pool reale Buchungen zum Ausgleich durchgeführt werden. Banken bieten neben den physischen Cash Pools auch virtuelle Cash Pools an. Hier wird die kumulierte Cash-Pool-Ansicht nur zur Berechnung von Zinsen genutzt, und die Konten werden physisch nicht ausgeglichen. Diese Cash-Pool-Art kann durch diese App nicht verwaltet werden.
- **Dienstleister**
  In diesem Feld definieren Sie, ob es sich um einen bankinternen oder einen SAP-internen Cash Pool handelt. Wenn die Kontenüberträge durch Ihre Bank automatisiert ausgeführt werden, wählen Sie hier die Möglichkeit **B (Bank)**. Dadurch wird ein manuelles Kontenclearing durch das SAP-System ausgeschlossen. Wenn Sie die Liquiditätsbündelung mit dem SAP-Kontenclearing durchführen, wählen Sie die Option **E (Unternehmen)**.
- **Pool-Verwendung**
  In diesem Feld wählen Sie, in welche Richtung der Cash im anzulegenden Cash Pool bewegt wird.

Wenn Sie sowohl einen Ausgleich bei der Unterdeckung eines Sammelkontos durch das Hauptkonto als auch die Zusammenführung von überschüssigen Mitteln ermöglichen möchten, wählen Sie die Option **B (Beide Richtungen)**. Diese Option ist zwingend notwendig, wenn die Verwaltung des Cash Pools durch die Bank erfolgt.

Die zweite Option, **D (Cash-Verteilung)**, ermöglicht die Verteilung von Cash vom Hauptkonto auf die Sammelkonten.

Durch die dritte Option, **U (Kontenclearing)**, werden nur überschüssige liquide Mittel von den Unterkonten auf dem Hauptkonto zusammengeführt. Mit dieser Option findet also keine Rückübertragung vom Hauptkonto auf die Unterkonten statt.

- **Bankkontensaldenprofil**
  Im Kontenclearing wird das Bankkontensaldenprofil für die Berechnung der Bankkontensalden verwendet. Zur Durchführung eines Kontenclearings können Sie die Berechnung des Bankensaldos so beeinflussen, dass nur die Positionen zur Berechnung einbezogen werden, deren Dispositionsebenen im Bankkontensaldenprofil definiert sind. Neben dem Saldo des Bankkontos können Sie so z. B. Zahlläufe berücksichtigen, die zwar ausgeführt, aber noch nicht auf dem Bankkonto verbucht sind. Sie definieren Bankkontensaldenprofile im Customizing (siehe Abschnitt 10.4.8, »Bankkontensaldenberechnung«).

Abschließend speichern Sie den Cash Pool über den Button **Sichern**. Damit haben Sie den Rahmen für den Cash Pool geschaffen. Dem Cash Pool müssen nun Bankkonten zugewiesen werden – erst dann entsteht eine verwendbare Struktur.

Bankkonten einem Cash Pool zuordnen

Die Zuordnung eines Bankkontos zu einem Cash Pool wird im Bankkontenstammsatz definiert. Durch die Hinzunahme aller Bankkonten zu einem definierten Cash Pool entsteht letztlich die eigentliche Cash-Pool-Struktur.

[»]

Bankkontenstammsätze verwalten

Die Administration der Bankkonten ist mit SAP S/4HANA überarbeitet worden. Diese wird vollständig mit dem SAP Fiori Launchpad durchgeführt.

In Kapitel 7, »Stammdaten für Banken und Bankkonten pflegen«, wird detailliert auf die neue Stammdatenverwaltung eingegangen. An dieser Stelle ist es jedoch unabdingbar, dem Thema vorzugreifen und die Cash-Pool-relevanten Aspekte vorzustellen.

Bankkonten-verwaltung

Starten Sie die SAP-Fiori-App **Bankkonten verwalten** im SAP Fiori Launchpad. Suchen Sie dort das Bankkonto, das Sie dem soeben angelegten Cash Pool zuordnen möchten. Öffnen Sie den Bankkontenstammsatz in der Detailansicht durch einen Klick auf diesen.

Um ein Bankkonto einem Cash Pool hinzufügen zu können, ist es erforderlich, dass das Konto mit einer Hausbankzuordnung vollständig definiert wurde und das Kontrollkästchen zu **In Cash-Pooling verwenden** angehakt ist. Navigieren Sie zur Pflege dieser Option im Detailbereich vom Bankkonto auf die Registerkarte **Hausbankkontenkonnektivität**, und öffnen Sie dort die angelegte Hausbankzuweisung (siehe Abbildung 6.48).

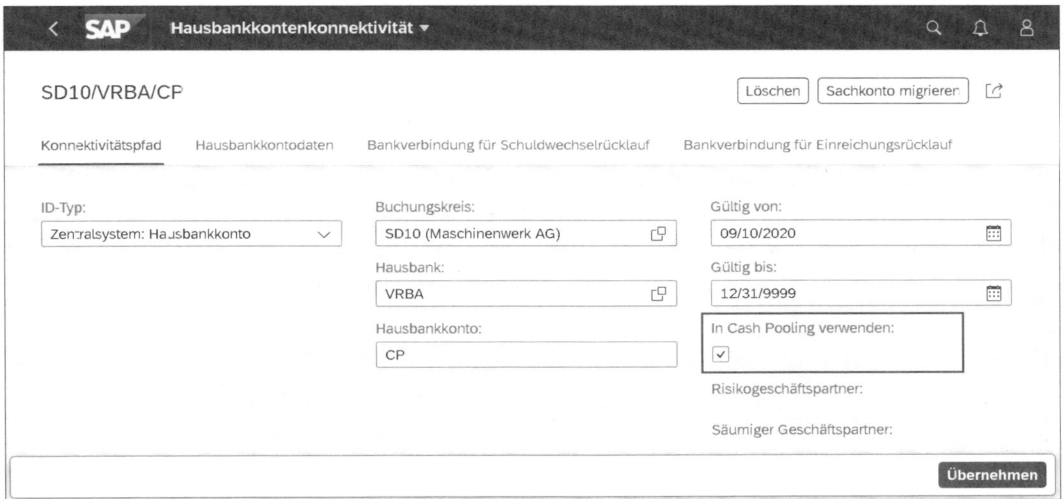

Abbildung 6.48 SAP-Fiori-App »Bankkonten verwalten« – für Cash Pool vorbereiten

Auf der ersten Registerkarte **Konnektivitätspfad** befinden sich die grundlegenden Hausbankkonfigurationen. Aktivieren Sie dort das Kontrollkästchen zu **In Cash Pooling verwenden**, und sichern Sie die Eingabe. Anschließend können Sie die Cash-Pool-Konfiguration fortführen. Navigieren Sie anschließend zur Registerkarte **Cash-Pool** (siehe Abbildung 6.49).

Auf der Registerkarte **Cash-Pool** legen sie fest, in welcher Funktion das Konto in einem Cash Pool fungiert

- als Sammelkonto eines Cash Pools
- als Unterkonto eines Cash Pools
- als Sammelkonto für einen Cash Pool A und als Unterkonto für einen anderen Cash Pool

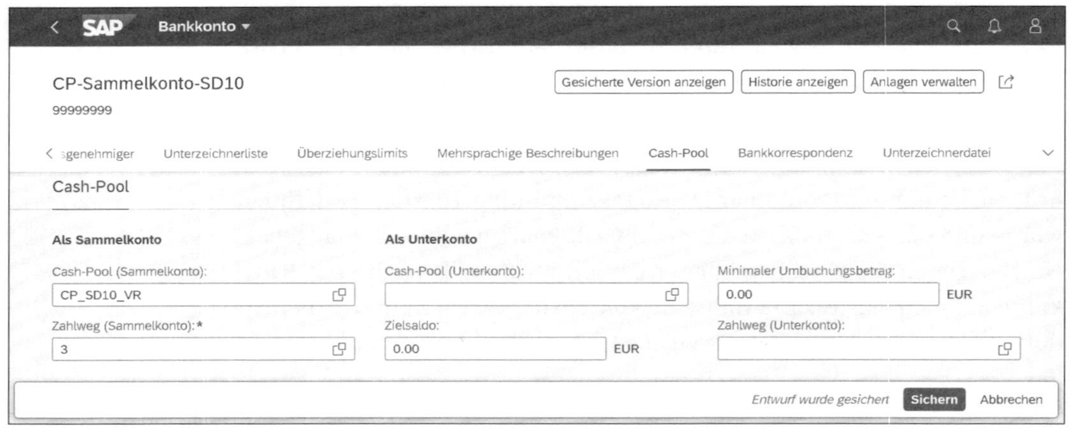

Abbildung 6.49 SAP-Fiori-App »Bankkonten verwalten« – Registerkarte »Cash-Pool«

Bankkonto als Sammelkonto

Wenn Sie das Konto als Sammelkonto definieren, erfolgt der Liquiditätsausgleich zentral von diesem Konto. Entsprechend der Ausprägung der **Pool-Verwendung** im Cash Pool werden Liquiditätsdefizite und Liquiditätsüberschüsse auf Unterkonten durch dieses Konto ausgeglichen.

Falls es sich bei dem Cash Pool um einen physischen Cash Pool handelt, müssen Sie zusätzlich den Zahlweg eintragen, der für die Pooling-Buchungen verwendet werden soll. Das Feld **Zahlweg** wird eingabebereit, sobald Sie den Cash-Pool-Namen gewählt haben und die Auswahl mit der Eingabetaste bestätigen.

Bankkonto als Unterkonto

Mit der Zuordnung eines Cash Pools im Feld **Cash-Pool (Unterkonto)** fungiert es in dem zugeordneten Cash Pool als Unterkonto. Liquiditätsüberschüsse auf diesem Konto werden auf das Sammelkonto übertragen, und bei Unterdeckungen erhält dieses Konto finanzielle Mittel von dem Hauptkonto unter Berücksichtigung der Pool-Verwendung.

Mehrstufige Cash-Pool-Strukturen

Mehrstufige Cash-Pool-Strukturen sind im SAP-System abbildbar. So kann die Liquiditätsbündelung auf verschiedenen Ebenen und in zeitlich versetzten Schritten durchgeführt werden. Ein beispielhaftes Szenario wäre, dass Tochtergesellschaften jeweils pro Land einen lokalen Cash Pool für verschiedene Bankkonten nutzen und diese täglich ausgeglichen werden. Wöchentlich erfolgt der Ausgleich länderübergreifend auf der Konzernebene, wodurch die lokalen Sammelkonten im übergreifenden Cash Pool als Unterkonto eingebunden sind. Diese Struktur können Sie ebenfalls in der Bankkontenstammdatenverwaltung abbilden. Definieren Sie hierzu in allen lokalen Sammelkonten den übergreifenden Cash Pool im Feld **Cash-Pool (Unterkonto)** und den lokalen Cash Pool im Feld **Cash-Pool (Sammelkonto)**.

SAP-Fiori-App »Cash-Pool-Unterdeckung«

Mit der SAP-Fiori-App **Cash-Pool-Unterdeckung** erhalten Sie eine grafische Übersicht dazu, welche Cash Pools eine Unterdeckung aufweisen. Dadurch kann das Cash Management schnell auf Unterdeckungen reagieren. Der KPI (Key Performance Indicator) der KPI-Kachel in Abbildung 6.50 zeigt Ihnen bereits eine Tendenz.

Abbildung 6.50 SAP-Fiori-Kachel »Cash-Pool-Unterdeckung«

Berechnung des KPI

Bei der Berechnung des KPI zur Unterdeckung berücksichtigt die App die Cashflows mit folgenden Wahrscheinlichkeiten:

- ACTUAL (Ist-Cashflow)
- CMIDOC (Verteiltes Cash Management)
- FICA (Contract Accounting)
- MEMO (Einzelsatz)
- SI_CIT (Eigeninitiierter Cash in Transit)
- TRM_D (Finanzinstrument)
- TRM_O (Optionales Finanzinstrument)

Abweichende Berechnungen des Saldos (beispielsweise durch Dispoebenen im Bankkontensaldenprofil) sind nicht einstellbar. Cash Pools mit einem positiven Saldo werden bei der Berechnung nicht berücksichtigt und auch im Report nicht angezeigt.

Cash-Pool-Unterdeckung als Diagramm darstellen

Die Kachel zur App ist im SAP Fiori Launchpad in der Gruppe **Cash-Vorgänge** enthalten. Nach dem Öffnen werden die Cash Pools als Diagramm ausgegeben, deren aggregierter Saldo eine Unterdeckung aufweist (siehe Abbildung 6.51).

Struktur der Grafik anpassen

In der sich öffnenden Standardansicht wird die Ausgabe **Nach Cash-Pool** gegliedert. Da nur einer der im System angelegten Cash Pools eine Unterdeckung aufweist, ist in dieser beispielhaften Abbildung lediglich ein Cash Pool angezeigt.

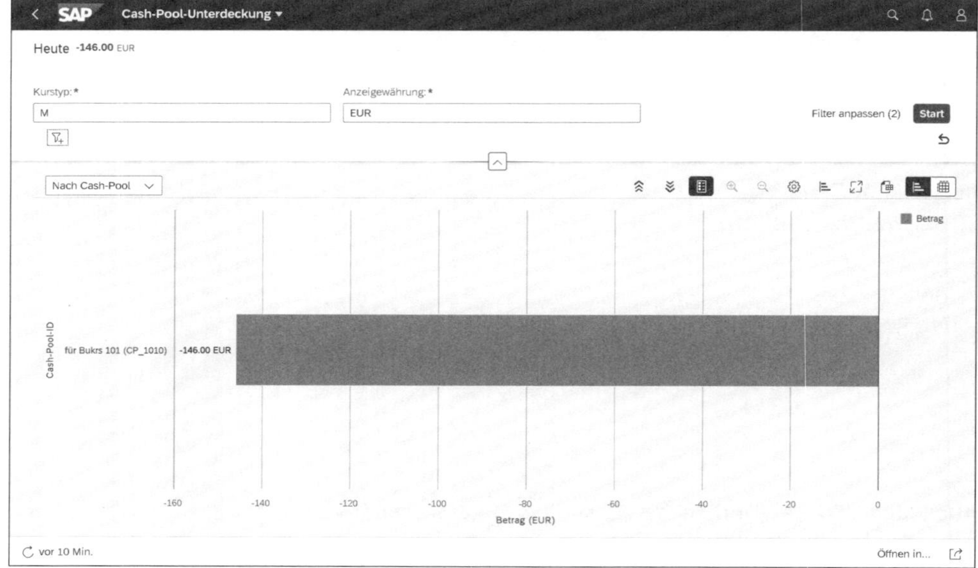

Abbildung 6.51 SAP-Fiori-App »Cash-Pool-Unterdeckung« – Auswahl »Nach Cash-Pool«

Über die Gliederung oder das Kontextmenü (durch die Auswahl eines Cash Pools) kann die Ansicht **Nach Bankkonto** ausgewählt werden (siehe Abbildung 6.52).

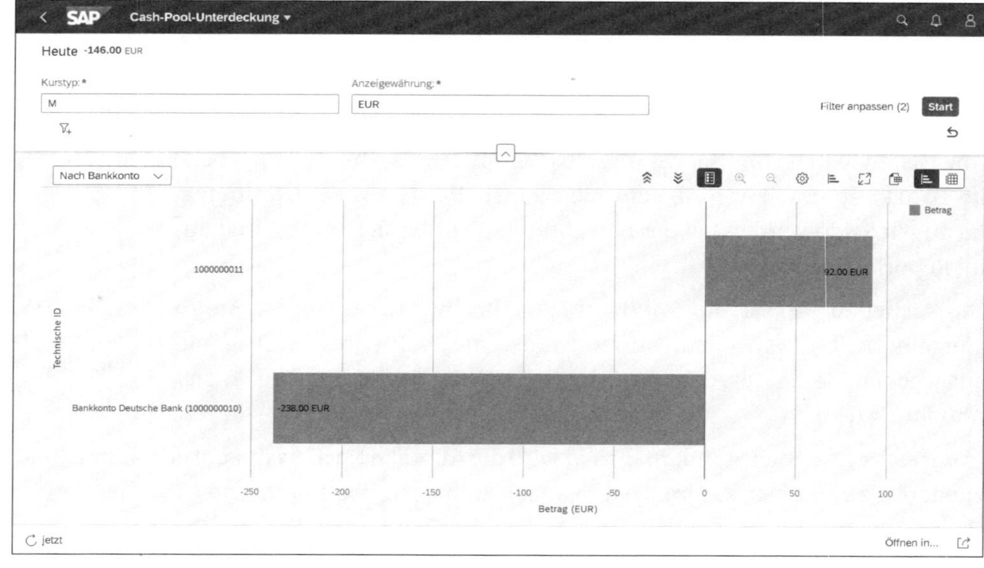

Abbildung 6.52 SAP-Fiori-App »Cash-Pool-Unterdeckung« – Auswahl »Nach Bankkonto«

Die jeweiligen Bankkontensalden werden dadurch transparent und das Konto bzw. die Konten identifiziert, die einen negativen Saldo aufweisen.

Zusätzlich kann die Ausgabe als Diagramm in verschiedenen Diagrammtypen oder als Tabelle erfolgen.

6.4.2 Konzept zum Kontenclearing

Die SAP-Funktion **Kontenclearing** ermöglicht einen automatisierten Ausgleich einer Gruppe von Unterkonten mit Unterdeckung oder Überdeckung gegen ein definiertes Sammelkonto.

Im Ergebnis wird damit ein automatisierter Ausgleich der Konten, vergleichbar mit dem bankinternen Cash Pooling erreicht. Die Unterkonten erhalten vom Zielkonto bei Unterdeckung einen Ausgleich. Nicht benötigte Finanzmittel auf einem Unterkonto werden zum Sammelkonto transferiert. Dieses Konzept ist beispielhaft in Abbildung 6.53 dargestellt.

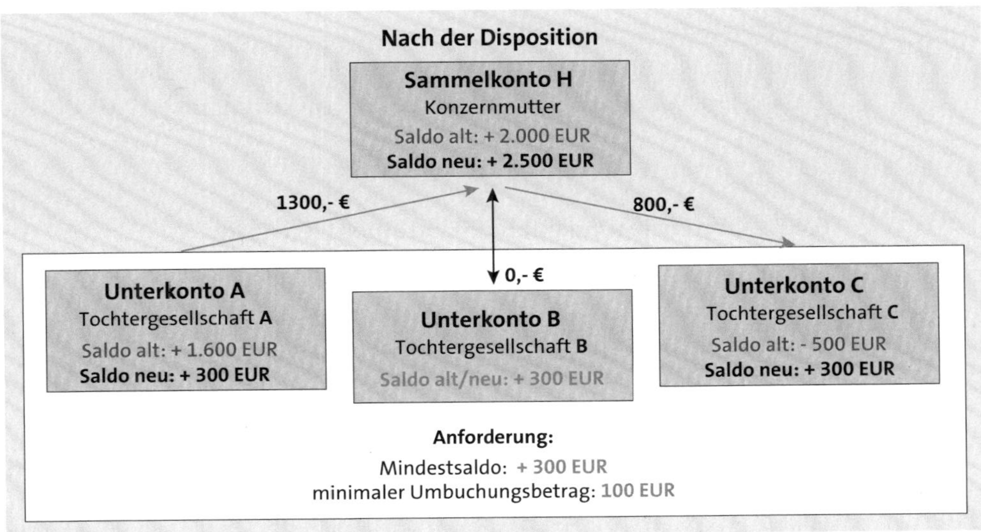

Abbildung 6.53 Exemplarische Struktur und Cashflows in einem Cash Pool

Kontenstruktur für das Kontenclearing

Die Grafik zeigt dabei eine Kontenstruktur auf, die aus einem Sammelkonto für die Konzentration der liquiden Mittel und drei Unterkonten besteht. Bei allen Konten handelt es sich um Hausbankkonten. Das Sammelkonto H hat die Funktion, überschüssige Mittel der Unterkonten A–C zu sammeln und bei Bedarf die Konten auszugleichen. Zusätzlich kann festgelegt werden, ob ein Mindestbetrag auf dem Konto als Reserve für Unvorhergesehenes verbleiben soll. In dem gezeigten Beispiel wurde definiert, dass jedes Konto nach dem Ausgleich einen Mindestbetrag in Höhe von 300 EUR aufweisen soll.

Durchführung des Ausgleichs

Die Realisierung des Ausgleichs erfolgt über Kontenclearings. Als Ergebnis weisen die Unterkonten nach der Durchführung der Zahlungen den Mindestbestand auf. Die überschüssigen Mittel befinden sich auf dem Sammelkonto.

Mittelflüsse im Kontenclearing

Die Pfeilrichtung gibt an, in welche Richtung die Mittel geflossen sind. Während das Unterkonto A einen Überschuss auf das Sammelkonto überträgt, wird das Unterkonto C mit finanziellen Mitteln versorgt, um der Anforderung des Mindestbetrags gerecht zu werden.

SAP bietet für das oben beschriebene Kontenclearing zwei unterschiedliche Lösungen an:

- Kontenclearing mit SAP-Fiori-Apps innerhalb eines Cash Pools als Bestandteil der Full-Cash-Lizenz, siehe Abschnitt 6.4.3, »Kontenclearing mit SAP-Fiori-Apps (Full Cash)«
- Kontenclearing über SAP-GUI-Transaktionen als Bestandteil der Basic-Cash-Lizenz, siehe Abschnitt 6.4.4, »Kontenclearing im SAP GUI (Basic Cash)«

6.4.3 Kontenclearing mit SAP-Fiori-Apps (Full Cash)

Im Rahmen der Full-Cash-Lizenz stellt SAP verschiedene SAP-Fiori-Apps für das Kontenclearing zur Verfügung. Voraussetzung für das Kontenclearing mit den SAP-Fiori-Apps ist die vorangehende Definition eines Cash Pools, wie in Abschnitt 6.4.1, »Cash Pools im SAP-System«, beschrieben. Der Ablauf des Kontenclearings ist in Abbildung 6.54 dargestellt.

Mit der SAP-Fiori-App **Cashflow-Analyse** kann vor der Durchführung des Kontenclearings eine Simulation durchgeführt werden, um zu ermitteln, welche Kontenüberträge notwendig werden. Kontenclearings werden mit der SAP-Fiori-App **Kontenclearing verwalten** angelegt und ausgeführt. Mit der Ausführung des Kontenclearings wird automatisch eine Zahlungsanforderung zur weiteren Verarbeitung im Zahlungsprozess angelegt. Wiederkehrende Überträge können mit der SAP-Fiori-App **Jobs für Kontenclearing einplanen** terminiert werden. Diese SAP-Fiori-Apps werden in diesem Abschnitt in der Reihenfolge der Prozessschritte beschrieben.

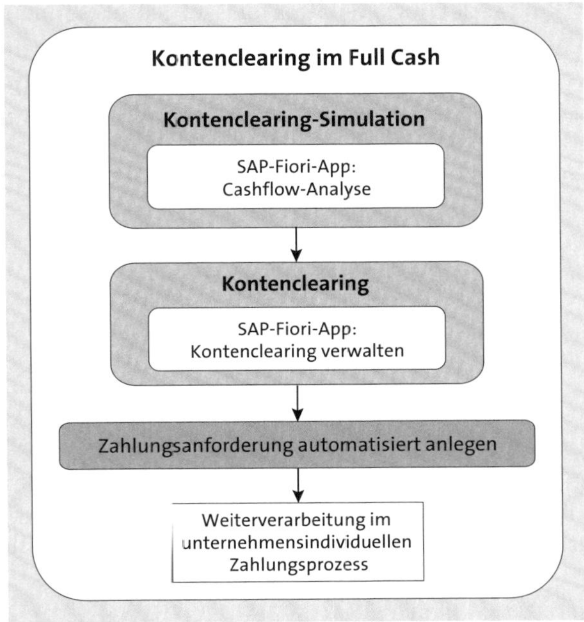

Abbildung 6.54 SAP-Fiori-Apps für das Kontenclearing im Full Cash

Kontenclearingsimulation

Bevor Sie ein Kontenclearing durchführen, können Sie optional die Kontenüberträge simulieren. Diese Funktion befindet sich in der SAP-Fiori-App **Cashflow-Analyse**, die bereits in Kapitel 4, »Liquiditätsstatus ermitteln«, und Kapitel 5, »Kurzfristige Liquiditätsvorschau erzeugen«, für andere Zwecke detailliert beschrieben wurde.

Um die Kontenüberträge zu simulieren, starten Sie diese App. Klicken Sie anschließend oberhalb des Ausgabebereichs auf die Funktion **Hierarchie anzeigen** (siehe Abbildung 6.55).

Abbildung 6.55 SAP-Fiori-App »Cashflow-Analyse« – Kontenclearingsimulation

Wählen sie im Bereich **Kontenclearingsimulation** den zu simulierenden Cash Pool und die Anzeigewährung aus (siehe Abbildung 6.56). Bestätigen Sie Ihre Auswahl durch **OK**. Auch durch Banken verwaltete Cash Pools können hier simuliert werden.

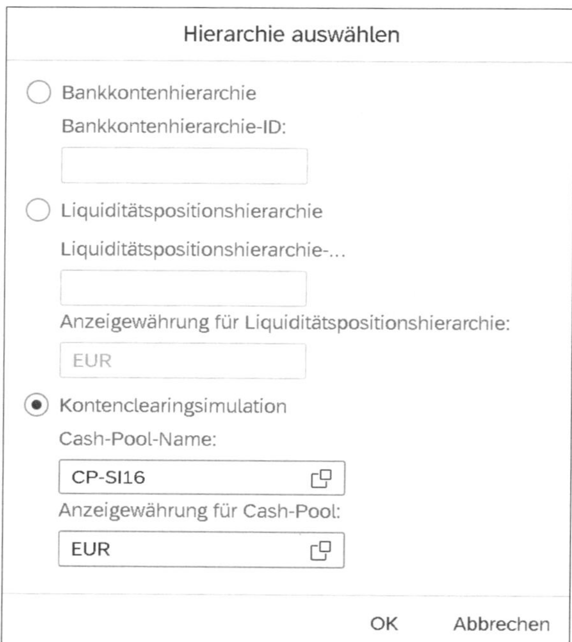

Abbildung 6.56 SAP-Fiori-App »Cashflow-Analyse« – Kontenclearingsimulation – Hierarchie auswählen

Kontenclearing-simulation durchführen

Anschließend wird das Ergebnis der Kontenclearingsimulation für das heutige Valutadatum angezeigt (siehe Abbildung 6.57). Im oberen Bereich der Ansicht finden Sie vier Steuerungsparameter ❶, mit denen Sie den Bericht weiter variieren können, ohne die Ansicht verlassen und erneut aus der SAP-Fiori-App **Cashflow-Analyse** starten zu müssen.

Über die Veränderung des Feldes **Valuta** können Sie die Simulation auch für ein zukünftiges Datum durchführen. In dem Feld **Cash-Pool-Name** wählen Sie einen anderen Cash Pool. Zusätzlich zu der jeweiligen Bankkontenwährung können Sie über die Felder **Währung anzeigen** und **Kurstyp** eine alternative Währung definieren, in der die Simulation ausgegeben wird.

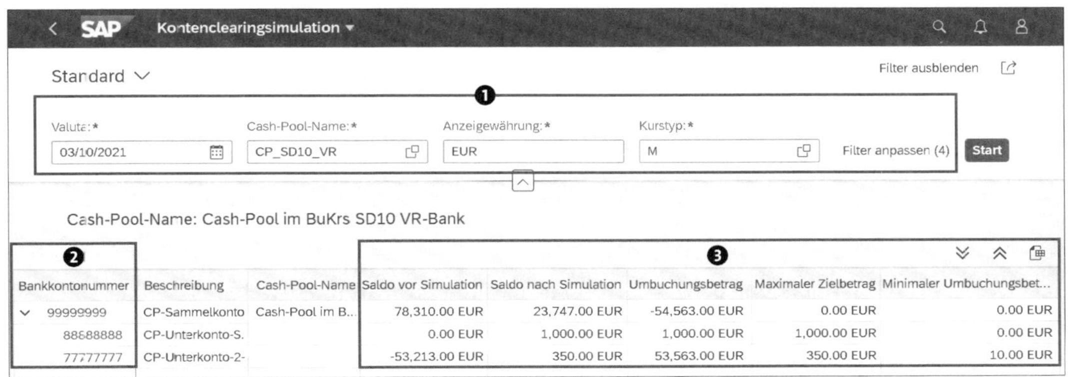

Abbildung 6.57 SAP-Fiori-App »Cashflow-Analyse« – Kontenclearingsimulation in der Übersicht

Cash-Pool-Hierarchie

Die *Cash-Pool-Hierarchie* wird in der Ergebnistabelle in der Spalte **Bankname/Bankkontonummer** ❷ dargestellt. Das Sammelkonto befindet sich dabei in der ersten Zeile. Die Unterkonten sind zur Verdeutlichung der Hierarchie darunter eingerückt. In den nächsten Spalten befinden sich zusätzliche Informationen zu Bankkonto, Cash Pool und Bankkontenwährung.

Die wertmäßigen Informationen für ein Kontenclearing folgen in den nachstehenden Spalten, die in Abbildung 6.57 durch einen Rahmen ❸ eingefasst sind.

Simulation des Saldos

Das Feld **Saldo vor Simulation** dokumentiert die derzeitige Liquiditätssituation durch die Angabe des aktuellen Saldos auf dem jeweiligen Konto. Diese wird durch die im Bankkontensaldenprofil definierten Dispoebenen bestimmt (siehe Abschnitt 10.4.8, »Bankkontensaldenberechnung«). Das Feld **Saldo nach Simulation** gibt den zukünftigen Saldo an, den jedes Konto nach der Kontenübertragung durch das Kontenclearing erreichen wird. Dabei wird sowohl der maximale Zielbetrag als auch der minimale Buchungsbetrag berücksichtigt. Würde die Veränderung den minimalen Buchungsbetrag unterschreiten, würde das Kontenclearing die Zahlung auch nicht anzeigen.

SAP-Fiori-App »Kontenclearing verwalten«

Die Kontenüberträge als Kontenclearing führen Sie mit der SAP-Fiori-App **Kontenclearing verwalten** durch.

Sie öffnen die App über die in Abbildung 6.58 dargestellte Kachel im SAP Fiori Launchpad.

Abbildung 6.58 SAP-Fiori-Kachel »Kontenclearing verwalten«

Kontenclearings anzeigen

Klicken Sie auf **Start**, um die bereits angelegten Kontenclearings im Ergebnisbereich aufzulisten (siehe Abbildung 6.59).

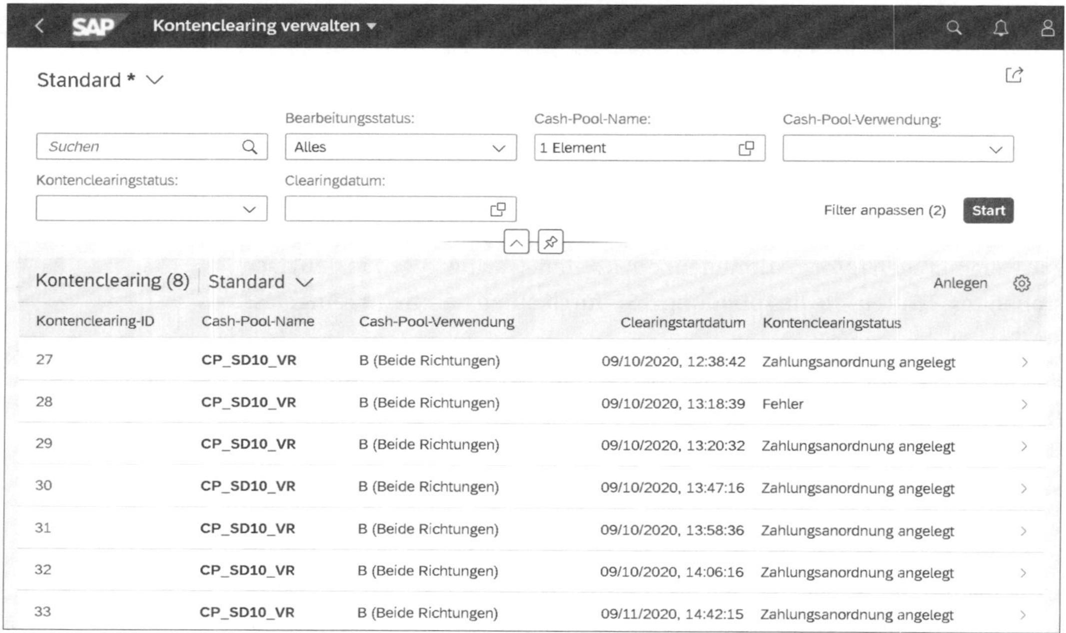

Kontenclearing-ID	Cash-Pool-Name	Cash-Pool-Verwendung	Clearingstartdatum	Kontenclearingstatus
27	CP_SD10_VR	B (Beide Richtungen)	09/10/2020, 12:38:42	Zahlungsanordnung angelegt
28	CP_SD10_VR	B (Beide Richtungen)	09/10/2020, 13:18:39	Fehler
29	CP_SD10_VR	B (Beide Richtungen)	09/10/2020, 13:20:32	Zahlungsanordnung angelegt
30	CP_SD10_VR	B (Beide Richtungen)	09/10/2020, 13:47:16	Zahlungsanordnung angelegt
31	CP_SD10_VR	B (Beide Richtungen)	09/10/2020, 13:58:36	Zahlungsanordnung angelegt
32	CP_SD10_VR	B (Beide Richtungen)	09/10/2020, 14:06:16	Zahlungsanordnung angelegt
33	CP_SD10_VR	B (Beide Richtungen)	09/11/2020, 14:42:15	Zahlungsanordnung angelegt

Abbildung 6.59 SAP-Fiori-App »Kontenclearing verwalten« – Übersicht

Kontenclearing durchführen

Sie starten ein neues Kontenclearing über den Button **Anlegen** und öffnen damit das Formularfenster **Neues Kontenclearing**. Anschließend wählen Sie im oberen rechten Bereich der Ansicht den Button **Cash-Pool angeben**, wodurch sich das in Abbildung 6.60 gezeigte Fenster öffnet.

Hier wählen Sie den Cash Pool und verändern optional **Kurstyp** und **Plandatum**. Nach der Bestätigung mit **Cash-Pool angeben** gelangen Sie zurück zur Ansicht **Neues Kontenclearing**, in der die Cash-Pool-Daten aus dem gewählten Cash Pool übernommen wurden (siehe Abbildung 6.61).

Abbildung 6.60 SAP-Fiori-App »Kontenclearing verwalten« – »Cash-Pool angeben«

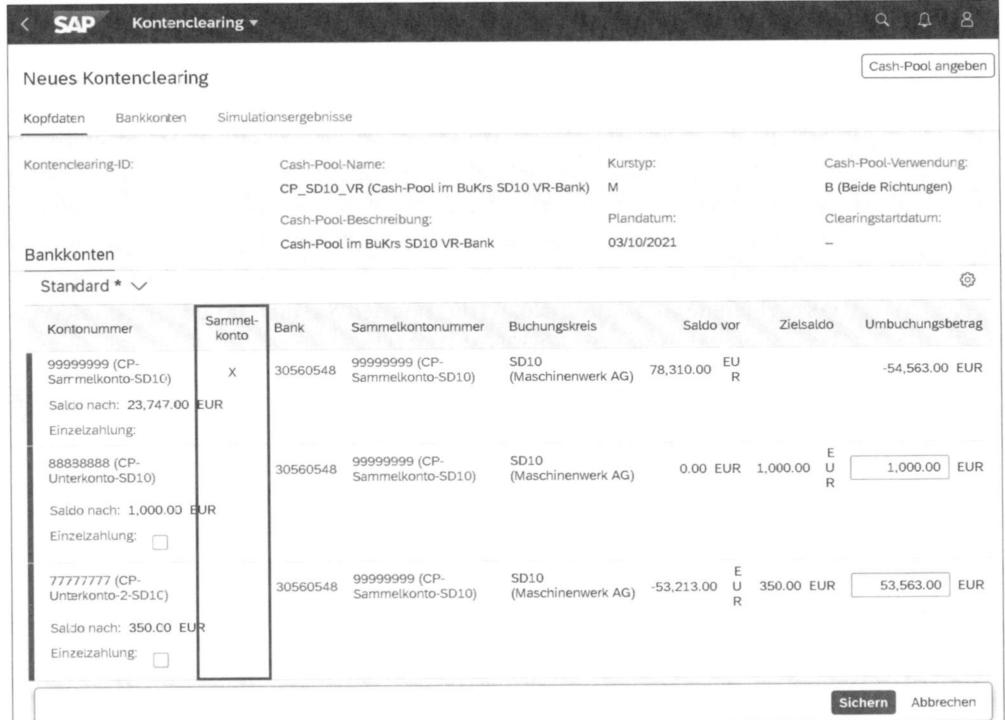

Abbildung 6.61 SAP-Fiori-App »Kontenclearing verwalten« – neues Kontenclearing

Hier öffnen sich im unteren Bereich die Bankkonten, die der Cash-Pool-Hierarchie zugeordnet sind.

Cash-Pool-Dienstleister: Unternehmen

In Abschnitt 6.4.1, »Cash Pools im SAP-System«, wurde zum Anlegen eines Cash Pools das Feld »Dienstleister« erläutert. Ein Kontenclearing kann nur für Cash Pools durchgeführt werden, bei denen im Feld **Dienstleister** der Wert **Unternehmen** zugeordnet ist. Bankinterne Cash Pools sind nicht für ein Kontenclearing im SAP-System vorgesehen.

Kopfdaten

Im Bereich **Kopfdaten** sind die Detailinformationen zu dem gewählten Cash Pool angegeben. Hier können Sie die Auswahl prüfen und bei Bedarf den **Kurstyp** ändern.

Bereich »Bank Accounts«

In dem Bereich **Bankkonten** werden die Bankkonten aufgelistet, die dem Cash Pool zugeordnet sind. Entsprechend der Hierarchie beginnt die Auflistung mit dem Sammelkonto (gekennzeichnet in der Spalte **Sammelkonto**). Darauf folgen die Unterkonten der Struktur. Zu jedem Bankkonto werden die **Bank**, die Sammelkontonummer, der **Buchungskreis** und der aktuelle Saldo angegeben (**Saldo vor** Kontenclearing).

In der Spalte **Umbuchungsbetrag** können Sie nun die zu transferierenden Beträge in das jeweilige Feld eintragen. Diese Felder sind bereits durch Systemvorschläge befüllt. Dabei nutzt das SAP-System den in dem Bankkontenstammsatz definierten **Zielsaldo** unter Berücksichtigung der Angabe **Minimaler Umbuchungsbetrag**. Über den Button **Sichern** führen Sie das Kontenclearing durch. Anschließend werden die Detailinformationen angezeigt (siehe Abbildung 6.62). Hier können Sie aus der Übersicht die vergangenen Zahlungen überprüfen.

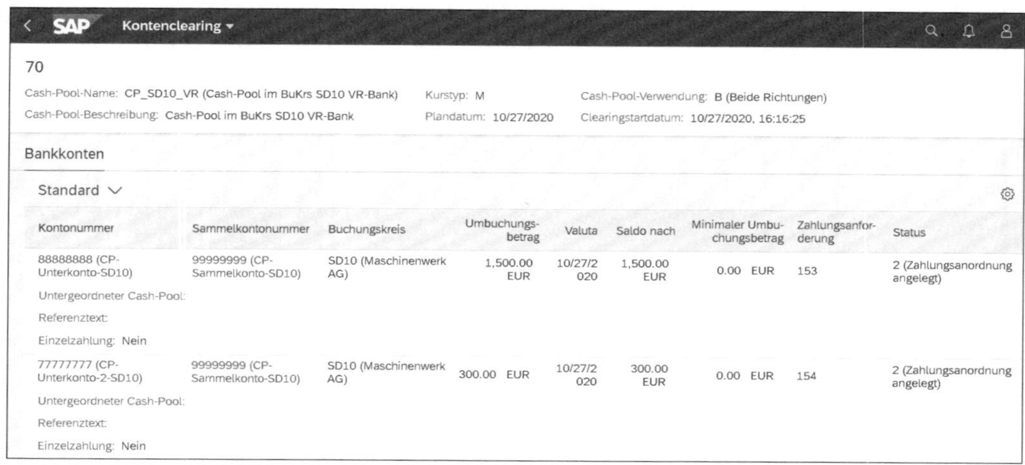

Abbildung 6.62 SAP-Fiori-App »Kontenclearing verwalten« – Transaktionsdetails zum Kontenclearing

Protokoll des Kontenclearings

Nun gehen Sie zurück in die Übersicht und prüfen den Status der Kontenclearingaktivität. Öffnen Sie die Ansicht **Protokolldetails** über die **Kontenclearing-ID** in der Übersicht (siehe Abbildung 6.59 weiter vorne). Die Protokolldetails geben Aufschluss auf die durchgeführten Tätigkeiten im Kontenclearing (siehe Abbildung 6.63).

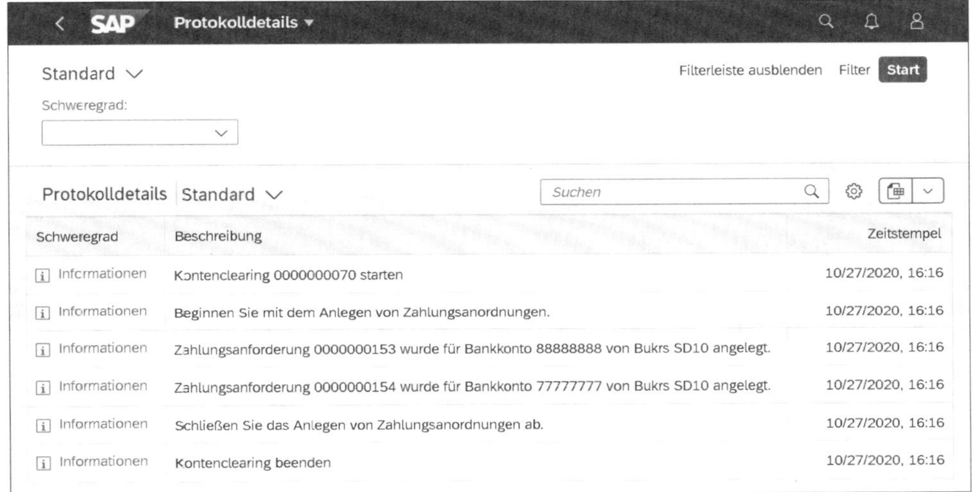

Abbildung 6.63 SAP-Fiori-App »Kontenclearing verwalten« – Protokolldetails zum Kontenclearing

In diesem Protokoll werden alle Details/Informationen zu der Kontenclearingaktivität festgehalten. So sind auf einen Blick die angelegten Zahlungsanforderungen einschließlich der zugehörigen Bankkonten ersichtlich. Weitere Reporting-Möglichkeiten für vergangene Zahlungen per Kontenclearing bietet die SAP-Fiori-App **Cash-Pool-Umbuchungsreport**.

SAP-Fiori-App »Jobs für Kontenclearing einplanen«

Zusätzlich zur sofortigen Durchführung eines Kontenclearings können auch terminierte Clearings angelegt werden. Dafür ist im SAP Fiori Launchpad die SAP-Fiori-App **Jobs für Kontenclearing einplanen** verfügbar, siehe die SAP-Fiori-Kachel in Abbildung 6.64.

Mit dieser App verwalten Sie eingeplante Jobs und fügen neue Clearing-Jobs hinzu. Abbildung 6.65 stellt die Standardansicht der App dar. Im unteren Ergebnisbereich befinden sich die Anwendungsjobs; die Ausgabe kann, wie gewohnt, über die Filterleiste eingegrenzt werden. Über die Werkzeugleiste ❶ können neue Jobs hinzugefügt, vorhandene Kontenclearings kopiert oder bereits durchgeführte Kontenclearings neu gestartet werden.

Abbildung 6.64 SAP Fiori-Kachel »Jobs für Kontenclearing einplanen«

Zudem können Sie das Protokoll zum Kontenclearingjob einsehen. Eingeplante Jobs können sowohl vor als auch nach der Ausführung gelöscht werden.

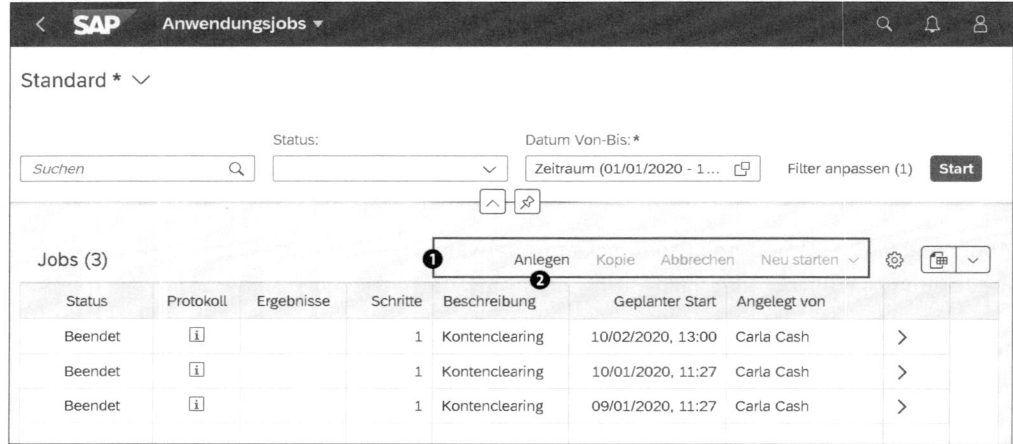

Abbildung 6.65 SAP-Fiori-App »Jobs für Kontenclearing einplanen« – Übersicht

Kontenclearingjob einplanen

Zum Anlegen eines Kontenclearingjobs klicken Sie auf den Button **Anlegen** ❷. Die Ansicht **Neuer Job** wird geladen (siehe Abbildung 6.66).

Allgemeine Informationen

Der erste Schritt definiert allgemeine Informationen. Dabei liegt der Fokus auf den Feldern **Jobvorlage** und **Job-Name**. Durch die Vergabe eines Jobnamens können Sie den geplanten Kontenclearingjob für Nachverfolgungen leichter wiederfinden. Eine Jobvorlage können Sie für stetig wiederholende Clearings verwenden. Zusätzlich zur Auswahl einer Vorlage über das Eingabefeld können Sie diesen Kontenclearingjob als Vorlage speichern. Nutzen Sie dafür im unteren rechten Bereich den Button **Vorlage** ❶, und wählen Sie **Sichern unter**. Die Verwaltung der vorhandenen Vorlagen erfolgt ebenfalls über diesen Button.

Abbildung 6.66 SAP-Fiori-App »Jobs für Kontenclearing einplanen« – Job anlegen

Durch einen Klick auf den Button **Schritt 2** ❷ gelangen Sie zum Bereich **Einplanungsoptionen** (siehe Abbildung 6.67).

Einplanungsoptionen

Hier definieren Sie den Startzeitpunkt des Kontenclearingjobs. Unterschieden wird dabei grundsätzlich zwischen drei verschiedenen Möglichkeiten:

- Sofort starten
- Startzeitpunkt
- Wiederholungsmuster

Aktivieren Sie das Kontrollkästchen zu **Sofort starten** ❶, um den Clearing-Job umgehend auszuführen.

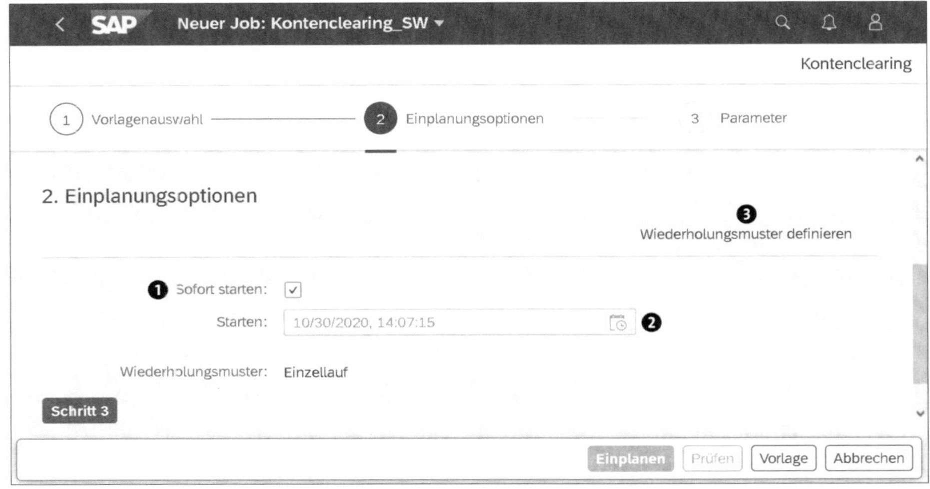

Abbildung 6.67 SAP-Fiori-App »Jobs für Kontenclearing einplanen« – Einplanungsoptionen

Um den Job jedoch für einen zukünftigen Zeitpunkt einzuplanen, wählen Sie einen Startzeitpunkt ❷, zu dem der Job ausgeführt werden soll.

Zusätzlich zur Auswahl von Einzelläufen können Sie **Wiederholungsmuster definieren** ❸, um einen Job für sich wiederholende Zahlungen einzuplanen. Durch die Auswahl öffnet sich das in der Abbildung 6.68 dargestellte Formularfenster **Einplanungsinformationen**.

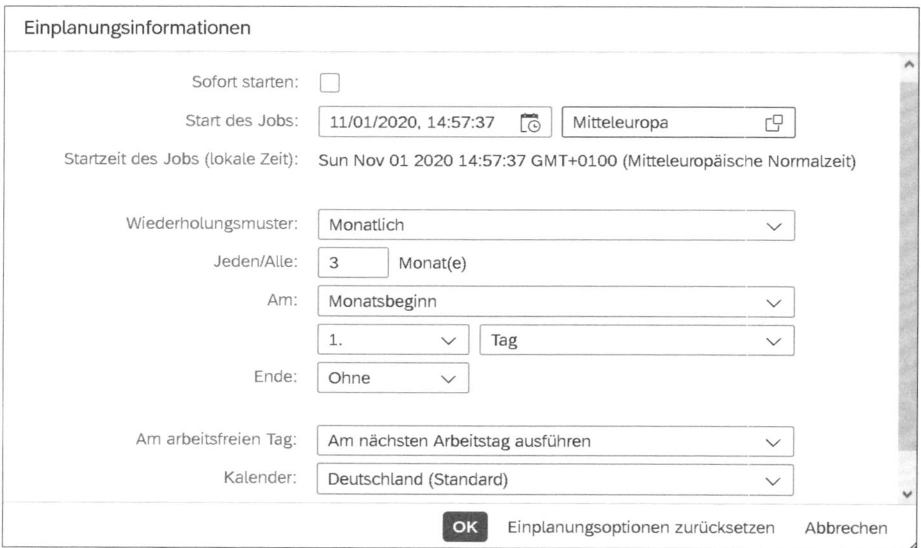

Abbildung 6.68 SAP-Fiori-App »Jobs für Kontenclearing einplanen« – Wiederholungsmuster

Zusätzlich zu den bereits bekannten Startoptionen können Sie hier ein **Wiederholungsmuster** definieren. Wählen Sie im ersten Schritt, ob der Job jede Minute, stündlich, täglich, wöchentlich oder monatlich wiederholt werden soll. Anschließend öffnet sich der Detailbereich, wie in diesem Beispiel bei einer monatlichen Wiederholung. Spezifizieren Sie hier den Detailierungsgrad der Wiederholung. Abschließend bestätigen Sie die Eingabe mit **OK** und gelangen zurück zum Kontenclearingjob.

Parameter

Nachdem die allgemeinen Informationen und die Einplanungsoptionen definiert worden sind, wählen Sie im **Parameterbereich** den Cash Pool, für den das Kontenclearing durchgeführt werden soll (siehe Abbildung 6.69).

Bestätigen Sie die Angaben über den Button **Einplanen**. Der Job ist nun eingerichtet. Den Status eines eingeplanten Jobs können Sie entweder in dieser App verfolgen oder in der SAP-Fiori-App **Kontenclearing verwalten**.

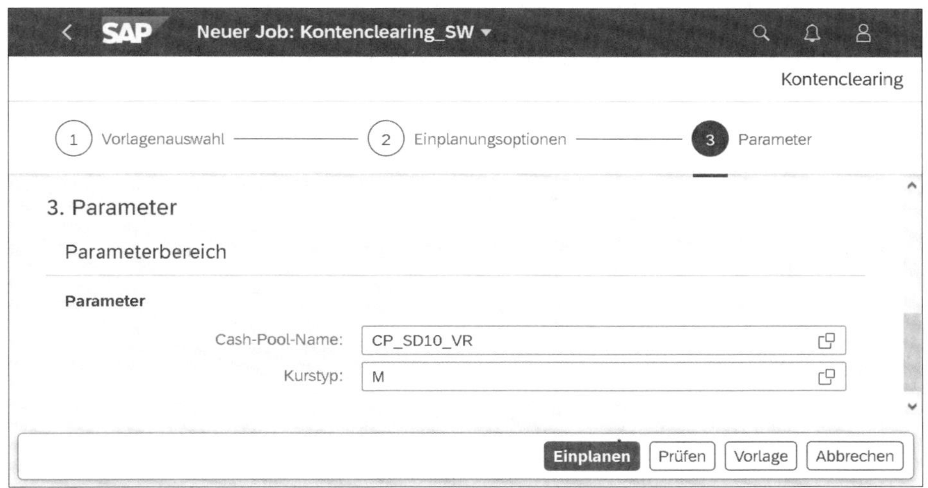

Abbildung 6.69 SAP-Fiori-App »Jobs für Kontenclearing einplanen« – Parameter

6.4.4 Kontenclearing im SAP GUI (Basic Cash)

Das Kontenclearing können Sie auch mit dem Grundfunktionsumfang des Cash Managements im SAP GUI durchführen. Diese Funktion gibt es schon sehr lange in SAP ERP, sie wird jedoch auch weiterhin mit SAP S/4 HANA unterstützt. Die Verarbeitungslogik und die Voraussetzungen unterscheiden sich jedoch erheblich vom Kontenclearing mit den SAP-Fiori-Apps.

Gliederung als Cash-Pool-Struktur

So wird die Cash-Pool-Struktur bei der SAP-GUI-Verarbeitung im Customizing über eine sogenannte *Gliederung* definiert, und das Sammelkonto wird erst beim Ausführen des Kontenclearings spezifiziert. Außerdem kann im SAP-GUI-Prozess aus den Finanzdispositionsavisen eine Batch-Input-Mappe für die Buchhaltungsbelege erzeugt und abgespielt werden. Der Ablauf des Kontenclearings im SAP GUI ist in Abbildung 6.70 gezeigt.

Zahlungsavise und Zahlungsanordnungen im Kontenclearing

Zunächst werden über Transaktion FF73 (Automatisches Bankkontenclearing) Zahlungsavise für das Kontenclearing erzeugt. Aus den Zahlungsavisen werden mit Transaktion FF.D (Zahlungsanordnungen aus Avisen erzeugen) Zahlungsanordnungen generiert, die dann im Zahlungsprozess weiterverarbeitet werden (siehe Abschnitt 6.2, »Zahllauf abwickeln und freigeben«). Zusätzlich können Sie zur weiteren Automatisierung des Prozesses aus den Zahlungsavisen mit Transaktion FF.9 (Verbuchen von Finanzdispositionsavisen) eine Batch-Input-Mappe mit den Finanzbuchhaltungsbelegen erstellen. Die einzelnen Prozessschritte werden nachfolgend detailliert erläutert.

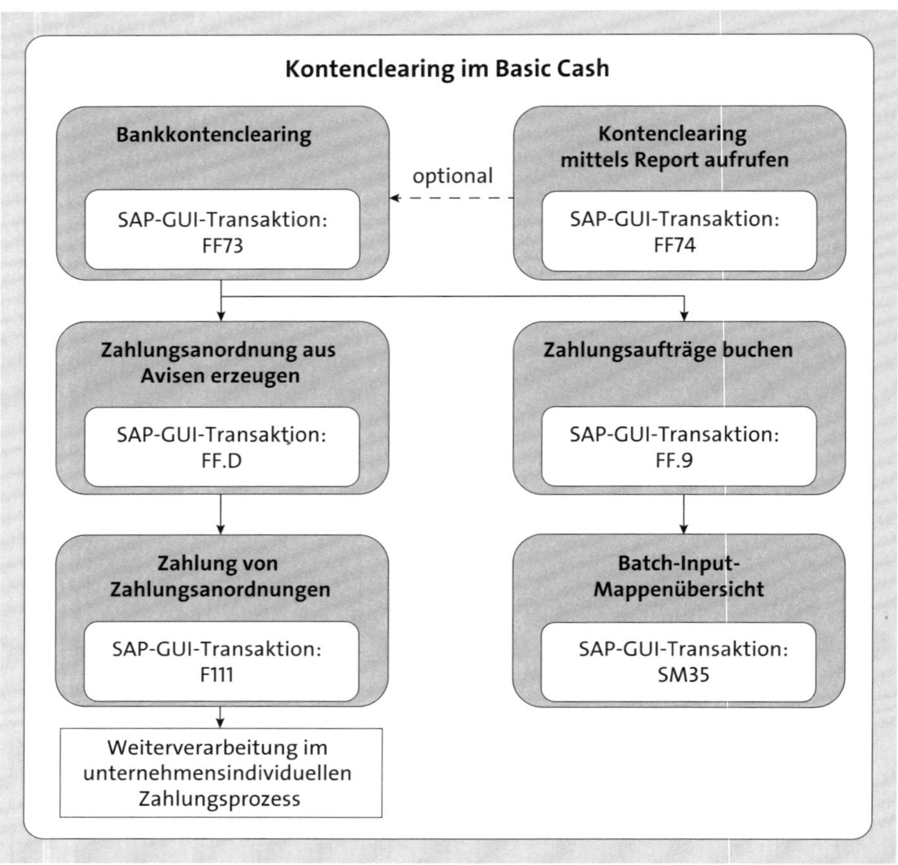

Abbildung 6.70 Kontenclearing mit der Basic-Cash-Lizenz

[»]

Ausführen von Transaktion FF73 mit Variante

Da Transaktion FF73 (Automatisches Bankkontenclearing) nicht mit einer Variante ausgeführt werden kann, stellt SAP zusätzlich noch Transaktion FF74 (Automatisches Bankkontenclearing mittels Report) zur Verfügung. Beide Transaktionen haben die gleichen Selektionsfelder. Nach dem Ausführen von Transaktion FF74 werden die Selektionsangaben 1:1 an Transaktion FF73 weitergegeben. Als Anwender müssen Sie im Startbild von Transaktion FF73 erneut auf **Ausführen** klicken.

Kontenclearing durchführen

Starten Sie für ein Kontenclearing zunächst die SAP-GUI-Transaktion FF73 (Automatisches Bankkontenclearing), und füllen Sie die in der Abbildung 6.71 dargestellte Eingabemaske mit den erforderlichen Parametern.

Abbildung 6.71 Automatisches Bankkonten-Clearing – Eingabemaske

Auszugleichende Konten definieren

Dafür tragen Sie im ersten Schritt den Buchungskreis oder einen Buchungskreis-Arbeitsvorrat ein, für den das Clearing durchgeführt werden soll. Anschließend wählen Sie in dem Bereich **Selektionsangaben** eine **Gliederung**, nach der das Clearing durchgeführt werden soll. Die Gliederung definiert die Bankkonten, die beim Kontenclearing einbezogen werden sollen. Sie definieren Gliederungen im Customizing unter dem Punkt **Einstellungen für FF7AN und FF7BN** (siehe Abschnitt 10.4.9, »Einstellungen für Transaktionen FF7AN und FF7BN«).

Sammelkonto definieren

Anschließend geben Sie das Sammelkonto und den Zielbuchungskreis an, auf dem die Beträge aus dem Clearing konzentriert werden sollen. Dafür wird im Feld **Zielkontobezeichnung** die dispositive Kontenbezeichnung eingegeben. *Dispositive Kontenbezeichnungen* sind im Cash Management sprechende Namen für Sachkontonummern, die im Customizing analog zur Gliederung unter **Einstellungen für FF7AN und FF7BN** gepflegt werden.

Der Bereich **Avisangaben** beinhaltet die Vorgaben für die Aviserstellung wie Valuta- und Verfalldatum sowie die Dispositionsart. Der SAP-Standard sieht die Dispositionsart CL vor. Zusätzlich können eine Transaktionsbezeichnung eingetragen und ein Mindestbetrag für die Zahlung definiert werden.

Verfalldatum der Einzelsätze

Beim Anlegen der Einzelsätze aus dem Bankkontenclearing wird automatisch ein Verfalldatum zum Einzelsatz angelegt. Dieses entspricht im Standard dem Tagesdatum. Dadurch wird der Einzelsatz im Status **Aktiv** an diesem Tag für Reporting-Zwecke einbezogen, verändert jedoch am Folgetag den Status auf **Inaktiv**. Sollte der Einzelsatz bis dahin nicht weiterverarbeitet worden sein, ist er im System nicht mehr für Zahlungen verwendbar. Sie können jedoch das Verfalldatum manuell in der Verwaltung der Einzelsätze anpassen und den Einzelsatz wieder aktivieren.

Die Bestätigung der vollständigen Dateneingabe erfolgt über den Button **Ausführen**. Im nächsten Schritt erhalten Sie die Möglichkeit, die ermittelten Ausgleichsbeträge zu prüfen und zu ändern (siehe Abbildung 6.72).

Abbildung 6.72 Saldenanzeige im Kontenclearing

In der Ansicht repräsentiert der **Tagesendsaldo** den aktuellen Saldo des Kontos analog zum Tagesfinanzstatus. Die Spalte **Dispoendsaldo** zeigt den Kontensaldo nach der Durchführung des Kontenclearings an. In der Spalte **Plansaldo** steht für das Konto der im Customizing definierte Zielsaldo, sofern dieser definiert ist.

Avise bearbeiten

Optional können Sie den Clearing-Vorschlag durch die Auswahl des Buttons **Avise bearbeiten** anpassen (siehe Abbildung 6.73).

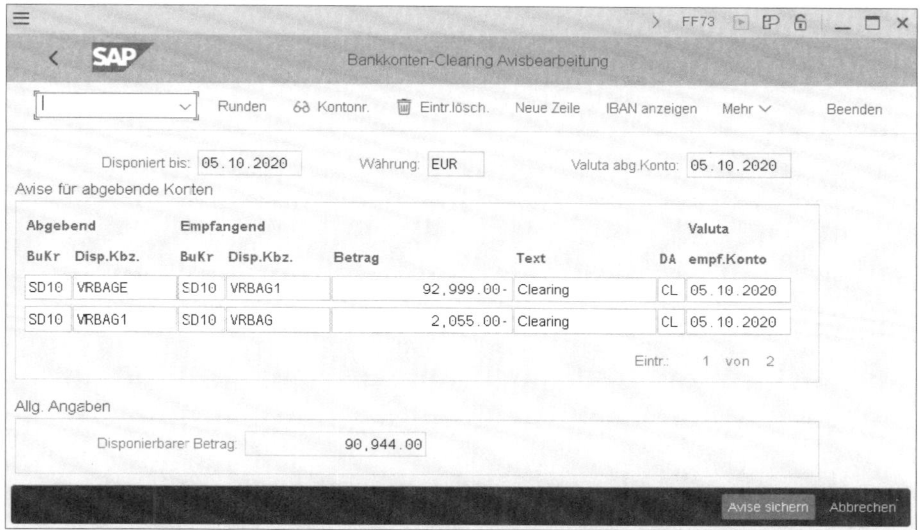

Abbildung 6.73 Avisbearbeitung im Kontenclearing

Avise erstellen

Bestätigen Sie die Eingabe durch **Avise sichern**, und erzeugen Sie damit die Zahlungsavise in Form von Einzelsätzen. Die angelegten Avise können, wie in Abschnitt 5.4, »Einzelsätze bearbeiten«, beschrieben, für den Fall optional bearbeitet werden, dass nach der Ausführung eine Änderung notwendig wird. Beachten Sie für die Selektionen in den Reports oder SAP-Fiori-Apps, dass die Einzelsätze aus dem Kontenclearing standardmäßig der Dispoebene und der Dispositionsart CL (Kontenclearing) zugeordnet werden.

Aus den Einzelsätzen erzeugen Sie im nächsten Schritt die korrespondierenden Zahlungsanforderungen und optional die Finanzbuchhaltungsbelege. Diese beiden Funktionen werden nachfolgend erläutert.

Zahlungsanordnungen aus Finanzdispositionsavisen erzeugen

Um Zahlungsanforderungen aus Einzelsätzen zu generieren, öffnen Sie im SAP GUI Transaktion FF.D (Zahlungsanordnungen aus Finanzdispositionsavisen erzeugen). Selektieren Sie in der Eingabemaske die Einzelsätze durch die Eingabe adäquater Parameter (siehe Abbildung 6.74).

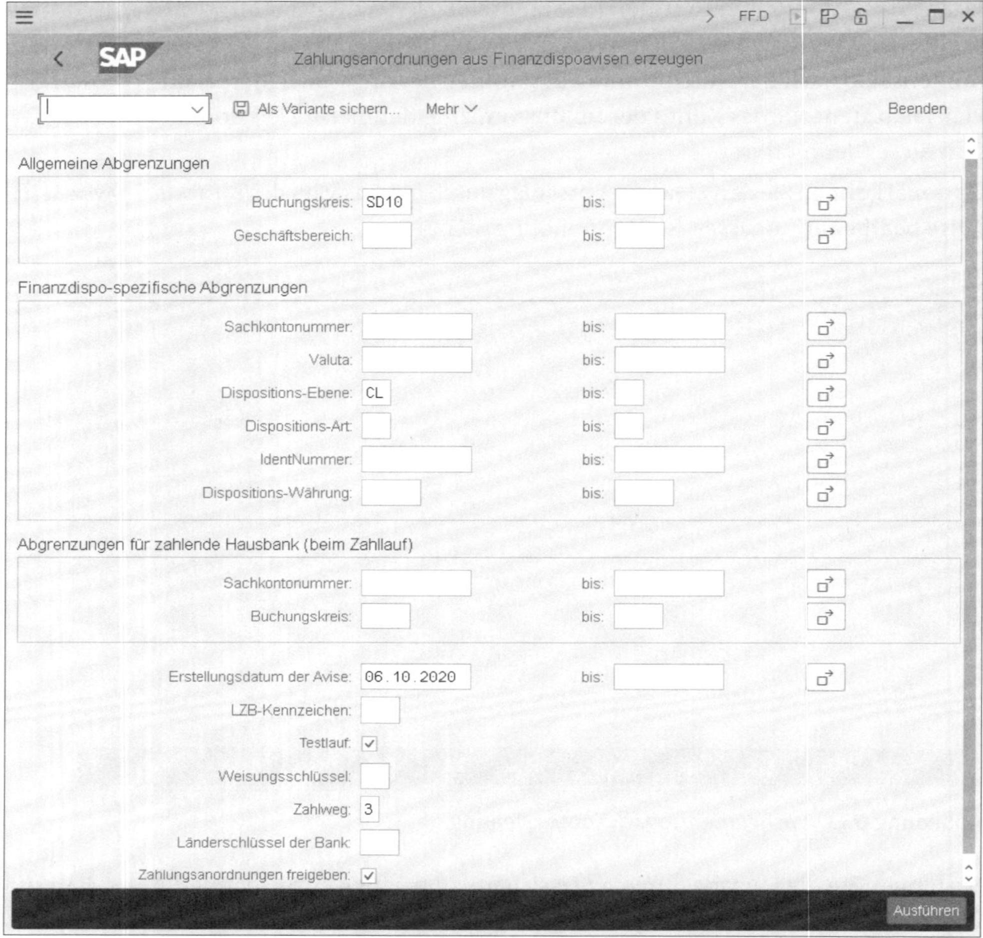

Abbildung 6.74 Zahlungsanordnungen aus Einzelsätzen erzeugen

Zur Selektion stehen Ihnen die Felder (zahlender) **Buchungskreis**, **Dispositions-Art** oder **Dispo-Ebene** der erzeugten Avise (im Standard **CL**), **Zahlweg** sowie optional weitere Selektionskriterien zur Verfügung. Aktivieren Sie das zu **Testlauf** gehörige Kontrollkästchen, um die Selektion der Einzelsätze vor der Erzeugung von Zahlungsanordnungen zu prüfen.

Wenn die Zahlungsanordnungen keiner weiteren Freigabe bedürfen, aktivieren Sie das Kontrollkästchen zu **Zahlungsanordnungen freigeben**. Mit **Ausführen** werden die Zahlungsanordnungen angelegt. Die Ausgabe ist in Abbildung 6.75 dargestellt.

Dieser Abbildung können Sie die **Anzahl der erstellten Zahlungsanordnungen** und die **Anzahl der archivierten Avise** entnehmen.

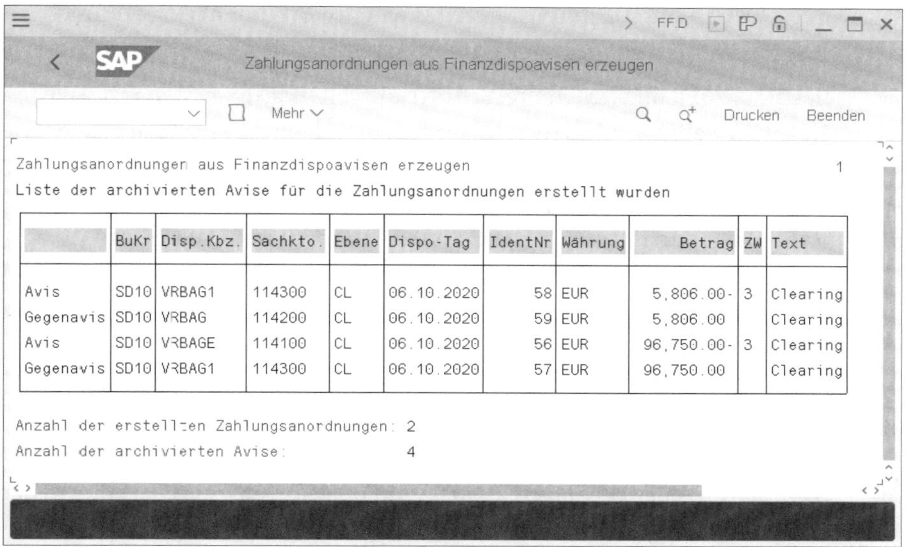

Zahlungsanordnungen aus Finanzdispoavisen erzeugen

Zahlungsanordnungen aus Finanzdispoavisen erzeugen 1

Liste der archivierten Avise für die Zahlungsanordnungen erstellt wurden

	BuKr	Disp.Kbz.	Sachkto.	Ebene	Dispo-Tag	IdentNr	Währung	Betrag	ZW	Text
Avis	SD10	VRBAG1	114300	CL	06.10.2020	58	EUR	5,806.00-	3	Clearing
Gegenavis	SD10	VRBAG	114200	CL	06.10.2020	59	EUR	5,806.00		Clearing
Avis	SD10	VRBAGE	114100	CL	06.10.2020	56	EUR	96,750.00-	3	Clearing
Gegenavis	SD10	VRBAG1	114300	CL	06.10.2020	57	EUR	96,750.00		Clearing

Anzahl der erstellten Zahlungsanordnungen: 2

Anzahl der archivierten Avise: 4

Abbildung 6.75 Zahlungsanordnungen aus Finanzdispositionsavisen erzeugen

Entsprechend Ihrer Systemlandschaft und den definierten Prozessen werden die Zahlungsanordnungen in Ihren unternehmensindividuellen Zahlungsprozesse mit Transaktion F111 (Maschineller Zahlungsverkehr für Zahlungsanordnungen) weiterverarbeitet (siehe Abschnitt 6.2, »Zahllauf abwickeln und freigeben«).

Einzelsatz und Zahlungsanordnungen im Reporting

Beachten Sie, dass in den Reports des Cash Managements immer alle vorhandenen Datensätze aus Zahlungsanordnungen, Avisen und Buchhaltungsbelegen dargestellt werden, solange diese als **Aktiv** gekennzeichnet sind. Die Datensätze existieren im One Exposure je nach Buchungslogik zeitgleich. Durch das Füllen des Verfalldatums im Bankkontenclearing oder das Archivieren der Avise definieren Sie, wann der Einzelsatz den Status **Inaktiv** erhält.

Zahllauf für Zahlungsanordnungen durchführen

Mit SAP-GUI-Transaktion F111 (Maschineller Zahlungsverkehr für Zahlungsanordnungen) werden die *Zahlläufe* zur Weiterverarbeitung mit SAP Bank Communication Management erstellt. Wenn bei Ihnen kein SAP Bank Communication Management im Einsatz ist, erstellen Sie mit dieser Transaktion den Zahlungsträger direkt. Dafür werden alle zum tagesaktuellen Datum nicht bearbeiteten Zahlungsanordnungen im System abgerufen und entsprechend Ihren gepflegten Parametern selektiert.

In einem Zahllauf werden drei Schritte durchlaufen. Im ersten Schritt legen Sie einen Rahmen für den Zahllauf fest und definieren die Parameter wie Buchungskreis, Datum und Zahlweg. Anschließend starten Sie im SAP-System einen Vorschlagslauf, in dem die im System angelegten Zahlungsanordnungen entsprechend den definierten Parametern selektiert und ausgewählt werden. Bevor dann im abschließenden Schritt der Zahllauf durchgeführt wird, können Sie den Vorschlag noch einmal bearbeiten und die Zahlungen manuell anpassen.

Parameter für Zahllauf pflegen

Zur Durchführung eines Zahllaufs starten Sie Transaktion F111 (Maschineller Zahlungsverkehr für Zahlungsanordnungen) im SAP GUI. Wählen Sie zunächst den Tag der Ausführung, und füllen Sie anschließend das Feld **Identifikation** mit einer beliebigen Zahlen- und Buchstabenkombination, mit der Sie den Zahllauf später eindeutig wiederfinden können. Über den Button **Parameter** öffnen Sie die Ansicht zur Parameterpflege (siehe Abbildung 6.76).

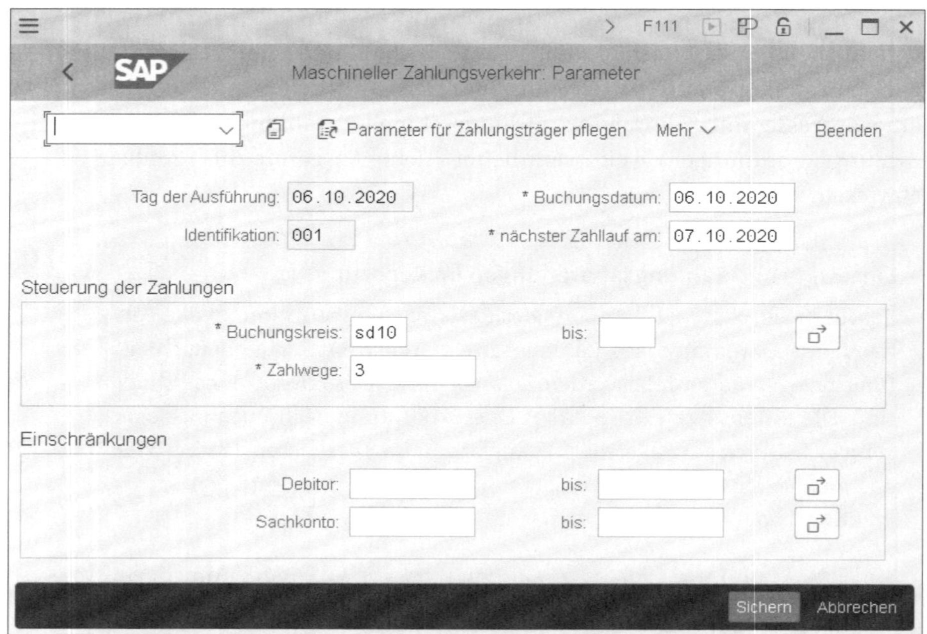

Abbildung 6.76 Manueller Zahlungsverkehr – Parameter pflegen

Tragen Sie hier den Buchungskreis, für den Sie das Kontenclearing durchgeführt haben, und den Zahlweg ein. Über Sichern werden die Parameter gespeichert, und Sie gelangen zurück zum ursprünglichen Startbild (siehe Abbildung 6.77). Dort finden Sie zusätzlich ein Statusfeld, in dem die Erfassung der Parameter bestätigt wird. Damit ist der erste Schritt erfolgt, und der Vorschlag für den Zahllauf kann auf Basis der definierten Parameter erstellt werden.

Zahlungsvorschlag erstellen

Wählen Sie dafür den Button **Vorschlag** im oberen Bereich der in Abbildung 6.77 dargestellten Ansicht.

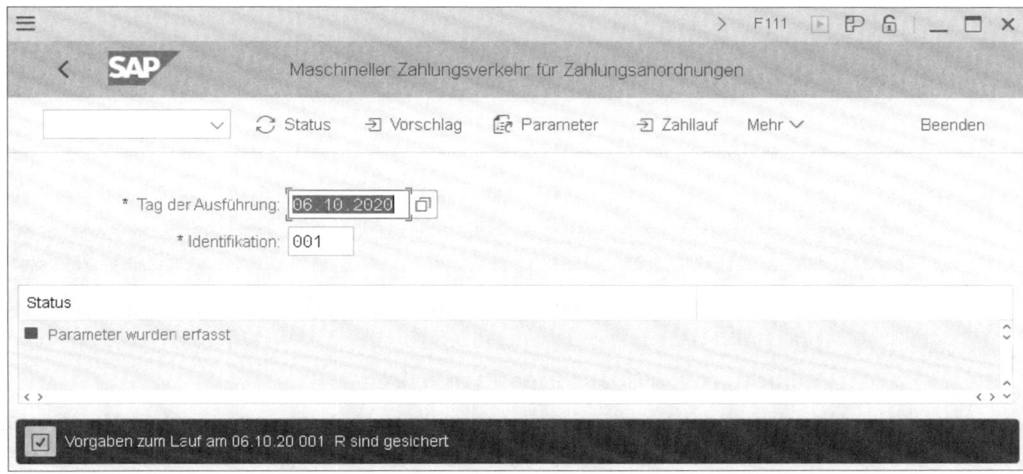

Abbildung 6.77 Vorschlag für den Zahlungsverkehr starten

Im Hintergrund wählt das System nun alle angelegten Zahlungsanordnungen, die die Bedingungen der festgelegten Parameter erfüllen, und erstellt einen Zahlungsvorschlag.

Zahlungsvorschlag bearbeiten

Der Zahlungsvorschlag kann vom Benutzer bearbeitet und angepasst werden. Sie können hier z. B. einzelne Zahlungsanordnungen sperren, um sie vom Zahllauf auszuschließen. Wenn Sie den Zahllauf geprüft und gegebenenfalls korrigiert haben, führen Sie den Zahllauf über den Button **Zahllauf** aus.

Nach der Verarbeitung wird der Status im Ergebnisbereich aktualisiert (siehe Abbildung 6.78). Zusätzlich sehen Sie dort, wie viele Buchungsaufträge erzeugt und wie viele davon erledigt sind. In SAP Bank Communication Management erzeugen Sie im nächsten Schritt aus dem Zahllauf eine Zahlungsmappe, die dann, wie in Abschnitt 6.2, »Zahllauf abwickeln und freigeben«, beschrieben, weiterverarbeitet wird.

Eine Alternative zur Erstellung eines Zahlungsträgers aus der Finanzdispositionsavise ist die direkte Verbuchung der Avise.

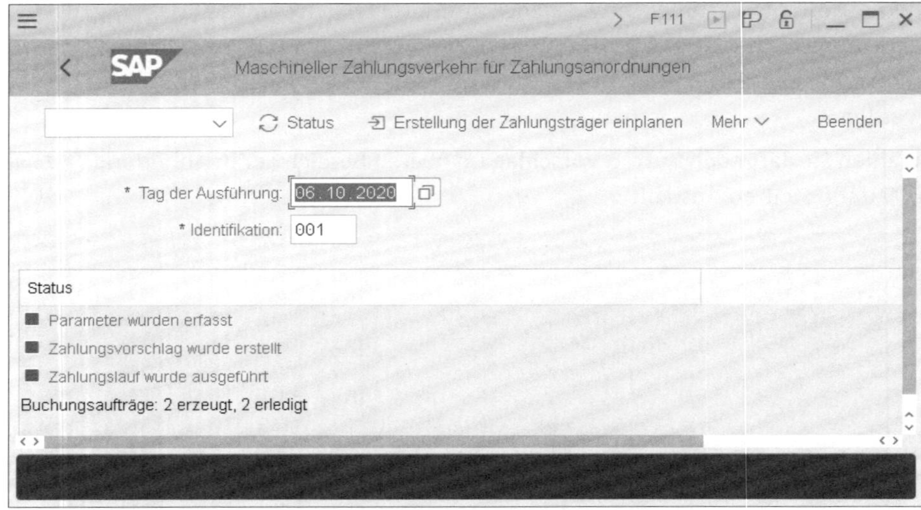

Abbildung 6.78 Manueller Zahllauf wurde ausgeführt

Verbuchung von Finanzdispositionsavisen

Die durch das Kontenclearing erstellten Avise können Sie im SAP-System auf die im Customizing hinterlegten Buchhaltungskonten buchen. Dies erfolgt mit Transaktion FF.9 (Verbuchen von Finanzdispositionsavisen). Aus den Avisen wird eine Batch-Input-Mappe für die Buchhaltungsbelege der Kontenüberträge erzeugt, und die Avise werden archiviert.

Zur Verbuchung öffnen Sie Transaktion FF.9 (Verbuchen von Finanzdispositionsavisen) über das SAP GUI. Als Einstieg wird die in Abbildung 6.79 dargestellte Eingabemaske ausgegeben, nach deren Kriterien die im SAP-System vorhandenen Avise selektiert werden.

Tragen Sie hier die Parameter ein, die für die Selektion und Verbuchung wichtig sind. Um die Verbuchung zu simulieren, aktivieren Sie das Kontrollkästchen zu **Testlauf**. In dem Feld **Name der Batch-Input-Mappe** vergeben Sie eine eindeutige Bezeichnung der Zahlungsmappe. Nach der Eingabe aller erforderlichen Informationen führen Sie die Verbuchung über den Button **Ausführen** durch.

Als Ergebnis wird im Hintergrund eine Batch-Input-Mappe erzeugt, und die verbuchten Avise werden archiviert. Die Transaktion gibt Ihnen Rückmeldung über die Durchführung (siehe Abbildung 6.80).

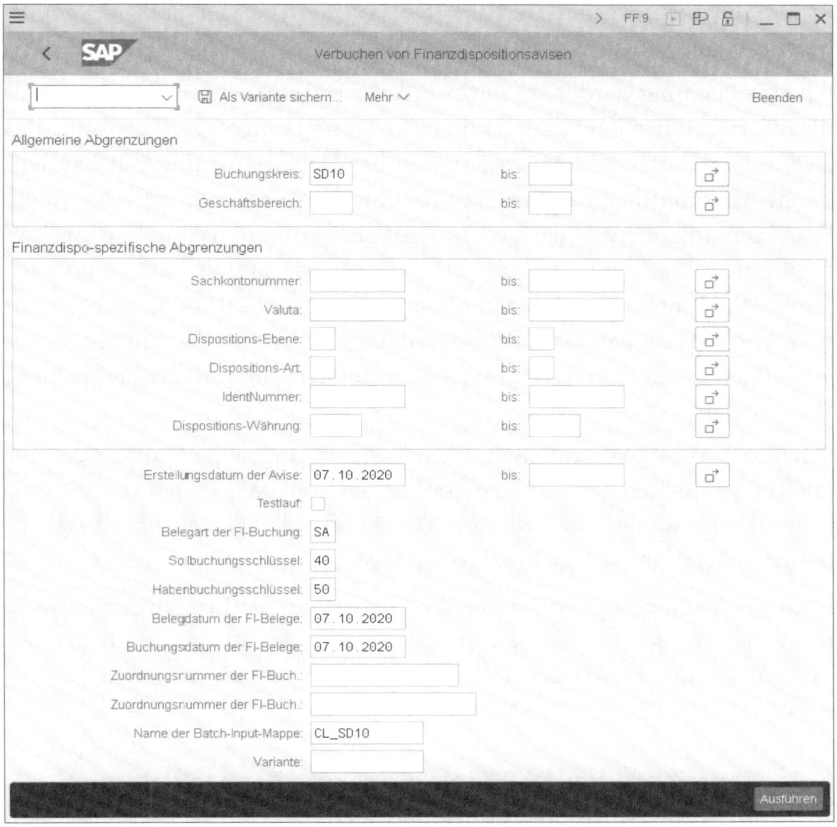

Verbuchen von Finanzdispositionsavisen

Als Variante sichern... Mehr Beenden

Allgemeine Abgrenzungen

Buchungskreis: SD10 bis:

Geschäftsbereich: bis:

Finanzdispo-spezifische Abgrenzungen

Sachkontonummer: bis:

Valuta: bis:

Dispositions-Ebene: bis:

Dispositions-Art: bis:

IdentNummer: bis:

Dispositions-Währung: bis:

Erstellungsdatum der Avise: 07.10.2020 bis:

Testlauf:

Belegart der FI-Buchung: SA

Sollbuchungsschlüssel: 40

Habenbuchungsschlüssel: 50

Belegdatum der FI-Belege: 07.10.2020

Buchungsdatum der FI-Belege: 07.10.2020

Zuordnungsnummer der FI-Buch.:

Zuordnungsnummer der FI-Buch.:

Name der Batch-Input-Mappe: CL_SD10

Variante:

Ausführen

Abbildung 6.79 Transaktion FF.9 – Ansicht »Verbuchen von Finanzdispositionsavisen« – Eingabe

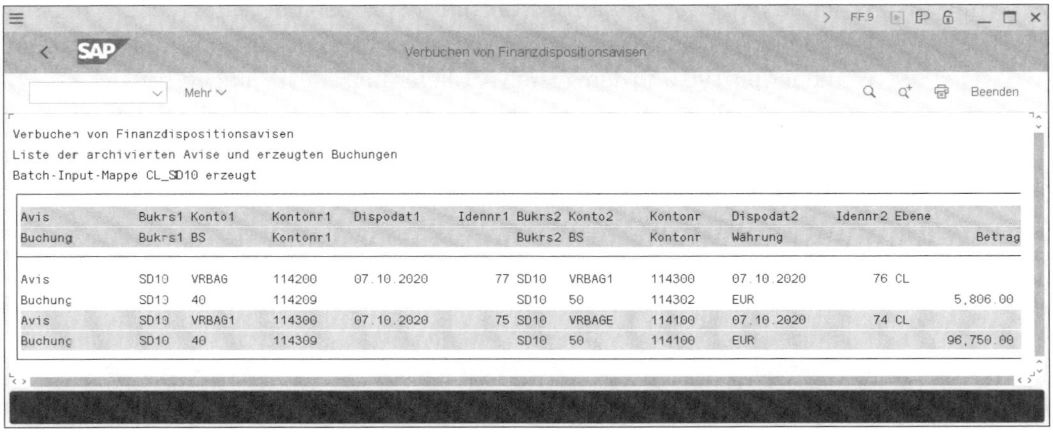

Verbuchen von Finanzdispositionsavisen

Mehr Beenden

Verbuchen von Finanzdispositionsavisen
Liste der archivierten Avise und erzeugten Buchungen
Batch-Input-Mappe CL_SD10 erzeugt

Avis	Bukrs1	Konto1	Kontonr1	Dispodat1	Idennr1	Bukrs2	Konto2	Kontonr	Dispodat2	Idennr2	Ebene	
Buchung	Bukrs1	BS	Kontonr1			Bukrs2	BS	Kontonr	Währung			Betrag
Avis	SD10	VRBAG	114200	07.10.2020	77	SD10	VRBAG1	114300	07.10.2020	76	CL	
Buchung	SD10	40	114209			SD10	50	114302	EUR			5,806.00
Avis	SD10	VRBAG1	114300	07.10.2020	75	SD10	VRBAGE	114100	07.10.2020	74	CL	
Buchung	SD10	40	114309			SD10	50	114100	EUR			96,750.00

Abbildung 6.80 Transaktion FF.9 – Verbuchen von Finanzdispositionsavisen – Buchung

In der Ergebnisliste sehen Sie, für welche Avise ein Beleg in der Batch-Input-Mappe erzeugt und unter welchem Namen die Mappe angelegt wurde.

Für eine Buchung werden immer zwei Avise benötigt, denn ein Avis enthält die Informationen der Soll-Buchung (für das empfangende Konto), und das zweite Avis enthält die Informationen der Haben-Buchung (für das sendende Bankkonto). Zusätzlich sind für eine Buchung immer zwingend die korrekten Angaben zu Gegenkonto, Gegenbuchungskreis und Gegenvaluta erforderlich. Bei dem Kontenclearing über Transaktion FF73 (Automatisches Bankkontenclearing) sind diese Bedingungen erfüllt. Es werden immer zwei Avise angelegt und die erforderlichen Felder ausgefüllt. Sollte bei einer Buchung nur ein Avis im System hinterlegt sein, wird die Verbuchung abgebrochen.

Batch-Input-Mappe abspielen

Um den Prozess abzuschließen, können Sie die angelegte Mappe nun prüfen und verbuchen. Öffnen Sie dafür Transaktion SM35 (Batch-Input Monitoring), oder wählen Sie in dem SAP-GUI-Menü über den Pfad **System • Dienste • Batch-Input** die Funktion **Mappen**.

Nach der Verbuchung finden Sie die Buchungen im Tagesfinanzstatus je nach Buchungslogik unter den korrespondierenden Wahrscheinlichkeiten ACTUAL (Ist-Cashflow) oder SI_CIT (Eigeninitiierter Cash in Transit).

6.5 Übersicht über SAP-Fiori-Apps und Transaktionen für die Liquiditätsdisposition

Im Folgenden finden Sie die von SAP für die Liquiditätsdisposition bereitgestellten Funktionen. Tabelle 6.2 zeigt die SAP-Fiori-Apps mit einer kurzen Erläuterung ihrer Hauptfunktion. In der Spalte **Details, Lizenz** sind neben der App bzw. Transaktions-ID noch Informationen zur notwendigen Lizenz, dem App-Typ und dem ersten Auslieferungsrelease aufgeführt.

Nähere Informationen zu den Apps finden Sie im Internet in der SAP-Fiori Apps Reference Library unter der Angabe der App-ID (*https://fioriapps-library.hana.ondemand.com/*).

SAP-Fiori-App-Bezeichnung	Funktion	Details, Lizenz
Überweisung tätigen	Banküberweisungen zwischen Hausbankkonten	transaktionale App seit 1511, App-ID F0691, SAP-Standard

Tabelle 6.2 SAP-Fiori-Apps für die Liquiditätsdisposition

SAP-Fiori-App-Bezeichnung	Funktion	Details, Lizenz
Überweisungen tätigen – mit Vorlagen anlegen	Banküberweisungen zwischen Hausbankkonten mit Vorlage	transaktionale App seit 1909, App-ID F3760, SAP-Standard
Überweisungsvorlagen definieren	Vorlagen für Banküberweisung Hausbankkonten definieren	transaktionale App seit 1909, App-ID F3759, SAP-Standard
Überweisungen nachverfolgen	Anzeige der Banküberweisungen zwischen Hausbankkonten der letzten 3 Monate	transaktionale App seit 1511, App-ID F0692, SAP-Standard
Free-Form-Zahlungen verarbeiten	Zahlungsanforderungen anlegen, bearbeiten, und freigeben	transaktionale App seit 1511, App-ID F2564, SAP-Standard
Meine Free-Form-Zahlungen	Zahlungsanforderungen anlegen, bearbeiten, und freigeben für den angemeldeten User	transaktionale App seit 1511, App-ID F2564, SAP-Standard
Automatische Zahlungen verwalten	Zahllauf durchführen	transaktionale App seit 1511, App-ID F0770, SAP-Standard
Zahlungsträger verwalten	Anzeige, Download eines Zahlungsträgers aus dem SAP-Zahllauf (SAP Bank Communication Management nicht aktiv)	transaktionale App seit 1610, App-ID, F1868, SAP-Standard
Cashflow-Analyse	verdichtete Darstellung von Ist- und Plan-Cashflows zur Erzeugung eines Tagesfinanzstatus und der Liquiditätsvorschau	analytische SAP-Fiori-App seit 1709, App-ID F2332, SAP-Standard (eingeschränkt)
Cashflow-Analyse	Kontenclearingsimulation	analytische SAP-Fiori-App seit 1709, App ID F2332, Full-Cash-Lizenz

Tabelle 6.2 SAP-Fiori-Apps für die Liquiditätsdisposition (Forts.)

SAP-Fiori-App-Bezeichnung	Funktion	Details, Lizenz
Cash-Pools verwalten	anlegen, bearbeiten und löschen von Cash Pools	transaktionale App seit 1809, App-ID F3266, Full-Cash-Lizenz
Bankkonten verwalten	Zuordnung eines Bankkontos zu einem Cash Pool als Sammel- oder Unterkonto	transaktionale App seit 1709, App-ID F1366A, Full-Cash-Lizenz
Kontenclearing verwalten	Durchführung eines Kontenclearings auf Basis eines Cash Pools	transaktionale App seit 1809, App-ID F3265, Full-Cash-Lizenz
Jobs für Kontenclearing einplanen	Definition von periodischen Jobs zum automatischen Kontenclearing für Cash Pools	transaktionale App seit 1809, App-ID F3688, Full-Cash-Lizenz
Cash-Pool-Umbuchungsreport (Design Studio)	Detailanalyse der Cashflows aus dem Kontenclearing	analytische SAP-Fiori-App seit 1809, App-ID F3267, Full-Cash-Lizenz
Cash-Pool-Umbuchungsreport	Detailanalyse der Cashflows aus dem Kontenclearing	analytische SAP-Fiori-App seit 1809, App-ID W0129, Full-Cash-Lizenz
Cash-Pool-Unterdeckung	grafische Analyse der Cash-Pool-Unterdeckung	analytische SAP-Fiori-App seit 1511, App-ID F0517A, Full-Cash-Lizenz
Bankzahlungen genehmigen	Zahlungsmappen in SAP Bank Communication Management freigeben	transaktionale App seit 1709, App-ID F0673A, SAP-Bank-Communication-Management-Lizenz
Zahlungen überwachen	Überwachung des Zahlungsstatus für Zahlungsmappen und Einzelzahlungen	transaktionale App seit 1709, App-ID F2388, SAP-Bank-Communication-Management-Lizenz

Tabelle 6.2 SAP-Fiori-Apps für die Liquiditätsdisposition (Forts.)

In Tabelle 6.3 sind die SAP-GUI-Transaktionen aufgeführt. Sie finden hier Informationen zur Funktion, zum Transaktionscode und gegebenenfalls zu notwendigen Lizenzen.

Transaktions-bezeichnung	Funktion	Transaktionscode, Lizenz
Bankkontenclearing	Durchführung des Kontenclearings auf Basis einer Gliederung, Erstellung Finanzdispositionsavisen	FF73, SAP-Standard
Aufruf Kontenclearing mittels Report	Aufruf FF73 mit einer Variante	FF74, SAP-Standard
Zahlanord. aus Avisen erzeugen	Erstellung Zahlungsanforderungen aus Kontenclearing	FF.D, SAP-Standard
Listanzeige Finanzdispo-Einzelsätze	Anzeige Finanzdispositionsavisen	FF65, SAP-Standard
Zahlungsaufträge Buchen	Buchung FI-Belege aus Kontenclearing	FF.9, SAP-Standard
Repetitive Codes: Zahlung an Banken	Banküberweisungen zwischen Hausbankkonten mit Vorlage	FRFT_B, SAP-Standard
Repetitives: Zahlung Treasury-Partnr	Banküberweisungen nach Extern mit Vorlage	FRFT_TR, SAP-Standard
Free-Form-Zahlung	Einzelzahlung durchführen und Zahlungsanforderung anlegen	FIBLFFP, SAP-Standard
Verwaltung der TemSe/REGUT-Daten	Anzeige, Download eines Zahlungsträgers aus dem SAP-Zahllauf	FDTA
Parameter für maschinelle Zahlung	Zahllauf für Nebenbücher ausführen	F110, SAP-Standard
Parameter für Zahlung von Z.-Anford.	Zahllauf für Zahlungsanforderungen ausführen	F111, SAP-Standard

Tabelle 6.3 Ausgewählte SAP-GUI-Transaktionen für die Liquiditätsdisposition

Transaktions-bezeichnung	Funktion	Transaktionscode, Lizenz
Zahlungen genehmigen	Zahlungsmappen SAP Bank Communication Management genehmigen	BNK_APP, SAP-Bank-Communication-Management-Lizenz
Batch- und Zahlungsüberwachung	Statusanzeige Zahlungsmappen SAP Bank Communication Management	BNK_MONI, SAP-Bank-Communication-Management-Lizenz

Tabelle 6.3 Ausgewählte SAP-GUI-Transaktionen für die Liquiditätsdisposition (Forts.)

6.6 Fazit

In diesem Kapitel haben Sie einen Überblick über die SAP-Instrumente, die Sie in der täglichen Disposition und Steuerung der Liquidität unterstützen, erhalten.

Das SAP-System bietet flexible Möglichkeiten zur Gestaltung und Absicherung der Zahlungsabläufe über Freigabe-Workflows in SAP Bank Communication Management.

Mit einer SAP-Standard-Lizenz können Sie alle notwendigen Funktionen für Ad-hoc-Zahlungen, Kontenüberträge und Kontenclearings durchführen. Diese Funktionen kennen Sie möglicherweise schon aus dem SAP-ERP-Release. Der Prozess des Kontenclearings wird ausschließlich durch SAP-GUI-Transaktionen unterstützt.

Die Full-Cash-Lizenz bietet einen höheren Automatisierungsgrad und größeren Funktionsumfang über die Definition von mehrstufigem Cash Pool. Sie können mit dieser Lizenzvariante alle Funktionen über SAP-Fiori-Apps ausführen.

Im folgenden Kapitel erfahren Sie, wie Sie die Bankkontenstammdaten für Ihr Unternehmen einrichten.

Kapitel 7
Stammdaten für Banken und Bankkonten pflegen

Die SAP-S/4HANA-Komponente Bankkontenverwaltung unterstützt die Unternehmensprozesse zur Stammdatenpflege von Banken und Bankkonten. Das folgende Kapitel erläutert die Konzepte, Prozesse und Stammdaten in diesem Bereich. Die SAP-Fiori-Apps für die Stammdatenpflege, Freigabe-Workflows und das Reporting werden detailliert vorgestellt.

Für das Cash Management und die Buchhaltung werden zentralisierte Prozesse und eine homogene Datenablage für die Stammdaten von Banken und Bankkonten im Unternehmen zunehmend wichtiger. Mit der Anwendungskomponente *Bankkontenverwaltung* von SAP S/4HANA wird den Fachabteilungen erstmalig ermöglicht, die Stammsätze selbstständig zu bearbeiten. In Abschnitt 7.1, »Überblick über die Bankkontenverwaltung«, erhalten Sie zunächst einen Überblick über diese Komponente und die Ausprägungen für die verschiedene SAP-Lizenzmodelle. Es folgt eine Vorstellung der Konzepte, Funktionen und Reports für die Stammdaten der Banken (siehe Abschnitt 7.2, »Die SAP-Fiori-App ›Banken verwalten‹«) und Bankkonten (siehe Abschnitt 7.3, »Die SAP-Fiori-App ›Bankkonten verwalten‹«). Hier werden im Detail die Stammsatzfelder, die Integration in die Geschäftspartnerstammdaten sowie die Reporting-Hierarchien erläutert. Abschnitt 7.4, »Freigabeverfahren für Bankkontenstammdaten«, erläutert die Freigabe-Workflows für Stammdatenänderungen an Bankkonten. In Abschnitt 7.5, »Review-Prozess für Bankkonten«, wird der Prüfprozess für Bankkonten vorgestellt. Die Funktionen zur Überprüfung von Bankgebühren schließen die Beschreibung der SAP-Fiori-Apps in Abschnitt 7.6, »Bankgebühren überwachen«. Eine tabellarische Übersicht über alle SAP-Fiori-Apps und SAP-GUI-Transaktionen für die *Bankkontenverwaltung* finden Sie in Abschnitt 7.7, »Übersicht über SAP-Fiori Apps und Transaktionen für die Bankkontenverwaltung«.

7.1 Überblick über die Bankkontenverwaltung

Herausforderungen im Cash Management

Für Unternehmen mit einer großen Anzahl von Bankkonten in verschiedenen Ländern ist das Management der vielfältigen Bankbeziehungen eine große Herausforderung. Die Verantwortlichen im Cash Management sehen sich oft mit ungeregelten und dezentralen Prozessen zur Anlage und Freigabe von Bankkonten konfrontiert. Dabei findet man oft historisch gewachsene Strukturen unterschiedlicher Banken, Ansprechpartner, Währungen, Überziehungslimits sowie Unterschriftsberechtigungen. Darüber hinaus erhöht sich die Komplexität, wenn die Geschäftsprozesse der Tochterunternehmen auf unterschiedlichen SAP-ERP-Systemen abgebildet sind.

Die zentrale Speicherung und Bearbeitung von Stammdaten für Banken und Bankkonten wird daher zu einem wichtigen Instrument des Cash Managements. Es gilt hier, den gesamten Lebenszyklus eines Bankkontos unter der Berücksichtigung der oben genannten Komplexitätstreiber sowie Compliance-Richtlinien und hohen Sicherheitsanforderungen zu begleiten.

Erweiterte Bankkontenverwaltung

Für das Management der Bankbeziehungen und die Verwaltung der Bank- und Kontendaten stellt SAP mit SAP S/4HANA die Anwendungskomponente *Bankkontenverwaltung* (FSCM-CLM-BAM) zur Verfügung. Die Bezeichnung *Erweiterte Bankkontenverwaltung* wird von SAP benutzt, wenn Funktionen die Full-Cash-Lizenz benötigen. BAM ist das Akronym des englischen Begriffs *Bank Account Management*. Das Cash Management wird hier durch Funktionen zum Anlegen, Ändern, Freigeben, Löschen und Sperren von Stammdaten sowie durch ein umfangreiches Reporting unterstützt.

Grundlegende Bankkontenverwaltung

Als *grundlegende Bankkontenverwaltung* bezeichnet SAP den kompakteren Funktionsumfang, der ohne zusätzliche Lizenz nutzbar ist.

Die Unterschiede beider Versionen sind in SAP-Hinweis 2165520 (Unterschiede beim Funktionsumfang zwischen Bankkontenverwaltung und Vereinfachte Bankkontenverwaltung) beschrieben. Zur Differenzierung der beiden Komponenten wird der Umfangsbestandteil J77 für die erweiterten Funktionen und der Umfangsbestandteil BFA für die grundlegenden Funktionen verwendet.

[»]

SAP-Terminologie: Bankkontenverwaltung, Bankbeziehungen und Bank Relationship Management

SAP verwendet die Begriffe *Bankbeziehungen* und *Bank Relationship Management* zum Teil synonym für die Bankkontenverwaltung. So lautet z. B. der Gruppenname für SAP-Fiori-Apps **Bankbeziehung**. Hiermit wird der Anspruch verdeutlicht, dem Cash Manager ein Instrument zur Verfügung zu stellen, mit dem er über alle Aspekte der Bankbeziehungen informiert wird. Um Missverständnisse zu vermeiden, wird in diesem Buch ausschließlich der Begriff *Bankkontenverwaltung* verwendet.

Konzernweites Management der Bankbeziehungen

Mit der Bankkontenverwaltung werden die im eigenen Unternehmen genutzten Bankdaten und die Bankdaten für Ihre Geschäftspartnerstammdaten administriert. Banken oder Bankkonten von Tochterunternehmen, die keine SAP-Software oder einen älteren Releasestand als SAP ERP einsetzen, werden ebenfalls in dieser Anwendung verwaltet. Dies ermöglicht eine optimierte Überwachung und Steuerung der Cashflows sowie ein konzernweites Management der Bankbeziehungen, unabhängig vom Verbreitungsgrad der SAP S/4HANA-Software.

Compliance durch Änderungshistorie und Freigabeverfahren

Änderungen an den Stammdaten sind in der Änderungshistorie detailliert nachvollziehbar. Mit der Full-Cash-Lizenz ist es zusätzlich möglich, für sensible Felder der Bankkontenstammdaten ein Vier-Augen-Prinzip zu etablieren und komplexere Compliance-Anforderungen über Workflows zur Freigabe von Stammdatenänderungen abzubilden (siehe Abschnitt 7.4, »Freigabeverfahren für Bankkontenstammdaten«).

Das Reporting ist im Full Cash über Hierarchien von Banken und Bankkonten flexibel erweiterbar. Informationen zu Überziehungslimits, Cash Pools, Zahlungsunterzeichnern sowie detaillierte Kontaktdaten in den Bankenstammdaten stehen Ihnen ebenfalls nur in der erweiterten Lizenz zur Verfügung.

SAP-Fiori-Apps

Wie bereits in Abschnitt 1.5.2, »Das SAP Fiori Launchpad«, dargestellt, sind die SAP-Fiori-Apps in Gruppen zusammengefasst. Die SAP-Fiori-Apps der Bankkontenverwaltung befinden sich in der SAP-Standardauslieferung in der Gruppe **Bankbeziehung**.

SAP-Fiori-Apps in der Bankkontenverwaltung

Die in Abbildung 7.1 dargestellte Gruppe **Bankbeziehung** enthält die für den Cash Manager relevanten Apps für die Verwaltung der Bankenstammdaten, die in den angegebenen Abschnitten detailliert vorgestellt werden. Die Apps sind im Einzelnen:

- **Bankbeziehungsübersicht** (siehe Abschnitt 7.2.7)
- **Banken verwalten** (siehe Abschnitt 7.2)
- **Banken verwalten – einfach** (siehe Abschnitt 7.2)
- **Bankkonten verwalten** (siehe Abschnitt 7.3)
- **Bankkonten verwalten – Bankhierarchiesicht** (diese App ist veraltet, nur eingeschränkt nutzbar und wird daher in diesem Buch nicht detaillierter erläutert)

- **Bankkontenhierarchien verwalten** (siehe Abschnitt 7.3.5)
- **Unterzeichner bearbeiten – Für mehrere Konten** (siehe Abschnitt 7.3.2)
- **Unterzeichnerkarten importieren** (siehe Abschnitt 7.3.2)
- **Meine Inbox – Für Bankkonten** (siehe Abschnitt 7.4.5)
- **Meine gesendeten Anträge – Für Bankkonten** (siehe Abschnitt 7.4.4)
- **Bankkonten prüfen** (siehe Abschnitt 7.5)
- **Bankleistungsabrechnungsdateien importieren** (siehe Abschnitt 7.6)
- **Bankgebühren überwachen** (siehe Abschnitt 7.6)
- **Bankgebührenkonditionen verwalten** (siehe Abschnitt 7.6)
- **Workflows verwalten – Für Bankkonten** (siehe Abschnitt 7.4.6)

Abbildung 7.1 SAP-Fiori-Apps der Gruppe »Bankbeziehung« im SAP Fiori Launchpad

In Abschnitt 7.7, »Übersicht über SAP-Fiori Apps und Transaktionen für die Bankkontenverwaltung«, finden Sie eine tabellarische Übersicht aller SAP-Fiori-Apps mit einer Kurzbeschreibung, technischen Referenzen sowie der erforderlichen Lizenz.

Im folgenden Abschnitt erläutern wir das Thema der Bankenstammdaten im Allgemeinen und deren Einbindung in die Unternehmensprozesse.

7.2 Die SAP-Fiori-App »Banken verwalten«

Bankenstammdaten

Der *Bankenstamm* versteht sich als zentrales Bankenverzeichnis für alle Unternehmensbereiche, die auf Bankenstammdaten zurückgreifen. Dazu gehören:

- Einkauf
- Vertrieb
- Buchhaltung
- Treasury und Cash Management
- Personalbereich

In Abbildung 7.2 ist dargestellt, wie der Bankenstamm im Unternehmen genutzt wird. Üblicherweise sind in einem SAP-System alle Banken eines Landes angelegt, so beispielsweise für Deutschland das Bankleitzahlen-Verzeichnis der Deutschen Bundesbank ❶.

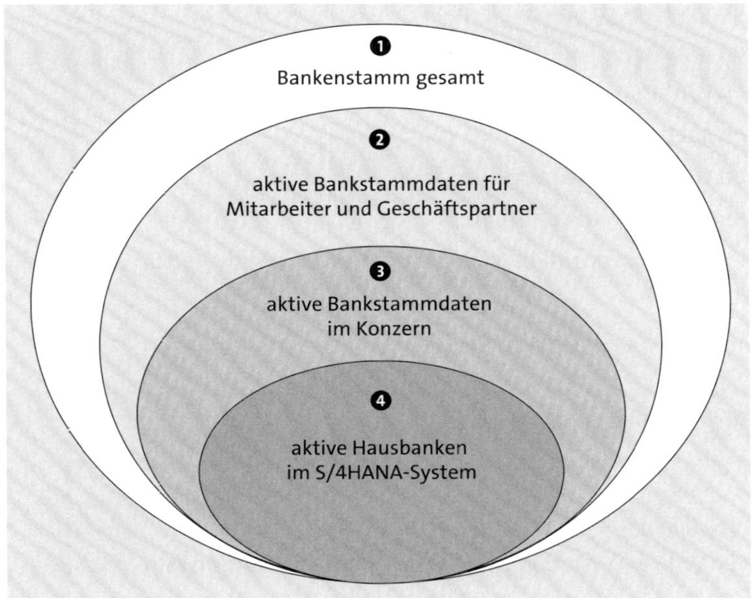

Abbildung 7.2 Übersicht über die Anwendungsbereiche des Bankenstamms

Anwendungsbereiche des Bankenstamms

Nicht alle Banken werden aktiv genutzt, sondern stehen als Vorrat für die Verwendung in den Bankverbindungen der Geschäftspartnerstammdaten von Kundinnen, Lieferanten und Mitarbeiterinnen zur Verfügung ❷. Die zentrale Funktion des Bankenstamms in diesem Kontext ist die Gültigkeitsprüfung der Bankenschlüssel, wie Bankleitzahlen oder BICs (Business Identifier Codes). Für diesen Zweck reicht es aus, wenn der Bankenstamm rudimentär mit den Schlüsselfeldern für Bankland, Bankenschlüssel und der länderspezifischen Bank-ID gefüllt wird.

Für die im Konzern aktiv von den Tochtergesellschaften genutzten Banken ❸ werden zusätzliche Stammdatenfelder gepflegt. Wenn Sie die Konten einer Bank aktiv in der elektronischen Kommunikation mit den Banken verwenden möchten, müssen *Hausbanken* definiert werden, die die Bankbeziehungen genauer spezifizieren ❹.

Die Felder des Bankenstammsatzes werden im folgenden Abschnitt detaillierter beschrieben.

Bankenstammdaten in SAP Fiori verwalten

Die SAP-Fiori-App **Banken verwalten** im SAP Fiori Launchpad versteht sich als allgemeiner Einstieg für die Administration und das Reporting der Bankenstammdaten und stellt die folgenden Funktionen zur Verfügung:

- Banken anzeigen
- Banken anlegen
- Banken bearbeiten
- Banken löschen
- Banken prüfen
- Banken suchen
- Banken Geschäftspartnern zuordnen
- Banken als Hausbank definieren
- Bankleistungen zuordnen (siehe Abschnitt 7.5 »Review-Prozess für Bankkonten«)
- Liste der Banken anzeigen und exportieren

SAP-Fiori-App »Banken verwalten – einfach«

Die SAP-Fiori-App **Banken verwalten – einfach** erlaubt die vereinfachte Anzeige und Pflege des Bankenstamms mit den allgemeinen Daten. Sie richtet sich an Anwender aus den anderen Unternehmensbereichen und enthält nur einen Teil der Funktionen der SAP-Fiori-App **Banken verwalten**. Aus diesem Grund wird sie in diesem Buch nicht detaillierter beschrieben.

SAP-Fiori-App »Banken verwalten« öffnen

Sie öffnen die SAP-Fiori-App **Banken verwalten** über die in Abbildung 7.3 dargestellte Kachel im SAP Fiori Launchpad.

Abbildung 7.3 SAP-Fiori-Kachel »Banken verwalten«

Durch das Ausführen der App öffnet sich die Bankenliste in der Standardansicht zunächst ohne Datensätze (siehe Abbildung 7.4).

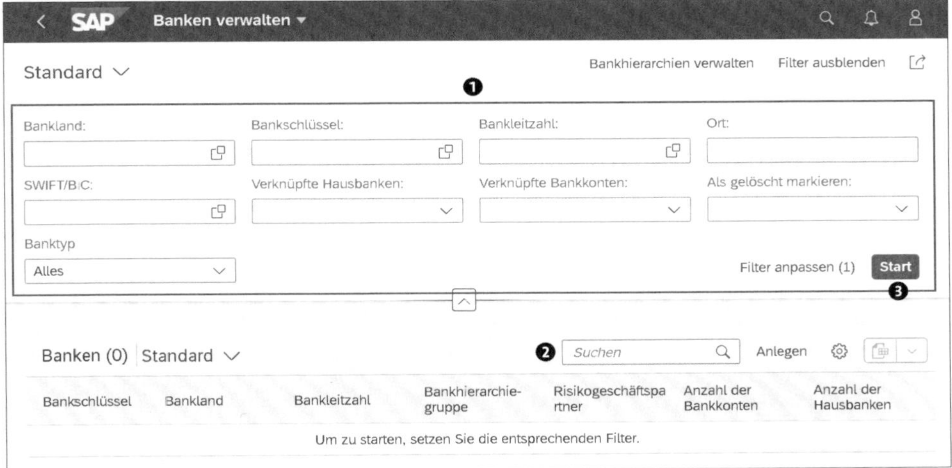

Abbildung 7.4 SAP-Fiori-App »Banken verwalten« – Einstiegsbild

Nachdem Sie die optionalen Filterkriterien ❶ oder einen Banknamen in dem Suchfeld ❷ eingegeben haben, werden Ihnen nach einem Klick auf den Button **Start** ❸ die im System vorhandenen Datensätze des Bankenstamms angezeigt.

Zur Filterung stehen folgende Selektionskriterien zur Verfügung:

- **Bankland** (Eingabe des Länderkürzels, z. B. »DE«)
- **Bankschlüssel**
- **Bankleitzahl** (Eingabe)
- **Ort** (Eingabe von Postleitzahl und Ort notwendig)
- **SWIFT/BIC** (Eingabe)
- **Verknüpfte Hausbanken** (Auswahl **J/N**): zeigt nur die Banken an, die als Hausbank angelegt sind

- **Verknüpfte Bankkonten** (Auswahl **J/N**): zeigt nur Banken an, für die mindestens ein aktives Konzernbankkonto angelegt wurde
- **Als gelöscht markieren** (Auswahl **J/N**, Standardeinstellung »Nein«)
- **Banktyp** (Auswahl **Alles/Meine Banken**)

Ergebnisliste

Abbildung 7.5 zeigt im unteren Bildbereich die Ergebnisliste mit den Bankenstammdaten, die den Filterkriterien entsprechen. Sie können die angezeigte Liste über das Icon ⚙ (**Einstellungen**) flexibel in der Spaltendefinition und Gruppierung anpassen sowie als Tabelle exportieren (siehe Abschnitt 1.5, »Die Benutzeroberfläche SAP Fiori«, für Details zu den Standard-SAP-Fiori-Funktionen).

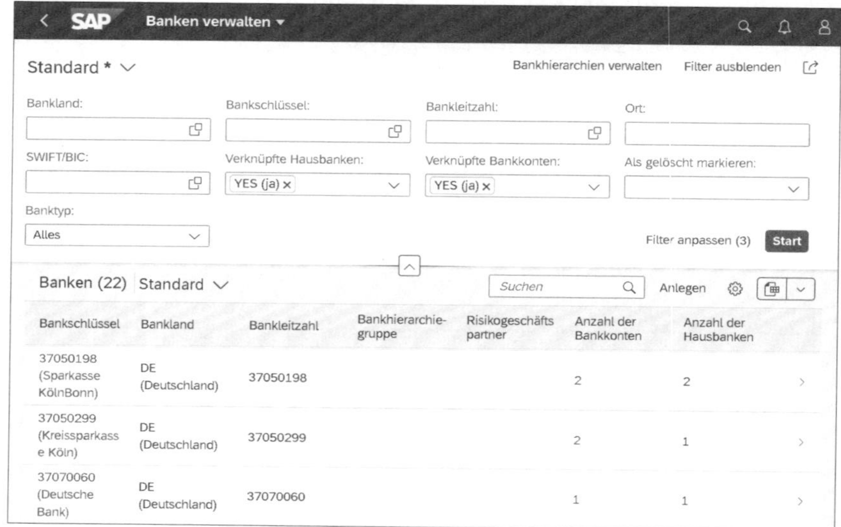

Abbildung 7.5 SAP-Fiori-App »Banken verwalten« – Listanzeige der Banken

Die nachfolgenden Abschnitte erläutern im Detail die einzelnen Bearbeitungsfunktionen und Felder des Bankenstamms.

7.2.1 Bank anlegen

Bank anlegen

Öffnen Sie zur Anlage neuer Bankenstammdaten die SAP-Fiori-App **Banken verwalten** im SAP Fiori Launchpad in der Gruppe **Bankbeziehung**. Über einen Klick auf den Button **Anlegen** (siehe Abbildung 7.6) öffnen Sie die Eingabemaske zur Pflege der allgemeinen Daten der anzulegenden Bank.

Allgemeine Daten des Bankenstamms

Abbildung 7.7 zeigt die Registerkarte **ALLGEMEINE DATEN** im Bankenstamm. Die Pflege der allgemeinen Daten ist zwingend in einem ersten Schritt durchzuführen und zu sichern. Erst danach stehen weitere Bearbeitungsfunktionen – wie die Zuordnung zu Hausbanken – zur Verfügung.

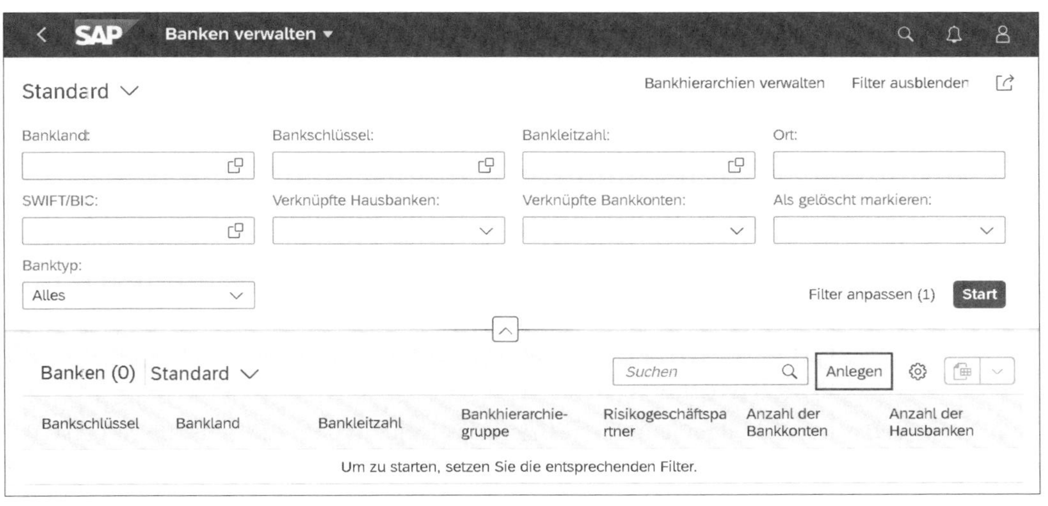

Abbildung 7.6 SAP-Fiori-App »Banken verwalten« – Bank anlegen

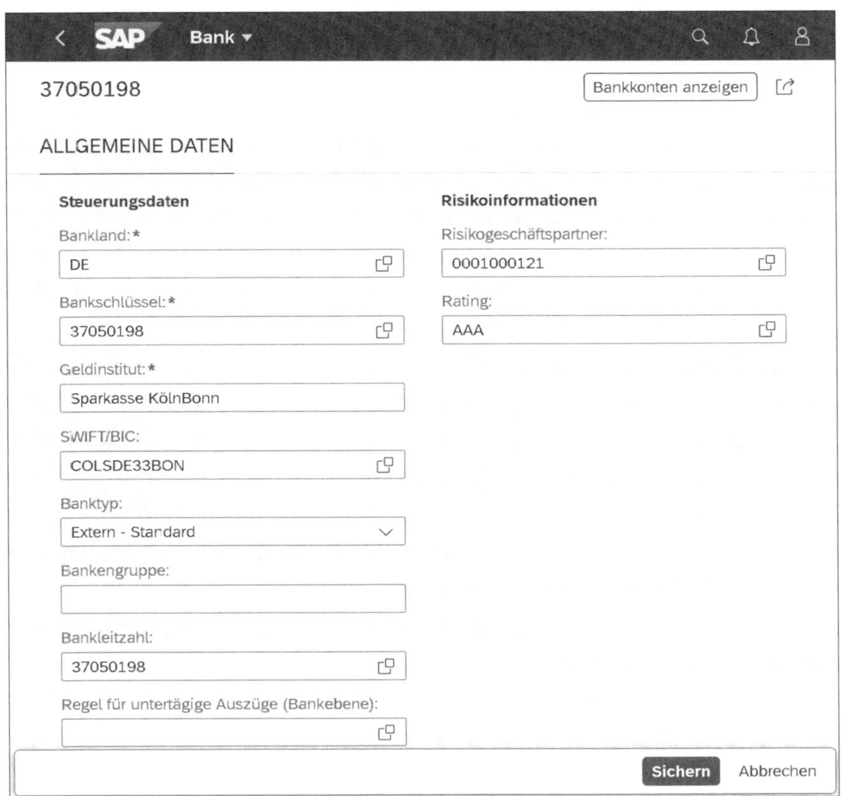

Abbildung 7.7 SAP-Fiori-App »Banken verwalten« – allgemeine Daten im Bankenstamm

Um eine Bank im SAP-System anzulegen und sinnvoll nutzen zu können, werden mindestens die folgenden Daten im Bereich **Steuerungsdaten** benötigt:

- Bankland
- Bankschlüssel
- Geldinstitut
- Bankleitzahl oder BIC/SWIFT

Standardmäßig wird bei der Speicherung eines Stammsatzes das Feld **Bankleitzahl** mit dem Bankenschlüssel gefüllt, wenn dies im Customizing für das Bankland definiert ist.

Bankland

Das Feld **Bankland** identifiziert das Land, in dem die Bank ansässig ist. Bei der Neuanlage einer Bank wird geprüft, ob die Länge der Bankleitzahl den länderspezifischen Vorgaben entspricht und mit dem Bankenschlüssel identisch sein muss. In den analytischen SAP-Fiori-Apps steht das Feld **Bankland** als Filter- und Gruppierungskriterium zur Verfügung.

Bankenschlüssel

Der Eintrag im Feld **Bankschlüssel** dient der eindeutigen Identifikation der Bank im SAP-System für die Speicherung in der Tabelle BNKA. In Kombination mit dem Bankland ist jeder Bankenstammsatz eindeutig identifizierbar. Im Customizing (Tabelle T005) ist definiert, ob der Bankenschlüssel identisch mit der Bankleitzahl oder frei wählbar ist. Für Deutschland ist definiert, dass der Bankenschlüssel der Bankleitzahl entspricht. Als generelle Empfehlung von SAP gilt es, den Bankenschlüssel identisch mit dem nationalen Bankenschlüssel zu definieren.

[»]

Nicht veränderbare Daten

Nach dem Sichern des Bankenstamms sind die Felder **Bankland** und **Bankschlüssel** nicht mehr änderbar. Bei einer fehlerhaften Eingabe in einem dieser Felder kann der Datensatz nur gelöscht und neu angelegt werden.

Name des Geldinstituts

Das Feld **Geldinstitut** ist ein frei definierbares Pflichtfeld, das den Namen der Bank enthält, wie z. B. »Deutsche Bank« oder »Sparkasse Köln/Bonn«.

SWIFT/BIC

Der SWIFT- bzw. BIC-Code ist ein Schlüssel, der Banken weltweit eindeutig identifiziert. Er wird insbesondere für internationale Finanztransaktionen benötigt.

Bankleitzahl

Auch wenn die Bankleitzahl nach der Einführung von IBAN (International Bank Account Number) und BIC veraltet scheint, hat sie noch Funktionen im SAP-System. Sie bildet für deutsche Banken im SAP-System den Bankenschlüssel ab (entsprechend den Voreinstellungen im Customizing).

Nach der Eingabe der Pflichtfelder können Sie den Stammsatz über den Button **Sichern** speichern.

Bankentyp

Das Feld **Banktyp** ist standardmäßig mit dem Wert **Extern – Standard** gefüllt und kennzeichnet damit, dass diese Bank einen externen Geschäftspartner repräsentiert. Manuell können Sie den Wert auf **Intern – Zahlungsdienstleister** setzen, wenn der Stammsatz nur für einen Zahlungsdienstleister im Sinne einer SAP-internen Bank genutzt wird.

Stetige Veränderungen durch die Hinzunahme neuer Bankleitzahlen oder den Entfall »historischer« Bankleitzahlen müssen im Bankenstamm nachvollzogen werden.

SAP-GUI-Transaktionen zur Pflege des »Minimal«-Stamms

Für die Administration von Banken sind zusätzliche Transaktionen im SAP GUI vorhanden:

- FI01 – Bank anlegen
- FI02 – Bank ändern
- FI03 – Bank anzeigen
- BAUP – Länderspezifische Bankenverzeichnisübernahme
- BIC2 – Bankdaten übernehmen

Die Deutsche Bundesbank stellt über ihr Download-Portal einen gesicherten Download der Bankleitzahlen-Dateien aus dem Extranet zur Verfügung. Sie finden die Liste unter der folgenden URL:

https://www.bundesbank.de/de/aufgaben/unbarer-zahlungsverkehr/serviceangebot/bankleitzahlen/download-bankleitzahlen-602592

Für Banken, mit denen Ihr Unternehmen aktive Geschäftsbeziehungen pflegt, stehen neben den Pflichtfeldern weitere Felder zur Verfügung. Hierzu gehören die Adresse und die nachfolgend detaillierter beschriebenen Informationen.

Bankengruppe

Die Bankengruppe, auch Bankennetz genannt, wird für die Optimierung der Bankwege bzw. -laufzeiten im automatischen Zahlungsverkehr genutzt. Verfügt ein Unternehmen über Konten bei mehreren Banken, werden ausgehende Zahlungen priorisiert über das Konto abgewickelt, das der gleichen Bankengruppe, wie der Bank des Geschäftspartners, zugeordnet ist. Das Feld **Bankengruppe** steht als Merkmal und Filterkriterium in verschiedenen Reports zur Verfügung.

Risikogeschäftspartner

Um alle SAP-Funktionen und Stammsatzfelder für aktive Banken nutzen zu können, ist die Verknüpfung des Bankenstammsatzes mit einem Geschäftspartner notwendig, der in der Rolle **Kreditinstitut** (Rolle TR0703) angelegt wurde. So wird die Bank erst mit der Zuordnung eines Geschäftspartners in die Bankenhierarchie aufgenommen (siehe Abschnitt 7.2.8, »Bankhierarchie«), und es wird möglich, Kontakte und Filialen einer Bank zu pflegen.

Existiert bereits ein Geschäftspartner in der Rolle eines Kreditinstituts für die Bank, kann dessen Nummer direkt in das Feld **Risikogeschäftspartner** eingetragen oder über die Auswahlmöglichkeiten ausgewählt werden. Existiert noch kein Geschäftspartner, kann dieser über die SAP-Fiori-App **Geschäftspartnerstammdaten verwalten** oder über die SAP-GUI-Transaktion BP (Geschäftspartner bearbeiten) angelegt werden.

[»]

Risikogeschäftspartner in SAP S/4HANA 2020

Mit Release 2020 für SAP S/4HANA wurde die Verwaltung der Geschäftspartner in der SAP-Fiori-App **Bankkonten verwalten** verändert. Bis einschließlich Releasestand 1909 können Geschäftspartner über das Feld **Geschäftspartnergruppierung** aus der App mit der Rolle **Kreditinstitut** angelegt werden.

Rating

Zur Risikoklassifizierung können Sie im Bankenstammsatz die Bonität einer Bank im Feld **Rating** hinterlegen. Das Rating steht als Kriterium für Filter und Gruppierungen in verschiedenen Reports zur Verfügung. Wie es Abbildung 7.8 darstellt, können Sie das Rating im Bankenstamm aus einer Auswahlliste selektieren.

Adresse

Eine einfache Adresse mit den Feldern **Region**, **Straße** und **Ort** können Sie bei der Stammdatenanlage hinterlegen (siehe Abbildung 7.9).

Das Feld **Zweigstelle** steht für eine Freitextbezeichnung zur Verfügung. Alle Adressfelder sind als Filterkriterien oder Reportspalten nutzbar. Nach dem Speichern des Stammsatzes stehen über die Bearbeitungsfunktionen weitere Adressfelder zur Verfügung (**Erweiterte Adresse**).

Klicken Sie auf **Sichern** (im unteren rechten Bereich der Ansicht) um die Bank im SAP-System anzulegen. Anschließend wird die Bank in **Bank anzeigen** sichtbar.

Nach der Speicherung sind weitere Registerkarten wie **HAUSBANKEN** und **KONTAKTDATEN** sichtbar. Über den Button **Bearbeiten** im oberen Bereich der Ansicht ist eine sofortige Weiterbearbeitung möglich, sodass Sie diese zusätzlichen Felder umgehend pflegen können.

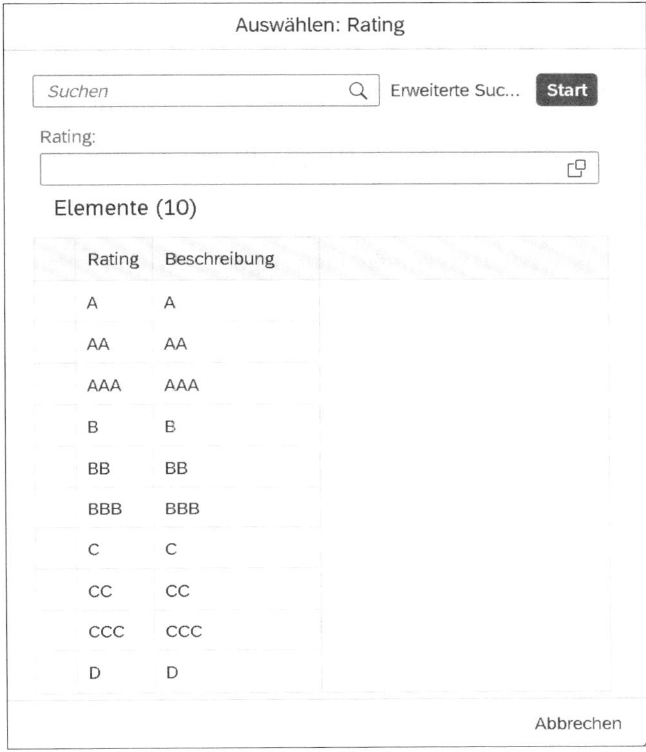

Rating	Beschreibung
A	A
AA	AA
AAA	AAA
B	B
BB	BB
BBB	BBB
C	C
CC	CC
CCC	CCC
D	D

Abbildung 7.8 SAP-Fiori-App »Banken verwalten« – Rating-Katalog für Banken

Abbildung 7.9 SAP-Fiori-App »Banken verwalten« – Bank anlegen – Adresse

[»]

Fehler bei der Administration von Bankenstammdaten

Eine Bank kann nicht gespeichert werden, wenn die Daten nicht gemäß der Customizing-Vorgaben gepflegt wurden oder bereits ein Stammsatz mit identischem Bankenschlüssel und Bankland im SAP-System vorhanden ist.

Fehlerhafte Dateneingabe

Nach der Eingabe der Daten und dem abschließenden Klick auf **Sichern** gelangen Sie im Fehlerfall auf die ursprüngliche Vorlage zurück und erhalten im unteren Bereich des SAP Fiori Launchpads den Hinweis »Fehler beim Anlegen der Bank«.

Ein Klick auf das Icon ⚠ 1 (**Meldungen**) im unteren linken Bereich zeigt Ihnen weitere Details zur Fehlerursache (siehe Abbildung 7.10).

Abbildung 7.10 SAP-Fiori-App »Banken verwalten« – Anzeige des Fehlers »Bank ist bereits vorhanden«

7.2.2 Banken anzeigen und bearbeiten

Sie öffnen zur Anzeige von Bankenstammdaten die SAP-Fiori-App **Banken verwalten**. Wie gewohnt, können Sie die Ansicht nach Bedarf filtern und über **Start** die gewünschten Banken in einer Ergebnisliste anzeigen.

Factsheet zur Bank

Über einen Klick auf einen Datensatz in der Spalte **Bankschlüssel** öffnen Sie ein Factsheet zur Bank mit den Bereichen **Allgemeine Informationen** und **Hausbanken** (siehe Abbildung 7.11). Eine Bearbeitung ist in dieser Ansicht nicht möglich.

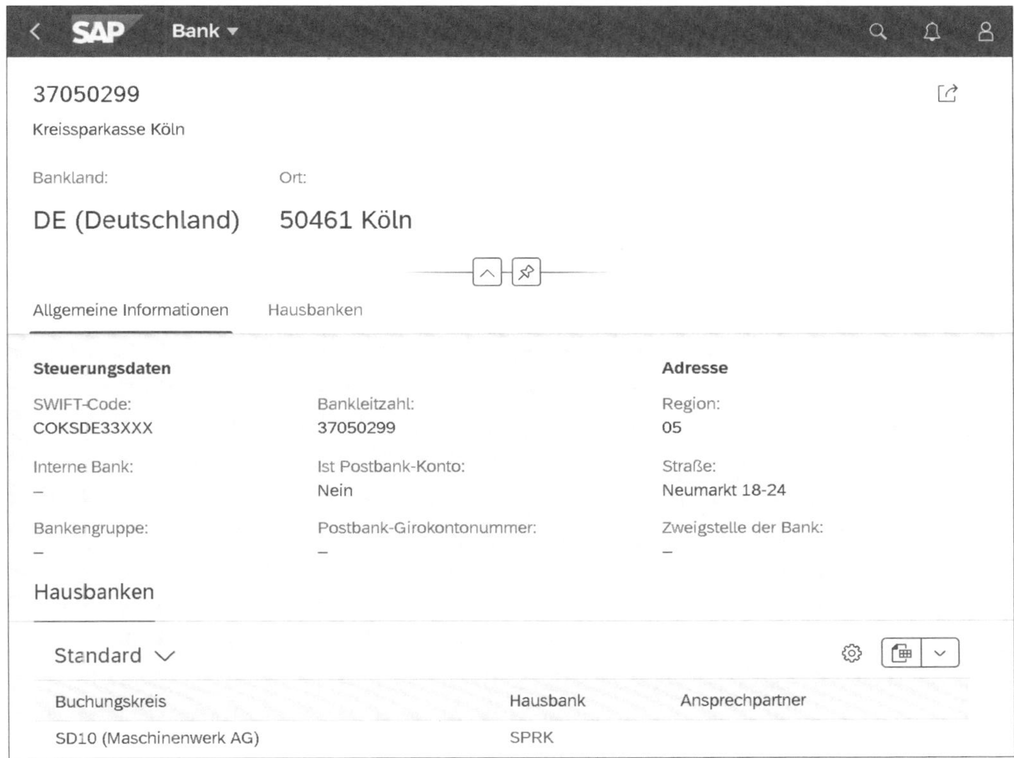

Abbildung 7.11 SAP-Fiori-App »Banken verwalten« – Factsheet zum Bankenstamm

Um den Stammsatz mit allen Feldern anzeigen und bearbeiten zu können, dürfen Sie nach dem Klick auf den Button **Start** nicht auf den Bankenschlüssel oder den Link mit der Anzahl der Bankkonten klicken. Wählen Sie stattdessen einen beliebigen anderen Teil der Zeile, wie z. B. das Icon [>] (**Details**), siehe Abbildung 7.5 weiter vorne, um das Detailfenster zu öffnen.

Stammsatz bearbeiten

In der Detailansicht (siehe Abbildung 7.12) des Bankenstammsatzes können Sie über den Button **Bearbeiten** ❶ zu dem Bearbeitungsmodus wechseln. Hier können Sie alle Felder ändern, mit Ausnahme der Felder **Bankland** und **Bankschlüssel**. Eine Bank kennzeichnen Sie über den Button **Als gelöscht markieren** ❷ für eine spätere Archivierung (siehe Abschnitt 7.2.10, »Bank löschen«). Über einen Klick auf **Bankkonten anzeigen** ❸ wird die gleichnamige App geöffnet und zeigt die der Bank zugeordneten Bankkonten an.

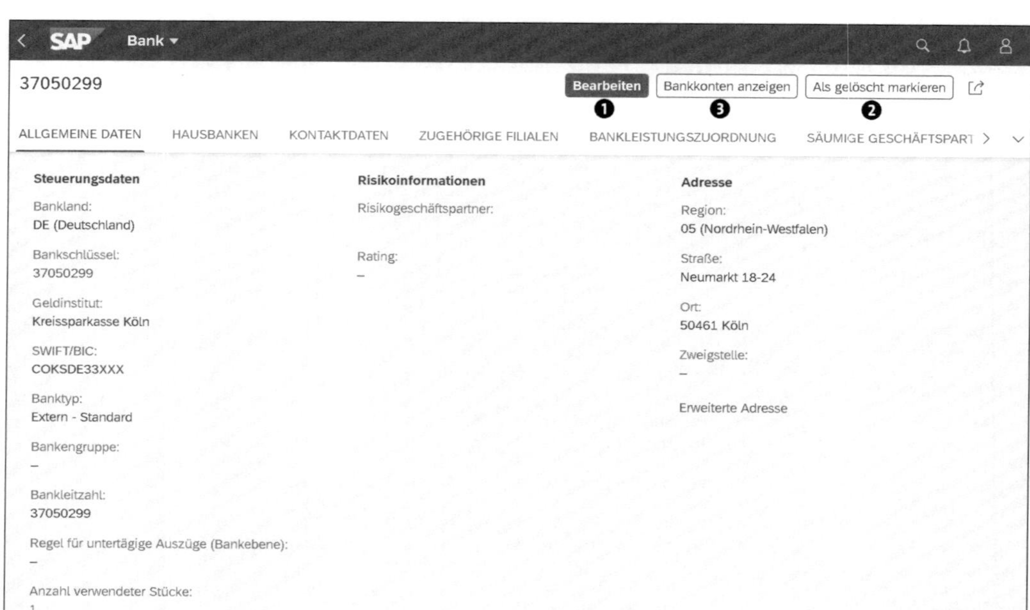

Abbildung 7.12 SAP-Fiori-App »Banken verwalten« – Detailansicht des Bankenstammsatzes

7.2.3 Hausbank anlegen und zuordnen

Als *Hausbank* wird eine Bank bezeichnet, bei der ein Buchungskreis der Unternehmensgruppe ein Konto unterhält. Zu einer Hausbank werden pro Buchungskreis Steuerungsinformation für die Zahlungsabwicklung und die elektronische Kommunikation hinterlegt. In einem späteren Schritt werden bei der Definition der Bankkonten den Hausbanken sogenannte *Konto-IDs* zugeordnet.

Hausbankenschlüssel

Die Hausbank wird einem Bankenstammsatz zugeordnet und dort für einen Buchungskreis angelegt und über den Hausbankenschlüssel (Feld **Hausbank**) identifiziert.

Unterhält Ihr Unternehmen beispielsweise Bankkonten bei der Deutschen Bank in drei Buchungskreisen, legen Sie hierzu drei Hausbankenstammsätze an.

Namenskonvention

Für den Hausbankenschlüssel hat sich in der Praxis die Verwendung einer einheitlichen Namenskonvention bewährt, die eine Kurzform des Banknamens repräsentiert. Die Deutsche Bank wurde im oben genannten Beispiel für die drei Buchungskreise jeweils mit dem Hausbankenschlüssel **DEBA** angelegt. Abbildung 7.13 verdeutlicht, dass einem Buchungskreis und einem Bankenstammsatz mehrere Hausbanken zugeordnet werden können.

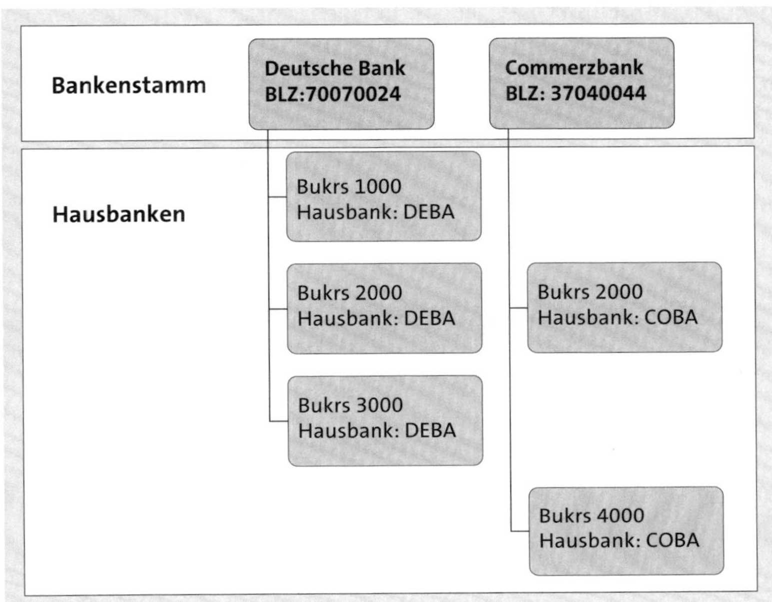

Abbildung 7.13 Beispielhafte Zuordnung von Hausbanken zu Bankenstammsätzen

Hausbanken in SAP ERP

In SAP ERP werden Hausbanken ausschließlich im Customizing eingerichtet. Dies hat zur Folge, dass die Cash-Management-Abteilung die Daten selbst nicht pflegen kann. Vielmehr führen Mitarbeiter der IT-Abteilung die Pflege der Stammdaten durch und transportieren diese vom Entwicklungs- in das Test- und Produktivsystem.

Stammdaten für Hausbankdaten

In SAP S/4HANA sind die Hausbankdaten als Stammdaten klassifiziert, die direkt im Produktivsystem änderbar sind und nicht transportiert werden müssen. Dies ermöglicht die eigenständige Administration der Hausbankdaten durch das Cash-Management-Team mit der SAP-Fiori-App **Banken verwalten** ohne Reibungs- und Zeitverluste.

Die Administration der Hausbanken ist sowohl über das SAP Fiori Launchpad als auch über die SAP-GUI-Transaktion FI12_HBANK (Hausbank verwalten) möglich. Zunächst wird im Folgenden die Definition einer Hausbank über die SAP-Fiori-App und anschließend die Zuweisung einer Hausbank über die Transaktion dargestellt.

Hausbanken mit der SAP-Fiori-App »Banken verwalten« administrieren

Über die SAP-Fiori-App **Banken verwalten** wählen Sie die zu bearbeitende Bank in der Listenansicht aus und öffnen diese über die Auswahl der Zeile in der Detailansicht.

Registerkarten im Änderungsmodus

Neben den in Abschnitt 7.2.1, »Bank anlegen«, erläuterten allgemeinen Daten sind im oberen Bereich die Registerkarten **HAUSBANKEN**, **KONTAKTDATEN**, **ZUGEHÖRIGE FILIALE**, **BANKLEISTUNGSZUORDNUNG**, **SÄUMIGE GESCHÄFTSPARTNER** und **ÄNDERUNGSHISTORIE** sichtbar.

Registerkarte »Hausbanken«

Um die Hausbanken zu bearbeiten, öffnen Sie die Registerkarte **HAUSBANKEN** und navigieren zu den Detaileinträgen für die Hausbankdaten. In Abbildung 7.14 ist eine Bank dargestellt, der noch keine Hausbank zugeordnet wurde.

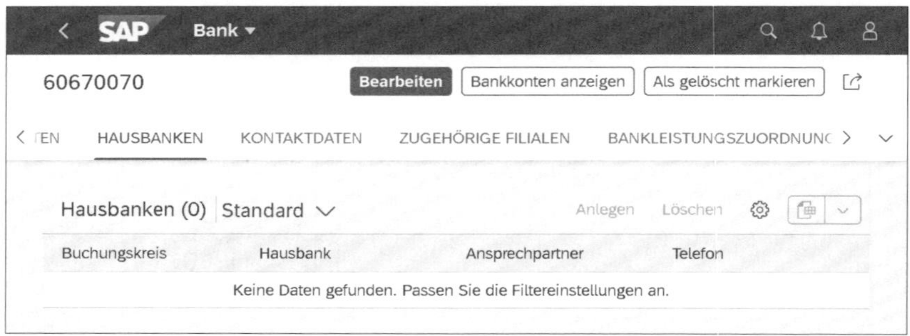

Abbildung 7.14 SAP-Fiori-App »Banken verwalten« – Hausbanken bearbeiten

Wechseln Sie über einen Klick auf den Button **Bearbeiten** in die Bearbeitungssicht. Dort können Sie eine neue Hausbank definieren. Über den Button **Anlegen** öffnet sich ein Formular zur Pflege der Hausbankdetails.

Pflichtfelder für die Hausbank

In Abbildung 7.15 ist die Formularansicht dargestellt, in der die Felder **Buchungskreis** und **Hausbank** zwingend ausgefüllt werden müssen. Dabei steht der Buchungskreis für das Konzernunternehmen, das ein Konto bei dieser Bank unterhält. In das Feld **Hausbank** wird ein selbst definierter Kurzschlüssel für die Hausbank eingegeben (siehe Hinweise zur Namenskonvention zu Beginn dieses Abschnitts).

Felder zur Steuerung des Zahlungsverkehrs

Zusätzlich sind weitere Felder des Hausbankenstammsatzes zur Steuerung des Zahlungsverkehrs über das automatische Zahlprogramm bzw. SAP Bank Communication Management vorhanden. Über einen Klick auf den Button **Sichern** wird die Bank als Hausbank für den angegebenen Buchungskreis angelegt.

Über das Icon < (**Zurück**) im oberen linken Navigationsbereich gelangen Sie in die Anzeige des Bankenstamms. Auf der Registerkarte **HAUSBANKEN** sehen Sie die neue Hausbank (siehe Abbildung 7.16). Um weitere Bearbeitungen vornehmen zu können, ist ein erneuter Wechsel in den Bearbeitungsmodus notwendig. Die Bank können Sie anschließend über einen Klick auf die Zeile der Hausbank erneut editieren.

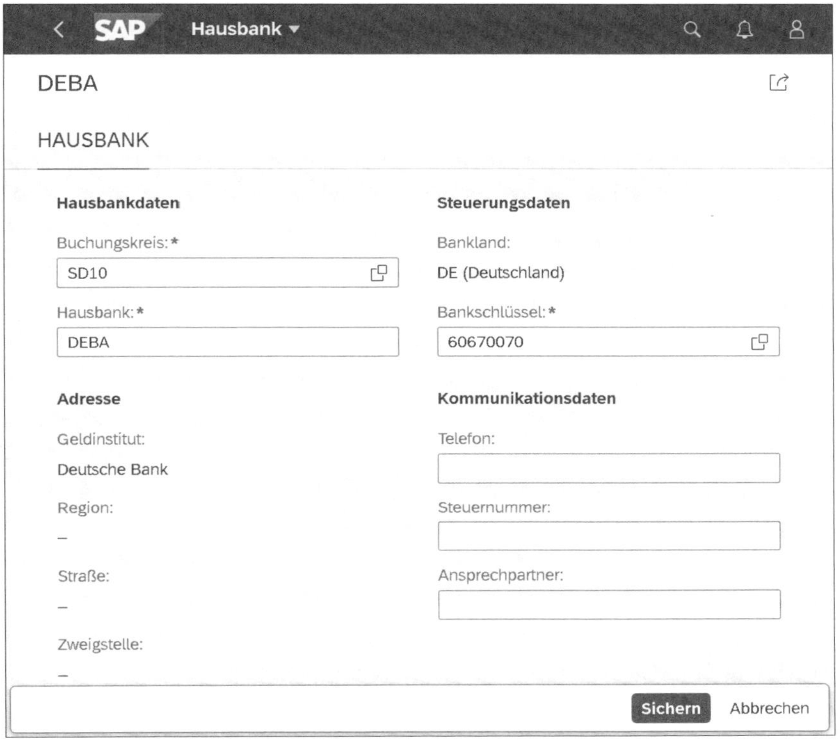

Abbildung 7.15 SAP-Fiori-App »Banken verwalten« – Detailansicht der Hausbank

Abbildung 7.16 SAP-Fiori-App »Banken verwalten« – zugeordnete Hausbank

Hausbank löschen

Zum Löschen markieren Sie die Hausbank links über das zugehörige Kontrollkästchen im Bearbeitungsmodus und klicken auf **Löschen**. Zum Hinzufügen einer weiteren Hausbank klicken Sie erneut auf den Button **Anlegen** und wiederholen den Vorgang.

In der SAP-Fiori-App **Banken verwalten** ändert sich die Spalte **Anzahl der Hausbanken** in der Ergebnisliste nach der Zuordnung neuer Hausbanken. Wie Sie in Abbildung 7.17 sehen, ist der Bank nun eine Hausbank zugewiesen.

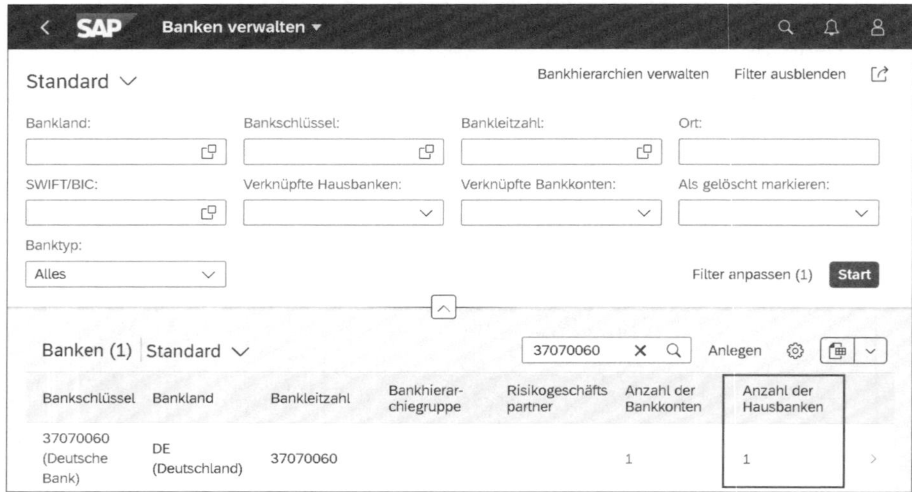

Abbildung 7.17 SAP-Fiori-App »Banken verwalten« – Anzahl der Bankkonten und Hausbanken in der Listanzeige

Hausbank über die SAP-GUI-Transaktion FI12_HBANK administrieren

SAP-GUI-Transaktion zur Pflege des Bankenstamms

Wenn Sie lieber im SAP GUI arbeiten, können Sie Transaktion FI12_HBANK (Hausbank verwalten) für die Verwaltung der Hausbanken nutzen. Nach der Auswahl des gewünschten Buchungskreises erscheint eine Auflistung der vorhandenen Hausbanken zum Buchungskreis, die das Bankland, den Bankenschlüssel und den Namen der Bank anzeigt (siehe Abbildung 7.18).

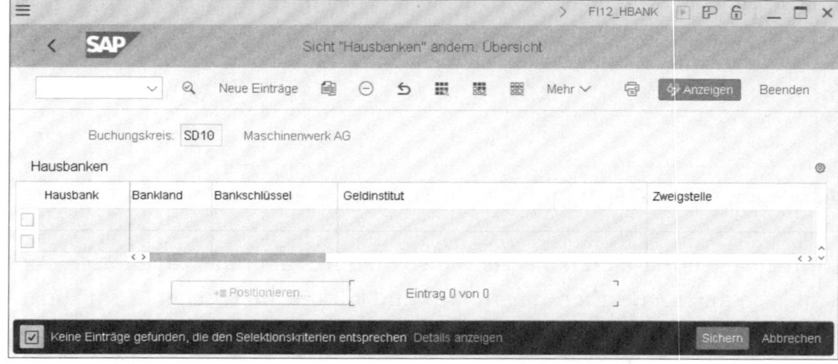

Abbildung 7.18 SAP-GUI-Transaktion FI12_HBANK (Hausbank ändern) – Einstiegsbild

[«]

Bankenstamm im SAP GUI administrieren

Transaktion FI12 (Bank ändern) war mit den ersten SAP S/4HANA-Versionen nicht nutzbar. Mit Softwarerelease 1809 wurde die Transaktion wieder reaktiviert (SAP-Hinweis 2646577, Reaktivierung des Transaktionscodes FI12 zum Pflegen der Hausbanken) und kann ebenfalls zur Pflege der Hausbankinformationen genutzt werden.

Über den Button **Neue Einträge** fügen Sie eine Hausbank hinzu. Da der Einstieg in diese Transaktion über den Buchungskreis erfolgt, sind im Stammsatz nur noch **Bankland** und **Bankschlüssel** anzugeben (siehe Abbildung 7.19). Optional können Sie die Kommunikationsdaten und weitere Steuerungsparameter zu den EDI-Partnervereinbarungen und zum Datenträgeraustausch dem Stammsatz zuordnen. Sie speichern den Datensatz über den Button **Sichern**.

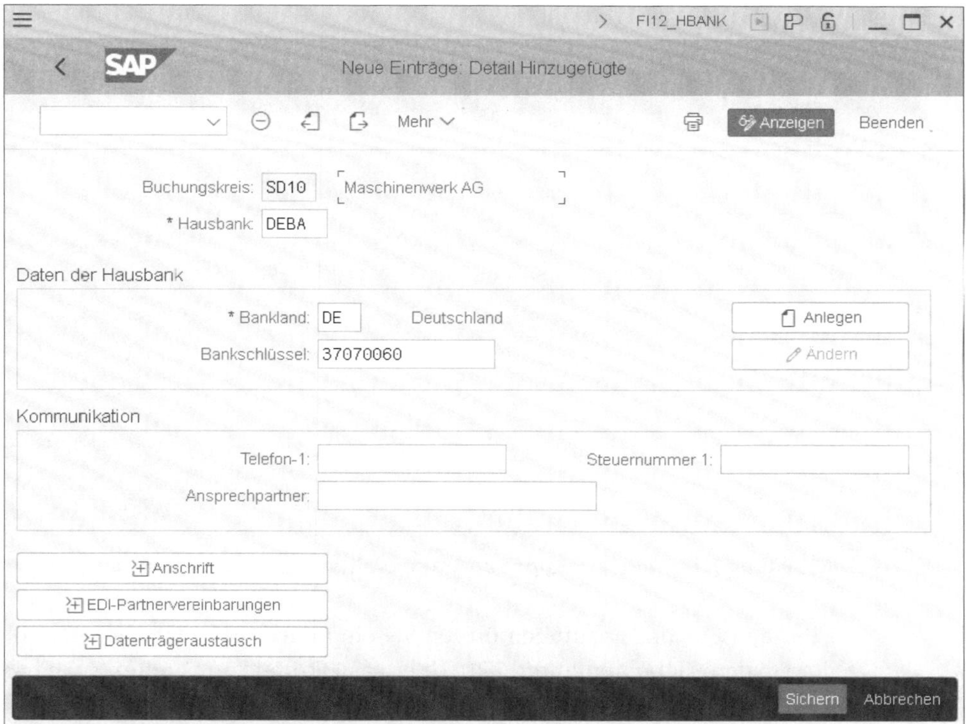

Abbildung 7.19 SAP-GUI-Transaktion FI12_HBANK (Hausbank ändern) – Detailansicht

7.2.4 Filialen zuordnen

In der Detailansicht des Bankenstammsatzes ist es möglich, einer Bank Filialen zuzuordnen. Diese Filialzuordnung wird automatisch in der Bankhierarchie berücksichtigt und steht dort für Reporting-Zwecke zur Verfügung. Die Filiale wird in der Hierarchie unterhalb der Zentrale eingeordnet und verwendet damit die Geschäftspartnernummer der Zentrale.

Die Zuordnung erfolgt über den Änderungsmodus im Bankenstammsatz der Zentrale, den Sie über den Button **Bearbeiten** aktivieren. Auf der Registerkarte **ZUGEHÖRIGE FILIALEN** finden Sie die aktuell zugeordneten Filialen mit Informationen zu Bankenschlüssel, Bankland und bereits zugeordneten Konten (siehe Abbildung 7.20). Hier ändern Sie die Verknüpfungen.

Keine Bearbeitung ohne Geschäftspartner möglich

Die Bearbeitungsfunktionen sind inaktiv (ausgegraut), wenn der Zentrale kein Geschäftspartner zugeordnet wurde.

Abbildung 7.20 SAP-Fiori-App »Banken verwalten« – zugehörige Filialen

Über den Button **Hinzufügen** öffnen Sie ein neues Formular zur Auswahl der Filialen (siehe Abbildung 7.21). Über das Filterfeld zur Volltextsuche ❶ schränken Sie die Auswahlliste ein. Zusätzliche Filterkriterien stehen bei Bedarf unter ⚙ (**Einstellungen**) zur Verfügung. Die zuzuordnenden Filialen werden am linken Bildrand im Markierungsfeld ❷ aktiviert. Mit dem Button **Sichern** ❸ speichern Sie die Zuordnung, und die Anwendung springt zurück in den Anzeigemodus des Bankkontos.

Abbildung 7.21 SAP-Fiori-App »Banken verwalten« – Filiale hinzufügen

7.2.5 Kontakte zuordnen

Mit der Full-Cash-Lizenz ist es möglich, die Kontaktdaten der Ansprechpartnerinnen und Ansprechpartner bei Ihren aktiven Banken zentral abzulegen. Sie können sich zugeordnete Kontakte im Bankenstammsatz auf der Registerkarte **KONTAKTDATEN** anzeigen lassen. Analog zur Filialzuordnung können Kontakte nur zugeordnet werden, wenn der Bank zuvor ein Geschäftspartner zugeordnet worden ist.

Änderungen bei der Pflege von Kontaktdaten mit Release 2020

Bis zu Releasestand 1909 des SAP S/4HANA-Systems konnten Kontakte innerhalb der SAP-Fiori-App **Banken verwalten** direkt hinzugefügt werden. Mit Release 2020 wurde die Kontaktpflege und -zuordnung in die Geschäftspartnerverwaltung verlagert. Sie können die verknüpften Ansprechpartner zur Bank in der Detailansicht des Bankenstamms zwar einsehen, jedoch nicht direkt verwalten (siehe Abbildung 7.22).

Abbildung 7.22 SAP-Fiori-App »Banken verwalten« – Kontaktdaten zur Bank

Ansprechpartner verwalten

Zur Verwaltung der Ansprechpartner wurde mit Release 2020 die Verlinkung zur Geschäftspartnerverwaltung hinzugefügt. Über einen Klick auf den Button **Ansprechpartner verwalten** gelangen Sie zur SAP-Fiori-App **Geschäftspartnerstammdaten verwalten** (siehe Abbildung 7.23).

Abbildung 7.23 SAP-Fiori-App »Geschäftspartnerstammdaten verwalten« – Geschäftspartner zur Bank

Die Ansicht der Geschäftspartnerverwaltung öffnet über die Verlinkung bereits den im Bankenstamm hinterlegten Geschäftspartner zur Bank. Wählen Sie die Registerkarte **Ansprechpartner**, um die gespeicherten Kontakte ausgeben zu lassen. Angelegte Ansprechpartner können Sie in dieser Ansicht verwalten oder zusätzliche Kontakte hinzufügen. Wechseln Sie dazu über den Button **Bearbeiten** in den Bearbeitungsmodus (siehe Abbildung 7.24).

Abbildung 7.24 SAP-Fiori-App »Geschäftspartnerstammdaten verwalten« – Ansprechpartner pflegen

Zum Hinzufügen eines Ansprechpartners wählen Sie den Button **Anlegen**. In der sich öffnenden Eingabespalte wählen Sie im ersten Schritt den Ansprechpartner aus den angelegten Geschäftspartnern mit der Rolle BUP001 aus, in dem Sie auf den Radiobutton links von der Spalte **Ansprechpartner** klicken (siehe Abbildung 7.25).

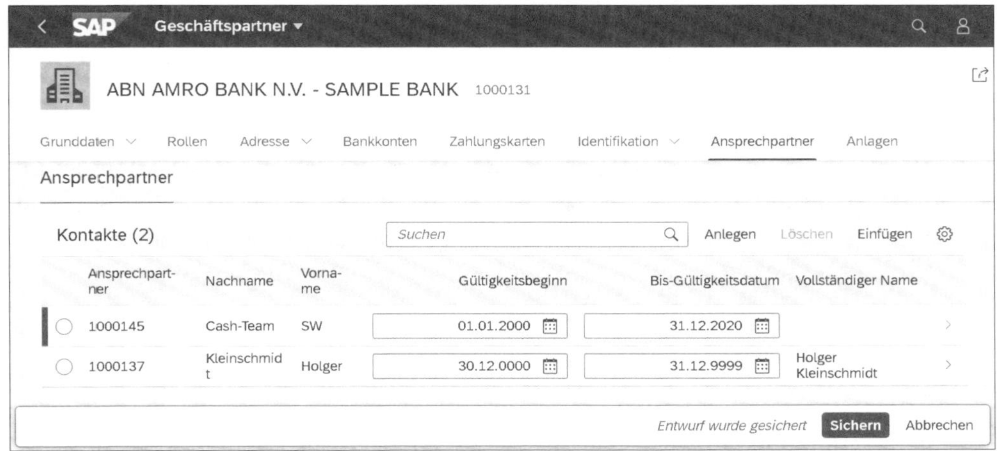

Abbildung 7.25 SAP-Fiori-App »Geschäftspartner verwalten« – Ansprechpartner hinzufügen

Mit dem Button **Sichern** werden die Kontaktdaten gespeichert. Über das Icon ‹ (**Zurück**) springen Sie zurück in den Bankenstamm zur weiteren Bearbeitung.

Technischer Hintergrund der Geschäftspartnerintegration

Im Hintergrund wird der Kontakt als Geschäftspartner im System über die Beziehung **ist Ansprechpartner von** der Bank zugeordnet. Diese Beziehung ist sichtbar über die SAP-GUI-Transaktion BP (Geschäftspartner bearbeiten). Wählen Sie nach dem Aufruf der Transaktion und der Auswahl des Geschäftspartners den Menüpfad **Springen • Beziehungen**, um die verknüpften Kontakte einzusehen (siehe Abbildung 7.26).

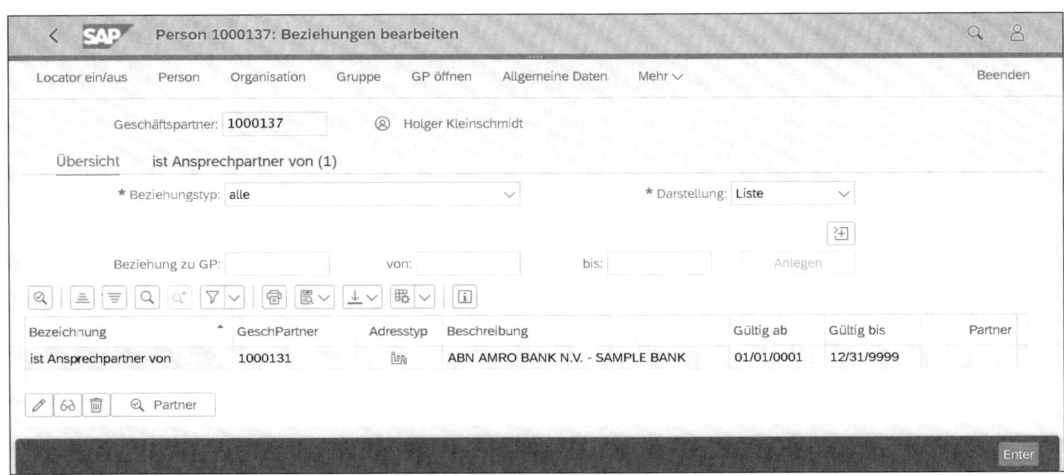

Abbildung 7.26 SAP-GUI-Transaktion BP (Geschäftspartner bearbeiten) – Ansprechpartner – Beziehung anzeigen

7.2.6 Säumigen Geschäftspartner zuordnen

Mit dem SAP S/4HANA-Release 2020 erhalten Sie die Möglichkeit, den Bankenstammsatz mit einem Geschäftspartner zu verknüpfen, der einen säumigen Geschäftspartner gemäß IFRS7 bzw. IAS32 repräsentiert. Sie können das Feld **Säumiger Geschäftspartner** auf der Registerkarte **SÄUMIGER GESCHÄFTSPARTNER** des Bankenstammsatzes hinterlegen, um alle Bankkonten zu kennzeichnen, die zu diesem Geschäftspartner gehören.

7.2.7 Bankbeziehungsübersicht

Mit SAP S/4HANA-Release 1909 wurde die neue SAP-Fiori-App **Bankbeziehungsübersicht** ausgeliefert. Sie steht standardmäßig in der Gruppe **Bankbeziehung** zur Verfügung. Die App zeigt aktuelle Daten Ihrer aktiven Banken an, wie z. B. Bankgebühren, Zahlungsvolumina sowie verschiedene Statusübersichten.

Befüllen Sie zunächst das Feld **Umrechnungskursdatum** (z. B. mit dem Tagesdatum), nachdem Sie die App aufgerufen haben. Optional spezifizieren Sie die Filterkriterien **Jahr und Monat (Bankgebühren)** für die Berechnung der Bankzinsen sowie **Bankschlüssel** und **Bankland**.

Veränderbare Reporting-Kacheln zur Bankbeziehung

Im Report sind die Informationen auf verschiedenen Kacheln angeordnet (siehe Abbildung 7.27). Die folgenden Kacheln sind verschiebbar und in der Größe veränderbar:

- **Zahlungen**
  Hier finden Sie eine betrags- und mengenmäßige Übersicht der Zahlungsvorgänge pro Hausbank, getrennt nach Eingangs- und Ausgangszahlungen.
- **Bankkonten nach Status**
  Diese Kachel zeigt die Anzahl Ihrer Bankkonten nach Gesellschaft oder Land. Aktive und aufgelöste Konten werden separat dargestellt.
- **Bankprofile**
  Diese Tabelle zeigt Ihnen pro Bankengruppe die Anzahl der aktiven Banken und Bankkonten sowie die Anzahl der Buchungskreise mit einer aktiven Geschäftsbeziehung.
- **Workflow-Anträge**
  Hier erhalten Sie einen Überblick über den Bearbeitungsstatus von Workflow-Anträgen für Überarbeitungen von Bankkontenstammsätzen.
- **Bankgebühren**
  In dieser Kachel erhalten Sie eine Übersicht über Ihre Bankgebühren, getrennt nach Bankengruppe und Leistungsart.

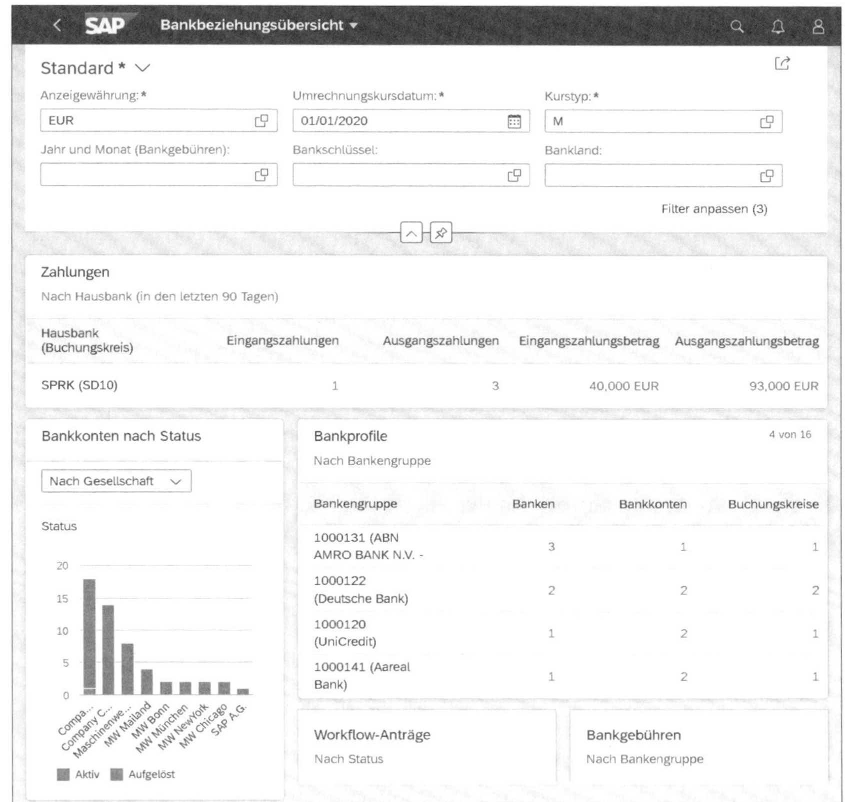

Abbildung 7.27 SAP-Fiori-App »Bankbeziehungsübersicht« – Reporting-Kacheln

7.2.8 Bankhierarchie

Die *Bankhierarchie* definiert eine mehrstufige Struktur, in der die Beziehungen der Banken untereinander abgebildet werden. So kann die Bankhierarchie die Beziehung von Bankzentrale und Bankfiliale abbilden. Die Struktur folgt einer externen Ansicht und erlaubt die Aggregation von Risiken sowie den wertmäßigen Ausgleich finanzieller Risiken und Chancen innerhalb von Bankengruppen. Eine Anzeige der Bankhierarchie ist über die SAP-Fiori-App **Bankkonten verwalten – Bankhierarchiesicht** möglich (siehe Abbildung 7.28).

Zuordnung über den Geschäftspartner

Banken, denen ein Geschäftspartner mit der Rolle eines Kreditinstituts zugeordnet wird, erscheinen automatisch in der Bankhierarchie. Sinnvollerweise werden alle Banken, mit denen eine Geschäftsbeziehung in Form eines Kontos besteht, als Hausbanken einschließlich eines Geschäftspartners angelegt. So stellen Sie sicher, dass die Bank mit allen verfügbaren Funktionen bearbeitet werden kann und die Bankhierarchie vollständig ist.

Abbildung 7.28 SAP-Fiori-App »Bankkonten verwalten – Bankhierarchieansicht«

Die SAP-Fiori-App **Cashflow-Analyse** erlaubt die Darstellung der Cash-Flows und der Banksalden nach der Bankhierarchie.

[»]

Wichtige Veränderung mit Release 1909

Mit Release 1909 wurde die Bearbeitung der Bankhierarchie verändert. Die Strukturänderung erfolgt nur noch indirekt über die Zuweisung von Geschäftspartnern und die Zuordnung von Filialen. Eine direkte Änderung über die SAP-Fiori-App **Bankkonten verwalten – Bankhierarchiesicht** ist nicht mehr möglich. Die App zeigt die Bankengruppen nur noch an und erlaubt keine Änderung.

7.2.9 Änderungshistorie des Bankenstamms

Über die Detailansicht einer Bank werden neben den aktuell gültigen Daten auch die vorgenommenen Änderungen auf der Registerkarte **ÄNDERUNGSHISTORIE** angezeigt.

Die in Abbildung 7.29 angezeigte Änderungshistorie zeigt alle Veränderungen des Bankenstamms und der Hausbanken auf.

Änderungshistorie im Detail

Die Standardansicht zeigt hier die folgenden Informationen an:

- Operation (Anlegen, Ändern, Löschen)
- Objektklasse (Bank, Hausbank)
- Buchungskreis und Hausbank (bei Hausbanken)
- Feldbezeichnung sowie den alten und neuen Wert bei Datenänderungen
- Änderungsdatum
- Benutzer, der die Änderungen vorgenommen hat.

Abbildung 7.29 SAP-Fiori-App »Banken verwalten« – Änderungshistorie

Über das Icon (**Einstellungen**) können Sie weitere Spalten zu der Änderungsliste hinzufügen.

7.2.10 Bank löschen

Zweistufiges Löschverfahren

Einen Bankenstammsatz können Sie nicht direkt löschen. SAP hat stattdessen ein Archivierungsverfahren mit Löschvormerkung vorgesehen. Die Löschung erfolgt zweistufig:

1. Eine Löschvormerkung wird im Bankenstammsatz gesetzt. Hier wird zunächst systemseitig geprüft, ob die Bank aktiv genutzt wird. Existieren z. B. noch Hausbanken zu dieser Bank, erscheint die Fehlermeldung »Hausbanken vorhanden. Bank wird nicht als gelöscht gekennzeichnet«.
2. Die eigentliche Löschung wird periodisch von Archivierungsprogrammen durchgeführt, die der Endanwender in der Regel nicht ausführen darf. Die Bankdaten sind nach diesem Schritt nur noch im Archiv auswertbar und nicht mehr im Produktivsystem für den Anwender sichtbar.

Löschvormerkung setzen

Die Löschvormerkung setzen Sie in der SAP-Fiori-App **Banken verwalten** über die Detailansicht von **Bank anzeigen** oben rechts über den Button **Als gelöscht markieren** (siehe Abbildung 7.30) oder über das gleichnamige Kontrollkästchen im Bereich **Allgemeine Daten** im Bearbeitungsmodus.

Zurücknehmen einer Löschvormerkung

Wird die Bank nach dem Setzen der Löschvormerkung noch einmal benötigt, können Sie die Löschvormerkung zurücknehmen. Wählen Sie hierzu in der Detailansicht von **Bank anzeigen** oben rechts den Button **Als gelöscht entmarkieren**.

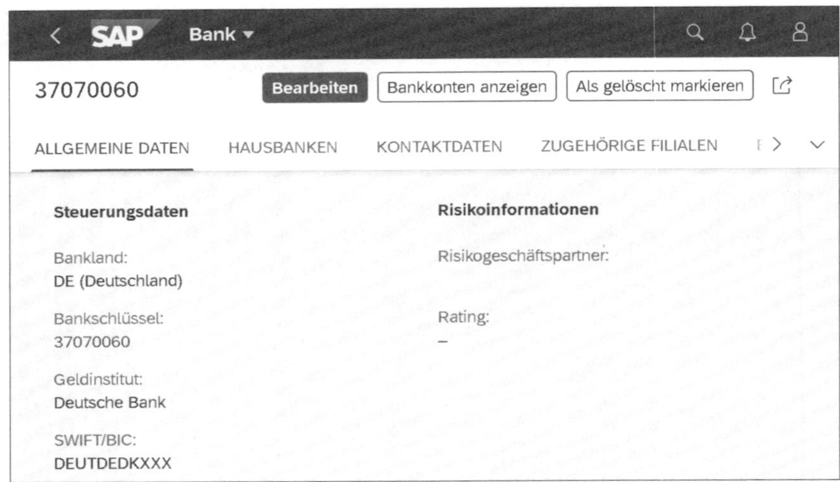

Abbildung 7.30 SAP-Fiori-App »Banken verwalten« – Löschen einer Bank über die Detailansicht des Bankenstamms

Stammdaten mit Löschvormerkung werden standardmäßig in den Listansichten der SAP-Fiori-Apps wie **Banken verwalten** ausgeschlossen. Zur Selektion der Stammdaten mit Löschvormerkungen ist ein **Ja** im Filterkriterium **Als gelöscht markieren** zu setzen.

7.3 Die SAP-Fiori-App »Bankkonten verwalten«

Rolle der Bankkontenstammdaten im Unternehmen

Stammdaten für Bankkonten sind die elementare Grundlage aller Zahlungsprozesse im Unternehmen sowie der automatisierten Kommunikation mit den Banken. Bankkonten werden in den Unternehmensprozessen von Einkauf, Vertrieb, Bankbuchhaltung, Personalabrechnung, Debitorenbuchhaltung, Kreditorenbuchhaltung und Treasury genutzt. Mit SAP S/4HANA werden Bankkonten wie Stammdaten behandelt und können von der Fachabteilung eigenständig gepflegt werden. Diese Veränderung erfordert eine Neudefinition der Verantwortlichkeiten für die Bankenstammdaten zwischen Buchhaltung und Treasury sowie Stammdatenteam und IT.

SAP-Fiori-Apps für die Bankkontenverwaltung

Die zentrale Anwendung zur Verwaltung der Bankkonten ist die SAP-Fiori-App **Bankkonten verwalten**. Konten werden ausschließlich über diese SAP-Fiori-App bearbeitet und einer Hausbank zugeordnet. Die Pflege über eine SAP-GUI-Transaktion ist nicht mehr möglich. Voraussetzung für die Pflege der Bankkonten ist die Existenz eines zugehörigen Bankenstammsatzes (siehe Abschnitt 7.2.1, »Bank anlegen«). Für die Definition der Kontenhierarchie steht seit Release 1909 die SAP-Fiori-App **Bankkontenhierarchien**

verwalten zur Verfügung (siehe Abschnitt 7.3.5, »Bankkontenhierarchie bearbeiten«). Beide Apps können Sie über die gleichnamigen Kacheln in der SAP-Fiori-Gruppe **Bankbeziehung** öffnen.

Aufbau der folgenden Abschnitte

Die folgenden Abschnitte erläutern die Konzepte und Bearbeitungsfunktionen zum Management der im Unternehmen verwendeten Bankkontenstammdaten. Zunächst beschreiben wir die Stammdatenpflege ohne Freigabeverfahren. Hier werden alle Änderungen durch eine Person vorgenommen und sind umgehend aktiv. In Abschnitt 7.4, »Freigabeverfahren für Bankkontenstammdaten«, werden die Konzepte der Full-Cash-Lizenz zum Vier-Augen-Prinzip sensibler Felder sowie die Szenarien mit Freigabe-Workflows für Bankkonten erläutert. Wie Sie regelmäßige Bankkontenprüfungen durchführen, erfahren Sie in Abschnitt 7.5, »Review-Prozess für Bankkonten«.

7.3.1 Allgemeines zum Bankkontenstamm

Unterschied von Basic und Full Cash im Bankkontenstamm

Der Umfang des Bankkontenstammsatzes unterscheidet sich in Abhängigkeit der Cash-Management-Lizenz. Tabelle 7.1 stellt den unterschiedlichen Feldumfang der beiden Lizenztypen dar und verdeutlicht, dass Zahlungsunterzeichner, Überziehungslimits und Details zu Cash Pools nur den Nutzern und Nutzerinnen der Full-Cash-Lizenz zur Verfügung stehen.

Bereich	Basic Cash	Full Cash
Kopfdaten	ja	ja
Allgemeine Daten	ja	ja
Bankbeziehungsdetails	ja	ja
Verknüpfung zur Hausbank	ja	ja
Mehrsprachige Beschreibung	ja	ja
Zahlungsgenehmiger	nein	ja
Unterzeichnerliste	nein	ja
Überziehungslimits	nein	ja
Details zu zugeordneten Cash Pools	nein	ja

Tabelle 7.1 Vergleich der verfügbaren Bereiche bei Basic- und Full-Cash-Lizenz

Die einzelnen Bereiche werden in Abschnitt 7.3.2, »Bankkonto anlegen«, detaillierter besprochen. Im Bereich **Bankkorrespondenz** können seit Release

1909 keine Datenänderungen mehr durchgeführt werden. Daher wird dieser Bereich nicht gesondert erläutert.

Bankkonten verwalten

Die SAP-Fiori-App **Bankkonten verwalten** dient der Administration und dem Reporting von Bankkontenstammdaten. Sie können Bankkonten anlegen, bearbeiten, suchen, anzeigen, importieren, exportieren, löschen oder prüfen. Zudem sind Absprünge auf weitere SAP-Fiori-Apps, wie **Kontoauszüge verwalten** oder **Cashflow-Analyse** möglich. Ebenfalls existiert eine Verlinkung zur Verwaltung der Bankkontenhierarchie.

Bankkonten verwalten

Zur Administration der Bankkontenstammdaten öffnen Sie die SAP-Fiori-App **Bankkonten verwalten** über die in Abbildung 7.31 dargestellte SAP-Fiori-Kachel im SAP Fiori Launchpad.

Abbildung 7.31 SAP Fiori-Kachel »Bankkonten verwalten«

Standardansicht

Nach dem Start der App öffnet sich die Bankkontenliste in der Standardansicht zunächst ohne Datensätze (siehe Abbildung 7.32).

Abbildung 7.32 SAP-Fiori-App »Bankkonten verwalten« – Einstiegsbild

Datensätze filtern

Geben Sie bei Bedarf Filterkriterien wie z. B. **Bearbeitungsstatus** oder **Buchungskreis** ein ❶, und klicken Sie auf **Start** ❷, um die vorhandenen Datensätze in der Ergebnisliste anzuzeigen.

Ergebnisliste

Die in Abbildung 7.33 dargestellte SAP-Fiori-App **Bankkonten verwalten** zeigt im unteren Bildbereich die Ergebnisliste mit den Bankkontenstammdaten. Wie gewohnt, passen Sie nach Bedarf die Ergebnisliste über das Icon ⚙ (**Einstellungen**) flexibel in der Spaltendefinition und der Gruppierung an oder exportieren diese als Tabelle. Klicken Sie auf eine der Ergebniszeilen, um das korrespondierende Konto anzuzeigen.

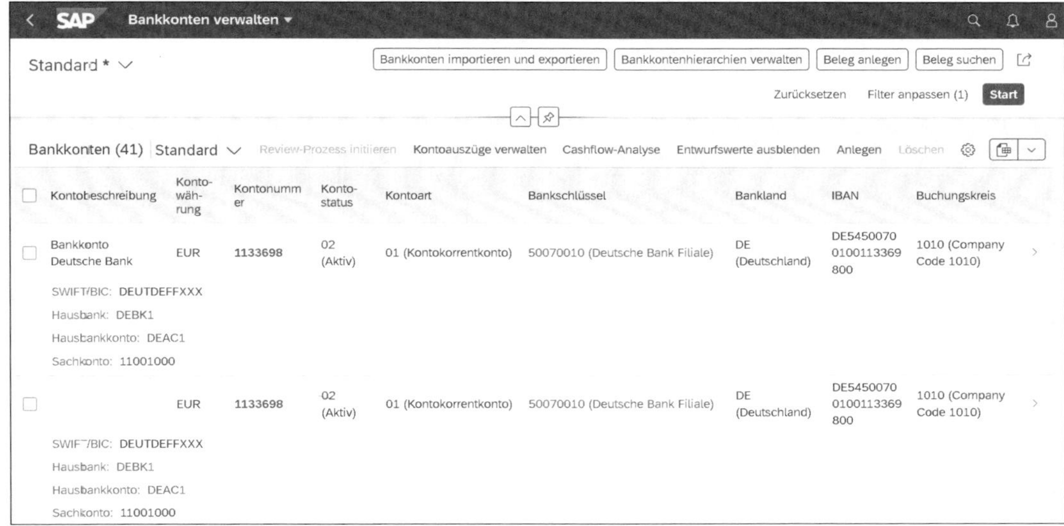

Abbildung 7.33 SAP-Fiori-App »Bankkonten verwalten« – Liste der Bankkonten

In den folgenden Abschnitten folgen detaillierte Beschreibungen der einzelnen Bearbeitungsfunktionen und der Felder des Bankenstamms.

7.3.2 Bankkonto anlegen

Bankkonten legen Sie über die SAP-Fiori-App **Bankkonten verwalten** an. Wählen Sie den Button **Anlegen** in der Startansicht der App, und es öffnet sich ein neues Fenster zur Erfassung der Detailangaben zum Konto, wie Abbildung 7.34 darstellt.

Kopfdaten im Stammsatz des Bankkontos

Folgende Stammdaten sind im SAP-Standard zum Anlegen eines Bankkontos im Bereich **Kopfdaten** zwingend notwendig:

- Kontobeschreibung
- Kontonummer

- Bankland
- Bankenschlüssel
- Bankenkontrollschlüssel
- Kontowährung
- IBAN

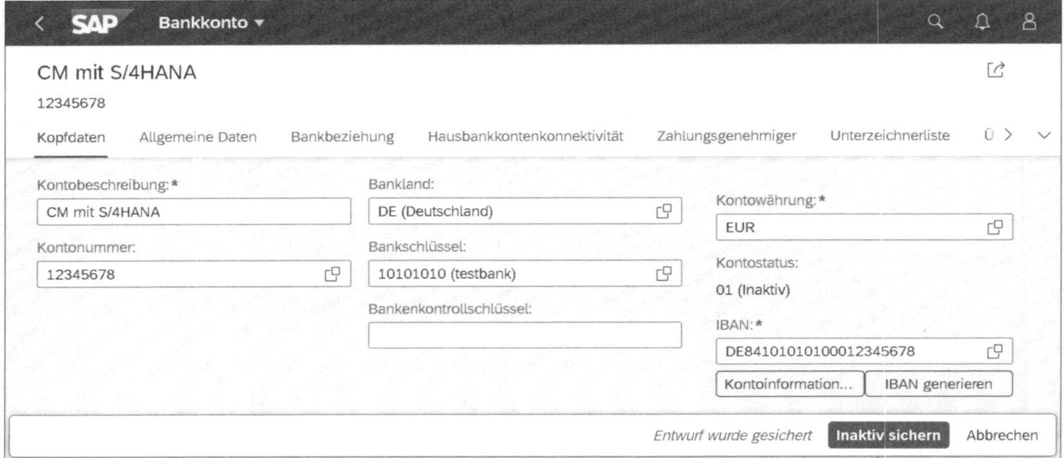

Abbildung 7.34 SAP-Fiori-App »Bankkonten verwalten« – Kopfdaten im Stammsatz eines Bankkontos

Dabei können Sie entweder das Feld **IBAN** aus den angegebenen Kontoinformationen über den Button **IBAN generieren** befüllen oder auch umgekehrt die Kontoinformationen über den Button **Kontoinformationen generieren** aus der IBAN generieren.

Pflichtfelder im Stammsatz des Bankkontos

Folgende Stammdaten sind im SAP-Standard zum Anlegen eines Bankkontos im Bereich **Allgemeine Daten** (siehe Abbildung 7.35) zwingend notwendig:

- Buchungskreis (füllt automatisch das Feld **Kontoinhaber**)
- Kontoinhaber
- Kontoart

Das Feld **Kontoart** steht im Reporting zu Analysezwecken zur Verfügung. Die Kontoart unterscheidet zwischen *operativen Konten*, auf denen operative Zahlungseingänge und -ausgänge verbucht werden und *funktionalen Konten* für andere finanzielle Vorgänge wie Darlehen. In Abhängigkeit vom Bankland sind möglicherweise weitere Felder, wie z. B. **IBAN**, als Pflichtfeld definiert und Prüfroutinen für Bankkontonummern aktiviert.

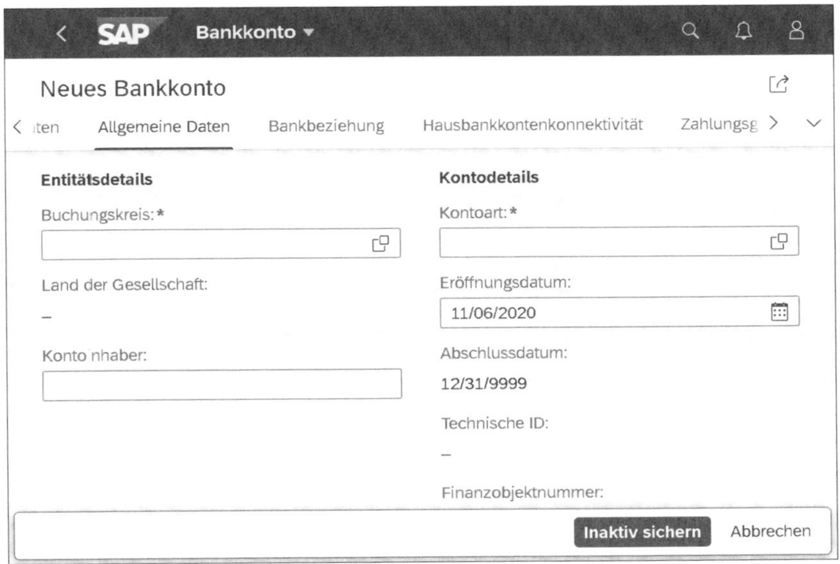

Abbildung 7.35 SAP-Fiori-App »Bankkonten verwalten« – allgemeine Daten im Stammsatz eines Bankkontos

7

Den Feldstatus einstellen

Im Customizing ist individuell über den *Feldstatus* einstellbar, welche Felder ausgeblendet, sichtbar, bearbeitbar oder obligatorisch sein sollen (siehe Abschnitt 10.3.5, »Feldstatusgruppen verwalten«).

Registerkarte »Bankbeziehung«

Zuordnung von Kontakten

Auf der Registerkarte **Bankbeziehung** ist eine Verknüpfung zu Kontakten bei Ihrer Bank für verschiedene Rollen möglich. Beachten Sie, dass diese Kontakte bereits im Bankenstamm hinterlegt sein müssen. Das Feld **Interne Bankkonto-Ansprechpartner** ist erforderlich, wenn Sie einen Review-Prozess starten möchten (siehe Abschnitt 7.5, »Review-Prozess für Bankkonten«).

Über weitere Felder auf der Registerkarte **Bankbeziehung** nehmen Sie Festlegungen zur Kontoauszugsbearbeitung und zu Verarbeitungsregeln untertägiger Auszüge vor (siehe Abbildung 7.36). Wenn Sie für ein Bankkonto die SAP-Fiori-App **Kontoauszugsmonitor – Untertägig** nutzen möchten, muss das zu **Upload untertägiger Auszüge** gehörige Kontrollkästchen angehakt und ein Wert im Feld **Regel für untertägige Auszüge (Kontenebene)** hinterlegt sein, sofern dies noch nicht im Stammsatz der Hausbank definiert wurde.

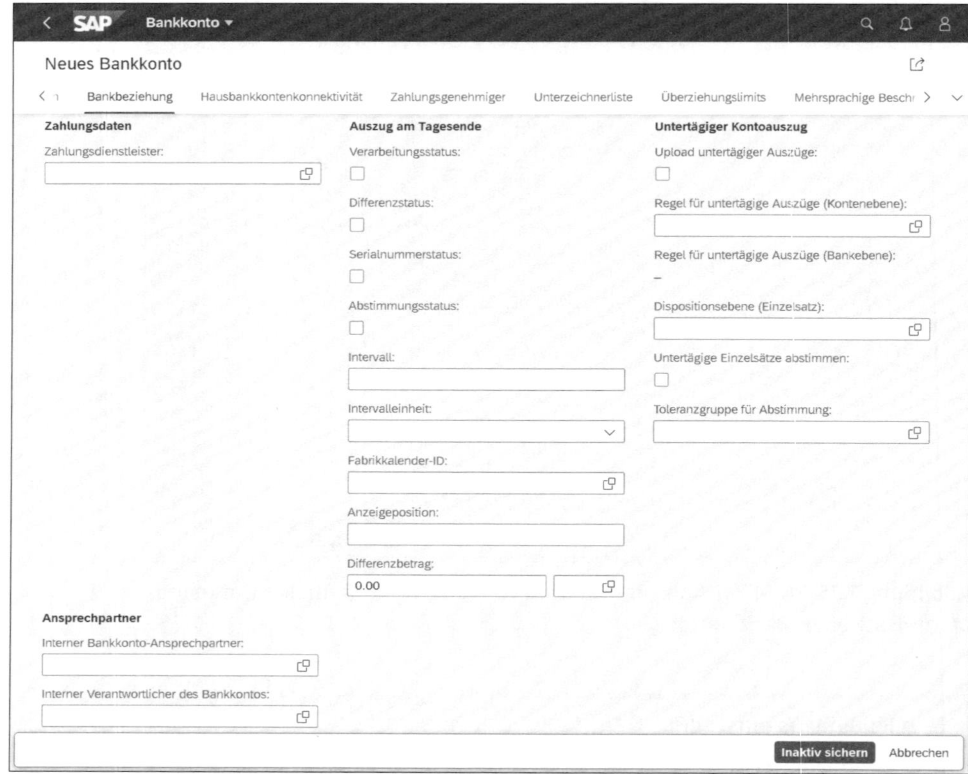

Abbildung 7.36 SAP-Fiori-App »Bankkonten verwalten« – Felder der Registerkarte »Bankbeziehung« im Stammsatz eines Bankkontos

Hausbankkontenkonnektivität einrichten

Die Bankkontenverwaltung von SAP S/4HANA erlaubt Ihnen Stammdaten für Bankkonten zu verwalten, die im Zentralsystem geführt werden. Zusätzlich können Sie Bankkonten integrieren, die auf anderen SAP-Systemen oder Non-SAP-Systemen geführt werden. Für jedes Bankkonto ist daher zu definieren, auf welchem IT-System es buchhalterisch geführt und wie es in die Banking- und Cash-Management-Prozesse eingebunden werden soll.

Öffnen Sie zur Festlegung des Einbindungsszenarios ein neues Formular über den Button **Anlegen** auf der Registerkarte **Hausbankkontenkonnektivität** des Bankkontenstammsatzes (siehe Abbildung 7.37).

Die Felder **Buchungskreis** und **Hausbank** werden in diesem Formular auf der Registerkarte **Konnektivitätspfad** automatisch aus den allgemeinen Daten vorbelegt. Hinterlegen Sie als Nächstes die Art des Herkunftssystems im Feld **ID-Typ** auf der Registerkarte **Konnektivitätspfad** (siehe Abbildung 7.38). Hierbei unterscheidet das SAP-System zwischen verschiedenen ID-Typen.

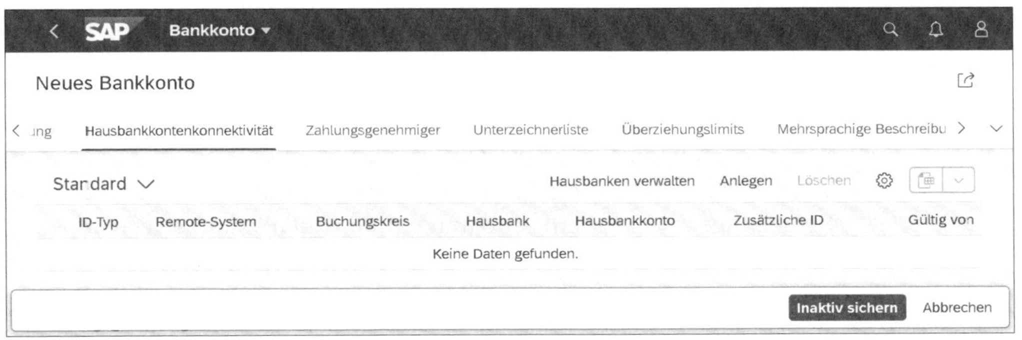

Abbildung 7.37 SAP-Fiori-App »Bankkonten verwalten« – Pflege der Hausbankkontenkonnektivität im Bankkontenstammsatz

ID-Typ »Zentralsystem: Hausbankkonto«

Der ID-Typ **Zentralsystem: Hausbankkonto** ist zu selektieren, wenn das Bankkonto im SAP S/4HANA-Mandanten geführt wird, in dem die Bankkontenverwaltung aktiv genutzt wird, und dort als Hausbankkonto angelegt werden soll. Fügen Sie manuell noch eine Konto-ID im Feld **Hausbankkonto** und die korrespondierende Sachkontonummer in der Hauptbuchhaltung (Registerkarte **Hausbankkontodaten**) hinzu.

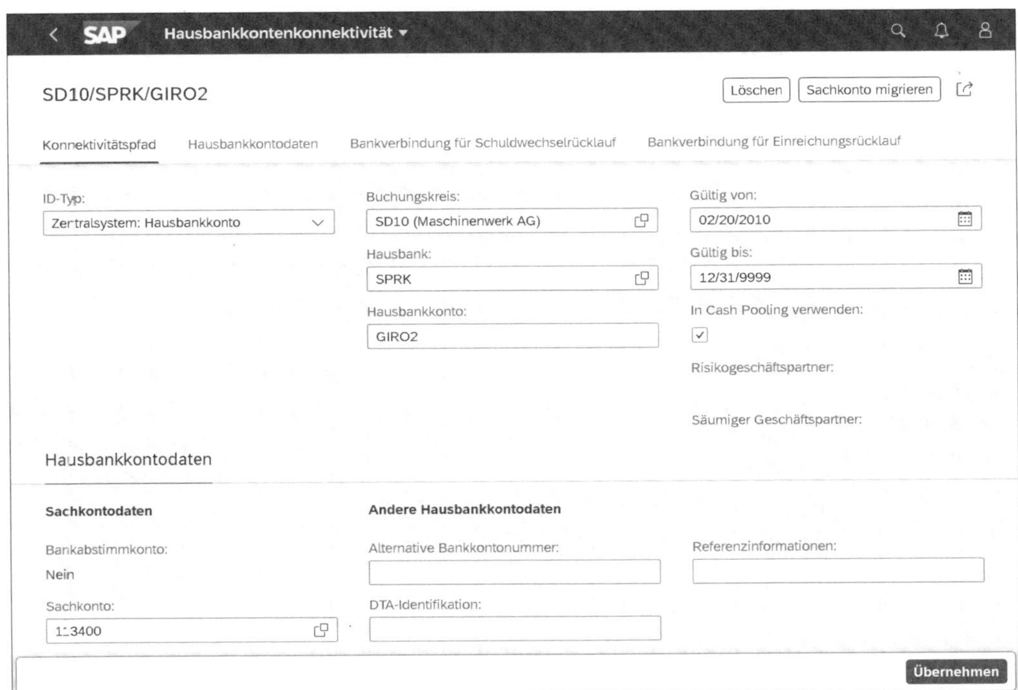

Abbildung 7.38 SAP-Fiori-App »Bankkonten verwalten« – Definition der Hausbankkontenkonnektivität für die Typ-ID »Zentralsystem: Hausbankkonto«

Konto-ID für die Hausbank

Für die Verarbeitung von Kontoauszügen und für die Nutzung des Bankkontos im elektronischen Zahlungsverkehr ist die Verknüpfung des Kontos zu einem *Hausbankkonto* notwendig. Dieses Hausbankkonto wird durch eine Konto-ID repräsentiert, die eindeutig pro Buchungskreis und Hausbank zu definieren ist. Es empfiehlt sich eine standardisierte Namenskonvention für das Feld **Konto-ID** zu definieren. Die Konto-ID werden Sie für die Festlegungen zum Zahlungsprogramm und in den Stammsätzen der Sachkonten in der Finanzbuchhaltung benutzen, um auf Ihr Bankkonto Bezug zu nehmen.

[»]

Bankabstimmkonto für die Integration ins Hauptbuch

Mit SAP S/4HANA-Release 2020 wird eine alternative Zuordnung der Sachkonten als Bankabstimmkonto ermöglicht. Durch die Neuerung kann die Anzahl der Sachkonten für Hausbankkonten verringert und die Pflege der Daten vereinfacht werden. Die Grundidee ist, dass das Cash Management die Bankbewegungen im Sinne eines Nebenbuches auf Einzelkonten führt und im Hauptbuch der Finanzbuchhaltung eine verdichtete Verbuchung auf der Ebene des Bankabstimmkontos durchgeführt wird. Das System erlaubt damit eine unabhängige Strukturierung der Bankkonten und der Bankunterkonten für die Anforderungen der Finanzbuchhaltung und des Cash Managements. Voraussetzung für die Nutzung eines Sachkontos als Bankabstimmkonto ist die Zuordnung der *Sachkontoart* **Geldkonto** und des Sachkonto-Subtyps **B** (**Bankabstimmkonto**) im Sachkontenstammsatz der Finanzbuchhaltung (siehe Abschnitt 10.7.2, »Sachkontenstammsätze der Finanzbuchhaltung«). Einem Bankabstimmkonto können Sie mehrere Bankunterkonten zuordnen, denen Sie den Sachkonto-Subtyp **S** (**Bankunterkonto**) zuordnen müssen. Zusätzlich ist die Verwendung des Sachkonto-Subtyps **P** (**Handkasse**) möglich.

Synchronisation der Stammdaten mit anderen SAP-Systemen

Sichern Sie die Einstellungen für die neue Hausbankkontenkonnektivität mit einem Klick auf den Button **Übernehmen**. Nach dem Sichern des Stammsatzes wird das Hausbankkonto im System automatisch in der Tabelle T012K angelegt. In diesem Punkt unterscheidet sich SAP S/4HANA grundlegend vom SAP-ERP-System, in dem das Hausbankkonto im Entwicklungssystem angelegt wird und per Transport ins Produktivsystem importiert wird. In SAP S/4HANA ist hingegen eine Übertragung der Stammdaten vom Produktivsystem in die Test- und Entwicklungssysteme vorzunehmen, da die Bankenstammdaten im Customizing referenziert werden.

ID-Typ »Zentralsystem: Sachkonto«

Wählen Sie den ID-Typ **Zentralsystem: Sachkonto** ❶, wenn das Konto in der Komponente Finanzbuchhaltung des SAP-S/4HANA-Systems manuell bebucht und nicht als Hausbankkonto angelegt werden soll (siehe Abbildung 7.39).

Wird diese ID ausgewählt, sind die Felder **Buchungskreis** ❷ und **Hausbank** sowie **Hausbankkonto** nicht eingabebereit. Das Feld **Sachkonto** (Registerkarte **Hausbankkontodaten**) ❸ wird zu einem Mussfeld. Die Kontenbewegungen in der SAP-Fiori-App **Cashflow-Analyse** werden dann aus den gebuchten Buchhaltungsbelegen des Kontos ermittelt.

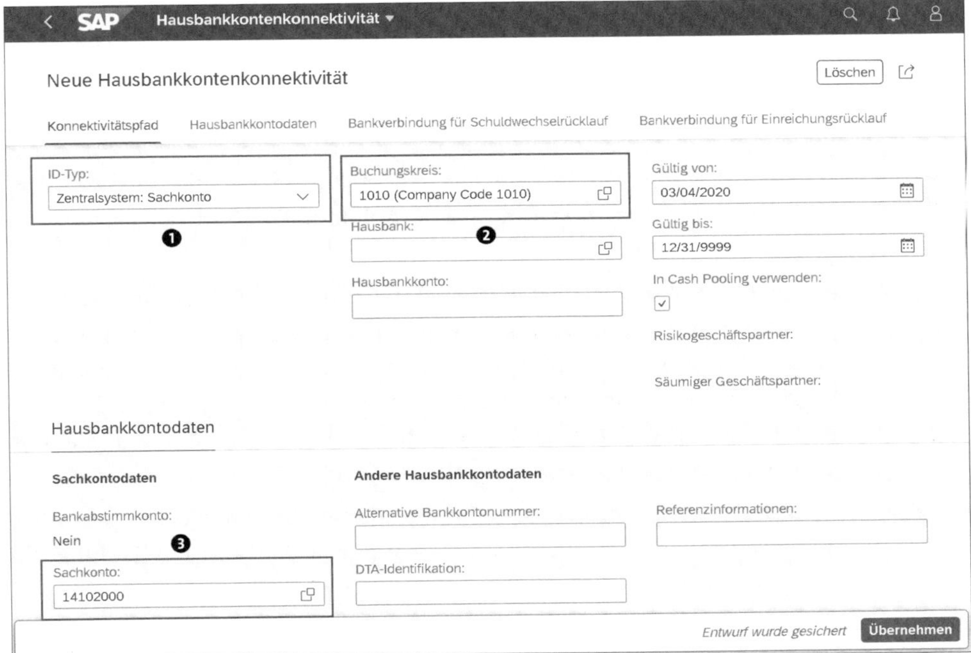

Abbildung 7.39 SAP-Fiori-App »Bankkonten verwalten« – Definition der Hausbankkontenkonnektivität für die Typ-ID »Zentralsystem: Sachkonto«

ID-Typ »Remote-System: Hausbankkonto«

Verwenden Sie den ID-Typ **Remote-System: Hausbankkonto**, wenn das Sachkonto als Hausbank in einem zweiten SAP-System oder in einem anderen Mandanten Ihres SAP S/4HANA-Systems angelegt ist und Sie die notwendigen Einstellungen für ein verteiltes Cash Management vorgenommen haben (siehe Abschnitt 10.5, »Verteiltes Cash Management einrichten«). In diesem Fall wird das Feld **Remote-System** als Pflichtfeld eingeblendet. Das Feld **Hausbank** wird mit der Hausbank-ID gefüllt, die im entfernten System verwendet wird.

ID-Typ »Remote-System: Sachkonto«

Wählen Sie den Eintrag **Remote-System: Sachkonto**, wenn das Konto in der Finanzbuchhaltung eines anderen SAP-Systems oder einem anderen Mandanten bebucht wird und nicht als Hausbank angelegt ist.

ID-Typ »Sonstige«

Wird das Bankkonto in keinem SAP-System verbucht, besteht die Möglichkeit, das Konto ohne Integration in ein SAP-System anzulegen. Hier wählen Sie die ID **Sonstige (04)**. In diesem Fall können die Felder **Buchungskreis** und **Hausbank** leer bleiben. Für ein solches Konto besteht die Möglichkeit, Banksalden über die SAP-GUI-Transaktion FQM21 (Bankbestände importieren) zu importieren und damit wertmäßig im Tagesfinanzstatus zu integrieren.

Zahlungsgenehmiger bearbeiten

Zuordnung von Unterzeichnern für die Zahlungsfreigabe

Für den Fall, dass Sie im Customizing die *Zahlungsgenehmigung* für die Bankkontenverwaltung aktiviert haben (siehe Abschnitt 10.3.4, »Zahlungsgenehmigung aktivieren«), können Sie dem Konto einen oder mehrere Zahlungsunterzeichner zur Genehmigung von Zahlungen hinzufügen.

Registerkarte »Zahlungsgenehmiger«

Hierzu verwenden Sie die Registerkarte **Zahlungsgenehmiger** in der Bankkontenstammdatenverwaltung (siehe Abbildung 7.40). Über den Button **Anlegen** wird eine Eingabezeile geöffnet.

Füllen Sie die Felder **Zahlungsgenehmigergruppe**, **Zahlungsgenehmiger** und **Maximalbetrag für Zahlungen**, und geben Sie den Gültigkeitszeitraum für den Zahlungsunterzeichner an. Entsprechend dieser Kombination ist es möglich, für verschiedene Zeiträume und unterschiedliche Beträge abweichende Zahlungsunterzeichner zu definieren. Achten Sie darauf, dass es keine Überschneidungen in den Zeiträumen gibt.

Wiederruf einer Genehmigung

Sie widerrufen die Berechtigung eines Zahlungsgenehmigers in einem oder mehreren Bankkonten, indem Sie den Gültigkeitszeitraum des Zahlungsgenehmigers verkürzen.

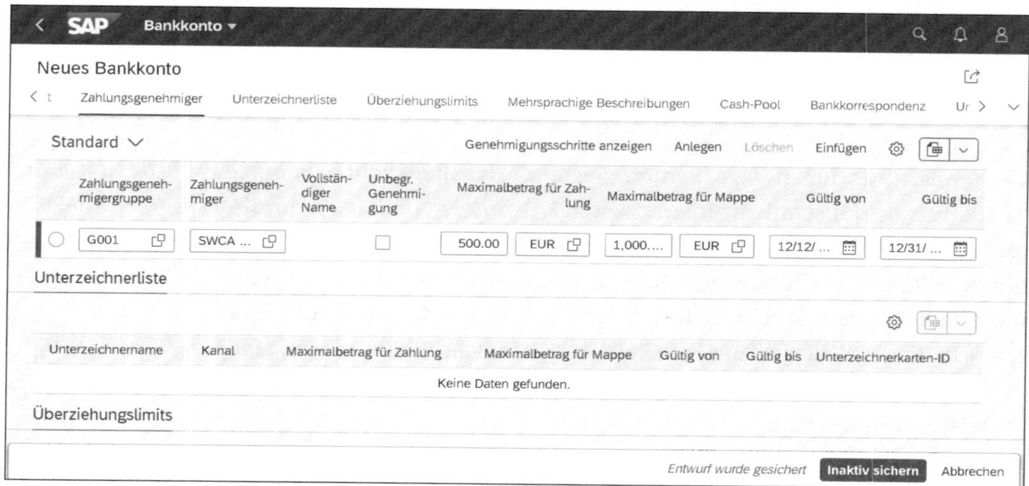

Abbildung 7.40 SAP-Fiori-App »Bankkonten verwalten« – Detailansicht »Zahlungsgenehmiger« im Bankkontenstammsatz

[«]

Abgrenzung des Zahlungsunterzeichners in SAP Bank Communication Management und in der Bankkontenverwaltung

Als Alternative zur Zahlungsunterzeichnerkontrolle in der Bankkontenverwaltung, kann die Zahlungsgenehmigung auch durch SAP Bank Communication Management erfolgen.

Sie haben die Möglichkeit, dort einen Genehmigungsprozess mit automatischer Freigabe für Zahlungen in geringer Höhe zu definieren.

Die Einstellungen in SAP Bank Communication Management haben standardmäßig Vorrang, sodass eingetragene Unterzeichnereinstellungen in der Bankkontenverwaltung unwirksam werden.

Massenänderung von Zahlungsgenehmigern

Anstatt – wie in diesem Abschnitt beschrieben – die Zahlungsunterzeichner für einzelne Bankkonten in der SAP-Fiori-App **Bankkonten verwalten** zu pflegen, können Sie auch eine Massenänderung der Unterzeichner durchführen. Das heißt, dass Sie die Änderungen an mehreren Bankkonten in einem Schritt über die SAP-Fiori-App **Unterzeichner bearbeiten – Für mehrere Konten** in der Gruppe **Bankbeziehung** vornehmen können.

Import von Unterzeichnerkarten

Die SAP-Fiori-App **Unterzeichnerkarten importieren** erlaubt Ihnen den Upload von digitalen Unterzeichnerkarten im XML-Format zur Legitimation von Bankgeschäften und deren Zuordnung zu Bankkonten. Eine Beispiel-XML-Datei können Sie aus der App herunterladen.

Überziehungslimits pflegen

Überziehungslimits

Den Bankkontostammdaten können Sie Überziehungslimits zuordnen, um diese später im Reporting der Stammdaten auswerten zu können. Die Überziehungslimits sind aktuell nicht im Reporting für Cashflows und nicht in den Prozessen des Cash Managements integriert.

Sie fügen Überziehungslimit-Konditionen des Bankkontos über den Button **Anlegen** auf der Registerkarte **Überziehungslimits** hinzu. Definieren Sie mehrere Limits mit unterschiedlicher Gültigkeit und abweichenden Beträgen, um Veränderungen im Zeitverlauf abzubilden.

Mehrsprachige Beschreibungen definieren

Mehrsprachige Kontenbeschreibungen hinterlegen

In einem internationalen Unternehmensumfeld können Sie Kontenbeschreibungen in unterschiedlichen Sprachen hinzufügen. Entsprechend der Anmeldesprache eines Benutzers zeigt das System diese Bankkontobeschreibungen in allen SAP-Fiori-Apps in dieser Sprache an. Die Kontenbeschreibungen und die Sprachschlüssel fügen Sie über den Button **Einfügen** auf der Registerkarte **Mehrsprachige Beschreibungen** hinzu (siehe Abbildung 7.41.).

Abbildung 7.41 SAP-Fiori-App »Bankkonten verwalten« – mehrsprachige Beschreibungen für ein Bankkonto anlegen

Cash Pools bearbeiten

Über die Registerkarte **Cash-Pool** definieren Sie, ob das Konto als Sammel- oder Unterkonto in den SAP-internen Cash-Pooling-Prozessen verwendet werden soll. Detaillierte Beschreibungen für die Konzepte und die Stammsatzfelder für Cash Pools finden Sie in Abschnitt 6.4.1, »Cash Pools im SAP-System«.

Bankkontenstammsatz speichern

Sie speichern Ihre Angaben im Bankkonto über den Button **Sichern**. Mit der Customizing-Einstellung **Direkt Aktivieren** können Sie das Bankkonto sofort nutzen. In Abschnitt 7.4, »Freigabeverfahren für Bankkontenstammdaten«, wird das weitere Verfahren beschrieben, wenn Freigabeprozesse für die Bankkonten aktiviert wurden.

7.3.3 Bankkonto anzeigen und bearbeiten

Bankkonto anzeigen

Um ein Konto anzuzeigen, starten Sie die SAP-Fiori-App **Bankkonten verwalten** über das SAP Fiori Launchpad in der Gruppe **Bankbeziehung** und klicken auf die entsprechende Kontenzeile, um die Detailansicht eines Kontos zu öffnen (siehe Abbildung 7.42).

Bankkonto bearbeiten

Über einen Klick auf **Bearbeiten** wechseln Sie vom Anzeigemodus in den Bearbeitungsmodus. Die anschließende Sicherung der vorgenommenen Änderungen wird wie beim Anlegen eines Kontos in Abhängigkeit von Ihren Systemeinstellungen entweder umgehend aktiviert oder erst nach der Freigabe über das Vier-Augen-Prinzip oder durch einen Workflow (siehe Abschnitt 7.4, »Freigabeverfahren für Bankkontenstammdaten«, für Details).

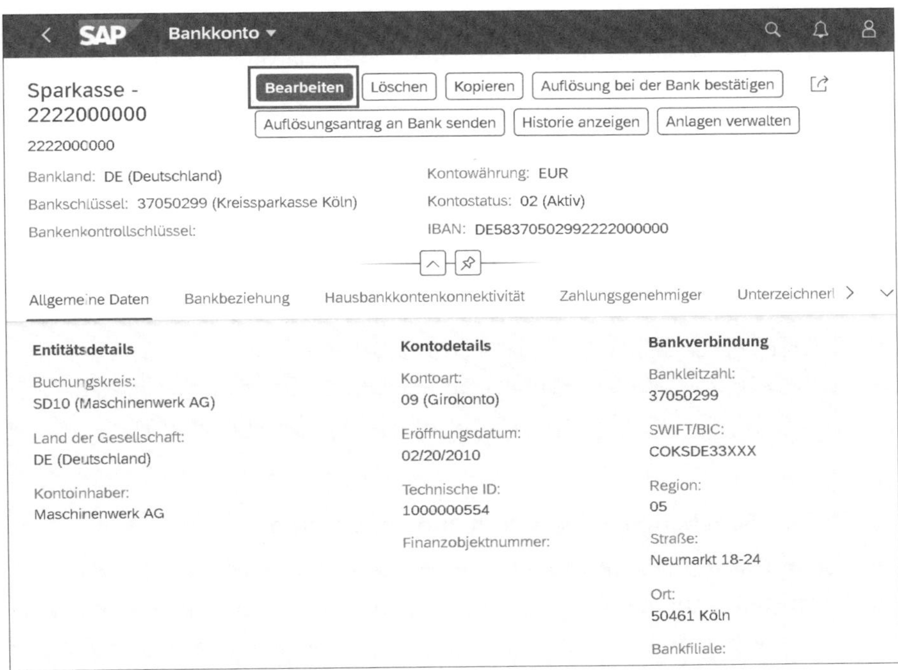

Abbildung 7.42 SAP-Fiori-App »Bankkonten verwalten« – Bearbeitungsfunktion für den Bankkontenstammsatz

Aktives Bankkonto schließen

Bankkonten, die Sie aktiv genutzt haben und nicht mehr benötigen, können über einen Auflösungsprozess geschlossen werden. Dieser schließt die Bestätigung der Schließung bei der Bank ein.

1. Dafür wählen sie im ersten Schritt den Button **Auflösungsantrag an Bank senden**. Geben Sie im folgenden Formular das in der Vergangenheit liegende geplante Auflösungsdatum an. Der Kontenstatus ändert sich danach auf **Auflösungsantrag an Bank gesendet**.
2. Im zweiten Schritt wird die Auflösung bei der Bank durch den Button **Auflösung bei der Bank bestätigen** bestätigt. Der Status des Bankkontos im SAP-System ändert sich dadurch in **Bei der Bank aufgelöst**. Anschließend können Sie das Bankkonto durch den Button **Auflösung abschließen** schließen. Das Bankkonto erhält dadurch den Status **Aufgelöst**.

Bankkonto wiedereröffnen

Die Auflösung kann über die jeweiligen Schritte auch rückgängig gemacht werden, um das Konto wiederzueröffnen.

Bankkonto löschen

Bankkonten können unter bestimmten Voraussetzungen aus der Datenbank gelöscht werden. Dazu gehören Bankkonten im Entwurfsstatus, mit dem Status **Inaktiv** (01) oder auch aktive Bankkonten, denen keine verknüpften Hausbankkonten zugeordnet sind. Zusätzlich dürfen die Hausbankkonten nicht in Vorgängen verwendet und keine Datensätze im One Exposure oder im Bankdatenspeicher existieren. Daten sowie Änderungsbelege von gelöschten Bankkonten sind danach nicht mehr im System vorhanden. Ein Bankkonto, das einem Workflow-Prozess zugeordnet ist, kann nicht gelöscht werden.

[»]

SAP-Hinweis zum Löschen und Deaktivieren von Bankkonten

Das Löschen von aktiven Bankkonten wurde mit Releasestand 2020 eingeführt. Für Nutzer von SAP S/4HANA bis einschließlich Release 1909 ist das Löschen von einmal aktiv gewesenen Bankkonten nicht möglich. SAP-Hinweis 2627127 (Manage Bank Accounts: bank account cannot be deleted) liefert weitere Details zum Löschen aktiver und inaktiver Bankkonten.

7.3.4 Bankkonten exportieren und importieren

Stammsätze für Bankkonten können Sie mit der Bankkontenverwaltung exportieren und importieren. Dies erleichtert die initiale Anlage von Bankkonten beim Neuaufbau eines SAP S/4HANA-Systems, die Kopie der Stammdaten in ein anderes SAP-System und die Weiterverarbeitung der Bankkontenstammdaten außerhalb von SAP.

Zur Nutzung dieser Funktionen öffnen Sie die SAP-Fiori-App **Bankkonten verwalten** und klicken auf den Button **Bankkonten importieren und exportieren**, um das entsprechende Formular zu öffnen.

Bankkonten exportieren

Zur Weiterverarbeitung Ihrer Bankkontenstammdaten außerhalb des SAP-Systems steht eine Exportfunktion zur Verfügung. Öffnen Sie dafür die Registerkarte **Bankkontenexport** (siehe Abbildung 7.43). Nach der Eingabe der Selektionsparameter in der Filterleiste werden die Bankkonten nach einem Klick auf **Start** ausgegeben. Wählen Sie die für den Export gewünschten Bankkonten, indem Sie das Kontrollkästchen ganz links markieren. Oberhalb der Bankkontenauflistung befinden sich die Exportmöglichkeiten. Wählen Sie **Bankkonten in XML-Datei exportieren**, um alle markierten Bankkontenstammdaten zu exportieren.

Sie finden nach dem Export die Datei **Bank_Accounts.xml** in Ihrem Download-Ordner auf Ihrem lokalen Rechner und öffnen die Datei in Microsoft Excel über **Datei • Öffnen** (siehe Abbildung 7.44).

[»]

Abweichende Datenstruktur für Export und Import

Beachten Sie, dass die Exportdatei nicht unverändert in ein anderes System importiert werden kann, da die Struktur der Importdatei abweicht.

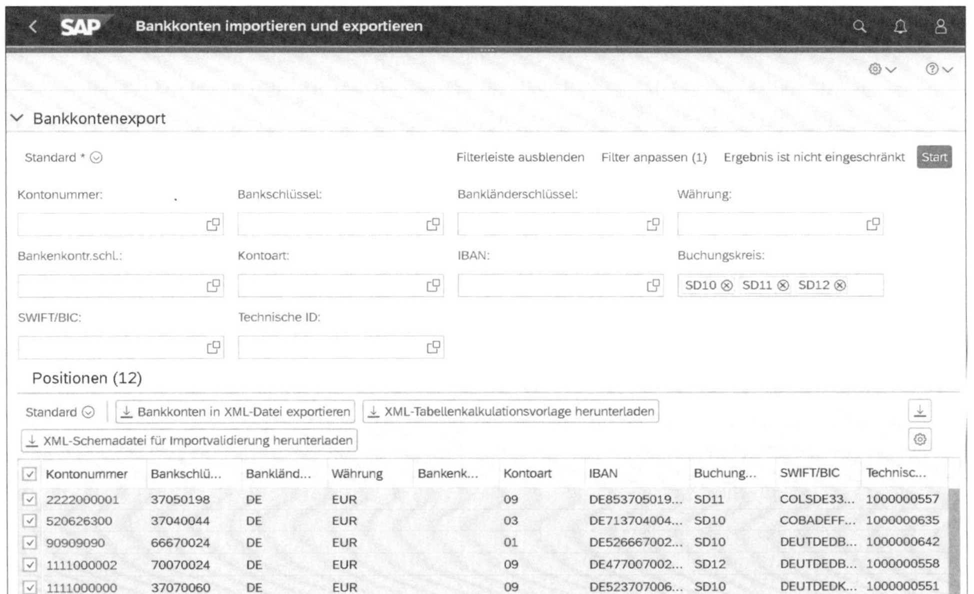

Abbildung 7.43 SAP-Fiori-App »Bankkonten verwalten« – Formular zum Exportieren von Bankkonten

Automatisches Speichern · Mappe1 - Excel · Suchen · Daniels, Sascha

Datei · Start · Einfügen · Seitenlayou · Wiederherstellen: Nicht möglich (Strg+Y) · Ansicht · Entwicklertools · Hilfe · Teilen · Kommentare

I283

	A	B	C	D	E	F	G	H
1	ACC_ID	BANKS	BANKL	ACC_NUM	IBAN	BUKRS	BENEFICIAL	COMPANY_CONTACT
17	1000000551	DE	37070060	1111000000	DE52370700601111000000	SD10	Deutschland (Nordrhein Westfalen)	
19	1000000554	DE	37050299	2222000000	DE58370502992222000000	SD10	Maschinenwerk AG	
20	1000000556	DE	38070724	1111000001	DE57380707241111000001	SD11	MW Bonn	SWCASH
21	1000000557	DE	37050198	2222000001	DE85370501982222000001	SD11	MW Bonn	
22	1000000558	DE	70070024	1111000002	DE47700700241111000002	SD12	MW München	
23	1000000559	DE	70150000	2222000002	DE12701500002222000002	SD12	MW München	
24	1000000560	US	DEUTUS33IBF	1111000004		SU14	MW NewYork	
25	1000000561	US	BOFAUS3NXXX	2222000004		SU14	MW NewYork	
26	1000000562	US	DEUTUS33CHI	1111000005		SU15	MW Chicago	
27	1000000563	US	MLCOUS3GPLX	2222000005		SU15	MW Chicago	
28	1000000564	IT	DEUTITMMXXX	1111000006	IT15 O031 0401 6080 0001 1110 006	SI16	MW Mailand	
29	1000000565	IT	UNCRIT2B200	2222000006		SI16	MW Mailand	
39	1000000593	DE	37050299	1234567	DE58370502990001234567	SD10	Maschinenwerk AG	S4H_CASH
43	1000000635	DE	37040044	520626300	DE71370400440520626300	SD10	Maschinenwerk AG	

Tabelle1

Bereit · Anzeigeeinstellungen · 100 %

Abbildung 7.44 Bankkonten in eine Excel-Datei exportieren

Template-Datei für den Import erstellen und ausfüllen

Für einen Import von Bankkonten erzeugen Sie in einem ersten Schritt eine Vorlagedatei über **XML-Tabellenkalkulationsvorlage herunterladen** (siehe Abbildung 7.43). Diese Datei öffnen Sie im Download-Ordner Ihres lokalen Rechners ebenfalls in Microsoft Excel über **Datei • Öffnen**. Die Vorlagedatei enthält einen Beispieldatensatz für ein Bankkonto, wobei die Daten der verschiedenen Registerkarten des Bankkontos in separaten Tabellenblättern gespeichert sind. Das Feld mit der Konten-ID (**ACC_ID**) dient zur Verbindung der verteilten Informationen zu einem Konto in den verschiedenen Tabellenblätter (siehe Abbildung 7.45).

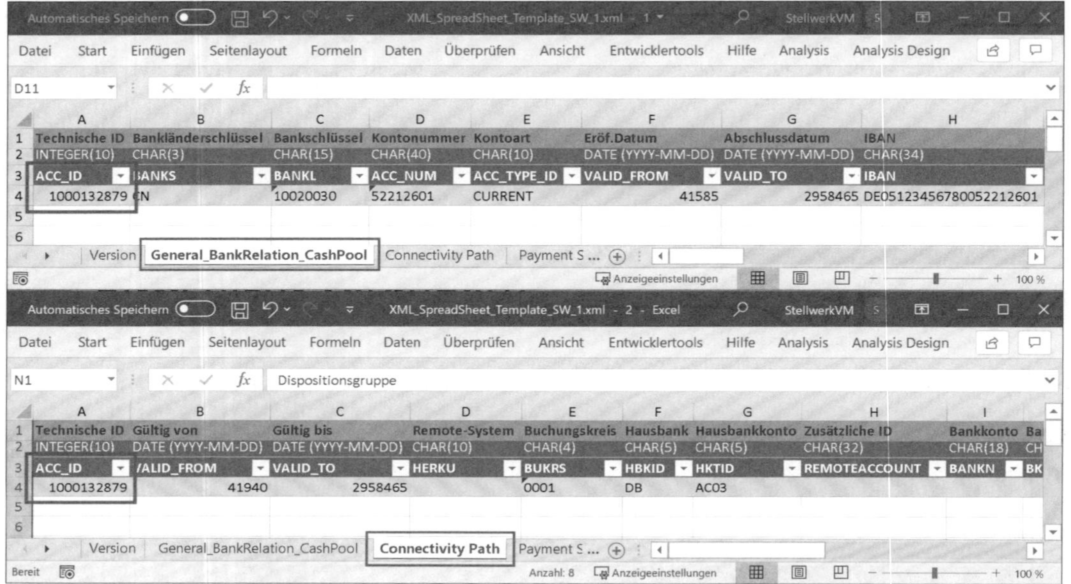

Abbildung 7.45 Importdatei für Bankkontenstammdaten mit Konten-ID

Nutzen Sie den Beispielsatz als Vorlage, um den zu importierenden Bankenstammsatz in die Tabelle zu übertragen. Achten Sie darauf, den Beispielsatz aus der Tabelle vor dem Import zu entfernen.

Template-Datei ergänzen

Für die Anpassung der Daten mit Microsoft Excel sind folgende Regeln zu beachten, um eine Veränderung der Zellformate und Datenstruktur zu verhindern:

- Löschen Sie keine Zeilen in der Datei.
- Löschen und ersetzen Sie nur die Werte in den Zellen.
- Das Kopieren und Einfügen ganzer Zeilen sollten Sie nur mit **Werte einfügen** ausführen.
- Wichtig ist, dass in der Spalte **Kontoart** das Feld als Textfeld formatiert bleibt und führende Nullen, sofern im Customizing definiert, erhalten bleiben (z. B. »01«).

Bankkonten importieren

Wenn Sie alle Datensätze in Ihre Importdatei aufgenommen haben, wählen Sie zunächst die Datei in der SAP-Fiori-App unter **Datei auswählen** aus und importieren diese über den Button **Importieren**. Der erfolgreiche Import wird im unteren Bildbereich über die Spalte **Status** mit einem grünen Quadrat quittiert (siehe Abbildung 7.46).

Abbildung 7.46 SAP-Fiori-App »Bankkonten verwalten« – Bankkonten mit XML-Vorlage importieren

7.3.5 Bankkontenhierarchie bearbeiten

Mit der Full-Cash-Lizenz können Sie Hierarchien definieren, um Bankkonten für Reporting-Zwecke mehrstufig zu gruppieren. Die Hierarchien können zu unterschiedlichen Gültigkeitszeiträumen mit abweichenden Strukturen gespeichert werden. Im SAP-Sprachgebrauch und im folgenden Abschnitt werden diese Hierarchien als *Bankkontohierarchien* oder *Bankkontogruppen* bezeichnet. Sie öffnen zur Bearbeitung der Bankkontogruppen die SAP-Fiori-App **Bankkontenhierarchien verwalten**. Auf der folgenden Seite werden die aktuell definierten Bankkontogruppen mit Gültigkeitszeitraum und Status angezeigt (siehe Abbildung 7.47).

Bankkontogruppe ändern

Wenn Sie eine bereits bestehende Bankkontogruppe verändern möchten, öffnen Sie zunächst die Detailseite zum Anzeigen dieser Bankkontogruppe über einen Klick auf die Zeile mit dem Gültigkeitsintervall ❶.

Bankkontogruppe anlegen

Über einen Klick auf den Button **Anlegen** ❷ legen Sie eine neue Bankkontogruppe an. Geben Sie im folgenden Formular alle notwendigen Informationen für die neue Hierarchie ein, wie in Abbildung 7.48 dargestellt. Verwenden Sie im Feld **Hierarchie-ID** einen eindeutigen Schlüssel, der noch von keiner anderen Bankkontengruppe verwendet wird. Mit dem Button **Anlegen** wird die Bankkontogruppe im Entwurfsstatus gesichert und das Bild zur Detailanzeige geöffnet.

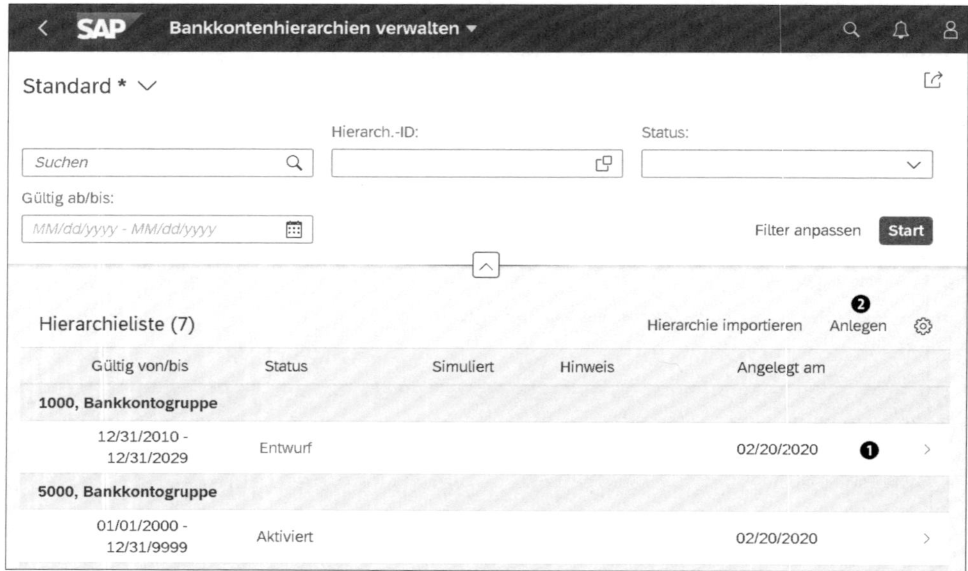

Abbildung 7.47 SAP-Fiori-App »Bankkontenhierarchien verwalten« – Einstiegsbild

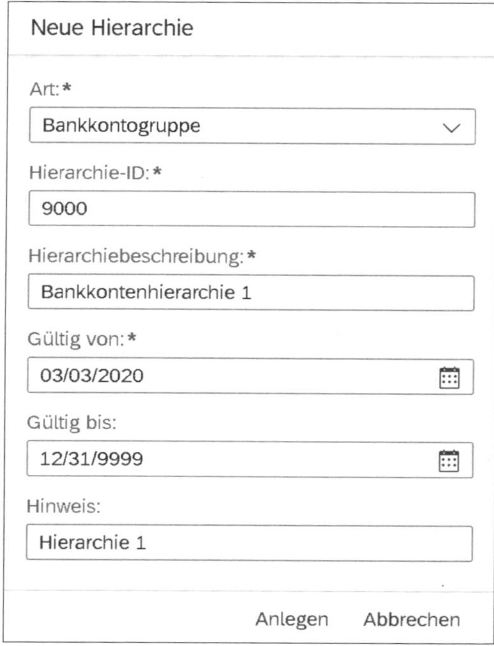

Abbildung 7.48 SAP-Fiori-App »Bankkontenhierarchien verwalten« – Bankkontogruppe neu anlegen

Um zur Neuanlage oder Änderung vom Anzeigemodus in den Bearbeitungsmodus zu wechseln, klicken Sie auf **Bearbeiten**. Um die links eingeblendete Liste mit den verfügbaren Hierarchien auszublenden, klicken Sie auf das Icon (**Vollbild**). In der oberen Bildhälfte können Sie das Gültigkeitsdatum der Hierarchie verändern und in der unteren Bildhälfte mit der Bezeichnung **Knoten** die eigentliche Hierarchie.

Bearbeitungsmodus für Hierarchien

Im Bildbereich **Knoten** fügen Sie über das Icon (**Hinzufügen**) Hierarchieknoten oder Bankkonten hinzu (siehe Abbildung 7.49).

Hierarchieknoten und Konten hinzufügen

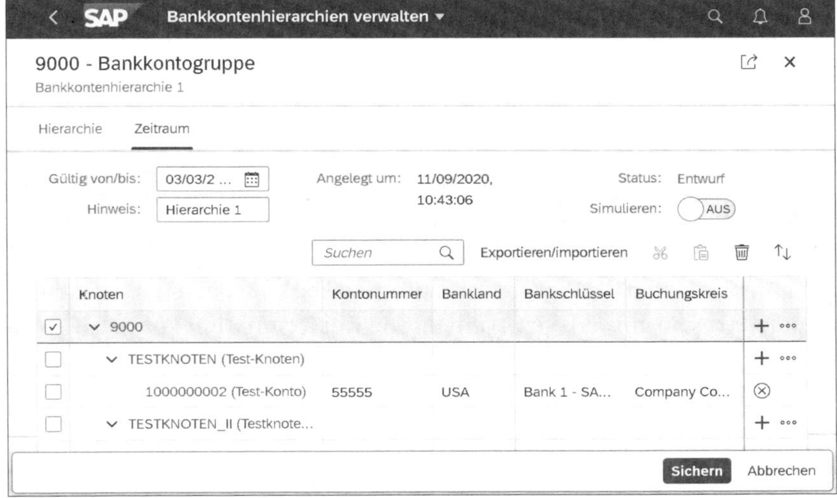

Abbildung 7.49 SAP-Fiori-App »Bankkontenhierarchien verwalten« – Hierarchiepflege einer Bankkontogruppe

Beachten Sie, dass Sie Bankkonten auch einfügen können, wenn der Bank kein Geschäftspartner zugeordnet wurde, im Unterschied zur Bankengruppe. Weitere Bearbeitungsoptionen, wie Schnellerfassung, Löschung oder Import aus Hierarchien früherer Releasestände (siehe den Hinweis zur Handhabung von veralteten Hierarchien), finden Sie über das Icon (**Mehr**).

[«]

Handhabung von veralteten Hierarchien

Die SAP-Fiori-App **Bankkonten verwalten – Bankhierarchie** wurde mit Release 1909 durch die in diesem Abschnitt beschriebene SAP-Fiori-App **Bankkontenhierarchien verwalten** abgelöst. Die veraltete App wird in diesem Buch nicht näher beschrieben. Sie können Ihre Hierarchien, die Sie in der abgelösten App erstellt haben oder deren Unterknoten in die neuen Bankkontogruppen importieren. Verwirrend ist in den Releases 1909 und 2020, dass die alten Hierarchien teilweise noch referenziert werden und sichtbar sind.

> Mittelfristig ist davon auszugehen, dass diese Hierarchien vollständig durch die neuen Bankkontogruppen abgelöst werden.

Der oberste Knoten einer Hierarchie kann nicht gelöscht werden. Zum Löschen, Ausschneiden oder Einfügen von Knotenpunkten oder Konten markieren Sie das Kontrollkästchen auf der linken Seite und verwenden die entsprechenden Icons rechts oberhalb der Hierarchietabelle. Per Drag & Drop verschieben Sie Knotenpunkte oder Konten innerhalb der Hierarchie.

Bankkontogruppe sichern und aktivieren

Ihre Änderungen speichern Sie über den Button **Sichern**. Nach dem Sichern wird die Bankkontogruppe im Anzeigemodus dargestellt und erhält den Status **Entwurf** bei neuen Hierarchien oder den Status **in Bearbeitung**, wenn eine bestehende Hierarchie geändert wurde. Über den Button **Aktivieren** ändern Sie den Status auf **Aktiviert**, sodass Änderungen wirksam werden bzw. eine neue Hierarchie in den Reporting-Apps zur Selektion angeboten wird.

Hierarchie mit verschiedenen Gültigkeitszeiträumen

Wenn sich Ihre Hierarchie im Zeitverlauf ändert, klicken Sie auf den Button **Kopieren** und dann auf **In neuen Zeitraum**. Im System wird nun eine Kopie für einen anderen Gültigkeitszeitraum angelegt, in der Sie eine abweichende Struktur hinterlegen können. Die Kopierfunktion können Sie darüber hinaus auch verwenden, um eine neue Hierarchie mit Vorlage zu erzeugen.

Bankkontogruppe deaktivieren und löschen

Um eine Bankkontogruppe zu löschen, deaktivieren Sie diese zunächst über den Button **Deaktivieren**, falls die Bankkontogruppe noch aktiv ist. Anschließend können Sie die Bankkontogruppe über den Button **Löschen** entfernen.

7.3.6 Änderungshistorie des Bankkontos

Die Änderungshistorie eines Bankkontos ist über die SAP-Fiori-App **Bankkonten verwalten** in der Detailanzeige des Kontos aufrufbar, die in Abbildung 7.50 dargestellt ist.

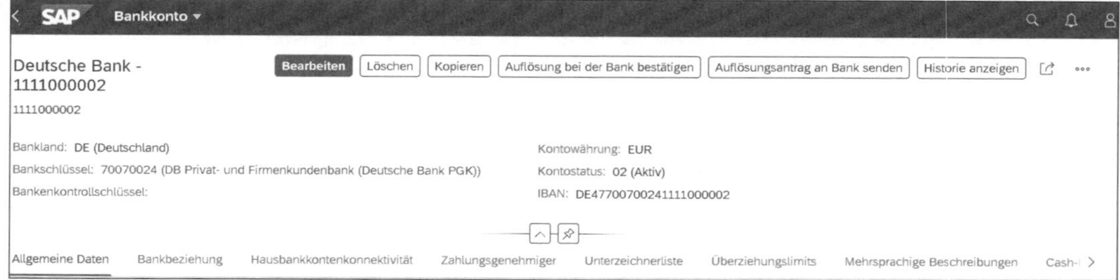

Abbildung 7.50 SAP-Fiori-App »Bankkonten verwalten« – Änderungshistorie eines Bankkontos aufrufen

Über den Button **Historie anzeigen** im oberen rechten Bereich der Ansicht öffnen Sie ein Pop-up-Fenster mit einer Tabelle der Datensatzversionen (siehe Abbildung 7.51).

Details zur Änderung

Jede Datensatzversion wird über eine **Aktivierungsreihenfolge** eindeutig identifiziert. Selektieren Sie einen einzelnen Listeneintrag, und klicken Sie auf **Details**, um den Stammsatz mit den zu dieser Zeit gültigen Feldwerten anzuzeigen.

Änderungen vergleichen

Markieren Sie zwei Einträge in der Kontenhistorie, und klicken Sie auf den Button **Vergleichen** (siehe Abbildung 7.52).

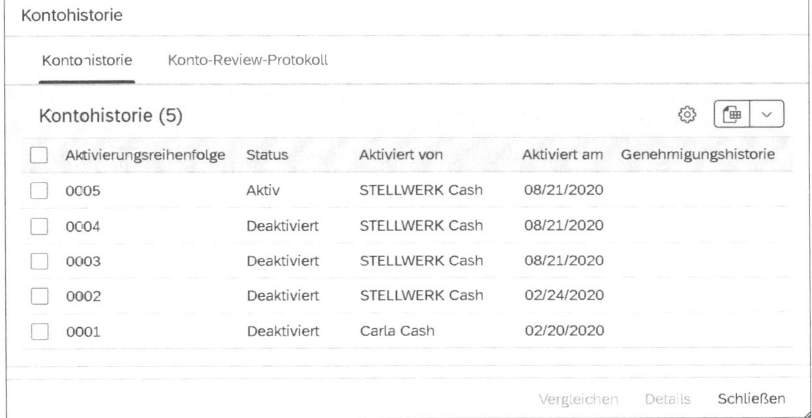

Abbildung 7.51 SAP-Fiori-App »Bankkonten verwalten« – Detailansicht der Änderungshistorie eines Bankkontos

Abbildung 7.52 SAP-Fiori-App »Bankkonten verwalten« – Versionen des Bankkontenstammsatzes vergleichen

Sie erhalten eine weitere Liste, die die geänderten Felder und Werte darstellt (siehe Abbildung 7.53).

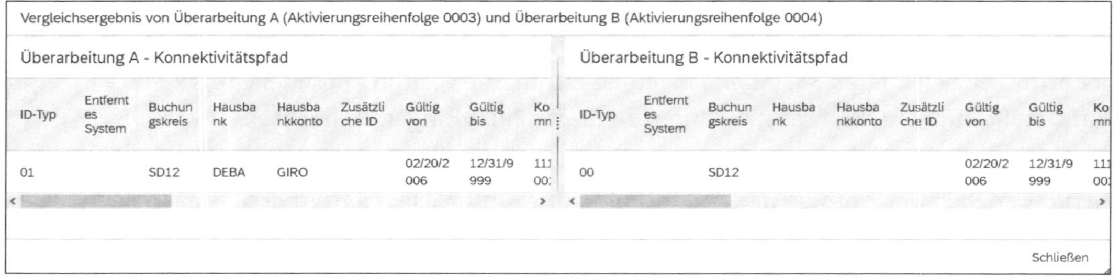

Abbildung 7.53 SAP-Fiori-App »Bankkonten verwalten« – Detailanzeige im Versionsvergleich eines Bankkontos

Genehmigungshistorie

Falls auf Ihrem System die Workflow-Freigabe in den Grundeinstellungen aktiviert ist, wird in der Bankkontenhistorie zusätzlich der Genehmigungsverlauf und der Überarbeitungsstatus dargestellt. Klicken Sie zur Anzeige der Genehmigungshistorie auf das Icon (**Historie**), siehe Abbildung 7.54, in der rechten Spalte der Kontohistorie.

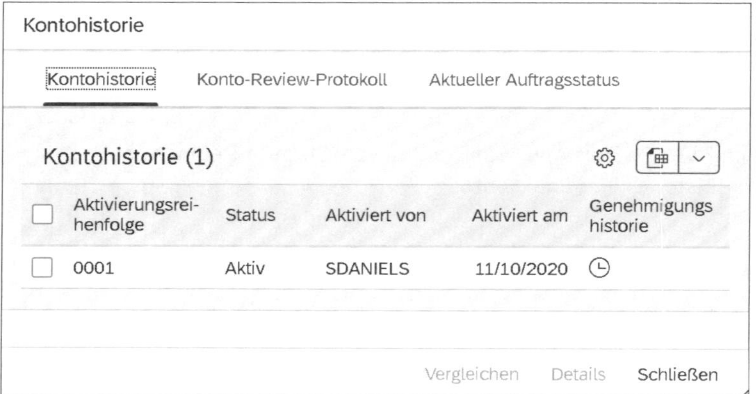

Abbildung 7.54 SAP-Fiori-App »Bankkonten verwalten« – Kontohistorie bei aktiviertem Workflow-Verfahren

Es öffnet sich ein zusätzliches Fenster mit der Genehmigungshistorie (siehe Abbildung 7.55).

In dieser Genehmigungshistorie sind die einzelnen, im Workflow definierten Genehmigungsschritte und die zugehörige Aktion einschließlich des Verantwortlichen aufgelistet.

Genehmigungshistorie

Verantwortlicher	Aktion	Schrittnummer	Abgeschlossen am	Hinweise
STELLWERK Cash	Senden	001	11/10/2020	
SDANIELS	Genehmigen	002	11/10/2020	

Schließen

Abbildung 7.55 SAP-Fiori-App »Bankkonten verwalten« – Genehmigungshistorie für ein Bankkonto

Über die Kontenhistorie können Sie darüber hinaus die Historie vergangener Review-Prozesse einsehen, indem Sie die Registerkarte **Konto-Review-Protokoll** in der Änderungshistorie auswählen.

7.4 Freigabeverfahren für Bankkontenstammdaten

Die Full-Cash-Lizenz ermöglicht die Implementierung von Freigabeverfahren für die Aktivierung von Bankkonten. Diese Verfahren dienen der Minimierung von Risiken durch fehlerhafte Stammdaten und betrügerische Manipulation.

Vier-Augen-Prinzip und Workflow

Zur Auswahl stehen ein einfaches Freigabeverfahren im Sinne eines *Vier-Augen-Prinzips* sowie komplexere Workflow-Verfahren mit *SAP Business Workflow*. In beiden Verfahren werden in einem ersten Schritt Änderungen an Bankkonten gesichert, aber nicht aktiviert. Durch einen oder mehrere nachfolgende Genehmigungsschritte werden die Änderungen aktiviert und für das Tagesgeschäft nutzbar.

Folgende Aktivierungsmodi stehen für die Bankkontenverwaltung zur Verfügung, die einheitlich für den SAP-Mandanten gelten:

- Direkt aktivieren
- Über Vier-Augen-Prinzip aktivieren
- Über Workflow aktivieren

Den für Ihr Unternehmen zutreffenden Aktivierungsmodus definieren Sie im Customizing in den allgemeinen Einstellungen für das Cash Management im Feld **Bankkontenaktivierung** (siehe Abschnitt 10.2, »Allgemeine Einstellungen einrichten«).

Vergleich der Freigabeverfahren

In Abbildung 7.56 sehen Sie einen Vergleich der Kontenadministration in den unterschiedlichen Aktivierungsmodi. In Abhängigkeit der Systemeinstellungen initiieren Feldänderungen, Neuanlage, Kopie, Schließung oder Wiedereröffnung eines Kontos die Freigabeprozesse. Während eine Veränderung an dem Bankkontenstamm im Modus **Direkt aktivieren** keiner weiteren Freigabe oder Genehmigung einer zusätzlichen Person bedarf, erfordern die erweiterten Freigabeverfahren eine aktive Prüfung durch eine oder mehrere zusätzliche Personen.

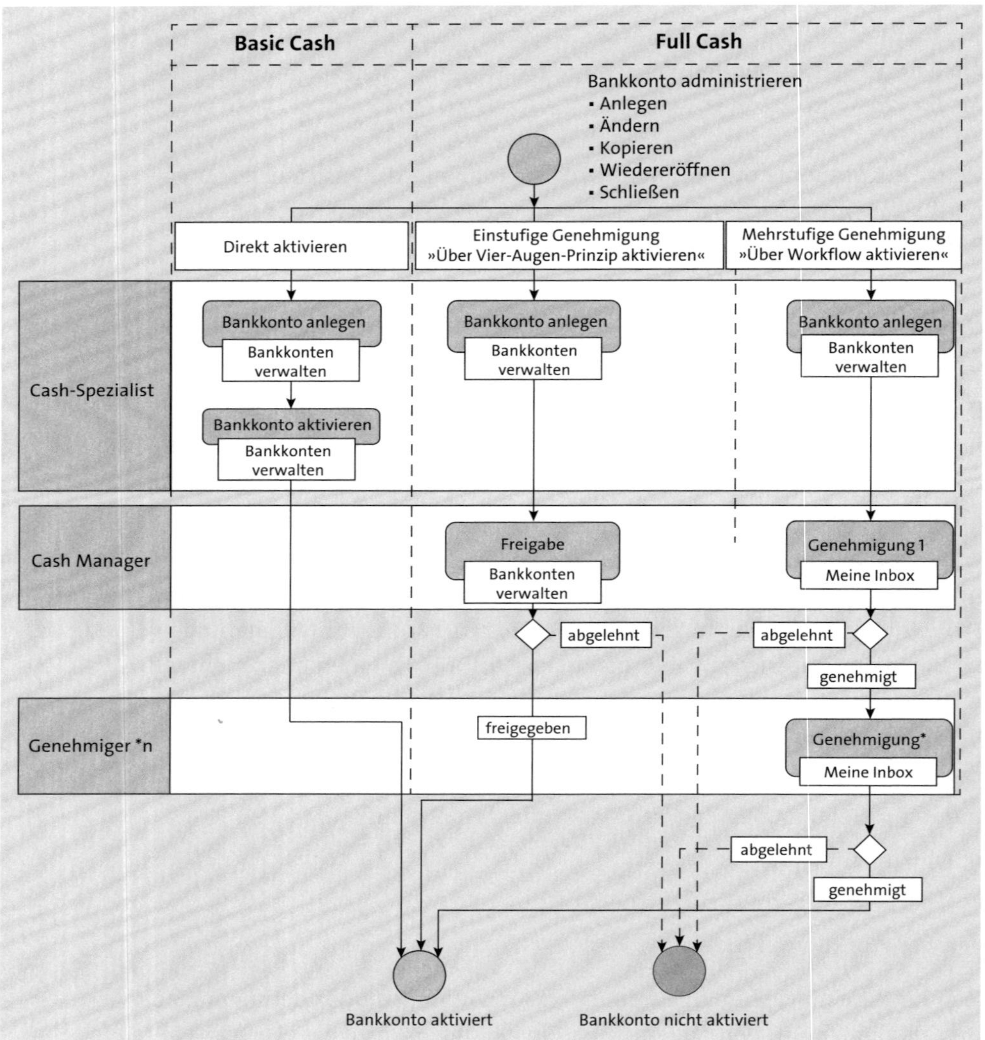

Abbildung 7.56 Prozessvergleich der Freigabeverfahren für die Administration von Bankkontenstammdaten

Status beim Sichern

Unabhängig von dem gewählten Bankkontoüberarbeitungsmodus wird ein neu angelegtes Bankkonto mit dem Status **Inaktiv** gesichert. Entsprechend dem gewählten Modus unterscheidet es sich, in welchen Schritten die Aktivierung abläuft. In Abschnitt 7.4.1, »Direkt aktivieren«, Abschnitt 7.4.2, »Über Vier-Augen-Prinzip aktivieren«, und Abschnitt 7.4.3, »Über Workflow aktivieren«, werden die Modi für die unterschiedlichen Freigabeverfahren am Beispiel einer Bankkontenerstellung erläutert. Anschließend werden die SAP-Fiori-Apps **Meine gesendeten Anträge** und **Meine Inbox** zur Verwaltung von Bearbeitungsanträgen der Workflows dargestellt. In Abschnitt 7.4.6, »Die SAP-Fiori-App ›Workflows verwalten – Für Bankkonten‹«, werden die Administrationsmöglichkeiten für die Freigabeverfahren vorgestellt. Die korrespondierenden Customizing-Aktivitäten zur Bankkontenverwaltung werden in Abschnitt 10.3, »Bankkontenverwaltung einrichten«, erläutert.

Erkennungsmerkmal der unterschiedlichen Aktivierungsverfahren

Welches Genehmigungsverfahren aktiviert ist, können Sie am Überarbeitungsstatus und dem zur Aktivierung dargestellten Button beim Anlegen eines Bankkontos erkennen. Nachdem Sie das Bankkonto im inaktiven Status gesichert haben, erscheint im oberen Bereich der jeweilige Button:

- **Aktivieren** (Direkt aktivieren),
- **Zur Aktivierung absenden** (Vier-Augen-Prinzip)
- **Zur Genehmigung absenden** (Über Workflow aktivieren)

7.4.1 Direkt aktivieren

Direkte Aktivierung bei der Stammdatenverwaltung

Bankkontoüberarbeitungen im Modus **Direkt aktivieren** erfordern keine Genehmigung einer zusätzlichen Person. Sobald ein Bankkonto in der Bankkontenverwaltung angelegt oder überarbeitet und inaktiv gesichert wurde, kann es von Ihnen aktiviert werden und ist umgehend für das Tagesgeschäft nutzbar. In Abschnitt 7.3, »Die SAP-Fiori-App ›Bankkonten verwalten‹«, wurde die Anlage eines Bankkontos im Modus **Direkt aktivieren** bereits detailliert dargestellt.

Keine Freigabeverfahren im Basic Cash

Mit SAP Cash Management im Grundfunktionsumfang werden erweiterte Freigabeverfahren nicht unterstützt. Basic-Cash-Nutzern und Nutzerinnen steht ausschließlich der Modus **Direkt Aktivieren** für die Bankkontoüberarbeitung zur Verfügung.

7.4.2 Über Vier-Augen-Prinzip aktivieren

Vier-Augen-Prinzip

Der Aktivierungsmodus **Über Vier-Augen-Prinzip aktivieren** definiert ein zweistufiges Verfahren der Administration von Bankkontenstammdaten. In einem ersten Schritt werden Änderungen gespeichert, aber nicht aktiviert. Die Überprüfung und Aktivierung der Änderung erfolgt in einem zweiten Schritt durch eine andere Person.

Im nachfolgend beschriebenen Szenario wird in der SAP-Fiori-App **Bankkonten verwalten** ein Bankkonto mit dem Vier-Augen-Prinzip angelegt und aktiviert. Da bei einer Änderung eines Bankkontos der Freigabeprozess ähnlich verläuft, wird dieser Ablauf nicht gesondert dargestellt.

Bankkonto anlegen mit dem Vier-Augen-Prinzip

Über **Anlegen** in der SAP-Fiori-App **Bankkonten verwalten** legen Sie ein neues Bankkonto an. Nach der Eingabe der benötigten Informationen bestätigen Sie die Anlage des Bankkontos über den Button **Inaktiv sichern**. Anschließend öffnet sich die in der Abbildung 7.57 dargestellten Detailansicht, in der im oberen rechten Bereich der Button **Zur Aktivierung absenden** erscheint.

Abbildung 7.57 SAP-Fiori-App »Bankkonten verwalten« – inaktives Bankkonto zur Aktivierung absenden

Das Bankkonto ist nun gesichert und erhält automatisch den Kontostatus **Inaktiv** und den Überarbeitungsstatus **Zur Aktivierung abzusenden**.

Das Vier-Augen-Prinzip sendet an dieser Stelle keine automatisierte Benachrichtigung an einen zuständigen Prüfer oder eine Prüferin. Deshalb müssen Sie eine weitere Person über klassische Kommunikationsmedien wie E-Mail informieren.

[»]

Übermittlung von Textnachrichten mit SAP CoPilot

Nutzer und Nutzerinnen einer Cloud-Lizenz können zur Übermittlung von Textnachrichten auch das SAP-Tool *SAP CoPilot* nutzen (siehe Abschnitt 1.5.4, »SAP CoPilot«).

Aktivierung des Bankkontos

Die zuständige Prüfperson übernimmt anschließend die Validierung der eingegebenen Daten und die Aktivierung des Bankkontos in der Detailansicht der Bankkontenverwaltung. Dafür öffnet sie die Detailansicht des zu aktivierenden Bankkontos in der SAP-Fiori-App **Bankkonten verwalten** und überprüft die eingegebenen Bankkontenstammdaten. Sobald sie die Richtigkeit der Daten festgestellt hat, aktiviert sie das Bankkonto über den Button **Aktivieren**. Dieser befindet sich im oberen rechten Bereich der Ansicht. Das aktivierte Bankkonto kann umgehend für das Tagesgeschäft genutzt werden.

Definition sensibler Felder für das Vier-Augen-Prinzip

Im Customizing (siehe Abschnitt 10.3.1, »Grundeinstellungen«) stellen Sie ein, für welche sensiblen Felder eine Prüfung durch eine zweite Person notwendig wird. Feldänderungen von nicht sensiblen Feldern erfordern keinen zweiten Aktivierungsschritt, sondern sind sofort aktiv.

Situationsverarbeitung

Für offenstehende Aktivierungen im Vier-Augen-Prinzip kann eine *Situationsverarbeitung* definiert werden. Die Situationsverarbeitung übernimmt die Überwachung der Freigabeaktivität. Eine Reaktion wird ausgelöst, wenn erstellte Änderungsanträge nach einem definierten Zeitraum nicht aktiviert werden. Die entsprechenden Benutzer oder bestimmte Gruppen werden darüber informiert, dass eine Aktivierung der Bankkontenüberarbeitung aussteht.

Anwendungsfälle für das Vier-Augen-Prinzip

Das Vier-Augen-Prinzip ist ein einfaches Verfahren zur Qualitätssicherung der Bankenstammdatenadministration durch eine weitere berechtigte Person. Das Verfahren ist ohne Formalismus und Komfortfunktionen vor allem für Unternehmen geeignet, die wenige Stammsatzänderungen vornehmen und deren Compliance-Anforderungen dieses Verfahren zulassen. Um komplexere Anforderungen umzusetzen, verwenden Sie die im nächsten Abschnitt beschriebenen Workflows.

7.4.3 Über Workflow aktivieren

Workflows für Bankkonten

Im Aktivierungsmodus **Über Workflows aktivieren** werden Neuanlagen und Änderungen von Bankkonten zunächst nur gespeichert, aber nicht aktiviert. Technisch wird dazu im Hintergrund ein *Änderungsantrag* angelegt – mit einzelnen Genehmigungsaufgaben, die im SAP-Sprachgebrauch als *Workitems* bezeichnet werden. Zur Aktivierung der Änderung wird ein Workflow durchlaufen, bei dem eine oder mehrere Personen die Workitems des Änderungsantrags genehmigen oder ablehnen. Die Abfolge des Genehmigungsverfahrens können Sie individuell über eigene Workflows anpassen.

Zur Veranschaulichung ist in Abbildung 7.58 ein Workflow dargestellt. Dieser Workflow entspricht einem zweistufigen Genehmigungsverfahren und wird bei der Neuanlage eines Bankkontos durchlaufen. Entsprechend Ihrer Unternehmensorganisation können die Akteure abweichen. In diesem Beispiel legt der Cash-Spezialist oder die Cash-Spezialistin ein Bankkonto an. Cash Manager oder Cash Mangerinnen entscheiden über die Genehmigung oder Ablehnung der Bankkontenstammdatenverwaltung.

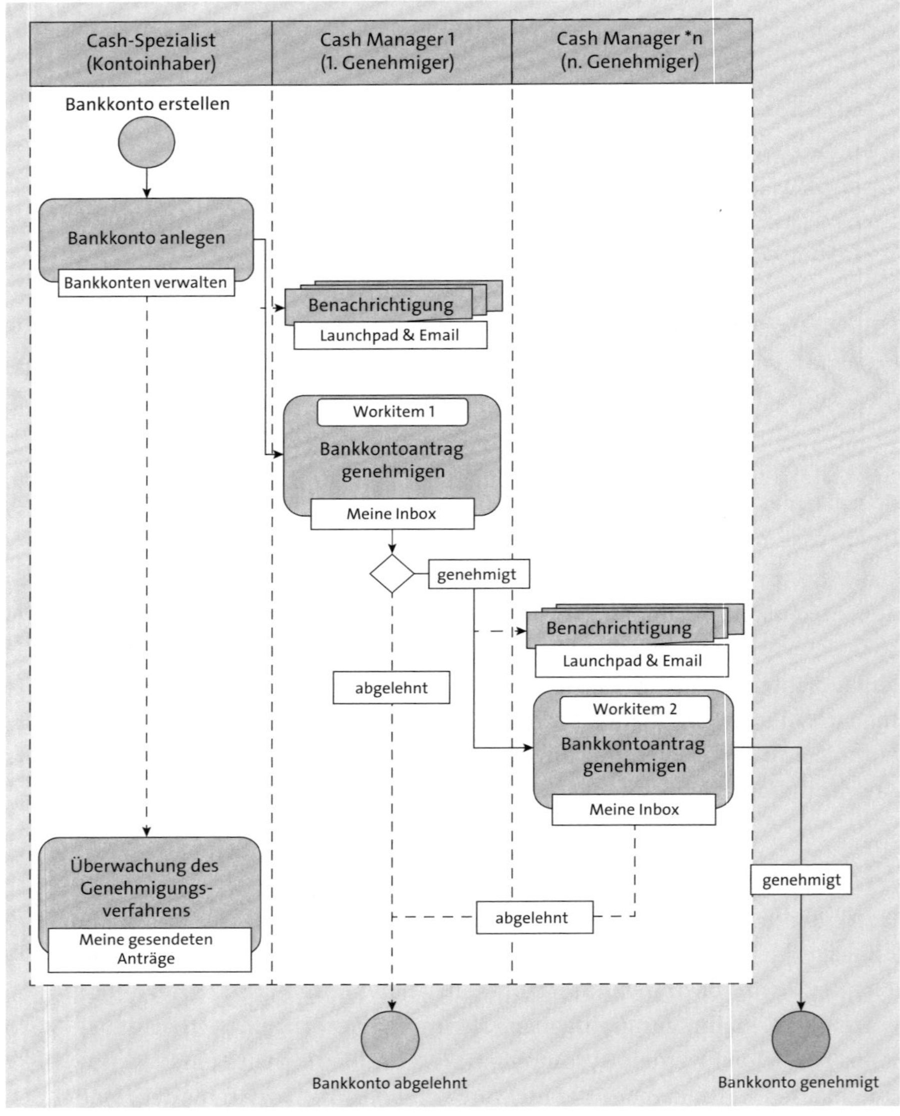

Abbildung 7.58 Genehmigungsprozess über einen Workflow für Bankkontenstammdaten

Bankkonto anlegen: über Workflow aktivieren

Um die Schritte dieses Beispielprozesses im System nachzuvollziehen, legen Sie als Cash-Spezialist oder Cash-Spezialistin ein neues Bankkonto über die SAP-Fiori-App **Bankkonten verwalten** an. Nachdem Sie alle benötigten Informationen eingetragen haben, sichern Sie das Bankkonto über **Inaktiv sichern**. Sie erhalten eine Hinweismeldung über die erfolgreiche Speicherung der Stammdaten.

Nachdem Sie das Meldungsfenster geschlossen haben, öffnet sich die Detaildarstellung des angelegten Bankkontos (siehe Abbildung 7.59).

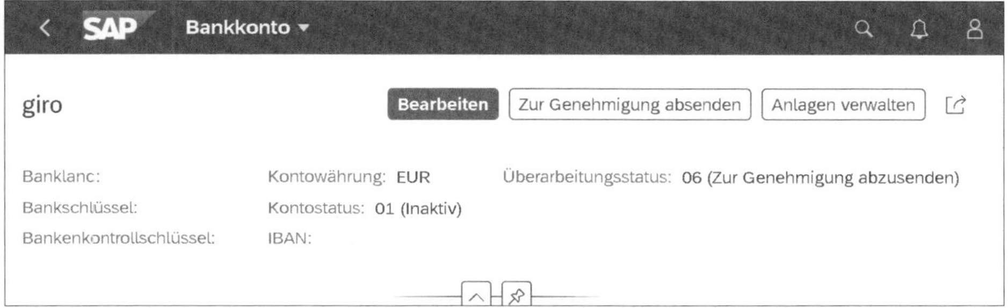

Abbildung 7.59 SAP-Fiori-App »Bankkonten verwalten« – Detailansicht zum gesicherten Bankkonto

Überarbeitungsstatus

Das Bankkonto ist nun gesichert, erhält automatisch den Kontostatus **Inaktiv** und den Überarbeitungsstatus **Zur Genehmigung abzusenden**. Zusätzlich erscheint im oberen rechten Bereich der Button **Zur Genehmigung absenden**, durch dessen Anklicken das Bankkonto für den Workflow-Genehmigungsprozess eingereicht wird. Sie erhalten eine Hinweismeldung über die erfolgreiche Anlage eines Änderungsantrags.

Der Meldung können Sie die Änderungsantragsnummer entnehmen, die die Identifizierung des Änderungsantrags durch eine eindeutige Nummer erleichtert. An dem Status des Bankkontos können Sie den aktuellen Genehmigungsverlauf verfolgen (siehe Abbildung 7.60).

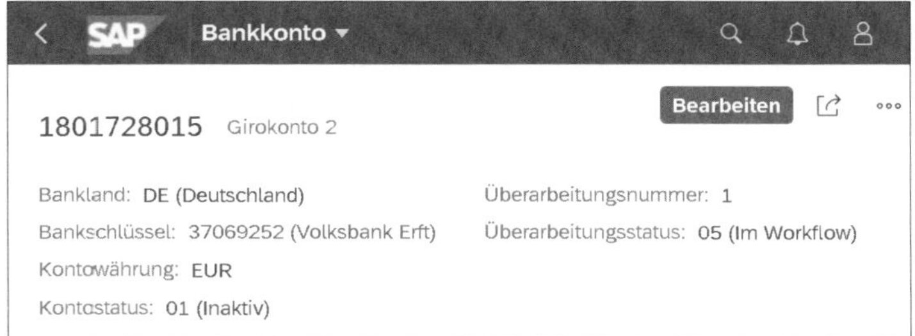

Abbildung 7.60 SAP-Fiori-App »Bankkonten verwalten« – Status des Bankkontos nach Neuanlage über einen Workflow

Sie verfolgen den Bearbeitungsstatus des Änderungsantrags in der SAP-Fiori-App **Meine gesendeten Anträge – Für Bankkonten**, wie im folgenden Abschnitt 7.4.4, »Die SAP-Fiori-App ›Meine gesendeten Anträge – Für Bankkonten‹«, beschrieben.

Bankkonto anlegen: Benachrichtigung für Genehmigung

Die im Customizing definierten Genehmigenden (siehe Abschnitt 10.3.3, »Zuständigkeiten für in Workflow-Schritten verwendete Regeln definieren«) werden für die erste Genehmigungsaufgabe über die Neuanlage des Bankkontos informiert. Anders als bei dem Vier-Augen-Prinzip wird im Workflow-Aktivierungsmodus eine automatisierte Benachrichtigung per E-Mail und die Benachrichtigungsfunktion im SAP Fiori Launchpad gesendet. Der Änderungsantrag wird den berechtigten Personen zusätzlich in der SAP-Fiori-App **Meine Inbox** angezeigt, in der die Genehmigungsentscheidung nach der Prüfung des Antrags über die Buttons **Genehmigen** oder **Ablehnen** im System hinterlegt wird (siehe Abschnitt 7.4.5, »Die SAP-Fiori-App ›Meine Inbox – Für Bankkonten‹«). Abhängig von seiner Entscheidung und der Anzahl der Genehmigungsschritte wird der Workflow-Prozess zur Aktivierung des Bankkontos fortgesetzt oder beendet.

Sobald der Änderungsantrag von allen Bearbeitern im Workflow genehmigt wurde, ist das Bankkonto aktiv und kann für das Tagesgeschäft genutzt werden. Über die Aktivierung des Bankkontos wird der ursprüngliche Anleger oder die ursprüngliche Anlegerin per E-Mail benachrichtigt.

Workflow administrieren

Im SAP S/4HANA-System wird bereits ein vordefinierter Standard-Workflow ausgeliefert – mit einem einfachen Workflow zur Bankkontenverwaltung. Über die SAP-Fiori-App **Workflows verwalten – Für Bankkonten** können Sie den Workflow erweitern und an Ihre Anforderungen anpassen. In Abschnitt 7.4.6, »Die SAP-Fiori-App ›Workflows verwalten – Für Bankkonten‹«, finden Sie ausführliche Erläuterungen zur Administration der Workflows.

7.4.4 Die SAP-Fiori-App »Meine gesendeten Anträge – Für Bankkonten«

In der SAP-Fiori-App **Meine gesendeten Anträge – Für Bankkonten** erhalten Sie eine Übersicht über Ihre eingeleiteten Änderungsanträge und Funktionen zur Überwachung und Bearbeitung von Genehmigungsprozessen aus der Bankkontenverwaltung. Gesendete Anträge können Sie in dieser App bei Bedarf abbrechen.

SAP-Fiori-App »Meine gesendeten Anträge – Altes Workflow-Muster«

Mit SAP S/4HANA-Release 2020 wurde das klassische Workflow-Muster WS74300043 deaktiviert. Workflows, die mit diesem Muster gestartet wurden und noch nicht abgeschlossen sind, können mit der SAP-Fiori-App **Meine gesendeten Anträge – Altes Workflow-Muster** verfolgt werden.

Änderungsantrag nachverfolgen

Zur Nachverfolgung Ihrer Anträge öffnen Sie die SAP-Fiori-App **Meine gesendeten Anträge – Für Bankkonten** über das SAP Fiori Launchpad (siehe Kachel in der Abbildung 7.61).

Abbildung 7.61 SAP-Fiori-Kachel »Meine gesendeten Anträge – Für Bankkonten«

Nach dem Start der SAP-Fiori-App öffnet sich eine Übersicht über Ihre gesendeten und offenen Änderungsanträge (siehe Abbildung 7.62).

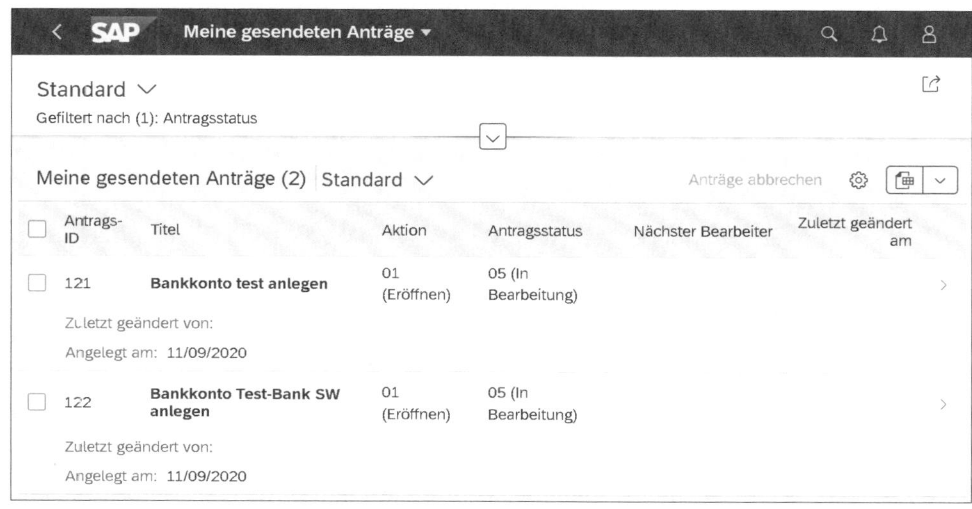

Abbildung 7.62 SAP-Fiori-App »Meine gesendeten Anträge – Für Bankkonten« – Liste der gesendeten Anträge für Bankkonten

Diese Übersicht listet Ihre Anträge entsprechend den Filterkriterien auf; standardmäßig werden nur die offenen Anträge angezeigt. Sie können die Ergebnisliste entsprechend den folgenden Auswahlmöglichkeiten im **Antragsstatus** filtern:

- Abgelehnt
- In Bearbeitung
- Genehmigt
- Abgebrochen

Durch die Auswahl eines Antrags öffnet sich dieser in der Detailansicht (siehe Abbildung 7.63).

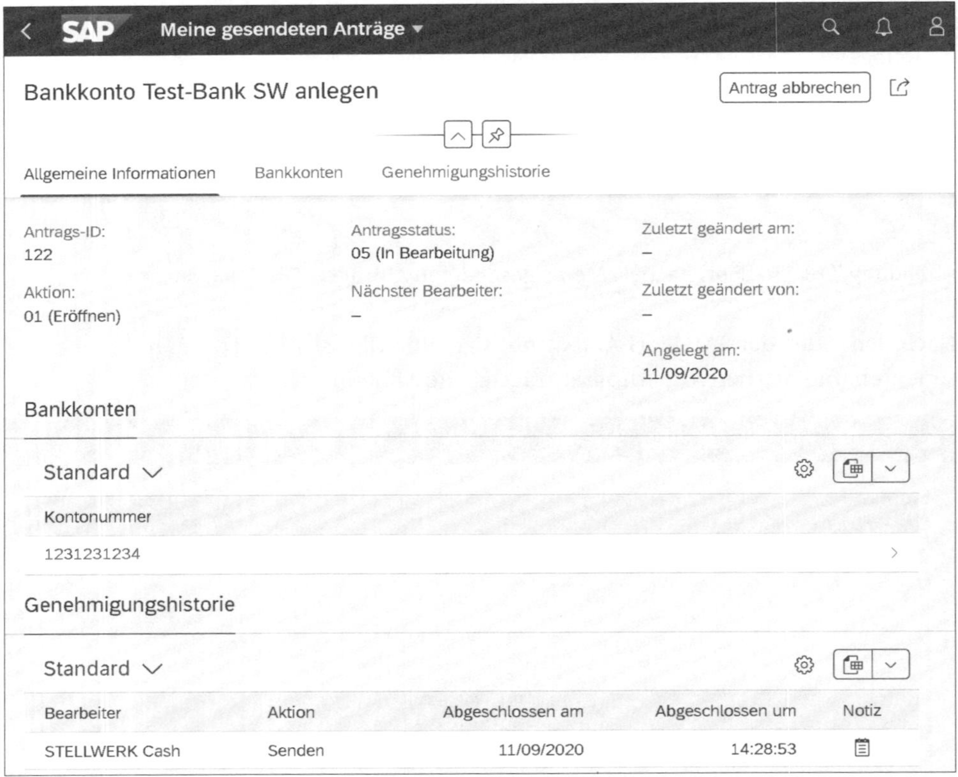

Abbildung 7.63 SAP-Fiori-App »Meine gesendeten Anträge – Für Bankkonten« – Detailansicht für gesendete Anträge zur Bankkontenadministration

Details des Änderungsantrags zum Bankkonto

Auf der Registerkarte **Allgemeine Informationen** sind Details wie **Antrags-ID** und **Antragsstatus** sowie **Aktion Nächster Bearbeiter** des Antrags aufgeführt. Über die im Bereich **Bankkonten** angelegte Verlinkung gelangen Sie in die Entwurfsansicht des geänderten Bankkontos. Die **Genehmigungshistorie** listet den Verlauf des Antrags auf. Bei einem mehrstufigen Prozess ist hier detailliert dargestellt, durch welche Personen der Antrag bearbeitet wurde.

Anträge abbrechen

Änderungsanträge brechen Sie über den Button **Antrag abbrechen** im rechten oberen Bildbereich ab, sofern diese noch nicht genehmigt oder abgelehnt wurden. Wählen Sie alternativ dazu in der Listanzeige Ihrer Änderungsanträge den gewünschten Antrag aus, und verwenden Sie dort den Button **Antrag abbrechen**.

7.4.5 Die SAP-Fiori-App »Meine Inbox – Für Bankkonten«

Die SAP-Fiori-App **Meine Inbox – Für Bankkonten** unterstützt Sie in Ihrer Rolle bei der Genehmigung von Workitems zur Bankkontenüberarbeitung. Sie können die eingegangenen Anträge über diese App genehmigen, ablehnen, reservieren, anhalten oder weiterleiten. Zur Erinnerung: Ein Workitem entspricht einem Genehmigungsschritt im Workflow.

Genehmigung von Workitems

Sie öffnen die SAP-Fiori-App **Meine Inbox – Für Bankkonten** über das SAP Fiori Launchpad in der Gruppe **Bankbeziehung**. Die App-Kachel zeigt als Vorschau die Anzahl der für Sie offenen Workitems (siehe Abbildung 7.64).

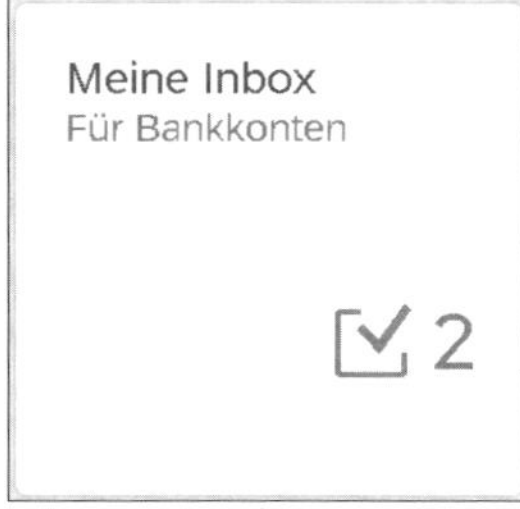

Abbildung 7.64 SAP-Fiori-Kachel »Meine Inbox – Für Bankkonten«

Die Detailansicht der App öffnet sich in der in Abbildung 7.65 dargestellten Ansicht. Im linken Bereich sehen Sie die Liste **Workitems für Bankkonten** und im rechten Bereich die Details zum aktuell selektierten Workitem. Im unteren rechten Bereich sind Buttons für verschiedene Aktionen verfügbar.

Workitems für Bankkonten

In der Liste **Workitems für Bankkonten** ❶ sehen Sie die eingegangenen Workitems, für deren Bearbeitung Sie die benötigten Berechtigungen besitzen und für die eine Aktion von Ihrer Seite aus notwendig ist. Im Suchfeld können Sie nach der Antragsnummer oder dem Antragstext suchen und unterhalb der Liste Gruppierungen und Filterungen nutzen.

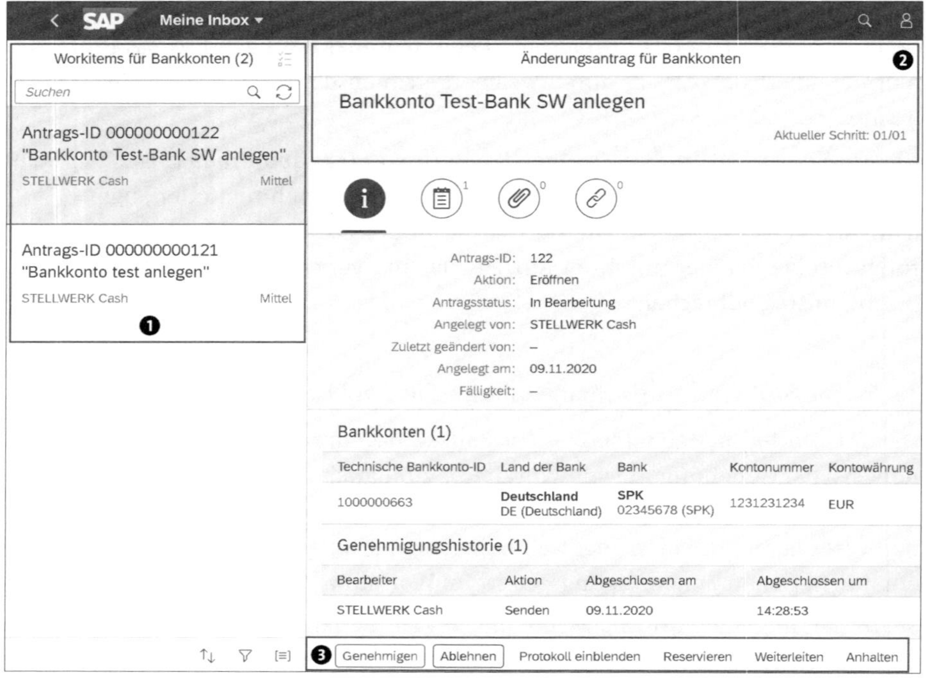

Abbildung 7.65 SAP-Fiori-App »Meine Inbox für Bankkonten« – eingegangene Änderungsanträge

Details zum Änderungsantrag

Durch die Auswahl eines Antrags in der Liste der Workitems werden im rechten Bereich die Auftragsdetails angezeigt. Die Änderungsantragsbezeichnung ❷ im Kopfbereich gibt Aufschluss über die freizugebende Tätigkeit, beispielsweise »Bankkonto Girokonto anlegen«. Die Angabe **Aktueller Schritt** gibt Auskunft über den Bearbeitungsfortschritt und die gesamte Anzahl der Genehmigungsschritte im Workflow.

Kommentarfunktion

Über die unterhalb des Auftragskopfes dargestellten Icons nehmen Sie Kommentare oder Dateianhänge in den Auftrag auf oder zeigen diese an.

Genehmigungshistorie

Darunter finden Sie Details zu den **Bankkonten** und die **Genehmigungshistorie**. Wie gewohnt gelangen Sie über den Link der technischen Bankkonten-ID in die Detailansicht der Bankkontenverwaltung. Dort können Sie die Eingaben prüfen, bevor Sie eine Entscheidung über die Genehmigung oder Ablehnung der Stammdatenänderung treffen. Die Genehmigungshistorie zeigt die vorangehenden Aktivitäten der Bearbeiter oder Bearbeiterinnen des aktuellen Workitems mit Zeitstempel.

Workitem genehmigen und ablehnen

Im unteren Bereich der Ansicht befinden sich verschiedene Buttons zur Bearbeitung des Änderungsantrags ❸. Sie können das Workitem über **Genehmigen** bestätigen oder durch **Ablehnen** verweigern. Entsprechend der definierten Workflow-Regel wird der Änderungsantrag durch dessen Genehmigung abgeschlossen oder an den nachfolgenden Bearbeiter oder die nachfolgende Bearbeiterin weitergegeben. Falls Sie den Antrag ablehnen, wird er entsprechend der Workflow-Definition abgewiesen, neu gestartet oder an den Antragsteller oder die Antragstellerin zur Überarbeitung zurückgegeben.

Workitem reservieren und freigeben

Reservieren wählen Sie, wenn Sie die Bearbeitung selbst durchführen wollen, jedoch kurzzeitig aufschieben möchten und die Bearbeitung durch einen andere zur Genehmigung autorisierte Person verhindern wollen. Ein reserviertes Workitem geben Sie mit **Freigeben** für andere Genehmigende wieder frei.

Workitem weiterleiten und anhalten

Über den Button **Weiterleiten** übergeben Sie das Workitem an einen anderen Benutzer zur Bearbeitung. Über **Anhalten** wird das Workitem bis zum angegebenen Datum aus der Workitem-Liste ausgeblendet.

Eine grafische Darstellung des Bearbeitungsfortschritts des Gesamtauftrags erhalten Sie über einen Klick auf den Button **Protokoll einblenden**.

Protokoll zum Workflow

Sie können sich entweder das Workflow-Protokoll oder Aufgabenprotokoll anzeigen lassen. Im Workflow-Protokoll werden die jeweiligen Workflow-Schritte aufgelistet. Dem Aufgabenprotokoll entnehmen Sie die durchgeführten Aktivitäten wie Genehmigung, Reservierung oder Weiterleitung zu dem jeweiligen Workitem.

[«]

SAP-Fiori-App »Meine Bankkontenliste«

Die SAP-Fiori-App **Meine Inbox – Für Bankkonten** ersetzt seit Release 1809 die bis dahin gültige SAP-Fiori-App **Meine Bankkontenliste**.

7.4.6 Die SAP-Fiori-App »Workflows verwalten – Für Bankkonten«

Unternehmen sehen sich in Bezug auf die Zuständigkeiten bei der Stammdatenpflege von Bankkonten mit unterschiedlichen Compliance- und Sicherheitsanforderungen konfrontiert. Der von SAP ausgelieferte Standard-Workflow kann hierzu individuell angepasst werden.

Zur Anpassung oder Neuanlage von Workflow-Prozessen steht Ihnen die SAP-Fiori-App **Workflows verwalten – Für Bankkonten** zur Verfügung. Sie erlaubt eine Anpassung der Freigabeschritte an die spezifischen Anforderungen Ihres Unternehmens. Die Ablauflogik kann differenziert nach Buchungskreis, Kontoarten, Startbedingungen oder Antragstellern ausgeprägt werden.

Nutzung von Workflows

Für die Nutzung von Workflows als Freigabeverfahren aktivieren Sie die Grundeinstellung **über Workflow aktivieren** zur Bankkontenüberarbeitung (siehe Abschnitt 10.2, »Allgemeine Einstellungen einrichten«).

Die SAP-Fiori-App **Workflows verwalten – Für Bankkonten** ist der zentrale Einstieg in die Administration von Workflows. Sie öffnen diese App über die in Abbildung 7.66 dargestellte SAP-Fiori-Kachel in der Gruppe **Bankbeziehung**.

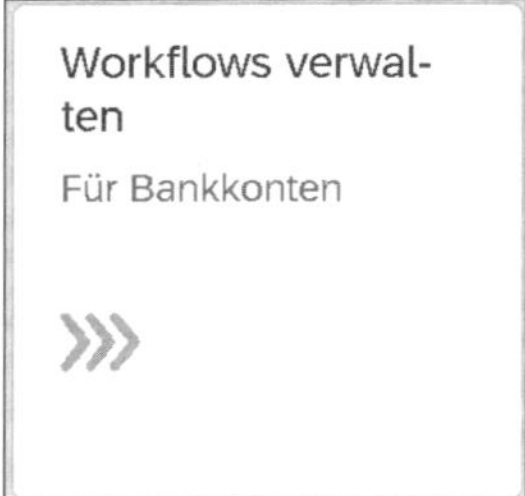

Abbildung 7.66 SAP-Fiori-Kachel »Workflows verwalten – Für Bankkonten«

Die Ergebnisliste ❶ zeigt die im System vorhandenen Workflows, sortiert nach dem Feld **Reihenfolge** ❷ (siehe Abbildung 7.67). Zusätzlich zu Workflow-Namen und Reihenfolge werden der Gültigkeitszeitraum und der Status des jeweiligen Workflows dargestellt. Bei dem Status wird zwischen **Entwurf**, **Aktiv** und **Inaktiv** unterschieden.

Rechts oberhalb der Ergebnisliste sind die Funktionen zur Verwaltung der Workflows ❸ angeordnet. Einige der Bearbeitungsfunktionen werden erst sichtbar, nachdem Sie einen Workflow ausgewählt haben. Im unteren Bereich der Liste sehen Sie den Workflow **Maintain Bank Accounts** ❹. In der Standardauslieferung von SAP ist dieser Workflow bereits aktiviert, sodass Workflows auch ohne eigene Einstellungen lauffähig sind. Zur Anlage eigener Workflows kann er als Kopiervorlage verwendet werden. Sie können den Standard-Workflow deaktivieren, aber nicht löschen.

Workflow bearbeiten

Ein Workflow im Status **Entwurf** kann bis zur Aktivierung bearbeitet werden. Selektieren Sie dazu zunächst den Workflow. Anschließend klicken Sie auf **Bearbeiten** im oberen Bereich, um die Ansicht **Workflow bearbeiten** zu öffnen. Dort nehmen Sie die gewünschten Änderungen vor und sichern den Entwurf. Sobald der Entwurf aktiviert worden ist, sind keine Änderungen mehr möglich.

Abbildung 7.67 SAP-Fiori-App »Workflows verwalten – Für Bankkonten« – Einstiegsseite

Workflow kopieren

Vorhandene Workflows können Sie als Vorlage zur Erstellung eines neuen Workflows nutzen. Hierzu wählen Sie in dem Auswahlbereich den Workflow aus, der als Vorlage dienen soll (siehe Abbildung 7.67). Über den Button **Kopieren** öffnet sich die Ansicht **Workflow kopieren**. Die Felder werden mit den Werten der Kopiervorlage gefüllt und können von Ihnen angepasst werden. Durch **Sichern** wird der Workflow im Entwurfsstatus angelegt.

Workflow aktivieren und deaktivieren

Workflows werden nach deren Erstellung prinzipiell als Entwurf gespeichert und nicht automatisch aktiviert. Sie bleiben daher zunächst änderbar. Durch den Button **Aktivieren** geben Sie Ihren Workflow-Entwurf endgültig frei, sodass er bei nachfolgenden Bankkontenüberarbeitungen berücksichtigt wird.

Über **Deaktivieren** wird der aktive und ausgewählte Workflow deaktiviert. Er wird bei zukünftigen Änderungsanträgen nicht mehr vom System beachtet. Ein deaktivierter Workflow kann jederzeit wieder reaktiviert werden.

[«]

Workaround zur Bearbeitung aktivierter Workflows

Workflows können nach ihrer Aktivierung nicht geändert werden. Daher bietet die Kopierfunktion die Möglichkeit, einen bestehenden Workflow als Vorlage für die Neuanlage eines Workflows zu nutzen. Vor dem Sichern können Änderungen an den Informationen aus der Vorlage geändert oder ergänzt werden.

Reihenfolge der Workflows bestimmen

Wie bereits zu Beginn des Abschnitts erwähnt, sind die Workflows in der Ansicht in einer Reihenfolge angeordnet. Sobald ein Änderungsantrag für ein Bankkonto angelegt wird, prüft das System in der definierten Reihenfolge pro Workflow, ob die Startbedingungen erfüllt sind. Bei einem Treffer werden die Genehmigungsschritte dieses Workflows durchlaufen. Nachfolgende Workflows werden ignoriert, auch wenn die Bedingungen hier ebenfalls erfüllt sind.

Workflow löschen

Der Button **Löschen** entfernt den ausgewählten Workflow. Sie können die Übersichtlichkeit der Workflow-Liste durch das Entfernen nicht benötigter Workflows verbessern. Aktive Workflows können nicht gelöscht werden. Diese können Sie jedoch im ersten Schritt deaktivieren und anschließend entfernen.

Workflow hinzufügen

Neue Workflows legen sie ebenfalls über die SAP-Fiori-App **Workflows verwalten – Für Bankkonten** an. Über **Hinzufügen** öffnen Sie das Formular **Neuer Workflow** (siehe Abbildung 7.68). Die benötigten Informationen gliedern sich in die Bereiche:

- Kopf
- Eigenschaften
- Startbedingungen und
- Schrittfolge

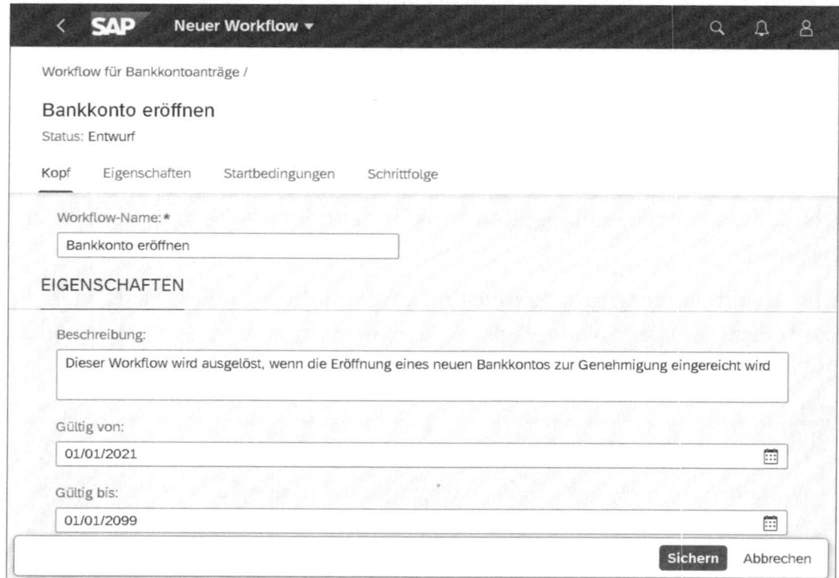

Abbildung 7.68 SAP-Fiori-App »Workflows verwalten – Für Bankkonten« – Kopfdaten und Eigenschaften

Im Bereich der Kopfdaten (Registerkarte **Kopf**) definieren Sie einen Workflow-Namen. Dieser sollte eindeutig sein und den Workflow präzise beschrieben. Dadurch behalten Sie auch bei einer umfangreicheren Anzahl von Workflows einen guten Überblick.

Kopfdaten

Auf der Registerkarte **Eigenschaften** ergänzen Sie den Workflow-Namen durch eine Beschreibung. Ebenso enthält der Bereich den Gültigkeitszeitraum des Workflows. Falls der Workflow nur temporär genutzt werden soll, können Sie die Gültigkeit eingrenzen, siehe Abbildung 7.68.

Eigenschaften

Auf der Registerkarte **Startbedingungen** legen Sie die Voraussetzungen zur Ausführung fest (siehe Abbildung 7.69).

Startbedingungen für einen Workflow

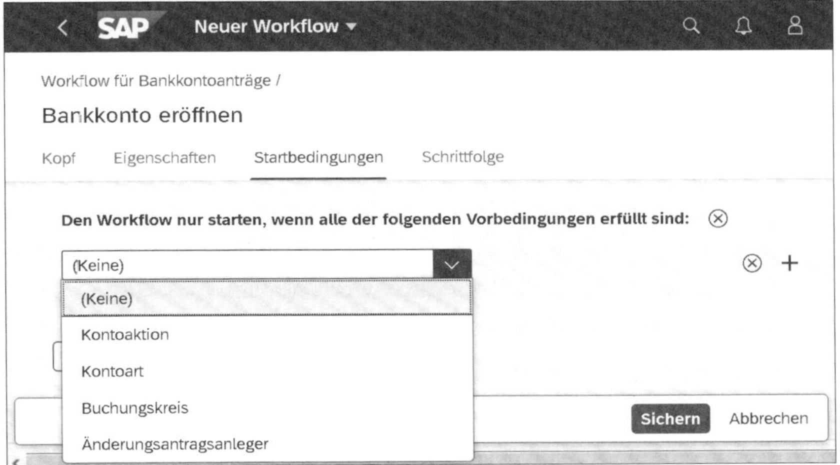

Abbildung 7.69 SAP-Fiori-App »Workflows verwalten – Für Bankkonten« – Startbedingungen eines Workflows für Bankkontenanträge

Möglich ist die Erstellung von mehreren Vorbedingungen. Nur wenn alle definierten Vorbedingungen erfüllt sind, startet dieser Workflow. Dafür stehen folgende Vorbedingungen in der Auswahl zur Verfügung:

- Kontoaktion (Eröffnen, Ändern, Auflösen, ...)
- Kontoart (Girokonto, Gehaltskonto, Darlehenskonto, ...)
- Buchungskreis
- Änderungsantragsanleger

Auf der Registerkarte **Schrittfolge** definieren Sie die Anzahl und Art der Genehmigungsschritte, die im Workflow durchlaufen werden.

Schrittfolge

Über den Button **Hinzufügen** legen Sie einen neuen Schritt für den Workflow an (siehe Abbildung 7.70).

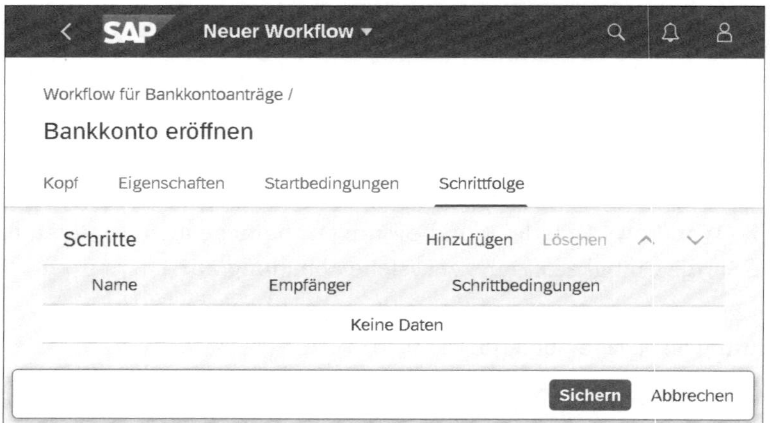

Abbildung 7.70 SAP-Fiori-App »Workflows verwalten – Für Bankkonten« – Schrittfolge

Das Formularfenster **Neuer Schritt**, in dem Sie die Ausprägung des Genehmigungsschritts definieren, öffnet sich (siehe Abbildung 7.71).

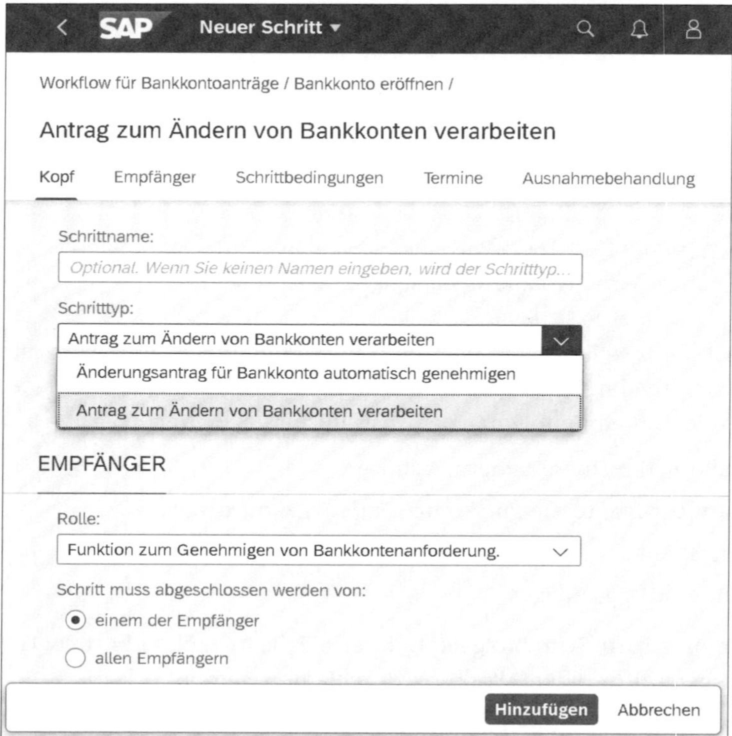

Abbildung 7.71 SAP-Fiori-App »Workflows verwalten – Für Bankkonten – Workflow hinzufügen – Schrittfolge«

Die Ansicht **Neuer Schritt** ist in mehrere Bereiche untergliedert, die wir (mit Ausnahme der Termine) im Folgenden kurz darstellen:

- Schrittfolge – Kopf
- Schrittfolge – Empfänger
- Schrittfolge – Schrittbedingungen
- Schrittfolge – Ausnahmebehandlung

Im Bereich der Kopfdaten definieren Sie optional einen eindeutigen Schrittnamen. Zwingend ist in demselben Bereich die Auswahl des Schritttyps. Sie wählen hier zwischen **Änderungsantrag für Bankkonto automatisch genehmigen** und **Antrag zum Ändern von Bankkonten verarbeiten**. Entsprechend der Auswahl verändert sich die Angabe des Empfängers im weiteren Bereich.

Automatisch genehmigen

Dabei entspricht die erste Option einer automatischen Genehmigung. Eine Handlung durch eine Person ist nicht erforderlich.

Änderungsantrag automatisch genehmigen

Der Schritttyp **Änderungsantrag für Bankkonto automatisch genehmigen** ist dann sinnvoll, wenn Sie eine Ausnahmebehandlung definieren möchten. So können Sie für bestimmte Buchungskreise, Kontoarten oder auch Antragsteller einstellen, dass eine automatisierte Genehmigung stattfindet.

Genehmiger definieren

Falls Sie den Genehmigungsschritt von einer Person prüfen lassen möchten, wählen Sie die zweite Option. Es erscheint ein zusätzlicher Bereich **Empfänger**, in dem Sie eine Genehmigergruppe für den Schritt auswählen. Dafür sind im System bereits folgende Gruppen hinterlegt:

- Regel für Cash Manager
- Regel für Cash-Spezialist
- Regel für Anwendungsexperten
- Funktion zum Genehmigen von Bankkontenanforderungen

Die jeweilige Regel für Cash Manager, Cash-Spezialist und Anwendungsexperten entspricht jeweils einem definierten Personenkreis, der im Customizing definiert wird (siehe Abschnitt 10.3.3, »Zuständigkeiten für in Workflow-Schritten verwendete Regeln definieren«).

Bei der letzten Regel handelt es sich nicht um einen definierten Personenkreis. Die Funktion wählt den im Bankkontenstamm hinterlegten internen Ansprechpartner als Empfänger des Genehmigungsschritts.

Sobald Sie den gewünschten Empfänger gewählt haben, definieren Sie, ob der Schritt von einem oder von allen Empfängern oder Empfängerinnen in einer Rolle abgeschlossen werden muss.

Bedingungen für Genehmigungsschritte

Die Felder **Kontoaktion**, **Kontoart**, **Buchungskreis** und **Änderer** stehen Ihnen unter **Schrittbedingungen** zur Definition einer Vorbedingung auch auf der Ebene eines Genehmigungsschrittes zur Verfügung.

Zusätzlich können Sie für jeden Schritt eine Ausnahmebehandlung definieren. Unter **Ausnahmebehandlung** legen Sie fest, was bei einer Ablehnung der Genehmigungsanfrage passieren soll. Sie entscheiden, ob der Workflow vollständig abgebrochen oder wiederholt werden soll, der Schritt wiederholt werden oder der Workflow trotz Ablehnung fortgesetzt werden soll.

7.5 Review-Prozess für Bankkonten

Übersicht über den Review-Prozess

Eine regelmäßige Prüfung der Bankkontenstammdaten dient der Identifizierung fehlerhafter Einträge und der Sicherstellung der Aktualität. Hierzu initiieren Sie in der Bankkontenverwaltung einen Review-Prozess, in dem ein Prüfer die Stammdaten in Ihrem System validiert. Der Review-Prozess steht ausschließlich für Nutzer und Nutzerinnen der Full-Cash-Lizenz zur Verfügung.

Abbildung 7.72 veranschaulicht den Review-Prozess für Bankkonten. In diesem Beispiel initiiert der oder die Verantwortliche im Cash Management die Prüfung für ein oder mehrere Bankkonten. Die für die Prüfung definierte Person erhält eine Benachrichtigung und prüft die Daten. In Abhängigkeit der zu ändernden Daten führt diese Person oder die Bankbuchhaltung notwendige Anpassungen durch. Der Prüfer oder die Prüferin schließt den Prozess ab, wenn alle Daten im System korrekt hinterlegt sind.

[»]

Mehrere Bankkonten in einem Review-Antrag

Sie können Review-Prozesse für ein einzelnes Bankkonto oder mehrere Bankkonten initiieren. Der Review-Antrag erhält den Status **Abgeschlossen**, sobald alle diesem Antrag zugeordneten Bankkonten geprüft worden sind.

Zum Abschluss dieses Kapitels zeigen wir Ihnen die Erstellung eines Review-Prozess für Bankkonten. Dabei nehmen Sie die jeweilige Position der verschiedenen Beteiligten im Review-Prozess ein.

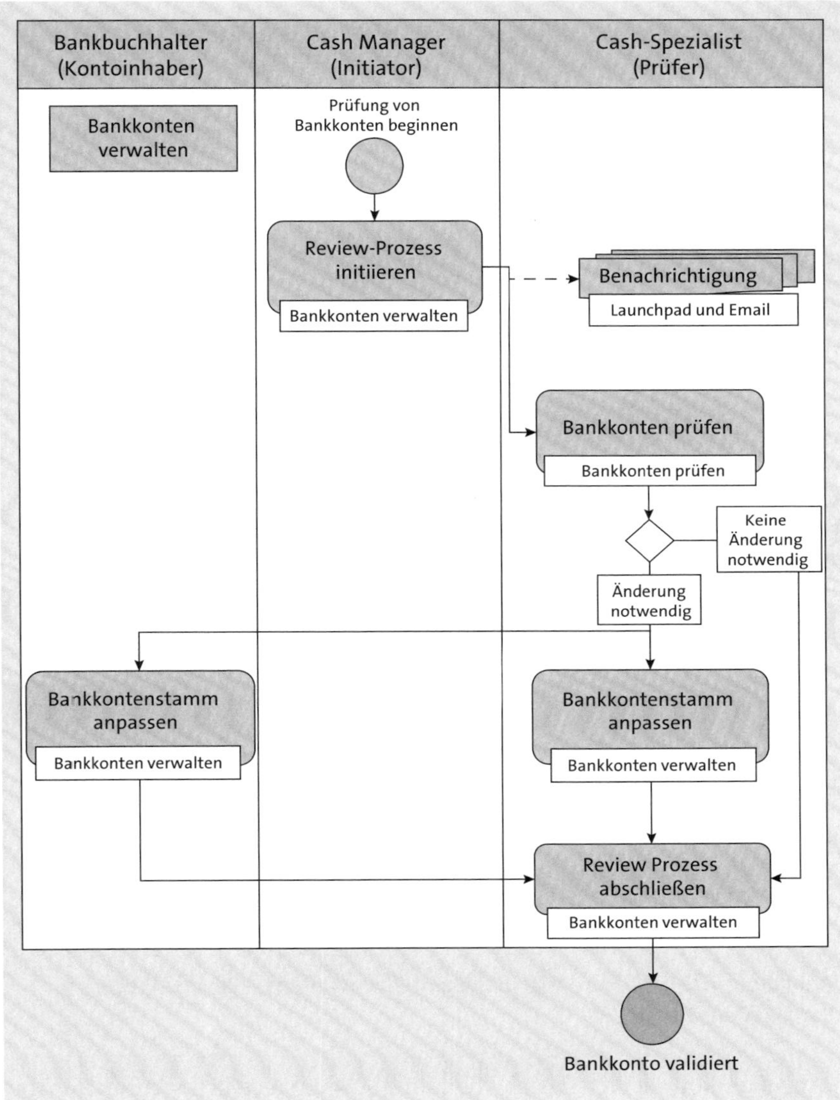

Abbildung 7.72 Review-Prozess für die Bankkontenstammdaten

Wenn Sie für die Bankkontenprüfung zuständig sind, starten Sie einen Prüfprozess über die App SAP-Fiori-App **Bankkonten verwalten**.

Review-Prozess initiieren

Bankkonten auswählen

Klicken Sie auf den Button **Start** ❶ zur Anzeige der im System vorhandenen Stammdaten (siehe Abbildung 7.73). Identifizieren Sie im nächsten Schritt die zu prüfenden Bankkonten, und markieren Sie diese über das Kontrollkästchen ❷. Anschließend wählen Sie den Button **Review-Prozess initiieren** ❸.

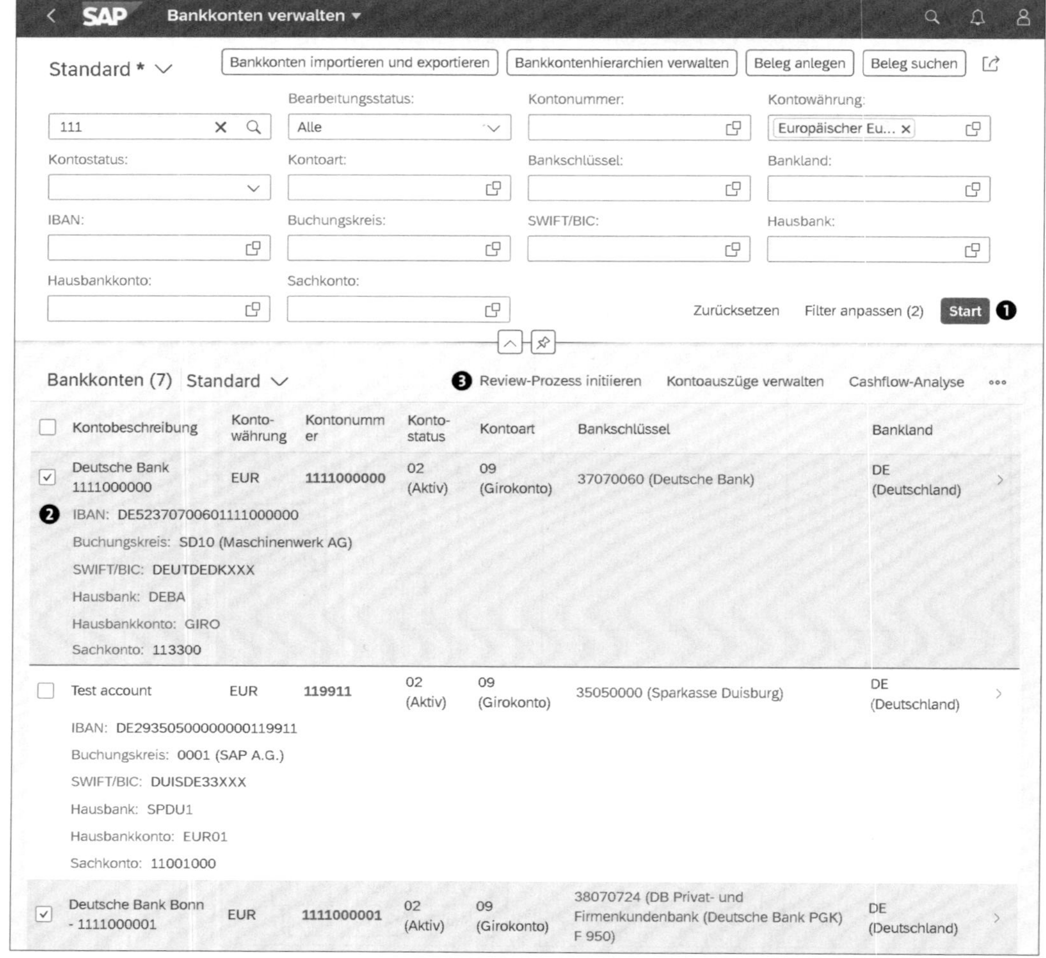

Abbildung 7.73 SAP-Fiori-App »Bankkonten verwalten« – Review-Prozess für Bankkonten starten

Umgehend öffnet sich das in Abbildung 7.74 dargestellte Formularfenster **Review-Details definieren**.

Review-Prozess anlegen

Geben Sie in das Formular den Review-**Titel** und optional ein **Fälligkeitsdatum** und einen Bearbeitungshinweis (**Hinweis**) ein. Den Prozess starten Sie über **OK**. Der Review-Prozess wird mit einer eindeutigen Nummer und Ihrem definierten Titel angelegt (siehe Abbildung 7.75).

Benachrichtigung berechtigter Benutzer

Die Personen, die für die Prüfung des Bankkontos verantwortlich sind, erhalten eine Benachrichtigung zur Durchführung des Review-Prozesses per E-Mail oder SAP-Fiori-Launchpad-Nachricht (siehe Abschnitt 1.5.5, »Benachrichtigungen«). Die Nachricht enthält einen Link zur SAP-Fiori-App **Bank-**

konten prüfen, in der der Review-Prozess überwacht und durchgeführt werden kann.

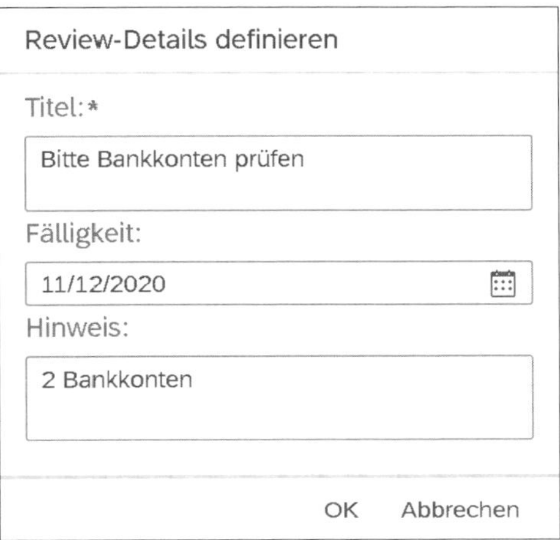

Abbildung 7.74 SAP-Fiori-App »Bankkonten verwalten« – Review-Details zur Bankkontenprüfung erfassen

Abbildung 7.75 SAP-Fiori-App »Bankkonten verwalten« – Review-Prozess wurde initiiert

Ermittlung des Prüfers für einen Bankkonten-Review

Vor Release 1909 wurde der Prüfer aus dem Feld **Ansprechpartner** im Bereich **interner Ansprechpartner** des Bankkontenstammsatzes abgeleitet. Mit Release 1909 wurde die automatische Ermittlung des Prüfers so angepasst, dass alle Benutzer eine Benachrichtigung erhalten, die die erforderlichen Rechte zum Ändern der geprüften Bankkonten besitzen. Beachten Sie, dass den Prüfern das Berechtigungsobjekt F_CLM_BAM mit der Aktivität 31 (Bestätigen) zugeordnet sein muss.

SAP-Fiori-App »Bankkonten prüfen«

In der SAP Fiori App **Bankkonten prüfen** erhalten Sie einen Überblick über alle gestarteten und beendeten Prüfprozesse. Mit dieser App überwachen Sie als Initiator den Prozessstatus. Sie validieren auf diese Weise die Stammdaten und erfassen Ihre Prüfergebnisse.

[»]

Abgrenzung zu den Workflow-Anträgen

Der Review-Prozess erhält eine eindeutige Nummer aus dem Nummernkreis der Änderungsanträge, die auch für Workflows genutzt werden. Ein ausgelöster Review-Prozess wird jedoch nur in der App **Bankkonten prüfen** und nicht in der App **Gesendete Anträge** oder **Gesendete Anträge – Für Bankkonten** aufgelistet und ist somit systemseitig von den Workflow-Anträgen getrennt.

Sie öffnen die SAP-Fiori-App **Bankkonten prüfen** über die in Abbildung 7.76 dargestellte Kachel im SAP Fiori Launchpad und klicken auf **Start** nach der optionalen Eingabe von Filterkriterien.

Abbildung 7.76 SAP-Fiori-Kachel »Bankkonten prüfen«

Anschließend öffnet sich die Ansicht mit einer Liste der entsprechenden Bankkontenprüfprozesse (siehe Abbildung 7.77).

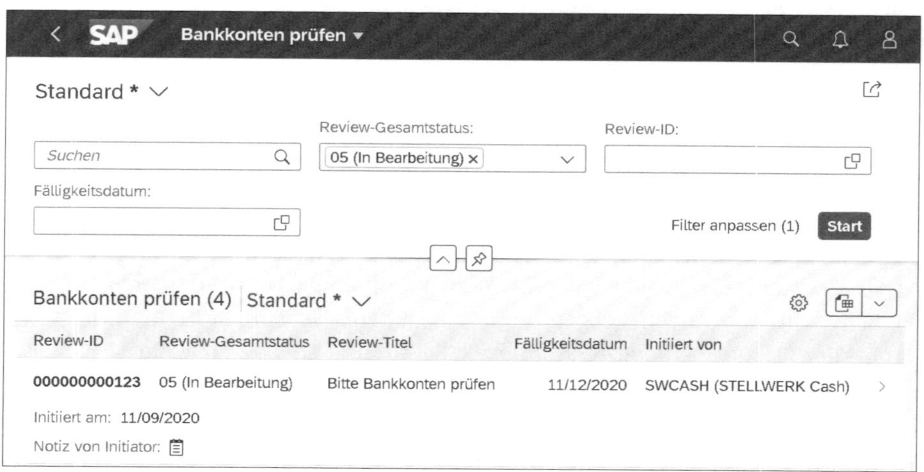

Abbildung 7.77 SAP-Fiori-App »Bankkonten prüfen« – Listanzeige der Review-Prozesse

Detailansicht eines Antrags zur Bankkontenprüfung

Öffnen Sie die Detailansicht des Antrags zur Bankkontenprüfung, indem Sie einen Prüfprozess auswählen. In der Detailansicht (siehe Abbildung 7.78) erhalten Sie einen Überblick über den Prüfprozess.

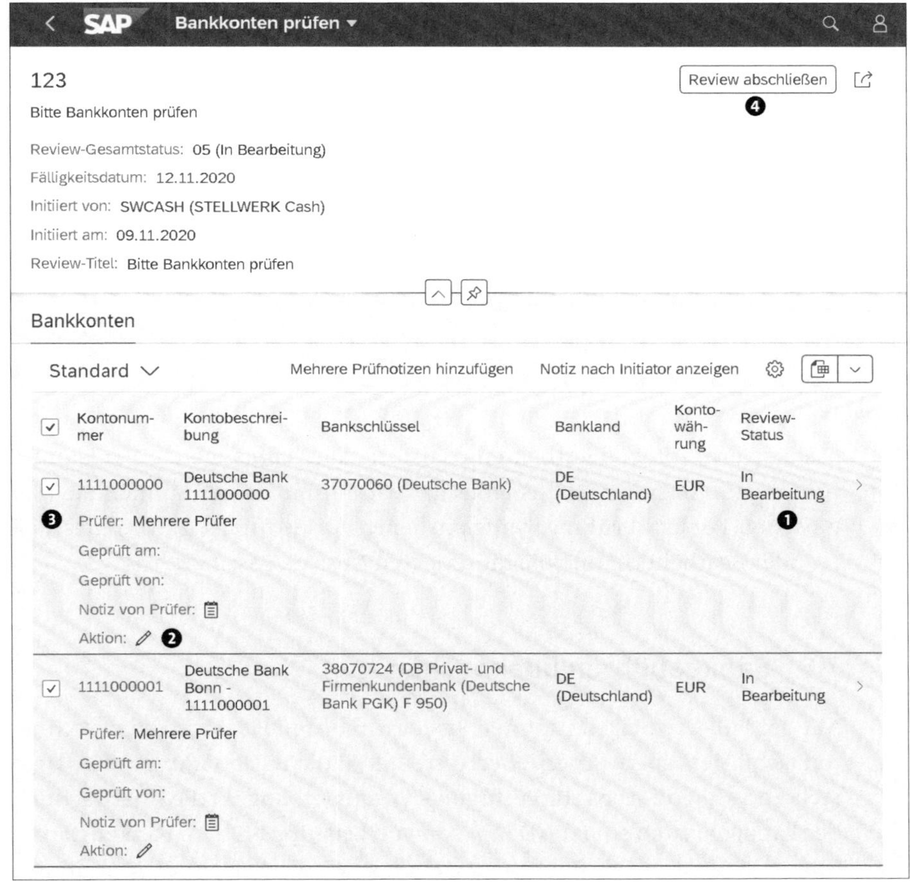

Abbildung 7.78 SAP-Fiori-App »Bankkonten prüfen« – Detailansicht eines Review-Prozess

Abgebildet sind Antrags-ID, Review-Titel, Status, Fälligkeitsdatum, Details zum Bankkonto, Initiator oder Initiatorin, Notizen des Initiators oder der Initiatorin, Fälligkeitsdatum und Prüfer bzw. Prüferin.

Über die Auswahl des Bankkontos ❶ springen Sie zur Ansicht **Bankkonten verwalten** des entsprechenden Bankkontos, um die Bankkontenstammdaten vor dem Abschließen des Prüfprozesses zu validieren.

Über das Stift-Icon ❷ fügen Sie dem Review-Prozess eine Notiz hinzu. Durch die Auswahl des Antrags im Markierungsfeld ❸ wird der Button ❹ **Review abschließen** nutzbar, um die Richtigkeit der Stammdaten zu bestätigen.

Konto-Review-Protokoll

Nachdem der Review-Prozess von dem Prüfer erfolgreich durchgeführt worden ist, wird der Status des Reviews auf **Abgeschlossen** geändert. Ein **Konto-Review-Protokoll** zeigt die Kontohistorie des geprüften Bankkontos (siehe Abbildung 7.79).

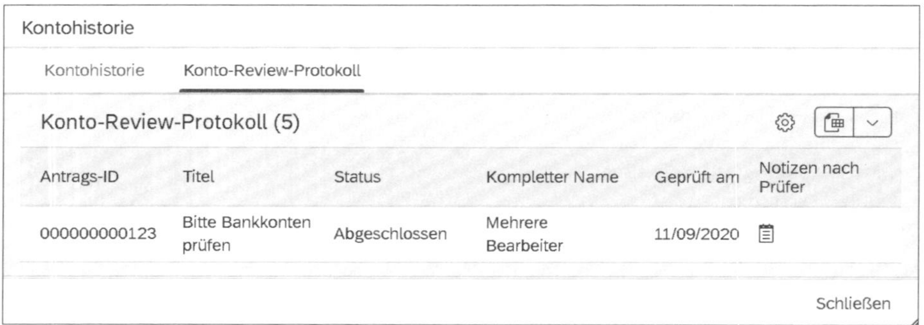

Abbildung 7.79 SAP-Fiori-App »Bankkonten prüfen« – Konto-Review-Protokoll

Das Review-Protokoll enthält eine Historie aller vergangenen Bankkontoprüfungen. Auch den Status eines aktiven Prüfprozesses können Sie hier einsehen. Für jede Prüfung werden in der Historie Antrags-ID, Titel, Bearbeiter oder Bearbeiterin und die hinterlegten Notizen gesichert.

7.6 Bankgebühren überwachen

Mit der Full-Cash-Lizenz können Sie die von Ihren Hausbanken berechneten Gebühren überwachen. Hierzu stellt SAP die in Abbildung 7.80 dargestellten SAP-Fiori-Apps zur Verfügung. Voraussetzung für die Überwachung der Bankgebühren sind die Definition von Leistungs-IDs im Bankenstamm über die SAP-Fiori-App **Banken verwalten** sowie die Anlage von Konditionssätzen über die SAP-Fiori-App **Bankgebührenkonditionen verwalten**. Nach dem Upload einer Abrechnungsdatei über die SAP-Fiori-App **Bankleistungsabrechnungsdateien importieren** führen Sie die Validierung der Bankgebühren mit der SAP-Fiori-App **Bankgebühren überwachen** durch. Die einzelnen Schritte werden im Folgenden kurz erläutert.

Leistungs-IDs im Bankenstamm definieren

Für eine spätere Identifikation von abrechenbaren Leistungen aus den elektronischen Kontoauszügen müssen Sie im Bankenstammsatz in der Gruppe **Bankleistungszuordnung** die Bankleistungen mit der externen **Leistungs-ID** der Bank anlegen und dieser einen **externen Vorgang** (Geschäftsvorfallcode) und eine **Vorgangsart** zuordnen. So kann das System z. B. für einen Vergleich mit der Gebührenabrechnung der Bank die Anzahl der Überweisungen über den Geschäftsvorfallcode zählen.

Abbildung 7.80 Kacheln der SAP-Fiori-Apps zur Überwachung der Bankgebühren

Bankgebührendatei importieren

Mit der SAP-Fiori-App **Bankleistungsabrechnungsdateien importieren** laden Sie die Gebührenabrechnungen Ihrer Bankinstitute in das SAP-System. Die Daten müssen im Format BSB (Bank Billing Services) nach ISO 20022 (camt.086) vorliegen.

Konditionen für Bankgebühren verwalten

Die mit Ihrer Bank vereinbarten Gebühren hinterlegen Sie in der SAP-Fiori-App **Bankgebührenkonditionen verwalten**. In Abbildung 7.81 ist ein Beispiel-Konditionssatz abgebildet. Verwenden Sie für die **Konditions-ID** einen sprechenden Schlüssel, um später bei der Zuordnung und Auswertung der Konditionen einen besseren Überblick zu behalten.

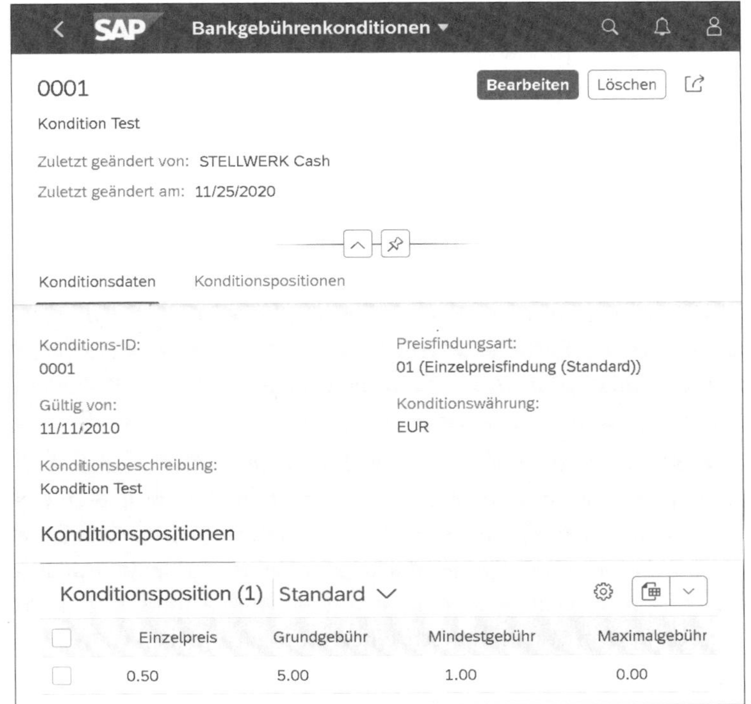

Abbildung 7.81 SAP-Fiori-App »Bankgebührenkonditionen verwalten« – Detailbild zur Definition der Bankgebührenkonditionen

Für die Definition der Bankgebührenkonditionen erlaubt SAP die folgenden *Preisfindungsarten*:

- Einzelpreisfindung
- Pauschalpreisfindung
- Saldenbasierte Preisfindung
- Stufenpreisfindung
- Schwellenpreisfindung

Prüfung der Bankgebühren

Mit der SAP-Fiori-App **Bankgebühren überwachen** validieren Sie die importierten Gebührenabrechnungen. Die App bietet im oberen Bereich grafische Darstellungen der Gebührenstruktur und -entwicklung mit Gruppierungs- und Filtermöglichkeiten, z. B. nach Leistungscodes, Banken, Bankengruppen, Buchungskreisen.

Zuordnung von Konditionen zu Gebührenzeilen

Im unteren Bildbereich unter **Bankgebühren** werden die von Ihrer Bank abgerechneten Gebühren auf Basis der importierten Abrechnungsdateien dargestellt. Hier ordnen Sie die Gebührenzeilen den vorgenannten Konditions-IDs über den Button **Kondition zuordnen** zu. Das SAP-System merkt sich die Zuordnung und ordnet auf dieser Basis die Konditions-ID in nachfolgenden Gebührenabrechnungen automatisch zu.

Nach der Zuordnung ist die App in der Lage, eine automatisierte Validierung der Bankgebühren vorzunehmen. Klicken Sie hierzu auf **Status aktualisieren**. Im Hintergrund verprobt das SAP-System, wie viele Leistungen tatsächlich erbracht wurden und ob die berechneten Gebühren korrekt sind.

Abgleich der Soll- und Ist-Gebühren

Die Berechnung der tatsächlich erbrachten Leistungen kann für die Einzelpreisfindung auf Basis der Anzahl der Positionen im elektronischen Kontoauszug über den Geschäftsvorfallcode erfolgen. Wie oben beschrieben, haben Sie im Bankenstamm den **Geschäftsvorfall-Code** einer **Leistungs-ID** zugeordnet, sodass das System die Anzahl der Ist-Leistungen berechnen kann. Die Gebührendatei der Bank enthält ebenfalls die Leistungs-ID, sodass eine Gegenüberstellung möglich wird.

Validierungsstatus

Da Sie mit der SAP-Fiori-App **Bankgebühren überwachen** die Konditions-ID der Gebührenzeile zugeordnet haben, kann das System die erwarteten Gebühren kalkulieren und diese mit den tatsächlich abgerechneten Gebühren vergleichen. Das Ergebnis des Vergleichs können Sie in der Spalte **Validierungsstatus** ablesen. Den vom System berechneten Validierungsstatus können Sie über den Button **Status überschreiben** manuell ändern.

Beachten Sie, dass die SAP-Fiori-App **Bankbeziehungsübersicht** eine Reporting-Kachel mit einer grafischen Darstellung der importierten Bankgebühren enthält und Sie über einen Klick auf die Grafik direkt die SAP-Fiori-App **Bankgebühren überwachen** aufrufen.

7.7 Übersicht über SAP-Fiori Apps und Transaktionen für die Bankkontenverwaltung

In diesem Abschnitt finden Sie eine Übersicht über die von SAP bereitgestellten Funktionen für die Bankkontenverwaltung. In Tabelle 7.2 stellen wir Ihnen ausgewählte SAP-Fiori-Apps vor.

Detaillierte Informationen zu den Apps erhalten Sie im Internet in der SAP Fiori Apps Reference Library von SAP unter der Angabe der App-ID (*https://fioriappslibrary.hana.ondemand.com*).

Bezeichnung der SAP-Fiori-App	Funktion	Technische Details
Banken verwalten	Reporting und Administration für Bankenstammdaten mit allen Stammsatzsichten in Abhängigkeit der Cash-Management-Lizenz	transaktionale SAP-Fiori-App seit 1511, App-ID F1574, Basic-Cash-Lizenz
Banken verwalten – einfach	Reporting und Administration für Bankenstammdaten, eingeschränkt auf die allgemeinen Daten	transaktionale SAP-Fiori-App seit 1511, App-ID F1574, Basic-Cash-Lizenz
Bankkonten verwalten	Reporting und Administration für Bankkontenstammdaten mit Stammsatzsichten in Abhängigkeit der Cash-Management-Lizenz	transaktionale SAP-Fiori-App seit 1709, App-ID F1366A, Basic-Cash-Lizenz
Bankkonten-hierarchien verwalten	Verwaltung von Bankkonten-hierarchien mit Zeitbezug	transaktionale SAP-Fiori-App seit 2020, App-ID F4973, Full-Cash-Lizenz
Unterzeichner bearbeiten – Für mehrere Konten	Zahlungsgenehmiger in mehreren Bankkonten hinzufügen oder entfernen	transaktionale SAP-Fiori-App seit 1511, App-ID F1372, Full-Cash-Lizenz

Tabelle 7.2 Ausgewählte SAP-Fiori-Apps für die Bankkontenverwaltung

Bezeichnung der SAP-Fiori-App	Funktion	Technische Details
Unterzeichner-karten importieren	Import von Unterzeichnerkarten im XML-Format zur Legitimation von Bankgeschäften und zur Zuordnung zu Bankkonten	transaktionale SAP-Fiori-App seit 1909, App-ID F4181, Full-Cash-Lizenz
Meine Inbox – Für Bankkonten	Bearbeitung von Workflow-Anträgen zu Bankkonten, in denen der angemeldete Benutzer als Genehmiger vorgesehen ist	transaktionale SAP-Fiori-App seit 1709, App-ID F2797, Full-Cash-Lizenz
Meine gesendeten Aufträge – Für Bankkonten	Statusverfolgung von Workflow-Anträgen zu Bankkonten, die der angemeldete Benutzer erstellt hat	transaktionale SAP-Fiori-App seit 1709, App-ID F1371A, Full-Cash-Lizenz
Bankkonten prüfen	Initiierung und Statusverfolgung von Bankkonten-prüfungen	transaktionale SAP-Fiori-App seit 1809, App-ID F1370A, Full-Cash-Lizenz
Workflows verwalten – Für Bankkonten	Reporting und Administration über Genehmigungs-Workflow-Prozesse	transaktionale SAP-Fiori-App seit 1709, App-ID F2796, Full-Cash-Lizenz
Bankbeziehungs-übersicht	Kennzahlen-Dashboard für das Bankbeziehungs-mangement	analytische SAP-Fiori-App seit 1909, App-ID F3775, Full-Cash-Lizenz
Bankleistungs-abrechnungs-dateien importieren	Import der Abrechnungsdateien für Bankgebühren im BSB-Format	transaktionale SAP-Fiori-App seit 1809, App-ID F3002, Full-Cash-Lizenz
Bankgebührenkonditionen verwalten	Anlage von Konditionen für Bankgebühren als Basis für die Prüfung von Gebührenabrechnungen der Banken	transaktionale SAP-Fiori-App seit 1809, App-ID F3185, Full-Cash-Lizenz

Tabelle 7.2 Ausgewählte SAP-Fiori-Apps für die Bankkontenverwaltung (Forts.)

Bezeichnung der SAP-Fiori-App	Funktion	Technische Details
Bankgebühren überwachen	Kennzahlen-Dashboard zur Überprüfung der Abrechnungsdateien von Bankgebühren	transaktionale SAP-Fiori-App seit 1809, App-ID F3001, Full-Cash-Lizenz

Tabelle 7.2 Ausgewählte SAP-Fiori-Apps für die Bankkontenverwaltung (Forts.)

In Tabelle 7.3 finden Sie eine Übersicht über ausgewählte SAP-GUI-Transaktionen in der Bankkontenverwaltung.

Transaktionsbezeichnung	Funktion	Transaktions-Code, Lizenz
Bankenstamm anlegen	Anlegen eines Bankenstammsatzes	FI01 (FI02 für Ändern, FI03 für Anzeigen), SAP-Standard
Übernahme der Bankdaten	Import von Bankenverzeichnissen für verschiedenen Formate	BAUP, SAP-Standard
Übernahme der BIC Daten	Import eines BIC-Bankenverzeichnisses	BIC2, SAP-Standard
Ändern Hausbanken/ Bankkonten	Anzeige und Änderung von Hausbanken, Anzeige der zugeordneten Konten	FI12, SAP-Standard (seit 1809)
Hausbank ändern	Anzeige und Änderung von Hausbanken	FI12_HBANK, SAP-Standard
Anzeigen Hausbanken/ Bankkonten	Anzeige von Hausbanken und Konto-IDs	FI13, SAP-Standard

Tabelle 7.3 Ausgewählte SAP-GUI-Transaktionen für die Bankkontenverwaltung

7.8 Fazit

Die Anwendungskomponente *Bankkontenverwaltung* in SAP S/4HANA stellt mit der Basic-Cash-Lizenz für die Administration von Bank- und Bankkontenstammdaten vergleichbare Funktionen zur Verfügung wie das SAP-ERP-System. Eine wichtige Änderung ist, dass Bankkonten in SAP S/4HANA als Stammdaten behandelt werden und nicht mehr als Customizing-Einstellung. Die Pflege des Bankkontenstamms kann nur noch über SAP-Fiori-Apps durchgeführt werden. Die Stammdaten in der Bankkontenverwaltung verfügen über einen größeren Feldvorrat und sind mit der Geschäftspartnerverwaltung integriert.

In der *Erweiterten Bankkontenverwaltung*, die Bestandteil der Full-Cash-Lizenz ist, werden viele zusätzliche SAP-Fiori-Apps bereitgestellt. Diese Apps helfen großen Unternehmen dabei, abgesicherte und systemübergreifende Prozesse in der Bankkontenverwaltung mit workflowbasierten Freigabeprozessen zu etablieren. Das Management der Bankbeziehungen wird durch umfangreiche und systemübergreifende Stammdaten unterstützt. Über Stammsatzmerkmale und Stammdatenhierarchien sind mehrstufig verdichtete Auswertungen möglich, wie z. B. die Analyse der Zahlungsströme und der Bankgebühren.

Kapitel 8
Liquidität langfristig planen

Dieses Kapital erläutert den Prozess zur mittel- bis langfristigen Planung der Unternehmensliquidität mit SAP Analytics Cloud. Sie erhalten einen Überblick über die Ausgestaltungsmöglichkeiten eines individuellen Planungsmodells, die Integration von SAP-S/4HANA-Daten und die operativen Planungswerkzeuge.

Die mittel- bis langfristige Planung der Liquidität eines Unternehmens ist eine komplexe Aufgabe für das Treasury und Cash Management. Viele interne und externe Einflussfaktoren sind zu berücksichtigen und unterschiedlichste Datenquellen zu integrieren.

Dieses Kapitel stellt zunächst in Abschnitt 8.1, »Systemunabhängiger Überblick über die Liquiditätsplanung«, die Herausforderungen für die Liquiditätsplanung dar und zeigt die verschiedenen konzeptionellen Ansätze zur direkten und indirekten Liquiditätsrechnung auf. In diesem Abschnitt werden darüber hinaus verschiedene Planungsmethoden und -prozesse sowie wichtige Strukturierungselemente vorgestellt.

SAP bietet für die Liquiditätsplanung die Planungswerkzeuge *SAP Analytics Cloud* und *SAP Business Planning and Consolidation* (SAP BPC) an, die in Abschnitt 8.2, »SAP-Lösungen für die Liquiditätsplanung«, kurz vorgestellt werden. In diesem Buch konzentrieren wir uns anschließend auf das modernere Werkzeug SAP Analytics Cloud und fokussieren dabei auf die für die Liquiditätsplanung relevanten Funktionen.

In Abschnitt 8.3, »Überblick über SAP Analytics Cloud«, erhalten Sie einen allgemeinen Überblick über SAP Analytics Cloud. Wir erläutern die Prinzipien von SAP Analytics Cloud und geben Ihnen einen Einblick in die verfügbaren Funktionen und Werkzeuge. Sie erfahren außerdem, welche Komponenten für die Unternehmensplanung benötigt werden.

Zur Durchführung einer Liquiditätsplanung mit SAP Analytics Cloud ist die Definition eines Planungsmodells erforderlich. SAP bietet bereits für den Einstieg in die Liquiditätsplanung ein vordefiniertes Modell in Form von *Business Content*. In Abschnitt 8.4, »Planungsmodell erstellen mit SAP Analytics Cloud«, erfahren Sie, wie Sie den Standard-Business-Content aktivieren und wie Sie Anpassungen an die unternehmensinternen Strukturen und Bedürfnisse vornehmen können.

In Abschnitt 8.5, »Liquidität operativ planen mit SAP Analytics Cloud«, lernen Sie, wie Sie in einem angepassten Planungsmodell einen Planungszyklus starten und mit echten Daten füllen. Sie erfahren darüber hinaus, wie Sie verschiedene Planungswerkzeuge verwenden, Prognoseverfahren nutzen und wie Sie Planungsaufgaben innerhalb Ihrer Unternehmensorganisation verteilen können.

8.1 Systemunabhängiger Überblick über die Liquiditätsplanung

Dieser Abschnitt dient dem systemunabhängigen Einstieg in das Thema Liquiditätsplanung. Sie finden hier Informationen zu den Einflussfaktoren auf die Liquiditätsplanung und zu verschiedenen Formen der Liquiditätsrechnung. Sie lernen, wie Sie die Strukturen, Prozesse und Methoden Ihrer Liquiditätsplanung konzipieren und welche Datenquellen, Sie zu einer Verbesserung der Planungsqualität heranziehen können.

8.1.1 Herausforderung der Liquiditätsplanung

Für Unternehmen ist die Planung der eigenen Liquidität eine existenzielle Aufgabe, die der Sicherung der langfristigen Zahlungsfähigkeit dient. Eine zuverlässige Planung erlaubt die rechtzeitige Aufnahme von Krediten und ermöglicht die ertragsoptimierte Anlage von Geldmitteln. So wird eine Über- oder Unterversorgung mit liquiden Mitteln vermieden und die damit verbundenen Zinskosten und -erträge optimiert.

Erwartungshaltung der Stakeholder

Verschiedene Stakeholder wie Kreditgeber, Aktionäre, Investoren und das unternehmenseigene Management erwarten aus diesem Grund eine qualitativ hochwertige Planung unter Berücksichtigung der geltenden Bilanzierungspolitik sowie aussagekräftige Berichte zur aktuellen Cashflow-Entwicklung.

Interne und externe Einflussfaktoren

Die zukünftige Liquidität eines Unternehmens hängt von der Geschäfts- und Konjunkturentwicklung ab, wird jedoch auch von externen Faktoren wie Währungskursen, Rohstoffpreisen und Zinsen beeinflusst. Die Planung der Liquidität muss darüber hinaus unternehmensspezifische Einflussfaktoren berücksichtigen.

[zB]

Individuelle Einflussfaktoren auf die Liquidität

Nehmen wir z. B. ein Unternehmen, das im Business-to-Consumer-Bereich (B2C) eine große Zahl an Kunden betreut und dabei verschiedene Zahlungsarten, wie Zahlung per Rechnung oder Zahlung über Kreditkarte anbietet. Erhöht sich der Anteil an Kreditkartenzahlern, verbessert sich die Liquiditätssituation des Unternehmens, da der Geldeingang schneller erfolgt. Für dieses Unternehmen ist daher die Verteilung auf die einzelnen Zahlungsarten ein relevanter Einflussfaktor.

Nehmen wir zum Vergleich einen Klinikverbund, der den Großteil der Einzahlungen von wenigen Krankenkassen erhält. Die Krankenkassen zahlen in der Regel per Rechnung zu vorhersagbaren Terminen. Hier spielt die Zahlungsart eine untergeordnete Rolle; dafür sind Änderungen an den Vergütungsmodellen, wie z. B. Fallpauschalen, ein wichtiger Einflussfaktor.

Die Liquiditätsplanung ist eine Aufgabe, die in Abhängigkeit des jeweiligen Geschäftsmodells unternehmensspezifische Lösungen benötigt, die sich flexibel an Veränderungen anpassen können.

Notwendige Informationsquellen

Für eine qualitativ hochwertige Prognose benötigt die Treasury-Abteilung Informationen aus unterschiedlichen Quellen, wie z. B.:

- historische Ist-Cashflows
- Plandaten aus vergangenen Planungszyklen
- Plan-Ist-Vergleiche vergangener Planungszyklen
- Salden von Bank- und Darlehenskonten
- offene Forderungen und Verbindlichkeiten
- Planungen anderer Unternehmensbereiche, wie z. B. Absatzplanung, Investitionsplanung oder Kosten- und Erlösplanung
- Informationen über substanzielle lokale Einzel-Cashflows
- Informationen zur Geschäftsstrategie
- Prognosen zur Entwicklung externer Einflussfaktoren

Aus diesen verschiedenen Informationen leitet das Treasury die Liquiditätsplanung ab und ist dabei auf den Input vieler Beteiligten angewiesen. Eine Herausforderung ist hier häufig für einen kontinuierlichen, vollständigen und zuverlässigen Informationsfluss zu sorgen.

Idealerweise wird die Treasury-Abteilung im Planungsprozess von einem IT-System unterstützt, das in der Lage ist, viele der genannten Quellen zu integrieren. Zusätzlich sollte das System über Planungs- und Kommunikationsfunktionen verfügen sowie ein transparentes Berichtswesen ermöglichen.

8.1.2 Formen der Cashflow-Rechnung

Es ist zwischen der buchhalterischen Cashflow-Rechnung zur Erfüllung externer Anforderungen und der Cashflow-Rechnung für interne Steuerungszwecke zu unterscheiden. Dieser Abschnitt erläutert die unterschiedlichen Konzepte im Hinblick auf die in der Liquiditätsplanung zu verwendenden Methoden. Auch wenn einige Aspekte nur für die Ermittlung der Ist-Zahlen gelten, sind sie dennoch für die Planung relevant, da eine sinnvolle Planung nur möglich ist, wenn im Plan und Ist die gleichen Strukturen verwendet werden.

Buchhalterische Cashflow-Rechnung

Die externe oder auch buchhalterische Cashflow-Rechnung wird auch als *Kapitalflussrechnung* bezeichnet. Sie ist Pflichtbestandteil einiger Rechnungslegungsvorschriften wie z. B. IFRS, US-GAAP und HGB (für Konzernabschlüsse). Darüber hinaus wird sie von Kreditgebern, Aktionären und anderen Investoren als Gradmesser für die Innenfinanzierungskraft eines Unternehmens gefordert. Die Kapitalflussrechnung trennt den Cashflow in der Regel in die drei verursachenden Bereiche: operative Tätigkeit, Investition und Finanzierung.

Bei der Berechnung des Cashflows wird zwischen der direkten und der indirekten Methode unterschieden.

Indirekte Methode zur Berechnung des Cashflows

Der Ist-Cashflow ist nach der *indirekten Methode* deutlich einfacher zu berechnen als nach der direkten Methode. Vereinfacht dargestellt, berechnet die indirekte Methode den operativen Cashflow als Ergebnis der Periode, korrigiert um nicht zahlungsrelevante ergebniswirksame Vorgänge wie z. B. Abschreibungen oder den Ertrag aus der Auflösung einer Rückstellung. Zusätzlich ist der Cashflow bei Veränderungen ausgewählter Bilanzpositionen wie Vorräte, Verbindlichkeiten und Forderungen anzupassen. Der Cashflow für Investitionen und Finanzierung wird häufig pragmatisch als Veränderung relevanter Bilanzpositionen für Anlagevermögen oder Darlehen berechnet. Da diese Daten bereits in der Finanzbuchhaltung vorliegen, kann die Berechnung über eine alternative Gruppierung von Bilanz- und GuV-Positionen im Reporting des Finanzwesens erfolgen.

SAP-S/4HANA-Lösungen für die indirekte Methode

SAP S/4HANA stellt z. B. verschiedene Reports für die Berechnung des Cashflows in der Finanzbuchhaltung und die Konsolidierung nach der indirekten Methode zur Verfügung.

In Abbildung 8.1 finden Sie ein Beispiel mit der SAP-Fiori-App **Cash Flow Statement – Indirect Method (Design Studio)**, App-ID F3076. Beachten Sie, dass Sie für die SAP-Fiori-Apps zur Kapitalflussrechnung auf Basis der Finanzbuchhaltung die Knoten Ihrer Bilanz- und GuV-Struktur sogenannten *semantischen Tags* zuordnen müssen, die neu mit SAP S/4HANA etabliert wurden.

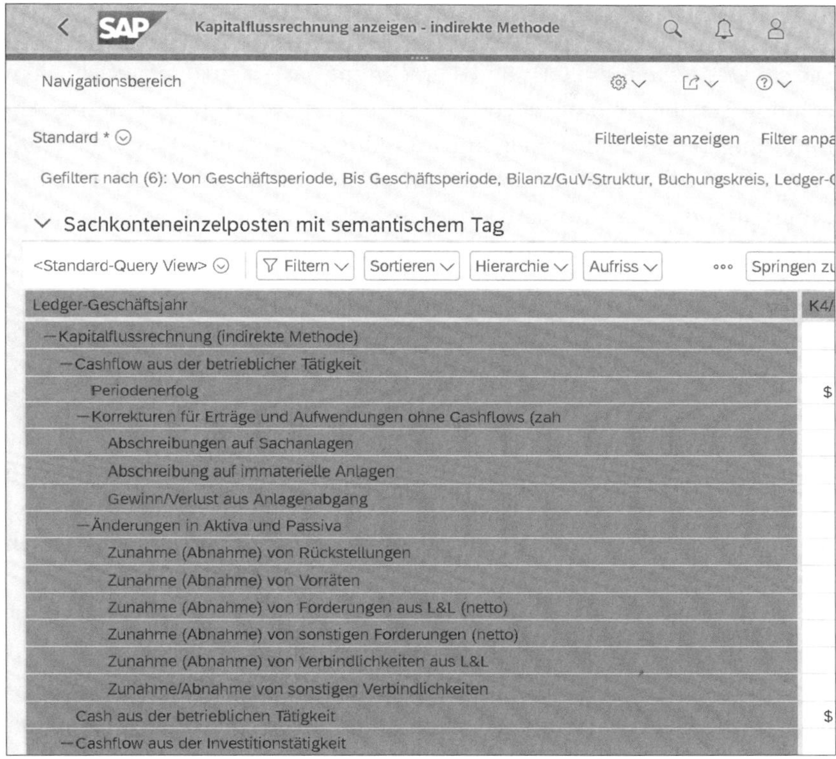

Abbildung 8.1 Struktur einer Kapitalflussrechnung nach der indirekten Methode

Planung mit der indirekten Methode

Unter der Nutzung der Bilanz- und GuV-Planung im Finanzwesen können Sie auch Cashflow-Statements im Plan nach der indirekten Methode abbilden und so eine einfache Liquiditätsplanung erstellen. Hierbei bilden die Planzahlen pro Sachkonto die Grundlage für Bilanz- und GuV-Konten. Diese Daten können dann auch in einem Berichtsschema nach dem oben vorgestellten Berechnungsmuster zu einer Plankapitalflussrechnung verwendet werden.

Bewertung der indirekten Berechnungsmethode

Die indirekte Methode zur Berechnung des Cashflows genügt den Anforderungen von externen Stakeholdern und von Rechnungslegungsvorschriften und wird daher für diese Zwecke von der Mehrzahl der Unternehmen verwendet. Sie erlaubt jedoch keine tieferen Einblicke in die Ursachen für Mittelzu- oder -abflüsse. Sie ist damit in der Regel für interne Zwecke nicht aussagekräftig genug, vor allem nicht zur Liquiditätssteuerung durch das Treasury. Aus diesem Grund wird diese Methode im Folgenden nicht detaillierter vorgestellt.

Direkte Methode zur Berechnung des Cashflows

Die *direkte Methode* zur Cashflow-Berechnung basiert auf den tatsächlichen Zahlungsströmen. Für die buchhalterische Sicht zur Erfüllung externer Anforderungen erfolgt auch hier eine Aufteilung der Cashflows nach operativem Geschäft, Investition und Finanzierung. Auf der Basis der Buchhaltungsdaten ist eine automatisierte Kategorisierung jedoch nur mit einem differenzierteren Kontenplan bzw. einer Änderung der Buchungslogik möglich und somit mit erheblichem Aufwand verbunden.

Aus diesem Grund bieten sich hier Lösungen an (wie z. B. das One Exposure), die bei den tatsächlichen Bankbewegungen ansetzen und diese kategorisieren. Das SAP-S/4HANA-System bietet mit dem One Exposure also auch eine Lösung für eine direkte Cashflow-Rechnung, die für externe Stakeholder verwendet werden kann. Da der Fokus dieses Buches auf Cash Management und Treasury liegt, wird die buchhalterische Sicht nicht detaillierter erläutert; es war uns jedoch wichtig, auf die möglichen Synergien hinzuweisen.

Interne Cashflow-Rechnung für das Treasury

Die internen Anforderungen durch das Unternehmensmanagement oder das Treasury an eine Cashflow-Rechnung für die Steuerung der Liquidität unterscheiden sich in den buchhalterischen Anforderungen. Lösungen für interne Zwecke orientieren sich stärker am spezifischen Geschäftsmodell eines Unternehmens und weniger an externen und regulatorischen Vorgaben. Für die Ist-Zahlen liefert hier in der Regel nur die direkte Methode ausreichende Qualität.

Direkte Cashflow-Rechnung in SAP S/4HANA

Wie in den vorangehenden Kapiteln erläutert, kategorisiert das One Exposure im SAP-S/4HANA-System die Zahlungsvorgänge im Sinne der direkten Methode nach *Liquiditätspositionen*. Die Liquiditätspositionen repräsentieren hier den sachlichen Ursprung einer Zahlung (siehe Abschnitt 3.3.5, »Liquiditätspositionen«). Die Struktur und den Detaillierungsgrad des Liquiditätspositionskatalogs bestimmen Sie frei auf der Basis Ihrer unternehmensinternen Anforderungen an das Cashflow-Reporting. Für die Erfüllung der externen Anforderungen können Sie eine eigenständige Hierarchie über Ihre Liquiditätspositionen definieren, die eine dreigeteilte Darstellung in die extern geforderten Kategorien aufzeigt und somit gleichzeitig interne und externe Anforderungen erfüllt.

Sowohl die vergangenen als auch die prognostizierten Cashflows können in SAP S/4HANA mit Liquiditätspositionen kategorisiert werden. Diese Daten bilden die Grundlage für eine weitergehende Planung in einem externen Tool, wie in der nachfolgend vorgestellten Lösung SAP Analytics Cloud.

8.1.3 Planungsprozesse

In Abhängigkeit von der internen Organisation und der Konzernstruktur können die Planungsprozesse für das Liquiditätsmanagement unterschiedlich definiert werden. Im Folgenden wird grob zwischen der zentralen Planung und der dezentralen Planung unterschieden, wobei in der Praxis viele weitere Ausprägungen des Prozesses denkbar sind.

Zentraler Planungsprozess

In der *zentralen Liquiditätsplanung* ist eine Person oder Abteilung alleine für die Erstellung der Liquiditätsplanung verantwortlich. Diese Person benötigt Plandaten aus anderen Unternehmensbereichen sowie historische Daten zu den Ist-Cashflows und erstellt daraus eine übergreifende Planung. Unter der Voraussetzung, dass die Datengrundlage von hoher Qualität ist, kann so eine übergreifende und zuverlässige Liquiditätsplanung erstellt werden. Lokale Kenntnisse über Besonderheiten im zukünftigen Geschäftsverlauf finden jedoch häufig auf diese Weise keine Berücksichtigung.

Dezentraler Planungsprozess

Der Prozess einer *dezentralen Liquiditätsplanung* involviert lokal verantwortliche Personen (siehe Abbildung 8.2). Hierzu startet eine zentrale Abteilung im Konzern den Planungszyklus und fordert die lokal Verantwortlichen auf, die Planung für ihren Unternehmensbereich durchzuführen. Idealerweise haben die lokal planenden Personen Zugang zu den historischen Daten und vorangehenden Planzahlen, um die Planung abzuschließen.

Nach der Rückmeldung der lokalen Plandaten prüft die zentrale Treasury-Abteilung die Daten, klärt Rückfragen mit den lokalen Planenden und gibt schließlich den Liquiditätsplan des Konzerns frei. Der dezentrale Planungsprozess reflektiert so auch das lokale Wissen über den zukünftigen Geschäftsverlauf, stellt jedoch höhere Anforderungen an das Planungstool und verursacht einen höheren Koordinierungsaufwand. Für einen effizienten Ablauf sollten die lokalen Planenden über einen direkten Zugang zum Planungstool und über integrierte Werkzeuge zur Zusammenarbeit und Kommunikation verfügen. Die zentrale Abteilung benötigt Instrumente, um den Aufgabenfortschritt zu überwachen.

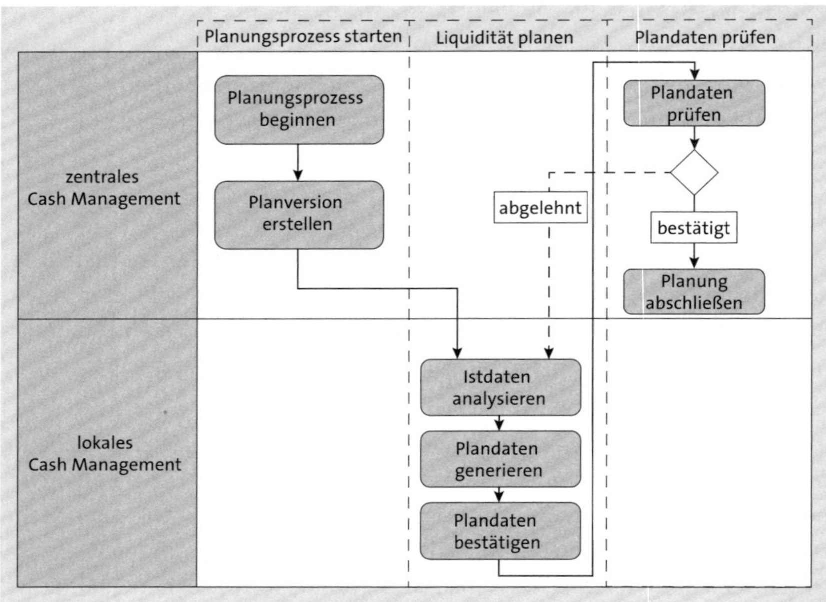

Abbildung 8.2 Dezentraler Prozess für die Liquiditätsplanung

8.1.4 Planungszyklen und Planperioden

Für die Planung der Liquidität ist zu definieren, in welchen Abständen eine Planung aktualisiert wird und in welchem zeitlichen Raster geplant wird. Für jede Aktualisierung oder Neuerstellung eines Liquiditätsplans wird ein neuer *Planungszyklus* gestartet und der für Ihr Unternehmen definierte Planungsprozess durchlaufen. Die zu planenden Perioden werden im Folgenden als *Planperioden* bezeichnet.

Zusätzlich müssen Sie definieren, welche *Planungsmerkmale* Sie detailliert planen wollen.

Rollierende Planung

Bei der *rollierenden Planung* wird die Planung fortlaufend aktualisiert. Hierbei werden in jedem neuen Planungszyklus die zeitlich abgeschlossenen Planperioden durch Ist-Zahlen ersetzt und neue Planungsperioden angehängt. Die verbliebenen, bereits in vorherigen Planungszyklen geplanten Perioden werden bei Bedarf angepasst (dies wird teilweise auch als *revolvierende Planung* bezeichnet) und die Planung für die zusätzlichen Perioden neu geplant. So verfügt die Planung immer über einen konstanten Planungshorizont mit periodisch aktualisierter Planung. Ein Beispiel für eine rollierende Drei-Monats-Planung finden Sie in Abbildung 8.3. Hier werden für den Planungszyklus **Januar**, die Monatswerte für Februar bis April geplant. Im nächsten Planungszyklus **Februar** fällt der Januar aus der Planung heraus und wird durch Ist-Zahlen ersetzt. Die Planung für März und April wird bei Bedarf aktualisiert und der Mai neu geplant.

	Planungsperioden					
	Januar	Februar	März	April	Mai	Juni
Planungszyklus Januar	IST	Monatsplan	Monatsplan	Monatsplan		
Planungszyklus Februar		IST	Monatsplan	Monatsplan	Monatsplan	
Planungszyklus März			IST	Monatsplan	Monatsplan	Monatsplan
....					....	

Abbildung 8.3 Rollierende Planung mit gleicher Detaillierung

Rollierende Planung mit wechselnder Detaillierung

Im Falle der Liquiditätsplanung kann eine Änderung des Detaillierungsgrades im Zeitverlauf sinnvoll sein. In Abbildung 8.4 ist ein Beispiel dargestellt, in dem immer der nächste Monat auf Wochenebene und die nachfolgenden Monate auf Monatsebene geplant werden. Mit dem nächsten Planungszyklus wird dann immer der jeweils nachfolgende Monat auf der Wochenebene geplant.

	Planungsperioden					
	Januar	Februar	März	April	Mai	Juni
Planungszyklus Januar	IST	Wochenplan	Monatsplan	Monatsplan		
Planungszyklus Februar		IST	Wochenplan	Monatsplan	Monatsplan	
Planungszyklus März			IST	Wochenplan	Monatsplan	Monatsplan
....					....	

Abbildung 8.4 Rollierende Planung mit wechselnder Detaillierung

Planung mit festen Intervallen

Abschließend sei noch die *Planung mit festen Intervallen* erwähnt, wie es Abbildung 8.5 zeigt. Hier gibt es zwischen den Planungszyklen keine Überlappungen in den Planungsperioden. Die Plandaten eines Monats müssen somit nur einmal bearbeitet werden, es fehlt jedoch eine regelmäßige Aktualisierung, und der Planungshorizont variiert, je nachdem wie groß der zeitliche Abstand zum Ende der Planungsperiode ist.

	Planungsperioden			
	Q1	Q2	Q3	Q4
Planungszyklus Q1	IST	Monatsplan		
Planungszyklus Q2		IST	Monatsplan	
Planungszyklus Q3			IST	Monatsplan
....				

Abbildung 8.5 Planung mit festen Intervallen

Für unterschiedliche Auswertungen und Sichtweisen auf die geplante Liquidität können auch unterschiedliche zeitliche Strukturen auf die Planung erforderlich werden. Wenn Sie die Daten z. B. auf Wochenebene in Ihrem Planungsmodell erfassen, können Sie jederzeit eine Aggregation auf Monats- oder Jahresebene vornehmen.

8.1.5 Planungsmerkmale

Über die Auswahl der Planungsmerkmale definieren Sie den Detaillierungsgrad Ihrer Planung. Für jede Merkmalskombination hinterlegen Sie in der Planung einen Cashflow-Wert. Übliche Planungsmerkmale sind die Nummer der Konzerngesellschaft, die Planperiode (siehe Abschnitt 8.1.4, »Planungszyklen und Planperioden«) und die sachliche Kategorie der Cashflows, wie die in Abschnitt 8.1.2, »Formen der Cashflow-Rechnung«, vorgestellte Liquiditätsposition.

Weitere Planungsmerkmale können das Bankkonto, die Partnergesellschaft, Geschäftsbereiche oder Profit-Center darstellen. Bei der Auswahl der Planungsmerkmale sollten Sie sich auf das notwendige Minimum beschränken, damit die Anzahl der einzugebenden Planwerte mit einem vertretbaren Aufwand durchgeführt werden kann.

8.1.6 Referenzdaten zur Prognose der Liquidität

Basis der Planung sind in der Regel *Referenzdaten*, die durch verschiedene Methoden in Plandaten überführt werden. Referenzdaten können z. B. historische Ist- oder Planzahlen sein, die Liquiditätsvorschau auf der Basis von offenen Geschäftstransaktionen oder Plandaten anderer Unternehmensbereiche.

Planzahlen als Fortschreibung der Ist-Zahlen

Eine häufig verwendete und einfache Methode ist die Kopie historischer Istdaten aus Vorperioden in die zukünftigen Planperioden. Über prozentuale Auf- oder Abschläge können Sie Veränderungen der Geschäftsentwicklung berücksichtigen.

Berücksichtigung offener Geschäftstransaktionen

Für die Planung können auch zukünftige Zahlungen aus offenen Geschäftstransaktionen aus Ihrem operativen SAP-ERP-System berücksichtigt werden, wie sie z. B. die Liquiditätsvorschau im S/4HANA-System liefert (siehe Kapitel 5, »Kurzfristige Liquiditätsvorschau erzeugen«) Auch wenn der Planungshorizont nach wenigen Wochen abreißt, kann die Datenquelle dennoch für diesen Zeitraum wichtige Informationen liefern, die die Planungsqualität in einer rollierenden Planung verbessern können.

Integration von Plandaten anderer Unternehmensbereiche

Das Planungsteam kann darüber hinaus auch Pläne aus anderen Unternehmensbereichen als Basis verwenden. So kann z. B. die GuV-Planung in der Finanzbuchhaltung, die Kosten- und Erlösplanung im Controlling oder die Absatzplanung aus dem Vertrieb wichtige Basisdaten für die Planung liefern. Aus der Umsatzplanung können z. B. die Einzahlungen durch Kunden prognostiziert werden. Bei dieser Methode ist zu berücksichtigen, dass die Planungsperiode in der Basisplanung nicht immer identisch mit der erwarteten Zahlungsperiode ist. So splittet z. B. die Kostenplanung die Kosten für Versicherungen auf die 12 Monate eines Jahres auf; die Zahlung erfolgt möglicherweise aber nur einmal jährlich im Januar. Über entsprechende Zu- und Abschläge sind außerdem Aspekte wie Vor- und Umsatzsteuer zu korrigieren, die nicht Bestandteil der Basisplanung waren.

8.1.7 Methoden und Funktionen zur Prognose der Liquidität

Prognosemethoden und Planungswerkzeuge

Für die Prognose der zukünftigen Ein- und Auszahlungen stehen verschiedene Prognosemethoden und Planungswerkzeuge zur Verfügung, die auf die Referenz- und Planungsdaten angewendet werden können.

Mathematische Prognosemethoden

Auf der Basis von mathematischen Prognosemethoden, z. B. für Trends und für Zeitreihen mit exponentieller Glättung lassen sich differenziertere Prognosen auch unter der Berücksichtigung saisonaler Schwankungen auf der Basis von Ist-Zahlen erstellen.

Predictive Analytics

Predictive Analytics kombiniert klassische Prognosemethoden mit modernen Instrumenten der künstlichen Intelligenz oder des maschinellen Lernens, die auch für die Liquiditätsplanung verwendet werden können.

Berücksichtigung von Werttreibern

Bei der Werttreibermethode werden die Abhängigkeiten zwischen verschiedenen Liquiditätsströmen genutzt, um die Planungsqualität zu verbessern.

[zB]

Abhängigkeit der Auszahlungen für die Materialbeschaffung von den Kundeneinzahlungen

Zum Beispiel können aus Veränderungen für geplante Zahlungseingänge durch Kunden Rückschlüsse auf den Liquiditätsabfluss für die Beschaffung von Material gezogen werden. Eine Erhöhung der Plandaten für die Kundenzahlungen um 10 % könnte so automatisch eine Anpassung der Zahlungen für Handelswaren um 10 % durchführen.

Top-down-Verteilung

Eine weitere Planungshilfe stellt die *Top-down-Verteilung* dar. Hier erfolgt die Planung auf summarischen Knoten in einer Hierarchie. Über einen flexiblen Verteilungsmechanismus werden die kumulierten Werte auf die darunter liegenden detaillierteren Hierarchieknoten verteilt.

Verbesserung der Planung durch Plan-Ist-Vergleiche

Durch eine kontinuierliche Überprüfung der Planungsqualität vorangehender Planungszyklen mithilfe eines Plan-Ist-Vergleichs erkennen Sie rückwirkend Schwächen in der Planung und können diese in zukünftigen Planungszyklen berücksichtigen.

Im Rahmen eines Projekts für den Aufbau einer Liquiditätsplanung empfiehlt es sich, den Mix an Referenzdaten und Prognosemethoden in der

Konzeptphase zu definieren. Häufig werden verschiedene Referenzdaten genutzt und unterschiedliche Methoden kombiniert, um eine qualitativ hochwertige Planung zu ermöglichen. Auch bei einem hohen Automatisierungsgrad sind am Ende immer noch eine manuelle Kontrolle und einzelne Sachverhalte über die Erfassung von manuellen Plandaten erforderlich.

8.2 SAP-Lösungen für die Liquiditätsplanung

Für die Liquiditätsplanung im Sinne einer direkten Cashflow-Planung stellt SAP die beiden Lösungen *SAP Business Planning and Consolidation* (SAP BPC) und *SAP Analytics Cloud* zur Verfügung. Hier stehen Ihnen Funktionen zur Sammlung von Referenzdaten, Methoden zur Ableitung und Prognose der Plandaten, Funktionen zur manuellen und dezentralen Datenerfassung und schließlich das Reporting zur Verfügung.

Anbindung an ein SAP-S/4HANA-System

Für beide Lösungen ist eine Anbindung an das SAP-S/4HANA-System zur Bereitstellung von Stamm- und Bewegungsdaten aus dem One Exposure möglich. Die historischen und die prognostizierten Cashflows stehen zur Analyse und Verwendung in der Planung zur Verfügung. Die Übertragung der Stammdaten für z. B. Buchungskreise oder Liquiditätspositionen sorgen dafür, dass die Merkmalsfelder (oder im SAP-Analytics-Cloud-Sprachgebrauch *Dimensionen*) für Plandaten und Istdaten im Planungstool und in SAP S/4HANA einheitlich verwendet werden.

Unterstützte Methoden und Prozesse

Mit beiden Lösungen ist die Abbildung eines zentralen oder dezentralen Planungsprozesses möglich. Viele Prozessschritte können dabei automatisiert werden, und die in Abschnitt 8.1.6, »Referenzdaten zur Prognose der Liquidität«, vorgestellten Methoden werden von beiden Planungstools unterstützt.

[»]

Lizenzen

Beide Lösungen sind lizenzpflichtig. So ist beispielsweise SAP BPC Teil einer On-Premise-Installation in SAP S/4HANA und als Erweiterung zu lizenzieren. SAP Analytics Cloud ist ausschließlich als Cloud-Lösung verfügbar und wird daher als Software-as-a-Service (SaaS) von SAP angeboten. Beachten Sie, dass die Nutzung der Planungswerkzeuge in SAP Analytics Cloud eine gesonderte Lizenz erfordert. Upgrades der SAP-Analytics-Cloud-Software erfolgen quartalsweise durch SAP.

Auf den ersten Blick sind die Funktionen von SAP BPC und SAP Analytics Cloud vergleichbar. SAP Analytics Cloud stellt jedoch das zukunftsweisendere Tool dar und bietet moderne Funktionen, wie z. B. *Predictive Forecast* und die Verwendung von Werttreiberbäumen. Eine flexible Versionierung der Plandaten zur Abbildung von Planungszyklen ist ebenfalls in SAP Analytics Cloud enthalten. Aus diesem Grund konzentriert sich dieses Buch auf SAP Analytics Cloud und verzichtet auf die Darstellung der Liquiditätsplanung mit SAP BPC.

8.3 Überblick über SAP Analytics Cloud

SAP Analytics Cloud kombiniert die Funktionen *Business Intelligence*, *erweiterte Analyse* und *Planung* in einer Cloud-Lösung (siehe Abbildung 8.6). Sie erhalten mit SAP Analytics Cloud eine Plattform für erweiterte und vorausschauende Auswertungen zur Bereitstellung der wichtigsten Unternehmensinformationen. Umfassende Planungswerkzeuge ermöglichen die Abbildung und Durchführung von komplexen und integrierten Unternehmensplanungen.

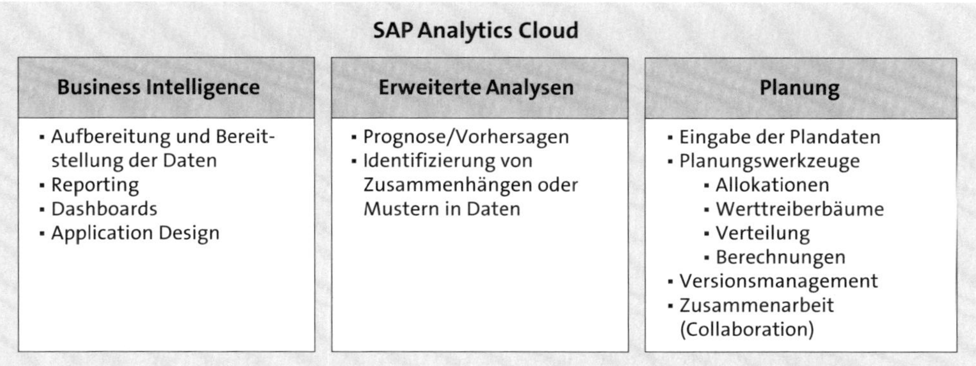

Abbildung 8.6 Merkmale von SAP Analytics Cloud

Business Intelligence

Mit integrierten Business-Intelligence-Funktionen erfolgt die Analyse, Vorbereitung und Aufbereitung von Daten wie z. B. der Ist-Cashflow-Daten aus dem SAP-S/4HANA-System. Business Intelligence unterstützt Sie dabei, die relevanten Daten so zu verarbeiten und darzustellen, dass aus den Daten Informationen gewonnen werden und Wissen entsteht. Die aus den Informationen gewonnenen Erkenntnisse können verwendet werden, um Entscheidungsprozesse zu vereinfachen und die richtigen Entscheidungen im Unternehmen zu treffen.

Erweiterte Analyse

Vorhersagen über die Liquiditätsentwicklung werden durch die erweiterte Analyse unterstützt. Für die Prognose der zukünftigen Cashflow-Entwicklung werden u. a. wiederkehrende Muster und Beziehungen in historischen Daten analysiert.

Integrierte Planungsprozesse

In Abschnitt 8.1.3, »Planungsprozesse«, haben wir Ihnen die verschiedenen Möglichkeiten zur Durchführung von Planungsprozessen, wie die direkte Planung oder die indirekte Planung, vorgestellt. Mit SAP Analytics Cloud können verschiedene Planungswerkzeuge zeitgleich und kombiniert eingesetzt werden. Durch die Integration verschiedener Funktionen in eine Plattform und die Integration von SAP Analytics Cloud in das SAP S/4HANA Launchpad entfällt ein Absprung in zusätzliche Planungsumgebungen oder Planungstools. SAP Analytics Cloud bietet die Möglichkeit der Plandatenintegration, sodass die Plandaten eines Unternehmensbereichs für die Validierung oder den Aufbau der Planung eines anderen Unternehmensbereichs verwendet werden können.

[»]

Planungsfunktionen und Planungswerkzeuge

Im SAP-Sprachgebrauch ist der Begriff *Planungsfunktion* bereits in SAP BPC vorbelegt und bezeichnet dort das Äquivalent zu *Datenaktionen* in SAP Analytics Cloud. Beide Begriffe stehen für Aktionen zur Veränderung von Bewegungsdaten in der Planung. Wir verwenden in diesem Buch ausschließlich den Begriff *Datenaktionen*.

Zur klaren Abgrenzung der Begriffe, verwenden wir in diesem Buch den Begriff *Planungswerkzeug*, um die von SAP Analytics Cloud bereitgestellten Möglichkeiten bzw. Funktionen zur Planung zu bezeichnen.

Um die Daten für eine Liquiditätsplanung zu generieren, können sie sowohl manuell eingetragen als auch automatisch Felder mit ihnen befüllt werden. Die Befüllung kann durch Datenaktionen, wie beispielsweise die Übernahme der Vorschaudaten, erfolgen. Planungsaufgaben können im Planungskalender verwaltet werden.

Die Planungswerkzeuge von SAP Analytics Cloud werden in Abschnitt 8.4.4, »Planungswerkzeuge«, detailliert erläutert.

8.3.1 Konzepte und Funktionen

Bevor wir eine Liquiditätsplanung durchführen, möchten wir Ihnen im Überblick die Funktionen von SAP Analytics Cloud erläutern. Dafür sollten Sie die wichtigsten und grundlegendsten Begriffe kennenlernen. Dies sind in SAP Analytics Cloud Modelle und Storys.

Modelle in SAP Analytics Cloud

Modelle bilden die Basis für jegliche Anwendungen mit Daten. Sie stellen die Daten bereit und definieren für die weitere Verwendung in SAP Analytics Cloud die Strukturen. Die Daten können bereinigt und modelliert wurden, sodass sie wichtige Unternehmensfragen beantworten und für Analysen genutzt werden können. Die Datenmodellierung erläutern wir Ihnen detailliert in Abschnitt 8.3.3, »Datenmodellierung«.

Datenvisualisierung mit Storys

In Storys werden die Daten visualisiert, die durch Modelle strukturiert bereitgestellt werden. Hier können die Daten dargestellt und für Analyse-, Reporting- oder Planungszwecke erkundet werden. Eine Story ist, vereinfacht gesagt, eine moderne Art der Darstellung von Geschäftsdaten eines Unternehmens. Die Story bietet eine individuell anpassbare Oberfläche zur Abbildung von beispielsweise Tabellen oder grafischen Elementen. Eine Story kann sowohl für die Darstellung von Analysen als auch zur Eingabe von Daten genutzt werden. In Abschnitt 8.3.4, »Story«, werden die Funktionen und Möglichkeiten einer Story im Detail vorgestellt.

Erfassungslayout

Eine Story enthält für die Planung ein sogenanntes *Erfassungslayout*. In das Erfassungslayout werden die Plandaten eingegeben.

Im Cash Management nutzen Sie SAP Analytics Cloud für die Analyse der Ist- und Forecast-Cashflows und zur Durchführung der Liquiditätsplanung. Dafür können verschiedene Datenquellen, wie beispielsweise das Cash Management in einem SAP-S/4HANA-System eingebunden werden.

Berichte für verschiedene Anforderungen und unterschiedliche Empfänger können erzeugt werden. Ganz gleich, ob die Person ein Anwender, eine Entscheiderin oder jemand aus der IT-Abteilung ist, auch Personen ohne Vorkenntnisse soll die Nutzung von SAP Analytics Cloud so ermöglicht und vereinfacht werden.

Zusammenarbeit (Collaboration)

Für dezentrale Planungsszenarien ermöglicht SAP Analytics Cloud eine zentrale Verwaltung der Liquiditätsplanung und eine dezentrale Bearbeitung in den Tochterunternehmen. Mit Bearbeitungsaufgaben und einem Planungskalender können Sie die Liquiditätsplanung zentral verwalten und überwachen. Übersichtliche Oberflächen und Reports geben einen Überblick über aktuelle Planungen, Aufgaben, den jeweiligen Bearbeitungsfortschritt und die eingegebenen Daten.

Währungen für die Liquiditätsplanung

Durch die Einbindung von Währungsumrechnungstabellen können Cashflows in unterschiedlichen Währungen eingegeben und ausgewertet werden. Somit können Ist- und Plandaten durch definierte Währungskurse auch unkompliziert neben der Transaktionswährung in anderen Währungen verarbeitet werden.

[»]

Weiterführende Informationen

Dieses Buch erläutert die grundlegenden Funktionen für die Liquiditätsplanung mit SAP Analytics Cloud. SAP Analytics Cloud ist eine mächtige Plattform mit vielen weiteren Funktionen. Einen detaillierten Überblick über SAP Analytics Cloud erhalten Sie z. B. in dem im Rheinwerk Verlag erschienenen Buch »Unternehmensplanung mit SAP Analytics Cloud« von Holger Handel.

8.3.2 Datenstrukturen

SAP Analytics Cloud vereint die Aufbereitung von Daten, die Datenanalyse, die Planungsumgebung und das Erstellen von Berichten. Wie die Daten dafür in SAP Analytics Cloud hineingelangen, wie sie für die Weiterverarbeitung aufgewertet und strukturiert und welche Reporting-Möglichkeiten bereitgestellt werden, verdeutlicht Abbildung 8.7.

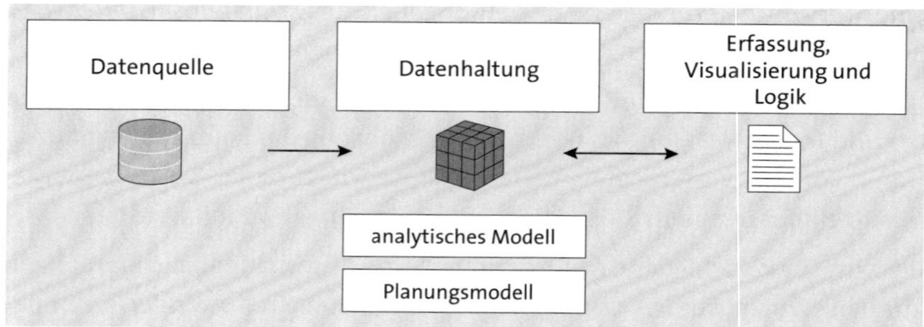

Abbildung 8.7 Datenstrukturen in SAP Analytics Cloud

Datenquellen Für die Qualität der Liquiditätsplanung ist es wichtig, aktuelle und vollständige Informationen zur historischen Cash-Entwicklung und zur geplanten Geschäftsentwicklung zu berücksichtigen. Die Planung sollte auf einer breiten Faktenbasis basieren, um ein hochwertiges Ergebnis zu liefern. Dafür können cashrelevante Daten aus unterschiedlichen internen und externen Quellen eingebunden werden, wie z. B. das One Exposure in SAP S/4HANA oder die Ergebnisplanung in SAP Analytics Cloud.

Datenhaltung Das Einbinden von Daten geschieht durch Live-Verbindungen oder Importverbindungen. Durch die Anbindung mit einer Live-Verbindung verbleiben die Daten in dem Quellsystem. Bei einer Importverbindung werden die Daten auf die in SAP Analytics Cloud integrierte SAP-HANA-Datenbank in der Cloud repliziert.

Live-Verbindung Bei einer *Live-Verbindung*, beispielsweise zu einem SAP-BW-System, enthalten die Daten bereits ihre Struktur und Semantik, also ihre Bedeutung. Sie werden in SAP Analytics Cloud zur weiteren Verarbeitung lediglich weitergegeben. Bei der Anbindung über eine Live-Verbindung besteht ein Direktzugriff auf die Datenquelle zum Zeitpunkt des Aufrufs der Story und zu jedem Navigationsschritt. Dadurch sind die Daten immer aktuell.

Auch wenn für die Anbindung durch eine Live-Verbindung ein Modell notwendig ist, sind Anpassungen oder Veränderungen der Daten dieser Datenquelle nur eingeschränkt möglich. Beispielsweise ist es nicht möglich, die Daten bezüglich ihrer Semantik zu manipulieren. Die Modellierung und Semantik wird bei dieser Art der Datenverbindung bereits mitgeliefert.

Importverbindung

Bei einer *Importverbindung* müssen die Rohdaten zur weiteren Verarbeitung in SAP Analytics Cloud zunächst modelliert und in der integrierten Datenbank abgelegt werden. Bei der Importverbindung befinden sich die Daten in SAP-Analytics-Cloud-internen Datenbank mit der Aktualität des letzten, gegebenenfalls periodisch durchgeführten Imports. Bei einer Importverbindung stehen Ihnen alle Planungswerkzeuge uneingeschränkt zur Verfügung.

[«]

Weitere Details zur Anbindung von Quellsystemen

Um die Quelldaten für Analysen, Planung und Reports in SAP Analytics Cloud bereitzustellen, wird eine Datenverbindung vorausgesetzt. Dafür muss das Quellsystem an SAP Analytics Cloud angebunden sein. Für weitere Informationen zu diesem Thema verweisen wir auf einschlägige Literatur zu SAP Analytics Cloud.

Modell

Das *Modell* ist eine zentrale Komponente von SAP Analytics Cloud. Es definiert den Aufbau der Daten, die aus Datenquellen in die Plattform SAP Analytics Cloud gelangen und steuert deren Anreicherung und Aufbereitung. Das Modell dient als Gerüst zur Strukturierung der Daten für die weitere Verwendung, beispielsweise für Analyse- oder Reporting-Zwecke. Die Modelle werden in Abschnitt 8.3.3, »Datenmodellierung«, genauer erläutert. Diese Modelle bilden u. a. die Basis für eine Story.

Dimensionen und Kennzahlen

Aus den Quelldaten, die in SAP Analytics Cloud verarbeitet werden, kann der Benutzer die benötigten Daten selektieren. Diese werden in *Dimensionen* und *Kennzahlen* überführt. Vereinfacht gesagt, handelt es sich bei Dimensionen um Kategorien, die die Daten klassifizieren, wie beispielsweise der Buchungskreis oder das Datum. Kennzahlen bilden Mengen oder Werte ab und repräsentieren eine betriebswirtschaftliche Steuerungsgröße, wie beispielsweise den Cashflow. Daten in SAP Analytics Cloud werden im *Kontenmodell* abgelegt, sodass im aktuellen Releasestand technisch genau eine Kennzahl je Modell unterstützt wird.

Globale und private Dimensionen

Globale Dimensionen können in mehreren Modellen verwendet werden. Dabei besteht eine n:n-Beziehung zwischen Dimensionen und Modellen. *Private Dimensionen* gehören einem Modell an und können nicht von einem anderen Modell genutzt werden. Die Kennzahlen und Dimensionen werden in dem Modell definiert. Diese werden in Abschnitt 8.3.3, »Datenmodellierung« beschrieben.

Dateistruktur

In SAP Analytics Cloud sind die meisten Objekte als Dateien abgelegt. Somit ist beispielsweise eine Story oder ein Modell eine Datei und in der Ordnerstruktur abgelegt. Zum Durchsuchen der Dateien verfügt SAP Analytics Cloud über einen Datei-Explorer. Hier können Sie auch Dateien erstellen, entfernen, bearbeiten oder hochladen. Sie erreichen den in Abbildung 8.8 dargestellten Datei-Explorer über den Menüpfad **Durchsuchen • Dateien** im Hauptmenü von SAP Analytics Cloud.

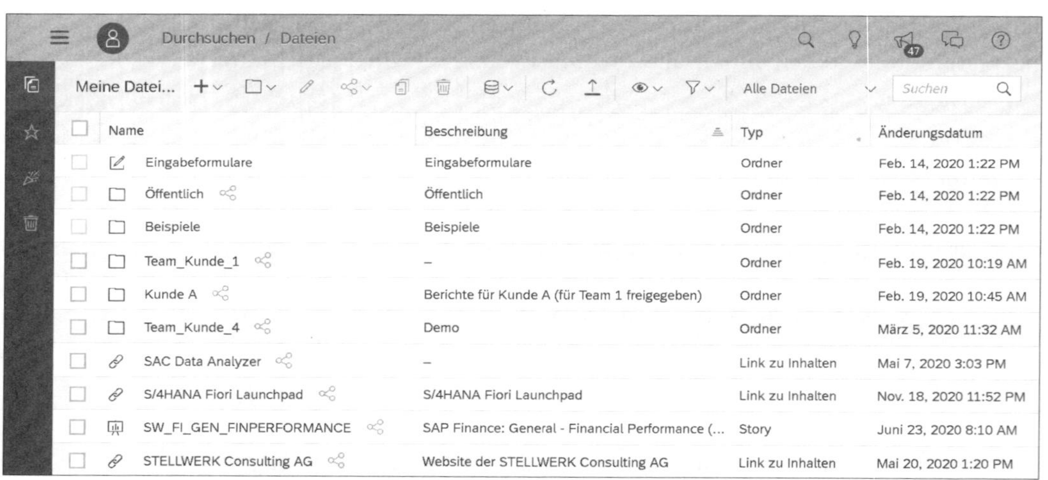

Abbildung 8.8 »Meine Dateien« in SAP Analytics Cloud

Durch den Einsatz von Filtern können Sie die Anzeige eingrenzen. Beispielsweise kann hierbei nach einem bestimmten Dateityp oder einer Zugehörigkeit zu einem Benutzer gefiltert werden. Zusätzlich können die dargestellten Spalten verändert werden.

Über das Feld **Suchen** können Sie Ihre SAP-Analytics-Cloud-Dateien nach allen Dateitypen durchsuchen.

Unterscheidung von Dateien

Im Datei-Explorer sind Dateien verschiedener Dateitypen vorhanden. Zur Unterscheidung des Dateityps ist der Dateibezeichnung ein Icon vorangestellt. Folgende Icons sind zu unterscheiden:

- (**Eingabeformular**)
- (**Ordner**)

- (Link)
- (Story)
- (Modellanalyse)
- (Datei)
- (Modellplanung)
- (Generische Dimension)

8.3.3 Datenmodellierung

Die Bereitstellung und Strukturierung der Daten erfolgt in SAP Analytics Cloud mit Modellen. Ein Modell ist die zentrale Datenschicht in SAP Analytics Cloud. Mit Modellen wird die Datenbasis angereichert. Daten werden mit einer Semantik verknüpft, damit die einzelnen Zeilen und Spalten Bedeutung erlangen. Das Modell beinhaltet neben den Rohdaten auch Daten zur Datenherkunft und hierarchisiert die Daten. In Modellen werden die Daten für Analysen und Visualisierungen vorbereitet.

Abhängig von der Lizensierung können in SAP Analytics Cloud die folgenden Modelltypen unterschieden werden:

- analytisches Modell
- Planungsmodell

Analytisches Modell

Das *analytische Modell* definiert die Datenstruktur in SAP Analytics Cloud, um Referenzdaten aus einer Datenquelle für Analysen und die visuelle Ausgabe aufzubereiten und mit weiteren Informationen anzureichern. Dabei gliedert sich das Modell zwischen den Quelldaten und der Ausgabe ein (siehe Abbildung 8.9).

Daten, die durch eine Importverbindung in die Plattform SAP Analytics Cloud gelangen, sind Rohdaten ohne jegliche Semantik oder Struktur. Dadurch sind es unstrukturierte Daten ohne Mehrwert zur Informationsgewinnung. Das Analysemodell beinhaltet weitere umfassende Informationen, wie beispielsweise Hierarchien, Berechnungen von Zahlenwerten oder Zugriffsberechtigungen. Ebenso werden modellspezifische Einstellungen hinterlegt und optional Zeitpläne für die automatische Aktualisierungen der Quelldaten.

Sie können das analytische Modell beispielsweise für die visuelle Darstellung Ihrer Ist- und Vorschaudaten für Cashflows aus einem SAP-S/4HANA-System oder einer einfachen Excel-Datei nutzen. Daten in einem analytischen Modell können nicht über manuelle Eingaben oder durch Planungswerkzeuge verändert werden und eignen sich somit nicht für den Aufbau einer Liquiditätsplanung.

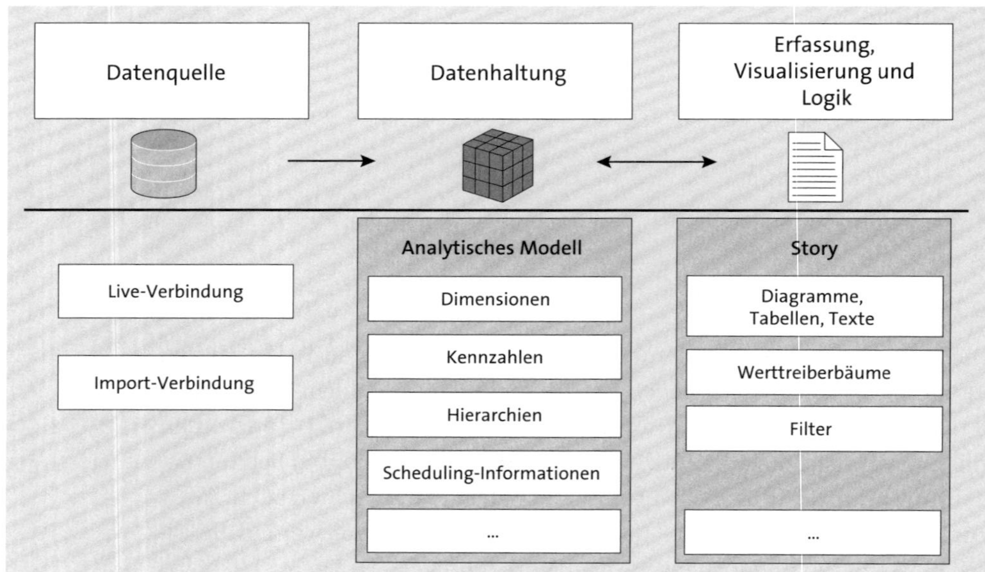

Abbildung 8.9 Analytisches Modell in SAP Analytics Cloud

Data Wrangling Abhängig von der Methode zur Einbindung der Quelldaten können Anpassungen an den Daten durch sogenanntes *Data Wrangling* vorgenommen werden. Da die Quelldaten bei einer Live-Verbindung in dem Quellsystem verbleiben und nicht auf die SAP-Analytics-Cloud-interne Datenbank repliziert werden, ist eine Anpassung der Analysedaten bei dieser Verbindungsmethode nicht möglich. Bei der Einbindung von Daten aus Importverbindungen oder Datei-Uploads ist dies hingegen möglich. Data Wrangling wird beispielsweise zur Bereinigung, Transformation oder Anreicherung der Daten genutzt.

Scheduling Wiederkehrende Datenimporte können durch die Definition von Zeitplänen regelmäßig durchgeführt werden. Das Einplanen von Aktualisierungen der Daten zur Sicherstellung der Aktualität wird *Scheduling* genannt. Diese Scheduling-Informationen werden im Kontext zum Modell hinterlegt.

Dimensionen In dem analytischen Modell können globale und private Dimensionen eingebunden werden.

Planungsmodell Für die Liquiditätsplanung benötigen Sie ein *Planungsmodell*, da Sie nur hier Plandaten eingeben und verändern können. Es gleicht im Aufbau dem analytischen Modell und erweitert es durch zusätzliche Möglichkeiten für Verwaltungsaufgaben und Planungswerkzeuge (siehe Abbildung 8.10).

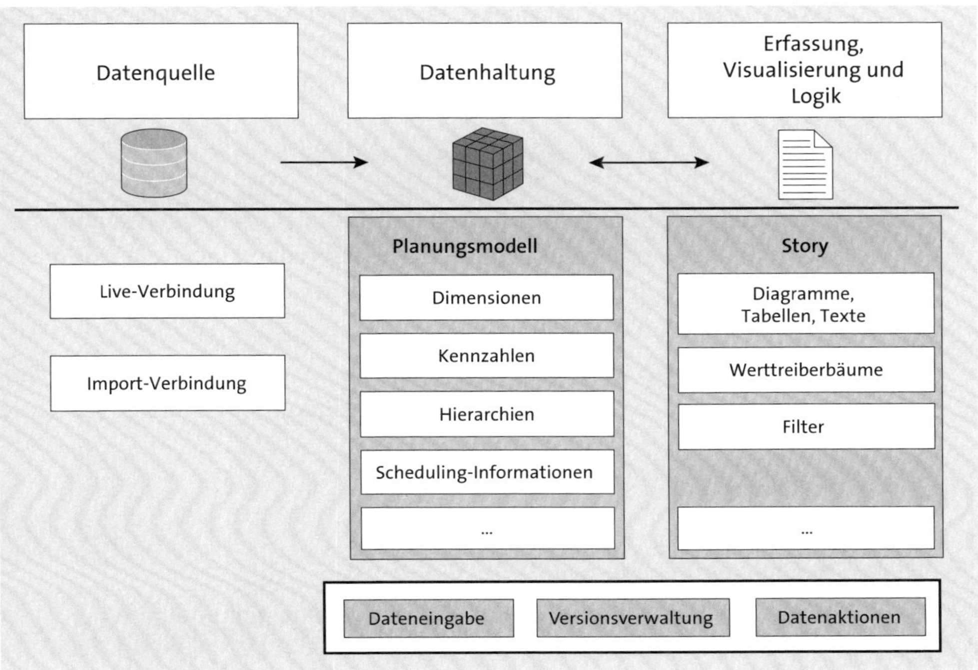

Abbildung 8.10 Planungsmodell und Planungswerkzeuge in SAP Analytics Cloud

Während der Fokus des Analysemodells auf der Bereitstellung von Daten für die Berichterstellung liegt, ermöglicht das Planungsmodell weitere Funktionen zur Darstellung und Änderung von Plandaten. Es erlaubt u. a. die Verwaltung von Planversionen, automatisierte Änderungen und die Verteilung von Daten sowie das Versenden von Bearbeitungsaufgaben.

[«]

Analysemodell oder Planungsmodell

Bevor Sie ein Modell anlegen, müssen Sie sich für eines der beiden Modelle entscheiden.

Das Planungsmodell enthält grundlegend die gleichen Funktionen wie das analytische Modell. Es bietet jedoch einen erweiterten Funktionsumfang für die Durchführung von Planungen.

Entscheiden Sie sich für ein Planungsmodell, wenn die Funktionen des analytischen Modells nicht ausreichen, beispielsweise um die Daten eingeben zu können.

Die einzelnen Planungswerkzeuge werden in Abschnitt 8.4.4, »Planungswerkzeuge«, erläutert und in Abschnitt 8.5, »Liquidität operativ planen mit

SAP Analytics Cloud«, an einem Praxisbeispiel detailliert beschrieben. Für die Nutzung eines Planungsmodells wird eine andere Lizenz benötigt, wie in Abschnitt 8.2, »SAP-Lösungen für die Liquiditätsplanung«, erläutert.

8.3.4 Story

Story

Für die Durchführung von Analysen und die Ausführung von Planungsaufgaben ist die *Story* der Einstiegspunkt. Hier führt die planende Person die eigentliche Liquiditätsplanungen durch, mit der Ausgabe der Istdaten und der Eingabe von Plandaten.

In SAP Analytics Cloud können Storys für die Darstellung von einfachen Berichten bis hin zu komplexen Planungsanwendungen genutzt werden, wie beispielsweise:

- Dashboards
- Tabellen
- Grafiken/Diagramme
- weitere Darstellungselemente wie Bilder, Texte, Kommentare, Werttreiberbäume usw.
- individuell gestaltete Seiten

Durch die Interaktionsmöglichkeiten können Sie eigene Auswertungen erstellen und die Storys individuell anpassen. Durch die Rechtevergabe kann bestimmt werden, welche Personen eine Story einsehen und bearbeiten können.

Seiten in einer Story

Eine Story kann verschiedene Seiten enthalten. Auf jeder Seite können unterschiedliche Elemente wie Grafiken, Tabellen oder Texte unabhängig von der Datenquelle dargestellt werden.

In der Praxis wird für die Planung mit einer Story ein Erfassungslayout erstellt. Durch die Möglichkeit, einer Story verschiedene Seiten hinzuzufügen, können unterschiedliche Seiten für verschiedene Zwecke entstehen.

Darstellung einer Story

Eine Story lässt sich kurz durch die Einteilung in drei Bereiche erläutern (siehe Abbildung 8.11). Das Menü zur Story befindet sich im oberen Bereich ❶. Darunter befindet sich die optionale Story-Filterleiste ❷. Den größten Teil der Ansicht nimmt der Ausgabe- bzw. Grafikbereich ein ❸. In dieser Story handelt es sich um ein Erfassungslayout in tabellarische Form.

Story – das Menü

Die Story-Ansicht enthält eine Vielzahl von Funktionen und Werkzeugen. Im Menü zur Story befinden sich die Funktionen zum Bearbeiten, Speichern und Anpassen. Dabei werden manche Funktionen erst durch die Auswahl einer Zelle nutzbar, wie beispielsweise die Versionsverwaltung.

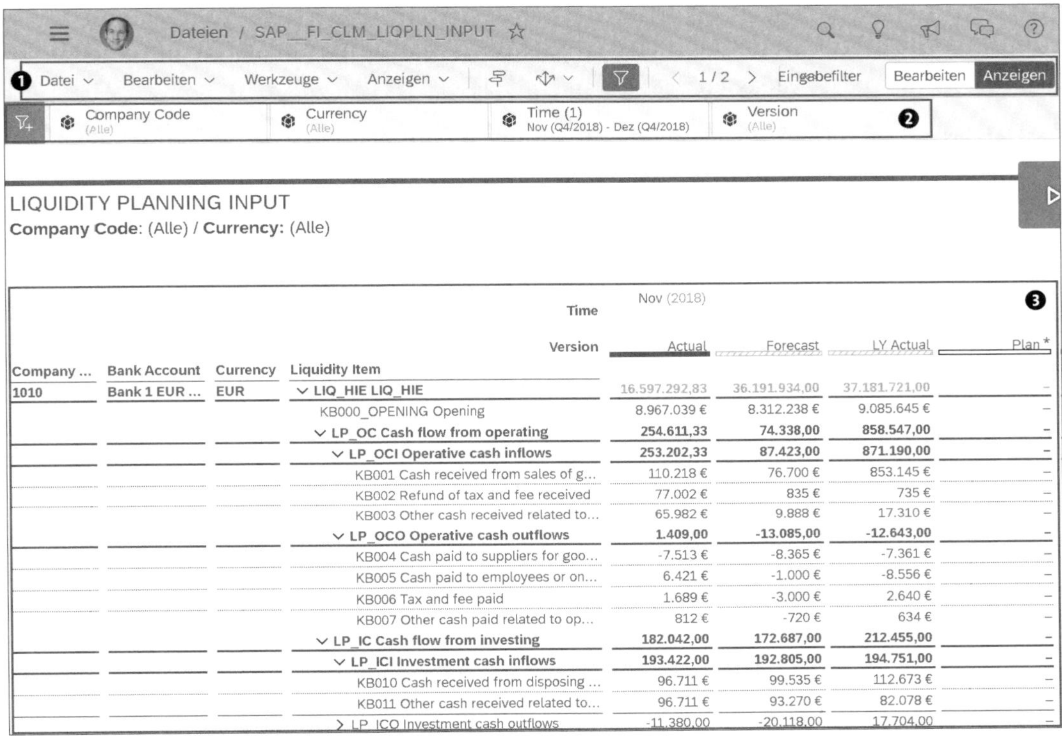

			Time	Nov (2018)			
			Version	Actual	Forecast	LY Actual	Plan *
Company ...	Bank Account	Currency	Liquidity Item				
1010	Bank 1 EUR ...	EUR	LIQ_HIE LIQ_HIE	16.597.292,83	36.191.934,00	37.181.721,00	–
			KB000_OPENING Opening	8.967.039 €	8.312.238 €	9.085.645 €	–
			LP_OC Cash flow from operating	254.611,33	74.338,00	858.547,00	–
			LP_OCI Operative cash inflows	253.202,33	87.423,00	871.190,00	–
			KB001 Cash received from sales of g...	110.218 €	76.700 €	853.145 €	–
			KB002 Refund of tax and fee received	77.002 €	835 €	735 €	–
			KB003 Other cash received related to...	65.982 €	9.888 €	17.310 €	–
			LP_OCO Operative cash outflows	1.409,00	-13.085,00	-12.643,00	–
			KB004 Cash paid to suppliers for goo...	-7.513 €	-8.365 €	-7.361 €	–
			KB005 Cash paid to employees or on...	6.421 €	-1.000 €	-8.556 €	–
			KB006 Tax and fee paid	1.689 €	-3.000 €	2.640 €	–
			KB007 Other cash paid related to op...	812 €	-720 €	634 €	–
			LP_IC Cash flow from investing	182.042,00	172.687,00	212.455,00	–
			LP_ICI Investment cash inflows	193.422,00	192.805,00	194.751,00	–
			KB010 Cash received from disposing ...	96.711 €	99.535 €	112.673 €	–
			KB011 Other cash received related to...	96.711 €	93.270 €	82.078 €	–
			LP_ICO Investment cash outflows	-11.380,00	-20.118,00	17.704,00	–

Abbildung 8.11 Liquiditätsplanung – Story im Überblick

- Unter dem Menüpunkt **Datei** kann die Story gespeichert oder freigegeben werden (beispielsweise als PDF- oder PowerPoint-Datei), oder Sie können die Story-Einstellungen öffnen.
- Über den Menüpunkt **Bearbeiten** können Sie die Story zurücksetzen oder aktualisieren. Auch Kopier- und Einfüge-Funktionen stehen hier zur Verfügung.
- Über den Menüpunkt **Werkzeuge** können verschiedene Aktionen durchgeführt werden, wie beispielsweise die Datensperre, das Durchführen von Prognosen, das Erstellen von Bearbeitungsaufgaben oder das Einsehen des Versionsverlaufs.
- Unter dem Menüpunkt **Anzeigen** können Sie Elemente in der Ansicht einblenden oder ausblenden, beispielsweise die Registerkartenleiste oder den Kommentarmodus.
- Weitere Funktionen in der Menüleiste werden als Icons dargestellt. Wenn die Funktion nicht angewendet werden kann, bleibt das Icon ausgegraut und steht nicht zur Auswahl zur Verfügung. Das Icon (**Versionsverwaltung**) wird beispielsweise erst durch die Auswahl einer Zelle in

einer Tabelle aktiv. Wenn Sie für eine Story verantwortlich sind, haben Sie zusätzlich die Möglichkeit, die Story über den Button **Bearbeiten** anzupassen.

Story bearbeiten

Die Story kann im Bearbeitungsmodus oder im Anzeigemodus aufgerufen werden. Der Bearbeitungsmodus wird zur Erstellung der Story oder für Änderungen an einer Story genutzt. Im Folgenden bezeichnen wir die Person, die für die Erstellung, Bearbeitung und Administration der Story verantwortlich ist, als *Story-Ersteller*. Diese Person kann im Bearbeitungsmodus Anpassungen vornehmen, beispielsweise aufgrund von geänderten Planungsanforderungen. Sie bestimmt, welche Werkzeuge und Funktionen den Planenden für die Nutzung des Erfassungslayouts zur Verfügung stehen und definiert beispielsweise den Nutzungsumfang der Story-Filter im Erfassungslayout. Mitglieder der Fachabteilungen öffnen und nutzen die Story im Anzeigemodus.

Story-Filter

In SAP Analytics Cloud werden verschiedene Filter bereitgestellt. Einer dieser Filter ist der Story-Filter. Er wird von dem Story-Ersteller freigegeben und konfiguriert. Mit dem Story-Filter kann die planende Person die Darstellung des Erfassungslayouts an ihre aktuellen Anforderungen anpassen. Sie kann das Erfassungslayout z. B. auf bestimmte Buchungskreise, Dimensionen oder Währungen eingrenzen oder den dargestellten Zeitraum verändern.

Die Story-Filter-Leiste können Sie über das Icon (**Story-Filter**) einblenden (siehe Abbildung 8.12).

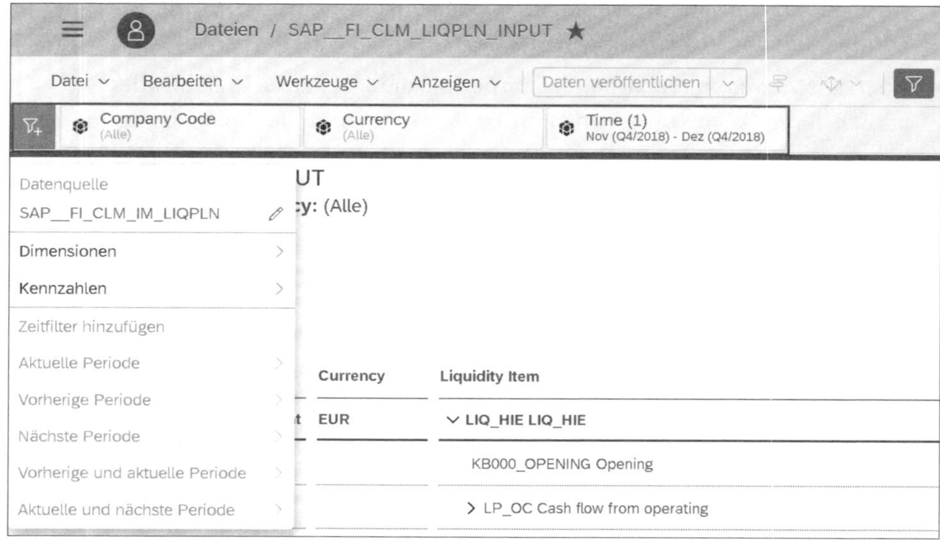

Abbildung 8.12 Story-Filter und Anforderungen hinzufügen

Sie zeigt alle aktiven Filter der angezeigten Story an. In den Filtereinstellungen können durch den Story-Ersteller vordefinierte Dimensionen gefiltert werden. Diese Filter gelten für die gesamte Story.

Den nutzbaren Umfang des Story-Filters konfiguriert der Story-Ersteller. Sollte den Planenden die Möglichkeit erlaubt sein, die Story-Filter anzupassen, können zusätzliche Filtermöglichkeiten über das Icon (**Story-Filter/Anforderungen hinzufügen**) hinzugefügt werden.

Möchten Sie in der Story beispielsweise nach Versionen filtern, wählen Sie im Punkt **Dimensionen** die Auswahl **Version**. Anschließend öffnet sich ein zusätzliches Fenster für weitere Eingaben (siehe Abbildung 8.13).

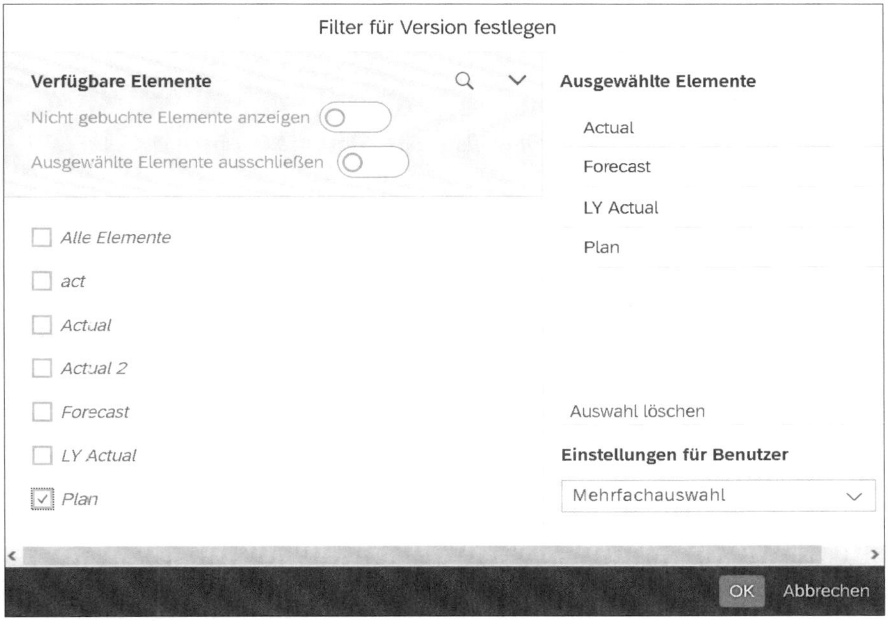

Abbildung 8.13 Story-Filter – Versionen festlegen

Wählen Sie nun die Versionen **Actual**, **Forecast** und **LY Actual** aus. Durch die Bestätigung der Auswahl über den Button **OK** wird der Filter auf die Story angewendet und die Ausgabe auf die aktivierten Versionen beschränkt bzw. nicht aktivierte Versionen ausgeblendet. Wie in Abbildung 8.14 dargestellt, erscheint in dem Story-Filter der hinzugefügte Filter. Hier können Sie nun Ihre Auswahl anpassen.

Über das Icon (**Entfernen**) in dem Filterfeld können Sie den Story-Filter entfernen. Ist die Story finalisiert oder soll die Story zwischengespeichert werden, kann diese in der Ordnerstruktur von SAP Analytics Cloud gespeichert und für andere zugänglich gemacht werden.

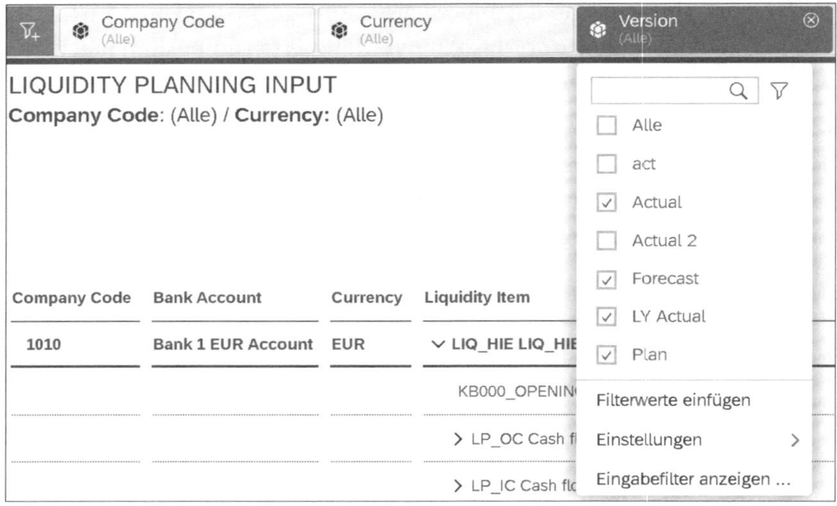

Abbildung 8.14 Filter in der Filterleiste einer Story in SAP Analytics Cloud

8.3.5 Business Content

SAP liefert vorgefertigte Pakete für den Einstieg in ein SAP-Analytics-Cloud-Thema. Im *Content-Netzwerk* können Sie einen passenden *Business Content* suchen und aktivieren. Die Nutzung eines vorgefertigten Contents dient dem einfachen Einstieg in den Umgang mit den Funktionen von SAP Analytics Cloud und den Analysewerkzeugen. Ein Business Content beinhaltet z. B. ein Modell, beispielhafte Storys, Dimensionen und Währungen. Auch für die Liquiditätsplanung wird Business Content mit Demodaten bereitgestellt, der detailliert in Abschnitt 8.4.1, »Business Content aktivieren«, vorgestellt wird. Das Content-Netzwerk, über das auf den Business Content zugegriffen werden kann, erreichen Sie über das Hauptmenü unter dem Menüpfad **Durchsuchen • Content-Netzwerk**.

8.3.6 Startseite

Die Startseite von SAP Analytics Cloud bietet den Einstiegspunkt zum System. Hier starten Sie alle Aktivitäten, beispielsweise das Durchsuchen und Aufrufen von Dateien wie Modelle oder Storys.

SAP Analytics Cloud starten

Öffnen Sie die SAP-Analytics-Cloud-Plattform im Webbrowser über die Ihnen bereitgestellte URL. Nach dem Login wird die Startseite ausgegeben (siehe Abbildung 8.15).

Ablage

Den Hauptbereich der Ansicht nimmt die *Ablage* ein. Sie bildet, wie hier beispielhaft dargestellt, eine Begrüßung, eine Auflistung der zuletzt geöffneten

Storys und eine Grafik ab. Die Ablage lässt sich vollständig an Ihre Anforderungen anpassen. Sie können eigene Elemente wie Grafiken, Tabellen, Kennzahlen oder Listen hinzufügen und anpassen. Auch zuletzt geöffnete Dateien oder Termine können in der Ablage dargestellt werden.

Funktionsleiste

Im oberen Bereich der Startseite befindet sich eine Leiste, die unterschiedliche Funktionen zur Bedienung von SAP Analytics Cloud, zum Öffnen von Inhalten und für Konfigurationen bereitstellt.

❶ Hauptmenü

❷ Benutzermenü

❸ Navigationspfad und Bearbeitungsfunktionen der Startseite

❹ Suchfunktion

❺ Suche nach Informationen

❻ Benachrichtigungen

❼ Zusammenarbeit

❽ Hilfe-Bereich

Abbildung 8.15 Die Startseite von SAP Analytics Cloud

Suchfunktion

Die Suchfunktion öffnet ein Eingabefenster zur Suche von Objekten in SAP Analytics Cloud. Über diese Suche können Sie beispielsweise nach Dateien, Storys, Modellen oder Dimensionen suchen.

Suche nach Informationen

Mit der Funktion **Suche nach Informationen** (Icon) können Sie die Plattform SAP Analytics Cloud mit natürlicher Sprache auf Englisch durchsuchen. Die Suchanfrage könnte beispielsweise lauten: »Show the Cash flow from financing by time«. SAP Analytics Cloud generiert für diese Anfrage eine individuelle Ausgabe in Form eines Diagramms oder eines Textes.

Benachrichtigung

Über das Icon (**Benachrichtigungen**) erhalten Sie Meldungen über vorgenommene Änderungen, abgelieferte Berichte, neueste Updates von SAP Analytics Cloud sowie Nachrichten von anderen Personen. Die Zahl gibt die Anzahl ungeöffneter Mitteilungen an. Durch das Auswählen einzelner Benachrichtigungen kann direkt in eine Story gesprungen werden.

Zusammenarbeit

Die Chat-Funktion erleichtert die Zusammenarbeit im Team. Hier haben Sie die Möglichkeit, Fragen zu stellen, Diskussionen zu beginnen oder Mitteilungen zu senden. Neben der Texteingabe ist es hier außerdem möglich, auf Storys zu verweisen und diese zu verlinken.

SAP-Analytics-Cloud-Hilfe (Hilfe-Bereich)

Über das Icon (**Hilfe**) kann die Hilfe aufgerufen werden. Zusätzlich werden Tutorials und Videos für die Unterstützung im Umgang mit SAP Analytics Cloud bereitgestellt. Weitere Verlinkungen verweisen beispielsweise auf eine Community-Homepage oder die Wissensdatenbank.

Hauptmenü

Hauptmenü

Über das Icon (**Hauptmenü**) in der linken oberen Ecke öffnen Sie das Hauptmenü (siehe Abbildung 8.16). Das Hauptmenü bietet die Möglichkeit, Dateien oder Elemente zu erstellen und zu durchsuchen, auf den Kalender zuzugreifen oder Einstellungen vorzunehmen.

Über das Hauptmenü haben Sie Zugriff auf folgende Funktionen.

- Startseite anzeigen
- Erstellen
- Durchsuchen
- Kalender
- Sicherheit
- Deployment
- Verbindung
- System

Der Funktionsumfang des Hauptmenüs und die dadurch bereitgestellten Funktionen orientieren sich an den Berechtigungen des Benutzers.

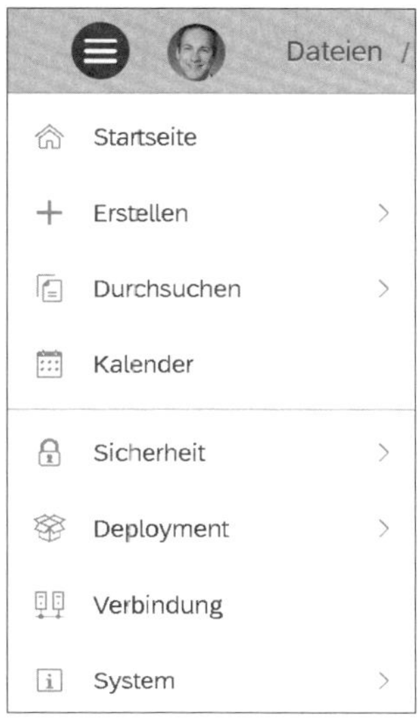

Abbildung 8.16 Hauptmenü von SAP Analytics Cloud

Inhalte erstellen

Über den Menüpunkt **Erstellen** können Sie Inhalte in SAP Analytics Cloud anlegen. In Abbildung 8.17 wird das Menü eines Benutzers angezeigt. Für die Liquiditätsplanung im Umfang dieses Buches wird auf die Story und das Modell zur Planung genauer eingegangen.

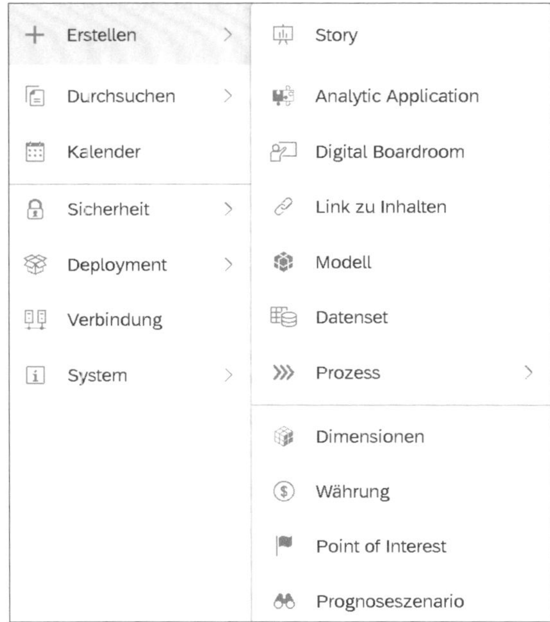

Abbildung 8.17 Hauptmenü von SAP Analytics Cloud – Daten erstellen

Durchsuchen

In Abschnitt 8.3.2, »Datenstrukturen«, wurde die Datenstruktur in SAP Analytics Cloud erläutert. So werden Storys, Modelle und Dimensionen wie Dateien behandelt. Über den Menüpunkt **Durchsuchen** können Sie die jeweiligen Daten auffinden (siehe Abbildung 8.18).

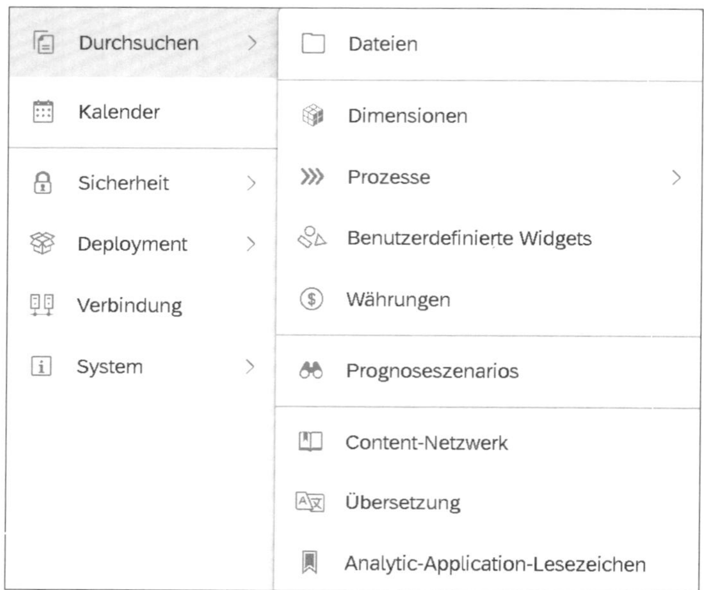

Abbildung 8.18 Hauptmenü von SAP Analytics Cloud – Daten durchsuchen

Kalender

Der Menüpunkt **Kalender** öffnet Ihren persönlichen Kalender. Hier werden beispielsweise bevorstehende Planungsaufgaben angezeigt. Bei der Ausgabe der Aufgaben und Termine im Kalender können Sie zwischen einer klassischen Kalenderansicht, einer Gantt-Ansicht oder einer Liste wählen (siehe Abbildung 8.19).

In Abschnitt 8.5.6, »Kommunikation und Interaktion mit lokalen Einheiten«, erfahren Sie, wie Sie Aufgaben zur Dateneingabe in der Liquiditätsplanung über den Planungskalender anlegen können.

Weitere Menüpunkte

Die weiteren Menüpunkte beinhalten erweiterte Funktionen für die Nutzung von SAP Analytics Cloud. Über den Menüpunkt **Sicherheit** können beispielsweise Einstellungen für Teams und Rollen vorgenommen werden (siehe Abbildung 8.18). Zusätzlich können Datenänderungen und Aktivitäten eingesehen werden. Der Menüpunkt **Deployment** enthält Import- und

Exportfunktionen von SAP-Analytics-Cloud-Objekten. Über den Menüpunkt **Verbindung** verwalten Sie die Anbindung an Quellsysteme. Systeminformationen und Administrationsaufgaben können über den Menüpunkt **System** aufgerufen werden.

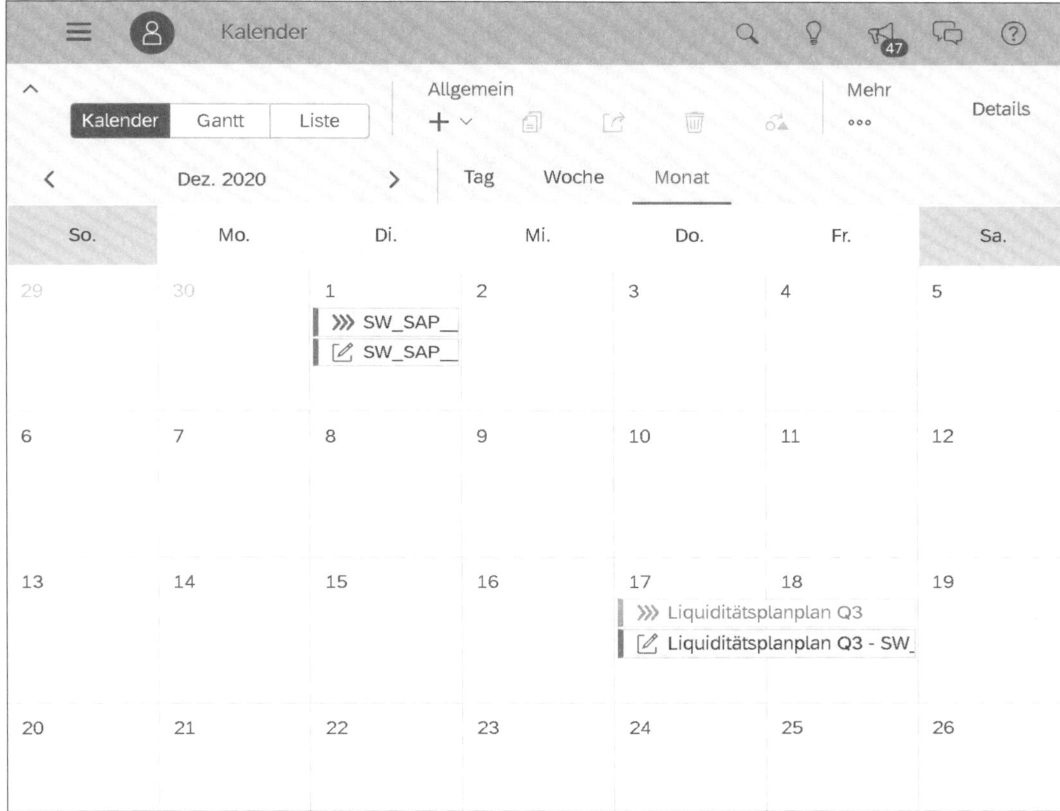

Abbildung 8.19 [Planungs]kalender in SAP Analytics Cloud

Benutzermenü

Benutzereinstellungen

Über das Benutzermenü können Sie Profileinstellungen vornehmen, Rollen anfordern oder sich von SAP Analytics Cloud abmelden.

Die Profileinstellungen definieren Ihre benutzerspezifischen Einstellungen, wie z. B. **Sprache**, **Datumsformat**, **Uhrzeitformat** sowie **Zahlenformat** (siehe Abbildung 8.20). Zudem können hier die Benachrichtigungsoptionen angepasst werden. Sie öffnen die Profileinstellungen über das Icon (**Benutzer**).

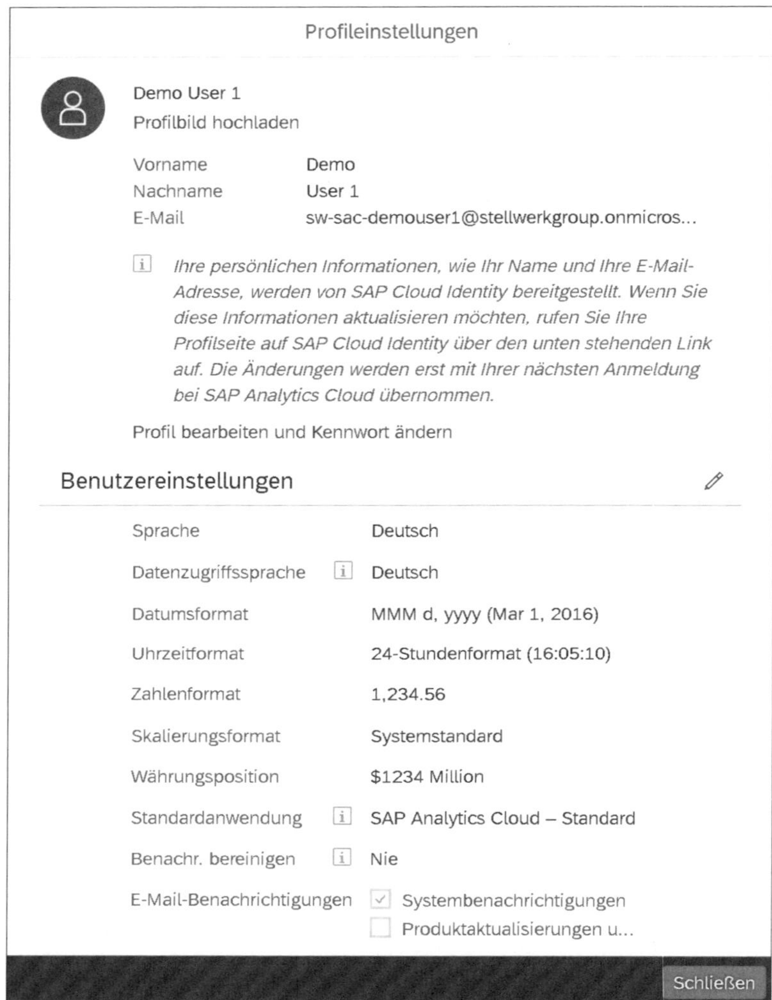

Abbildung 8.20 Profileinstellungen in SAP Analytics Cloud

8.4 Planungsmodell erstellen mit SAP Analytics Cloud

Um eine Liquiditätsplanung in SAP Analytics Cloud durchzuführen, muss sowohl eine Story als auch das zugrunde liegende Planungsmodell vollständig erstellt sein. Dafür sollten die erforderlichen Quelldaten definiert und mit einem Planungsmodell strukturiert sein. Eine Story ermöglicht die Analyse der Cashflows und die Eingabe der Plandaten über das Erfassungslayout.

Die Erstellung dieser Objekte erfolgt zentral und einmalig. Bei einem wiederkehrenden Planungszyklus können diese wiederverwendet werden. Als

Einstieg in die Liquiditätsplanung können Sie als Verantwortlicher für diese administrative Aufgabe ein individuelles Planungsmodell und eine dazugehörige Story von Grund auf neu erstellen. Alternativ wird im Standard für den Einstieg in die Liquiditätsplanung bereits vorgefertigter Business Content bereitgestellt (wie in Abschnitt 8.3.5, »Business Content«, beschrieben). Die Aktivierung des Business Contents und die Erläuterung zu diesem erfolgt in diesem Abschnitt.

Standard-Business-Content

In diesem Buch orientieren wir uns an der Aktivierung des Standard-Business-Contents. Dieser dient als beispielhafte Darstellung und Grundlage zum Aufbau einer eigenen Liquiditätsplanung in SAP Analytics Cloud.

8.4.1 Business Content aktivieren

Zur Aktivierung des Business Contents öffnen Sie den Bereich **Content-Netzwerk** über die Position **Durchsuchen** im Hauptmenü (siehe Abbildung 8.21).

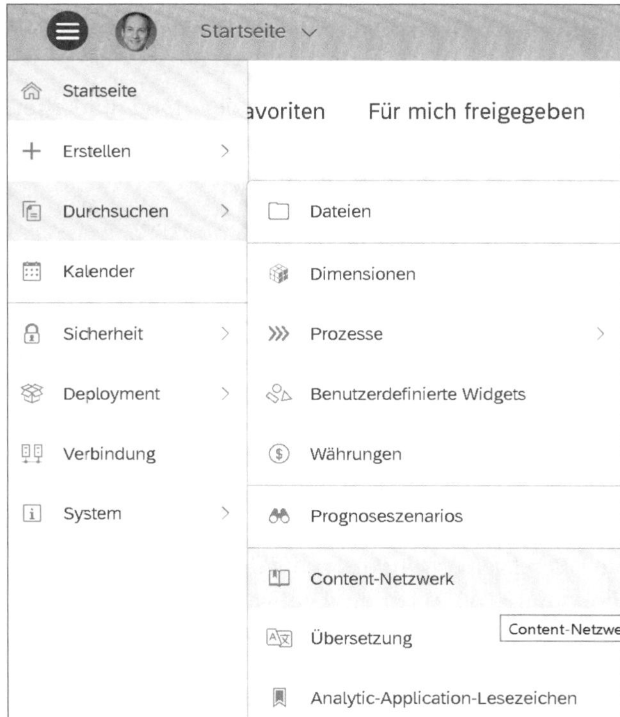

Abbildung 8.21 Menüstruktur – Content-Netzwerk

Wählen Sie die Kachel **Business Content** (siehe Abbildung 8.22).

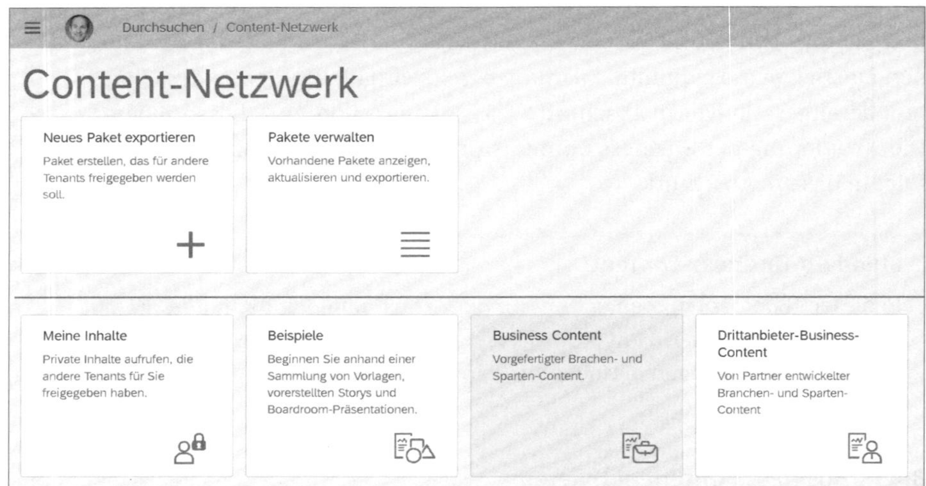

Abbildung 8.22 Content-Netzwerk in SAP Analytics Cloud

Anschließend öffnet sich eine Auswahl der von SAP im Content-Netzwerk bereitgestellten Business-Content-Pakete. Suchen Sie über das **Suchen**-Feld im oberen rechten Bereich den Business Content **Liquidity Planning for SAP S/4HANA Cloud (SAP Best Practices)**, siehe Abbildung 8.23.

Auch wenn die Bezeichnung auf die Verwendung mit der Cloud hindeutet, kann dieser Business Content auch für die Anbindung von Quelldaten aus einem SAP-HANA-System (On-Premise-Version) erfolgen.

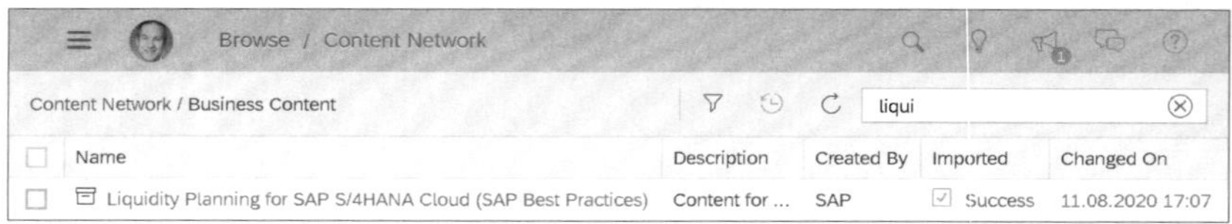

Abbildung 8.23 Content-Netzwerk – Business Content suchen

Über die Auswahl der Position öffnet sich eine Detailansicht, gegliedert nach Importübersicht und Importoptionen.

Übersicht zum Business Content

In der Importübersicht sind Informationen zum jeweiligen Business Content sichtbar, wie eine Beschreibung und Details der darin enthaltenen Funktionen (siehe Abbildung 8.24). Zudem sind Verweise zum SAP Help Portal enthalten.

Importoptionen

Die Importoptionen setzen sich aus den Einstellungen für das Überschreiben und einer Auflistung des zu importierenden Inhalts zusammen (siehe Abbildung 8.25).

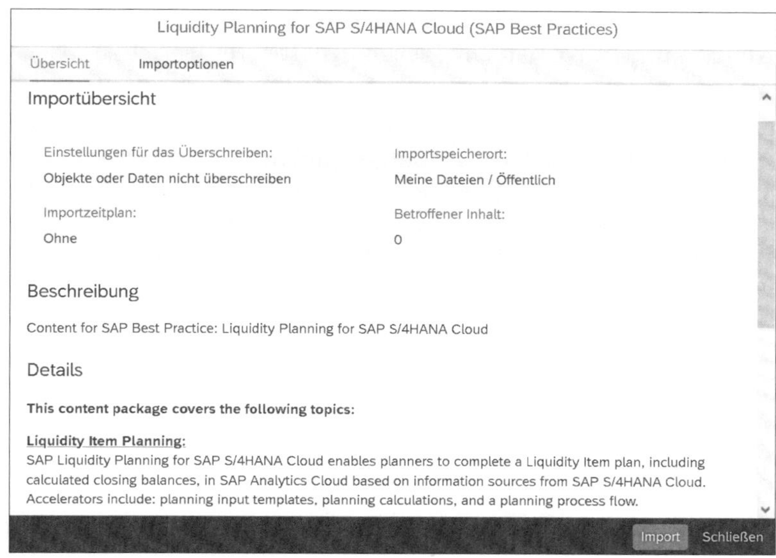

Abbildung 8.24 Content-Netzwerk – Details zum Business Content

Hier treffen Sie eine Entscheidung, ob bereits vorhandene Objekte und Daten überschrieben werden sollen. Dies ist wichtig, wenn Sie Objekte mit den gleichen Bezeichnungen im System angelegt haben oder wenn Sie den Business Content bereits vorher importiert haben und nun erneut installieren möchten.

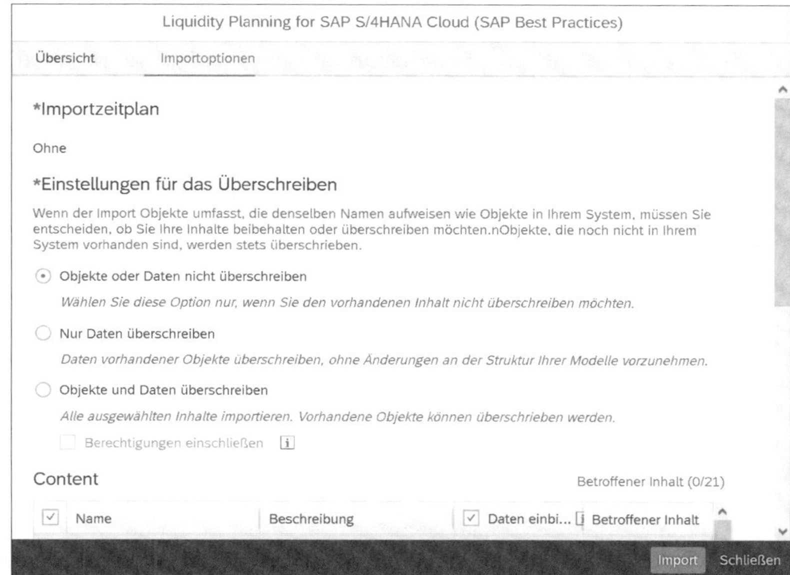

Abbildung 8.25 Business Content aktivieren – Importoptionen

Wie es Abbildung 8.26 darstellt, können Sie im Bereich **Content** auswählen, welche Inhalte importiert werden sollen. Aufgelistet werden alle zum Business Content zugehörigen und verfügbaren Ordner, Storys, Modelle, Dimensionen, Währungen, Verbindungen und Daten- bzw. Planungsaktionen Die Auswahl bestätigen Sie über den Button **Import**.

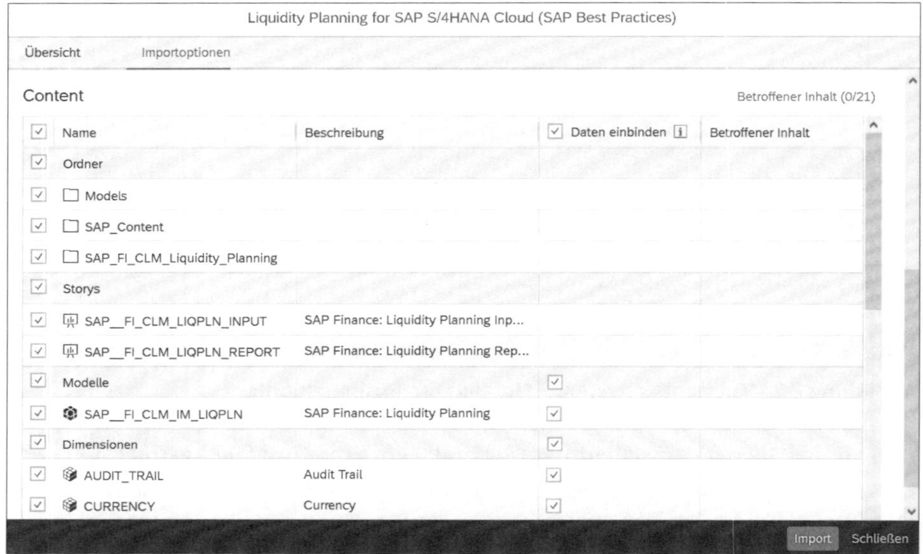

Abbildung 8.26 Business Content aktivieren – Inhalte markieren

Anschließend wird im Benachrichtigungsbereich der SAP-Analytics-Cloud-Oberfläche der Fortschritt des Importvorgangs angezeigt (siehe Abbildung 8.27).

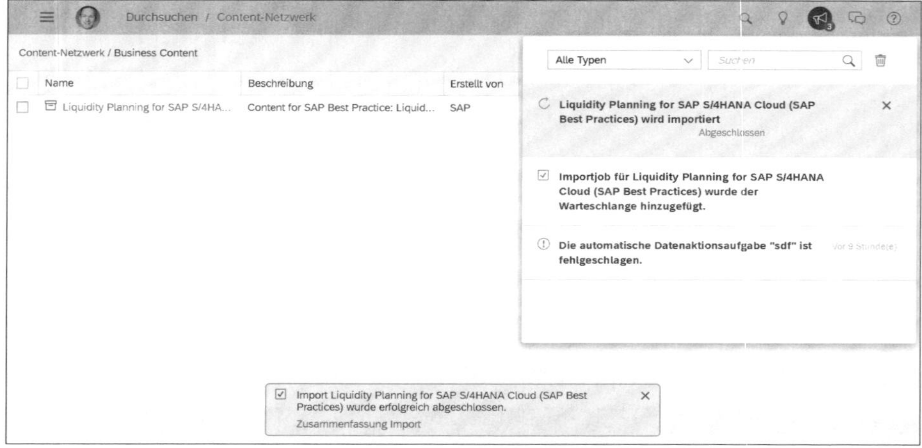

Abbildung 8.27 Content-Netzwerk – aktivierter Business Content

Durch die Auswahl der Benachrichtigung erhalten Sie eine Zusammenfassung zum Importvorgang des Inhalts (siehe Abbildung 8.28). Einen fehlerhaften Import können Sie hier identifizieren und prüfen.

Zusammenfassung Import

Der Inhalt "Liquidity Planning for SAP S/4HANA Cloud (SAP Best Practices)" wurde erfolgreich importiert.

Storys	Status
SAP__FI_CLM_LIQPLN_INPUT	Erfolgreich

OK

Abbildung 8.28 Business Content – Zusammenfassung des Importvorgangs

Die Zusammenfassung beenden Sie über den Button **OK**. Der ausgewählte Content wurde nun dem Ordner **Öffentlich** hinzugefügt.

Wichtig ist dabei der erfolgreiche Import des Planungsmodells SAP__FI_CLM_IM_LIQPLN sowie der Storys SAP__FI_CLM_LIQPLN_INPUT und SAP__FI_CLM_LIQPLN_REPORT.

8.4.2 Liquiditätsplanung anpassen

Bevor Sie nun eine Liquiditätsplanung mit dem Business Content vornehmen, können Sie sich das Modell ansehen und bei Bedarf anpassen.

Öffnen Sie über das Dateiverzeichnis (**Hauptmenü • Durchsuchen**) den Pfad **Meine Dateien • Öffentlich • Models**. Suchen Sie hier nach dem Planungsmodell SAP__FI_CLM_IM_LIQPLN (siehe Abbildung 8.29).

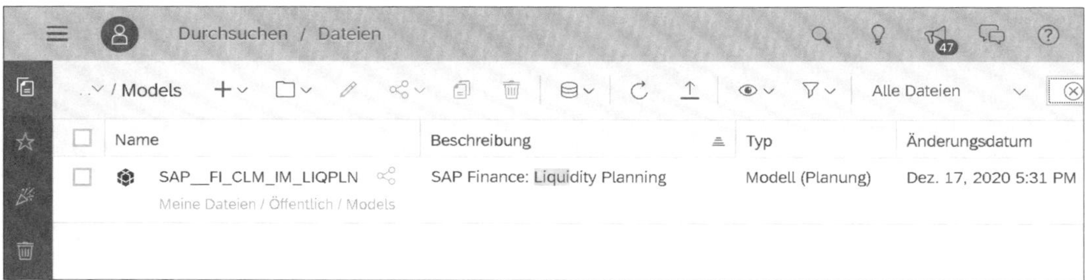

Abbildung 8.29 Modell zur Liquiditätsplanung in SAP Analytics Cloud

Mit der Auswahl der Datei per Mausklick öffnet sich die Datei in der Modellansicht (siehe Abbildung 8.30).

Im ersten Schritt gilt es dabei zwischen den Ansichten **Modell** und **Datenverwaltung** zu unterscheiden. Sie wechseln zwischen diesen Ansichten durch die jeweiligen Buttons in der Status- und Werkzeugleiste im oberen Bereich ❶.

Im rechten Bereich können über den Button **Details** ❷ die Modelldetails ❸ eingeblendet werden.

Im linken Bereich ❹ befindet sich eine Auflistung der im Modell enthaltenen Komponenten wie Dimensionen und Kennzahlen.

Der grafische Bereich in der Mitte lässt sich anpassen. Hier können Sie über das Icon (**Strukturansicht**) und das Icon (**Datengrundlagenansicht**) die jeweilige Ansicht ein- oder ausblenden. In der in Abbildung 8.30 dargestellten Ausgabe sind beide Ansichten eingeblendet. Dies ist aus der horizontalen Trennung zwischen der Strukturansicht im oberen Bereich und der Datengrundlagenansicht im unteren Bereich ersichtlich. Zudem ist die Aktivierung einer Ansicht an der farblichen Markierung des jeweiligen Icons erkennbar.

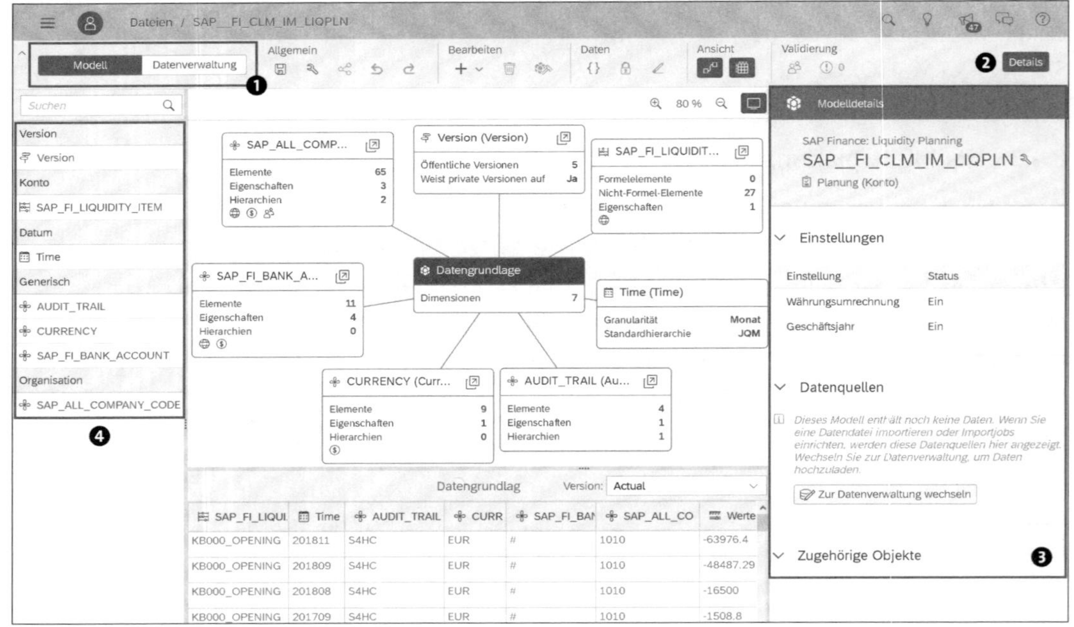

Abbildung 8.30 Detailansicht zu einem Planungsmodell

Die Struktur eines Modells

Ein Modell in SAP Analytics Cloud beinhaltet, wie in Abschnitt 8.3.3, »Datenmodellierung«, erläutert, die Quelldaten mit den Dimensionen und Kennzahlen sowie den dazugehörigen Informationen, wie beispielsweise Hierarchien oder Versionen. In SAP Analytics Cloud werden die gesamten Dimensionen zu einer zentralen *Datengrundlage* zusammengefasst.

Datengrundlage

In Abbildung 8.31 ist dieser Bereich der Datengrundlage aus der zuvor in Abbildung 8.30 vergrößerten Ansicht dargestellt. In diesem Modell besteht die Datengrundlage aus den folgenden Dimensionen:

- Version
- Liquiditätsposition
- Zeit/Datum
- Audit Trail (Protokollierung)
- Currency (Währung)
- Bankkonten
- Buchungskreis

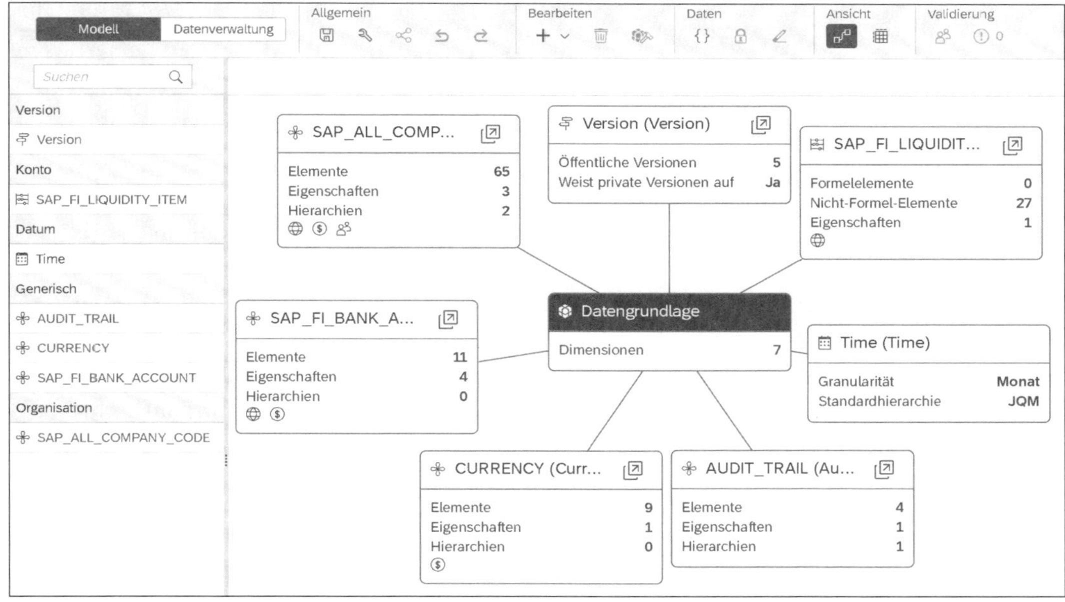

Abbildung 8.31 Datengrundlage des Planungsmodells

Neue oder vorhandene Dimensionen können Sie über das Icon [+] (**Hinzufügen**) einbinden.

Hierarchie anpassen

Dimensionen in einem Modell können Hierarchien enthalten. Um die Hierarchie einzusehen, öffnen Sie durch die Auswahl einer Dimension im Modell die Dimensionseinstellungen. Navigieren Sie zum Einstellungsbereich **Hierarchien** (siehe Abbildung 8.32). Diese beispielhaft dargestellte Dimension zur Liquiditätsposition enthält eine Hierarchie.

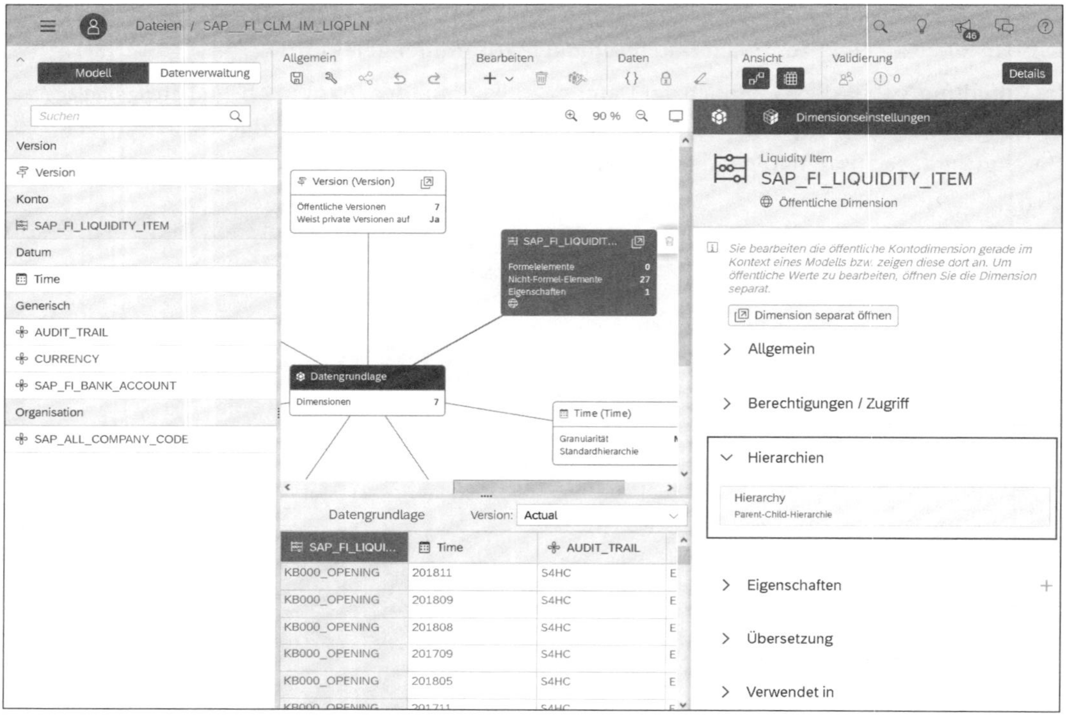

Abbildung 8.32 Modell in SAP Analytics Cloud – Dimensionseinstellungen

Wählen Sie die angelegte Hierarchiestruktur **Hierarchy** aus. Anschließend öffnet sich die Ansicht der Hierarchiestruktur, wie es Abbildung 8.33 darstellt. Im linken Bereich der Hierarchiepflege befindet sich die Elementliste mit den verfügbaren Ausprägungen der Dimensionen, und im rechten Bereich befindet sich die Hierarchiestruktur.

Eine Anpassung an die Struktur können Sie nicht vornehmen, wenn die Hierarchie über ein Modell geöffnet wurde. Zum Bearbeiten von Hierarchien können Sie jedoch die Dimension über den Datei-Explorer, losgelöst von dem Modell, öffnen.

Die Datenverwaltung eines Modells

Im Bereich **Datenverwaltung** eines Modells können Sie einsehen, ob für das gesamte Modell Datenquellen eingebunden sind. Wechseln Sie dafür von der Ansicht **Modell** in die Ansicht **Datenverwaltung** (siehe Abbildung 8.34).

Über das Icon (**Daten importieren**) zur Registerkarte **Entwurfsquellen** können Sie Bewegungsdaten aus einer Datei oder einer Datenquelle importieren.

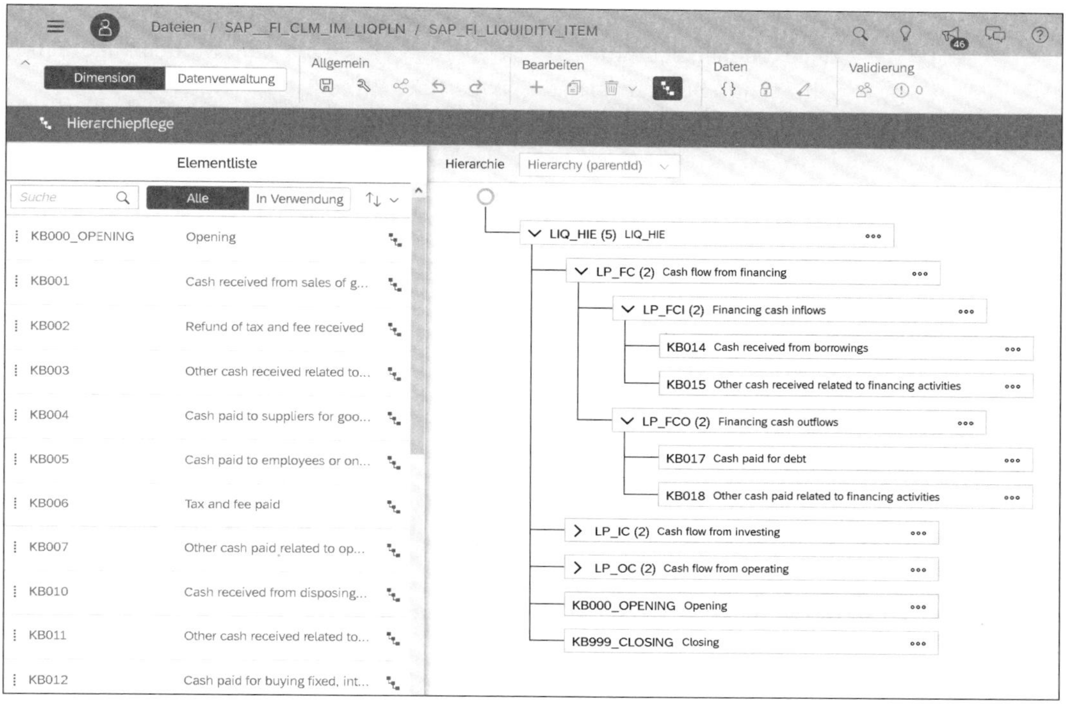

Abbildung 8.33 Liquiditätspositionshierarchie

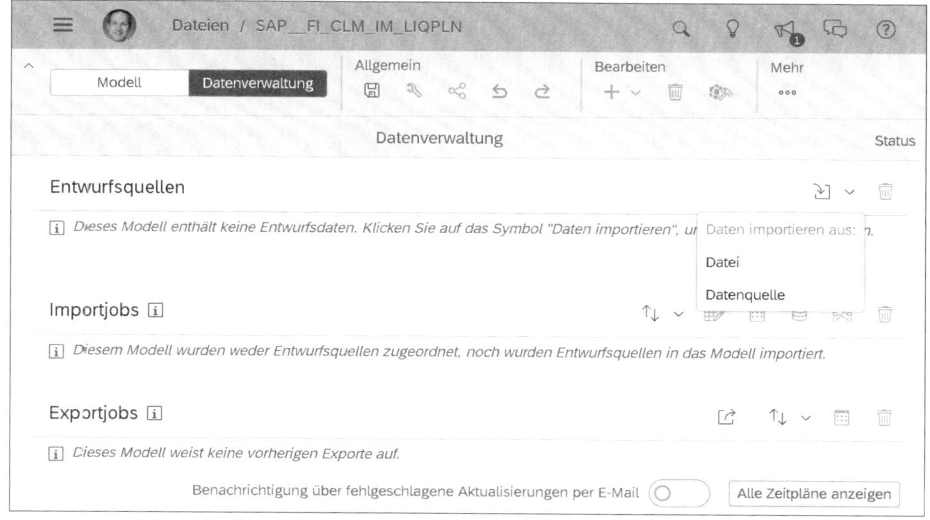

Abbildung 8.34 Datenverwaltung in SAP Analytics Cloud

Datenverwaltung für Dimensionen

Navigieren Sie dafür zu der Dimension, für die Sie die Daten importieren möchten. Eine Dimension können Sie über die Ordnerstruktur öffnen oder über einen Verweis in einem Modell. Abbildung 8.35 zeigt einen Ausschnitt der Modellansicht. Im rechten oberen Bereich der zum Modell angefügten Dimension befindet sich das Icon (**Zu Dimension navigieren**).

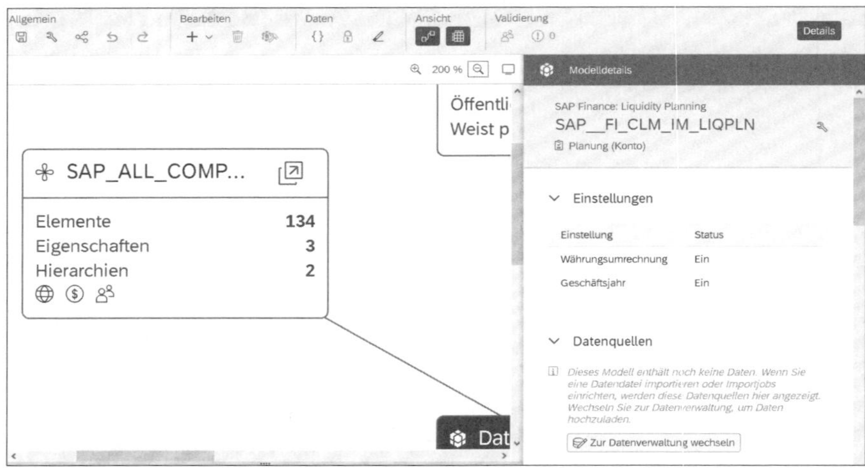

Abbildung 8.35 Dimension in einem Modell

Durch das Anklicken dieses Icons wird die Dimension angezeigt. Auch hier wird wieder zwischen der Ansicht **Dimension** und der Ansicht **Datenverwaltung** unterschieden. In der Ansicht **Dimension** werden die zugehörigen Eigenschaften, auch *Attribute* genannt, ausgegeben (siehe Abbildung 8.36).

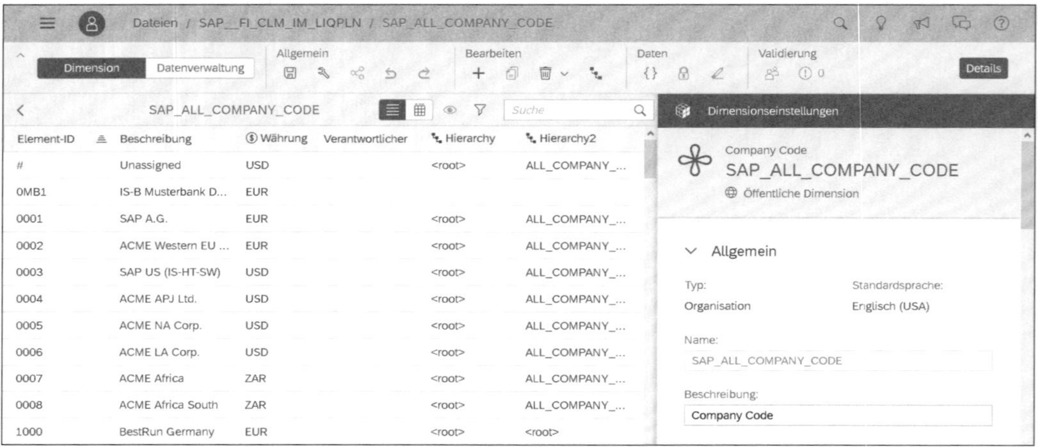

Abbildung 8.36 Dimension in SAP Analytics Cloud

Über die Datenverwaltung werden die bereits angebundenen Datenquellen angezeigt (siehe Abbildung 8.37). In diesem Beispiel besteht als Quelle eine Importverbindung zu einem SAP-S/4HANA-System.

Abbildung 8.37 Dimension in SAP Analytics Cloud – Datenverwaltung

Daten aus Datenquelle importieren

Sie können weitere Datenquellen hinzufügen. Klicken Sie dafür auf das Icon (**Daten importieren**), und wählen Sie die Option **Datenquelle**. Anschließend öffnet sich die Ansicht **Datenquelle auswählen** (siehe Abbildung 8.38). Hier können Sie aus einer Vielzahl von Quellsystemen wählen, wie beispielsweise **SAP S/4HANA** (Datenquellentyp **On-Premise**).

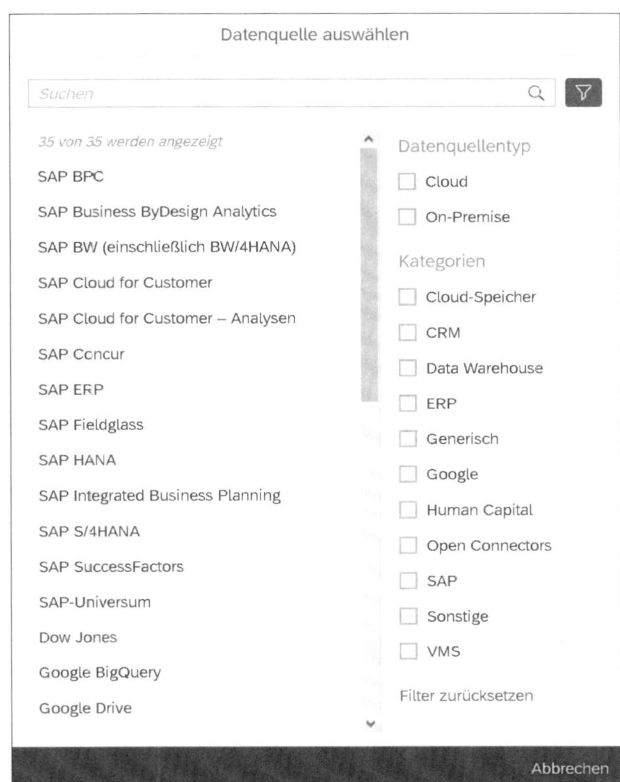

Abbildung 8.38 Datenquelle für Dimension auswählen

Da es sich bei dieser Datenquelle um eine Importverbindung handelt, können Sie einen Zeitplan (Scheduling) anlegen, nach dem die Aktualisierung erfolgt. So können Sie z. B. einen sich täglich wiederholenden Import definieren.

8.4.3 Eigenes Modell erstellen

Wenn Sie den von SAP bereitgestellten Business Content nicht nutzen möchten, können Sie bereits zu Beginn einen eigenen Liquiditätsplan in SAP Analytics Cloud erstellen.

Modell erstellen

Dafür erstellen Sie zunächst ein Daten- bzw. Planungsmodell. Wählen Sie dafür über das Hauptmenü im Menüpunkt **Erstellen** den Dateityp **Modell** (siehe Abbildung 8.39).

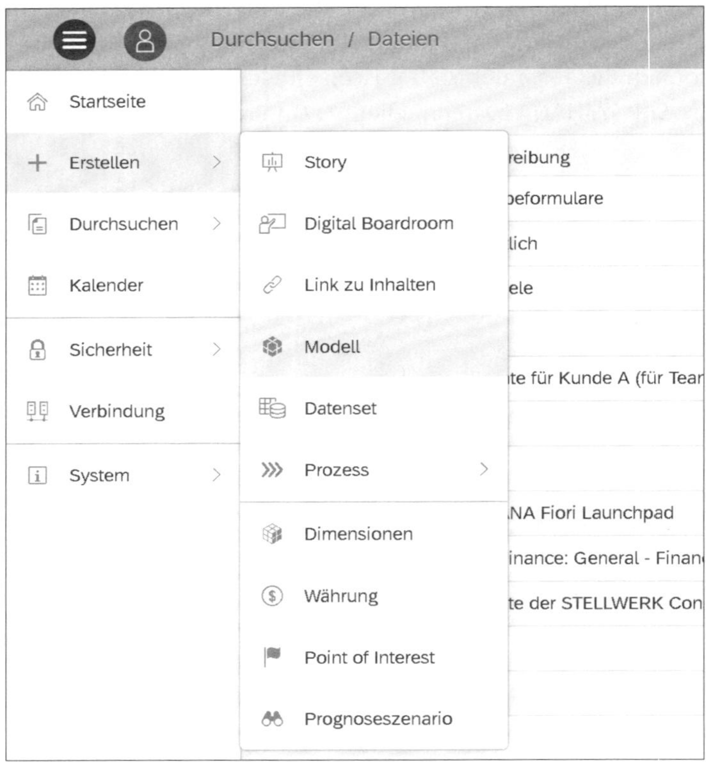

Abbildung 8.39 Modell in SAP Analytics Cloud über das Hauptmenü erstellen

Im Folgenden kann schließlich bestimmt werden, ob die Daten aus einer Datenquelle abgerufen, importiert werden oder ob zunächst ein leeres Modell angelegt werden soll (siehe Abbildung 8.40).

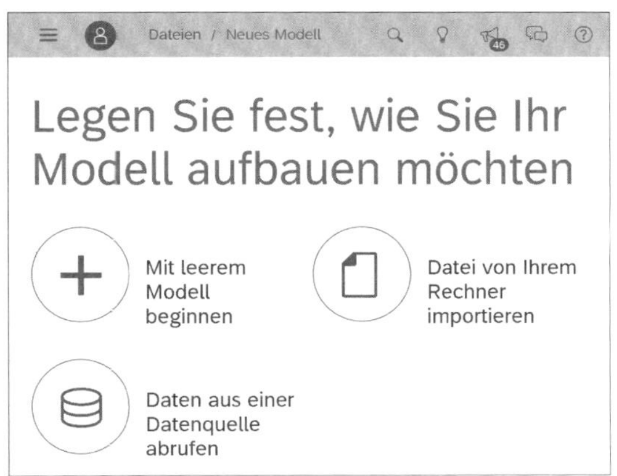

Abbildung 8.40 Datenquellen für ein neues Modell in SAP Analytics Cloud

Wählen Sie die Option **Mit leerem Modell beginnen**, enthält das Modell zunächst nur Versions- und Datumsdimensionen (siehe Abbildung 8.41).

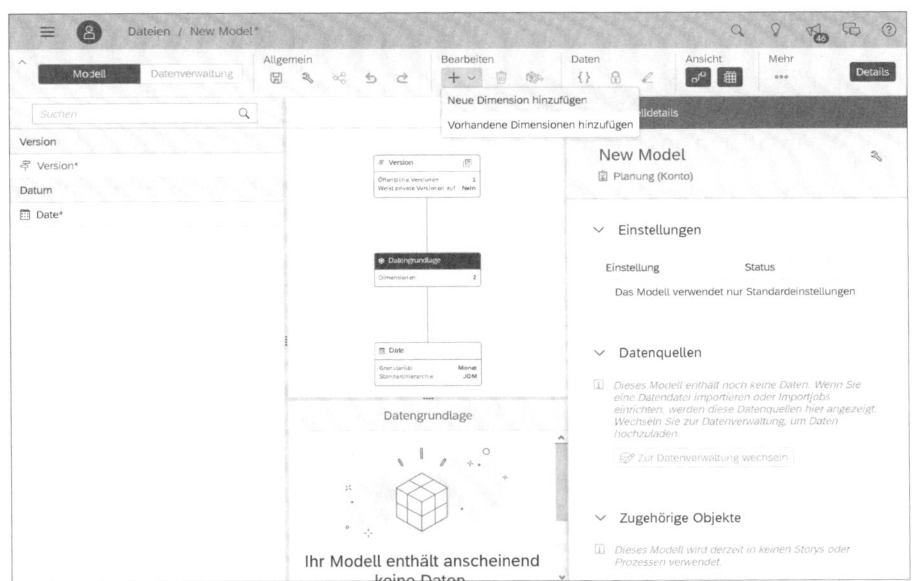

Abbildung 8.41 Neues Modell in SAP Analytics Cloud – Datengrundlage

Über einen Klick auf [+] (**Dimension hinzufügen**) in der oberen Leiste können Sie eine neue Dimension anlegen oder eine bereits vorhandene Dimension hinzufügen.

Dimension anlegen

Beim Anlegen einer neuen Dimension müssen zunächst eine eindeutige Dimensionsbezeichnung und der **Typ** der Dimension, beispielsweise **Konto**, angegeben werden (siehe Abbildung 8.42).

Abbildung 8.42 Neue Dimension einem Modell hinzufügen

Wenn Sie das Kontrollkästchen vor **In öffentliche Dimension umwandeln** anhaken, können Sie diese Dimension auch in anderen Modellen nutzen. Dies ist vor allem bei häufig vorkommenden Dimensionen wie beispielsweise dem Buchungskreis nützlich, damit nicht redundant mehrere Dimensionen angelegt werden und alle zentral angepasst und verändert werden können. Zudem ist es erforderlich, dass eine Dimension global ist, wenn sie Stammdaten aus einer Datenquelle erhält.

Bestätigen Sie das Anlegen einer Dimension mit dem Button **Hinzufügen**. Die angelegte Dimension wird nun dem Modell hinzugefügt (siehe Abbildung 8.43).

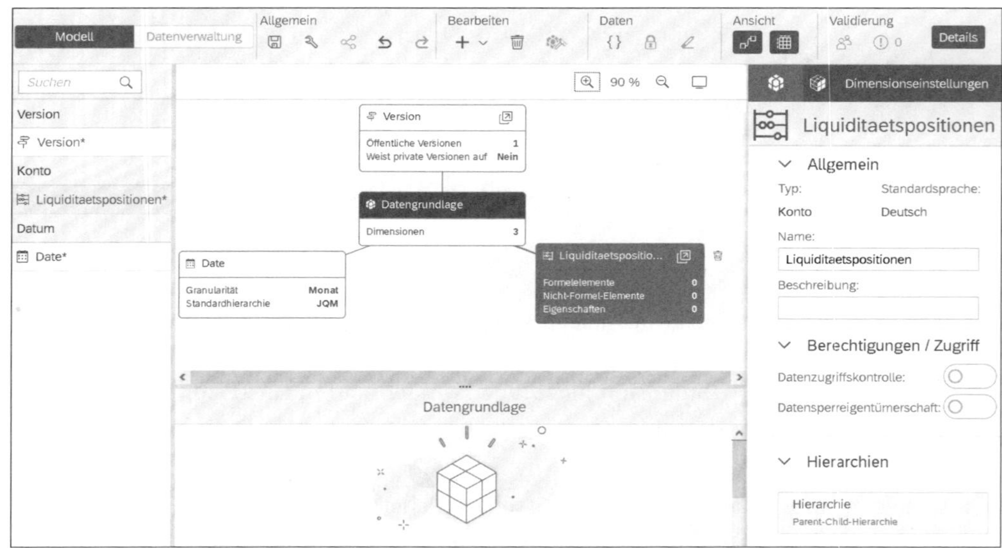

Abbildung 8.43 Hinzugefügte Dimension in einem Modell

Die Dimension und das Modell enthalten nach dem Erstellen keine Quelldaten. Diese können Sie manuell oder durch eine Datenquelle hinzufügen (siehe Abschnitt 8.4.2, »Liquiditätsplanung anpassen«). Ist das Modell vollständig erstellt, sichern Sie es mit einem Klick auf das Icon (**Speichern**).

8.4.4 Planungswerkzeuge

Das Planungsmodell in SAP Analytics Cloud beinhaltet viele umfassende Planungswerkzeuge. Dazu gehören u. a.:

- Versionsverwaltung
- Versionsverlauf
- Datenaktionen
- Datenaudit
- Datensperre
- Bearbeitungsaufgaben
- Eingabe von Daten – auch über Werttreiberbäume

Versionsverwaltung

Eine wesentliche Funktion in der Planung mit SAP Analytics Cloud ist das *Versionsmanagement* zur Darstellung und Eingabe von Daten in einer Story. Istdaten und Plandaten werden dabei durch getrennte Versionen repräsentiert. Für die Liquiditätsplanung sind beispielsweise die Versionen **Actual** (mit den Ist-Cashflows) und **Forecast** (mit den zukünftigen Cashflows) zur Abbildung der Cashflow-Daten aus dem One Exposure sinnvoll. Eine zusätzliche Version für die Planwerte ermöglicht die Eingabe der Plandaten. Unterschiedliche Planungen im Sinne eines Planungszyklus oder einer Best-Case-/Worst-Case-Betrachtung können in verschiedenen Versionen gespeichert werden.

Sie können mehrere Versionen erstellen, bearbeiten, löschen oder teilen. Unterschieden wird zwischen privaten und öffentlichen Versionen. Diese unterscheiden sich dahingehend, dass öffentliche Versionen automatisch mit anderen Personen geteilt werden. Private Versionen sind nur für die Personen sichtbar, die sie erstellt haben, sofern sie nicht explizit für andere freigegeben werden, beispielsweise zur Übergabe von Bearbeitungsaufgaben.

In der Versionsverwaltung können Versionen zur Übernahme der eingetragenen Plandaten freigegeben oder veröffentlicht werden. Das Versionsmanagement ist vollständig in die Story integriert. Die Erstellung einer Version wird in Abschnitt 8.5.2, »Planversion erstellen«, erläutert.

Versionsverlauf

Der *Versionsverlauf* zeigt die Historie und den Verlauf der Datenänderung in einer Version an. Diesen können Sie über **Werkzeuge • Versionsverlauf** oder über das Icon [...] (**Mehr**) zur jeweiligen Version in einer Story öffnen. Wurden zuvor beispielsweise neue Zahlen in das Erfassungslayout eingegeben, werden diese im Verlauf dargestellt. Wird der vorherige Stand ausgewählt, wird die neue Dateneingabe rückgängig gemacht und die Version auf einen vorherigen Datenstand zurückgesetzt.

Datenaktionen

In SAP Analytics Cloud können *Datenaktionen* definiert werden, mit denen die Zellen der Planversion automatisiert befüllt werden. Eine Datenaktion kann beispielsweise Werte aus einer Version in eine andere Version kopieren. Auch komplexere Aktionen durch den Einsatz von Formeln sind möglich. So können Sie beispielsweise über eine definierte Aktion die Daten aus der Version **Forecast** in die Version **Plan** kopieren und dabei eine prozentuale Veränderung der Werte vornehmen. Eine Datenaktion kann als Button, einem sogenannten *Widget*, auf der Seite der Story platziert werden. So kann eine Datenaktion während der Erfassung der Plandaten im Erfassungslayout über diesen Button ausgeführt werden.

Datenaudit

Die Funktion **Datenaudit** ermöglicht die Protokollierung von Änderungen innerhalb eines Modells. Wird diese Funktion aktiviert, werden alle Änderungen von Daten im System aufgezeichnet. Es kann somit genau eingesehen werden, wer wann welche Änderung durchgeführt hat. Die Aufzeichnungen können Sie über den Hauptmenüpunkt **Sicherheit • Datenänderungen** einsehen.

Datensperre

Die Funktion *Datensperre* ermöglicht das Sperren von bestimmten Zeilen, Spalten oder Zellen, sodass in diesen keine Werte eingetragen werden können. Datensperren werden genutzt, um beispielsweise Istdaten oder Plandaten aus abgeschlossenen Planungszyklen vor Veränderungen zu schützen.

Bearbeitungsaufgaben

Mit *Bearbeitungsaufgaben* können z. B. Planungsaufgaben an einzelne Bearbeiter gesendet werden. Dadurch können Plandaten von verschiedenen Personen angefordert werden. Diese involvierten Planer können die Plandaten unabhängig voneinander in ihr Erfassungslayout eintragen.

Dateneingabe und Werttreiberbäume

In einem Planungsmodell wird die Eingabe von Daten ermöglicht. Die Eingabe der Plandaten kann in einer Planversion sowohl manuell erfolgen als auch unterstützt durch unterschiedliche Planungswerkzeuge.

Ein Planungswerkzeug ist der *Werttreiberbaum*. Dieser ermöglicht die Abbildung von Beziehungen zwischen Dimensionswerten, wie z. B. einzelnen Liquiditätspositionen. Er wird hierarchisch in einer Baumstruktur dargestellt. In der Liquiditätsplanung können die einzelnen Blätter des Werttreiberbaumes den Liquiditätspositionen einer Liquiditätspositionshierarchie entsprechen. Alternativ definieren Sie die Beziehungen zwischen den Liquiditätspositionen unabhängig von Ihrer Hierarchie.

Sie können den Werttreiberbaum zusätzlich zum tabellarischen Erfassungslayout in die Story einbinden. Dadurch erhalten Sie eine Übersicht, welche Treiber die Werte für die Gesamtberechnung maßgeblich beeinflussen. In den einzelnen Blättern können Plandaten eingetragen und verändert werden. Dadurch können Simulationen zur Darstellung der Auswirkungen auf die Werte im gesamten Baum durch die Veränderungen einzelner Werte durchgeführt werden. Anschließend können die aktualisierten Planwerte aus dem Werttreiberbaum in das Erfassungslayout übertragen werden. In Abschnitt 8.5.3, »Plandaten eingeben«, wird erläutert, wie ein solcher Werttreiberbaum erstellt wird.

8.4.5 Währungsumrechnungstabelle einrichten

In einem international agierenden Konzern kann es erforderlich sein, die Liquiditätsplanung in lokaler Währung durchzuführen und Währungsumrechnungen vornehmen zu können. Damit die Cashflows in dem Erfassungslayout in verschiedenen Währungen angegeben werden und in Storys automatisch umgerechnet werden können, muss eine sogenannte Währungstabelle erstellt werden.

Währungsumrechnungstabelle erstellen

Eine Währungsumrechnungstabelle können Sie über den Hauptmenüpfad **Erstellen • Währung** erstellen. Im ersten Schritt wählen Sie aus, ob Sie eine neue Währungsumrechnungstabelle anlegen oder eine Währungsumrechnungstabelle (beispielsweise aus SAP BPC) importieren möchten.

Bei der Erstellung einer neuen Währungsumrechnungstabelle geben Sie zunächst einen Namen und eine Bezeichnung ein. Anschließend öffnet sich eine leere Tabelle zur Eingabe der Währungsumrechnungswerte. Geben Sie hier die Werte ein, wie im Ausschnitt der Währungsumrechnungstabelle in Abbildung 8.44 beispielhaft dargestellt.

Angegeben werden müssen die Quellwährung, die Zielwährung, das Gültigkeitsdatum und der Umrechnungskurs zu dem angegebenen Zeitpunkt. Optional können Sie die Zeile durch die Angabe der Kategorie, der Kursversion oder des Kurstyps ergänzen.

Währungsumrechnungstabelle in ein Modell einbinden

Eine Währungsumrechnungstabelle wird nicht automatisch in ein Modell eingebunden, sondern muss manuell ausgewählt werden.

Die Zuweisung erfolgt über die Modelleinstellungen. Öffnen Sie dafür das Modell, dem eine Währungsumrechnungstabelle zugeordnet werden soll.

Öffnen Sie die Modelleinstellungen über das gleichnamige Icon (**Modelleinstellungen**) in der Werkzeugleiste des Modells im Bereich **Allgemein**.

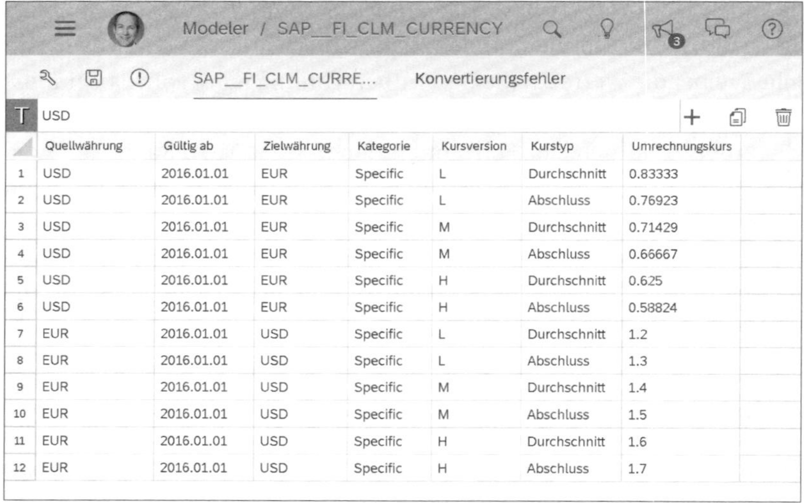

	Quellwährung	Gültig ab	Zielwährung	Kategorie	Kursversion	Kurstyp	Umrechnungskurs
1	USD	2016.01.01	EUR	Specific	L	Durchschnitt	0.83333
2	USD	2016.01.01	EUR	Specific	L	Abschluss	0.76923
3	USD	2016.01.01	EUR	Specific	M	Durchschnitt	0.71429
4	USD	2016.01.01	EUR	Specific	M	Abschluss	0.66667
5	USD	2016.01.01	EUR	Specific	H	Durchschnitt	0.625
6	USD	2016.01.01	EUR	Specific	H	Abschluss	0.58824
7	EUR	2016.01.01	USD	Specific	L	Durchschnitt	1.2
8	EUR	2016.01.01	USD	Specific	L	Abschluss	1.3
9	EUR	2016.01.01	USD	Specific	M	Durchschnitt	1.4
10	EUR	2016.01.01	USD	Specific	M	Abschluss	1.5
11	EUR	2016.01.01	USD	Specific	H	Durchschnitt	1.6
12	EUR	2016.01.01	USD	Specific	H	Abschluss	1.7

Abbildung 8.44 Währungsumrechnungstabelle in SAP Analytics Cloud

Navigieren Sie in den Modelleinstellungen zur Kategorie **Währung**, wie Abbildung 8.45 darstellt. Hier müssen Sie zunächst den Schalter **Währungsumrechnung** aktivieren. Anschließend kann die Währungskurstabelle im Bereich **Einstellungen für die Währungsumrechnung** ausgewählt werden.

Abbildung 8.45 Währungsumrechnung in den Modelleinstellungen aktivieren

Zusätzlich müssen die Standardwährung sowie die Währungsdimension ausgewählt werden. Ist keine Währungsdimension ausgewählt, gibt SAP Analytics Cloud eine Fehlermeldung aus.

8.5 Liquidität operativ planen mit SAP Analytics Cloud

Nachdem die technischen Vorbereitungen in SAP Analytics Cloud durchgeführt worden sind, z. B. durch die Aktivierung des Business Contents und die Anbindung der Stamm- und Bewegungsdaten, können Sie mit der operativen Planung beginnen.

Zur Durchführung einer Liquiditätsplanung gilt es im ersten Schritt, zwischen einer zentralen und einer dezentralen Liquiditätsplanung zu unterscheiden, wie in Abschnitt 8.1.3, »Planungsprozesse«, beschrieben.

Zentrale Liquiditätsplanung

Bei der zentralen Liquiditätsplanung ist eine einzelne Person oder Abteilung für den gesamten Planungsprozess in SAP Analytics Cloud verantwortlich. Diese zentrale Planungsinstanz ist für die Eingabe, Kontrolle und die Veröffentlichung der Plandaten zuständig – ohne die Einbindung lokal verantwortlicher Personen.

Dezentrale Liquiditätsplanung

Bei der dezentralen Liquiditätsplanung wird der gesamte Planungsprozess, beispielsweise für eine konzernweite Liquiditätsplanung, zentral verwaltet und überwacht. Durch die in SAP Analytics Cloud integrierten Funktionen werden Verantwortliche zur Eingabe der Plandaten aufgefordert.

In Abschnitt 8.5, »Liquidität operativ planen mit SAP Analytics Cloud«, möchten wir Ihnen die Möglichkeiten und Funktionen zur Durchführung der dezentralen und der zentralen Liquiditätsplanung erläutern. Sie lernen, wie Sie mit Planversionen arbeiten, Daten analysieren, Plandaten eingeben und mit anderen Personen kommunizieren können, die am Planungsprozess beteiligt sind.

Ihren Liquiditäts-Planungsprozess können Sie in SAP Analytics Cloud durch das Einbinden der in diesem Kapitel erläuterten Funktionen individuell gestalten.

8.5.1 Planungsprozess definieren

Zur Durchführung einer Liquiditätsplanung sollten Sie im ersten Schritt ein Konzept erstellen, in dem Sie den Prozess, die verantwortlichen Planenden, den Planungszeitraum, den Planungszyklus, das Erfassungslayout und die Planungswerkzeuge definieren. Ein beispielhafter Prozess für die Durchführung einer dezentralen Liquiditätsplanung in SAP Analytics Cloud ist in Abbildung 8.46 dargestellt. Für diesen Prozess wird zunächst eine Planversion durch das zentrale Cash Management zur Eingabe der Plandaten erstellt. Das lokale Cash-Management-Team wird über eine Bearbeitungsaufgabe zur Eingabe der Plandaten aufgefordert. Die Eingabe der Plandaten kann manuell oder mithilfe von Planungswerkzeugen lokal erfolgen.

Nach der Eingabe und Prüfung der Plandaten werden diese durch die jeweils zuständigen Planenden bestätigt und veröffentlicht. Das zentrale Cash Management ist für die finale Prüfung der eingegebenen Plandaten und den Abschluss eines Planungszyklus verantwortlich.

Während des gesamten Planungsprozesses kann das zentrale Cash Management den Status über den Planungskalender prüfen und bei Komplikationen frühzeitig einschreiten. Der Planungskalender erlaubt zusätzlich die Erstellung und Überwachung von automatisierten Planungsschritten.

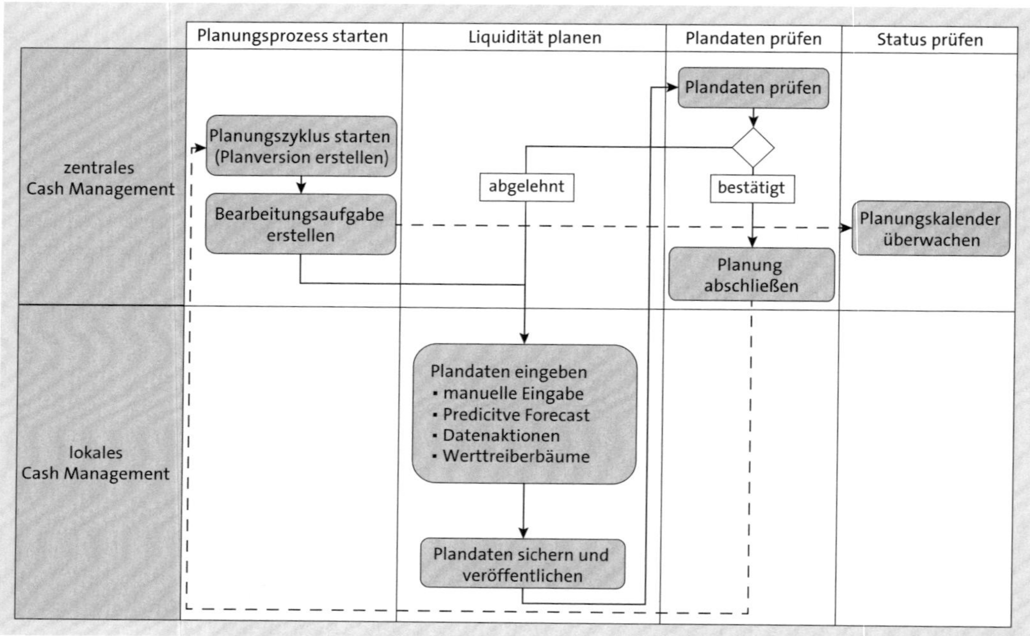

Abbildung 8.46 Beispiel für einen Liquiditätsplanungsprozess in SAP Analytics Cloud

8.5.2 Planversion erstellen

Story öffnen

Wie bereits erläutert, dient die Story als Einstiegspunkt und somit auch als Eingabe- und Analyseoberfläche für die Liquiditätsplanung. Um einen Planungsprozess zu starten, muss in der Story zur Liquiditätsplanung eine Planversion für den neuen Planungszyklus angelegt sein. Alternativ können Sie auch eine eigene Dimension für den Planungszyklus und immer die gleiche Planversion verwenden.

Öffnen Sie dafür die Story SAP__FI_CLM_LIQPLN_INPUT im Standard-Business-Content über den Dateipfad **Durchsuchen • Dateien • Öffentlich • SAP_Content • SAP_FI_CLM_Liquidity_Planning**. Diese enthält das Eingabelayout (siehe Abbildung 8.47). Das dargestellte Erfassungslayout enthält bereits eine Version **Plan** für die Eingabe der Plandaten.

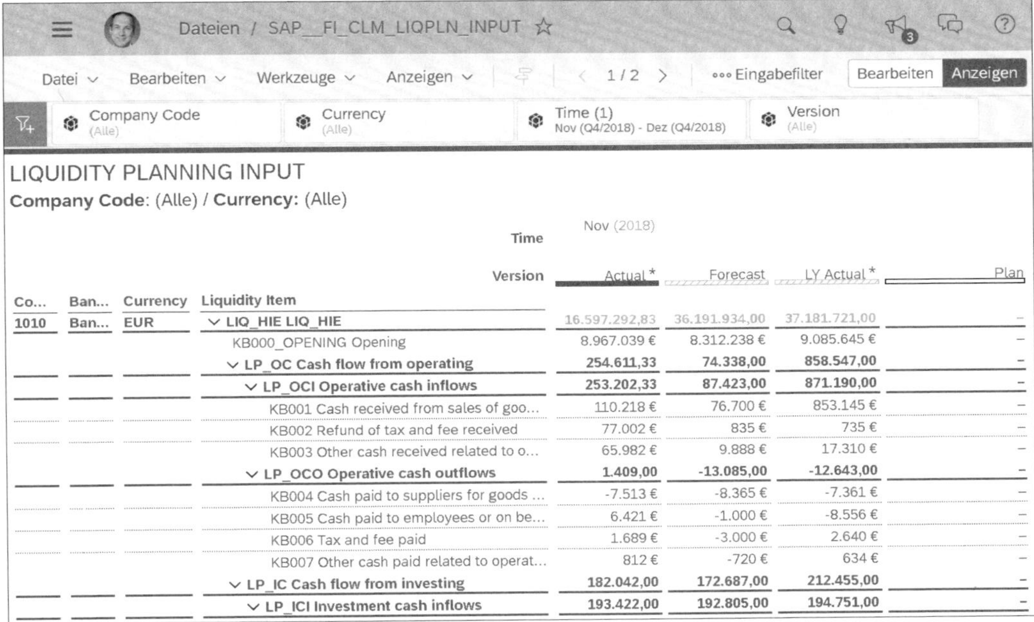

Abbildung 8.47 Liquidität planen – Eingabelayout

Falls die Story keine Planversion enthält, kann diese angelegt werden.

Version erstellen

Zum Erstellen einer Planversion öffnen Sie die Versionsverwaltung über das gleichnamige Icon (**Versionsverwaltung**). Sollte das Icon ausgegraut und inaktiv sein, kann es durch einen Klick auf eine Zelle in der Tabelle zum Anklicken aktiviert werden. Im rechten Bereich öffnet sich nun ein Fenster zur Übersicht der erstellten Versionen (siehe Abbildung 8.48).

Erstellen einer privaten Version

Zum Erstellen einer Version können Sie eine vorhandene Version kopieren. Wählen Sie dafür das Icon (**Kopieren**) zur gewünschten Quellversion. In diesem Beispiel soll eine einfache Version ohne Inhalte erstellt werden; daher dient die Version **Plan** als Vorlage für eine leere Version. Anschließend öffnet sich eine Eingabemaske für die Definition der neuen Version, wie in Abbildung 8.49 dargestellt.

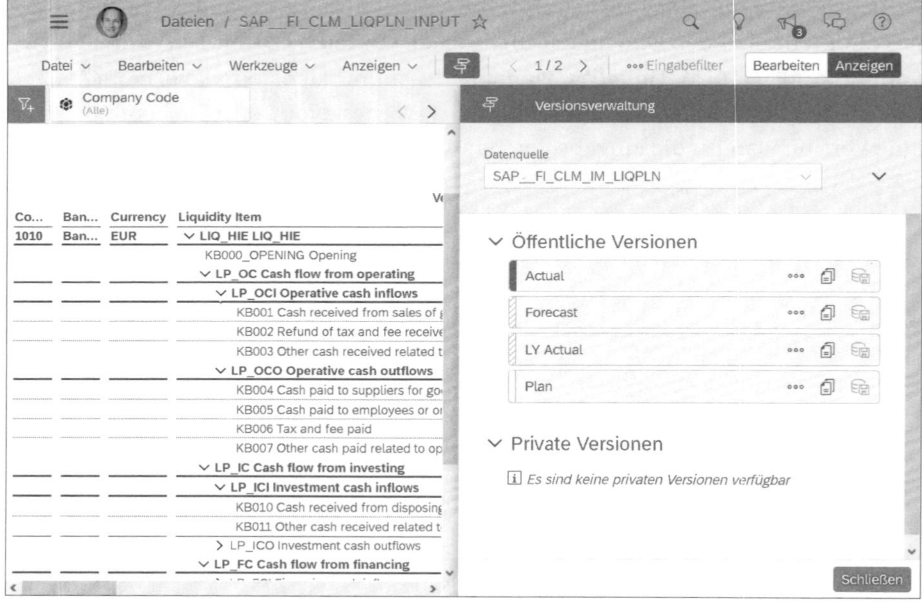

Abbildung 8.48 Versionsverwaltung in SAP Analytics Cloud

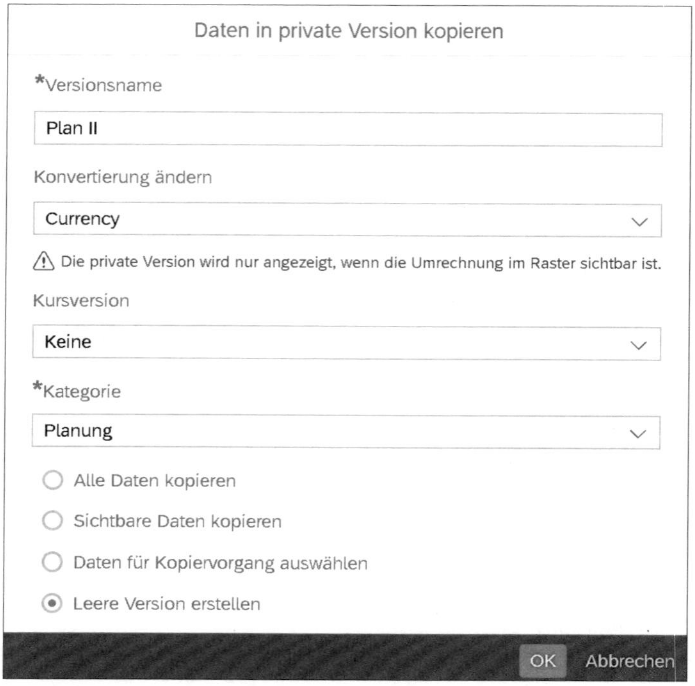

Daten in private Version kopieren

*Versionsname

Plan II

Konvertierung ändern

Currency

Die private Version wird nur angezeigt, wenn die Umrechnung im Raster sichtbar ist.

Kursversion

Keine

*Kategorie

Planung

- ○ Alle Daten kopieren
- ○ Sichtbare Daten kopieren
- ○ Daten für Kopiervorgang auswählen
- ◉ Leere Version erstellen

OK Abbrechen

Abbildung 8.49 Planversion erstellen

Tragen Sie im ersten Schritt einen Namen im Feld **Versionsname** ein. Achten Sie bei der Wahl des Versionsnamens bereits auf eine sprechende Bezeichnung, beispielsweise für den Zeitraum, für einen Buchungskreis oder die Zielgruppe der Planenden bei einer zentralen Planung.

Anschließend muss ausgewählt werden, ob eine Währungsumrechnung durchgeführt oder die Standardwährung beibehalten werden soll. Es besteht die Möglichkeit, Versionen einer *Kategorie* zuzuordnen. Im Feld **Kategorie** können Sie zwischen folgenden Optionen wählen:

- Ist
- Budget
- Planung
- Prognose
- Rollierende Prognose

Zusätzlich müssen Sie auswählen, ob die Zahlenwerte aus der Spalte der Quellversion übernommen werden oder eine leere Spalte angelegt werden soll. Wenn Sie beispielsweise die Version mit den Vorschaudaten vorbelegen möchten, können Sie die Version **Forecast** als Kopiervorlage nutzen und hier **Alle Daten kopieren** aktivieren.

Erstellen Sie die Version **Plan II** in der Kategorie **Planung**, und wählen Sie die Währung **Currency** im Feld **Konvertierung ändern**. Daten aus der Quellversion werden nicht übernommen. Über die Bestätigung der Eingabe mit **OK** werden die Eingaben übernommen und eine neue Version erstellt.

Durch das Hinzufügen der neuen Version wird im Erfassungslayout der Story die neue Spalte **Plan II** hinzugefügt (siehe Abbildung 8.50). Zudem wird die Version im Bereich **Private Versionen** der Versionsverwaltung aufgelistet.

Weitere Aktionen zur jeweiligen Version können in der Versionsverwaltung über das Icon [∘∘∘] (**Mehr**) durchgeführt werden (siehe Abbildung 8.51).

Es können hier Datenänderungen rückgängig gemacht und über den Versionsverlauf auf vergangene Stände zurückgesetzt werden. Über **Freigeben** kann ausgewählt werden, ob beim Teilen der Version Lese- oder zusätzlich Schreibrechte erteilt werden sollen. Über **Löschen** kann eine Version entfernt werden.

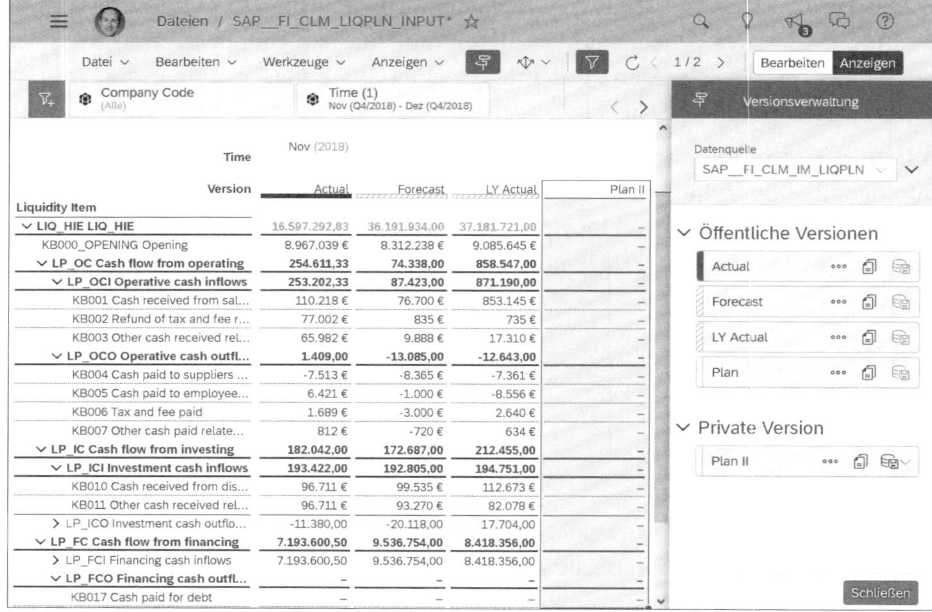

Abbildung 8.50 Liquidität planen – neue Version im Erfassungslayout

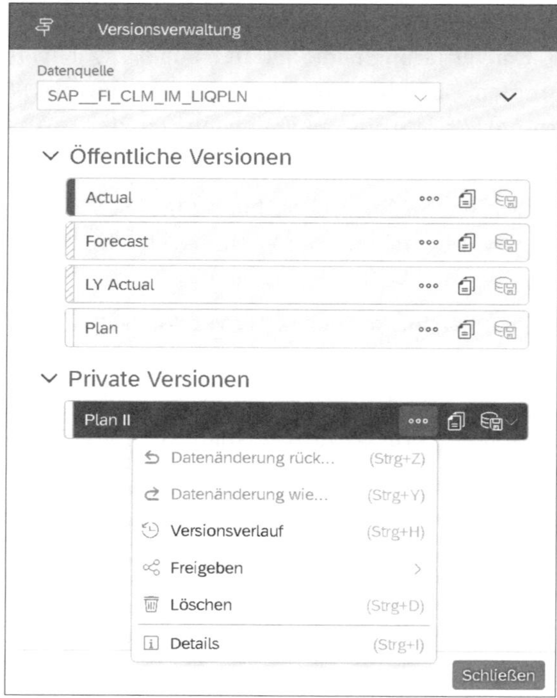

Abbildung 8.51 Versionsverwaltung in der Liquiditätsplanung

Das Erstellen von privaten Versionen ist vor allem auch für die nachfolgend beschriebenen Bearbeitungsaufgaben hilfreich (siehe Abschnitt 8.5.6, »Kommunikation und Interaktion mit lokalen Einheiten«). Ist bereits eine Bearbeitungsaufgabe für die Version angelegt, muss diese zunächst abgeschlossen werden, bevor die Version gelöscht werden kann.

8.5.3 Plandaten eingeben

Nachdem die Liquiditätsplanung durch die Erstellung der Version und die Verteilung der Aufgaben an die jeweiligen Planer und Planerinnen gestartet worden ist, können diese die Plandaten in der für sie bereitgestellten Story eintragen.

Die Eingabe erfolgt immer in der dafür vorgesehenen Version, beispielsweise in der Version **Plan II**. Zur Pflege der Plandaten können verschiedene Methoden und Werkzeuge des Planungsmodells genutzt werden:

- manuelle Eingabe
- Predictive Forecast
- Werttreiberbaum
- Datenaktion

Manuelle Eingabe

Manuelle Eingabe

Zur manuellen Eingabe der Plandaten wählen Sie die Zelle aus, in die Sie die Daten eingeben möchten, wie die Abbildung 8.52 darstellt. Beachten Sie dabei, dass lediglich die Daten in einer Planversion eingetragen bzw. verändert werden können. Zudem muss die jeweilige Liquiditätspositionshierarchie beachtet werden. Denn durch die Veränderung eines Wertes verändern sich auch die von ihm abhängigen Werte. Sowohl die geänderten Zellen als auch alle sich in der hierarchischen Struktur befindlichen Zellen passen sich an. Erkennbar ist dies an der Hervorhebung der Zelle durch eine farbliche Veränderung.

Zu dieser Planversion können Sie nun die Plandaten eingeben. Bei der Eingabe können nicht nur absolute neue Werte eingegeben werden, sondern auch Werte zu dem bisherigen Wert addiert oder von dem bisherigen Wert subtrahiert werden. Bei der Eingabe startet man hierzu mit einem Plus- oder Minuszeichen. Hierbei kann zusätzlich mit dem Prozentzeichen gearbeitet werden, um auf den Ursprungswert zu addieren, beispielsweise durch die Eingabe von »+10%«.

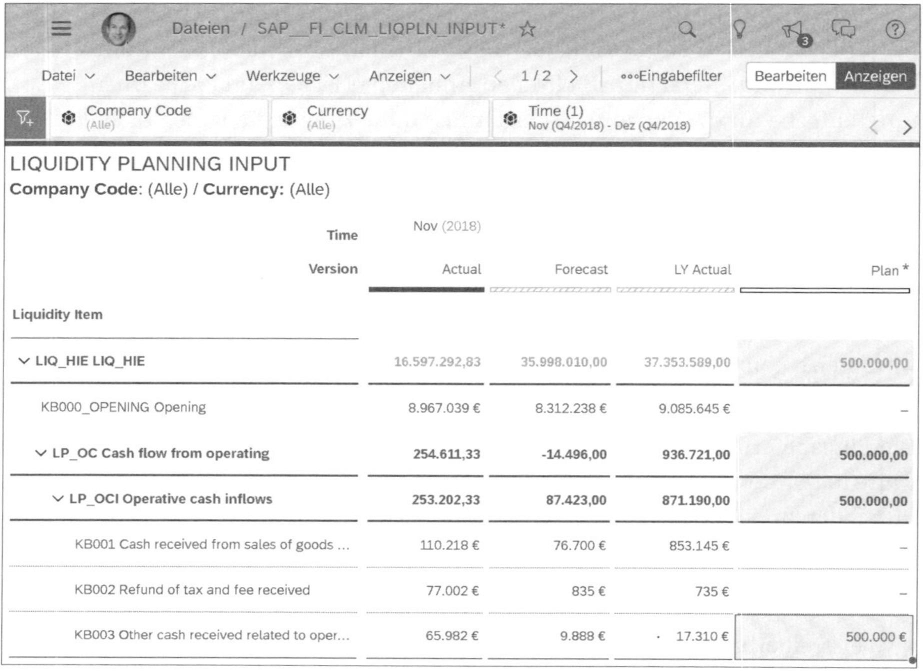

Abbildung 8.52 Plandaten im Erfassungslayout eingeben

Predictive Forecast

Durch Vorhersagen können Daten zur Planung der Liquidität abgeleitet und für die Eingabe in der Planversion genutzt werden. Die in SAP Analytics Cloud vorhandene Funktion **Predictive Forecast** ermöglicht es, Vorhersagen auf der Basis der Ist-Cashflows oder anderer Versionen zu generieren.

Liquiditätsprognose erstellen

Eine Vorhersage erstellen Sie über die Werkzeugleiste in einer Story zur Liquiditätsplanung. Dafür wählen Sie zuerst eine Zelle der Planversion aus. Anschließend wählen Sie den Button **Werkzeuge** in der Werkzeugleiste, wodurch sich eine Auswahl der verfügbaren Werkzeuge öffnet (siehe Abbildung 8.53).

Wählen Sie das Werkzeug **Prognose**, wodurch das Fenster **Prognose erstellen** angezeigt wird. Hier können Sie Einstellungen über den Zeitraum der Vorhersage, die Granularität der Vorhersage und den Berechnungsalgorithmus vornehmen, wie es Abbildung 8.54 darstellt.

Prognoseeinstellungen

Im Bereich der Prognoseeinstellungen definieren Sie die Granularität der Prognose. Hier können Sie wählen zwischen:

- Monat
- Quartal
- Halbjahr
- Jahr

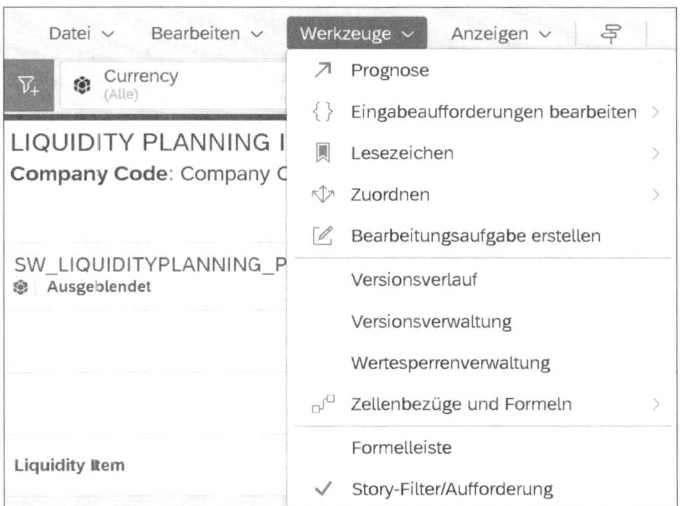

Abbildung 8.53 Werkzeuge in einem Planungsmodell

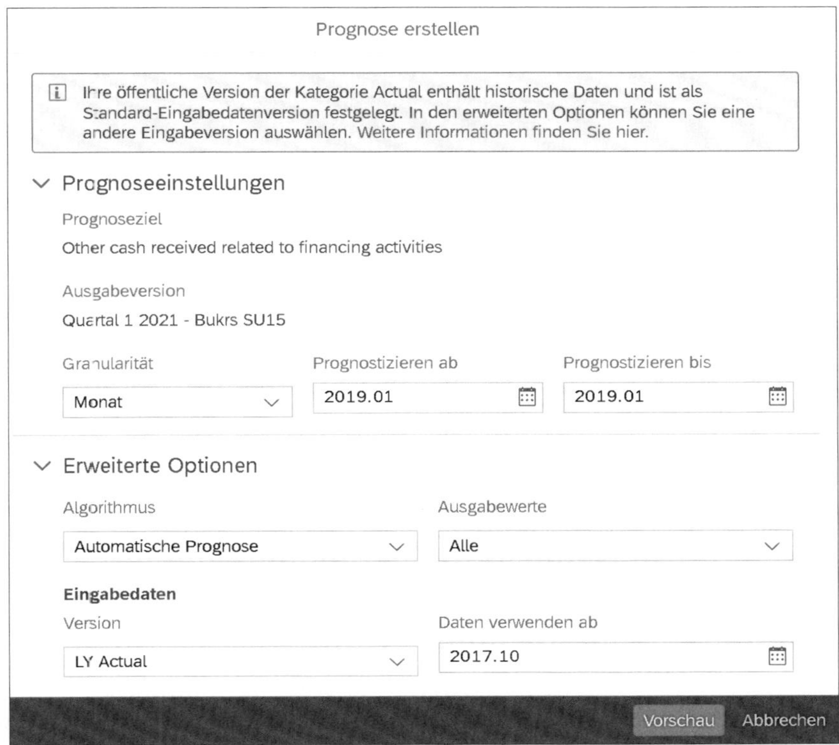

Abbildung 8.54 Liquiditätsprognose erstellen

Erweiterte Optionen In den erweiterten Optionen können Anpassungen bezüglich des zu verwendenden Algorithmus für die Prognose vorgenommen werden. Standardmäßig ist der Algorithmus **Automatische Prognose** ausgewählt. Alternativ können Sie die Berechnung durch den Algorithmus **Lineare Regression** oder **Dreifache exponentielle Glättung** durchführen. Zusätzlich zur Granularität können Sie den zu prognostizierenden Zeitraum in den Feldern **Prognostizieren ab** und **Prognostizieren bis** definieren. Um negative Werte auszublenden, können Sie in dem Auswahlfeld **Ausgabewerte** die Ausgabe der Prognosewerte auf positive Werte eingrenzen.

Eingabedaten Die Datenbasis der Prognose wählen Sie im Bereich **Eingabedaten**. Hier können Sie die Version auswählen, deren Werte für die Prognose verwendet werden sollen. Zusätzlich können Sie die Einbeziehung der historischen Daten durch das Feld **Daten verwenden ab** eingrenzen.

Zukunftswerte berechnen Über den Button **Vorschau** starten Sie die Berechnung der Prognosewerte, die anschließend in dem Fenster **Vorschau der Prognose** ausgegeben werden (siehe Abbildung 8.55). Die Ausgabe erfolgt in einem Diagramm zur Darstellung der möglichen Cashflow-Entwicklung. Für diese Prognose ist eine qualitativ und quantitativ hochwertige Datenbasis von besonderer Bedeutung.

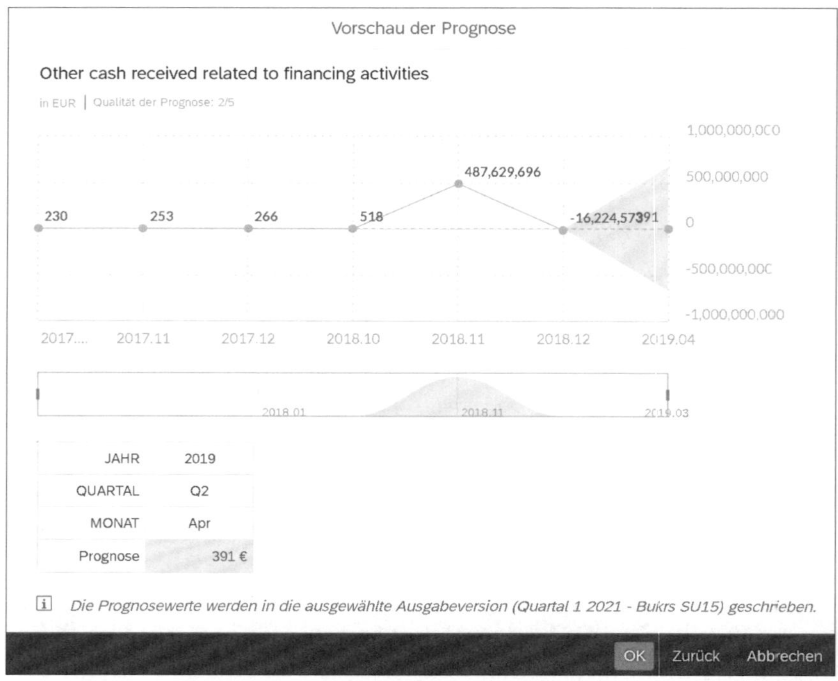

Abbildung 8.55 Vorschau der Liquiditätsprognose

Die Prognose wird in einem möglichen Wertebereich ausgegeben, visualisiert durch den farblichen Bereich im Vorhersagezeitraum. Dieser Bereich wird Konfidenzintervall genannt. Das Konfidenzintervall gibt den Bereich an, der mit einer gewissen Wahrscheinlichkeit (dem Konfidenzniveau) den Parameter einer Verteilung einschließt. Wie dieses Beispiel verdeutlicht, ist der Bereich des prognostizierten Cashflows sehr breit aufgestellt. Je weiter die Prognose reicht, desto mehr streut die Vorhersage sowohl in den positiven als auch in den negativen Bereich.

Prognosedaten übernehmen

Diese generierten Plandaten können anschließend in die Planversion übernommen werden. Bestätigen Sie die Übernahme der vorhergesagten Daten in die Planversion über den Button **OK**. In welche Version die Daten geschrieben werden, ist als Informationstext in der Vorschauausgabe enthalten. Die Veränderung wird – wie gewohnt – durch eine farbliche Markierung gekennzeichnet (siehe Abbildung 8.56).

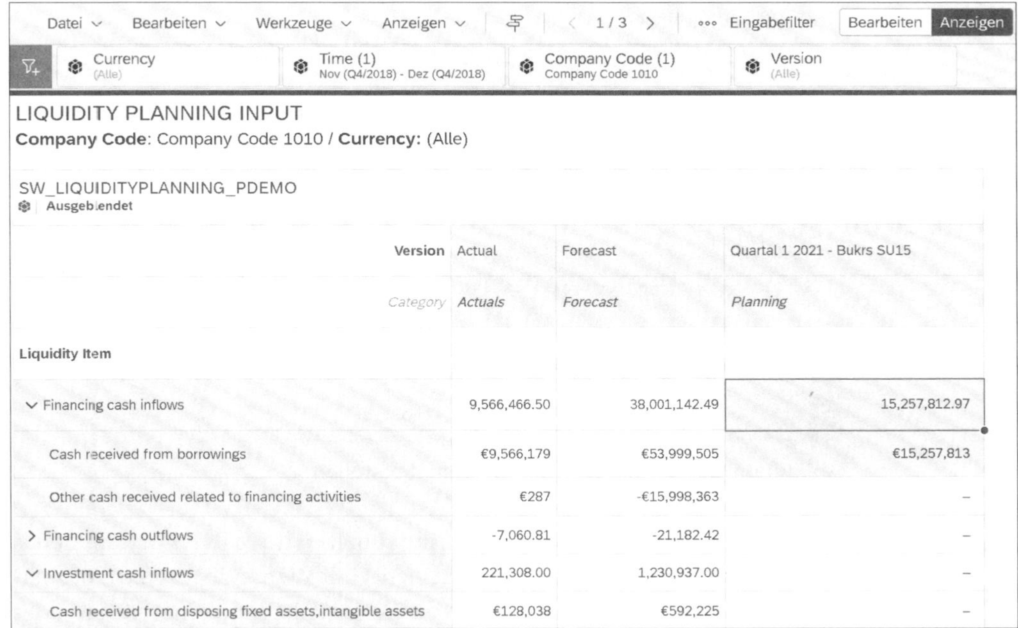

Version	Actual	Forecast	Quartal 1 2021 - Bukrs SU15
Category	Actuals	Forecast	Planning
Liquidity Item			
Financing cash inflows	9,566,466.50	38,001,142.49	15,257,812.97
Cash received from borrowings	€9,566,179	€53,999,505	€15,257,813
Other cash received related to financing activities	€287	-€15,998,363	–
Financing cash outflows	-7,060.81	-21,182.42	–
Investment cash inflows	221,308.00	1,230,937.00	–
Cash received from disposing fixed assets,intangible assets	€128,038	€592,225	–

Abbildung 8.56 Prognosedaten in der Planversion

Werttreiberbaum

Ein *Werttreiberbaum*, auch Wertefaktorbaum genannt, erlaubt die Abbildung von Abhängigkeiten zwischen Merkmalen, die Sie als Planungshilfe nutzen können. Werttreiberbäume können z. B. Ihre Hierarchie für Liquiditätspositionen abbilden oder eine frei definierbare Abhängigkeit zwischen einzelnen Liquiditätspositionen darstellen. Zu jeder Beziehung der Knoten untereinander können Sie Rechenregeln hinterlegen, die die wertmäßigen Abhängigkeiten repräsentieren und für automatische Simulationen genutzt werden können.

Ein Werttreiberbaum kann über verschiedene Wege erstellt werden. Eine Möglichkeit ist die Anlage über den Hauptmenüpfad **Erstellen • Prozess • Werttreiberbaum**.

Werttreiberbaum über die Story erstellen

Eine weitere Möglichkeit besteht darin, den Werttreiberbaum direkt aus der Story zu erstellen. Wählen Sie dafür im Bearbeitungsmodus der Story über das Icon (**Hinzufügen**) das weitere Icon (**Werttreiberbaum**).

In dem sich öffnenden Fenster **Werttreiberbaum-Widget erstellen** geben Sie zunächst an, dass Sie einen neuen Werttreiberbaum erstellen möchten (siehe Abbildung 8.57). Anschließend wählen Sie im Feld **Basierend auf** das zugrunde liegende Modell aus, anhand dessen der Werttreiberbaum erstellt werden soll. Dafür wird Ihnen das Modell als Vorschlag angezeigt, auf dem diese Story basiert.

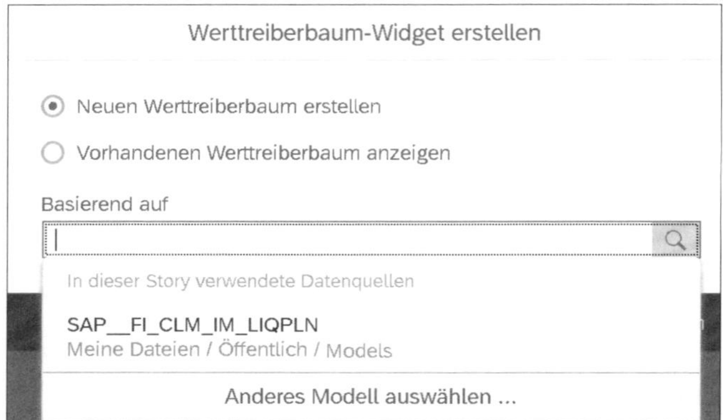

Abbildung 8.57 Werttreiberbaum-Widget erstellen

Durch die Auswahl des Modells als Datenquelle wird in der Story ein neues Widget hinzugefügt. Klicken Sie auf den Link **Werttreiberbaum automatisch aus Modell erstellen**, und wählen Sie anschließend einen Knoten der Liquiditätspositionshierarchie aus. Bestätigen Sie Ihre Auswahl mit **OK**.

Werttreiberbäume bestehen aus Knoten, die jeweils Kennzahlen darstellen, wie in diesem Beispiel die Liquiditätsposition. Das neu erstellte Widget enthält den Werttreiberbaum und repräsentiert die Liquiditätspositionshierarchie, beginnend mit dem ausgewählten Knoten der Hierarchie.

In diesem Beispiel ist ein Knoten gewählt, der drei Unterknoten, auch Blätter genannt, als Werttreiberbaum darstellt (siehe Abbildung 8.58). In den jeweiligen Blättern wird automatisch der Wert übernommen, der im Erfassungslayout eingetragen ist. Wenn Sie im Blatt des Werttreiberbaums Werte verändern, werden die Änderungen auch automatisch in das Erfassungslayout übernommen und umgekehrt. Die durch Pfeile dargestellten Beziehungen geben Ihnen einen Überblick über die Abhängigkeiten der Liquiditätspositionen.

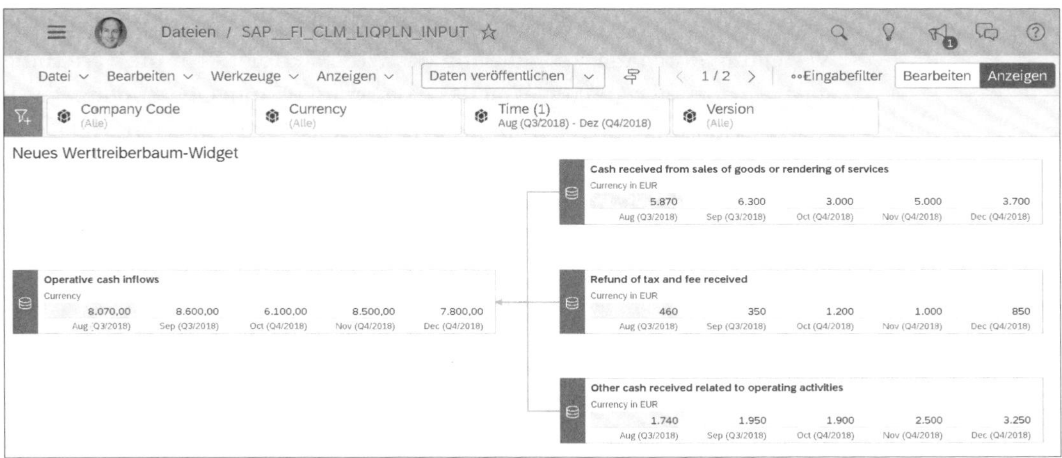

Abbildung 8.58 Werttreiberbaum in der Liquiditätsplanung

Durch die Auswahl eines Wertes im Blatt können Sie den Wert anpassen. Dafür können Sie entweder die Werte durch einen manuellen Eintrag verändern oder die integrierte Eingabefunktion nutzen (siehe Abbildung 8.59).

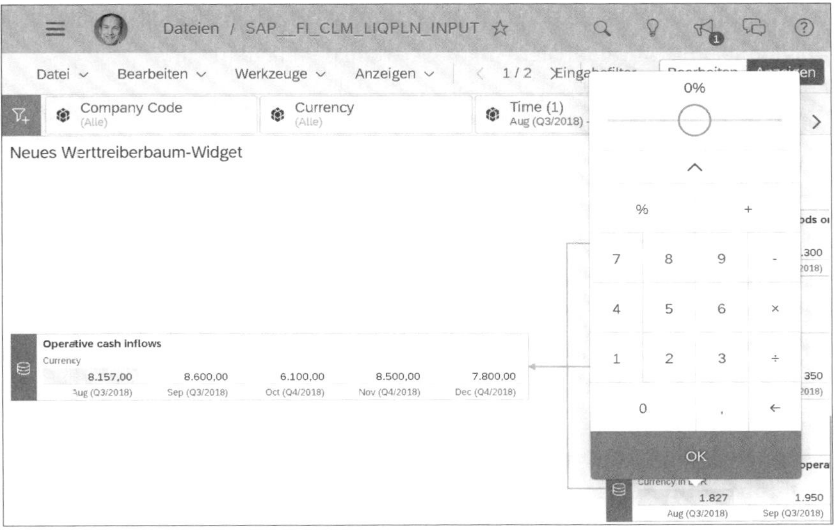

Abbildung 8.59 Plandaten über den Werttreiberbaum verändern

Bestätigen Sie die Veränderung mit dem Button **OK**. Damit wird der Wert auch in den übergeordneten Knoten angepasst.

Abhängigkeiten bei einer Veränderung

Der Werttreiberbaum zeigt Ihnen übersichtlich die Verteilung der Werte auf die einzelnen Hierarchiepositionen.

Möchten Sie die Liquidität als Top-down-Verteilung vornehmen, können Sie dafür den Wert in dem übergeordneten Hierarchieknoten anpassen. Die Verteilung durch die Veränderung des Wertes erfolgt über die Verteilung entsprechend der Abhängigkeit des Unterknotens zum Oberknoten. Bei einer Veränderung des Oberknotens wird also auch eine Veränderung des Unterknotens ausgelöst. Diese Veränderung wird Ihnen im Werttreiberbaum durch eine farbliche Markierung signalisiert.

Gleichzeitig werden auch die Werte im Erfassungslayout aktualisiert und farblich gekennzeichnet (siehe Abbildung 8.60).

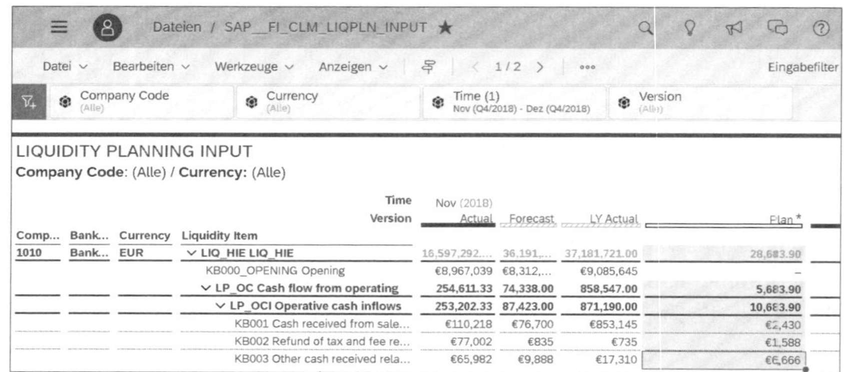

Abbildung 8.60 Automatisierte Aktualisierung der Plandaten im Erfassungslayout

Datenaktion

Plandaten können in SAP Analytics Cloud mit *Datenaktionen* verändert werden. Eine Datenaktion kopiert z. B. Daten aus einer Ist-Version in eine Planversion im Erfassungslayout der Liquiditätsplanung.

Sie starten eine Datenaktion über die Story oder durch eine Aufgabe im Kalender. Über den Kalender kann ein Zeitpunkt für die einmalige Ausführung oder ein Zeitplan für die regelmäßige und automatisierte Ausführung der Datenaktion festgelegt werden. Diese Vorgehensweise wird in Abschnitt 8.5.6, »Kommunikation und Interaktion mit lokalen Einheiten«, bzw. im Unterabschnitt »Planungskalender«, erläutert. Auf einer Seite einer Story kann eine Datenaktion in einen Button eingebunden werden, der *Auslöser* genannt wird.

Datenaktion erstellen

Die Erstellung einer Datenaktion erfolgt über das Hauptmenü. Wählen Sie den Menüpfad **Erstellen • Prozess • Datenaktion**. Geben Sie anschließend in dem sich öffnenden Formular im Feld **Name** eine eindeutige Bezeichnung und im Feld **Beschreibung** eine optionale Erläuterung ein (siehe Abbildung 8.61). Wählen Sie anschließend im Feld **Standardmodell** das zugrunde liegende Datenmodell aus, für das die Datenaktion angelegt werden soll. Bestätigen Sie die Anlage der Datenaktion mit dem Icon (**Datenaktion speichern**).

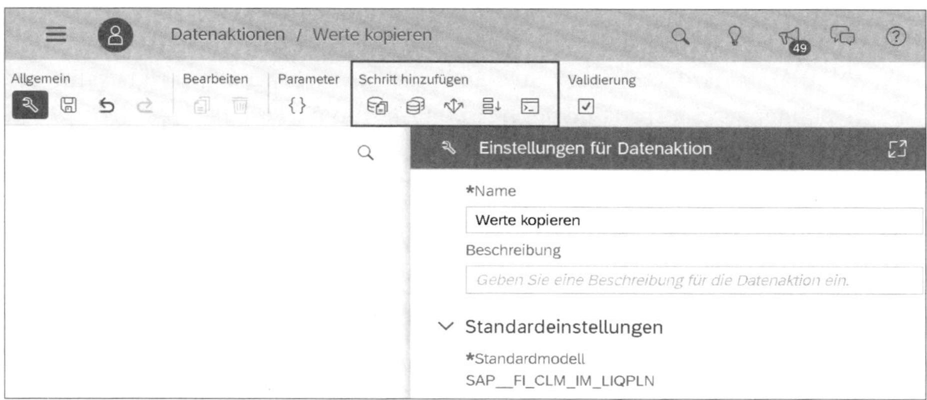

Abbildung 8.61 Datenaktion anlegen

Schritte einer Datenaktion

Eine Datenaktion besteht aus beliebig vielen, mindestens jedoch einem Prozessschritt. In SAP Analytics Cloud können Sie u. a. aus den folgenden Prozessschritten für eine Datenaktion wählen:

- Kopierschritt
- Allokationsschritt
- erweiterter Formelschritt

Datenaktionsschritt hinzufügen

Für dieses Beispiel möchten wir der Datenaktion einen Kopierschritt hinzufügen. Wählen Sie dafür das Icon (**Kopierschritt hinzufügen**) in der Werkzeugleiste.

In dem sich öffnenden Fenster vergeben Sie zunächst eine Bezeichnung für den Kopierschritt im Feld **Name**. In diesem Beispiel möchten wir einen Kopierschritt über die Zeitdimension von dem Jahr 2019 zum Jahr 2020 anlegen. Wählen Sie dafür im Bereich **Kopierregeln** die Dimension **Time**, im Feld **Von** das Jahr **2019** und im Feld **Nach** das Jahr **2020**. Bestätigen Sie die Eingaben mit dem Icon (**Datenaktion speichern**).

Auslöser für Datenaktion anlegen

Zum Hinzufügen eines Auslösers für die erstellte Datenaktion öffnen Sie zunächst Ihre Story, der Sie die Datenaktion hinzufügen möchten. Wechseln Sie in der Story über den Button **Bearbeiten** in den Barbeitungsmodus.

Wählen Sie zum Icon [+ ˅] (**Hinzufügen**) in der Werkzeugleiste im Kontextmenü die Option **Auslöser für Datenaktion**. Im rechten Bildbereich öffnet sich der Designerbereich mit dem sogenannten Story Builder, und auf der Seite der Story im linken Bereich wird ein Auslöser angelegt (siehe Abbildung 8.62). Mit dem Builder können die Eigenschaften von Elementen, die sich auf einer Seite einer Story befinden, angepasst werden. Füllen Sie nun die Felder im Bereich **Auslöser für Datenaktionen** im Builder aus. Sie geben die Bezeichnung **Werte übernehmen** an und eine passende Beschreibung, die auf dem Element angezeigt wird. Im Feld **Datenaktion** muss die soeben erstellte Aktion ausgewählt werden. Im Feld **Währungsumrechnung** wählen Sie »Standard-Währung« aus. Sind die Einstellungen getätigt, kann der Builder geschlossen und der Bearbeitungsmodus verlassen werden.

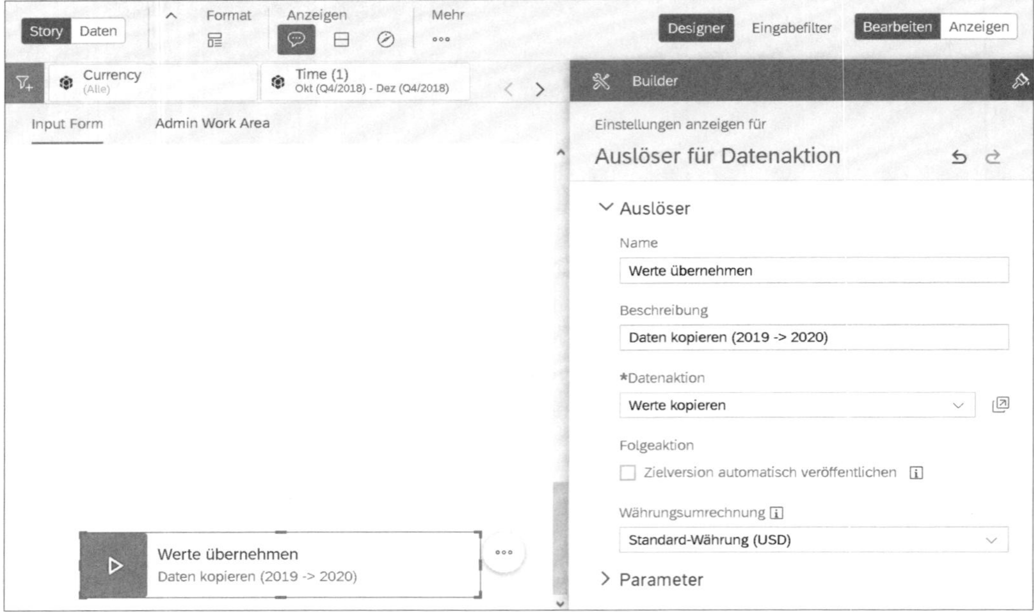

Abbildung 8.62 Auslöser für Datenaktion in einer Story hinzufügen

Datenaktion ausführen

In der Story wird nun der Auslöser für die Datenaktion angezeigt. Die Ausführung der Datenaktion erfolgt über einen Klick auf das Start-Icon. In der sich öffnenden Abfrage wählen Sie die Zielversion, in die die Daten geschrieben werden sollen. Ihre Auswahl bestätigen Sie über den Button **Ausführen**.

Durch die Datenaktion der ausgewählten Version werden die Daten in die Zielversion übernommen und im Erfassungslayout angezeigt.

Mithilfe von Datenaktionen können also Planungsaufgaben unterstützt und automatisiert und dadurch der Planungsprozess beschleunigt werden.

8.5.4 Plandaten sichern

Nachdem Sie Plandaten in Ihre Version eingefügt haben, müssen diese noch gesichert werden. Bei einer dezentralen Planung müssen die eingegebenen Daten an die zentrale Koordinationsstelle übergeben werden.

Falls die Eingabe der Plandaten in einer öffentlichen Version erfolgt, werden die Daten durch das Speichern der Story direkt übernommen und für alle Personen mit Zugang zur Version sichtbar. Werden die Plandaten jedoch in eine private Version eingetragen, sind die Daten nicht für andere Personen sichtbar. Für die Veröffentlichung der Plandaten müssen Sie diese in der Planversion bestätigen und in die zentrale Planversion überführen.

8.5.5 Plandaten veröffentlichen

Plandaten einer privaten Version veröffentlichen

Die Plandaten einer privaten Version können Sie in der Versionsverwaltung einer Story veröffentlichen. Dabei werden die von Ihnen eingegebenen Daten aus der eigenen Version in die öffentliche Planversion übertragen.

Öffnen Sie dafür die Versionsverwaltung in der Story zur Liquiditätsplanung, und navigieren Sie zu Ihrer privaten Planversion, wie es Abbildung 8.63 darstellt.

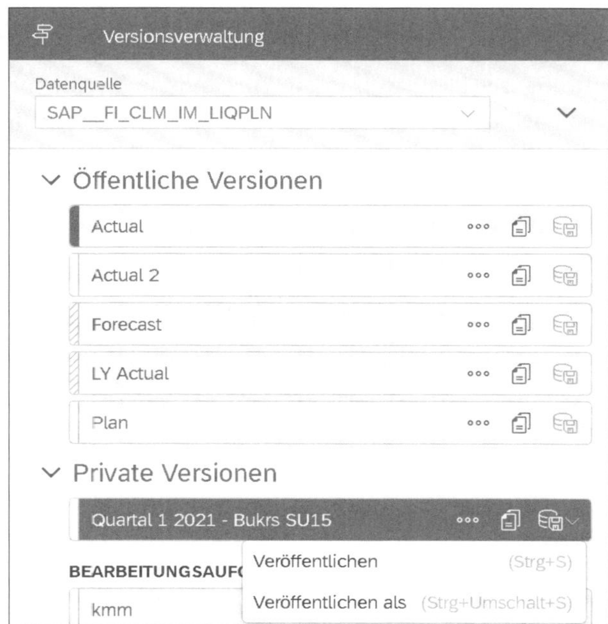

Abbildung 8.63 Plandaten in der Versionsverwaltung veröffentlichen

Über das Icon (**Veröffentlichen**) öffnet sich das Kontextmenü zur Veröffentlichung der Daten. Möglich ist die Veröffentlichung durch das Überschreiben einer öffentlichen Version durch die Option **Veröffentlichen** oder die Erstellung einer neuen öffentlichen Version über **Veröffentlichen als**.

In der Planversion veröffentlichen

Da in diesem Fall die eingegeben Daten in die Planversion eingefügt werden sollen, wählen Sie hier **Veröffentlichen**, wodurch sich das in Abbildung 8.64 gezeigte Fenster öffnet.

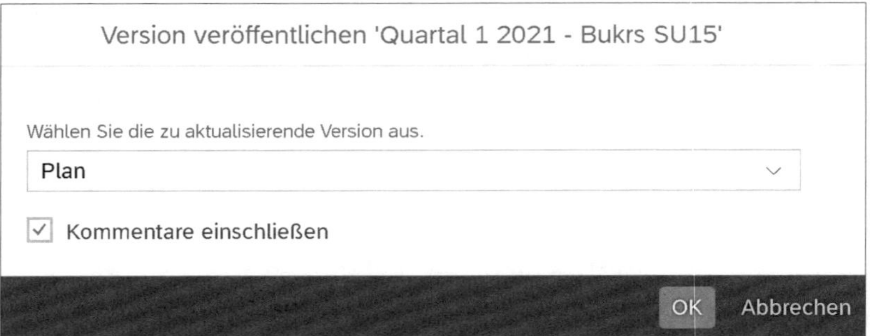

Abbildung 8.64 Private Plandaten in der Planversion veröffentlichen

Dabei wird die private Version mit der öffentlichen Version, die im folgenden Fenster ausgewählt werden kann, zusammengeführt. Die private Version wird zeitgleich entfernt.

Veröffentlichen als neue Version

Alternativ zur Überführung der Plandaten in die vorhandene öffentliche Planversion können Sie auch die private Version in einer neuen öffentlichen Version speichern. Wählen Sie dafür im Kontextmenü die Option **Veröffentlichen als**. In dem sich öffnenden Fenster können Sie den Versionsnamen anpassen und eine Versionskategorie auswählen (siehe Abbildung 8.65).

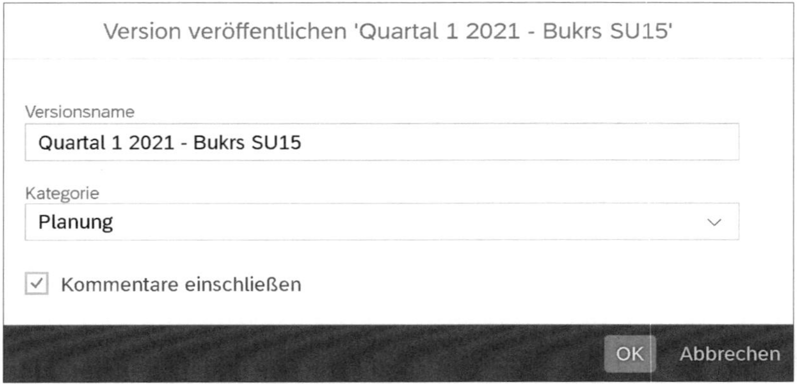

Abbildung 8.65 Plandaten in einer neuen Version veröffentlichen

Durch die Bestätigung der Veröffentlichung über den Button **OK** wird die Version in der Auflistung zu den öffentlichen Versionen gelistet und aus den privaten Versionen entfernt.

8.5.6 Kommunikation und Interaktion mit lokalen Einheiten

Um weitere Personen in die Liquiditätsplanung einzubinden, können Sie Aufgabenpakete definieren und die betreffenden Personen über die erstellten und anstehenden Aufgaben informieren. Aufgabenpakete für die Durchführung einer Liquiditätsplanung in SAP Analytics Cloud können Sie aus einer Story oder über den Kalender erstellen. In diesem Abschnitt möchten wir Ihnen diese beiden Möglichkeiten beispielhaft erläutern. Zudem erhalten Sie einen Überblick über die Statusverfolgung von Aufgaben und die Kommentarfunktionen in SAP Analytics Cloud.

Planungsaufgabe aus einer Story erstellen und versenden

Bearbeitungsaufgaben, auch Input-Tasks oder Eingabeaufforderungen genannt, ermöglichen die Verteilung von Aufgaben an einzelne Bearbeiter oder Bearbeiterinnen. Mithilfe dieser Funktion können Plandaten von Mitarbeitern und Mitarbeiterinnen angefordert werden. Die involvierten Personen können die Plandaten unabhängig voneinander in die Planversion eintragen. Die Erstellung erfolgt unmittelbar aus einer Story.

Zum Erstellen einer Planungsaufgabe ist es zunächst erforderlich, eine neue private Planversion zu erstellen. Öffnen Sie anschließend in der Werkzeugleiste zur Story die Auswahl **Werkzeuge**, und wählen Sie daraus das Werkzeug **Bearbeitungsaufgabe erstellen** aus.

Dadurch öffnet sich die Seite **Zusammenfassung** der SAP-Analytics Cloud-Story (siehe Abbildung 8.66).

Seiten in einer SAP-Analytics-Cloud-Story

Eine Story kann mehrere Seiten enthalten. In dieser beispielhaften Story zum Liquiditätsmodell bildet eine Seite das Erfassungslayout. Die Seite **Zusammenfassung** wird automatisch hinzugefügt, wenn Bearbeitungsaufgaben angelegt werden.

Auf dieser Seite können Sie nun die Bearbeitungsaufgabe definieren. Tragen Sie dafür im ersten Schritt eine eindeutige Bezeichnung für die Aufgabe ein. Definieren Sie anschließend das Fälligkeitsdatum und eine optionale Erinnerung, sodass die beteiligten Planer auf die Aufgabe aufmerksam gemacht werden.

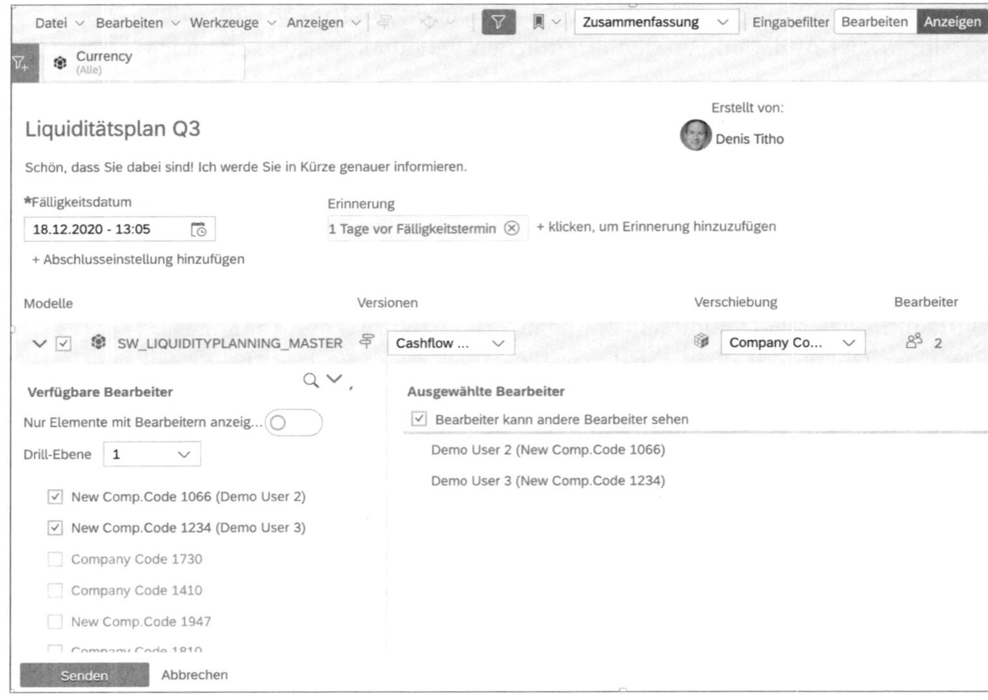

Abbildung 8.66 Planungsaufgabe erstellen

Im unteren Bereich der Ansicht wählen Sie zunächst das Modell, für das die Aufgabe angelegt werden soll. Anschließend spezifizieren Sie über das Auswahlfeld **Versionen** die Planversion, in die die Planwerte durch den Planer eingefügt werden sollen.

Im darunter liegenden Bereich wählen Sie die Bearbeiter für die Aufgabe aus. Über die Auswahl **Verfügbare Bearbeiter** auf der linken Seite können Sie die Auswahl der Benutzer eingrenzen. Wenn Sie hier einen Benutzer durch die Aktivierung des Kontrollkästchens auswählen, wird der jeweilige Benutzer im rechten Bereich der Ansicht aufgelistet.

Über den Button **Senden** wird die Aufgabe versendet. Der oder die beauftragte(n) Planer oder Planerinnen erhalten jeweils eine Benachrichtigung per E-Mail und über die Benachrichtigungsfunktion von SAP Analytics Cloud (siehe Abbildung 8.67).

[»]

Benachrichtigungen in SAP Analytics Cloud

Über Aktivitäten in SAP Analytics Cloud können Sie über verschiedene Kommunikationskanäle informiert werden, beispielsweise über die integrierte Benachrichtigungsfunktion. Zusätzlich können Sie die Benachrichtigung per E-Mail aktivieren (siehe den Unterabschnitt »Benutzermenü« in Abschnitt 8.3.6, »Startseite«).

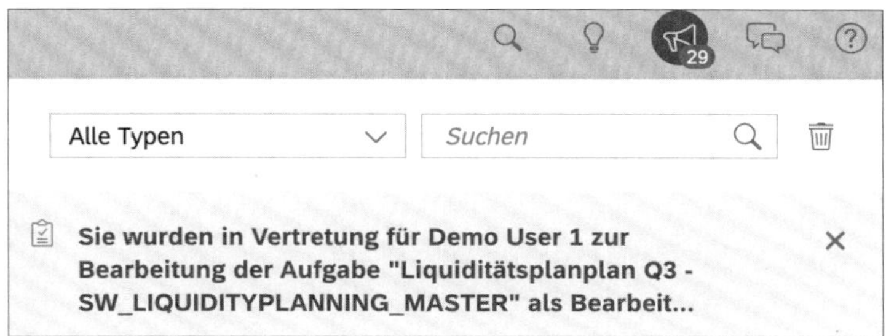

Abbildung 8.67 Benachrichtigung zur Bearbeitungsaufgabe

Der Ersteller oder die Erstellerin der Aufgabe kann den Status jederzeit einsehen und daran ablesen, wie weit die Aufgabe bereits erfüllt ist oder ob Rückfragen bestehen. Ist die Aufgabe abgeschlossen, erhält die erstellende Person wiederum eine Benachrichtigung und kann die Ergebnisse der Aufgaben aus der privaten Version in ihrer eigenen Version zusammenfassen und benutzen.

Durchführung der Aufgabe

Zur Durchführung der Aufgabe können Sie als Planer oder Planerin über die entsprechende Benachrichtigung zu der Aufgabe gelangen. In diesem Fall gelangen Sie zum Erfassungslayout der Liquiditätsplanung. Hier können Sie nun die Plandaten durch die manuelle Eingabe oder durch Hinzunahme eines Planungswerkzeugs eingeben.

Planungskalender

Planungskalender

Mit dem *Planungskalender* können Sie Planungsprozesse organisieren und Aufgaben automatisieren oder verschiedenen Personen zuweisen. Die Aufgaben können beispielsweise Dateneingabeaufforderungen für die bevorstehende Liquiditätsplanung oder eine Datenaktion sein. Auch hier können wieder Fälligkeitstermine vorgegeben werden.

Die optionale Erinnerungsfunktion weist Planer auf die Erledigung der Aufgabe vor Ablauf des Fälligkeitszeitraums hin. Eine zusätzliche Beschreibung und relevante Dokumente können als Anlagen zur Erreichung der Aufgabe hinzugefügt werden.

Zur Liquiditätsplanung möchten wir beispielsweise Aufgaben an zwei Personen übergeben. Diese können wir über das Hauptmenü erstellen. Wählen Sie dort den Menüpunkt **Kalender** (siehe Abbildung 8.68). Durch Anklicken des Icons [+] (**Neu hinzufügen**) öffnet sich ein Auswahlmenü.

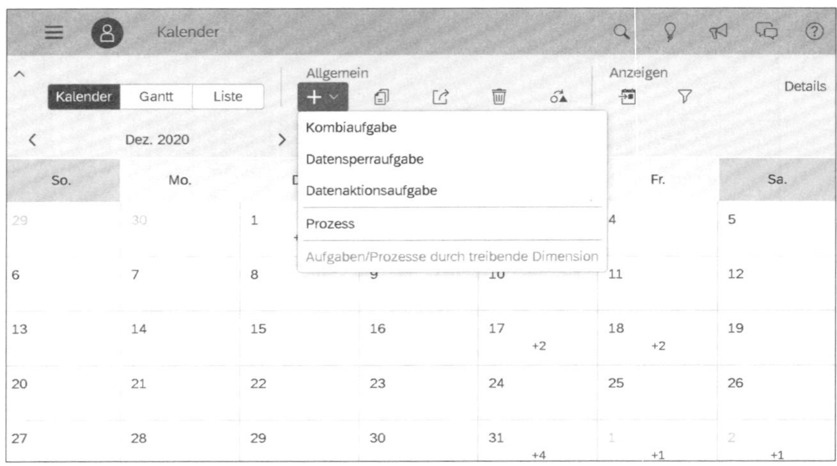

Abbildung 8.68 Planungskalender in SAP Analytics Cloud

Hier können Sie entscheiden, welche Aufgabe Sie anlegen möchten. Unterschieden wird zwischen folgenden Aufgabentypen:

- Kombiaufgabe
- Datensperraufgabe
- Datenaktionsaufgabe

Kombiaufgabe anlegen

Für die Erstellung einer Aufgabe zur Eingabe von Plandaten wählen Sie hier **Kombiaufgabe**. Im folgenden Formular geben Sie zunächst im Feld **Name** die Bezeichnung der Aufgabe ein (siehe Abbildung 8.69). Die Definition eines Start- und Fälligkeitstermins ist optional, ermöglicht Ihnen jedoch eine klare Kommunikation und Nachverfolgung der Terminplanung im Planungsprozess.

Wird die Option **Mir zuordnen** nicht aktiviert, muss die Zuweisung anderer Personen im nächsten Schritt in den Einstellungen der Aufgabe erfolgen. Die Option **Aufgabe am Starttermin automatisch aktivieren** ist abhängig von der Zuweisung eines Benutzers. Wird keine Person zugewiesen, ist die automatische Aktivierung nicht möglich. Das Anlegen der Aufgabe bestätigen Sie über den Button **Erstellen**. Die Kombiaufgabe wird zunächst im Status **INAKTIV** angelegt. Aktiviert werden kann sie erst bei der Zuweisung des Bearbeiters oder der Bearbeiterin.

Aufgabe im Kalender bearbeiten

Wie es Abbildung 8.70 darstellt, erscheint die Aufgabe nun im Kalender. Durch die Auswahl der Aufgabe öffnet sich die Detailansicht der Kombiaufgabe im rechten Bereich. Hier erhalten Sie Infos u. a. zu dem Gesamtstatus, dem definierten Start- und Fälligkeitstermin, zu den verknüpften Personen oder zu den definierten Erinnerungen.

Neue Kombiaufgabe erstellen

*Name:

Plan-Daten eintragen

Starttermin:

Dez. 31, 2020 - 12:30 AM

Fälligkeitstermin:

Jan. 27, 2021 - 1:30 AM

+ Wiederholung hinzufügen

Mir zuordnen

Aufgabe am Starttermin automatisch aktivieren

Erstellen Abbrechen

Abbildung 8.69 Planungskalender in SAP Analytics Cloud – Kombiaufgabe erstellen

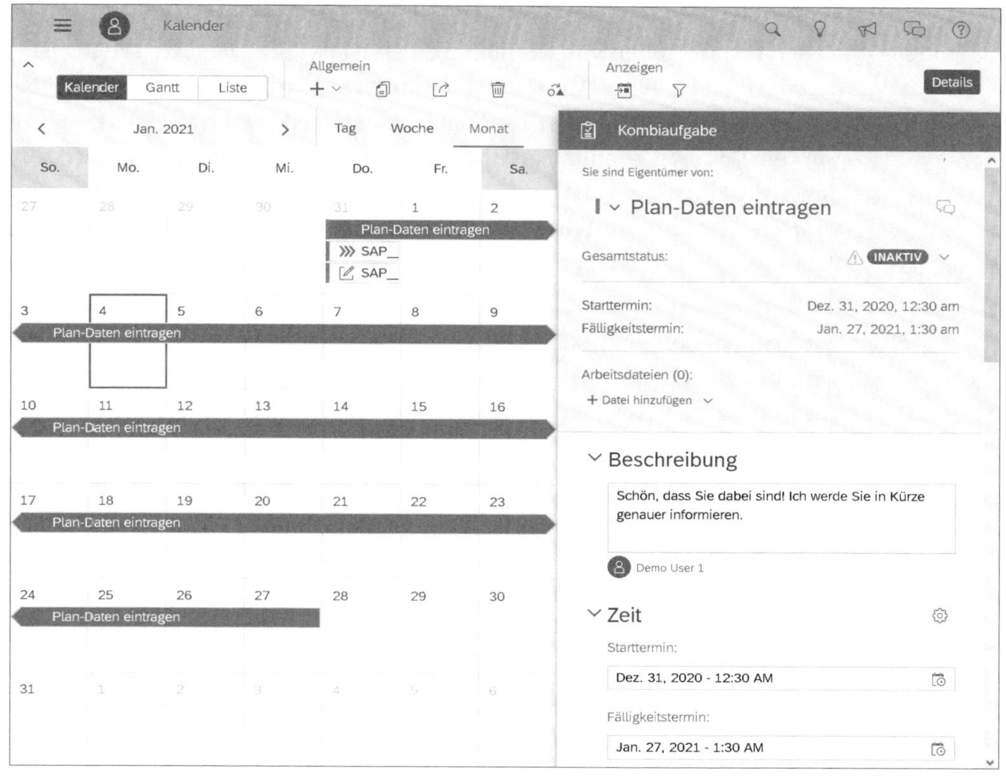

Abbildung 8.70 Planungskalender in SAP Analytics Cloud – Kombiaufgabe spezifizieren

Im Bereich **Beschreibung** kann die Aufgabe detaillierter dargestellt und beschrieben werden. Neben den Daten können auch hier noch im Bereich **Zeit** Einstellungen zur Wiederholung der Aufgabe eingefügt werden. Aufgaben können stündlich, täglich und wöchentlich durchgeführt werden und die Wiederholung jeweils mit dem Enddatum oder der Anzahl der Wiederholungen versehen werden.

Im Bereich **Personen** (in der Abbildung nicht zu sehen) können die involvierten Mitarbeiter definiert werden. Unterschieden wird dabei zwischen:

- **Eigentümer** – kann administrative Aufgaben vornehmen
- **Bearbeiter** – wird die Aufgabe zur Erledigung zugewiesen
- **Prüfer** – zur Prüfung der eingegebenen Daten vor der Freigabe
- **Freigegeben für** – zur Einsicht in die Ergebnisse der Aufgabe

Nachdem die Erstellung und Anpassung der Aufgabe erledigt worden sind, wird er Status **AKTIV** erteilt. Die zugewiesenen Personen erhalten eine Benachrichtigung, dass sie der Aufgabe zugeteilt wurden. Zudem wird die Aufgabe im Kalender der jeweiligen Personen eingetragen.

Datensperraufgabe

Neben dem Erstellen von Kombiaufgaben ist es auch möglich, *Datensperraufgaben* zu erstellen. Mit Datensperraufgaben können bestimmte Zeilen, Spalten oder einzelne Zellen innerhalb eines angegebenen Modells gesperrt werden. Dadurch können Sie beispielsweise Planungsphasen einrichten, in denen die Eingabe von Daten durch den Planer oder die Planerin ermöglicht wird. Die Planung wird durch die Sperraufgabe freigegeben und nach dem Planungszyklus wieder geschlossen.

Datenaktionsaufgabe

Die *Datenaktionsaufgabe* können Sie für die automatisierte Ausführung von Datenaktionen nutzen (siehe den Unterabschnitt »Datenaktion« in Abschnitt 8.5.3, »Plandaten eingeben«). Die Datenaktionsaufgabe unterscheidet sich zu den zuvor beschriebenen Aufgaben dahingehend, dass keine Personen für die Durchführung der Aufgabe zugeordnet werden.

Sie können die Datenaktionsaufgabe für eine einmalige Ausführung anlegen – oder ein Wiederholungsmuster und den Zeitraum definieren.

Statusverfolgung von Aufgaben

Den Erledigungsfortschritt von erstellten Aufgaben kann der Ersteller oder die Erstellerin in SAP Analytics Cloud jederzeit einsehen. Dafür kann im Bereich der Werkzeugleiste in einer Story die Seite **Summary** (Zusammenfassung) gewählt werden (siehe Abbildung 8.71).

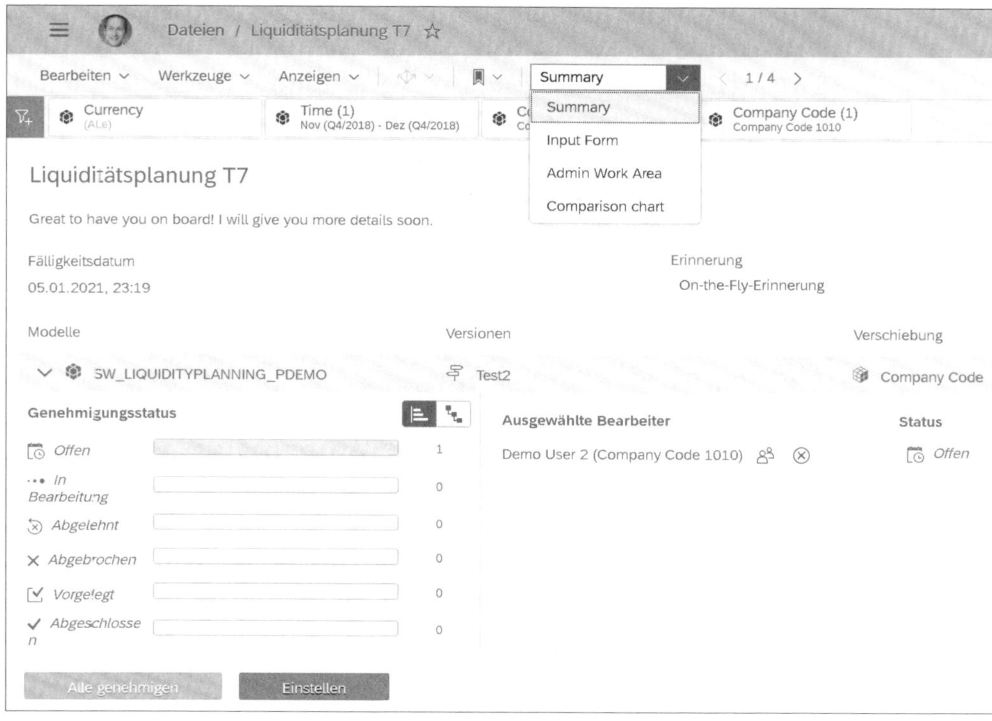

Abbildung 8.71 Zusammenfassung in einer Story

Aufgaben können auch nachträglich angepasst werden, beispielsweise durch Anpassungen von zur Planung einbezogenen Bearbeitern und Bearbeiterinnen. Sobald der Bearbeiter oder die Bearbeiterin die Aufgabe geöffnet hat, wird diese im Status **In Bearbeitung** gelistet.

Kommentare in einer Story

Zur Kommunikation und Interaktion mit dem Planungsteam können in SAP Analytics Cloud Kommentare innerhalb einer Story eingefügt werden. Unterschieden wird dabei zwischen Kommentaren für unterschiedliche Elemente:

- auf Story-Element-Ebene
- auf Seitenebene
- auf Zellebene (Datenpunkt-Kommentar)

Kommentare zu einem Story-Element

Das Hinzufügen eines Kommentars zu einem Story-Element erfolgt innerhalb der Story, in der es dargestellt wird. Dabei kann ein Element z. B. ein Diagramm oder eine Tabelle sein. Im oberen rechten Bereich eines Elements befindet sich das Icon ◦◦◦ (**Weitere Aktionen**). In dem sich öffnenden

Kontextmenü können Sie über den Pfad **Hinzufügen • Kommentar** das Kommentarfeld öffnen. Nach der Eingabe des Textes wird der Kommentar über den Button **Kommentar schreiben** hinzugefügt. In Abbildung 8.72 ist ein beispielhafter Kommentar gezeigt. Ob ein Element einen Kommentar enthält, erkennen Sie an dem Icon (**Kommentar**) in der oberen rechten Ecke. Auch wenn der Kommentar geschlossen wird, ist dieses Icon sichtbar. In einer Hierarchie, wie beispielsweise der Liquiditätspositionshierarchie in dem Erfassungslayout, wird der Kommentar auf dem übergeordneten Hierarchieknoten symbolisiert, wenn dieser eingeklappt ist.

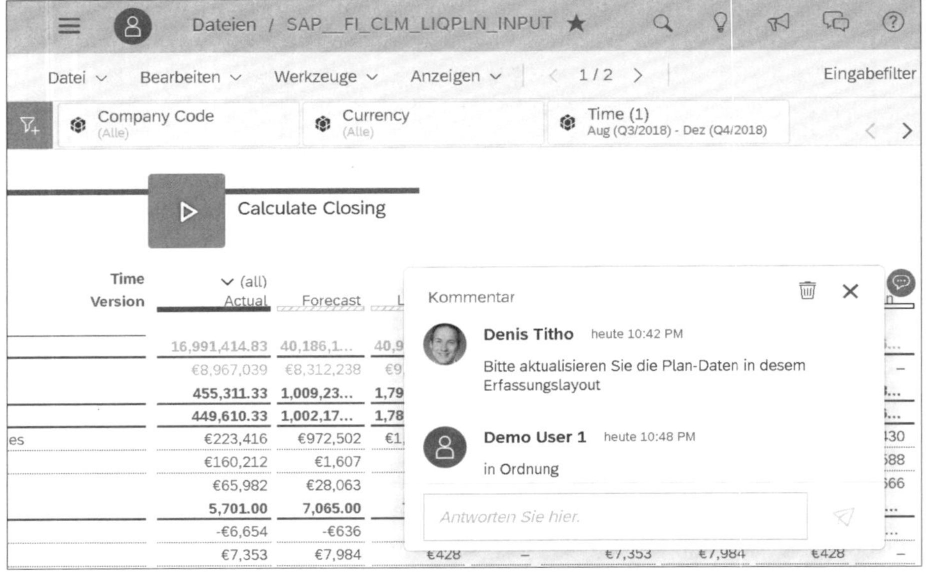

Abbildung 8.72 Elementkommentar in einer Story

Den Kommentar können Sie über das Icon (**Löschen**) entfernen oder über das Icon (**Schließen**) ausblenden.

Kommentare auf Seitenebene

Eine Story besteht aus Seiten, auf denen die Inhalte ausgegeben werden. Diesen Seiten können Sie ebenfalls Kommentare hinzufügen. Zum Hinzufügen eines Kommentars wählen Sie in der Menüleiste zur Story den Auswahlpfeil neben der Seite und anschließend den Menüpunkt **Kommentar** aus. Nach dem Einfügen des Kommentars erscheint oben rechts auf der Seite das Icon (**Kommentar**) und lässt erkennen, dass Kommentare vorhanden sind.

Kommentare auf Zellebene

Kommentare können außerdem für einzelne Zellen oder Datenpunkte angelegt werden. Öffnen Sie zum Hinzufügen eines Kommentars das Kontextmenü durch einen Rechtsklick auf eine Zelle. Wählen Sie im Kontextmenü die Option **Datenpunktkommentar hinzufügen** (siehe Abbildung 8.73). Nach der Eingabe des Kommentars und der Bestätigung über den Button **Kommentar schreiben** wird ein Kommentar zur Zelle über einen farblichen Punkt in der oberen rechten Ecke der Zelle symbolisiert.

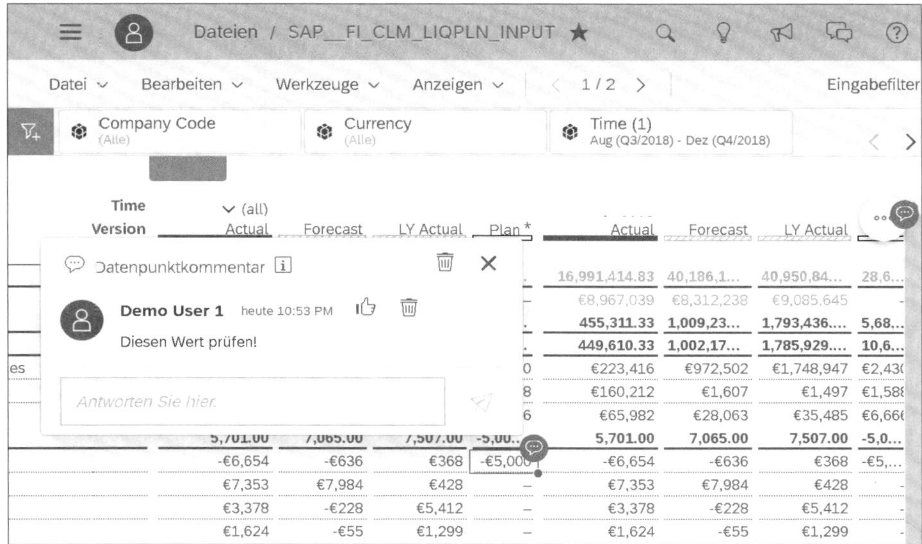

Abbildung 8.73 Datenpunktkommentar in einer Story

8.6 Integration von SAP Analytics Cloud in das SAP Fiori Launchpad

Die meisten Funktionen des Cash Managements in SAP S/4HANA können über das SAP Fiori Launchpad ausgeführt werden (siehe Kapitel 3 bis Kapitel 7). So nutzen Sie das SAP Fiori Launchpad für die Durchführung der Aufgaben zur Bankkontenverwaltung, für Cash-Vorgänge oder die Disposition liquider Mittel.

Die Liquiditätsplanung wird, wie in diesem Kapitel dargestellt, in der Plattform SAP Analytics Cloud durchgeführt, die über eine eigenständige Benutzeroberfläche verfügt.

Integration in SAP Fiori

Durch ein Integrationsszenario ist es möglich, die beiden Welten zu verbinden. Vereinfacht dargestellt, wird das SAP Fiori Launchpad als Frontend für die Story aus SAP Analytics Cloud genutzt (siehe Abbildung 8.74).

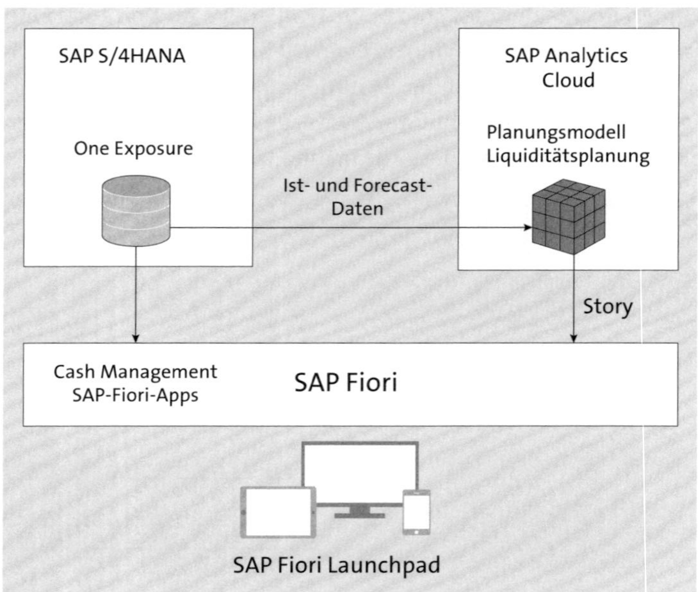

Abbildung 8.74 Integration von SAP Analytics Cloud in das SAP Fiori Launchpad

Die Story zur Liquiditätsplanung können Sie dann im SAP Fiori Launchpad über eine Kachel öffnen und nutzen. Die Verarbeitung und Sicherung der Plandaten sowie die Administration des Planungsmodells erfolgt dabei weiterhin in SAP Analytics Cloud.

8.7 Fazit

SAP Analytics Cloud unterstützt Sie bei der Planung der Liquidität durch die Integration umfangreicher Planungswerkzeuge.

Ist- und Forecast-Cashflows aus eingebundenen Datenquellen stellen die Grundlage für die Planung dar und ermöglichen Vorhersagen für die zukünftige Liquidität im Unternehmen. In einem Planungsmodell kann die Dateneingabe durch verschiedene Planungswerkzeuge und Datenaktionen unterstützt werden. Durch die flexiblen Gestaltungsmöglichkeiten des Planungsmodells einschließlich der Versionsverwaltung, der Zusammenarbeit und Datensperren können viele verschiedene Planungsmethoden über SAP Analytics Cloud Anwendung finden.

Kapitel 9

Cashflow-Informationen im One Exposure from Operations zusammenführen

Das One Exposure im SAP Cash Management führt die cashrelevanten Bewegungsdaten systemübergreifend aus verschiedenen Quellen in einer einheitlichen Datentabelle zusammen. In diesem Kapitel lernen Sie die technischen Grundlagen kennen, als Basis für die Implementierung, Wartung und Weiterentwicklung dieser Applikation.

In einem Unternehmen entstehen in verschiedenen Prozessen für das Cash Management relevante Informationen. Für ein konsistentes Cash Management mit aussagekräftigen Berichten gilt es, diese Informationen einzusammeln und mit strukturierten Datenfeldern anzureichern. Historische Cashflows sind mit verschiedenen Daten zu zukünftigen Cashflows in einem Modell zu integrieren. Für diese Aufgabe hat SAP das *One Exposure from Operations* (kurz One Exposure) konzipiert.

In Abschnitt 9.1, »One Exposure im Überblick«, erhalten Sie einen ersten Einblick, wie die Datensammlung und -speicherung erfolgt und wo die gesammelten Daten verwendet werden. Sie erfahren in Abschnitt 9.2, »Datenquellen für das One Exposure«, welche Datenquellen im Cash Management integriert werden können und wie diese technisch eingebunden sind. Abschnitt 9.3, »Ableitungslogiken im One Exposure«, zeigt auf, wie das System cashrelevante Vorgänge im Finanzwesen identifiziert und wie Cashflows mit Bewegungsarten, Liquiditätspositionen und anderen Merkmalen kategorisiert werden. In Abschnitt 9.4, »Integration von internen Datenquellen im Detail«, lernen Sie detailliert, wie die verschiedenen SAP-S/4HANA-internen Datenquellen in das One Exposure integriert werden. Wie Sie Daten aus externen SAP- und Nicht-SAP-Systemen einbinden können, wird in Abschnitt 9.5, »Integration von externen Datenquellen im Detail«, erläutert. Nachfolgend stellen wir Ihnen in Abschnitt 9.6, »Hilfsprogramme für das One Exposure«, ausgewählte Programme zur Administration und Überwachung des One Exposure vor. In Abschnitt 9.7, »Die Snapshot-Funktion«, erfahren Sie, wie diese Funktion historische Datenstände verfügbar macht.

9.1 One Exposure im Überblick

Das *One Exposure* (im Folgenden *One Exposure* genannt) ist ein neues Konzept in SAP S/4HANA zur systemübergreifenden Sammlung und zentralen Speicherung von cashrelevanten Bewegungsdaten.

Speicherung und Verwendung der Daten

Die Flow-Tabelle FQM_FLOW stellt dabei die gemeinsame Datenbasis für alle SAP-Fiori-Apps dar, die Informationen für historische oder prognostizierte Geldbewegungen verarbeiten, wie z. B. die SAP-Fiori-Apps **Cashflow-Analyse**, **Cashflow-Positionen prüfen** oder **Tagesfinanzstatus**. Auch für die SAP-GUI-Transaktionen zum Tagesfinanzstatus und zur Liquiditätsvorschau bildet die Flow-Tabelle die Datenbasis. Darüber hinaus können diese Daten an andere Systeme wie SAP BW, SAP Analytics Cloud oder andere analytische Auswertungssysteme weitergegeben und über CDS Views ausgewertet werden.

Datenstrukturen im One Exposure

Auch das Cash Management arbeitet nach der in Abschnitt 1.2, »Single Source of Truth«, beschriebenen Philosophie, Berichte auf Basis von Einzelsätzen zu erstellen und Aggregationen flexibel und on-the-fly durchzuführen. So speichert das One Exposure, je nach Kontierung bzw. bei aktivierter Snapshot-Funktion, einen oder mehrere Einzelsätze pro Cashflow und nimmt keinerlei Verdichtung von Daten vor. Die Tabelle enthält eine Vielzahl an klassifizierenden Merkmalen aus den liefernden Prozessen wie beispielsweise die Kontierungen aus dem Controlling, die Geschäftsarten aus dem Treasury Management oder die Geschäftspartnernummer (siehe Abschnitt 3.3, »Reporting-Felder«, für weitere Informationen).

Änderung gegenüber SAP ERP

Gegenüber dem SAP-ERP-System ist dies eine deutliche Vereinfachung der Datenstrukturen. Hier hatte SAP noch jeweils unterschiedliche Einzelsatz- und Summensatztabellen für die Ist-Cashflows und für die zukünftigen Cashflows aus den einzelnen Quellapplikationen in der Cash-Management-Komponente verwendet. Darüber hinaus waren in SAP ERP die Cashflow-Daten in der Komponente *SAP Liquidity Planner* für die Kategorisierung der Geldbewegungen nach Liquiditätspositionen in einer Vielzahl unterschiedlicher Tabellen gespeichert.

Verwendete Datenquellen

Das One Exposure bezieht seine Daten aus den elektronischen Kontoauszügen und aus den Buchungen in der Finanzbuchhaltung. Zukünftige Cashflows werden darüber hinaus aus den vorgelagerten SAP-Komponenten wie Materialwirtschaft, Vertrieb, Treasury and Risk Management, Darlehensverwaltung, Vertrags- und Mietverwaltung und Massenkontokorrent extrahiert. Berücksichtigt werden darüber hinaus manuell eingegebene Einzelsätze. Das One Exposure importiert und verarbeitet außerdem manuell hochgeladene Daten oder IDocs aus Fremdsystemen.

Verarbeitungslogik im One Exposure

Das One Exposure sorgt für eine konsistente Verarbeitung der Daten aus den verschiedenen Datenquellen und leitet dabei u. a. die Liquiditätsposition, das Zahlungsdatum und den Zahlungsbetrag nach einheitlicher Logik ab. Dabei werden auch Zahlungsvorgänge aufgesplittet, sofern verschiedene Merkmalskombinationen mit diesem Vorgang verbunden sind.

9.2 Datenquellen für das One Exposure

Zur Sammlung und Interpretation von Cashflow-Daten aus verschiedenen SAP-Anwendungen und IT-Systemen verwendet das SAP-S/4HANA-System diverse Softwarekomponenten. Wichtige Begriffe sind in diesem Kontext *Originalanwendungen, FQM Adapter, FQM Distributor* und *FQM Flow Builder*. FQM steht dabei für *Financial Quantity Management*.

Beginnen wir mit einem Überblick über die möglichen Datenlieferanten, die SAP als *Originalanwendungen* oder *Quellanwendungen* bezeichnet. Sie werden über einen eindeutigen Schlüssel im Feld **Originalanwendung** der Flow-Tabelle FQM_FLOW gespeichert. Beachten Sie, dass die Originalanwendungen im Customizing des One Exposure aktiviert werden müssen (siehe Abschnitt 10.8.1, »Originalanwendungen aktivieren«).

Originalanwendungen in einer Einsystemlandschaft

In einer Einsystemlandschaft (siehe Abschnitt 2.2.3, »Deployment-Varianten für SAP Cash Management«), also wenn die Geschäftstransaktionen in demselben System liegen, können folgende Originalanwendungen integriert werden:

- BSEGV – Rechnungswesen (Belege)
- BS – Kontoauszug
- CML – Kundenkredite/Hypothekendarlehen
- CMMRD – Einzelsätze
- FICA – Vertragskontokorrent
- MM – Materialwirtschaft
- PAYRQ – Zahlungsanforderung
- REFX – Vertrags- und Mietverwaltung (Full Cash)
- SDCM – Vertrieb
- TRM – Treasury and Risk Management

Originalanwendungen für Daten aus anderen Systemen

In einem Side-by-Side-Szenario mit der Funktion **Verteiltes Cash Management** und für importierte Daten aus Fremdsystemen werden die folgenden Originalanwendungen zur Kategorisierung verwendet:

- CMSND – Verteilte Barmittel für Tagesfinanzstatus
- CMDSR – Verteilte Barmittel für Liquiditätsvorschau
- MEBAC – Manuelle Erfassung von Banksalden (Full Cash)
- LPA – SAP Liquidity Planner (Full Cash)
- RMTE – Cashflows aus Remote-Systemen (Full Cash)

Originalanwendungsschlüssel aus Tools

Verschiedene Tools erlauben eine Anpassung oder Verdichtung von Daten in der Flow-Tabelle und erstellen dabei Datensätze mit den folgenden Originalanwendungsschlüsseln:

- AGG – Aggregierte Cashflows
- BALV – Saldenabweichungen
- IBU – Erstbestands-Upload

[»]

Besondere Originalanwendungen

Die Originalanwendungen One Exposure (FI) und Rechnungswesen (BKPF) stellen eine Besonderheit dar. Sie werden nur für das Customizing (siehe Abschnitt 10.8.1, »Originalanwendungen aktivieren«) und nicht für die Kategorisierung von Cashflows verwendet.

Verarbeitungsfunktionen im One Exposure

FQM Distributor und FQM Adapter sind Funktionen, die dazu verwendet werden, die Daten aus den Originalanwendungen anzureichern und in die FQM-Flow-Tabelle zu übertragen.

FQM Adapter

Die FQM Adapter dienen dazu, cashrelevante Daten in einem standardisierten Format zur Verfügung zu stellen. Sie sorgen dafür, dass alle notwendigen Felder im Cash Management auf der Basis von korrespondierenden Feldern der Quellapplikation versorgt werden können. Für jede Quellapplikation im System existiert ein eigener Adapter, der die Daten an den FQM Distributor übergibt. Eine Ausnahme stellt hier der Adapter für die Materialwirtschaft dar, der die Daten ohne Umweg direkt an den *Flow Builder* übergibt. Daten aus anderen SAP-Systemen oder über eine Excel-Datei hochgeladene Banksalden werden über einen eigenen Adapter bereitgestellt, der direkt mit dem FQM Distributor kommuniziert.

FQM Distributor

Die Aufgabe des FQM Distributor besteht in der Verteilung der Daten. Daten aus dem Finanzwesen werden über den Flow Builder verarbeitet. Die Daten aus allen anderen Applikationen benötigen keine weitere Anreicherung und werden vom Distributor direkt in die Tabelle FQM_FLOW geschrieben.

Flow Builder

Der Flow Builder hat die Aufgabe, die Belege aus der Materialwirtschaft und aus dem Finanzwesen zu interpretieren und die Transaktionen in der Flow-Tabelle zu speichern. Hierbei erfolgt u. a. die Ableitung der Liquiditätsposition aus Belegketten (siehe Abschnitt 9.3.4, »Ableitung der Liquiditätspositionen und weiterer Merkmale aus Belegketten«) oder aus den Bestellungen (siehe Abschnitt 9.3.5, »Ableitungslogik für Liquiditätspositionen über Abfragen«).

Abbildung 9.1 gibt Ihnen einen Überblick über die Fortschreibung der Daten. Die Daten aus der Finanzbuchhaltung und aus der Materialwirtschaft werden zunächst in Delta-Tabellen gespeichert. Der Flow Builder verarbeitet diese Daten und speichert sie in der Flow-Tabelle. Alle anderen Adapter für interne und externe Daten schreiben direkt in die Flow-Tabelle.

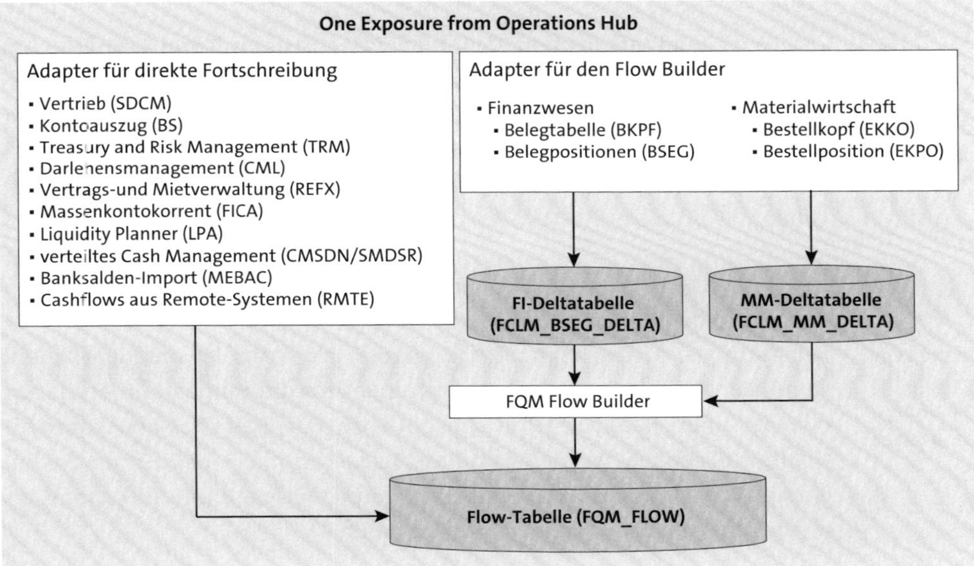

Abbildung 9.1 Überblick über die Datenquellen im One Exposure

9.3 Ableitungslogiken im One Exposure

Dieser Abschnitt stellt Ihnen Merkmale aus der Flow-Tabelle vor, die für den technischen Ablauf im Hintergrund wichtig sind. Sie erfahren, wie Sie die Ableitungslogik an die Bedürfnisse Ihres Unternehmens anpassen können.

Ursprung und Lebenszyklusphase eines Cashflows

Das One Exposure verwendet Bewegungsarten, Bewegungstypen und Bewegungsstufen, um Cashflows nach ihrem Ursprung und nach ihrer Lebenszyklusphase zu differenzieren. Das Feld **Bewegungsart** wird in den Buchhaltungsbelegen (Tabelle BSEG, Feld FQF-TYPE) und in den Bewegungsdaten der Flow-Tabelle (Tabelle FQM_FLOW, Feld FLOW_TYPE) gespeichert; die Felder **Bewegungstyp** und **Bewegungsstufe** werden aus der Bewegungsart abgeleitet und in der Flow-Tabelle gesichert.

Das System nutzt diese Felder ausschließlich zur internen Verarbeitung und Filterung. Die Felder stehen in den SAP-Fiori-Apps nicht als Filter- oder Gruppierungsmerkmal für den Endanwender zur Verfügung.

Nachfolgend wird zur klareren Unterscheidung zunächst in Abschnitt 9.3.1, »Bewegungsarten in der Tabelle BSEG«, die Bedeutung des Feldes **Bewegungsart** in der Tabelle BSEG erläutert. Anschließend zeigt Abschnitt 9.3.2, »Bewegungsarten in der Tabelle FQM_FLOW«, auf, wie das Feld **Bewegungsart** in der Flow-Tabelle verwendet wird. Abschnitt 9.3.3, »Bewegungstypen und Bewegungsstufen in der Tabelle FQM_FLOW«, erläutert anschließend die Bewegungstypen als Verdichtungskriterium sowie die Bewegungsstufe.

Das Feld **Liquiditätsposition** stellt eine Kategorisierung von Cashflows im Sinne des direkten Liquiditätsmanagements dar. Die Konzepte zur Ableitung dieses und weiterer Felder lernen Sie in Abschnitt 9.3.4, »Ableitung der Liquiditätspositionen und weiterer Merkmale aus Belegketten«, und in Abschnitt 9.3.5, »Ableitungslogik für Liquiditätspositionen über Abfragen«, kennen.

9.3.1 Bewegungsarten in der Tabelle BSEG

Identifikation von cashrelevanten Buchhaltungsbelegen

Belege in der Finanzbuchhaltung werden als cashrelevant identifiziert, wenn sie mindestens eine Debitoren- oder Kreditorenposition enthalten oder auf einem Bankverrechnungskonto bzw. auf einem Bestandskonto für Geldmittel gebucht wurden. Für diese Belege wird in jeder Position des Buchungsbelegs das Feld **Bewegungsart** gefüllt. Belege ohne Bewegungsart werden im One Exposure nicht verarbeitet.

Bei den Belegpositionen der so identifizierten Belege ist grundsätzlich zwischen Belegpositionen, die einen Cashflow repräsentieren und Belegpositionen, die nur der Merkmalsableitung dienen, zu unterscheiden. Diese beiden Arten werden nachfolgend im Detail vorgestellt.

Bewegungsarten für Cashflows

Belegpositionen, die einen Cashflow repräsentieren, werden als Cashflow-Datensätze in der Flow-Tabelle gespeichert und repräsentieren hier zukünftige oder historische Cashflows. Hier sind die folgenden Kategorien zu unterscheiden:

- Ist-Cashflows
- Cash in Transit
- Reguläre Forderungen und Verbindlichkeiten

Ist-Cashflows

Buchungen auf einem Bestandskonto für Geldmittel werden vom System als reale Bewegung von Geldmitteln betrachtet und damit dem Tagesfinanzstatus mit der Wahrscheinlichkeitsstufe ACTUAL (Ist-Cashflow) zugeordnet. Zur Vereinfachung wird im Folgenden ein solches Konto als Bankkonto bezeichnet.

Ein Konto wird als Bankkonto betrachtet, wenn das Konto entweder in der Tabelle T012K als Abstimmkonto verwendet wird oder das Feld **Geldbewegungsrelevant** im Sachkontenstamm (Feld SKB1-SGKON) aktiviert und das Konto nicht OP-geführt (Feld SKB1-XOPVW) ist.

Bei den Bewegungsarten für Ist-Cashflows wird unterschieden zwischen:

- 900006 – Incoming Bank Confirmed Cash Increase
- 900008 – Outgoing Bank Confirmed Cash Increase

Cash in Transit

Buchungen auf einem Bankverrechnungskonto werden vom System als *eigeninitiierter Cash in Transit* (Wahrscheinlichkeitsstufe SI_CIT) interpretiert und damit im Tagesfinanzstatus ausgewiesen. Ein Cash-in-Transit-Konto wird immer angenommen, wenn es entweder in der Kontenfindung des Zahllaufs (Tabelle T042I) oder in den Bank-zu-Bank-Zahlungen (Tabelle T042Y) als Bankunterkonto verwendet wurde. Als Nebenbedingung gilt hier, dass das Konto als **Bestandskonto** (Feld SKA1-XBILK) ausgeprägt wurde und nicht als Abstimmkonto markiert ist (Feld SKB1-MITKZ). Außerdem werden Sachkonten in dieser Kategorie berücksichtigt, bei denen die Kennzeichen **Geldbewegungsrelevant** (Feld SKB1-SGKON) und **Verwaltung offener Posten** (Feld SKB1-XOPVW) gesetzt sind.

Die folgenden Bewegungsarten werden für Cash in Transit verwendet.

- 800006 – Incoming Cash in Transit Increase
- 800008 – Outgoing Cash in Transit Increase

Reguläre Forderungen und Verbindlichkeiten

Buchungszeilen mit der Kontoart D (Debitor) oder K (Kreditor) werden als potenzielle zukünftige Cashflows interpretiert und damit als für die Liquiditätsvorschau relevant eingestuft. Debitorische Buchungen werden hierzu mit der Wahrscheinlichkeitsstufe REC_N (Reguläre Forderung) und kreditorische Belege mit PAY_N (Reguläre Verbindlichkeit) gekennzeichnet. In den Bewegungsarten wird unterschieden, ob es sich um eine debitorische oder um eine kreditorische Buchung und ob es sich um eine reguläre oder eine nicht zugeordnete Position handelt:

- 600000 – Regular Receivables Increase
- 600001 – Regular Payables Increase
- 600200 – Unallocated Receivables Increase
- 600201 – Unallocated Payables Increase

Bewegungsarten für die Merkmalsableitung

Für cashrelevante Belegpositionen wird zum Teil auch das Feld **Bewegungsart** in den Gegenpositionen gefüllt, sofern sie nicht selbst als Cashflow identifiziert wurden. Diese Zuordnung dient nur zur Ableitung und Interpretation der eigentlichen Geldbewegung, z. B. zur Ermittlung des Feldes **Liquiditätsposition**, oder zur Kostenstellenkontierung. Die Gegenpositionen selbst werden wertmäßig nicht in der Cashflow-Tabelle fortgeschrieben.

Bewegungsarten für Aufwands- und Ertragskonten

Für eine Gegenbuchung auf einem Aufwands- oder Ertragskonto verwendet das SAP-System die folgenden Bewegungsarten:

- 600500 – Delivered Goods/Services Increase
- 600501 – Received Goods/Services Increase
- 600510 – Received Goods/Services Decrease
- 600511 – Delivered Goods/Services Decrease

Bewegungsarten für Steuerzeilen

Steuerzeilen in einem cashrelevanten Buchhaltungsbeleg werden mit diesen Bewegungsarten gekennzeichnet:

- 300000 – Input Tax Increase
- 300001 – Output Tax Increase
- 300010 – Output Tax Decrease
- 300011 – Input Tax Decrease

Zur Verdeutlichung der Logik finden Sie in Abbildung 9.2 beispielhaft eine Kundenrechnung. In der ersten Position wird ein potenzieller Zahlungsausgang mit der Bewegungsart 600001 (Regular Payables Increase) gefunden. Hierzu wird ein Cashflow in der Höhe des Rechnungsbetrags abzüglich Skonto, also 980 EUR, in der Flow-Tabelle fortgeschrieben.

Die zweite Position klassifiziert den Cashflow über die Bewegungsart 600500 (Delivered Goods/Services Increase) als erbrachte Leistung, und die finale Steuerzeile enthält die Bewegungsart 300010 (Output Tax Increase). Diese Informationen werden in der nachfolgenden Bearbeitung vom Flow Builder verwendet, um Belegketten auszuwerten und Reporting-Merkmale und Liquiditätspositionen zu ermitteln.

Zusätzlich zu der in diesem Abschnitt dargestellten Ableitungslogik im SAP-Standard ist es möglich, im Customizing eine kundenindividuelle Ableitungslogik für Bewegungsarten auf der Basis von Sachkonten oder Dispositionsebenen zu hinterlegen (siehe Abschnitt 10.4.4, »Bewegungsarten«).

Abbildung 9.2 Beispiel für Bewegungsarten in einer Debitorenrechnung

9.3.2 Bewegungsarten in der Tabelle FQM_FLOW

Das Feld **Bewegungsart** wird auch in jedem Datensatz der Flow-Tabelle (FQM_FLOW) abgespeichert. Für Buchungen aus der Finanzbuchhaltung (Originalanwendung BSEGV), die einen Cashflow repräsentieren, wird hier prinzipiell immer die Bewegungsart aus den korrespondierenden Finanzbuchhaltungsbelegpositionen (Tabelle BSEG) abgeleitet.

Bewegungsarten für den elektronischen Kontoauszug

Geldbewegungen, die aus dem Import eines elektronischen Kontoauszugs ohne Verbuchung resultieren, werden mit den folgenden Bewegungsarten in der Flow-Tabelle gekennzeichnet:

- 900014 – Incoming Bank Cash Increase
- 900015 – Incoming Bank Cash Decrease
- 900016 – Outgoing Bank Cash Increase
- 900017 – Outgoing Bank Cash Decrease

[«]

Unterschied zwischen Kontoauszug und Buchhaltungsbeleg

Um die unterschiedliche Handhabung von Kontoauszug und Buchhaltungsbeleg zu verdeutlichen: Die Finanzbuchhaltungsbelege für die Bankbuchungen werden mit den Bewegungsarten 900006 (Incoming Bank Confirmed Cash Increase) und 900008 (Outgoing Bank Confirmed Cash Increase) als bestätigte (confirmed) Bankbuchungen gekennzeichnet.

Bewegungsarten für weitere Originalanwendungen

Für zukünftige Cashflows aus anderen Originalanwendungen werden die folgenden Bewegungsarten automatisch abgeleitet.

- Treasury and Risk Management (TRM)
  - 900100 – Incoming Bank Cash (TRM)
  - 900101 – Outgoing Bank Cash (TRM)
- Darlehensverwaltung (CML)
  - 900104 – Incoming Bank Cash (CML)
  - 900105 – Outgoing Bank Cash (CML)
- Vertragskontokorrent (FI-CA)
  - 900106 – Incoming Cash (FI-CA)
  - 900107 – Outgoing Cash (FI-CA)
- Materialwirtschaft (MM)
  - 900000 – Incoming Bank Cash
  - 900001 – Outgoing Bank Cash
- Vertrieb (SDCM)
  - 900000 – Incoming Bank Cash
  - 900001 – Outgoing Bank Cash
  - 900018 – Incoming Bank Cash (Tax)
  - 900019 – Outgoing Bank Cash (Tax)
- Verteiltes Cash Management (CMSND, CMDSR)
  - 900110 – Incoming Cash (IDoc)
  - 900111 – Outgoing Cash (IDoc)
- Banksalden-Upload (MEBAC)
  - 900102 – Bank Cash Balance Increase
  - 900103 – Bank Cash Balance Decrease
- SAP Liquidity Planner (LPA)
  - 900112 – Incoming Cash (LP)
  - 900113 – Outgoing Cash (LP)

9.3.3 Bewegungstypen und Bewegungsstufen in der Tabelle FQM_FLOW

Jeder Bewegungsart (Feld FLOW_TYPE) ist im System ein eindeutiger *Bewegungstyp* (Feld FLOW_CATEGORY) zugeordnet. SAP liefert Standardeinträge für Bewegungsarten aus, wobei immer einer Bewegungsart ein gleichlautender Bewegungstyp zugeordnet ist.

Der Unterschied zwischen den beiden Feldern ist, dass Bewegungsarten kundenindividuell erweitert werden können. Bewegungstypen können Sie hingegen nicht erweitern. Es steht Ihnen frei, eigene Bewegungsarten zu definieren. Sie müssen dann nur jeweils einen vom SAP-System vordefinierten Bewegungstyp zuordnen.

Wie in Abbildung 9.3 dargestellt, ist der Bewegungstyp einer Bewegungsstufe im Customizing (Tabelle FQMV_FLOW_CAT) zugeordnet.

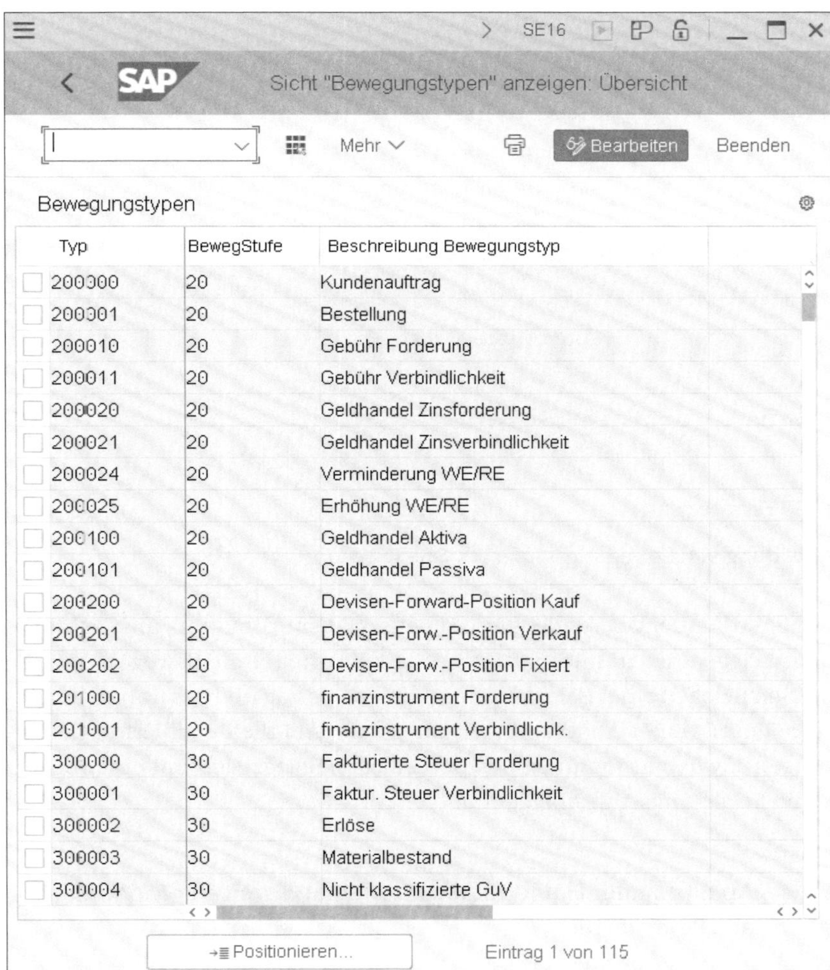

Typ	BewegStufe	Beschreibung Bewegungstyp
200000	20	Kundenauftrag
200001	20	Bestellung
200010	20	Gebühr Forderung
200011	20	Gebühr Verbindlichkeit
200020	20	Geldhandel Zinsforderung
200021	20	Geldhandel Zinsverbindlichkeit
200024	20	Verminderung WE/RE
200025	20	Erhöhung WE/RE
200100	20	Geldhandel Aktiva
200101	20	Geldhandel Passiva
200200	20	Devisen-Forward-Position Kauf
200201	20	Devisen-Forw.-Position Verkauf
200202	20	Devisen-Forw.-Position Fixiert
201000	20	finanzinstrument Forderung
201001	20	finanzinstrument Verbindlichk.
300000	30	Fakturierte Steuer Forderung
300001	30	Faktur. Steuer Verbindlichkeit
300002	30	Erlöse
300003	30	Materialbestand
300004	30	Nicht klassifizierte GuV

Abbildung 9.3 Zuordnung von Bewegungstyp zu Bewegungsstufe in Tabelle FQMV_FLOW_CAT

Die Bewegungsstufe symbolisiert die Lebenszyklusphase eines Cashflows (siehe Abbildung 9.4). Je höher die Zahl ist, desto weiter fortgeschritten ist der Prozess und umso wahrscheinlicher ist der Cashflow. Die höchste Zahl 90 repräsentiert die endgültige Geldbewegung auf dem Konto und damit den letzten Schritt eines cashflow-relevanten Prozesses. Eine niedrigere Zahl symbolisiert einen früheren Prozessschritt der näher am Ursprungsbeleg liegt, jedoch mit einer höheren Unsicherheit behaftet ist.

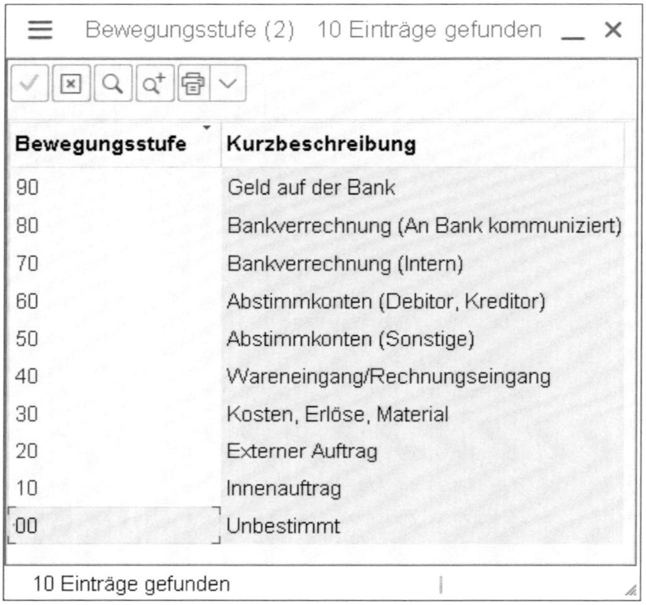

Bewegungsstufe (2) 10 Einträge gefunden

Bewegungsstufe	Kurzbeschreibung
90	Geld auf der Bank
80	Bankverrechnung (An Bank kommuniziert)
70	Bankverrechnung (Intern)
60	Abstimmkonten (Debitor, Kreditor)
50	Abstimmkonten (Sonstige)
40	Wareneingang/Rechnungseingang
30	Kosten, Erlöse, Material
20	Externer Auftrag
10	Innenauftrag
00	Unbestimmt

10 Einträge gefunden

Abbildung 9.4 Bewegungsstufen im One Exposure

Der Flow Builder verwendet diese Lebenszyklusinformation, um Cashflows über Belegketten zu interpretieren. Hierzu wertet er die Bewegungsstufen in allen Belegen einer Belegkette aus, um den Betrag und das Datum aus Positionen mit einer höheren Bewegungsstufe und die detaillierten Kontierungen sowie die Liquiditätsposition aus den Belegzeilen mit einer niedrigeren Bewegungsstufe abzuleiten.

9.3.4 Ableitung der Liquiditätspositionen und weiterer Merkmale aus Belegketten

Mit dem Feld **Liquiditätsposition** wird in SAP S/4HANA der sachliche Ursprung bzw. die Verwendung eines Cashflows dargestellt. Mit der Full-Cash-Lizenz kann das Feld **Liquiditätsposition** im One Exposure für die Cashflow-Datensätze abgeleitet werden. Die Ableitung erfolgt über eine einheitliche Logik für die Ist-Cashflows und für die geplanten Cashflows aus Forderungen und Verbindlichkeiten.

Dieser Abschnitt erläutert die Funktionsweise der Ableitung des Feldes **Liquiditätsposition**. Da die Logik für die Ermittlung weiterer Merkmalsfelder der Cashflows wie z. B. des Profit-Centers analog funktioniert, wird diese ebenfalls in diesem Abschnitt erläutert.

In SAP S/4HANA existieren verschiedene Möglichkeiten zur Ableitung der Merkmalsfelder für die verschiedenen Quellapplikationen. Grundsätzlich zu unterscheiden ist die in diesem Abschnitt beschriebene Ableitungslogik für Belege in der Finanzbuchhaltung (Quellapplikation BSEGV) von der Logik für alle anderen Quellapplikationen (siehe Abschnitt 9.3.5, »Ableitungslogik für Liquiditätspositionen über Abfragen«).

Ableitung von Liquiditätspositionen für Buchhaltungsbelege

Beginnen wir zunächst mit der Ableitungslogik für die Belege aus der Finanzbuchhaltung. Vereinfacht dargestellt, leitet das System die Liquiditätsposition aus den verursachenden GuV- und Bilanzkonten von Rechnungsbelegen in der Finanzbuchhaltung ab. Im Detail arbeitet das System dabei sehr differenziert und bietet diverse Einstellungsmöglichkeiten, um über alle Bearbeitungsstufen von Rechnungen und Zahlungen für eine konsistente Ableitung zu sorgen.

Initiale Ableitung beim Verbuchen eines Belegs

Für jede Position eines cashrelevanten Finanzbuchhaltungsbelegs, für die eine Ableitung möglich ist, speichert das System die Liquiditätsposition im Feld BSEG-LQITEM ab. In Abbildung 9.5 ist eine Kreditorenrechnung in der Tabelle BSEG dargestellt, die als Beispiel für die Ableitungslogik dienen soll. Hier wurden in der ersten Belegposition (Kreditorenzeile) die Liquiditätsposition X_KREDITOREN (Abstimmkonten Kreditoren) mit der Bewegungsart 600001 und in der zweiten Position (Aufwandsposition) die Liquiditätsposition A3100 (Marketing) sowie das Profit-Center S000 ohne Bewegungsart gespeichert.

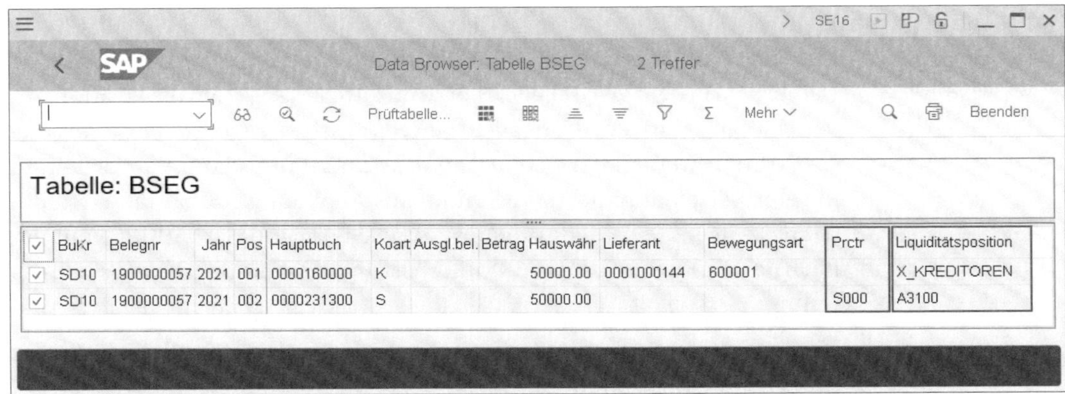

Tabelle: BSEG

BuKr	Belegnr	Jahr	Pos	Hauptbuch	Koart	Ausgl.bel.	Betrag Hauswähr	Lieferant	Bewegungsart	Prctr	Liquiditätsposition
SD10	1900000057	2021	001	0000160000	K		50000.00	0001000144	600001		X_KREDITOREN
SD10	1900000057	2021	002	0000231300	S		50000.00			S000	A3100

Abbildung 9.5 Kreditorenrechnung in der Tabelle BSEG

Für die Ableitung der Liquiditätsposition verwendet das System die Zuordnungstabelle FLQACC_INFO_APP (Sachkonto zu Liquiditätsposition). Diese Tabelle kann von den Anwendern direkt im Produktivsystem über Transaktion FLQINFACC (Sachkonten mit Liquiditätspos-Info) gepflegt und dort an den individuellen Kontenplan angepasst werden (siehe Abbildung 9.6).

In unserem Beispiel wurde in der zweiten Belegposition die Liquiditätsposition A3100 aus der Hauptbuchkontonummer 231300 abgeleitet. Alternativ können Liquiditätspositionen in Finanzbuchhaltungsbelegen auch über Abfragen (siehe Abschnitt 9.3.5, »Ableitungslogik für Liquiditätspositionen über Abfragen«) oder User-Exits abgeleitet werden.

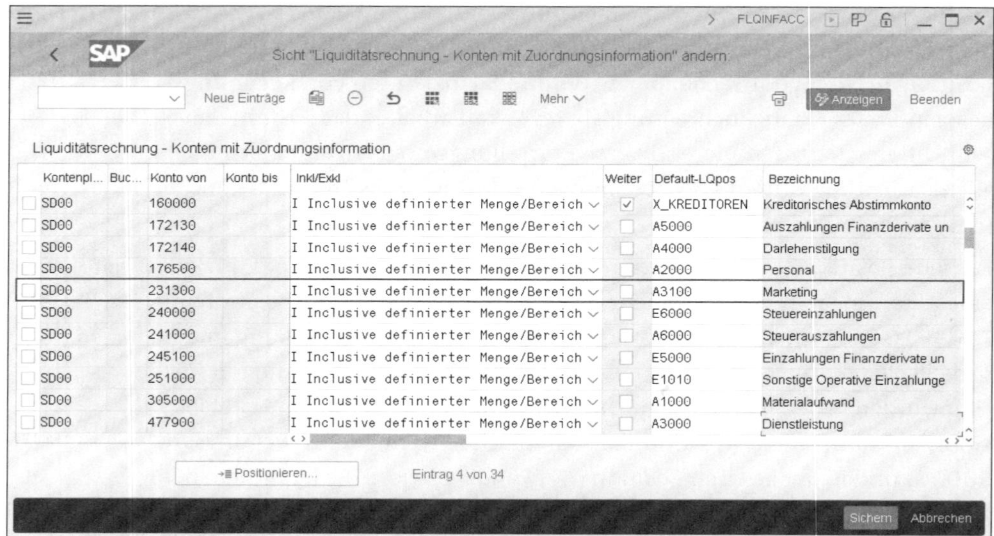

Abbildung 9.6 Sachkonto zu Liquiditätsposition zuordnen

Verarbeitung eines Rechnungsbelegs mit dem Flow Builder

Der Flow Builder erzeugt nach der Buchung korrespondierende Cashflow-Datensätze in der Flow-Tabelle. Hierzu ermittelt das System die Position mit der Bewegungsart, der die höchste Bewegungsstufe zugeordnet ist. Aus dieser Position werden der Betrag und das Transaktionsdatum abgeleitet. In unserer Beispiel-Kreditorenrechnung aus Abbildung 9.5 hat die erste Buchungszeile mit der Kreditorenposition die Bewegungsart 600001 mit der höchsten Bewegungsstufe (60) und bestimmt somit den Betrag und das Datum.

Die Liquiditätsposition und weitere Kontierungen des Cashflows leitet das System auf Basis der Einträge in der Gegenposition mit der niedrigeren Bewegungsstufe ab. Die dahinter liegende Überlegung ist, dass Belegpositionen mit einer niedrigeren Bewegungsstufe detailliertere Aussagen zur Ursache eine Cashflows liefern können. In unserem Beispiel ermittelt der Flow Builder auf dieser Basis die Liquiditätsposition A3100 und das Profit-Center S000 aus der zweiten Buchungszeile mit der Aufwandsposition (siehe Abbildung 9.7). Ein Buchhaltungsbeleg, der mehrere Gegenpositionen mit unterschiedlichen Merkmalen enthält, erzeugt mehrere Cashflow-Einträge in der Flow-Tabelle, für die der Gesamtbetrag der Verbindlichkeiten aufgeteilt wird.

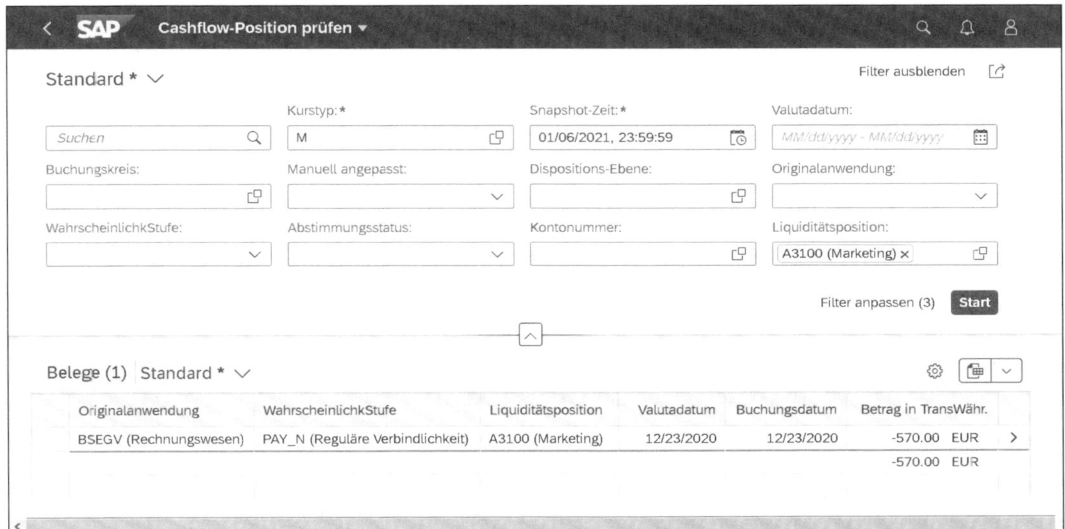

Abbildung 9.7 Darstellung einer Kreditorenrechnung im Cash Management

Verarbeitung von Belegketten mit dem Flow Builder

In der Folgebearbeitung von Buchhaltungsbelegen werden diese ausgeglichen und sind damit nicht mehr für das Cash Management relevant. An ihre Stelle treten Folgebelege mit einer höheren Wahrscheinlichkeit und einer höheren Bewegungsstufe. Wenn die Ursprungsbelege und die Folgebelege über Ausgleichsnummern verbunden sind, kann der Flow Builder hierüber eine Verbindung herstellen und Belegketten rekonstruieren. Der Flow Builder sucht so die Ursprungsbelege zu den Cashflows und leitet hieraus verschiedene Merkmale ab.

In unserem Beispiel würde eine Zahlung der Kreditorenrechnung zu einem Ausgleich des Rechnungsbelegs führen. Zahlungsbeleg und Kreditorenrechnung werden dabei über eine Ausgleichsnummer verknüpft. Im One Exposure wird die offene Verbindlichkeit durch die Zahlung abgelöst. Der Flow Builder kann die Belegkette nun über die Ausgleichsnummer zurück bis zum Ursprungsbeleg verfolgen. Auch hier gilt wieder die gleiche Logik, dass belegübergreifend die Position mit der höchsten Bewegungsstufe den Betrag und das Datum bestimmt und die Kontierungen aus den Positionen mit der niedrigsten Bewegungsstufe abgeleitet werden. Für den Zahlungsbeleg wird damit die Ableitung der Liquiditätsposition und des Profit-Centers aus der ursprünglichen Aufwandsposition der Kreditorenrechnung möglich.

Ableitungslogik für den Ist-Cashflow

Die realen Geldbewegungen auf dem Bankkonto werden manuell oder über den elektronischen Kontoauszug auf dem Bankkonto gebucht und werden damit im One Exposure als Ist-Cashflows (Wahrscheinlichkeitsstufe ACTUAL) ausgewiesen. Die Gegenbuchung erfolgt dabei in der Regel gegen ein Bankverrechnungskonto. Über das Bankverrechnungskonto erfolgt dann der Ausgleich mit den Kontokorrentbuchungen. Auch in diesem Fall sind die beteiligten Belege über die Ausgleichsbelegnummern verbunden, sodass eine geschlossene Belegkette von der Bankbuchung bis zum Ursprungsbeleg möglich wird. Der Flow Builder nutzt diese Belegkette, um den Ist-Cashflow mit den Kontierungen und der Liquiditätsposition aus dem Ursprungsbeleg anzureichern. Für unseren kreditorischen Beispielbeleg erfolgt die Ableitung dann wie in Abbildung 9.8 dargestellt. Der Ist-Cashflow auf dem Bankkonto erhält hierbei die Liquiditätsposition A3100 und das Profit-Center S000 durch die retrograde Ableitung der Belegkette bis auf die Aufwandsposition des Originalbelegs.

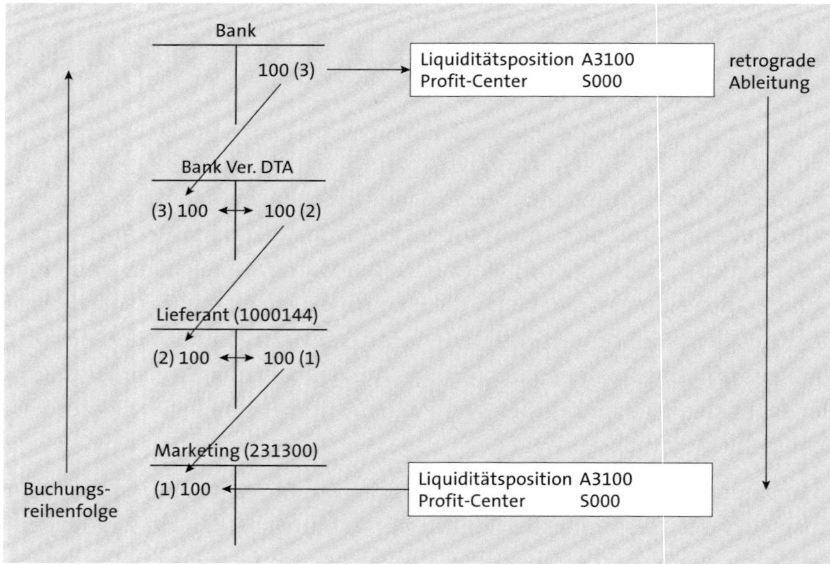

Abbildung 9.8 Retrograde Ableitung von Merkmalen von Kreditorenrechnungen durch den Flow Builder

Für den Fall, dass die Ableitung der Liquiditätspositionen über die Sachkontenkontierung von Belegzeilen nicht möglich oder zu aufwendig ist, kann die Ableitung auch über sogenannte Abfragen erfolgen. Abfragen haben eine höhere Priorität gegenüber der Ableitung aus den Sachkonten. Der folgende Abschnitt erläutert die Konzepte zu dieser Ableitungsvariante.

9.3.5 Ableitungslogik für Liquiditätspositionen über Abfragen

Ableitung von Liquiditätspositionen über Abfragen

Für die Ableitung von Liquiditätspositionen im One Exposure stellt SAP zusätzlich sogenannte *Abfragen* zur Verfügung. Abfragen werden nach ihrer Herkunft unterschieden. Abfragen mit der Herkunft C und D werden für die Ableitung aus Finanzbuchhaltungsbelegen verwendet. Alle anderen Originalanwendungen verwenden Abfragen mit der Herkunft X.

Abfragen für Buchhaltungsbelege

Bei den Abfragen für Buchhaltungsbelege ist zu unterscheiden, ob die Ableitung aus der Kontokorrentposition (Herkunft C) eines Belegs oder über die Gegenposition erfolgen soll (Herkunft D). Technisch ausgedrückt, verarbeitet eine Abfrage mit der Herkunft C die Belegpositionen mit der Kontoart D (Debitoren) oder der Kontoart K (Kreditoren). Abfragen mit Herkunft D verarbeiten die Gegenpositionen mit der Kontoart S (Sachkonto).

Die Abfragen definieren Sie als Anwender direkt im Produktivsystem mit der Transaktion FLQQA1.

Erstellung einer Abfrage für Sachkontenpositionen (Herkunft D)

Für die Anlage einer Abfrage für eine Sachkontenposition füllen Sie nach dem Start der Transaktion zunächst die Felder **Abfrage ID** mit einem frei definierbaren Schlüssel sowie das Feld **Herkunft** mit »D« und bestätigen die Eingabe mit der Taste [↵] (siehe Abbildung 9.9). Danach füllen Sie die Felder **Bezeichnung** und **Liquiditätspos.**.

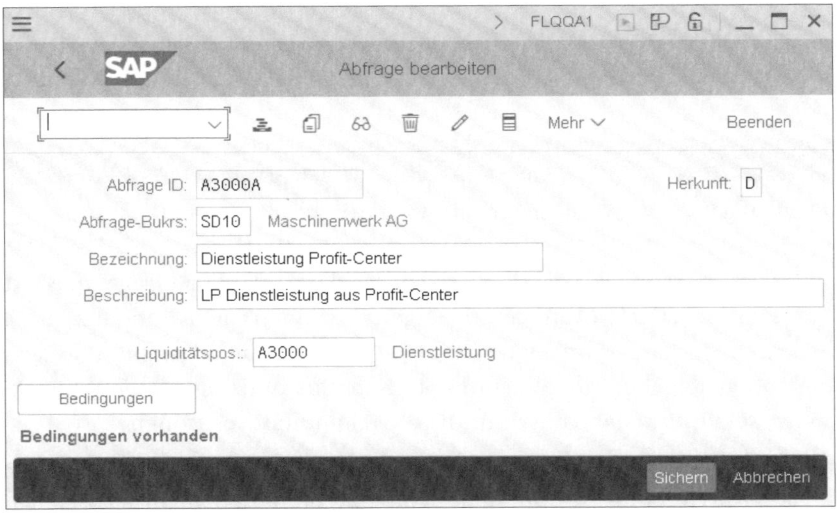

Abbildung 9.9 Abfrage für Rechnungswesenbelege bearbeiten

Anschließend klicken Sie auf den Button **Bedingungen**, um die Feldwerte zu definieren, die zu einer Ableitung der Liquiditätsposition führen sollen (siehe Abbildung 9.10). Wählen Sie dafür zunächst ein Feld auf der linken Seite aus dem Feldvorrat mit einem Doppelklick aus. Für Abfragen mit der Herkunft D stehen viele Felder aus dem Belegkopf und der Belegposition zur Auswahl. Der Feldinhalt kann danach auf der rechten Seite spezifiziert werden. In unserem Beispiel haben wir damit eine Regel angelegt, die die Liquiditätsposition A3000 zuordnet, wenn die Aufwands- oder Ertragsposition einer Rechnung das Profit-Center SD10DE000 enthält.

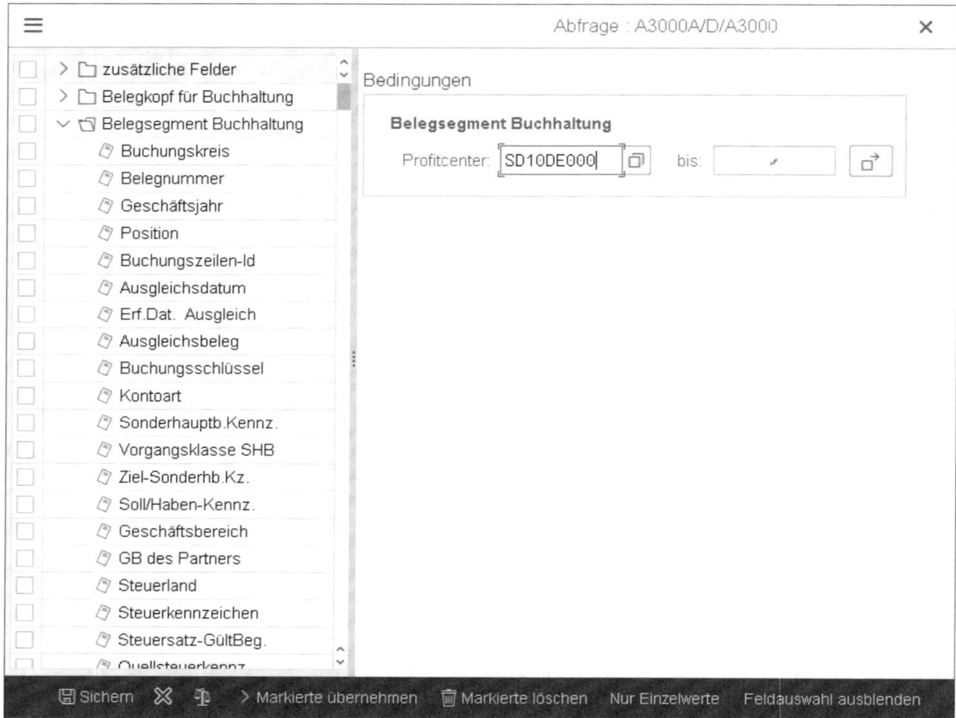

Abbildung 9.10 Bedingungen für eine Abfrage mit der Herkunft D

Abfragen müssen Sie nach der Speicherung noch einer Abfragefolge mit Transaktion FLQQA5 (Abfragen zu Folgen) zuordnen (siehe Abbildung 9.11). Beachten Sie, dass es pro Herkunft eine eigene Abfragefolge gibt und dass die Abfragefolge für Ihren Buchungskreis im Customizing definiert und aktiviert sein muss (siehe Abschnitt 10.4.3, »Liquiditätspositionen«).

Erstellung einer Abfrage für Kontokorrentpositionen (Herkunft C)

Abfragen für Kreditoren- oder Debitorenzeilen (Herkunft C) definieren Sie analog zur Herkunft D. Unter den Bedingungen finden Sie hier zusätzlich noch die Felder aus den Stammdatentabellen für Debitoren und Kreditoren.

So können Sie z. B. eine Abfrage definieren, die die Liquiditätsposition in Abhängigkeit von der Kontengruppe, Dispositionsgruppe oder dem Land eines Lieferanten ableitet.

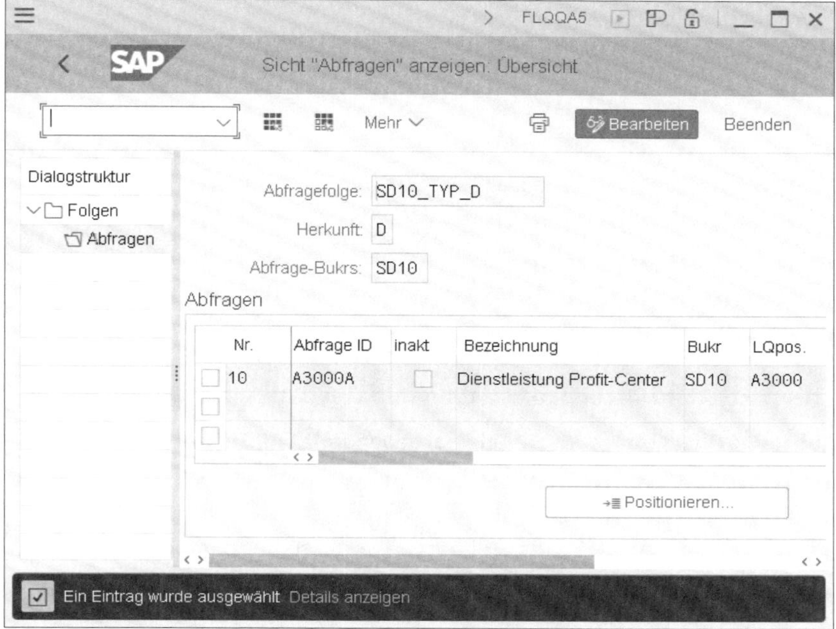

Abbildung 9.11 Abfrage zu einer Abfragefolge zuordnen

Abfragen für andere Originalanwendungen (Herkunft X)

Für alle Originalanwendungen außer dem Rechnungswesen (BSEGV) können Sie Abfragen mit der Herkunft X ebenfalls mit Transaktion FLQQA1 (Abfrage bearbeiten (Allgemein)) definieren. Hier stehen Ihnen ausgewählte Felder aus der Flow-Tabelle für die Ableitung zur Verfügung.

Beispielabfrage für Treasury and Risk Management

In Abbildung 9.12 ist ein Beispiel für eine Abfrage aus der Originalanwendung Treasury and Risk Management (TRM) dargestellt. Hier wird die Liquiditätsposition E4010 (Aufnahme Festgeld) abgeleitet.

Über den Button **Bedingungen** definieren Sie, bei welcher Feldwertkombination die Liquiditätsposition dem Cashflow zugeordnet werden soll. Die Bedingungen in unserem Beispiel aus Abbildung 9.13 sehen Cashflows vor, die mit Produktart 51A und Geschäftsart 200 klassifiziert wurden und mit der Bewegungsart 900100 gebucht wurden. Für die Liquiditätsposition A4010 (Rückzahlung Festgeld) können Sie eine zweite Abfrage mit der korrespondierenden Bewegungsart 900101 definieren.

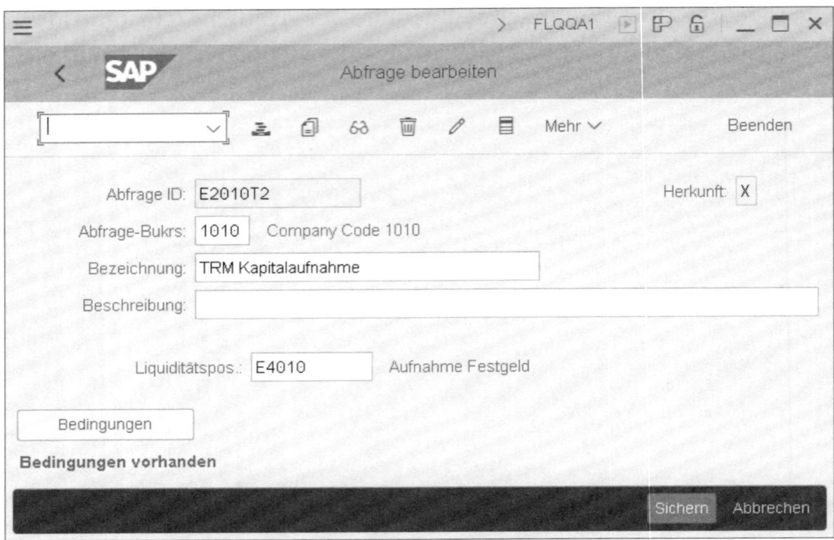

Abbildung 9.12 Abfrage für die Originalanwendung SAP Treasury

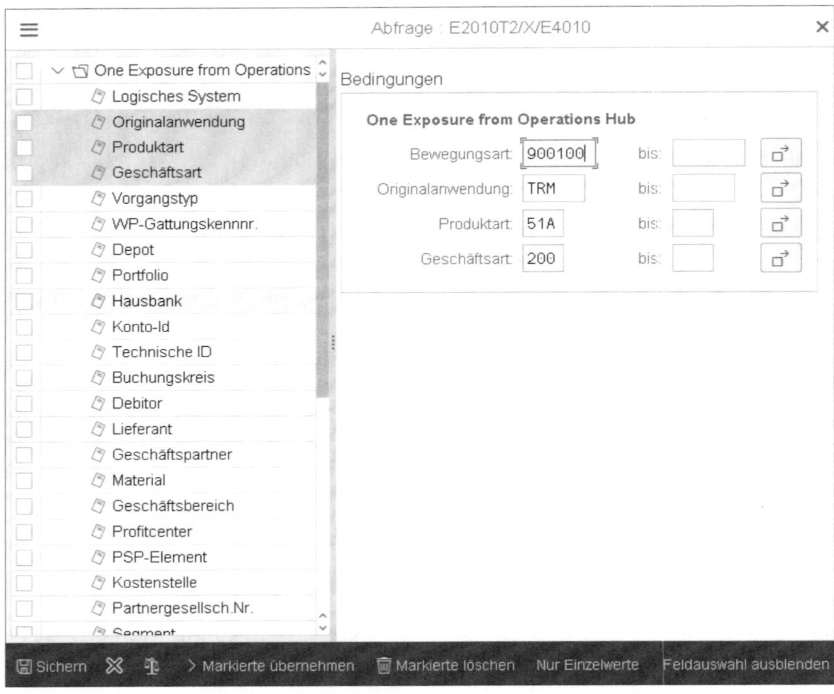

Abbildung 9.13 Bedingungen für eine Abfrage mit der Herkunft X

Mit der Überleitung eines Treasury-Geschäfts zur Aufnahme von Festgeld werden dann die Cashflows im One Exposure mit den korrespondierenden Liquiditätspositionen klassifiziert (siehe Abbildung 9.14).

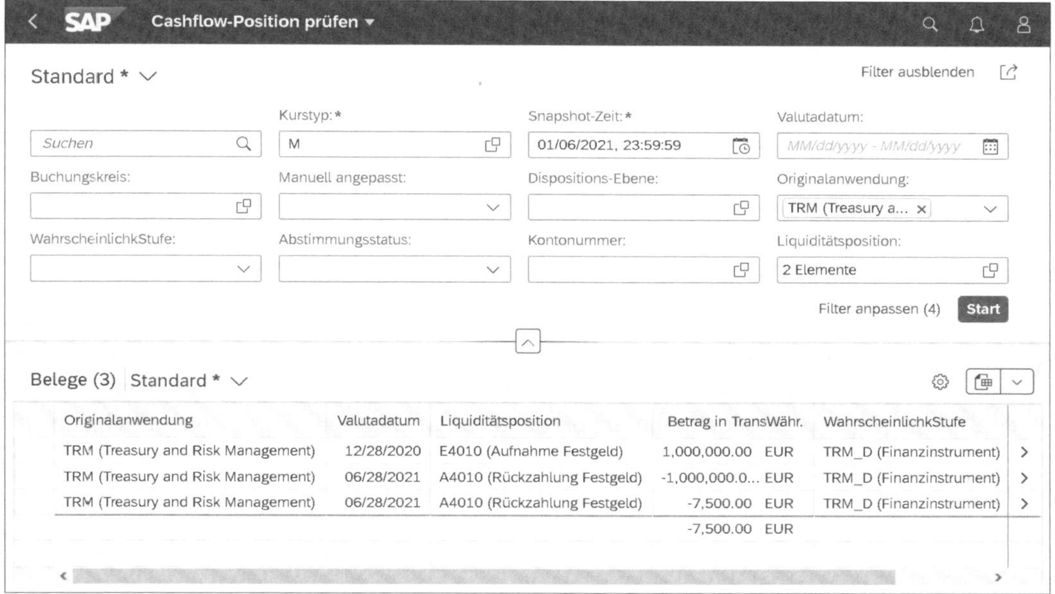

Abbildung 9.14 Liquiditätsposition für ein Treasury-Geschäft zuordnen

Für andere Originalanwendungen können Sie analog verfahren und Abfragen mit der Herkunft X verwenden. Die Auswahl der sinnvoll nutzbaren Felder variiert hier in Abhängigkeit der von der Anwendung zur Verfügung gestellten Felder. In Abschnitt 9.4.1 bis Abschnitt 9.4.9 werden die übergeleiteten Felder pro Originalanwendung (Fortschreibung weiterer Felder) jeweils erläutert.

[«]

Abfragefolge für die Materialwirtschaft

Der Flow Builder erzeugt auch die zukünftigen Cashflows aus der Materialwirtschaft und kann dabei Abfragen für die Ermittlung der Liquiditätsposition nutzen. Für die Verwendung von Abfragen wird für die Materialwirtschaft eine eigene Abfragefolge benötigt. Nach der Anlage und nach jeder Änderung der Abfragefolge ist die MM-Ladeklasse neu zu generieren, wie in Abschnitt 10.8.2, »Flow Builder initialisieren und einrichten«, beschrieben.

Kundenindividuelle Programmierung

Neben den bereits vorgestellten Methoden zur Ermittlung der Liquiditätsposition können Sie auch frei programmierbare Ableitungsregeln über einen User-Exit hinterlegen (siehe Abschnitt 10.4.3, »Liquiditätspositionen«).

[»]

Das Feld Liquiditätsposition in SAP ERP

Das Feld **Liquiditätsposition** wurde auch schon in der Komponente SAP Liquidity Planner in SAP ERP verwendet, und die Ableitungslogik für Buchhaltungsbelege über Abfragen hat dort nach ähnlichen Prinzipien funktioniert. Auch hier war eine Ableitung aus dem Sachkonto über Abfragen mit der Quelle C oder D sowie über User-Exits möglich.

9.4 Integration von internen Datenquellen im Detail

Die verschiedenen Datenquellen liefern unterschiedliche Informationsgehalte zu den Cashflows. Im Folgenden erfahren Sie, welche Geschäftsvorfälle aus den einzelnen Datenquellen berücksichtigt werden und welche Besonderheiten hier zu beachten sind. Beachten Sie, dass die generellen Konzepte zu verschiedenen Reporting-Merkmalen, wie z. B. Wahrscheinlichkeitsstufen, Dispositionsebenen, Dispositionsgruppen und Kontierungsobjekten, bereits in Abschnitt 3.3, »Reporting-Felder«, vorgestellt wurden. Die in diesem Abschnitt vorgestellten Datenquellen stehen in einem Einsystemszenario zur Verfügung. Die verfügbaren Datenquellen in einer Mehrsystemlandschaft finden Sie in Abschnitt 9.5, »Integration von externen Datenquellen im Detail«.

9.4.1 Integration des Finanzwesens (FI)

Cashflow-Informationen aus dem Finanzwesen

Das Finanzwesen liefert Informationen zu Ist-Cashflows auf der Basis von gebuchten Belegen auf Bestandskonten für Geldmittel. Zusätzlich stellt das Finanzwesen Informationen zu zukünftigen Cashflows aus offenen Debitoren- und Kreditorenrechnungen zur Verfügung. Dies beinhaltet auch vorerfasste Belege, Zahlungsanforderungen oder Anzahlungsanforderungen, die als Einzelsätze verbucht wurden.

Verarbeitungslogik der Daten

Belege aus der Finanzbuchhaltung werden mit der Buchung in der Tabelle FCLM_BSEG_DELTA gespeichert, wenn das Feld **Bewegungsart** (BSEG-FQFTYPE) gefüllt ist (siehe Abschnitt 9.3.1, »Bewegungsarten in der Tabelle BSEG«). Das SAP-Programm Flow Builder (siehe Abschnitt 9.6.1, »Flow Builder«) überträgt die Belege periodisch in die Flow-Tabelle. In Abhängigkeit von der Merkmalskombination für z. B. verschiedene Liquiditätspositionen oder verschiedene Controlling-Kontierungen in den Gegenpositionen eines Belegs wird der Cashflow gegebenenfalls gesplittet. Darüber hinaus leitet der Flow Builder Zahlungszeitpunkt, Zahlungsbetrag und die Liquiditätsposition ab (siehe Abschnitt 9.3.4, »Ableitung der Liquiditätspositionen und weiterer Merkmale aus Belegketten«). Alle übergeleiteten Buchungen werden mit Ihrem Valuta-, Beleg- und Buchungsdatum in das One Exposure übertragen. Als Geschäftsdatum im One Exposure wird das Valutadatum für Ist-Cashflows verwendet.

Ermittlung des geplanten Zahlungsdatums

Für offene Rechnungen aus den Nebenbüchern der Finanzbuchhaltung wird das Geschäftsdatum mit dem erwarteten Zahlungsdatum befüllt. Dieses berechnet sich aus dem Fälligkeitsdatum mit dem höchsten Skonto-Betrag. Grundlage bildet hier das Dispositionsdatum (Feld BSEG-FDTAG). Dieses Datum wird aus dem **Basisdatum für Fälligkeitsberechnung** (Feld BSEG-ZFBDT) und den Zahlungsbedingungen im Beleg berechnet. Bei einer Zahlungsbedingung mit einer Skonto-Kondition verwendet das System standardmäßig die Anzahl der Tage mit der höchstmöglichen Skonto-Kondition. Eine abweichende Logik, wie beispielsweise eine Datumsberechnung auf Basis der Nettofälligkeit, kann bei Bedarf im Customizing der Dispositionsgruppe hinterlegt werden (V_T035-DATYP). Bei debitorischen Rechnungen kann das System auch das historische Zahlungsverhalten Ihrer Kunden berücksichtigen, wenn das Kennzeichen zur Aufzeichnung des Zahlungsverhaltens im Kundenstamm gesetzt ist (Feld KNB1-XZVER) und wenn Zahlungen des Kunden aufgezeichnet wurden.

Ermittlung des Zahlungsbetrags

Der Betrag des Cashflows entspricht für Ist-Cashflows dem Buchungsbetrag der Belegposition. Für offene Rechnungen wird der Zahlungsbetrag aus dem Feld BSEG-FDWBT verwendet. Dieser berücksichtigt den maximal möglichen Skonto-Betrag und reduziert den Zahlungsbetrag entsprechend.

Betrag und Datum bei Ratenzahlungsbedingungen

Ratenzahlungsbedingungen in einer Rechnung erzeugen für jede Rate eine eigene Belegpositionen im Nebenbuch. Der Flow Builder erstellt daraus jeweils einen korrespondierenden Eintrag mit individuellem Datum und Betrag in der Flow-Tabelle.

Fortschreibung weiterer Felder

Der Flow Builder ermittelt die Bankkonteninformation entlang der Belegkette aus der Belegposition mit der höchsten Bewegungsstufe. Aus den Belegpositionen für Forderungen und Verbindlichkeiten werden darüber hinaus die Geschäftspartnernummer, die Zahlungsbedingung, die Dispositionsgruppe und die Dispositionsebene übernommen. Alle verfügbaren Merkmale aus Belegen mit einer niedrigeren Bewegungsstufe werden an die verketteten Belege einer höheren Bewegungsstufe vererbt.

[«]

Fortschreibung der Felder »Hausbank« und »Hausbankkonto«

Die automatische Zuordnung der Merkmale **Hausbankkonto** und **Hausbank** erfolgt für Ist-Cashflows nur bei der Buchung über den elektronischen Kontoauszug. Für manuell erfasste Bankbuchungen erfolgt keine automatische Befüllung der Felder, selbst wenn das Hausbankkonto und die Hausbank im Sachkontenstamm gepflegt wurden. Eine Aktivierung der Fortschreibung ist über eine Modifikation möglich (siehe SAP-Hinweis 2461437 – Hausbank (HBKID) und Konto-ID (HKTID) werden in der Tabelle FQM_FLOW (One Exposure) nicht aktualisiert).

Wenn die Felder in den offenen Forderungen oder Verbindlichkeiten gefüllt sind, übernimmt das One Exposure die Einträge in die Tabelle FQM_FLOW.

Vorerfasste Belege

Die Finanzbuchhaltung erlaubt die Vorerfassung von Belegen, sodass diese als Einzelsätze in der Buchhaltung sichtbar sind, jedoch noch nicht die Salden der Buchhaltungskonten fortschreiben. Dies ermöglicht die Erfassung von Belegen, für die Kontierungsdetails noch zu klären sind oder die noch freizugeben sind. Der Flow Builder berücksichtigt vorerfasste Belege aus dem Hauptbuch oder aus der Materialwirtschaft und ordnet diesen Belegen die Wahrscheinlichkeitsstufe **Vorerfasster Beleg** (PARKED) zu. In der Finanzbuchhaltung vorerfasste debitorische und kreditorische Belege werden aktuell nicht in die Flow-Tabelle überführt.

Zahlungsaufträge

Für den Fall, dass Ihr Unternehmen *Zahlungsaufträge* nutzt, können diese auch im One Exposure dargestellt werden. Wenn im Customizing eines Zahlweges das Kennzeichen **Nur Zahlungsaufträge** gesetzt ist, werden offene Posten mit der Ausführung des Zahllaufs nicht sofort ausgeglichen, sondern stattdessen Zahlungsaufträge erzeugt. Der offene Posten bleibt solange gesperrt, bis die Ausgangszahlung über den elektronischen Kontoauszug verbucht wird. Im One Exposure wird dieser Vorgang so abgebildet, dass die offene Verbindlichkeit durch den Zahlungsauftrag ersetzt wird. Die Details zur Zahlung werden dann aus dem (aktuelleren) Zahlungsauftrag verwendet, und die Wahrscheinlichkeitsstufe wird in PYORD (Zahlungsauftrag) geändert. Mit dem Zahlungseingang über den Kontoauszug wird dieser geplante Cashflow durch den Ist-Cashflow (Wahrscheinlichkeitsstufe) ACTUAL) ersetzt. Wird ein Zahlungsauftrag zurückgenommen, wird wieder die Verbindlichkeit aus der Ursprungsrechnung anstatt des Zahlungsauftrags im One Exposure gezeigt.

Zahlungsanordnungen

Verschiedene SAP-Applikationen, wie z. B. das Treasury Management, erzeugen Zahlungsanordnungen. Diese können u. a. mit dem Zahlprogramm für Zahlungsanordnungen (Transaktion F111) verarbeitet werden, um Zahlungen auszulösen. Diese Geschäftstransaktionen stellen Cashflows mit hoher Eintrittswahrscheinlichkeit dar und sollten daher ebenfalls in den SAP-Fiori-Apps des Cash Managements abgebildet werden. Zahlungsanordnungen werden dazu als Datensatz in der Flow-Tabelle gespeichert und hier mit der Wahrscheinlichkeitsstufe PAYRQ (Zahlungsanforderung) gekennzeichnet. Für einen Geldtransfer zwischen Ihren Hausbanken erzeugt das One Exposure parallel zu dem Ausgangsbeleg automatisch einen Eingangsbeleg auf dem Empfängerkonto. Beachten Sie, dass auch Zahlungsanordnungen ohne Finanzbuchhaltungsbeleg im One Exposure dargestellt werden können.

Für Zahlungsanordnungen kann die Standardlogik zur Ableitung der Liquiditätspositionen verwendet werden. Nach der Verarbeitung der Zahlungsanordnungen im Zahlprogramm und dem Auslösen einer Zahlung wird der korrespondierende Cashflow im One Exposure durch den Zahlungsvorgang mit der Wahrscheinlichkeitsstufe SI_CIT (Eigeninitiierter Cash in Transit) ersetzt.

Zahlungsversprechen

In der FSCM-Applikation *Collections Management* können Sie zu einem offenen debitorischen Posten ein Zahlungsversprechen hinterlegen. Dies ist aus Sicht des Cash Managements ein Informationsgewinn, da konkreter absehbar ist, wann und in welcher Höhe der Kunde zahlt. Aus diesem Grund wird mit der Speicherung des Zahlungsversprechens der Betrag und das Datum der zukünftigen Zahlung aktualisiert und die Wahrscheinlichkeitsstufe auf FIP2P (Zahlungsversprechen (Inkasso)) gesetzt.

Wurde ein Ratenzahlungsversprechen zu einer Forderung hinterlegt, splittet das One Exposure die Forderung in Ratenzahlungen mit den entsprechenden Zahlungsterminen auf. Mit dem Zahlungseingang auf dem Bankkonto wird der korrespondierende Cashflow mit dem Zahlungsversprechen gelöscht und durch den Ist-Cashflow (Wahrscheinlichkeitsstufe ACTUAL) ersetzt.

9.4.2 Integration des elektronischen Kontoauszugs

Cashflow-Informationen aus Kontoauszügen

Das SAP Cash Management verarbeitet untertägige Kontoauszüge und bestätigte Kontoauszüge mit den bei der Bank verbuchten und vorgemerkten Geldbewegungen. Darüber hinaus berücksichtigt das One Exposure auch manuell im SAP-System verbuchte Kontoauszüge. Alle Arten von Kontoauszügen enthalten Informationen zu den aktuellen Bewegungen auf den Bankkonten und sind daher für die Erstellung eines zeitnahen Tagesfinanzstatus und einer Cashflow-Analyse von großer Bedeutung.

Verarbeitungslogik von Kontoauszügen

Ein großer Vorteil gegenüber SAP ERP besteht in SAP S/4HANA darin, dass erfasste Kontoauszüge im One Exposure sichtbar sind, auch wenn sie noch nicht in der Finanzbuchhaltung verbucht wurden. Das kann der Fall sein, wenn die Kontenfindung kein Buchhaltungskonto ermitteln kann oder wenn der Import des Kontoauszuges ohne Verbuchung gestartet wurde. Die Kontoauszüge werden dazu über einen eigenständigen Adapter im One

Exposure verbucht und sind im Reporting mit der Originalanwendung BS (Kontoauszug) selektierbar. Mit der späteren Verbuchung der Auszugsposition in der Finanzbuchhaltung wird der Datensatz aus dem Kontoauszug gelöscht und durch die Buchung im Finanzwesen ersetzt, siehe Abschnitt 9.4.1, »Integration des Finanzwesens (FI)«.

Ermittlung von Zahlungsbetrag und Zahlungsdatum

Als Zahlungsbetrag für die Bankbewegung wird der aus dem Kontoauszug übertragene Betrag in Kontenwährung übernommen. Als Geschäftsdatum wird das Wertstellungdatum (Valutadatum) fortgeschrieben.

Fortschreibung weiterer Felder aus dem Kontoauszug

Die Merkmale **Hausbankkonto**, **Hausbank** und **technische Konto-ID** werden in der Flow-Tabelle gespeichert. Das Feld **Dispoebene** wird gefüllt, wenn im Customizing (siehe Abschnitt 10.4.2, »Dispositionsebenen und -gruppen«) ein entsprechender Eintrag vorgenommen wurde. Für die Ableitung der Liquiditätsposition aus dem Kontoauszug verwenden Sie eine Abfrage mit der Herkunft X wie in Abschnitt 9.3.5, »Ableitungslogik für Liquiditätspositionen über Abfragen«, erläutert. Weitere Felder können nachfolgend über die Auswertung von Belegketten durch den Flow Builder gefüllt werden, wenn der Beleg in der Finanzbuchhaltung verbucht wurde.

Untertägige Kontoauszüge

Das SAP-System erlaubt auch die Verarbeitung untertägiger Kontoauszüge, um aktuelle Buchungen des laufenden Tages im Tagesfinanzstatus darstellen zu können. Die Daten können dazu in verschiedenen Formaten wie dem MT-942-Format importiert werden. Die Positionen dieser Kontoauszüge werden mit dem Wahrscheinlichkeitsschlüssel INTRAM (Untertägiger Kontoauszug) verbucht und als manuelle Einzelsätze gespeichert. Zur Erhöhung der Datenkonsistenz zwischen geplanten Zahlungen aus der Buchhaltung und den untertägigen Zahlungen sind diese Datensätze abzugleichen. Hierzu verwenden Sie entweder den automatisierten Abgleich mit dem in Abbildung 9.15 dargestellten Programm FCLM_CR_TRIGGER (siehe SAP-Hinweis 2734088 – Programm für Finanzstromabstimmung), oder Sie führen den Abgleich manuell über die SAP-Fiori-App **Cashflows abstimmen – Untertägige Einzelsätze** durch. Neu mit Releasestand 2020 von SAP S/4HANA, On-Premise-Edition, ist die Funktion zur automatischen Deaktivierung alter untertägiger Einzelsätze. Hier werden die manuellen Einzelsätze automatisch deaktiviert, wenn ein aktuellerer untertägiger Kontoauszug zu einem Konto eingelesen wird.

Manueller Kontoauszug

Das SAP-System erlaubt die Verbuchung von manuellen Kontoauszügen über die SAP-GUI-Transaktion FF67 (Bearbeiten manueller Kontoauszug). Diese Kontoauszüge werden vom System analog zu den elektronischen Kontoauszügen verarbeitet. Die Speicherung erfolgt mit der Wahrscheinlichkeit ACTUAL (Ist-Cashflow) und der Originalanwendung BS (Kontoauszug), siehe Abbildung 9.16.

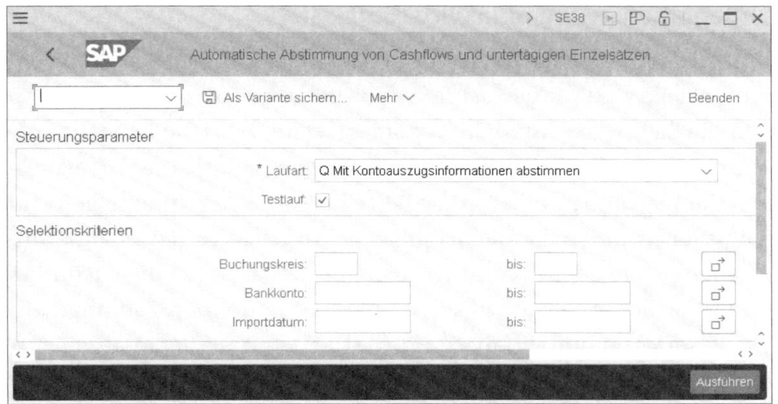

Abbildung 9.15 Programm zur automatischen Abstimmung von Cashflows und untertägigen Einzelsätzen

Bei der Verbuchung eines manuellen Kontoauszugs mit Transaktion FF67 sollte jedoch ein Online-Verarbeitungsmodus und keine Hintergrundverarbeitung gewählt werden, um eine saubere Folgeverarbeitung im One Exposure zu gewährleisten.

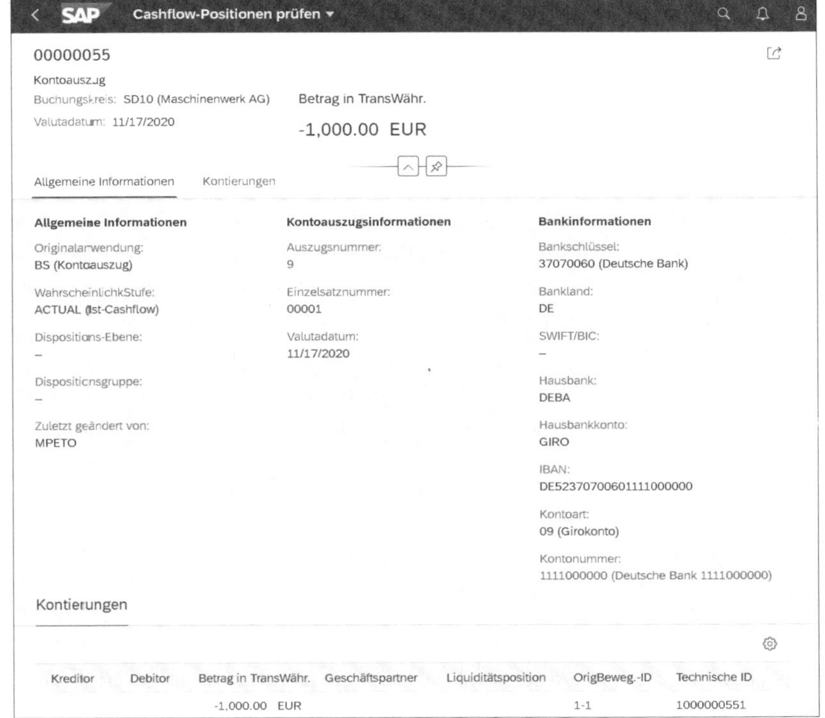

Abbildung 9.16 Cashflow aus manuellem Kontoauszug

9.4.3 Integration der Materialwirtschaft (MM)

Cashflow-Informationen aus der Materialwirtschaft

Bestellungen und Bestellanforderungen in der Materialwirtschaft repräsentieren potenzielle zukünftige Cashflows aus Ihren Einkaufsaktivitäten und erweitern die Sichtweite Ihrer Liquiditätsvorschau. Das One Exposure berücksichtigt bei der Zahlungsprognose u. a. auch Lieferpläne, Dienstleistungsbestellungen und Intercompany-Bestellungen. Liefereinteilungen und Rechnungspläne werden hierbei detailliert berücksichtigt. Bestelländerungen, Wareneingänge oder Rechnungseingänge aktualisieren die Cashflows in der Flow-Tabelle in Bezug auf die Betragshöhe oder den Zahlungszeitpunkt. In diesem Abschnitt erfahren Sie, wie die Daten aus der Materialwirtschaft im One Exposure bereitgestellt werden.

Verarbeitungslogik der Daten aus der Materialwirtschaft

Das One Exposure verarbeitet die Daten aus der Materialwirtschaft analog zu den Daten aus der Finanzbuchhaltung. Die Nummern von neuen bzw. geänderten Bestellungen und Bestellanforderungen werden dazu automatisch durch den Materialwirtschaftsadapter in Tabelle FCLM_MM_DELTA gespeichert. Der Flow Builder verarbeitet die Einträge in dieser Tabelle periodisch und leitet hieraus neue Cashflows ab oder löscht bzw. ändert bestehende Datensätze in der Flow-Tabelle. Jede Bestellposition ist dabei durch mindestens einen Cashflow-Datensatz in der Flow-Tabelle repräsentiert.

Ermittlung des geplanten Zahlungsdatums

Das Zahlungsdatum wird standardmäßig aus dem Lieferdatum der Bestellposition zuzüglich der Tage mit der höchsten Skonto-Kondition aus der Zahlungsbedingung ermittelt. Wurde eine Einteilung mit unterschiedlichen Lieferdaten hinterlegt, erfolgt eine Aufsplittung in Einzel-Cashflows mit individuellen Zahlungsdaten nach gleicher Berechnungsmethode.

Fortschreibung weiterer Felder

Der Flow Builder überträgt weitere Merkmale aus den Einkaufsbelegen wie Buchungskreis, Geschäftspartnernummer des Lieferanten, Dispositionsgruppe aus dem Lieferantenstamm, Bestellartnummer und -position sowie Materialnummer. Die Positionskontierungen, wie z. B. Sachkonto oder Profit-Center, werden ebenfalls berücksichtigt. Die Ableitung einer Liquiditätsposition erfolgt über Abfragen und Abfragefolgen mit der Quelle X (One Exposure), siehe Abschnitt 9.3.5, »Ableitungslogik für Liquiditätspositionen über Abfragen«. So können Sie z. B. in Abhängigkeit von Materialnummer, Dispositionsebene und Wahrscheinlichkeitsstufe die Liquiditätspositionen ableiten.

Abbildung des Bestellprozesses

Der Beschaffungsprozess durchläuft in einem SAP-System verschiedene Schritte. Im Folgenden erfahren Sie, wie der in Abbildung 9.17 dargestellte Standardbestellprozess mit allen Prozessschritten im Cash Management fortgeschrieben wird. In Abhängigkeit von den in Ihrem Unternehmen genutzten Prozessen und von den Einstellungen in dem Bestelldokument können dabei die durchzuführenden Schritte und die Reihenfolge variieren. So können Bestellungen auch ohne Wareneingang verbucht werden oder der Rechnungseingang vor dem Wareneingang erfolgen. Für die Anlage einer Bestellung ist eine Bestellanforderung nicht zwingend notwendig.

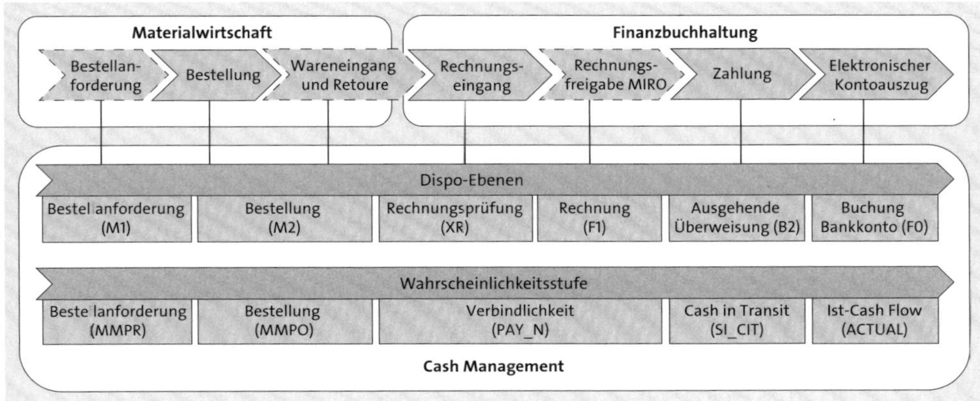

Abbildung 9.17 Bestellprozess im One Exposure

Bestellanforderung

Eine Bestellanforderung (BANF) wird mit der gleichlautenden Wahrscheinlichkeitsstufe MMPR (Bestellanforderung) im One Exposure repräsentiert und kann über dieses Merkmal in den Reporting-Apps von SAP Cash Management identifiziert werden. Beachten Sie, dass eine BANF mit Freigabe-Workflow erst nach der Freigabe im One Exposure gezeigt wird.

Das Zahlungsdatum wird je Position in der BANF standardmäßig aus dem Lieferdatum zuzüglich der Tage mit der höchsten Skonto-Kondition aus der Zahlungsbedingung ermittelt. Der Zahlungsbetrag wird aus dem Gesamtwert der BANF-Position unter Abzug der höchsten Skonto-Prozente ermittelt.

Bestellung

Wenn Sie eine Bestellung anlegen, werden die daraus abzuleitenden zukünftigen Cashflows in der Flow-Tabelle gespeichert. Wenn die Bestellung mit Bezug zu einer BANF angelegt wurde, werden die Cashflows der zugrunde liegenden BANF gelöscht. Die Bestellung wird mit der Wahrscheinlichkeitsstufe MMPO (Bestellung) gespeichert.

Der Zahlungsbetrag berechnet sich aus dem Feld **Netto** der Bestellposition auf der Registerkarte **Konditionen**, abzüglich des maximal möglichen Skontobetrags (siehe Abbildung 9.18).

Basis für die Berechnung des Zahlungstermins in einer Bestellung ist das statistische Lieferdatum (Spalte **Stat. LiefDatum**) in der Einteilung der Bestellposition (siehe Abbildung 9.19).

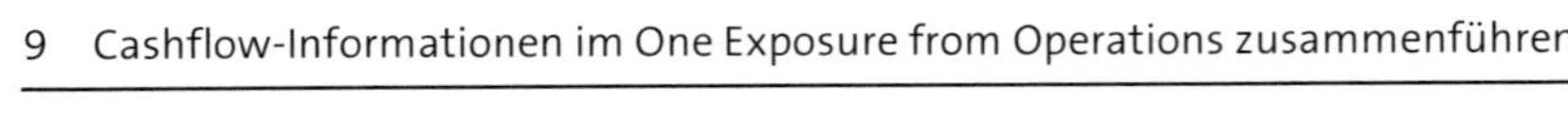

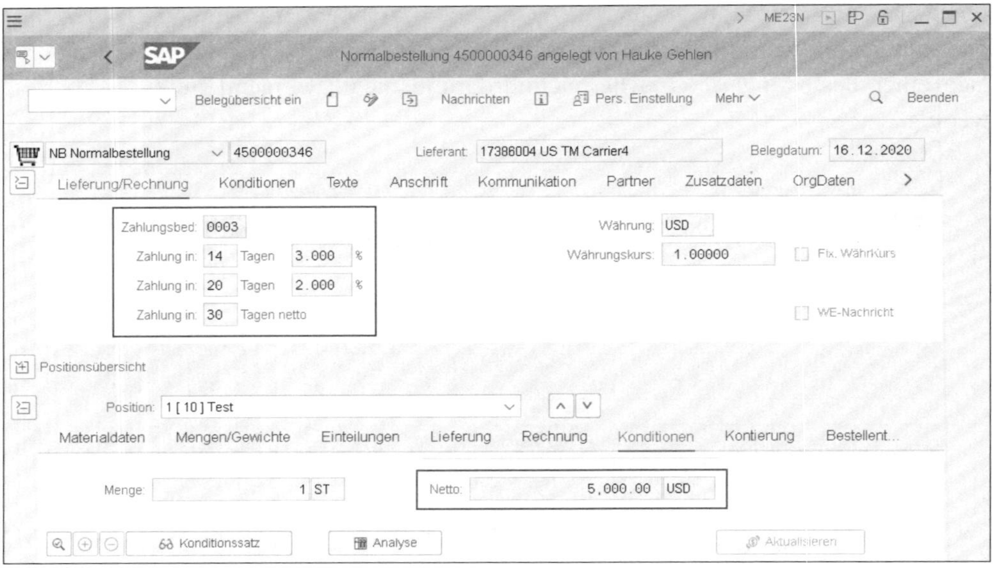

Abbildung 9.18 Zahlungsbedingung und Nettowert einer Bestellposition

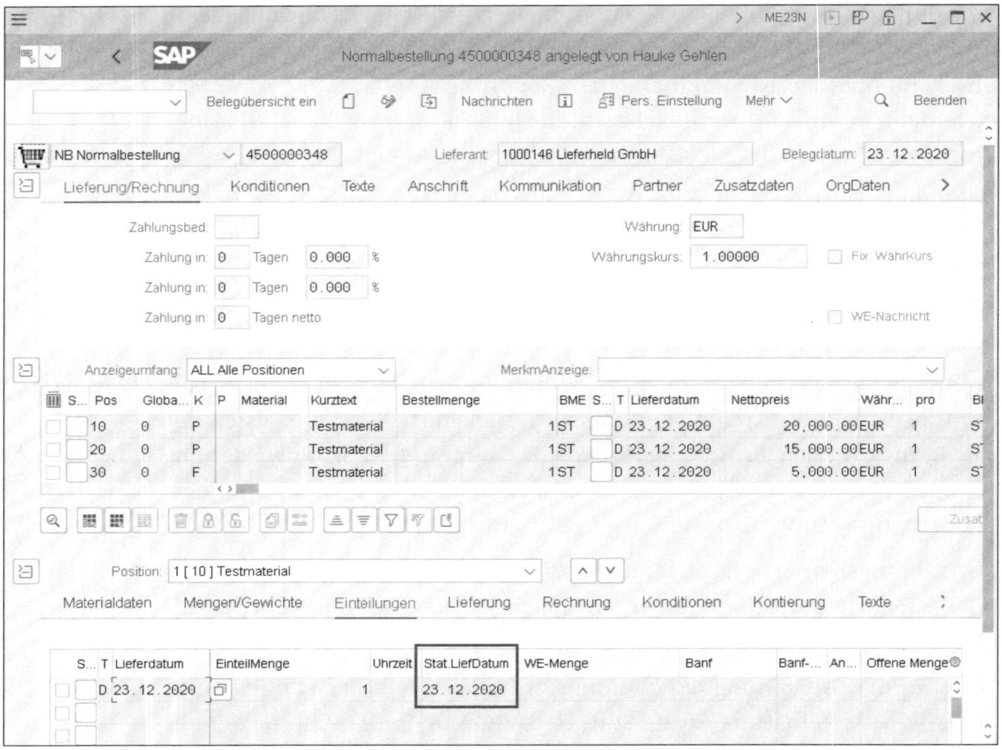

Abbildung 9.19 Statistisches Lieferdatum in der Einteilung der Bestellposition

Wurden mehrere Einteilungen mit unterschiedlichem Lieferdatum hinterlegt, erfolgt eine Aufteilung in Einzel-Cashflows mit individuellen Beträgen und Zahlungsdaten. Der Zahlungsbetrag wird auf Basis der eingeteilten Menge berechnet. Für Leistungsverzeichnisse in Dienstleistungsbestellungen werden separate Einzel-Cashflows im One Exposure generiert.

Ist zu einer Bestellung ein Rechnungsplan hinterlegt, wird dieser priorisiert verwendet, um die Zahlungstermine und -beträge zu ermitteln (siehe Abbildung 9.20).

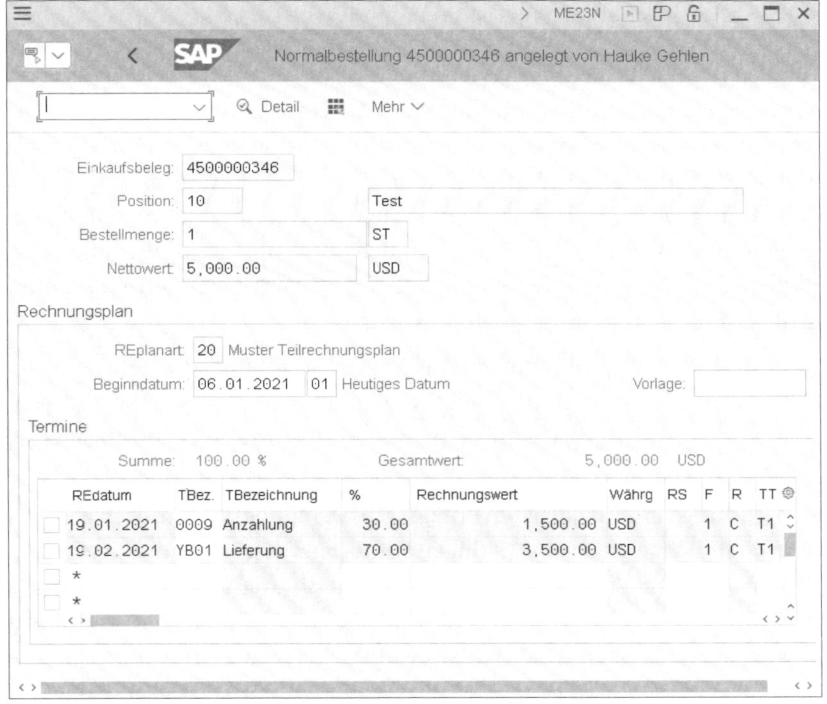

Abbildung 9.20 Rechnungsplan zu einer Bestellung

Anzahlungen und Anzahlungsanforderungen

Anzahlungsanforderungen repräsentieren einen eigenständig geplanten Cashflow mit einem individuellen Zahlungsbetrag und Zahlungsdatum. Der Betrag aus der Anzahlungsanforderung wird vom Zahlungsbetrag der Bestellung abgezogen, um einen doppelten Ausweis zu vermeiden. Bereits geleistete Anzahlungen werden ebenfalls vom Zahlungsbetrag der Bestellung abgezogen.

Wareneingang

Die Verbuchung eines Wareneingangs zu einer Bestellung führt zu einer Aktualisierung der korrespondierenden Cashflows über den Flow Builder. So wird das Zahlungsdatum auf Basis des Wareneingangsdatums aktualisiert. Wenn die eingegangene Warenmenge größer ist als die bestellte Menge oder die gelieferte Menge kleiner ist und für die Bestellposition das Endlieferkennzeichen gesetzt wird, aktualisiert der Flow Builder auch den Zahlungsbetrag entsprechend. Die Wahrscheinlichkeitsstufe der Cashflows wird bei diesem Vorgang nicht verändert. Für Bestellungen, die keinen Wareneingang vorsehen, ist dieser Abschnitt nicht relevant, und die nächste Aktualisierung des Cashflows erfolgt erst mit dem Rechnungseingang.

Lieferantenretouren

Warenrücksendungen an den Lieferanten, die z. B. aus qualitativen Gründen erfolgen, werden im SAP-System als Lieferantenretouren zur Bestellung erfasst. Auf Basis der zurückgesendeten Menge wird im One Exposure der Zahlungsbetrag reduziert.

Rechnungsprüfung

Rechnungen mit Bestellbezug werden üblicherweise über die sogenannte *Logistik-Rechnungsprüfung* mit der SAP-GUI-Transaktion MIRO (Eingangsrechnung erfassen) im System erfasst. Die Erfassung einer Rechnung führt zu einer Buchung einer kreditorischen Eingangsrechnung in der Finanzbuchhaltung. Der so erzeugte Beleg wird über den Flow Builder zu einem potenziellen Cashflow mit der Wahrscheinlichkeitsstufe PAY_N (Reguläre Verbindlichkeit). Um einen doppelten Ausweis zu vermeiden wird daher der Cashflow für die Bestellung wie folgt korrigiert:

Wird das Kennzeichen **Endrechnung** in der Bestellung gesetzt, wird der Cashflow aus der Bestellung gelöscht. Handelt es sich um eine Teilrechnung, wird der Betrag im Cashflow der Bestellung um den Rechnungsbetrag gekürzt.

Zahlung einer Rechnung

Die Rechnung wird im nächsten Prozessschritt reguliert. Hierdurch wird die Wahrscheinlichkeit auf SI_CIT (Eigeninitiierter Cash in Transit) geändert. Mit der späteren Bestätigung der Ausgangszahlung über den elektronischen Kontoauszug wird dieser Datensatz durch einen neuen Cashflow mit der Wahrscheinlichkeit ACTUAL (Ist-Cashflow) ersetzt.

Abschließend sei darauf hingewiesen, dass die Fortschreibung der Einkaufstransaktionen in die Liquiditätsvorschau technisch zuverlässig erfolgt. Es ist jedoch eine hohe Disziplin bei der Erfassung der Bestellungen erforderlich, insbesondere mit Bezug auf den Liefertermin und den vereinbarten Zahlungszeitpunkt. Außerdem müssen die Kennzeichen **Endlieferung** und **Endrechnung** konsequent gesetzt werden, da sonst Cashflows in der Flow-Tabelle zurückbleiben, die nicht mehr zu erwarten sind.

9.4.4 Integration von Treasury and Risk Management (TRM)

Cashflow-Informationen aus dem Treasury

In SAP Treasury and Risk Management können Sie Ihre Geschäfte und Verträge zu Finanztransaktionen, wie z. B. Geldhandel, Devisengeschäfte oder Derivate verwalten. Das One Exposure nutzt die hier gespeicherten Daten, um die finanziellen Cashflows vorherzusagen und Ist-Cashflows zu kategorisieren.

Verarbeitungslogik

Mit der Anlage eines Finanzgeschäfts im Treasury ermittelt das SAP-System die daraus zu erwartenden Cashflows in Form eines *Finanzstroms*. In Abbildung 9.21 sind beispielhaft die Cashflows zur Aufnahme von Festgeld in Transaktion TM03 (Festgeld anzeigen) auf der Registerkarte **Finanzstrom** dargestellt. Hier ist zu erkennen, dass das System einen positiven Cashflow aus der Aufnahme der Mittel und zwei negative Cashflows am Laufzeitende für die Rückzahlung und die Zinszahlung ermittelt hat.

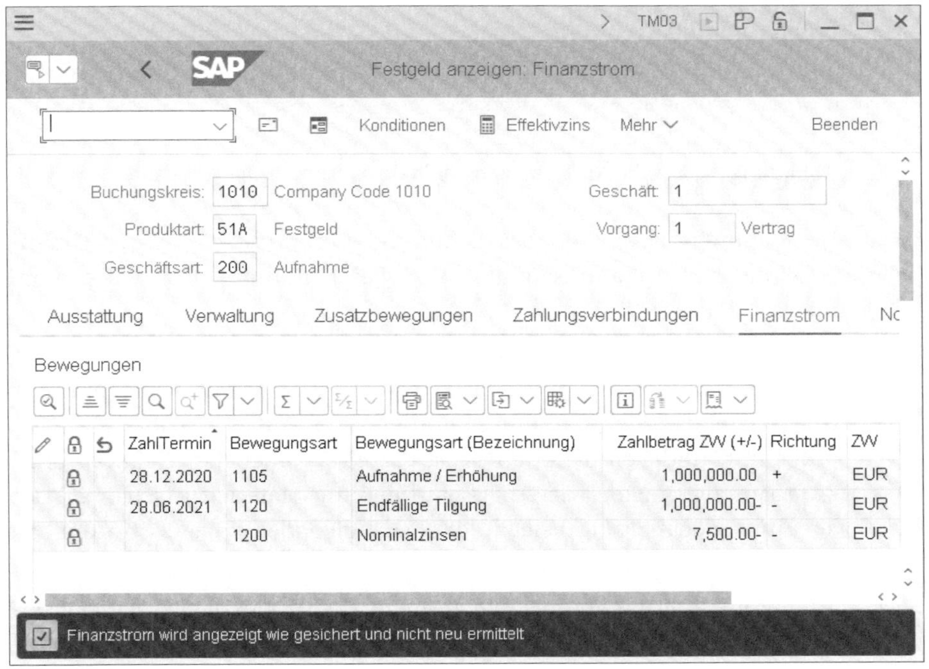

Abbildung 9.21 Finanzstrom für ein Festgeldgeschäft im Treasury

Wenn die Originalanwendung TRM für den Buchungskreis aktiviert wurde, erfolgt in einer Einsystemlandschaft eine automatisierte Überleitung in das One Exposure. Hier wird für jeden Eintrag im Finanzstrom ein entsprechender Cashflow mit der Wahrscheinlichkeitsstufe TRM_D (Finanzinstrument) angelegt (siehe Abbildung 9.22). Eine Besonderheit stellen hier Optionen dar, die mit der Wahrscheinlichkeitsstufe TRM_O (Optionales Finanzinstrument) angelegt werden. Wenn eine Option ausgeübt wird, ändert sich die Wahrscheinlichkeitsstufe in TRM_D. Als Bewegungsarten verwendet das System 900100 (Incoming Bank Cash (TRM)) und 900101 (Outgoing Bank Cash (TRM)).

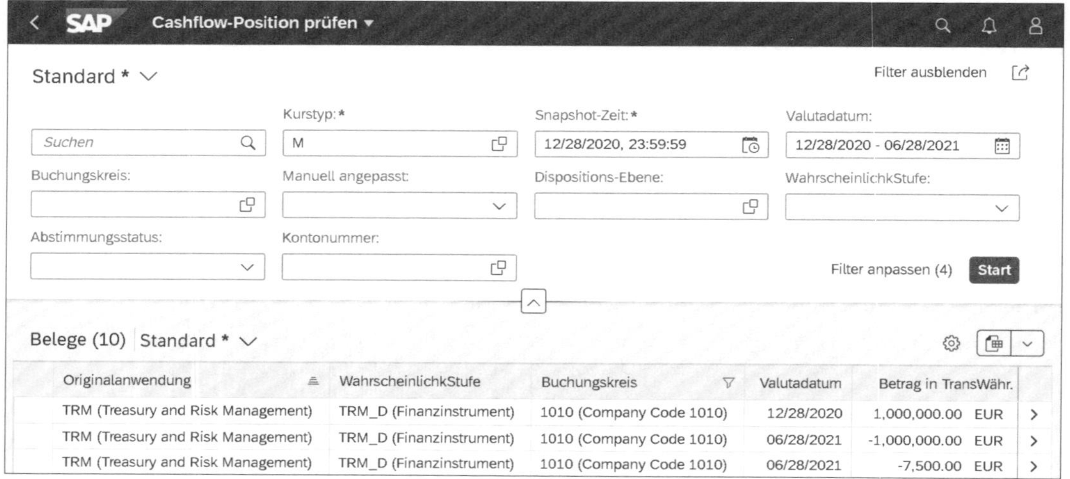

Originalanwendung	WahrscheinlichkStufe	Buchungskreis	Valutadatum	Betrag in TransWähr.
TRM (Treasury and Risk Management)	TRM_D (Finanzinstrument)	1010 (Company Code 1010)	12/28/2020	1,000,000.00 EUR
TRM (Treasury and Risk Management)	TRM_D (Finanzinstrument)	1010 (Company Code 1010)	06/28/2021	-1,000,000.00 EUR
TRM (Treasury and Risk Management)	TRM_D (Finanzinstrument)	1010 (Company Code 1010)	06/28/2021	-7,500.00 EUR

Abbildung 9.22 Abbildung einer Festgeldaufnahme im One Exposure

Ermittlung von Zahlungsbetrag und Zahlungsdatum

Der Zahlungsbetrag und das Zahlungsdatum werden aus der Finanzstromtabelle im Stammsatz des Finanzgeschäfts unverändert übernommen.

Folgeverarbeitung von Treasury-Geschäften

Die Folgeverarbeitung eines Treasury-Geschäfts in der Finanzbuchhaltung beinhaltet die Prozessschritte Buchung der Belege in der Finanzbuchhaltung, Erstellung einer Zahlungsanforderung, Regulierung über das Zahlprogramm und Verbuchung des Ist-Cashflows über den elektronischen Kontoauszug. Analog zur Originalanwendung Materialwirtschaft ersetzt der Finanzbuchhaltungsbeleg in den nachfolgenden Prozessschritten den Cashflow aus dem Treasury.

Feldfortschreibung für das Treasury Management

Mit der integrierten Verbuchung aus dem Treasury in die Flow-Tabelle erfolgt auch eine Fortschreibung zusätzlicher Merkmale wie Geschäftspartner (Kontrahent), Produktart, Geschäftsart und Vorgangstyp (siehe Abbildung 9.23).

Wenn dem Debitor des Geschäftspartners eine Dispositionsgruppe zugeordnet ist, wird auch diese im Datensatz gespeichert. Das Feld **Dispoebene** kann aus den Customizing-Einstellungen für den *Transaction Manager* im Treasury für eine Kombination aus Produktart und Vorgang ermittelt werden. Für die Ableitung einer Liquiditätsposition verwenden Sie bei Bedarf Abfragen der Herkunft X (One Exposure), siehe Abschnitt 9.3.5, »Ableitungslogik für Liquiditätspositionen über Abfragen«.

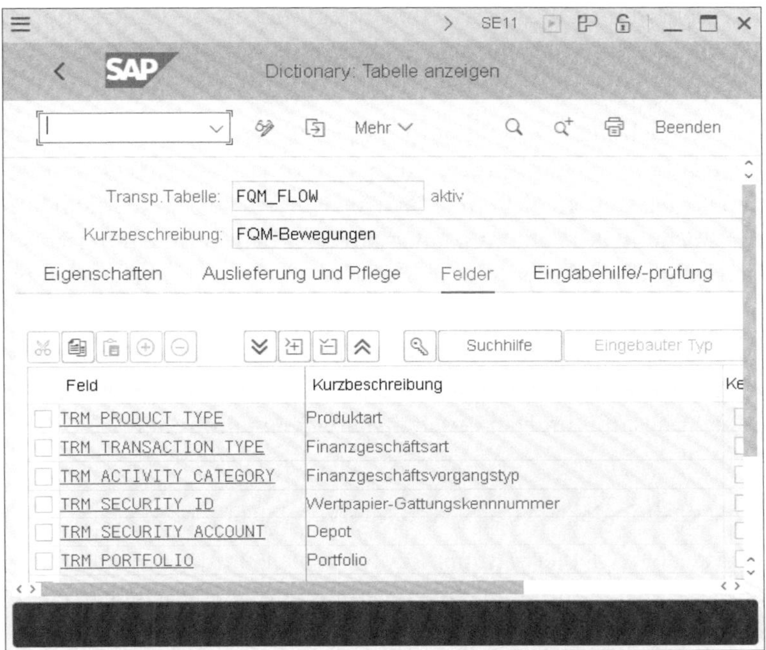

Abbildung 9.23 Merkmale aus dem Treasury in der Flow-Tabelle FQM_FLOW

9.4.5 Integration des Vertragskontokorrents (FI-CA)

Forderungen und Verbindlichkeiten aus der Komponente Vertragskontokorrent (FI-CA) können als zukünftige Cashflows in das One Exposure übertragen werden. FI-CA wird von Unternehmen genutzt, die eine sehr große Anzahl an Kunden haben, wie z. B. Versorgungs- oder Telekommunikationsunternehmen. In dieser Komponente werden die Verträge mit den Kunden verwaltet und Zahlungen häufig über Bankeinzug, Kreditkarte oder Überweisung reguliert. Die Forderungen, Verbindlichkeiten sowie die Zahlungsvorgänge werden in FI-CA detailliert gebucht und nur als kumulierte Buchungen ins Hauptbuch übernommen.

Verarbeitungslogik

Die Forderungen und Verbindlichkeiten aus den einzelnen Verträgen werden kumuliert über den FI-CA-Adapter an das One Exposure übertragen. Die Belege werden dort mit der Originalanwendung Vertragskontokorrent (FICA) und der gleichnamigen Wahrscheinlichkeitsstufe gebucht. Bei der Übertragung der potenziellen Cashflows in die Flow-Tabelle wird eine Verdichtung pro Buchungskreis, Währung, Geschäftsdatum, Dispositionsebene, Dispositionsgruppe und Hauptbuchkonto vorgenommen. Informationen zu einzelnen Verträgen werden daher nicht übertragen. Da die offenen Belege aus FI-CA über den FI-CA-Adapter an das One Exposure übertragen werden, werden die kumulierten Hauptbuchbelege zu den offenen Posten ohne Bewegungsart gebucht, sodass diese nicht doppelt über den Flow Builder berücksichtigt werden.

Nach der Verbuchung der Zahlung in FI-CA wird der Zahlungsstapel im Hauptbuch auf einem Bankverrechnungskonto gebucht. Die in FI-CA ausgeglichenen Posten werden nicht mehr im One Exposure dargestellt, sondern durch die Buchung des Zahlungsstapels auf dem Bankverrechnungskonto abgelöst und hier nachfolgend durch die Ist-Cashflow-Buchung des elektronischen Kontoauszugs ersetzt.

Fortschreibung weiterer Felder

Jedem Vertrag in FI-CA kann eine Dispositionsgruppe zugeordnet werden, die auch in das One Exposure übertragen wird. Als Kontierungen werden nur der Buchungskreis und der Geschäftsbereich übernommen.

9.4.6 Integration der Vertrags- und Mietverwaltung (RE-FX)

Die Vertrags- und Mietverwaltung (RE-FX) ermöglicht die zentrale Pflege von Verträgen aus der Immobilienverwaltung und von Leasingverträgen. Darüber hinaus erzeugt das System die Forderungs- und Verbindlichkeitsbuchungen in der Finanzbuchhaltung aus diesen Verträgen.

Verarbeitungslogik

Für jeden cashrelevanten Vertrag erzeugt die Applikation RE-FX Planfinanzströme (siehe Abbildung 9.24). Seit SAP-S/4HANA-Release 1809 leitet One Exposure aus diesen Finanzströmen die Plan-Cashflows ab, sobald der Vertrag aktiviert wird. Die Fortschreibung der Plandaten erfolgt mit der Originalanwendung Vertrags- und Mietverwaltung (REFX) und der Wahrscheinlichkeitsstufe LEASE (Vertrags- und Mietverwaltung).

Fortschreibung weiterer Felder

Die Kontierungen für die Felder **Profit-Center** und **Geschäftsbereich** werden im Hintergrund aus den organisatorischen Zuordnungen der Vertragsobjekte bzw. aus den hierarchisch übergeordneten Wirtschaftseinheiten übernommen.

Folgeverarbeitung in der Finanzbuchhaltung

Sobald RE-FX aus einer Planbuchung eine Forderung oder Verbindlichkeit in der Finanzbuchhaltung erzeugt, ersetzt das One Exposure den Datensatz aus RE-FX mit dem Datensatz aus der Finanzbuchhaltung (siehe Abschnitt 9.4.1, »Integration des Finanzwesens (FI)«).

Notwendige Einstellungen für RE-FX

Beachten Sie, dass die notwendigen Customizing-Einstellungen in RE-FX für den Buchungskreis, die Bewegungsarten und die Vertragsarten durchgeführt sind. Sie finden das notwendige Customizing im Einführungsleitfaden unter **Flexibles Immobilienmanagement (RE-FX) • Buchhaltung • Finanzdisposition**.

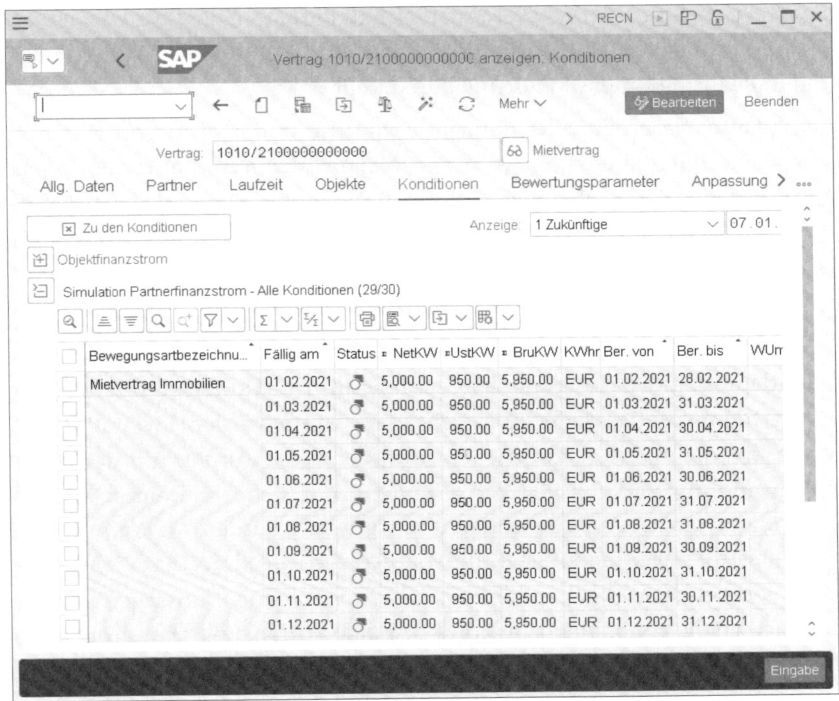

Abbildung 9.24 Finanzstrom in einem RE-FX-Vertrag

9.4.7 Integration der Darlehensverwaltung (CML)

Die Darlehensverwaltung (SAP Consumer and Mortgage Loans, CML) erlaubt ein umfassendes Management von Darlehen, wie z. B. Hypothekendarlehen oder Konsumentendarlehen. Da sich die Darlehensverwaltung in die Komponente Treasury Management integriert und für die Fortschreibung ins One Exposure analog verhält, werden hier nur die Unterschiede zur Originalanwendung TRM aufgezeigt.

Beachten Sie, dass die Speicherung potenzieller Cashflows aus CML mit der Originalanwendung **Kundenkredite/Hypothekendarlehen** (CML) erfolgt und die Bewegungsarten 900104 (Incoming Bank Cash (CML)) und (900105 – Outgoing Bank Cash (CML)) verwendet werden. Sofern im Stammsatz des Darlehenspartners das Feld **Dispositionsgruppe** gefüllt ist, wird dieses auch in den Cashflows fortgeschrieben.

9.4.8 Integration des Vertriebs (SD)

In der Vertriebskomponente Sales and Distribution (SD) verwaltet das SAP-System die Geschäftstransaktionen zu Ihren Kundenaufträgen. Das One

Exposure stellt in einer Einsystemlandschaft einen Adapter zur Verfügung, der die cashrelevanten Informationen aus der Komponente SD extrahiert und in Realtime für das Reporting bereitstellt.

Cashflow-Informationen aus dem Vertrieb

Der Adapter verarbeitet Neuanlage, Änderung und Storno von Kundenaufträgen, Lieferplänen und Rechnungsplänen. Anzahlungsanforderungen, Anzahlungen, Retouren sowie Gutschriften werden ebenfalls berücksichtigt. Dies ermöglicht es Ihnen, die Sichtweite Ihrer Liquiditätsvorschau für Zahlungseingänge durch den Kunden zu erhöhen. Die Vorgänge sind somit schon vor der Verbuchung der Ausgangsrechnung in der Finanzbuchhaltung sichtbar.

Verarbeitungslogik der Daten aus der Vertriebskomponente

Der Adapter zur Übertragung der Cashflow-Informationen steht integriert zur Verfügung, sodass kein zusätzliches Programm wie der Flow Builder gestartet werden muss. Zukünftige Cashflows aus SD werden mit der Originalanwendung Vertrieb (SDCM) gekennzeichnet und können so in den Cash-Management-Apps identifiziert und gefiltert werden. Als Wahrscheinlichkeitsstufen werden SDSO (Kundenauftrag) sowie SDSA (Vertriebslieferplan) verwendet. Mengen- oder Preisänderungen in den Aufträgen aktualisieren auch die abhängigen Cashflows. Analog zu den zuvor beschriebenen Integrationsszenarien werden die Vertriebsbelege durch die Belege in der Finanzbuchhaltung ganz oder teilweise abgelöst, sobald diese Vorgänge vom Flow Builder identifiziert worden sind.

Bewegungsarten für Steueranteil und Nettobetrag

Pro Auftragsposition wird mindestens ein Cashflow-Datensatz erzeugt. Der Nettobetrag wird mit der Bewegungsart 900000 (Incoming Bank Cash) beziehungsweise mit der Bewegungsart 900001 (Outgoing Bank Cash) gespeichert. Für den möglichen Steueranteil eines Auftrags wird eine separate Cashflow-Position erzeugt – mit der Bewegungsart 900018 (Incoming Bank Cash (Tax)) oder mit der Bewegungsart 900019 (Outgoing Bank Cash (Tax)). Abbildung 9.25 zeigt beispielhaft einen Cashflow aus der Vertriebskomponente mit zwei getrennten Kontierungen für den Nettobetrag und den Steueranteil.

Zahlungsdatum und Zahlungsbetrag

Das Zahlungsdatum wird auf Basis des erwarteten Rechnungsdatums und unter Berücksichtigung der Zahlungsbedingungen des Auftrags bzw. des Lieferplans berechnet. Bei einer Zahlungsbedingung mit Skonto berechnet das System das Zahlungsdatum aus dem letztmöglichen Termin für die Skonto-Bedingung mit dem höchsten Prozentsatz und reduziert den Auftragswert um das Skonto. Wenn Sie die Aufzeichnung des Zahlungsverhaltens im Stammsatz des Geschäftspartners (Feld XZVER-KNB1) aktiviert haben, wird das Zahlungsdatum auf dieser Basis angepasst, analog zu den debitorischen offenen Posten in der Finanzbuchhaltung (siehe Abschnitt 9.4.1, »Integration des Finanzwesens (FI)«).

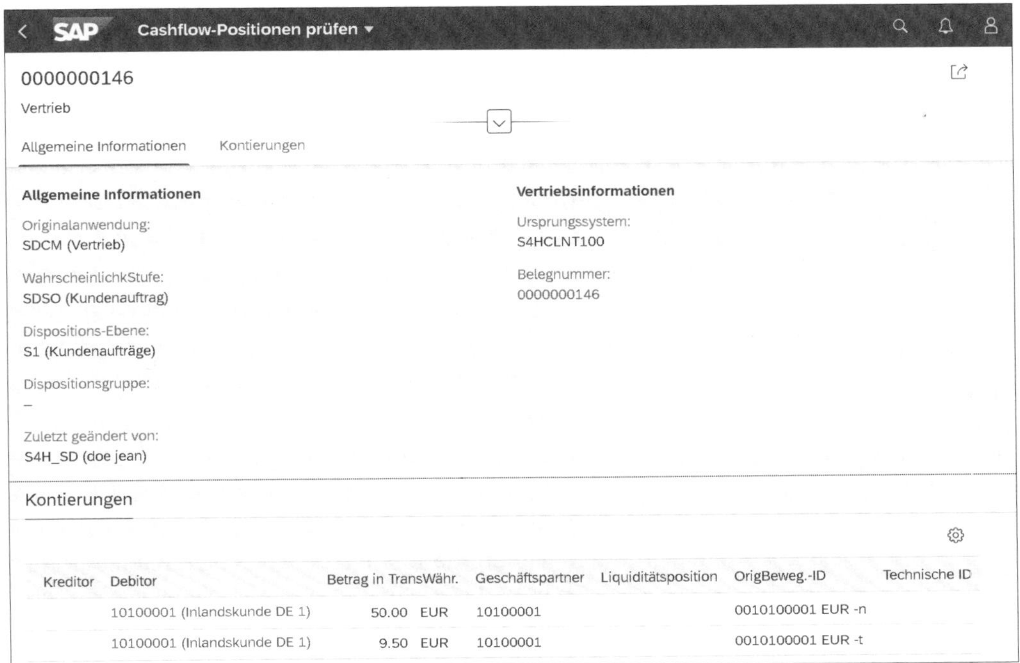

Kreditor	Debitor	Betrag in TransWähr.	Geschäftspartner	Liquiditätsposition	OrigBeweg.-ID	Technische ID
	10100001 (Inlandskunde DE 1)	50.00 EUR	10100001		0010100001 EUR -n	
	10100001 (Inlandskunde DE 1)	9.50 EUR	10100001		0010100001 EUR -t	

Abbildung 9.25 Beispiel für einen Beleg mit Steueraufteilung aus dem Vertrieb

Feldfortschreibung für Vertriebsaufträge

Die Einzel-Cashflows enthalten neben einer Referenz auf die Auftragsnummer und -position weitere Merkmale wie die Materialnummer, den zahlenden Geschäftspartner und verschiedene Kontierungen für das Rechnungswesen. Ein getrennter Ausweis von Konditionsarten wie Rabatten oder Frachtkosten erfolgt nicht. Die Dispositionsgruppe wird aus dem Kundenstammsatz ermittelt, der als Zahlender dem Kundenauftrag bzw. dem Lieferplan zugeordnet wurde. Für den Fall, dass der Kundenstammsatz keine Dispositionsgruppe enthält, verwendet das System die Default-Dispositionsgruppe aus der Customizing-Einstellung **Dispoebenen für Logistik definieren**. Hier wird auch die Dispositionsebene für die Vertriebsaufträge hinterlegt (Standardwert = S1). Für die Liquiditätspositionszuordnung verwenden Sie auch hier eine Abfrage für die Quelle X (One Exposure), siehe Abschnitt 9.3.5, »Ableitungslogik für Liquiditätspositionen über Abfragen«.

9.4.9 Integration von Einzelsätzen

Über Einzelsätze erhalten Sie eine flexible Möglichkeit, um einzelne Cashflows zu planen, die aus den Geschäftsprozessen im SAP-System nicht ableitbar sind oder die sich als Korrekturposten verstehen. Diese Einzelposten können Sie über die SAP-Fiori-App **Einzelsätze verwalten** oder die SAP-GUI-Transaktion FF63 (Einzelsätze anlegen) erstellen (siehe Abschnitt 5.4, »Einzelsätze bearbeiten«). *Barmittelanforderungen* oder Posten für *untertägige Kontoauszüge* werden ebenfalls als Einzelsätze gespeichert.

Unterschied von SAP-Fiori-App und SAP-GUI-Transaktion

Beachten Sie, dass die Feldsteuerung bei der Verwaltung von Einzelsätzen zwischen SAP-Fiori-App und SAP-GUI-Transaktion abweichen. So ist es beispielsweise möglich, dass das Feld **Dispoart** in der SAP-Fiori-App nicht gefüllt werden kann und damit die dahinter liegende Dispositionsebene hier nicht automatisch abgeleitet werden kann, sondern manuell eingegeben werden muss. In der SAP-GUI-Transaktion ist das Feld **Dispoart** für jeden Datensatz ein Pflichtfeld, und hier wird die im Customizing eingestellte Dispositionsebene automatisch gefüllt.

Datenspeicherung von Einzelsätzen

Aus technischer Sicht werden seit Release SAP S/4HANA 1809, On-Premise-Edition, alle Einzelsätze, unabhängig von der Erfassung über SAP-Fiori oder das SAP-GUI in der zentralen Flow-Tabelle (FQM_FLOW) gespeichert. Aus Kompatibilitätsgründen werden die Datensätze zusätzlich parallel in der Tabelle FDES gespeichert. In SAP-Hinweis 2781585 (Cash Management: Einzelsätze in SAP S/4HANA 1809) finden Sie weitergehende Informationen zu den Änderungen mit Release 1809.

Wahrscheinlichkeitsstufen für Einzelsätze

Für Einzelposten ist es notwendig, die Originalanwendung **One Exposure (FI)** im Customizing zu aktivieren, da diese die Einzelsätze beinhaltet. Manuell erfasste Einzelsätze werden mit der Wahrscheinlichkeitsstufe MEMO (Einzelsatz) und der Originalanwendung **Einzelsätze** (CMMRD) im System gespeichert.

Migration von Einzelsätzen aus alten Releases

Beachten Sie, dass Sie Einzelsätze aus früheren Releases mit Transaktion FCLM_CLM_MMR_MIGRTN (Migrationsbericht von FDES nach FQM) in das One Exposure überführen können, sodass die Daten in allen Tabellen konsistent gespeichert sind (siehe Abschnitt 11.6, »Bewegungsdaten im One Exposure aufbauen«).

Wie in Abschnitt 9.4.2, »Integration des elektronischen Kontoauszugs«, beschrieben, werden die Posten für untertägige Kontoauszüge auch als Einzelposten mit der Wahrscheinlichkeitsstufe INTRAM (Untertägiger Kontoauszug) in der Flow-Tabelle gespeichert (siehe Abbildung 9.26).

Die für das Treasury Management erzeugten Barmittelhandelsanforderungen sind ebenfalls als Einzelposten im System abgebildet und werden mit der gleichnamigen Wahrscheinlichkeitsstufe CSHRQ (Barmittelshandelsanforderung) gekennzeichnet.

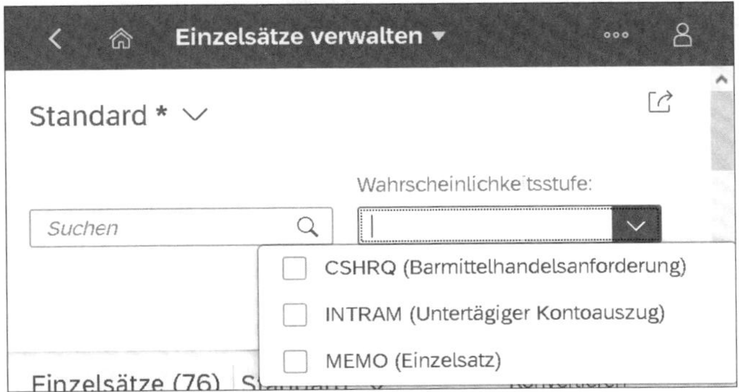

Abbildung 9.26 Wahrscheinlichkeitsstufen für Einzelsätze

9.5 Integration von externen Datenquellen im Detail

Sie erfahren in diesem Abschnitt, wie Sie Daten im One Exposure einbinden können, die außerhalb Ihres SAP-S/4HANA-Systems liegen, nachdem Sie in Abschnitt 9.4, »Integration von internen Datenquellen im Detail«, die Datenquellen in einem Einsystemszenario kennengelernt haben.

9.5.1 Integration der Salden von extern geführten Bankkonten

Für Bankkonten, deren Buchhaltung auf einem anderen SAP- oder Nicht-SAP-System durchgeführt wird, können Sie tägliche Banksalden über eine Excel-Datei in Ihr zentrales SAP-Cash-Management-System importieren.

Die importierten Daten werden in der Flow-Tabelle über die Originalanwendung **Manuelle Erfassung von Kassenbeständen** (MEBAC) gekennzeichnet. Als Bewegungsarten für die resultierenden Cashflows verwendet SAP 900102 (Bank Cash Balance Increase) und 900103 (Bank Cash Balance Decrease).

Sie starten den Import über die SAP-GUI-Transaktion FQM21 (Bankbestände importieren) (siehe Abbildung 9.27).

Als Datei verwenden Sie hierzu eine Excel-Datei mit den in Abbildung 9.28 dargestellten Spalten. Für die Spalte **Valutadatum** ist es wichtig, dass das Datumsformat dem Format entspricht, das im Benutzerstammsatz des importierenden Benutzers hinterlegt ist.

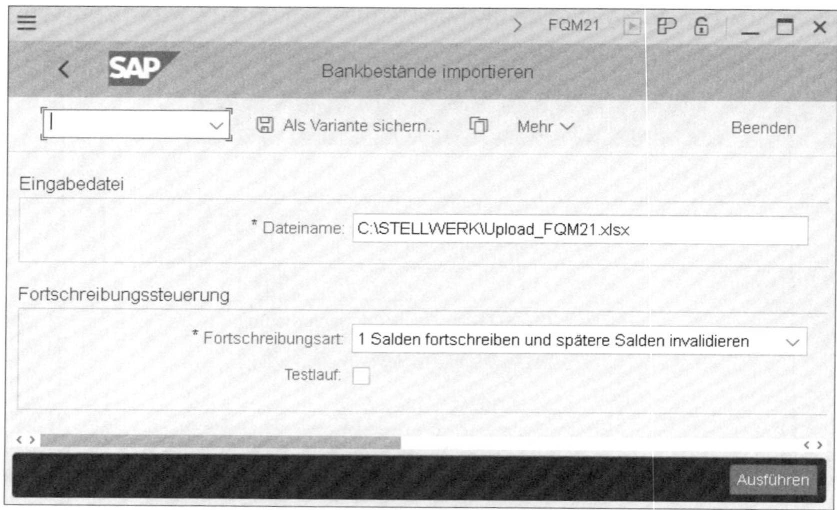

Abbildung 9.27 SAP-GUI-Transaktion FQM21 zum Import von Banksalden

	A	B	C	D	E
1	Valutadatum	Konto-ID	IBAN	Saldobetrag	Saldowährung
2	01.12.2020	1000000665		1000	EUR
3	02.12.2020	1000000665		2500	EUR
4					
5					

Abbildung 9.28 Spaltenstruktur einer Upload-Datei für Transaktion FQM21

Beim Import gibt es drei Optionen, wie das System mit existierenden Datensätzen umgehen kann, die ein späteres Valutadatum als die importierten Datensätze haben. In dem Selektionsbild der Transaktion sind dafür im Feld **Fortschreibungsart** die folgenden Möglichkeiten auswählbar:

- **Salden fortschreiben**
  Hier werden nur genau die importierten Tagessalden verändert. Bestehende Salden an Folgetagen werden nicht angepasst.
- **Salden fortschreiben und spätere Salden invalidieren**
  Die Salden nachfolgender Tage werden ungültig, sodass sich der Saldo des letzten importierten Tages auch für die Zukunft fortschreibt.
- **Salden fortschreiben und spätere Salden anpassen**
  Bei dieser Option wirkt der Import wie eine Korrektur, die sich auch auf die Salden der Folgetage auswirkt. Hierzu wird die Differenz des letzten

importierten Valutatages gegenüber dem ursprünglichen Datensatz auch auf die Folgetage addiert bzw. subtrahiert.

Voraussetzung für den Import

Voraussetzung für den Import ist, dass das Bankkonto im Feld **ID-Typ** auf der Registerkarte **Konnektivitätspfad** des Stammsatzes als externes Konto gekennzeichnet ist, also entweder als **Remote-System: Hausbankkonto**, **Remote-System: Sachkonto** oder **Sonstige** (siehe Abbildung 9.29). Weitergehende Details zum Konnektivitätspfad finden Sie in Abschnitt 7.3.2, »Bankkonto anlegen«.

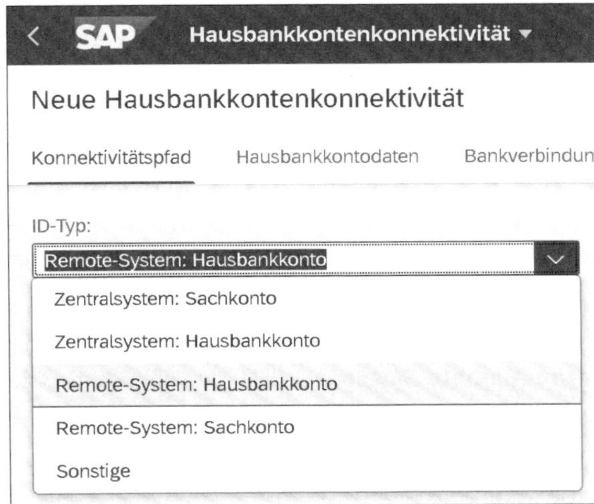

Abbildung 9.29 ID-Typ im Konnektivitätspfad eines Bankkontos für ein extern geführtes Konto

9.5.2 Webservice zur Integration externer Cashflows

Mit SAP-S/4HANA-Release 2020 stellt SAP einen Webservice zur Verfügung, mit dem Sie Cashflows aus Nicht-SAP-Systemen in das One Exposure integrieren können. Dieser Webservice wird im *Simple Object Access Protocol (SOAP)* unter dem technischen Namen CASHFLOW_IN bereitgestellt. Sie können diesen Service dazu nutzen, um cashrelevante Daten aus externen Systemen in Ihrem zentralen Cash-Reporting für Tagesfinanzstatus, Liquiditätsvorschau oder Cashflow-Analyse zu integrieren. Dies kann z. B. ein externes Kundenabrechnungssystem, ein externes Treasury-Management-System oder auch ein Nicht-SAP-Buchhaltungssystem sein. Der Webservice verarbeitet Einzeldatensätze für Ist-Cashflows und für die Liquiditätsvorschau. Die Daten werden nach der Übertragung in der Flow-Tabelle gespeichert.

Funktionen des Webservice

Der Service erstellt und ändert Datensätze in der Flow-Tabelle. Darüber hinaus können Löschkennzeichen gesetzt oder Datensätze physisch gelöscht werden. Die Schnittstelle nutzt zur Differenzierung die Verarbeitungsmodi I (Create), U (Update), D (Delete) und E (Erase).

Verarbeitungslogik des Webservice über AIF

An den Webservice übergebene Daten werden zunächst im *SAP Application Interface Framework* (AIF) verarbeitet und nicht direkt an das One Exposure übergeben. Dies ermöglicht die Nutzung der SAP-AIF-Funktionen zum Monitoring, Fehlerhandling und zum Mapping von Daten.

Wenn Sie eine zusätzliche Prüfung durch die Cash-Management-Abteilung nach dem Import der externen Daten etablieren wollen, können Sie dazu die SAP-Fiori-App **Cashflows freigeben** nutzen. Dies kann an dieser Stelle sinnvoll sein, da die Datenübertragung von externen Systemen fehleranfälliger ist und hier die Prüfung der Datenqualität wichtiger wird, als bei Daten aus einem integrierten System. Beachten Sie, dass Sie zur Aktivierung der manuellen Freigabefunktion im Customizing die Kriterien in Form von Buchungskreis, logischem System und Dispositionsebene aktivieren müssen (siehe Abschnitt 10.5, »Verteiltes Cash Management einrichten«).

Originalanwendung für externe Cashflows

Im One Exposure werden die importierten Datensätze unter der Originalanwendung **Cash Flows from Remote Systems** (RMTE) ausgewiesen. Alle Wahrscheinlichkeitsstufen die SAP im Standard ausliefert, können über die Schnittstelle übergeben werden.

Felder im Webservice

Für die Schnittstelle sind folgende Muss-Felder definiert:

- Buchungskreis
- Betrag in Transaktionswährung (inklusive Währung)
- Geschäftsdatum
- Logisches System
- Wahrscheinlichkeitsstufe

In der Schnittstelle übergeben Sie optional den Betrag in Buchungskreiswährung sowie weitere klassifizierende Merkmale, wie z. B. Geschäftspartnernummer, Material, Kostenstelle, Liquiditätsposition oder Partnergesellschaft.

Darüber hinaus können Sie Informationen zur Ursprungsreferenz des Datensatzes, wie z. B. die Original-Beleg-ID und den Originaltransaktions-Qualifier übergeben. Das System prüft beim Import, ob die Ursprungsreferenz schon im System vorhanden ist, um Duplikate zu vermeiden.

Für ein Mapping von einzelnen Schlüsselfeldern, wie z. B. Buchungskreis oder Kostenstelle, kann das *SAP Application Interface Framework (AIF)* genutzt werden.

9.5.3 Verteiltes Cash Management

Das schon aus SAP ERP bekannte Integrationsszenario *Verteiltes Cash Management* erlaubt auch auf einem SAP-S/4HANA-System die Einbindung von Cash-Management-Daten, die auf anderen SAP-ERP-Systemen gespeichert sind. Die Nutzung setzt ein Mehrsystem- bzw. Side-by-Side-Szenario voraus, in dem ein oder mehrere SAP-ERP-Systeme lokale Daten liefern und ein zentrales SAP-Cash-Management-System diese Daten sammelt. Im zentralen System wird so ein systemübergreifendes Management der Liquidität ermöglicht. Dieses Integrationsszenario setzt voraus, dass in den lokalen Systemen das klassische Cash Management konfiguriert ist und die Bewegungsdaten dort in den Datentabellen gespeichert sind.

Verfahren zur Datenübertragung

Für die Übertragen der Daten aus den lokalen Systemen in das Zentralsystem werden ALE-Verbindungen (Application Link Enabling) genutzt. Die Daten werden über IDocs übertragen. Die Datenübertragung wird entweder über einen Datenabruf aus dem zentralen SAP-S/4HANA-System mit der SAP-GUI-Transaktion FF$4 (Cash-Daten abrufen) gestartet oder über den Start von Transaktion FF$3 (TR-CM-Daten senden) im lokalen SAP-ERP-System. Übertragungsfehler können Sie mit Transaktion FF$S (Anzeige der Übertragungsinformation) analysieren.

Datenquellen im lokalen System

Als Basis für die übertragenen Daten verwendet das verteilte Cash Management die Summensatztabellen des SAP ERP Cash Managements. Für den Tagesfinanzstatus werden hierzu die Tabellen FDSB und FDSB2 berücksichtigt. Die Daten für die Liquiditätsvorschau werden aus den Tabellen FDSR und FDSR2 extrahiert. Es werden also keine Einzelsätze übertragen, sodass im zentralen System nur eine verdichtete Darstellung ohne Absprung auf Einzel-Cashflows verfügbar ist. Für detaillierte Auswertungen müssen Sie auf die Cash-Management-Funktionen des Quellsystems zurückgreifen. Manuell geplante Einzelsätze aus dem lokalen System, die z. B. mit Transaktion FF63 (Dispositions-Einzelsatz hinzufügen) erfasst wurden, überträgt dieses Szenario nicht.

Voraussetzungen

Für die Nutzung des verteilten Cash Managements sind die Systeme für eine ALE-Verbindung einzurichten (siehe Abschnitt 10.5, »Verteiltes Cash Management einrichten«), sodass logische Systeme, RFC-Verbindungen und Nachrichtentypen CMREQU und CMSEND zur Verfügung stehen.

Felder im verteilten Cash Management

Als Werte für das Feld **Originalapplikation** verwendet das System entweder **Verteilte Barmittel für Tagesfinanzstatus** (CMSND) oder **Verteilte Barmittel für Liquiditätsvorschau** (CMDSR). Im Customizing können Sie für die Felder **Sachkonto**, **Buchungskreis**, **Geschäftsbereich**, **Dispoebene** und **Dispogruppe** ein Mapping hinterlegen (siehe Abschnitt 10.5, »Verteiltes Cash Management einrichten«). Ohne Mapping werden die Werte des Quellsystems 1:1 übertragen. Beachten Sie, dass die Cash-Flows aus dem verteilten Cash Management mit den Bewegungsarten 900110 (Incoming Cash (IDoc)) und 900111 (Outgoing Cash (IDoc)) übertragen werden, die nur in der Liquiditätsvorschau berücksichtigt werden. Wenn Sie diese Daten auch im Tagesfinanzstatus zeigen möchten, müssen Sie im Customizing eine Umschlüsselung auf eigene Bewegungsarten vornehmen.

Das SAP-S/4HANA-Bankkonto wird aus dem Sachkontenstammsatz des Quellsystems abgeleitet. Damit die Ableitung erfolgreich durchgeführt werden kann, muss das Bankkonto als Stammsatz im SAP-S/4HANA-System eingerichtet sein. Im Konnektivitätspfad des Bankkontenstammsatzes müssen der ID-Typ **Remote-System: Sachkonto** und die Sachkontonummer hinterlegt sein (siehe Abbildung 9.30).

Abbildung 9.30 Typ-ID für externe Bankkonten in der Hausbankkontenkonnektivität der Bankkontenverwaltung

9.5.4 Integration des Liquidity Planners aus SAP-ERP-Systemen

Für die Einbindung von Cashflow-Daten des *Liquidity Planners* aus einem ERP-System stellt SAP einen eigenständigen Adapter zur Verfügung. Dieser empfängt die kategorisierten Ist-Cashflows inklusive des Merkmals **Liquiditätsposition** über eine Schnittstelle in das SAP-S/4HANA-System. Daten aus der Liquiditätsvorschau des SAP Liquidity Planners werden nicht übertragen.

Beachten Sie, dass die transferierten Daten im SAP-S/4HANA-System nur in der SAP-Fiori-App **Cashflow Detailed Analysis** dargestellt werden. In allen anderen Cashflow-Apps werden die Daten aus diesem Adapter gefiltert und sind nicht sichtbar.

Prozessablauf im Liquidity Planner

Cashflows aus einem Liquidity-Planner-System werden mit der Originalanwendung **Liquiditätsplaner: Istdaten (LPA)** gekennzeichnet. Zum Transfer der Daten wird im SAP-ERP-System die SAP-GUI-Transaktion FQM_TRANSFER gestartet (siehe Abbildung 9.31). Alternativ nutzen Sie Transaktion FQM_TRANSFER_MANUAL (Manuelle Übergabe an One Exposure) für eine selektive Übertragung der Daten. Vorrausetzung ist, dass Sie auf dem sendenden System den Buchungskreis für den Transfer über Transaktion FQM_INIT_TRANSFER aktiviert haben.

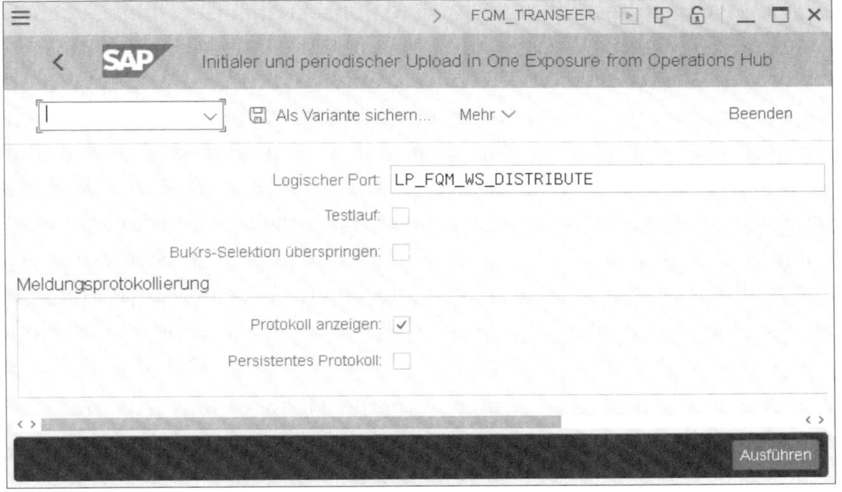

Abbildung 9.31 Transaktion FQM_TRANSFER zur Übertragung der Ist-Cashflows aus dem Liquidity Planner im SAP-ERP-System

Daten löschen

Mit Transaktion FQM_DELETE (Daten aus One Exposure löschen) können Sie die übertragenen Daten mit der Originalanwendung LPA im SAP-S/4HANA-System löschen. Sie können das Löschen der Daten wahlweise im lokalen SAP-ERP-System oder im SAP-S/4HANA-System durchführen.

Verbindung einrichten

Für das Einrichten einer Verbindung sind einige Vorarbeiten durchzuführen. Über den SOA Manager auf dem Zielsystem prägen Sie einen Webservice auf der Basis der Servicedefinition FQM_WS_DISTRIBUTE aus und legen einen logischen Port zum Consumer Proxy CO_FQM_WS_DISTRIBUTE an. Im Quellsystem müssen Sie die Originalanwendung **Liquidity Planner Actuals** (LPA) für den Transfer im Customizing aktivieren.

9.6 Hilfsprogramme für das One Exposure

Das One Exposure bietet verschiedene Hilfsmittel für Key-User oder Anwendungsbetreuerinnen zum Aufbau, zur Analyse und zur Korrektur des One Exposure. Diese Tools unterstützen im laufenden Betrieb, können jedoch auch im Rahmen einer Migration nützlich sein. Nachfolgend sind die Hilfsmittel beschrieben, die schwerpunktmäßig im laufenden Betrieb benötigt werden. Weitere Hilfsmittel, die für die Migration und den erstmaligen Aufbau eines Cash-Management-Systems benötigt werden, finden Sie in Kapitel 11, »Von SAP ERP nach SAP S/4HANA migrieren«, beschrieben.

9.6.1 Flow Builder

Der *Flow Builder* erzeugt für die Geschäftstransaktionen der Finanzbuchhaltung und der Materialwirtschaft die korrespondierenden Cashflows im One Exposure. Hierbei werden auch die Liquiditätspositionen und weitere Merkmale, wie z. B. das Profit-Center, über eine Analyse der Belegketten ermittelt (siehe Abschnitt 9.3.4, »Ableitung der Liquiditätspositionen und weiterer Merkmale aus Belegketten«). Der Flow Builder analysiert nur die Daten aus dem aktuellen System und ist somit nicht systemübergreifend nutzbar. Grundsätzlich sind in der Verarbeitung der Delta-Modus für die Verarbeitung der Belege in den Delta-Tabellen und der Massenlauf für einmalige Migrations- oder Korrekturaktivitäten zu unterscheiden. Den Flow Builder starten Sie über den Transaktions-Code FCLM_FLOW_BUILDER.

Delta-Modus

Wie in den Abschnitt 9.4.1, »Integration des Finanzwesens (FI)«, und Abschnitt 9.4.3, »Integration der Materialwirtschaft (MM)«, erläutert, werden neue oder geänderte Belege aus Finanzwesen und Materialwirtschaft zunächst in die Delta-Tabellen FCLM_BSEG_DELTA und FCLM_MM_DELTA geschrieben, um nachfolgend vom Flow Builder verarbeitet zu werden. Um die Belege aus diesen Tabellen in das One Exposure zu überführen, wird der Flow Builder im Delta-Modus gestartet (siehe Abbildung 9.32).

Ihr System sollte so eingestellt sein, dass das Programm im Delta-Modus in kurzen Abständen automatisiert oder eventgesteuert als Job läuft (siehe Abschnitt 10.8.2, »Flow Builder initialisieren und einrichten«). Im laufenden Betrieb ist es damit nicht notwendig das Programm in diesem Modus manuell zu starten. Für Test- oder Fehlerfälle kann es jedoch nützlich sein, diesen Modus auch außerhalb des Automatismus zu nutzen. Enthält die Delta-Tabelle z. B. fehlerhafte Einträge, können Sie nach der Fehlerbehebung das Programm manuell im Delta-Modus mit der aktivierten Option **Fehlg.Eintr. in Delta wiederh.** starten, um eine erneute Verarbeitung der fehlerhaften Belege anzustoßen.

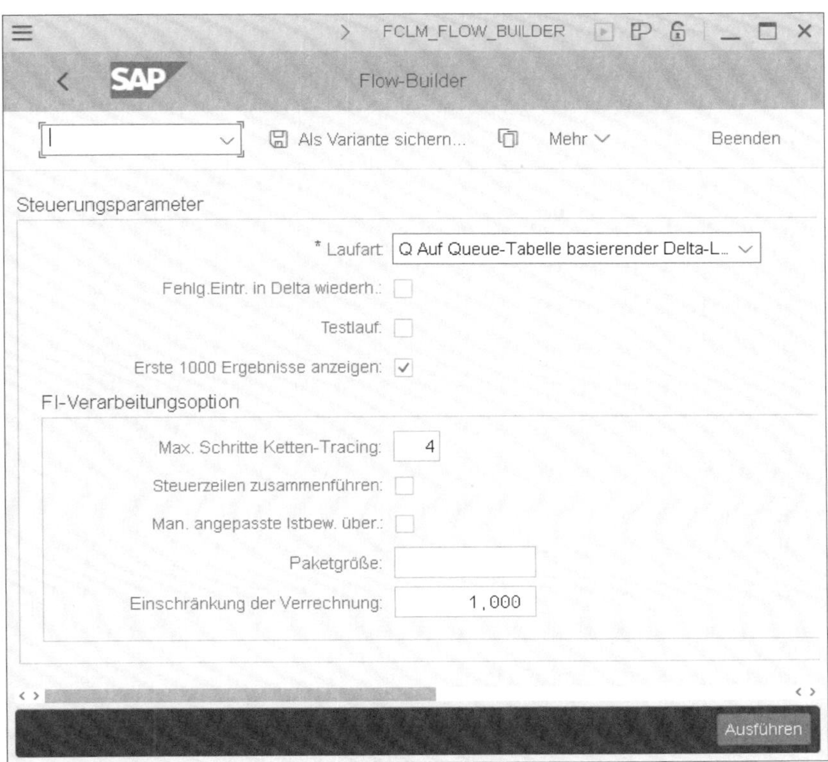

Abbildung 9.32 Flow Builder im Delta-Modus

Massenlauf

Um die Ursprungsdaten aus der Finanzbuchhaltung oder aus der Materialwirtschaft initial oder erneut zu verarbeiten, können Sie den Modus **Massenlauf** verwenden. Dies ist zum einen sinnvoll, wenn Sie das System neu aufbauen, und zum anderen, wenn Sie Änderungen an der Konfiguration vorgenommen haben, die sich auf die Ableitungslogik auswirken. Im Massenmodus haben Sie die Möglichkeit, die zu verarbeitenden Daten einzuschränken, und können damit auch gezielt einzelne Belege oder Belege einzelner Organisationseinheiten verarbeiten. Abbildung 9.33 stellt als Beispiel den Korrekturlauf für eine einzelne Bestellung dar.

Das Feld **Max. Schritte Ketten-Tracing** definiert, über wie viele Belege das Programm die Belegketten zurückverfolgen soll, um die Liquiditätspositionen und andere Merkmale abzuleiten. Der Standardjob von SAP ruft den Flow Builder mit einem Wert »4« auf. Bei einer Reduzierung des Wertes auf »1« wird so z. B. nur der Beleg mit dem Cashflow selbst und ein weiterer Beleg in der Belegkette ausgewertet. Definieren Sie hier einen für Ihre Buchungssystematik passenden Minimalwert, um die Verarbeitungsgeschwindigkeit des Programms zu optimieren.

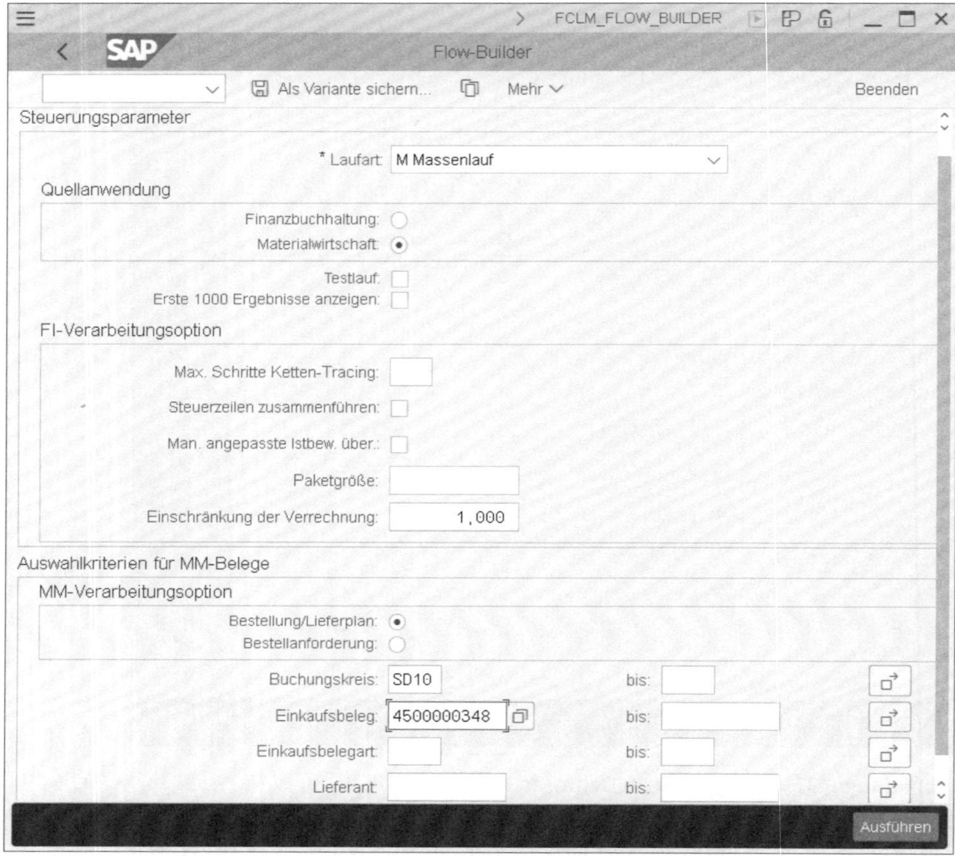

Abbildung 9.33 Flow Builder im Modus »Massenlauf«

Über das Feld **Paketgröße** steuern Sie, wie viele Vorgänge in einem Paket gemeinsam verarbeitet werden. Über einen kleineren Wert reduzieren Sie den Speicherverbrauch und können dadurch Abbrüche in der Verarbeitung vermeiden.

Steuerzeilen zusammenführen

Im Normalfall wird die in einer Rechnung enthaltene Umsatz- oder Vorsteuer als eigenständige Cashflow-Zeile mit einer eigenen Liquiditätsposition für die Steuerposition im One Exposure gespeichert. Die Option **Steuerzeilen zusammenführen** erlaubt Ihnen eine Zusammenführung der Cashflows für die Steuer mit anderen Cashflows des Belegs, sodass die Steuern nicht mehr als eigenständige Cashflows ausgewiesen werden.

[«]

Besonderheit archivierter Belege

Das Programm erzeugt die Cashflows nur aus den vorhandenen Belegen im System. Beachten Sie, dass archivierte Belege nicht vom Flow Builder verarbeitet werden können. Wenn Belege in Ihrem System archiviert wurden, ist es erforderlich eine Korrektur der Banksalden mit dem Hilfsprogramm zum Upload von Banksalden vorzunehmen (siehe Abschnitt 11.5, »Initiale Banksalden importieren«).

Verarbeitung der Finanzbuchhaltungsbelege

Der Flow Builder wertet die Belege in der Tabelle BSEG (Belegsegment Buchhaltung) aus, für die ein Eintrag im Feld Bewegungsart (FQF-TYPE) existiert. Weitere Informationen für die Verarbeitung werden u. a. aus Tabelle BKPF (Belegkopf für Buchhaltung) und aus weiteren Belegsegmenten extrahiert, die über die Belegkette ermittelt werden (siehe Abschnitt 9.3.4, »Ableitung der Liquiditätspositionen und weiterer Merkmale aus Belegketten«).

Verarbeitung der Belege aus der Materialwirtschaft

Für die Cashflows aus der Materialwirtschaft wertet das System u. a. die Tabellen EKKO(Einkaufsbelegkopf), EKPO (Einkaufsbelegposition) und EKET Lieferplaneinteilungen .

Wie Sie den Flow Builder initialisieren und als Job einrichten, ist in Abschnitt 10.8.2, »Flow Builder initialisieren und einrichten«, detailliert beschrieben.

9.6.2 Transaktionsdaten laden

Die Ursprungsdaten aus allen Originalanwendungen außer Finanzwesen und Materialwirtschaft können Sie über Transaktion FQM_INITIALIZE (Transaktionsdaten laden) zum erstmaligen Aufbau der Flow-Tabelle verwenden oder zur Korrektur bereits übertragener Cashflows nutzen.

Für den erstmaligen Aufbau der Daten nutzen Sie den Modus **Transaktionsdaten übernehmen**. Um eine erneute Überleitung der Daten aus den Originalanwendungen zu initiieren, wählen Sie den Modus **Transaktionsdaten neu laden**.

In Abbildung 9.34 ist beispielhaft dargestellt, wie Sie die Daten aus dem Treasury Management (**Originalwendung** »TRM«) eingeschränkt auf die **Produktart** »51A« erneut überleiten können.

Beachten Sie, dass Sie nach dem Ausführen der Transaktion im Folgebild die gewünschten Kombinationen von Originalanwendungen und Buchungskreisen markieren müssen. Die eigentliche Verarbeitung für die markierten Einträge startet erst, wenn Sie auf den Button **Verarbeiten** klicken. Sie erhalten nachfolgend ein Ergebnisprotokoll (siehe Abbildung 9.35).

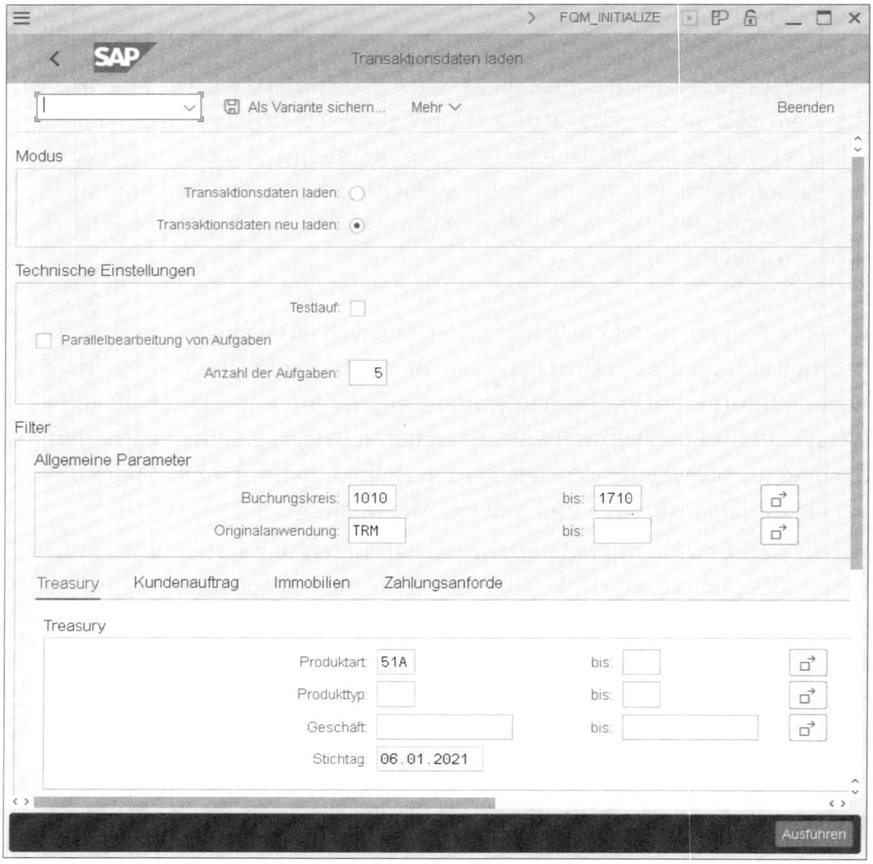

FQM_INITIALIZE

Transaktionsdaten laden

Als Variante sichern... Mehr Beenden

Modus

Transaktionsdaten laden:

Transaktionsdaten neu laden:

Technische Einstellungen

Testlauf:

Parallelbearbeitung von Aufgaben

Anzahl der Aufgaben: 5

Filter

Allgemeine Parameter

Buchungskreis: 1010 bis: 1710

Originalanwendung: TRM bis:

Treasury Kundenauftrag Immobilien Zahlungsanforde

Treasury

Produktart: 51A bis:

Produkttyp: bis:

Geschäft: bis:

Stichtag: 06.01.2021

Ausführen

Abbildung 9.34 Selektionsbild für Transaktion FQM_INITIALIZE (Transaktionsdaten laden)

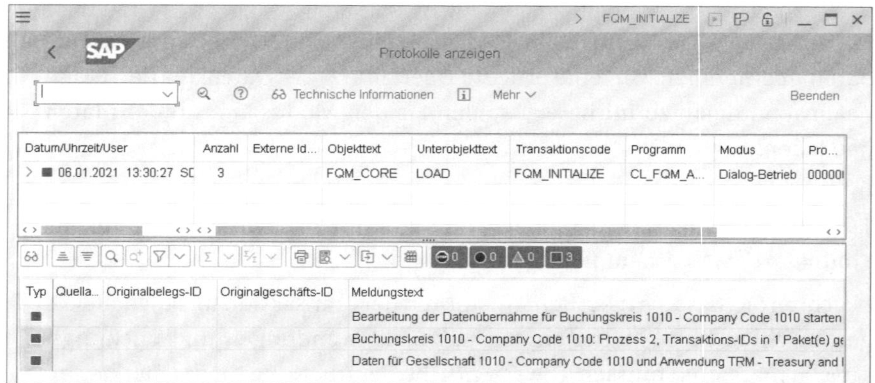

Abbildung 9.35 Ergebnisprotokoll von Transaktion FQM_INITIALIZE (Transaktionsdaten laden)

9.6.3 Bewegungen aggregieren

Um Anforderungen aus dem Datenschutz zu erfüllen und um die Anzahl der Datensätze in der Flow-Tabelle zu reduzieren, stellt SAP eine Funktion zur Aggregation der Datensätze zur Verfügung. Das Programm verarbeitet ausschließlich Cashflows mit der Wahrscheinlichkeitsstufe ACTUAL (Ist-Cashflow). Um die Aggregation durchzuführen, starten Sie die SAP-GUI-Transaktion FQM_AGGREGATE_FLOWS (Bewegungen aggregieren) (siehe Abbildung 9.36).

Selektionsfelder

Als Selektionskriterien stehen Ihnen die **Originalanwendung**, der **Buchungskreis** und das Datumsfeld **Bewegungen aggregieren bis** zur Verfügung. Das Programm verarbeitet alle Datensätze, deren Geschäftsdatum kleiner ist als das spezifizierte Datum. Wichtig ist, dass dieses Datum so weit in der Vergangenheit liegt, dass zukünftig keine Ist-Cashflows vor diesem Datum gebucht werden. Der Grund ist, dass das One Exposure keine Bewegungen integriert, die vor dem Datum der Aggregationsbewegungen liegen.

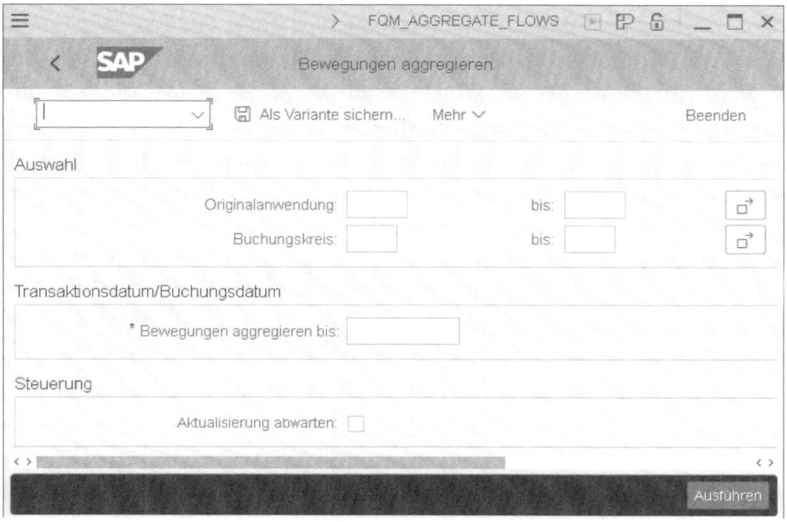

Abbildung 9.36 Selektionsbild von Transaktion FQM_AGGREGATE_FLOWS

Funktionsweise des Programms

Das Programm verdichtet die Ist-Cashflows über die folgenden Felder:

- Lieferant
- Kunde
- Material
- Projekt
- Profitcenter
- Partner

Die Ursprungsdatensätze werden hierbei gelöscht und neue Datensätze mit der Originalanwendung **Aggregierte Cashflows** (AGG) erzeugt, in denen die oben aufgeführten Felder leer sind. Die Beträge der neuen aggregierten Datensätze entsprechen hier der Summe der Beträge der gelöschten Bewegungen. Summarisch ergeben sich also nach dem Verdichtungslauf die gleichen Cashflow-Werte. Die Granularität ist jedoch gröber und erlaubt keine detaillierten Auswertungen über die oben genannten Felder mehr. Die Aggregation kann nicht zurückgenommen werden, außer über einen vollständigen Neuaufbau der Daten aus den Originalanwendungen.

Zusätzlich löscht das Programm alle Cashflows mit einem Lösch-Kennzeichen (FQM_FLOW-DELETED = 'X'). Diese Datensätze wurden auch vor der Löschung im Reporting nicht berücksichtigt, sodass sich auch hier keine wertmäßigen Änderungen für das Reporting ergeben.

9.6.4 Anwendungs-Log

Für die Datenverarbeitung im One Exposure speichert das SAP-System detaillierte Anwendungsprotokolle, die Sie mit Transaktion FQM_APPLICATION_LOG (Anwendungsprotokolle v. One Exposure) auswerten können. Dies ermöglicht Ihnen, Verarbeitungsfehler zu erkennen und zu beheben. Wie in Abbildung 9.37 dargestellt, können Sie hierzu den Zeitraum, die Quellanwendung, die Originalbeleg-ID oder auch die Originaltransaktion eingrenzen.

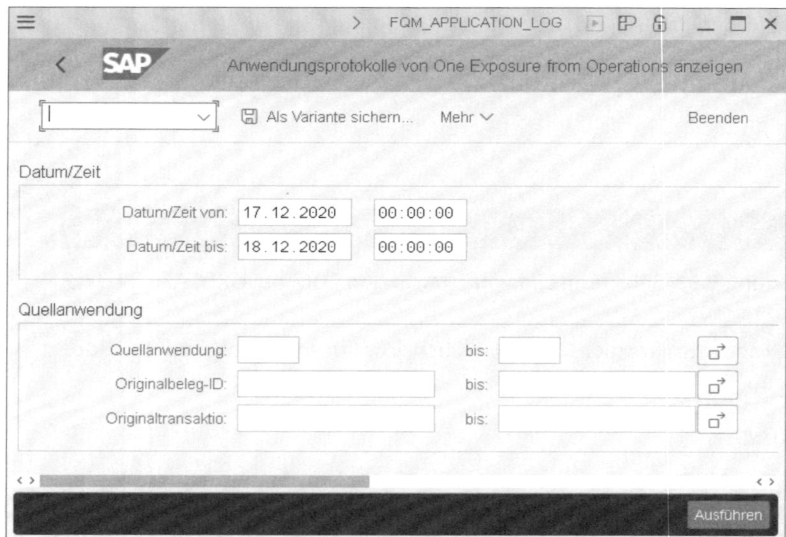

Abbildung 9.37 Selektionsbild des Anwendungs-Logs (Transaktion FQM_APPLICATION_LOG)

Nach dem Ausführen des Programms erhalten Sie eine Übersicht mit zwei Tabellen (siehe Abbildung 9.38). Die obere Tabelle enthält für jede Verarbeitung, wie z. B. den periodischen Lauf des Flow Builders, einen Eintrag, und die untere Tabelle enthält alle Meldungen aus der Verarbeitung.

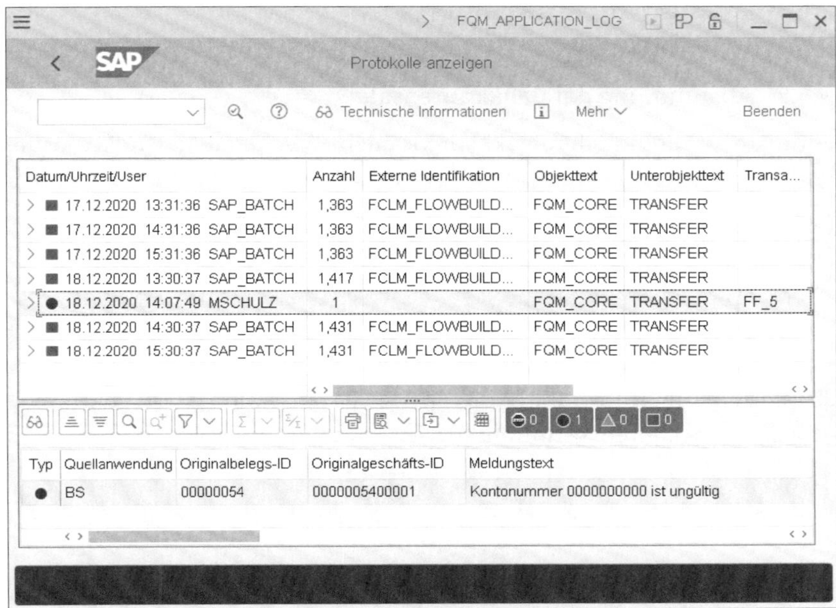

Abbildung 9.38 Protokolle im Anwendungs-Log

Detaillierte Informationen zu einer markierten Verarbeitung erhalten Sie mit einem Klick auf den Button **Technische Informationen** (siehe Abbildung 9.39).

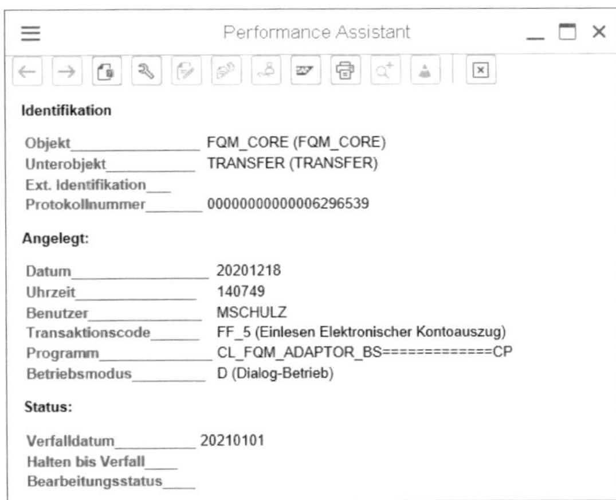

Abbildung 9.39 Technische Informationen im Anwendungs-Log

In einem Fehlerfall könnten Sie die Belege nach der Fehlerkorrektur z. B. erneut über den Flow Builder oder Transaktion FQM_INITIALIZE (Transaktionsdaten laden) laden. Eine detaillierte Beschreibung dieser Prozedur finden Sie in der Online-Hilfe von Transaktion FQM_APPLICATION_LOG (Anwendungsprotokolle v. One Exposure).

9.6.5 Abstimmung der Bankkontensalden

Für die Abstimmung der Bankkontensalden zwischen dem One Exposure und verschiedenen Quellanwendungen stellt SAP ein Prüfprogramm zur Verfügung. Es ist einerseits im Rahmen einer Datenmigration von einem SAP-ERP-System ein wichtiges Hilfsmittel zum Abgleich der alten und der neuen Tabellen. Andererseits können Sie dieses Programm in einem produktiven Cash-Management-System zur Validierung der Datenintegrität zwischen den aktiven Datenquellen und der Flow-Tabelle nutzen.

Sie starten zur Abstimmung die SAP GUI-Transaktion FCLM_BANK_RECONCIL (Bankkontenabstimmung) (siehe Abbildung 9.40).

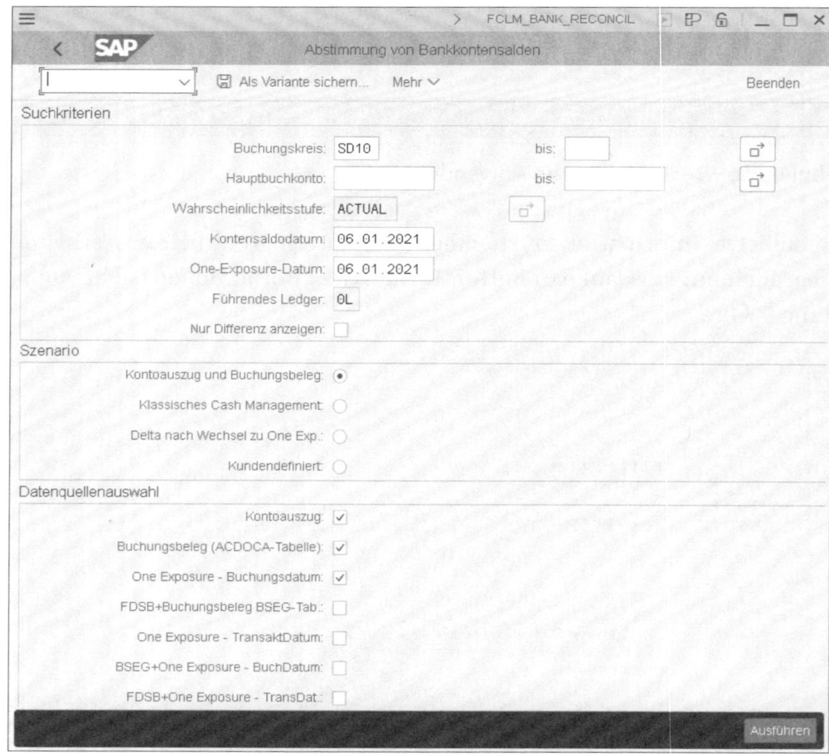

Abbildung 9.40 Selektionsbild von Transaktion FCLM_BANK_RECONCIL zur Abstimmung von Bankkontensalden

Im Selektionsbild definieren Sie die Suchkriterien zur Einschränkung der Prüfung und wählen eines der folgenden Szenarien aus:

- **Kontoauszug und Buchungsbeleg**
  Hier werden die in einem laufenden System verwendeten Datenquellen wie Kontoauszug (Tabelle FEBKO) und Finanzbuchhaltungsbelege (Tabelle ACDOCA) mit den Salden im One Exposure (Tabelle FQM_FLOW) vergleichen.
- **Klassisches Cash Management**
  Dieses Szenario vergleicht die Tabellen des klassischen Cash Managements (Tabelle FDSB) mit den Salden im One Exposure (Tabelle FQM_FLOW) und eignet sich damit für die Abstimmung der Daten nach einer Migration.
- **Delta nach Wechsel zu One Exp.**
  Hier vergleicht das System die Salden im One Exposure mit den Werten aus den Belegpositionen (Tabelle BSEG) auf der Basis des Buchungsdatums.
- **Kundendefiniert**
  Mit dieser Option wählen Sie die einzelnen zu vergleichenden Datenquellen selbst aus.

Die Prüfungen werden stichtagsgenau zum Datum in dem Feld **Kontensaldodatum** durchgeführt. Das Feld **One-Exposure-Datum** wird zur Datumssteuerung für die zu vergleichenden Datenquellen mit mehreren Quelltabellen wie **BSEG+OneExposure** benötigt. Das Datum steuert, bis wann die erste Quelle (BSEG) herangezogen werden und ab wann das System die Einträge aus dem One Exposure berücksichtigen soll.

9.6.6 Health-Check für das Cash Management

Für die Cash-Management-Anwendung stellt SAP ein Prüfprogramm bereit, das Fehler und Inkonsistenzen im Customizing sowie in den Stamm- und Bewegungsdaten identifiziert.

Sie starten das Programm über Transaktion FCLM_HEALTH_CHECK (Health Check) und führen es mit dem Profil OFULL aus.

Prüfschritte im Health-Check

Für dieses Profil sind die folgenden Prüfschritte hinterlegt:

1. Dispositionsebenen- und -gruppenprüfungen in Konfigurationen
2. Dispositionsebenen- und -gruppenprüfungen in Stammdaten
3. Bankkontoprüfungen im One Exposure
4. Bankkontoprüfungen in Sachkonten
5. Bankkontoprüfungen in Kontoauszügen

Sie erhalten nach der Ausführung des Programms ein Protokoll mit den Prüfergebnissen (siehe Abbildung 9.41).

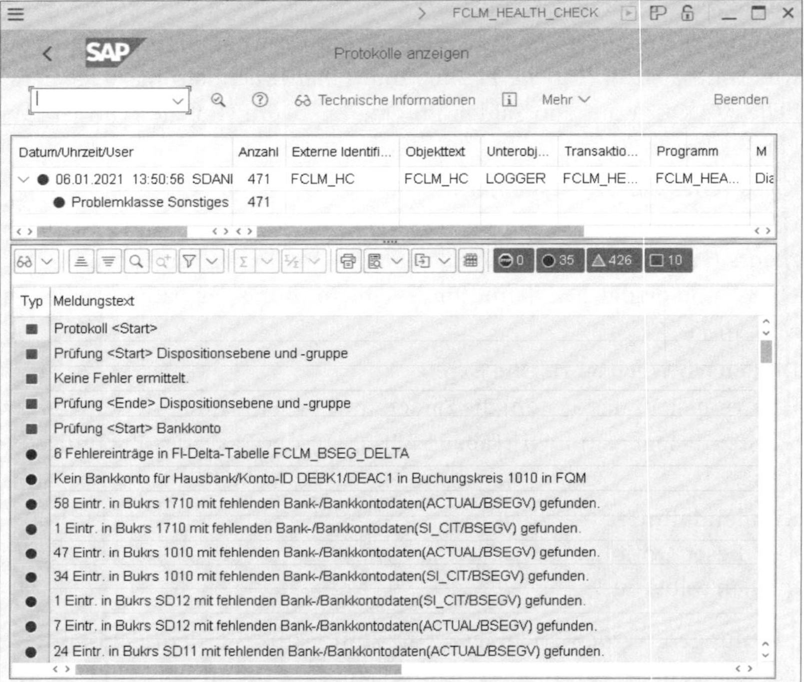

Abbildung 9.41 Protokoll des Health Check für Cash-Management-Anwendungen über Transaktion FQM_APPLICATION_LOG

Über das Icon ⓘ (**Langtext**) erhalten Sie detaillierte Informationen zur Fehlerursache und zur Problemlösung (siehe Abbildung 9.42). Zum Teil erlauben die Fehlermeldungen einen direkten Absprung in die Customizing-Transaktionen.

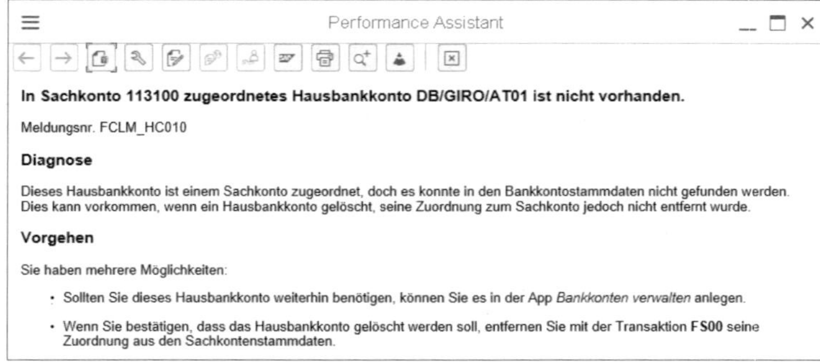

Abbildung 9.42 Detaillierte Fehlerbeschreibung im Health-Check für Cash-Management-Anwendungen

9.6.7 Bewegungsdaten im One Exposure löschen

Sie können Bewegungsdaten aus dem One Exposure über Transaktion FQM_DELETE (Daten aus One Exposure löschen) selektiv löschen und teilweise aktualisieren. Dies kann z. B. notwendig sein, wenn der Datenaufbau beim ersten Lauf Fehler erzeugt hat oder Sie versehentlich die Datenfortschreibung für einen Buchungskreis oder eine Originalapplikation aktiviert haben.

Weitere Beispiele für die Nutzung des Reports sind der Neuaufbau der Daten nach einer Customizing-Änderung oder bei inkonsistenten Daten sowie eine Verkleinerung des Datenvolumens durch die Snapshot-Funktion.

Das Programm unterscheidet verschiedene Löscharten.

- **Zum Löschen vormerken**
  Hier erhalten die Datensätze eine Löschvormerkung, bleiben jedoch in der Flow-Tabelle erhalten. Zur Einschränkung des Datenbestands können Sie Selektionskriterien wie **Quellanwendung** (= Originalanwendung), **Buchungskreis** und **Transaktionsdatum** verwenden. Löschvormerkungen können nicht zurückgenommen werden.
- **Löschen**
  Mit der Löschart **Löschen** werden die Datensätze endgültig aus der Flow-Tabelle entfernt.
- **Nur vorgem. Einträge löschen**
  Mit dieser Verarbeitungsoption werden nur Datensätze gelöscht, die eine Löschvormerkung haben.
- **Snapshot-Bereinigung**
  Diese Löschart erlaubt Ihnen das Löschen veralteter Snapshots, die Sie nicht mehr benötigen. Wählen Sie hierzu im Feld **Zeitstempel** das Datum aus, vor dem Sie Snapshots nicht mehr benötigen.
- **Redund. Snapshot-Bew. Löschen**
  Die Verwendung der Snapshot-Funktion kann zu einer deutlichen Zunahme des Datenvolumens in der Flow-Tabelle führen. Mit dieser Verarbeitungsart löschen Sie redundante Bewegungen in der Flow-Tabelle. Beachten Sie, dass dies eine neue Funktion ist und hierzu einige SAP-Hinweise existieren (u. a. 2914700, 2918642, 2922661, 2931810 und 2936600).

9.7 Die Snapshot-Funktion

Das One Exposure bietet im erweiterten Cash Management die Option, historische Datenstände der Flow-Tabelle auszuwerten. SAP bezeichnet diese historischen Datenstände als *Snapshots*. Über SAP-Fiori-Apps können die Snapshots untereinander oder gegen den aktuellen Stand abgeglichen werden. Wie Sie diese Funktion aus der Anwendungssicht in den SAP-Fiori-Apps nutzen können, ist in Abschnitt 5.5.4, »Reporting mit Snapshots«, beschrieben.

[»]

Aktivierung der Snapshot-Funktion

Die Aktivierung oder Deaktivierung der Snapshot-Funktion erfolgt über die Grundeinstellungen des Cash Managements (siehe Abschnitt 10.2, »Allgemeine Einstellungen einrichten«).

Funktionsweise von Snapshots

Vereinfacht dargestellt, löscht oder überschreibt das One Exposure bei aktivierter Snapshot-Funktion keine Datensätze mehr, sondern speichert jede Version eines Geschäftsvorfalls separat. Jeder Zustand der Geschäftstransaktion aus Cash-Management-Sicht wird durch einen eigenständigen Datensatz in der Flow-Tabelle gespeichert – mit den zu diesem Zeitpunkt gültigen Details, wie z. B. dem Betrag, der Wahrscheinlichkeitsstufe und dem geplantem Valutadatum. Im Feld **Snapshot-Datum** ist gespeichert, ab wann der Datensatz im System gültig war.

Beispiel für einen Beschaffungsvorgang mit Snapshot-Funktion

In Abbildung 9.43. ist dieses Konzept am Beispiel des PTP-Prozesses dargestellt. Am 2.5. wurde eine Bestellung im System eingegeben, die mit einem Valutadatum 5.5. und der Wahrscheinlichkeit MMPO im System gespeichert wurde. Am 4.5. wurde die dazugehörige Rechnung ins System gebucht und dabei die Wahrscheinlichkeit auf PAY_N geändert und das Valutadatum auf der Basis der Angaben in der Rechnung auf den 8.5. geändert. In der Folge führt jede cashflow-relevante Änderung des Vorgangs zu einem neuen Datensatz in der Flow-Tabelle, bis schließlich der Ist-Cashflow den Schlusspunkt setzt.

Feld FLG_ACTUAL im One Exposure

Im One Exposure wird das Feld FLG_ACTUAL genutzt, um einen Cashflow bei aktivierter Snapshot-Funktion als aktuellen Datensatz zu markieren. Ein leeres Feld signalisiert, dass es sich um einen historischen Datensatz handelt, der in einer früheren Snapshot-Version gültig war. Der Wert »X« kennzeichnet einen aktuell gültigen Datensatz, so wie er auch in der Tabelle ohne aktivierte Snapshot-Funktion vorhanden wäre.

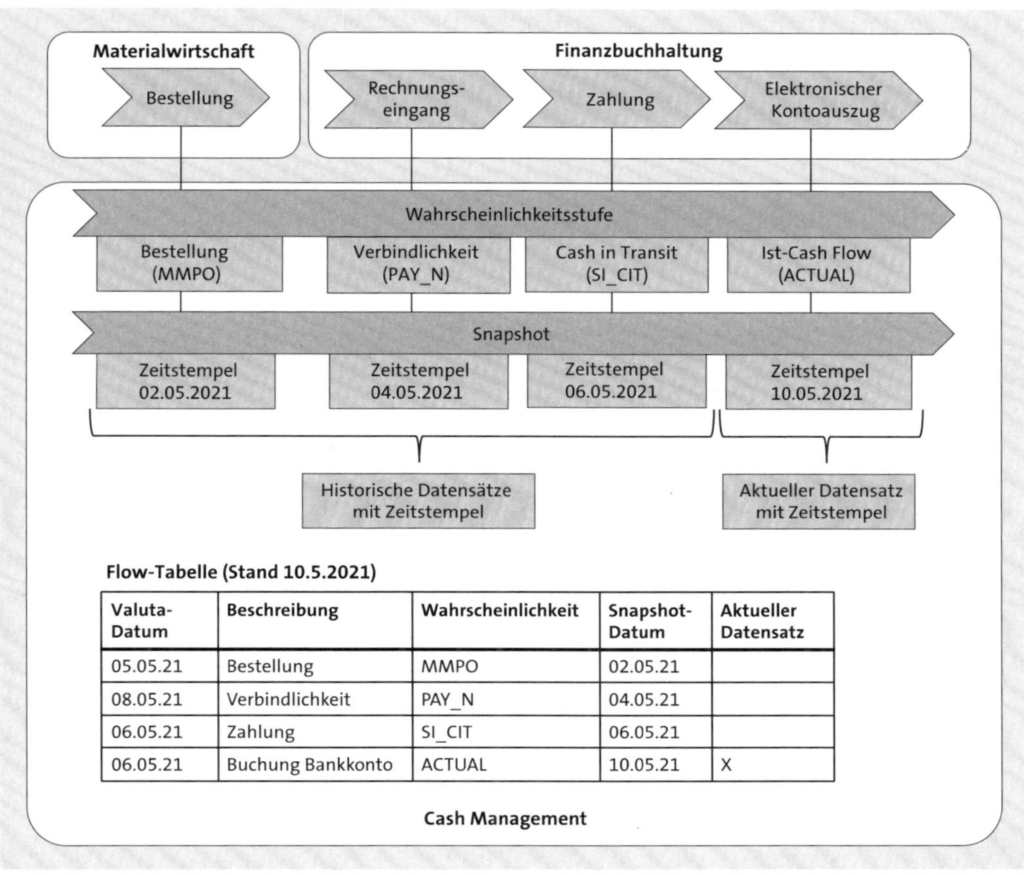

Valuta-Datum	Beschreibung	Wahrscheinlichkeit	Snapshot-Datum	Aktueller Datensatz
05.05.21	Bestellung	MMPO	02.05.21	
08.05.21	Verbindlichkeit	PAY_N	04.05.21	
06.05.21	Zahlung	SI_CIT	06.05.21	
06.05.21	Buchung Bankkonto	ACTUAL	10.05.21	X

Abbildung 9.43 Fortschreibung Flow-Tabelle mit aktivierter Snapshot-Funktion

Speicherplatz optimieren

Die Aktivierung der Snapshot-Funktion führt zu einem deutlich erhöhten Speicherbedarf im One Exposure. Zur Optimierung des Speicherplatzes können Sie die SAP-GUI-Transaktion FQM_DELETE (Daten aus One Exposure löschen) verwenden (siehe Abschnitt 9.6.7, »Bewegungsdaten im One Exposure löschen«).

Datenvolumen analysieren

Für die Analyse des Datenvolumens und zur Durchführung einer Simulation der Kompression von Snapshot-Bewegungen können Sie das Programm FQM_DATAVOLUME_ANALYSIS nutzen (siehe SAP-Hinweis 2891515 – One Exposure from Operations: Analyse des Datenvolumens). Sie erhalten mit diesem Programm einen Überblick über die verwendete Datenmenge für Snapshot-Daten.

[»]

Daten nach der Deaktivierung der Snapshot-Funktion bereinigen

Falls Sie die Snapshot-Funktion deaktivieren, müssen Sie folgende Punkte beachten:

- Beachten Sie, dass die Daten im One Exposure nach dem Deaktivieren der Snapshot-Funktion nicht automatisch gelöscht werden.
- Beachten Sie, dass die Snapshot-Daten nach der Deaktivierung und dem manuellen Löschvorgang nicht wiederhergestellt werden können.

9.8 Fazit

In diesem Kapitel haben Sie das One Exposure im Detail kennengelernt. Das One Exposure ist das technische Herzstück von SAP Cash Management und verantwortlich für die Sammlung, Anreicherung und Speicherung cashrelevanter Daten in Ihrem Unternehmen. Sie haben erfahren, welche internen und externen Datenquellen integriert werden und wie sie technisch angebunden werden können. Zum Verständnis der Ableitungslogik für zentrale Felder, wie z. B. der Liquiditätsposition, wurden Bewegungsarten, die Auswertung von Belegketten sowie Abfragen erläutert. Darüber hinaus haben Sie verschiedene Hilfsmittel für die laufende Administration von SAP Cash Management.

Kapitel 10
SAP Cash Management implementieren

SAP Cash Management bietet vielfältige Einstellungsoptionen, um das Systemverhalten an die Bedürfnisse und Prozesse Ihres Unternehmens anzupassen. Sie erhalten in diesem Kapitel einen Überblick über die Stellschrauben des Systems und erfahren, welche Aktivitäten notwendig sind, um SAP Cash Management in Betrieb zu nehmen.

Ein wichtiges Merkmal der On-Premise-Version von SAP S/4HANA sind die vielfältigen Möglichkeiten, um das System individuell zu konfigurieren. Über die Customizing-Einstellungen, die Workflow-Konfigurationen, die Jobsteuerung, das Berechtigungskonzept, kundenindividuelle Programmierung und über Steuerungskennzeichen in den Stammdaten passen Sie Ihr System an die Anforderungen Ihres Unternehmens an.

In diesem Kapitel zeigen wir Ihnen die wichtigsten Einstellungen von SAP Cash Management. Die Abschnitte sind in der Reihenfolge angeordnet, wie sie üblicherweise bei der Einführung durchlaufen werden.

In Abschnitt 10.1, »Die Implementierung vorbereiten«, geben wir einen Überblick über die Themenfelder, die Sie in der Konzeptionsphase berücksichtigen sollten. Wir zeigen hier exemplarische Fragen für die Feinkonzeption auf und erläutern das Berechtigungskonzept und die Ausprägung eines täglichen Zeitplans für die Finanzdisposition.

Die einzelnen Customizing-Aktivitäten im Einführungsleitfaden lernen Sie in Abschnitt 10.2 bis Abschnitt 10.5 kennen.

Zunächst beschreiben wir in Abschnitt 10.2, »Allgemeine Einstellungen einrichten«, wie Sie den Funktionsumfang für SAP Cash Management definieren und Währungsumrechnungskurse in das System integrieren.

In Abschnitt 10.3, »Bankkontenverwaltung einrichten«, lernen Sie die Konfigurationen für die Stammdatenfunktionen und für die Workflows der Bankkontenverwaltung und Zahlungsgenehmigung kennen.

Das Customizing für das One Exposure erläutern wir in Abschnitt 10.4, »Cash Operations einrichten«. Hier beschreiben wir u. a. die Einstellungen für Bewegungsarten, Dispositionsebenen und -gruppen sowie für Liquiditätspositionen. Sie finden hier Informationen zum Customizing der klassischen SAP-GUI-Transaktionen für den Tagesfinanzstatus und die Liquiditätsvorschau sowie Details zur Konfiguration des Kontenclearings und der Einzelsätze.

Wie Sie in einem Side-by-Side-Szenario die Systemverbindungen etablieren, erfahren Sie in Abschnitt 10.5, »Verteiltes Cash Management einrichten«.

In Abschnitt 10.6, »Berechtigungen ausprägen«, lernen Sie, welche Möglichkeiten das SAP Cash Management bietet, um die Zugriffsberechtigungen der SAP-Anwender auszuprägen.

Neben dem Customizing spielen die Stammdaten eine zentrale Rolle bei der Konfiguration Ihres Systems. In Abschnitt 10.7, »Stammdaten aufbauen«, erfahren Sie, welche Besonderheiten bei den Stammsätzen für die Bankkonten, für die Sachkonten in der Finanzbuchhaltung und für die Geschäftspartnerstammsätze zu berücksichtigen sind.

Zur Einrichtung und für den initialen Datenaufbau des One Exposure finden Sie detaillierte Informationen in Abschnitt 10.8, »Datenaufbau im One Exposure durchführen«. Hier lernen Sie, wie Sie einzelne Datenquellen für die Fortschreibung im One Exposure aktivieren, wie Sie den Flow Builder einrichten und wie Sie die Daten der Flow-Tabelle aufbauen.

Dieses Kapitel enthält keine Informationen zur Einrichtung der Liquiditätsplanung, da die Konfiguration der Planungsfunktionen mit SAP Analytics Cloud detailliert in Kapitel 8, »Liquidität langfristig planen«, beschrieben wird.

10.1 Die Implementierung vorbereiten

Vor der Einführung von SAP Cash Management sind verschiedene konzeptionelle Entscheidungen zu treffen. Die wichtigste Frage zu Beginn ist, ob Sie die Funktionen des erweiterten (lizenzpflichtigen) Cash Managements nutzen werden. Eine Orientierung geben wir Ihnen in Abschnitt 2.2.2, »Lizenzvarianten im SAP Cash Management«, sowie in den Übersichten über die SAP-Fiori-Apps jeweils im vorletzten Abschnitt von Kapitel 4 bis Kapitel 7.

Abstimmung mit anderen Abteilungen

Ein Cash-Management-Projekt ist mit unterschiedlichen Fachabteilungen abzustimmen: So werden Sie sich mit dem Stammdatenteam über die Pflege der Geschäftspartner verständigen und Absprachen mit der Finanzbuchhaltung über die Sachkontenstammdaten, die Verbuchungslogik und die Zahlungsprozesse treffen. Mit allen Abteilungen, die Daten für die Liquiditätsvorschau liefern, ist zu klären, wie eine hohe Vorschauqualität erreicht werden kann. Auch die Anforderungen des Managements an das Projekt sollten Sie berücksichtigen.

Gesamtarchitektur planen

Definieren Sie in der Konzeptphase eine Gesamtarchitektur wie exemplarisch in Abschnitt 2.9, »Architektur eines integrierten Cash-Management-Systems in SAP S/4HANA«, beschrieben. Planen Sie dazu die notwendigen Softwarekomponenten und Schnittstellen, um Ihre Anforderungen an Informationsqualität, Automatisierungsgrad und Absicherung der Prozesse abzudecken.

Konzept

Vor einer Implementierung sind im Sinne eines Feinkonzepts viele Detailfragen mit den Mitarbeitern in den Fachabteilungen Finanzwesen, Treasury und IT zu klären.

[zB]

Detailfragen zur Feinkonzeption

Die folgenden Fragen sollten Sie u. a. bei der Entwicklung Ihres Feinkonzepts klären:

- Wie möchten Sie Ihre Prozesse im Cash Management gestalten, und wer ist für welchen Bearbeitungsschritt verantwortlich?
- Welche Funktionen im SAP-System möchten Sie dafür nutzen? Benötigen Sie z. B. die erweiterte Bankkontenverwaltung oder das Cash Pooling?
- Soll für die Bankkontenverwaltung das Vier-Augen-Prinzip, die Workflow-Funktionen oder die direkte Freigabe genutzt werden?
- Benötigen Sie die Snapshot-Funktion?
- Welche Konten repräsentieren Ihre Geldmittel (siehe Begriffsdefinition von *Cash* in Abschnitt 2.1, »Aufgaben und Ziele des Cash Managements«)?
- Möchten Sie das neue Konzept der Bankabstimmkonten für die Integration in das Hauptbuch verwenden?
- Wie strukturieren Sie Ihre Bankverrechnungskonten, und wie sollen diese im Reporting abgebildet werden?
- Wie erhalten Sie zeitnah und zuverlässig Ihre Kontoauszüge, und welche Software nutzen Sie, um die Kommunikation mit den Banken zu etablieren?
- Welchen Mehrwert liefert die Integration untertägiger Kontoauszüge?
- Aus welchen Quellen beziehen Sie Ihre Cashflow-Information für die Liquiditätsvorschau, und wie binden Sie diese ein?

- Welche Voraussetzungen müssen in den internen und externen Datenquellen für die Liquiditätsvorschau erfüllt sein, um zuverlässige Auswertungen über zukünftige Cashflows erstellen zu können?
- Wer ist für die Anlage Ihrer Hausbankkonten verantwortlich, und wie synchronisieren Sie diese zwischen Produktiv-, Test- und Entwicklungssystem?

Periodischer Zeitplan

Es ist darüber hinaus wichtig, dass Sie einen periodischen Zeitplan entwickeln, sodass die verschiedenen Prozessschritte zeitlich abgestimmt ineinandergreifen, wie z. B.:

1. Kontoauszüge abholen
2. elektronische Kontoauszüge (Buchungsbereich *Bankbuchhaltung*) verbuchen
3. Kontoauszüge (Buchungsbereich *Nebenbuch*) nachbearbeiten
4. Tagesabschluss des Vortags beenden
5. Zahlläufe durchführen
6. Einzelsätze aktualisieren
7. Kontenüberträge ausführen
8. Cash Pooling durchführen

Die Zeitpläne werden deutlich komplexer, wenn unterschiedliche Zeitzonen zu berücksichtigen und verschiedene Abteilungen und Personen am Prozess beteiligt sind sowie für Ihr System Daten über Schnittstellen importiert werden. Wichtig ist, dass Sie jederzeit wissen, welche Informationen zu welchem Zeitpunkt zuverlässig verfügbar sind.

Berechtigungskonzept

Um eine sichere Abwicklung der Cash-Management-Prozesse zu gewährleisten, erstellen Sie ein Berechtigungskonzept unter der Berücksichtigung der SAP-Berechtigungsobjekte, der SAP-Fiori-Kataloge und -gruppen sowie der Genehmigerfunktionen in den Workflows des Cash Managements.

Kritische Berechtigungen

Besondere Aufmerksamkeit sollten Sie der Absicherung der in Abschnitt 6.3.2, »Kontenübertrag per Free-Form-Zahlung«, vorgestellten *Free-Form-Zahlung* und den Freigabeprozessen für Zahlungen und Stammsatzänderungen widmen.

Das Vier-Augen-Prinzip in der Bankkontenverwaltung kann verwendet werden, um mit einfachen Mitteln eine Funktionstrennung für die Stammsatzpflege und Aktivierung der Änderung sicherzustellen. Weitere Details zur

Ausprägung des Berechtigungskonzepts finden Sie in Abschnitt 10.6, »Berechtigungen ausprägen«.

10.2 Allgemeine Einstellungen einrichten

In den *Grundeinstellungen* wird im ersten Schritt festgelegt, ob Sie den Grundfunktionsumfang oder das erweiterte Cash Management nutzen. Zusätzlich wählen Sie hier verschiedene Optionen für das erweitere Cash Management. Sie finden die Grundeinstellungen (siehe Abbildung 10.1) im Customizing des Cash Managements unter dem Pfad **Financial Supply Chain Management • Cash and Liquidity Management • Allgemeine Einstellungen**.

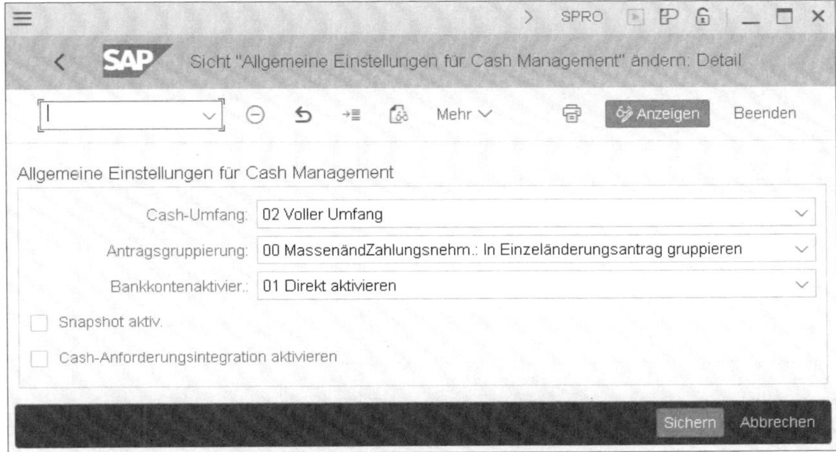

Abbildung 10.1 Grundeinstellungen im Cash Management

Cash-Umfang

Im Feld **Cash-Umfang** wählen Sie, welchen Funktionsumfang des Cash Managements Sie nutzen möchten. Mit der Auswahl des Wertes **Grundfunktionsumfang** können Sie die grundlegenden Funktionen des Cash Managements (Basic Cash) verwenden, die ohne zusätzliche Lizenz genutzt werden können.

Beachten Sie, dass alle weiteren Einstellungen in dieser Customizing-Ansicht wirkungslos bleiben, wenn Sie den Grundfunktionsumfang gewählt haben. Selektieren Sie in der Auswahl den Eintrag **voller Umfang**, wenn Sie eine Lizenz für das erweiterte Cash Management erworben haben, um den vollständigen Funktionsumfang nutzen zu können (siehe Abbildung 10.2).

[»]

Aktivierung der Cash Management Business Function

Zur Aktivierung des vollen Umfangs ist es erforderlich, dass Sie die Business Function FIN_FSCM_CLM über die SAP-GUI-Transaktion SFW5 (Switch Framework Customizing) einschalten. Prüfen Sie zusätzlich, ob Sie die Business Function FIN_FSCM_BNK beim Einsatz von SAP Bank Communication Management benötigen.

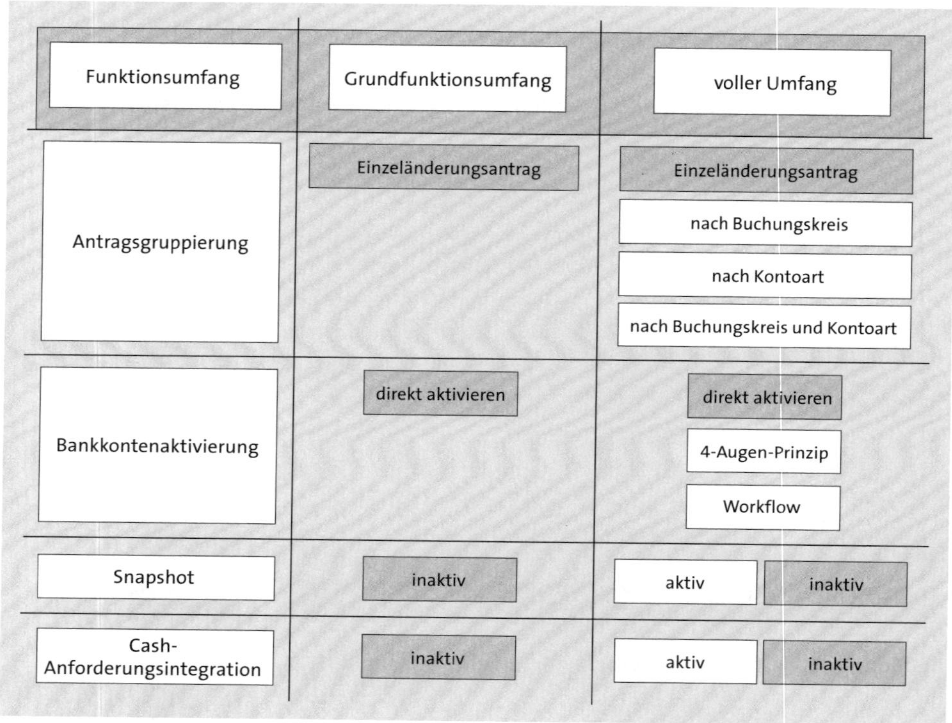

Abbildung 10.2 Funktionsumfang im Cash Management

Antragsgruppierung

Bei der Nutzung von Workflow-Prozessen für die Bankkontenverwaltung können Änderungen im Rahmen der Zahlungsgenehmigung durch das System in einem oder mehreren Massenänderungsanträgen gruppiert werden. Mit der Customizing-Einstellung **Antragsgruppierung** definieren Sie, nach welchen Kriterien die Gruppierung vorgenommen werden soll: in einem einzigen **Einzeländerungsantrag** oder nach **Buchungskreis**, **Kontoart** oder **Buchungskreis und Kontoart**.

Bankkontenaktivierung

Unter **Bankkontenaktivierung** definieren Sie, nach welchen Regeln die Aktivierung von Änderungen in Bankkonten erfolgen soll. Es stehen Ihnen hier die folgenden Optionen zur Verfügung:

- **Direkt aktivieren**
  Bei dieser Einstellung kann die Person, die eine Änderung am Bankkonto vorgenommen hat, diese selbstständig aktivieren. Dies entspricht auch dem Systemverhalten im Grundumfang.
- **Über Vier-Augen-Prinzip aktivieren**
  Bei der Aktivierung über das Vier-Augen-Prinzip kann eine Person, die eine Änderung an sensiblen Feldern im Bankkontenstammsatz vornimmt, diese nur inaktiv sichern. Eine zweite Person muss den geänderten Stammsatz aktivieren, damit die Änderung wirksam wird (siehe Abschnitt 7.4.2, »Über Vier-Augen-Prinzip aktivieren«).
- **Über Workflow aktivieren**
  Mit dieser Einstellung werden für Änderungen an Bankkonten Änderungsanträge generiert, die einen Workflow-Prozess durchlaufen müssen, um aktiviert zu werden. (siehe Abschnitt 7.4.2, »Über Vier-Augen-Prinzip aktivieren«). In Abhängigkeit von den Einstellungen zum Workflow betrifft diese die Neuanlage, die Änderung sensibler Felder oder auch die Deaktivierung von Bankkonten.

Snapshot

Mit der Snapshot-Funktion werden alle Versionen eines Cashflows in der Flow-Tabelle gesichert, die im Laufe der Zeit vorhanden waren. Dies ermöglicht eine Rückschau auf den Stand der Tabelle für einen zurückliegenden Zeitpunkt. Mit aktivierter Snapshot-Funktion können Sie beispielsweise in der SAP-Fiori-App **Cashflow-Analyse** in dem Filterfeld **Snapshot-Zeit** einen in der Vergangenheit liegenden Zeitpunkt angeben (z. B. Tag heute vor 6 Wochen). Dadurch werden genau die Cashflows-Positionen ausgegeben, die zu diesem Zeitpunkt im System vorhanden waren – mit den zu diesem Zeitpunkt gespeicherten Feldausprägungen, z. B. für das Feld **Wahrscheinlichkeit**. Beachten Sie, dass das Aktivieren dieser Funktionen zu einem größeren Datenvolumen in der Flow-Tabelle führt.

Cash-Anforderungsintegration

Mit der in das Treasury and Risk Management integrierten Funktion **Cash-Anforderungsintegration** wird die Anlage, Bearbeitung und Löschung von Barmittelhandelsanforderungen in der SAP-Fiori-App **Einzelsätze verwalten** aktiviert.

Marktdaten

Unter dem Customizing-Knoten **Allgemeine Einstellungen** finden Sie Einstellungen zu den **Marktdaten**, die auch von anderen Applikationen wie z. B. SAP Treasury Management genutzt werden. Über den Pfad **Stammdaten • Währungen** erreichen Sie die Customizing-Einstellungen für die Währungsumrechnung. Währungskurse können Sie unter dem Customizing-Knoten **Manuelle Markdateneingabe** manuell pflegen. Sie finden außerdem Einstellungen zum automatisierten Import von Währungskursen. Diese Einstellungen gelten systemübergreifend für die Währungsumrechnung in allen SAP-S/4HANA-Applikationen. Über den Customizing-Punkt **Rating definieren** können Sie die Rating-Kategorien definieren, die im Bankenstammsatz auswählbar sind.

10.3 Bankkontenverwaltung einrichten

Der Ausschnitt des Einführungsleitfadens in Abbildung 10.3 stellt die aufeinander aufbauenden Aktivitäten zur Einstellung der Bankkontenverwaltung dar. Diesen Customizing-Knoten **Bankkontenverwaltung** erreichen Sie über den Pfad **SAP Customizing Einführungsleitfaden • Financial Supply Chain Management • Cash and Liquidity Management**.

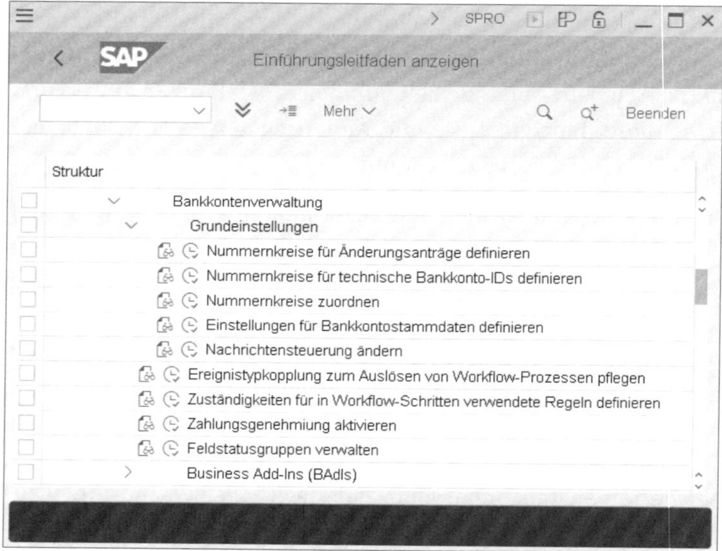

Abbildung 10.3 Bankkontenverwaltung im Einführungsleitfaden

10.3.1 Grundeinstellungen

Im Bereich **Grundeinstellungen** definieren Sie die Nummernkreise für Bankkonten und Änderungsanträge sowie verschiedene Einstellungen zu den Bankkonten. Sie konfigurieren hier die Kontoarten, die sensiblen Felder für Änderungsanträge und die Importmethoden für Kontoauszüge. Außerdem verwalten Sie die Zahlungsgenehmigungsmuster und Unterzeichnergruppen.

Nummernkreise für Änderungsanträge definieren

Für Änderungsanträge von Stammsatzänderungen vergibt das System eine eindeutige fortlaufende Antragsnummer aus dem Nummernkreisobjekt FC_CREQID. Über die Customizing-Aktivität **Nummernkreise für Ände-**

rungsanträge definieren legen Sie das Nummernkreisintervall fest. Pro Mandant kann nur ein Nummernkreisintervall für Änderungsanträge definiert werden.

Nummernkreise für technische Bankkonto-IDs definieren

Beim Anlegen eines Stammsatzes für ein Bankkonto weist das System diesem automatisch eine eindeutige technische ID zu – die *Bankkonto-ID*. Definieren Sie hierzu über die Customizing-Aktivität **Nummernkreise für technische Bankkonto-IDs definieren** das Intervall für das Nummernkreisobjekt FC_ACCID, aus dem das System die Nummer generiert.

Nummernkreise zuordnen

Nachdem Sie die Nummernkreisintervalle definiert haben, müssen Sie diese noch in den Einstellungen dem jeweiligen Prozess zuordnen. Dafür öffnen Sie die Customizing-Einstellung **Nummernkreise zuordnen** (siehe Abbildung 10.4).

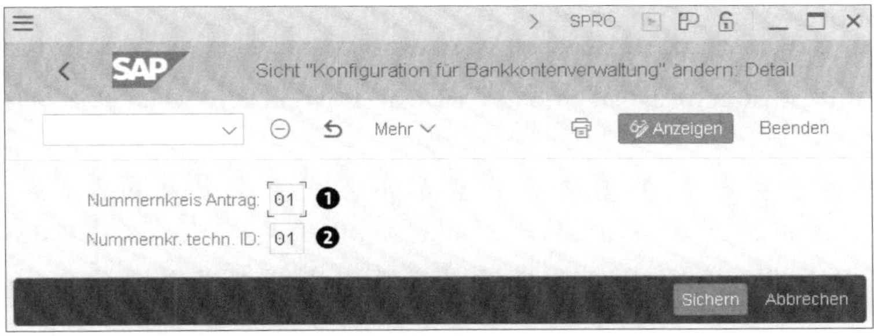

Abbildung 10.4 Bankkontenverwaltung konfigurieren

In dem jeweiligen Feld wählen Sie die ID der in den vorangehenden Abschnitten definierten Nummernkreisintervalle aus:

❶ Nummernkreisintervall für Änderungsanträge (Feld **Nummernkreis Antrag**)

❷ Nummernkreisintervall für technische Bankkonto-ID (Feld **Nummernkr. Techn. ID**)

Einstellungen für Bankkontenstammdaten definieren

In der Customizing-Aktivität **Einstellungen für Bankkonto-Stammdaten definieren** administrieren Sie die Basiseinstellungen für Bankkonten und Zahlungsgenehmigungen. Folgende Festlegungen sind hier zu treffen (siehe Abbildung 10.5):

- Kontoarten ausprägen
- sensible Felder im Bankkonto definieren
- Selektionsvarianten für sensible Felder erstellen
- Importmethoden für Kontoauszüge definieren
- Zahlungsgenehmigergruppen festlegen

- [Zahlungs]genehmigungsmuster definieren
- [Zahlungs]genehmigungsmuster zuordnen

[»]

Transaktion zur Konfiguration der Bankkontenstammdaten

Sie erreichen die Einstellungen für die Bankkontenstammdaten auch über Transaktion FCLM_BAM_MD (Einstellungen für Bankkontenstammdaten definieren).

Kontoarten definieren

Um Ihre Bankkonten zu klassifizieren, definieren Sie unterschiedliche *Kontoarten*. So können Sie z. B. Kontokorrentkonten, Darlehenskonten und Tagesgeldkonten über die Kontoarten differenzieren. SAP liefert bereits einige Kontoarten im Standard aus, die Sie an Ihre Bedürfnisse anpassen können. Die Kontoarten können Sie später in den SAP-Fiori-Apps als Filter oder Gruppierungskriterium nutzen. Darüber hinaus können Sie die Kontoart nutzen, um die Genehmigungsmuster für Workflows unterschiedlich zu definieren.

In der Customizing-Tabelle für die Kontoarten gibt das Feld **Art** die eindeutige technische ID für die Kontoart an (siehe Abbildung 10.5). In das Feld **Beschreibung Kontoart** können Sie einen frei wählbaren Text eintragen. Im Feld **Attribut** definieren Sie, ob das Konto ein funktionales Konto (z. B. für ein Darlehen) oder ein operatives Konto ist, das Sie für laufende Ein- und Auszahlungen nutzen.

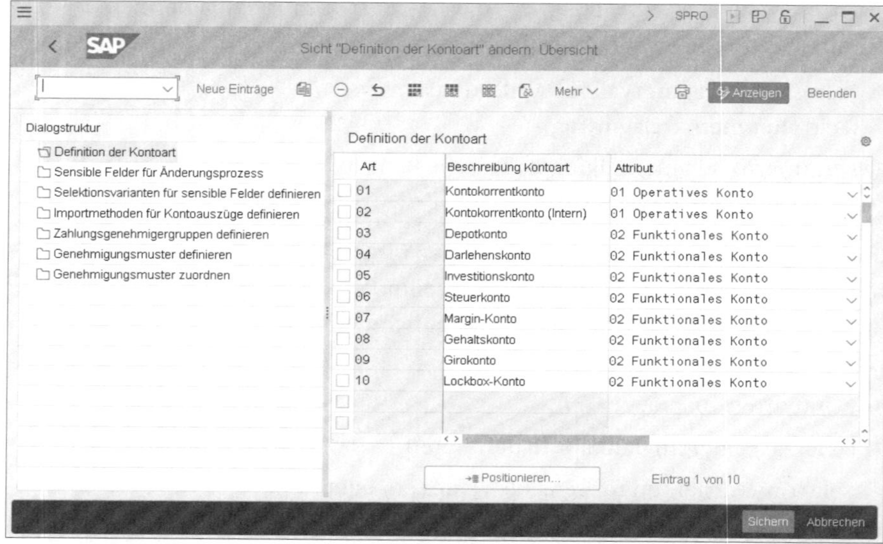

Abbildung 10.5 Einstellungen für die Bankkontenstammdaten definieren – Kontoart definieren

Sensible Felder für den Änderungsprozess

Falls Sie in den Grundeinstellungen des Cash Managements den Workflow-Modus oder das Vier-Augen-Prinzip zur Bankkontenüberarbeitung aktiviert haben, definieren Sie in diesem Bereich die sensiblen Felder von Bankkonten. Dies dient zum Schutz vor unbeabsichtigten und nicht autorisierten Änderungen für kritische Felder im Bankkontenstammsatz.

Sobald eines dieser als sensibel definierten Felder im Bankenstamm geändert wird, wird ein Workflow für Änderungsanträge ausgelöst (siehe Abschnitt 7.4, »Freigabeverfahren für Bankkontenstammdaten«). Neue Einträge auf den Registerkarten **Zahlungsgenehmiger** und **Überziehungslimit** werden ebenfalls als Änderung interpretiert und lösen einen Workflow aus. In Abbildung 10.6 sind Beispiele für sensible Felder dargestellt.

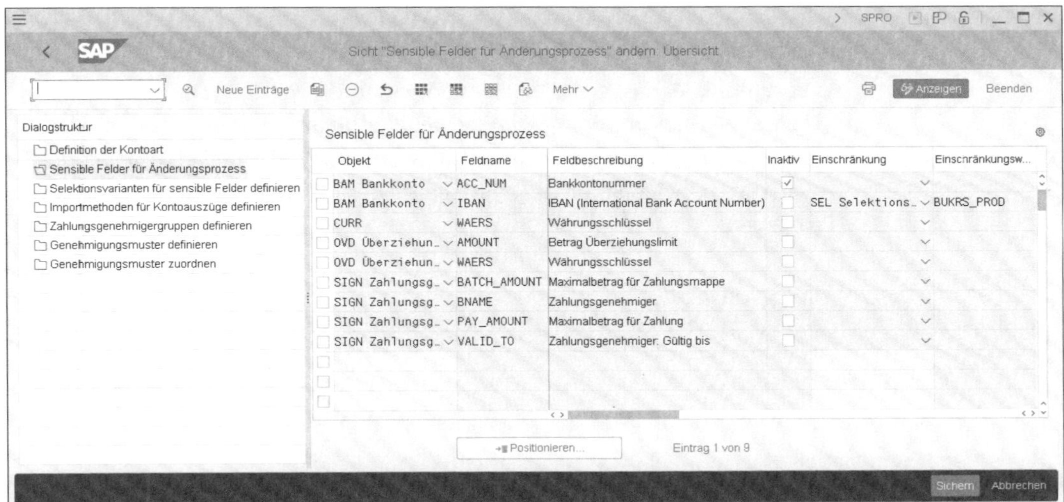

Abbildung 10.6 Customizing – Einstellungen für die Bankkontenstammdaten definieren – sensible Felder für den Änderungsprozess

Weitere sensible Felder fügen Sie über **Neue Einträge** hinzu. Dabei wählen Sie zunächst das Objekt, in dem sich das Feld im Bankkontenstamm befindet. Unterschieden wird dabei zwischen den folgenden Objekten:

- Bankkonto
- Hausbankkonto
- Währung
- Überziehungslimit
- Unterzeichner

Anschließend wählen Sie den gewünschten Feldnamen, wie z. B. im Objekt **Bankkonto** eines der Felder **Bankkontonummer**, **IBAN** oder **Währungs-**

schlüssel. Möchten Sie, dass ein sensibles Feld nicht mehr geprüft wird, aber der Eintrag dazu im Customizing verbleibt, können Sie das Kontrollkäschen für **Inaktiv** anhaken. Wenn die Workflows nur für bestimmte Kontoarten oder Buchungskreise gestartet werden sollen, können Sie dies über **Selektionsvarianten** einstellen und diese den sensiblen Feldern zuordnen.

Selektionsvarianten für sensible Felder definieren

Die Selektionsvarianten definieren Sie im nächsten Punkt in der Dialogstruktur, **Selektionsvarianten für sensible Felder definieren** (siehe Abbildung 10.7). Definieren Sie hier im Feld **Feldname**, ob Sie nach Kontoart oder Buchungskreis den Filter setzen möchten, und definieren Sie die Filterkriterien und die Selektionslogik in den Feldern **Vorzeichen**, **Option**, **Unterer** (Untergrenze des Intervalls) und **Hoch** (Obergrenze des Intervalls).

[»]

Reihenfolge sensible Felder und Selektionsvarianten

Beachten Sie, dass Sie die Selektionsvarianten vor der Speicherung eines sensiblen Felds im vorangehenden Bearbeitungsschritt bereits definiert haben müssen. Wenn Sie nachträglich einem sensiblen Feld eine Selektionsvariante zuordnen möchten, müssen Sie das sensible Feld löschen und neu anlegen.

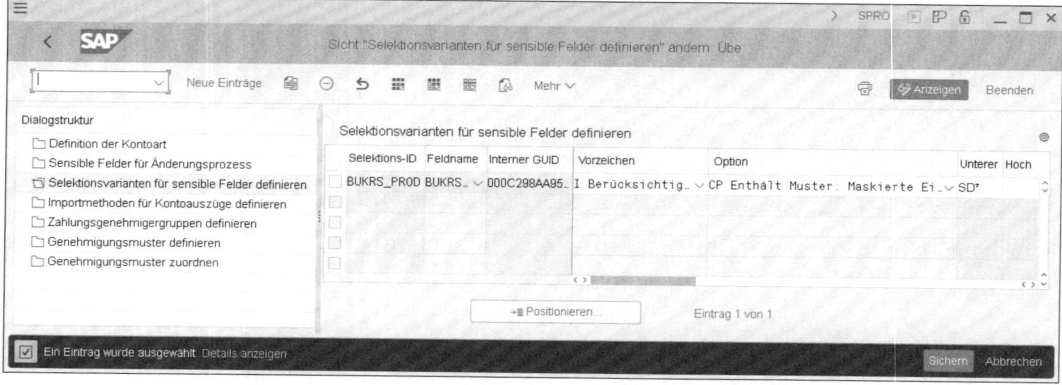

Abbildung 10.7 Selektionsvarianten für sensible Felder definieren

Importmethoden für Kontoauszüge definieren

Im Bearbeitungsschritt **Importmethode für Kontoauszüge definieren** legen Sie die bei Ihnen verwendeten Importmethoden für die Kontoauszüge fest. Hier definieren Sie die Auswahlmöglichkeiten der Importmethoden in den Feldern **Importmethode für untertägige Auszüge** und **Importmethode für Auszüge am Tagesende** auf der Registerkarte **Bankbeziehung** der Bankkonten. Die Unterscheidung von Importmethoden im Kontenstammsatz dient lediglich Reporting-Zwecken. Eine Funktionalität ist der Importmethode nicht zugewiesen.

Zahlungsgenehmigergruppen definieren

Zur Genehmigung von Zahlungen können Sie im Bankkontenstamm eine *Zahlungsgenehmigergruppe* auswählen (siehe Abschnitt 7.3.2, »Bankkonto anlegen«). Die zur Auswahl stehenden Gruppen definieren Sie unter dem Bearbeitungspunkt **Zahlungsgenehmigergruppen definieren** (siehe Abbildung 10.8). Zahlungsgenehmigergruppen benötigen Sie für die Erstellung von Genehmigungsmustern.

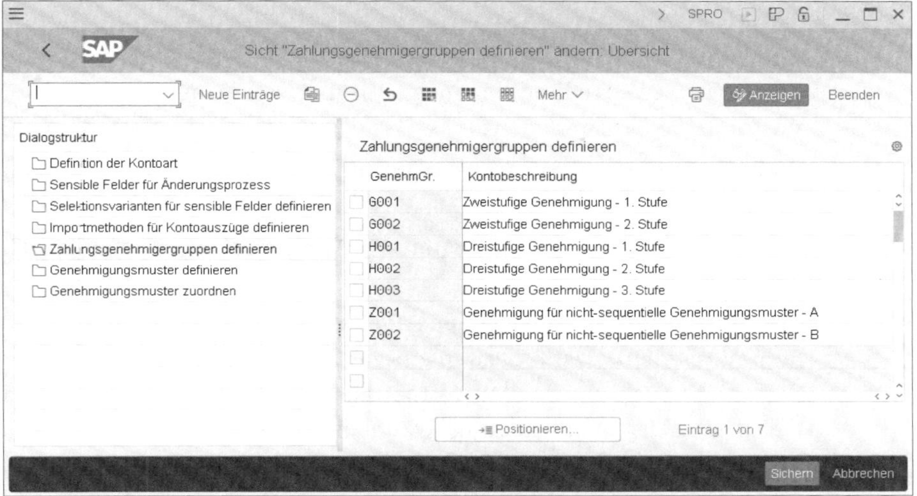

Abbildung 10.8 Einstellungen für die Bankkontenstammdaten definieren – Zahlungsgenehmigergruppen definieren

[«]

Aktive Zahlungsgenehmigung als Voraussetzung

Die Zahlungsgenehmigungsfunktion muss in der Customizing-Aktivität **Zahlungsgenehmigung aktivieren** aktiv sein, damit das Customizing zu den Genehmigergruppen und Genehmigungsmustern berücksichtigt wird.

Genehmigungsmuster definieren

Im Bearbeitungspunkt **Genehmigungsmuster definieren** verwalten Sie Genehmigungsmuster. Sie können sequenzielle und nicht sequenzielle Muster erstellen. Bei sequenziellen Mustern durchlaufen die Genehmigenden eine vordefinierte Reihenfolge. Wenn Sie ein Muster als nicht sequenziell markieren, können die Genehmigergruppen Ihre Freigabe in beliebiger Reihenfolge erteilen. Der Gesamtantrag gilt als genehmigt, wenn aus jeder Gruppe ein Genehmiger seine Zustimmung gegeben hat. Zahlungsgenehmigungsmuster sind durch folgende Attribute definiert (siehe Abbildung 10.9):

- **Muster** (Pflichtfeld) – ID zur eindeutigen Identifizierung im Bankkontenstamm
- **N. sequ.** – Kennzeichen, um als Muster als nicht sequenziell zu kennzeichnen
- **GenehmAbf.** (Genehmigungsabfolge – Pflichtfeld bei sequenziell) – für ein sequenzielles Muster ist die Schrittfolge anzugeben. Möglich sind bis zu vier Schritte.
- **GenehmGr.** (Genehmigungsgruppe – Pflichtfeld): Angabe der Genehmigergruppe. Die Erstellung einer neuen Gruppe wurde im vorangehenden Customizing-Punkt erläutert.
- **Währg** (Währung – optional) – Währungsschlüssel für die Felder zum Mindestbetrag
- **Mindestbetrag für Zahlung** (optional) – Mindestbetrag für eine Einzelzahlung
- **Mindestbetrag f. Zahlungsmappe** (optional) – Mindestbetrag für die Summe aller Einzelzahlungen in einer Zahlungsmappe. Nur wenn mindestens eine Zahlung den **Mindestbetrag für Zahlung** überschreitet und gleichzeitig der **Mindestbetrag f. Zahlungsmappe** überschritten wird, löst das System einen Workflow-Schritt aus.

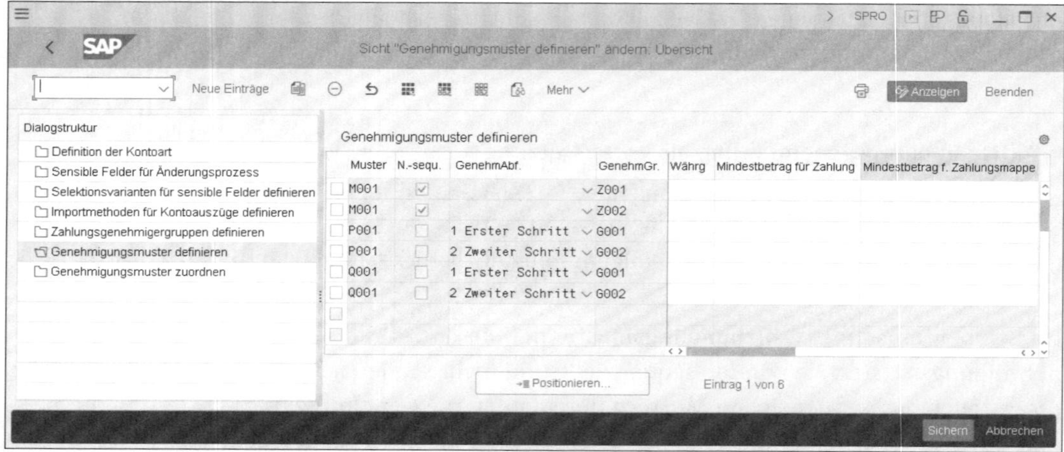

Abbildung 10.9 Customizing – Einstellungen für die Bankkonto-Stammdaten definieren – Genehmigungsmuster definieren

Sequenzielles Genehmigungsmuster anlegen

Genehmigungsmuster fügen Sie über einen Klick auf den Button **Neue Einträge** hinzu. Bei einem sequenziellen Genehmigungsmuster ergänzen Sie die Felder **Genehmigungs-Abfolge** und **Genehmiger-Gruppe** und optional das Währungsfeld (**Währg**) sowie die Felder **Mindestbetrag für Zahlung** und

Mindestbetrag f. Zahlungsmappe. Sie können jedem Genehmigungsmuster ein bis vier Schritte zuordnen.

Nicht sequenzielles Genehmigungsmuster anlegen

Wenn die Reihenfolge der Genehmigungsschritte unbedeutend ist, kann ein nicht sequenzielles Muster genutzt werden. Dafür legen Sie ein Genehmigungsmuster mit dem Kennzeichen **N. sequ.** an und lassen das Feld **Genehm.Abf.** leer. Beachten Sie, dass mindestens zwei Einträge für Genehmigungsgruppen vorhanden sein müssen, um ein nicht sequenzielles Genehmigungsmuster zu bilden.

Genehmigungsmuster zuordnen

In der Ansicht **Genehmigungsmuster zuordnen** weisen Sie Ihren Buchungskreisen und Ihren Kontoarten Genehmigungsmuster zu (siehe Abbildung 10.10).

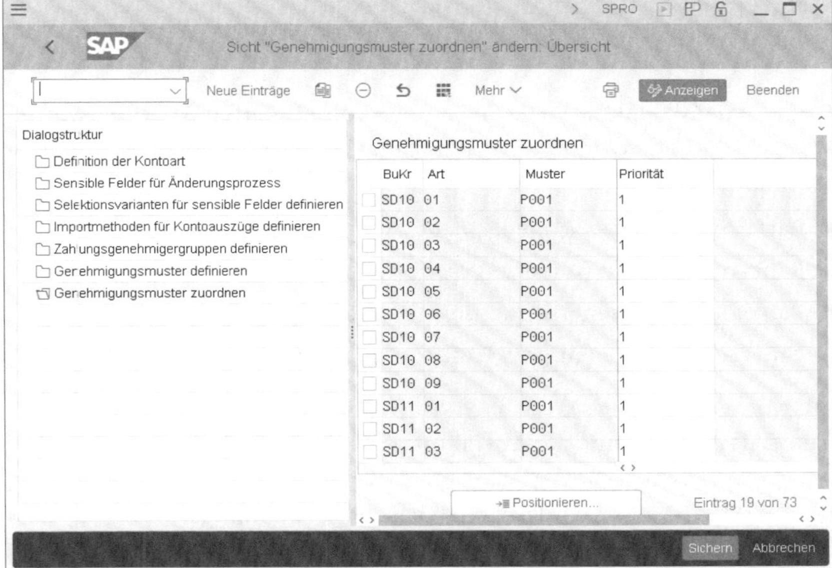

BuKr	Art	Muster	Priorität
SD10	01	P001	1
SD10	02	P001	1
SD10	03	P001	1
SD10	04	P001	1
SD10	05	P001	1
SD10	06	P001	1
SD10	07	P001	1
SD10	08	P001	1
SD10	09	P001	1
SD11	01	P001	1
SD11	02	P001	1
SD11	03	P001	1

Abbildung 10.10 Einstellungen für die Bankkontenstammdaten definieren – Genehmigungsmuster zuordnen

Ist ein Muster einem Buchungskreis zugewiesen und das Feld **Kontoart** wird nicht gefüllt, ist das Muster für alle Kontoarten in diesem Buchungskreis gültig. Genauso kann einem Muster eine Kontoart, aber kein Buchungskreis zugeordnet sein. In einem solchen Fall ist das Muster für diese Kontoart in allen Buchungskreisen gültig.

Dem Genehmigungsmuster können Sie eine numerische Priorität zuordnen, für den Fall, dass aufgrund der generischen Einträge ohne Buchungskreis oder Kontoart mehrere Muster gefunden werden. Vorrang hat eine niedrigere Priorität, wobei die Zahl 0 der höchsten Priorität entspricht.

10.3.2 Ereignistypkopplung zum Auslösen von Workflow-Prozessen pflegen

Damit das System Workflow-Prozesse in der Bankkontenverwaltung auslösen kann, muss eine Verbindung (Kopplung) von einem Ereignis zu einem Workflow-Muster definiert sein. Die Kopplung können Sie entsprechend Ihren Anforderungen anpassen und vordefinierte oder benutzerdefinierte Workflow-Muster zuordnen.

[»]

Bankkontoüberarbeitung »Über Workflow aktivieren«

Damit Änderungsanträge zur Genehmigung durch Workflows angelegt werden, muss die Bankkontenüberarbeitung **Über Workflow aktivieren** in den Grundeinstellungen ausgewählt sein (siehe Abschnitt 10.2, »Allgemeine Einstellungen einrichten«).

Workflow-Muster WS78500050

Eine Standardkopplung bietet SAP zu dem vordefinierten Workflow-Muster WS78500050. Das Workflow-Muster beinhaltet die folgenden Bausteine für Workflows:

- Bankkonto eröffnen (Anlegen neuer Stammdatensätze)
- Bankkonto ändern (Änderung an bestehenden Stammdatensätzen)
- Bankkonto auflösen (Markierung des Bankkontos als aufgelöst)
- Unterzeichner in mehreren Bankkonten ändern

Aus vorherigen Releases ist noch das Workflow-Muster WS74300043 bekannt, das jedoch mit der On-Premise-Version von SAP S/4HANA 2020 nicht mehr als Workflow-Muster für SAP-Fiori-Apps zur Verfügung steht. Das Workflow-Muster wird nur noch bei der Verwendung des SAP Business Client unterstützt.

Typkopplung aktivieren

Prüfen Sie, ob die Typkopplung aktiviert und korrekt ist. Dafür suchen Sie in dieser Customizing-Aktivität den **Objekttyp** FCLM_CR mit dem Ereignis CREATED. Das Ereignis CREATE steht für die Anlage eines Änderungsantrags. Beide bereits erwähnten Workflow-Muster sind als Verbrauchertyp vorhanden (siehe Abbildung 10.11).

In der daneben liegenden Spalte **Typkopplung aktiviert** befindet sich das Kontrollkästchen zur Aktivierung. Aktivieren Sie dieses bei dem Verbrauchertyp WS78500050.

In Abschnitt 7.4.6, »Die SAP-Fiori-App ›Workflows verwalten – Für Bankkonten‹«, wird aufgezeigt, wie Workflows für die Bankkontenverwaltung im SAP Fiori Launchpad an Ihre Anforderungen angepasst werden können.

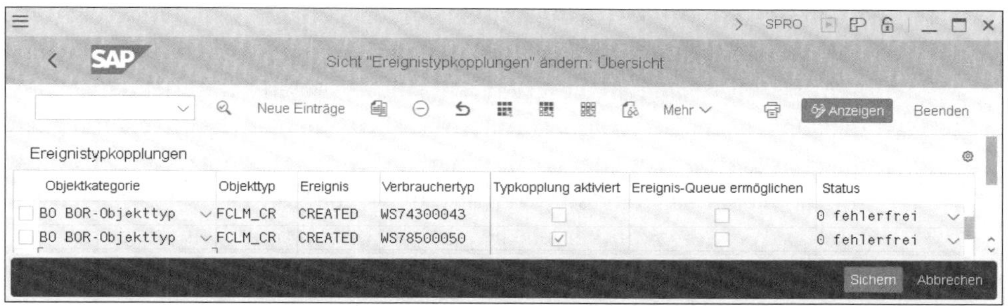

Abbildung 10.11 Aktive Typkopplung für Workflow-Muster

10.3.3 Zuständigkeiten für in Workflow-Schritten verwendete Regeln definieren

Änderungsanträge in der Bankkontenverwaltung lösen Workflows aus. Dem jeweiligen Genehmigungsschritt werden zuständige Personen über Regeln zugewiesen. Diese Regeln können Sie prüfen und Zuständigkeiten anpassen. In den Regeln hinterlegen Sie einzelne Benutzer oder Organisationseinheiten (wie z. B. Abteilungen), Stellen oder Jobs.

Vordefinierte Regeln in der Bankkontenverwaltung

Für die Bankkontenverwaltung im Cash Management sind bereits folgende Regeln vordefiniert:

- **74300006: Cash-Manager**
  Diese Regel berechtigt zur Genehmigung und Ablehnung von Änderungsanträgen.
- **74300007: Cash-Spezialist**
  Cash-Spezialisten sind verantwortlich für die Eröffnung, Auflösung und Änderung von Bankkonten.
- **74300008: Key-User**
  Key-User sind verantwortlich für notwendige Administrationsaufgaben der Bankkonten- und Hausbankkontenstammdaten.
- **74300013: Prüfer**
  Dies ist eine feststehende Regel. Sie stellt eine Ausnahme dar, da die Zuständigkeiten nicht in dieser Customizing-Aktivität festgelegt werden können. Die zuständige Prüfperson leitet sich für diese Regel aus dem Feld **Allgemeiner Ansprechpartner** im Bankkontenstammsatz ab.

Regeln anpassen

Sie passen die Zuständigkeiten durch den Aufruf der Customizing-Aktivität **Zuständigkeiten für in Workflow-Schritten verwendete Regeln definieren** an. Dafür tragen Sie in dem sich öffnenden Eingabefeld **Regelnummer** eine der oben aufgeführten Regelnummern (außer 74300013) ein und bestätigen die Eingabe mit der Taste [↵].

Anschließend öffnet sich die Ansicht zur Regelpflege. Abbildung 10.12 stellt diese beispielhaft für die Regel-Cash-Manager oder Regel-Cash-Managerinnen (74300006) dar; in dieser Ansicht sind die bereits hinterlegten Zuständigkeiten abgebildet. Diese können Sie durch einen Klick auf **Zuständigkeit anlegen** ❶ erweitern oder mithilfe der vorhandenen Werkzeuge verwalten. In einer Zuständigkeit definieren Sie, für welche Kontoart und welchen Buchungskreis Personen berechtigt werden sollen. Anschließend ordnen Sie der *Zuständigkeit* über den Button **Bearbeiterzuordnung einfügen** ❷ explizit Benutzer oder HR-Objekte wie z. B. *Organisationseinheiten*, *Stellen* oder *Personalnummern* zu.

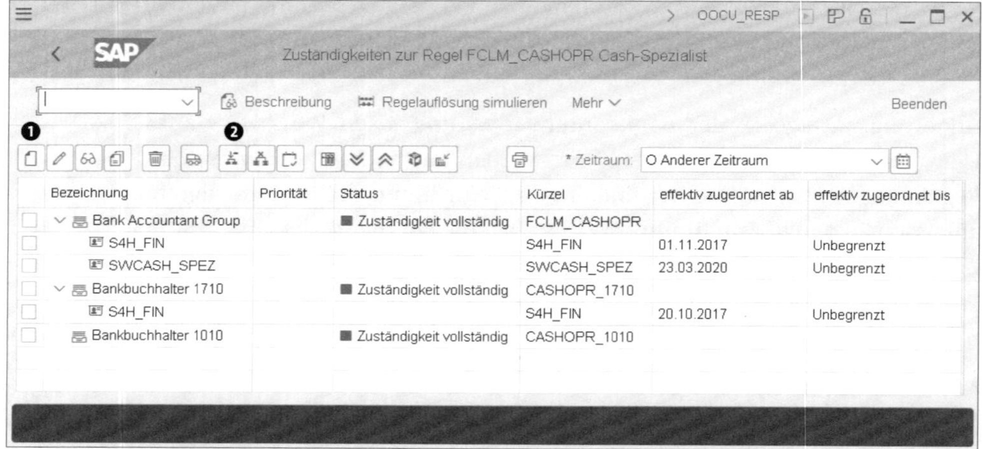

Abbildung 10.12 Regel-Cash-Spezialist bzw. Regel-Cash-Spezialistin

10.3.4 Zahlungsgenehmigung aktivieren

Auf den vorangehenden Seiten haben Sie erfahren, wie Sie Zahlungsgenehmigergruppen definieren, wie Sie diesen Gruppen Genehmigungsmustern zuweisen und schließlich wie Sie die Genehmigungsmuster den Buchungskreisen und Kontoarten zuordnen. Diese Einstellungen werden jedoch erst aktiv in der Bankkontenverwaltung genutzt, wenn Sie die *Zahlungsgenehmigung* der Cash-Management-Applikation aktivieren. Ohne diese Aktivierung werden die Zahlungsgenehmigungen durch SAP Bank Communication Management verwaltet.

Zahlungsgenehmigung in der Bankkontenverwaltung aktivieren

In der Customizing-Aktivität **Zahlungsgenehmigung aktivieren** müssen Sie den Bankprozessen Funktionsbausteine zuordnen, um die Zahlungsgenehmigung aktiv nutzen zu können. Dafür müssen folgende Einträge in der Tabelle enthalten sein (siehe Abbildung 10.13):

- Prozess OBANK002 mit dem Funktionsbaustein FCLM_BAM_BCM_AGT_PRESEL und dem Produkt BAM
- Prozess OBANK004 mit dem Funktionsbaustein FCLM_BAM_BCM_REL_PROC_CTRL und dem Produkt BAM

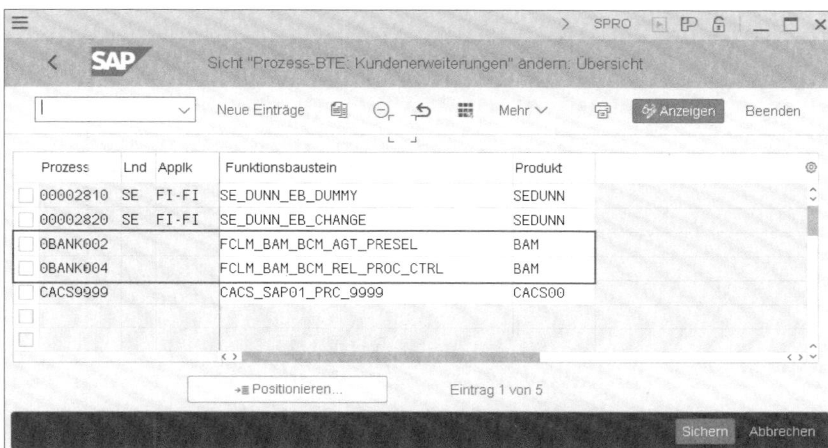

Abbildung 10.13 Zahlungsgenehmigung aktivieren

10.3.5 Feldstatusgruppen verwalten

In der Customizing-Aktivität **Feldstatusgruppen verwalten** definieren Sie die Feldstatusgruppen und Sonderregeln für die Bankkontenverwaltung. In den Feldstatusgruppen stellen Sie ein, welche Felder in den SAP-Fiori-Apps zur Bankkontenverwaltung ausgeblendet, editierbar, schreibgeschützt oder obligatorisch sein sollen (siehe Abbildung 10.14). Die Feldstatusgruppen ordnen Sie in einem zweiten Schritt Bearbeitungsszenarien zu, in denen Sie verwendet werden sollen.

Nach dem Start der Customizing-Aktivität befindet sich im linken Bereich die **Dialogstruktur**. Der Punkt **Feldstatusgruppen definieren** ist markiert, und Sie sehen im rechten Bereich eine Liste mit den von SAP standardmäßig ausgelieferten Feldstatusgruppen.

Feldsteuerung ändern

Um die Feldsteuerung zu beeinflussen, definieren Sie im ersten Schritt eine eigene Feldstatusgruppe, oder Sie kopieren eine vorhandene Feldstatusgruppe. Möchten Sie z. B. die Feldsteuerung für die Neuanlage von Bankkonten ohne Workflow-Aktivierung verändern, kopieren Sie zunächst die Feldgruppe BAMCRET in der Tabelle mit den Feldstatusgruppen auf der rechten Seite. Markieren Sie anschließend die neue Feldstatusgruppe, und klicken Sie anschließend in der Dialogstruktur auf **UI-Feldstatus definieren**.

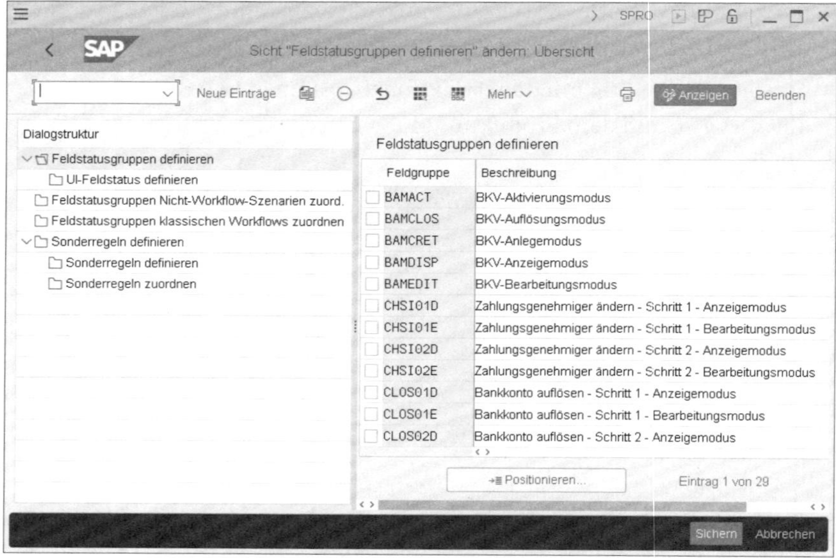

Abbildung 10.14 Feldstatusgruppen definieren

In der Spalte Feldstatus können Sie nun für jedes einzelne Feld das Systemverhalten verändern (siehe Abbildung 10.15).

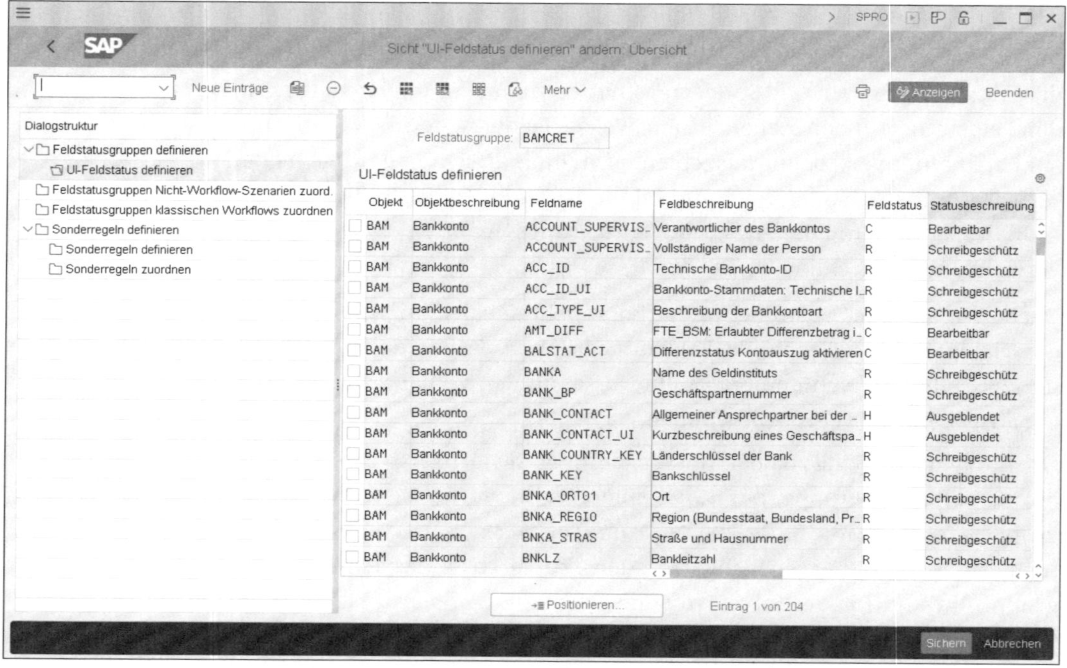

Abbildung 10.15 Customizing – UI-Feldstatus, Gruppe BAMCRET

Eigene Feldstatusgruppen (hier teilweise auch **Feldgruppe** genannt) müssen Sie den verschiedenen Bearbeitungsszenarien zuordnen. SAP liefert im Standard bereits die Feldstatusgruppen mit der Zuordnung zu den passenden Szenarien aus.

Wenn Sie den Aktivierungsmodus für Bankkontenüberarbeitungen direkt aktivieren oder die Vier-Augen-Aktivierung verwenden, weisen Sie Ihre Feldstatusgruppen über den Dialogschritt **Feldstatusgruppen Nicht-Workflow-Szenarien zuordnen** zu. Es stehen Ihnen hier Szenarien für das Anlegen, Bearbeiten, Anzeigen und Auflösen von Bankkonten zur Verfügung.

Feldstatusgruppen für Workflow-Muster

Bei der Verwendung des Aktivierungsmodus **Über Workflow aktivieren** und des mit Release 2020 für SAP-Fiori-Apps auslaufenden Workflow-Musters WS74300043, hinterlegen Sie Ihre Feldstatusgruppen im Dialogschritt **Feldstatusgruppen klassischen Workflows zuordnen**. Hier wird zwischen den folgenden Bearbeitungsszenarien unterschieden:

- Bankkonto anlegen
- Bankkonto bearbeiten
- Bankkonto auflösen
- Unterzeichner ändern
- Bankkonto prüfen
- Bankkonto wiedereröffnen

Bei der Zuordnung definieren Sie zusätzlich, für welchen Änderungsantragsschritt diese gelten soll und ob sich der Stammsatz im Anzeige- oder Änderungsmodus befindet.

Bei der Verwendung des Aktivierungsmodus **Über Workflow aktivieren** und des Workflow-Musters WS78500050 verwenden Sie das BAdI: **Feldstatussteuerung für Bankkonten in flexiblen Workflows**, um die Feldsteuerung zu beeinflussen.

In den Sonderregeln können Sie für bestimmte Länder und einzelne Bankschlüssel Ausnahmen definieren, wie einzelne Felder ausgesteuert werden sollen. Die Sonderregeln müssen Sie schließlich noch den Feldstatusgruppen zuordnen, für die sie gelten sollen.

10.3.6 Business Add-Ins (BAdIs) für die Bankkontenverwaltung

Mit Business Add-Ins (BAdI) können Sie eigene Programmierungen in die Standardfunktionen (Business Functions) des SAP-S/4HANA-Systems integrieren. Ähnlich wie User-Exits oder Customer-Exits dienen sie der kundenindividuellen Erweiterung des SAP-Systems.

Bei der Erweiterung durch BAdIs wird der von SAP ausgelieferte Original-Programmiercode nicht verändert. So sind die vorgenommenen Erweiterungen auch nach einem Upgrade des SAP-Systems noch lauffähig.

Für die Bankkontenverwaltung werden eine Reihe an BAdIs zur Erweiterung der Business Functions bereitgestellt (siehe Abbildung 10.16).

Business Add-Ins (BAdIs)
BAdI: Automatisches Füllen von Feldern nach Feldaktualisierung
BAdI: Automatisches Füllen von Feldern nach Kontenerstellung
BAdI: Feldstatus und -prüfungen
BAdI: Feldstatussteuerung für Bankkonten in flexiblen Workflows
BAdI: Mapping der Bankkontonummern zwischen BKV und Hausbankkonto
BAdI: Ereignisse nach Bankkontenaktivierung
BAdI: Bankkonto-Stammdatenfelder in Änderungsanträgen
BAdI: Ermittlung des Zahlungsgenehmigungsmusters
BAdI: Verarbeitungslogik für IDoc-Nachrichtentyp HBHBAMAST

Abbildung 10.16 Business Add-Ins für die Bankkontenverwaltung

- **Automatisches Füllen von Feldern nach Feldaktualisierungen**
  Hier definieren Sie Ihre individuelle Logik zur automatischen Befüllung von Feldern nach der Aktualisierung eines anderen Feldes im Bankkontenstamm mit der SAP-Fiori-App **Bankkonten verwalten**.
- **Automatisches Füllen von Feldern nach Kontenerstellung**
  Auch dieses BAdI dient der automatischen Befüllung von Feldern im Bankkontenstamm bei der Anlage eines Kontos.
- **Feldstatus und Feldprüfungen (in den Bankkontenstammdaten)**
  Hier definieren Sie eine kundenindividuelle Feldstatussteuerung für die Felder des Bankkontenstammsatzes. Zudem können Prüfroutinen zur Vermeidung fehlerhafter Stammdateneingaben definiert werden.
- **Feldstatussteuerung für Bankkonten in flexiblen Workflows**
  Standardmäßig können Genehmiger einen Bankkontenantrag im Workflow-Prozess zur Aktivierung des Bankkontos ausschließlich ablehnen oder genehmigen. Durch diese BAdIs wird die Funktion durch den Bearbeitungsmodus erweitert. Genehmiger können Änderungen der Stammdaten im Genehmigungsschritt vornehmen.
- **Mapping der Bankkontonummern zwischen BKV und Hausbankkonto**
  Mit diesem BAdI beeinflussen Sie die Mapping-Logik für Bankkontonummern zwischen den Bankkonten im Cash Management und den Hausbankkonten in der Finanzbuchhaltung. Dies wirkt sich zum einen bei der Migration der Hausbankkonten aus und zum anderen bei der Zuordnung

eines Hausbankkontos zu einem Bankkonto in der Bankkontenverwaltung mit der SAP-Fiori-App **Bankkonten verwalten**.

- **Ereignisse nach Bankkontenaktivierung**
  Nachdem ein Bankkonto durch die Genehmigung im Workflow-Prozess angelegt worden ist, kann dieses BAdI ausgeführt werden, beispielsweise zur Versendung von automatisierten Mitteilungen von dem Genehmiger an den Antragsteller nach durchgeführter Genehmigung.
- **Bankkonto-Stammdatenfelder in Änderungsanträgen**
  Hier legen Sie fest, welche Felder der Bankkontenstammdaten bei einer Wertveränderung einen Änderungsantrag auslösen. Vorgenommene Änderungen in diesen Feldern werden in der Änderungshistorie gesichert.
- **Ermittlung des Zahlungsgenehmigungsmusters**
  In den Grundeinstellungen der Bankkontenverwaltung wurden Zahlungsgenehmigungsmuster definiert. Mit diesem BAdI können Sie eine eigene Logik zur Ermittlung des Musters programmieren.
- **Verarbeitungslogik für IDoc-Nachrichtentyp HBHBAMAST**
  Sie passen hier die Verarbeitungslogik an, wenn Daten der Hausbanken und Stammdaten der Hausbankkonten über IDocs replizierten werden.
- **Verarbeitungslogik für IDoc-Nachrichtentyp BAMMAST**
  Mit diesem BAdI erweitern Sie die Verarbeitungslogik bei der Replikation von Stammdaten der Bankkontenverwaltung (BKV) über IDocs.

10.4 Cash Operations einrichten

Die grundlegenden Einstellungen für die Cash-Vorgänge (Cash Operations), wie Liquiditätsstatus, Liquiditätsvorschau und Kontenclearing, definieren Sie im Einführungsleitfaden unter dem Pfad **Financial Supply Chain Management • Cash and Liquidity Management • Cash Management**.

Dort sind die in Abbildung 10.17 aufgelisteten Customizing-Aktivitäten enthalten. Dieser Abschnitt beschreibt alle Einstellungen, die Sie in diesem Customizing-Knoten vornehmen können, die Aktivitäten zum Datenaufbau ausgenommen. Diese finden Sie in Abschnitt 10.8, »Datenaufbau im One Exposure durchführen«.

Zusätzlich zu den Customizing-Aktivitäten entlang des Einführungsleitfadens wird dieser Abschnitt im abschließenden Teil durch das Customizing für Originalanwendungen ergänzt.

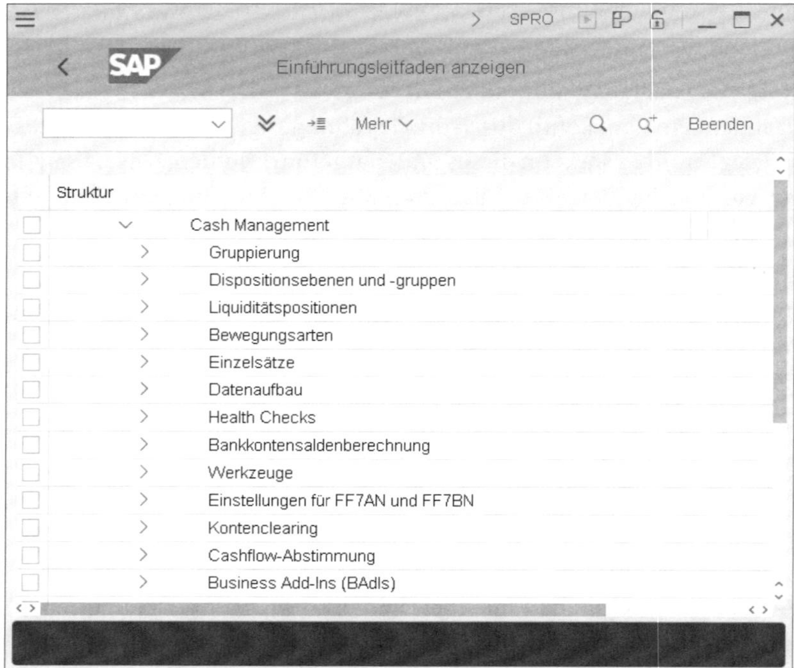

Abbildung 10.17 Cash Operations im Einführungsleitfaden

10.4.1 Gruppierung

Gliederungen werden im Tagesfinanzstatus (Transaktion FF7AN), in der Liquiditätsvorschau (Transaktion FF7BN) und für das Kontenclearing zur Strukturierung und Filterung der Bank- und Personenkonten benötigt. Eine Gliederung ist eine hierarchische Struktur, die sich auf aus Dispositionsebenen, Dispositionsgruppen und Konten zusammensetzt.

Gliederung definieren und Überschriften pflegen

In der Customizing-Aktivität **Gliederung definieren und Überschriften pflegen** werden die Gliederungen definiert (siehe Abbildung 10.18). Hier werden für Gliederungen technische Schlüssel vergeben und die in der Ausgabe angezeigten Gesamtüberschriften und Zeilenüberschriften zugeordnet.

Struktur pflegen

Einer definierten Gliederung müssen anschließend zur Erstellung einer Struktur Knotenpunkte und Konten oder Dispositionsgruppen hinzugefügt werden. Mit der Customizing-Aktivität **Struktur pflegen** wird diese Gliederungsstruktur festgelegt. Hier entscheiden Sie, welche Bank- und Personenkonten angezeigt oder ausgeblendet und unter welchem Verdichtungsbegriff diese dargestellt werden sollen.

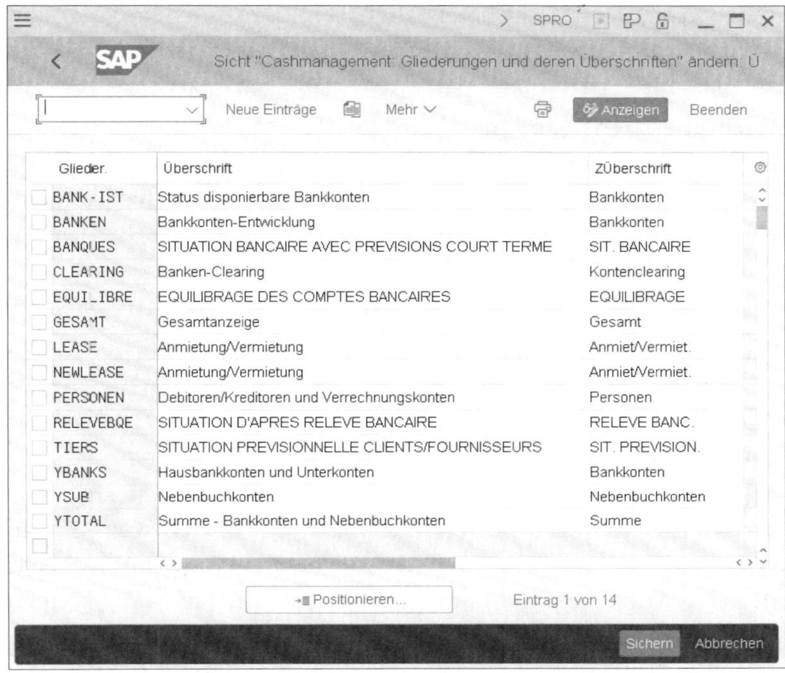

Abbildung 10.18 Gliederung und Überschriften anpassen

Felder in der Strukturdefinition

Eine beispielhafte Strukturdefinition ist in Abbildung 10.19 dargestellt. Wichtige Spalten möchten wir Ihnen kurz erläutern:

- **Gliederung**
  In diesem Feld wird der technische Schlüssel der Gliederung eingegeben, zu der Sie die Struktur pflegen möchten. Diesen Schlüssel wählen Sie später in der Anwendung, beispielsweise in der SAP-GUI-Transaktion FF7AN (Tagesfinanzstatus).
- **Typ**
  Hier tragen Sie ein, ob es sich beim Knotenpunkt um ein Ebene (E), oder um ein Konto bzw. Dispositionsgruppe (G) handelt. Dadurch entsteht die hierarchische Struktur in der Ausgabe.
- **Selektion**
  Tragen Sie hier ein, welche Konten oder Dispositionsgruppen in der Gliederung ausgegeben werden sollen. Wenn ein Konto ausgeschlossen werden soll, können Sie dies durch die Aktivierung des Kontrollkästchens **Exkludieren** erreichen.
- **BuKrs (optional)**
  Die Spalte **BuKrs** (Buchungskreis) dient der optionalen Spezifizierung der Selektion durch einen Buchungskreis. Falls Konten mit gleichen Konto-

nummern in unterschiedlichen Buchungskreisen vorhanden sind, können Sie nur Konten eines einzelnen Buchungskreises einbeziehen (oder ausschließen).

- **Verdichtungsbegriff (optional)**
  Ebenen- und Gruppenzeilen (beispielsweise Dispositionsebene B1 und B2 oder Dispositionsgruppe A1 und A2) einer Gliederung können mit dem Verdichtungsbegriff zusammengefasst werden. Falls diese Zelle nicht gefüllt ist, wird eine Zeile für jede Ebene bzw. Gruppe erzeugt.
- **Verdichtungskonto für Bankkontenclearing** (optional)
  In diesem Feld können Sie ein Verdichtungskonto angeben, wenn beim Kontenclearing Verrechnungskonten einbezogen werden sollen. Die Salden der Verrechnungskonten werden dann auf das hier angegebene Hauptkonto kumuliert.
- **Verdichtungsbuchungskreis für Bankkontenclearing** (optional)
  In diesem Feld können Sie einen Buchungskreis angeben, wenn Sie ein Verdichtungskonto eingetragen haben. Sie können dadurch sowohl das Konto als auch den Buchungskreis kumulieren. Beispielsweise können Sie dadurch die Salden von verschiedenen Konten in unterschiedlichen Buchungskreisen auf ein Konto in einem Buchungskreis für einen Clearingvorschlag kumuliert ausgeben.

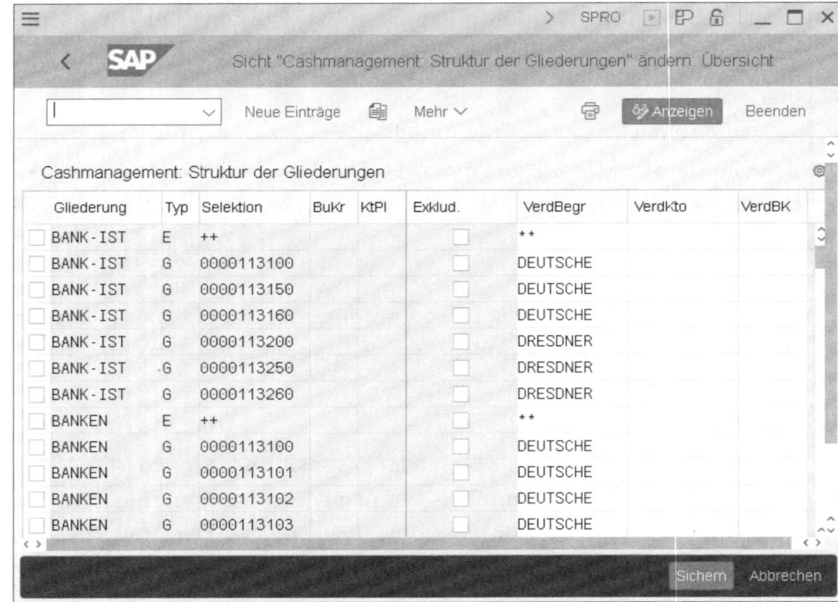

Gliederung	Typ	Selektion	BuKr	KtPl	Exklud.	VerdBegr	VerdKto	VerdBK
BANK-IST	E	++				++		
BANK-IST	G	0000113100				DEUTSCHE		
BANK-IST	G	0000113150				DEUTSCHE		
BANK-IST	G	0000113160				DEUTSCHE		
BANK-IST	G	0000113200				DRESDNER		
BANK-IST	G	0000113250				DRESDNER		
BANK-IST	G	0000113260				DRESDNER		
BANKEN	E	++				++		
BANKEN	G	0000113100				DEUTSCHE		
BANKEN	G	0000113101				DEUTSCHE		
BANKEN	G	0000113102				DEUTSCHE		
BANKEN	G	0000113103				DEUTSCHE		

Abbildung 10.19 Struktur der Gliederung im Cash Management

10.4.2 Dispositionsebenen und -gruppen

In Kapitel 3, »Grundlegende Konzepte im Cash Management in SAP S/4HANA«, wurden die Reporting-Merkmale vorgestellt und erläutert. Zu diesen Merkmalen zählen die Dispositionsebenen und Dispositionsgruppen zur Klassifizierung von Cashflows nach Herkunft und Ursprung. Die Dispositionsebene beschreibt dabei, *wie* eine prognostizierte Zahlung entstanden ist. Die Dispositionsgruppe beschreibt hingegen, *wer* im Sinne einer Kunden- oder Lieferantengruppe bei der Zahlung involviert ist.

In den Customizing-Aktivitäten zur Verwaltung der Dispositionsebenen und Dispositionsgruppen können Sie Ebenen und Gruppen individuell ausprägen und spezifische Einstellungen für Zahlungsanforderungen und Vorgänge aus der Logistik vornehmen. Gesperrten Belegen und Sonderhauptbuchvorgängen können Sie eigene Dispositionsebenen zuweisen, um diese im Reporting identifizieren zu können. Die einzelnen Aktivitäten (siehe Abbildung 10.20) werden im Folgenden beschrieben.

10

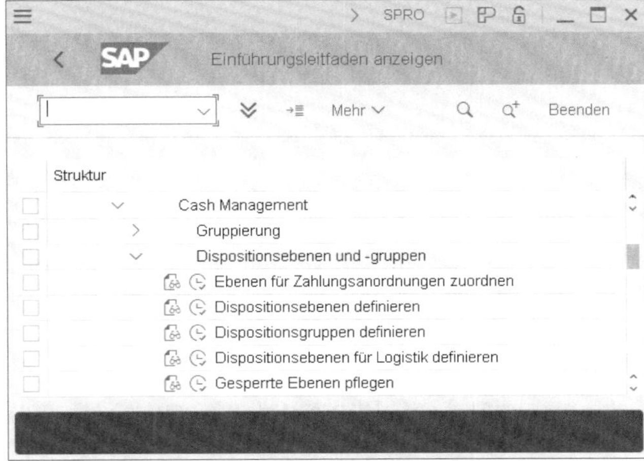

Abbildung 10.20 Customizing-Aktivitäten für Dispositionsebenen und Dispositionsgruppen

Ebenen für Zahlungsanforderungen zuordnen

Für Zahlungsanforderungen können abweichende Dispositionsebenen zugeordnet werden. Im Standard liefert SAP hierzu die Dispositionsebene PR (Zahlungsanforderung) aus. Die Zuordnung einer eigenen Dispositionsebene vermeidet fehlerhafte Darstellungen der Zahlungsanforderungen im Tagesfinanzstatus und erlaubt einen differenzierten Ausweis in Berichten.

Erfolgt die Buchung der Zahlungsanforderung auf einem Bankbestandskonto, muss für die Dispositionsebene dieses Kontos (F0 im SAP-Standard)

im Feld **Ebene ZA** (Ebene Zahlungsanforderung) eine abweichende Ebene eingetragen werden (siehe Abbildung 10.21). Ohne diesen Eintrag wird die Zahlungsanforderung im Tagesfinanzstatus fälschlicherweise als Bankbuchung angezeigt.

Falls die Buchung der Zahlungsanforderung auf einem Bankverrechnungskonto (z. B. mit Dispositionsebene B2) erfolgt, können Sie optional auch diese Buchung unter einer anderen Dispositionsebene ausweisen.

Abbildung 10.21 Dispositionsebenen für Zahlungsanforderungen

Dispositionsebenen definieren

Dispositionsebenen beschreiben die Herkunft einer Zahlung, also den Buchungsursprung (siehe Abschnitt 3.3.3, »Dispositionsebenen«). SAP stellt mit der Standardauslieferung einen Katalog von Dispositionsebenen bereit, der viele Standardgeschäftsvorfälle abdeckt (siehe Abbildung 10.22).

Sie können für die Implementierung des Cash Managements diese Dispositionsebenen nutzen oder eigene Dispositionsebenen hinzufügen, um Zahlungen nach ihrem Ursprung zu klassifizieren. Die Klassifizierung wird auch genutzt, um Ist-Vorgänge (Tagesfinanzstatus) und zukünftige Cashflows (Liquiditätsvorschau) getrennt ausweisen zu können.

Dispositionsebene hinzufügen

Um Dispositionsebenen hinzuzufügen, definieren Sie im ersten Schritt einen beliebigen zweistelligen Schlüssel für die Ebene. Jedoch empfiehlt SAP, eine einheitliche Namenskonvention für ein übersichtliches Reporting im Tagesfinanzstatus und der Liquiditätsvorschau einzuhalten.

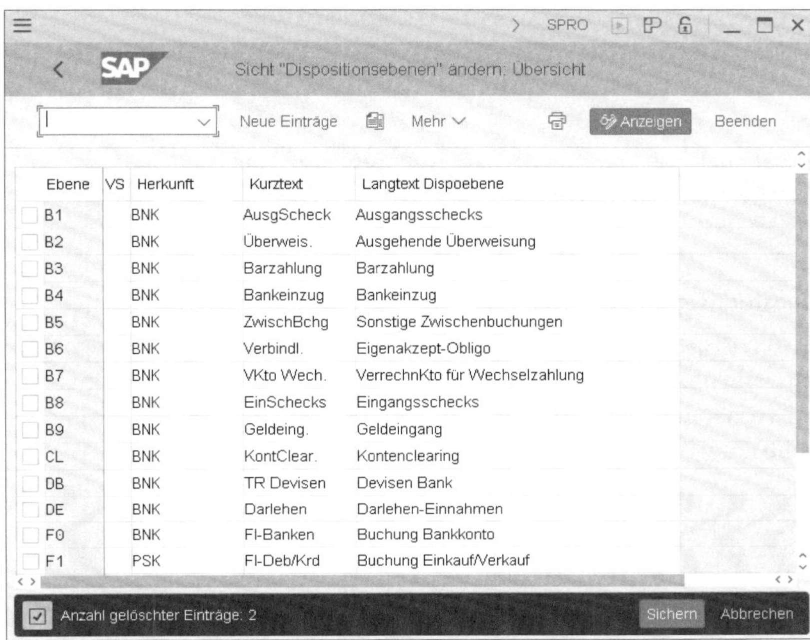

Abbildung 10.22 Dispositionsebenen im Cash Management pflegen

Diese sieht vor, dass Dispositionsebenen, beginnend mit dem Buchstaben »B«, für Bankverrechnungskonten reserviert sind. Die Dispositionsebene F0 verwenden Sie für Buchungen auf Bankkonten, und die Dispositionsebene F1 nutzen Sie für offene Belege auf Debitoren- und Kreditorenkonten.

Herkunft

Anschließend fügen Sie der Dispositionsebene eine Beschreibung und die Herkunft hinzu. Die Herkunft differenziert zwischen den folgenden Vorgängen:

- BNK – Bankbuchhaltung für Vorgänge auf Hauptbuchkonten
- PSK – Nebenbuchhaltung für Vorgänge aus der Debitoren- und Kreditorenbuchhaltung
- MMF – Materialwirtschaft für Bestellanforderungen und Bestellungen
- SDF – Vertrieb für Kundenaufträge
- REM – Immobilienverwaltung für Mietzahlungen

Ermittlung der Dispositionsebene im Hauptbuch

Für Buchungen im Hauptbuch, die als Cashflows ins One Exposure übergeleitet werden, wird das Feld **Dispoebene** aus dem Sachkontenstammsatz abgeleitet. Das Feld **Dispositions-Ebene** finden Sie im Bereich **Bank/Finanzangaben im Buchungskreis.**

Für die Zuordnung abweichender Dispositionsebenen für Sonderhauptbuchvorgänge und für gesperrte Belege nutzen Sie die nachfolgenden vorgestellten Customizing-Punkte.

Die Zuordnung der Dispositionsebene für Vorgänge aus vorgelagerten Applikationen wie Treasury oder Logistik werden ebenfalls im Customizing definiert.

Dispositionsgruppen definieren

Mit der Dispositionsgruppe ist die Kategorisierung von Cashflows über Gruppen von Kreditoren und Debitoren möglich. Sie können die im Standard vorhandenen Dispositionsgruppen zur Kategorisierung nutzen oder eigene Kategorien verwenden (siehe Abbildung 10.23).

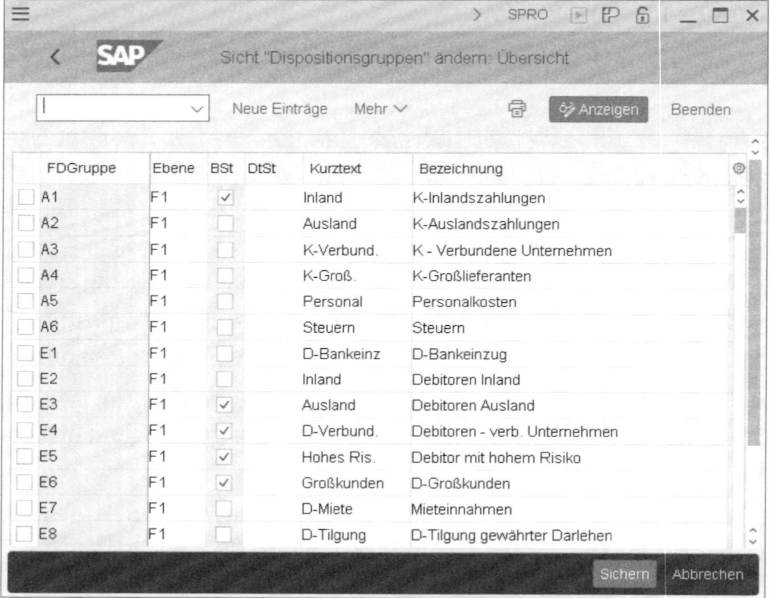

FDGruppe	Ebene	BSt	DtSt	Kurztext	Bezeichnung
A1	F1	✓		Inland	K-Inlandszahlungen
A2	F1			Ausland	K-Auslandszahlungen
A3	F1			K-Verbund.	K - Verbundene Unternehmen
A4	F1			K-Groß.	K-Großlieferanten
A5	F1			Personal	Personalkosten
A6	F1			Steuern	Steuern
E1	F1			D-Bankeinz	D-Bankeinzug
E2	F1			Inland	Debitoren Inland
E3	F1	✓		Ausland	Debitoren Ausland
E4	F1	✓		D-Verbund.	Debitoren - verb. Unternehmen
E5	F1	✓		Hohes Ris.	Debitor mit hohem Risiko
E6	F1	✓		Großkunden	D-Großkunden
E7	F1			D-Miete	Mieteinnahmen
E8	F1			D-Tilgung	D-Tilgung gewährter Darlehen

Abbildung 10.23 Dispositionsgruppen im Cash Management pflegen

Orientieren Sie die Ausgestaltung der Dispositionsgruppen an ihren individuellen Reporting-Anforderungen. So können Sie z. B. trennen zwischen:

- Intercompany-Zahlung und externen Zahlungen
- Zahlung per Überweisung oder Bankeinzug/Lastschrift
- Nettozahler und Skontozahler
- Inlands- und Auslandszahlung
- Prio-A- und Prio-B-Lieferanten

Auch hier können Sie die Bezeichnung der Gruppe grundsätzlich frei wählen; eine einheitliche Namenskonvention vereinfacht jedoch die Übersichtlichkeit. Für Kreditorengruppen mit ausgehenden Zahlungen könnte z. B. die Dispositionsgruppe mit dem Buchstaben »A« und für Gruppen mit überwiegend debitorischen Einzahlungen könnte die Dispositionsgruppe mit dem Buchstaben »E« beginnen.

Zuordnung von Dispositionsebenen

Die Dispositionsgruppen können Sie anschließend einer Dispositionsebene zuordnen. Wenn Sie beispielsweise eine Dispositionsebene für Intercompany-Zahlungen pflegen, können Sie diese hier der Dispositionsgruppe zuordnen.

Pflege der Dispositionsgruppe im Geschäftspartner

Die Klassifizierung der Debitoren und Kreditoren erfolgt in dem Geschäftspartnerstammsatz.

Ordnen Sie den Geschäftspartnern in der jeweiligen Geschäftspartnerrolle eine Dispositionsgruppe zu, um im Reporting der korrespondierenden Cashflows unterscheiden zu können, wer für den Cashflow verantwortlich ist. Die Zuordnung erfolgt im buchungskreisspezifischen Feld **Finanzdispogruppe** im Bereich **Kontoführung** zur Geschäftspartnerrolle.

Dispositionsebenen für die Logistik definieren

Die Zuordnung von Dispositionsebenen zu Vorgängen aus der Logistik erfolgt über ein internes Kürzel für Geschäftsvorfälle (siehe Abbildung 10.24).

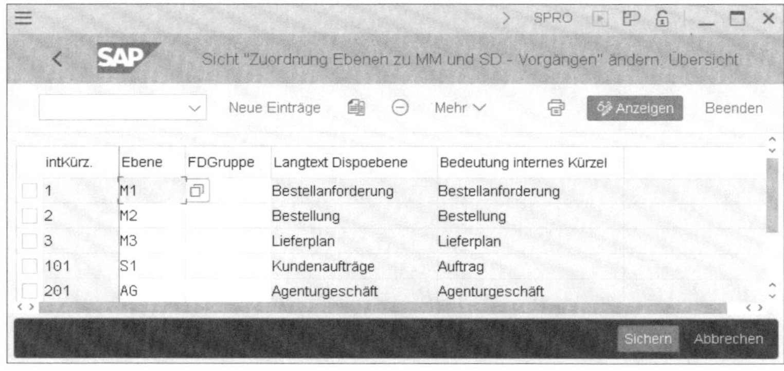

Abbildung 10.24 Dispositionsebenen der Logistik zuordnen

Folgende interne Kürzel stehen dazu zur Verfügung:

- 001 – Bestellanforderung
- 002 – Bestellung

- 003 – Lieferplan
- 101 – Auftrag
- 201 – Agenturgeschäft

Zuordnung der Dispositionsgruppe zu Logistikvorgängen

Optional können Sie im Feld **FDGruppe** eine Dispositionsgruppe angeben. Die Dispositionsgruppe wird dem Datensatz hinzugefügt, wenn bei der Fortschreibung keine Dispositionsgruppe ermittelt werden kann. Dies könnte beispielsweise dann der Fall sein, wenn eine Bestellung oder ein Auftrag angelegt und im Geschäftspartnerstammsatz keine Dispositionsgruppe hinterlegt wird. Ein weiteres mögliches Szenario wäre die Anlage einer Bestellanforderung ohne Lieferantennummer.

Gesperrte Ebenen pflegen

Offene Rechnungen, die mit einem Sperrkennzeichen versehen sind, werden im One Exposure als zukünftige Zahlung abgebildet, unabhängig davon, wie wahrscheinlich die Durchführung der Zahlung tatsächlich ist. In der Customizing-Aktivität **Gesperrte Ebenen pflegen** konfigurieren Sie die Zuordnung von Dispositionsebenen zu Sperrkennzeichen für Zahlungen. Dies ermöglicht Ihnen in der Liquiditätsvorschau eine differenziertere Darstellung der Zahlungen auf Basis des Zahlsperrgrunds. Das ist z. B. sinnvoll, um offene Rechnungen mit einem Zahlsperrgrund für Lastschriften in der Liquiditätsvorschau zu berücksichtigen und gesperrte Rechnungen aufgrund eines Qualitätsmangels im Reporting herausfiltern zu können.

Ein Beispiel hierzu finden Sie in Abbildung 10.25: Einer Rechnung mit der ursprünglichen Dispositionsebene F1 (Spalte **Ebene**) und dem Sperrkennzeichen A (Spalte **Sperrkennz.**) wird die abweichende Dispositionsebene XA (Spalte **Gesperrte Ebene**) zugewiesen.

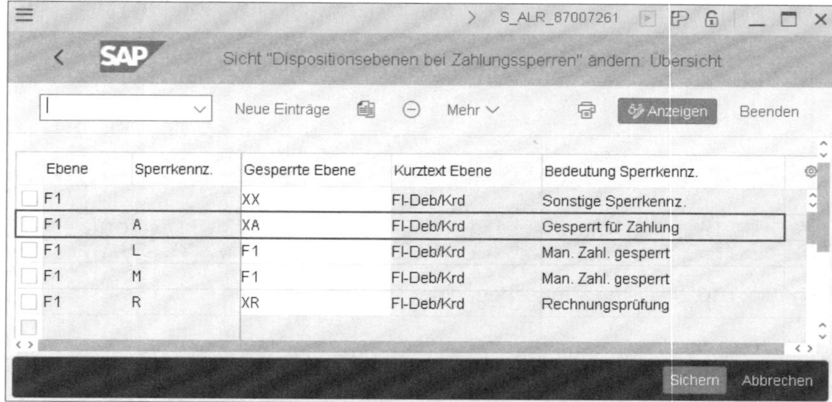

Abbildung 10.25 Gesperrte Dispositionsebenen

Mithilfe dieser Zuordnung ist in der Liquiditätsvorschau über die Dispositionsebene XA ersichtlich, dass die Zahlung mit der Zahlungssperre A versehen worden ist. Sie können die Dispositionsebene XA in den Reportfiltern verwenden, um solche Rechnungen gezielt vom Reporting auszuschließen.

Knoten »Ebenen Sonderhauptvorgänge«

Über die Customizing-Einstellungen unter dem Knoten **Ebenen Sonderhauptbuchvorgänge** definieren Sie für die Kombination Sonderhauptbuchkennzeichen, Abstimmkonto und Sonderhauptbuchkonto, unter welcher Dispositionsebene Sie die Buchungen ausweisen möchten. Das gibt Ihnen die Möglichkeit, Buchhaltungsbelege mit Sonderhauptbuchvorgängen wie z. B. Anzahlungsanforderungen, Einzelwertberichtigungen oder Sicherheitseinbehalte separat im Reporting auszuweisen und zu filtern.

10.4.3 Liquiditätspositionen

Liquiditätspositionen dienen im Full Cash der Kategorisierung von Cashflows und repräsentieren den betriebswirtschaftlichen Verursacher im Sinne einer direkten Liquiditätsrechnung. Sie stellen häufig eine GuV-Position (GuV = Gewinn- und Verlustrechnung) oder eine Veränderung eines Bilanzknotens dar. Dafür definieren Sie in Ihrem SAP-System einen Liquiditätspositionskatalog (siehe Abschnitt 3.3.5, »Liquiditätspositionen«). Das Feld **Liquiditätsposition** wird in cashrelevanten Buchhaltungsbelegpositionen durch das One Exposure abgeleitet und sowohl in den Buchhaltungsbelegen (Tabelle BSEG) als auch im One Exposure (Tabelle FQM_Flow) fortgeschrieben. Die Verwaltung der Liquiditätspositionen und die Grundeinstellungen für die Ableitung erfolgen im Einführungsleitfaden (siehe Abbildung 10.26).

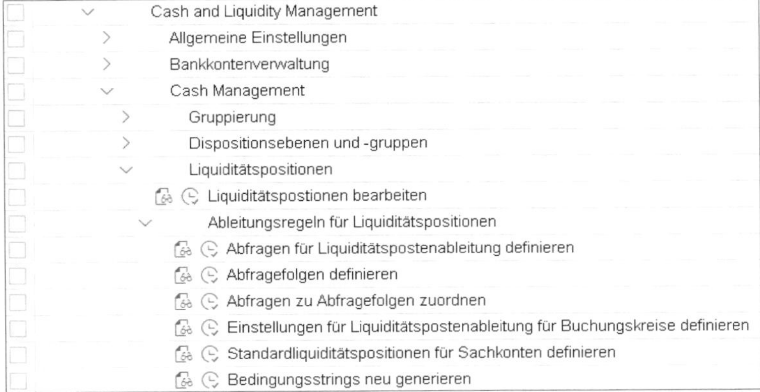

Abbildung 10.26 Customizing-Aktivitäten für Liquiditätspositionen

Liquiditätspositionshierarchien

Liquiditätspositionshierarchien werden seit SAP-S/4HANA-Release 1909 über das SAP Fiori Launchpad verwaltet und nicht mehr über die Customizing-Aktivität **Liquiditätspositionshierarchien definieren**. Die Verwaltung über das SAP Fiori Launchpad erfolgt mit der SAP-Fiori-App **Globale Buchhaltungshierarchien – Für Liquiditätspositionshierarchien**. Aus dem SAP GUI kann diese App mit Transaktion M_LQH (LiquidPostenhierarchien definieren) im SAP Fiori Launchpad geöffnet werden.

Liquiditätspositionen bearbeiten

Die Liquiditätspositionen verwalten Sie über die Customizing-Aktivität **Liquiditätspositionen bearbeiten** (siehe Abbildung 10.27). Sie können vorhandene Einträge ändern und löschen oder neue Liquiditätspositionen anlegen.

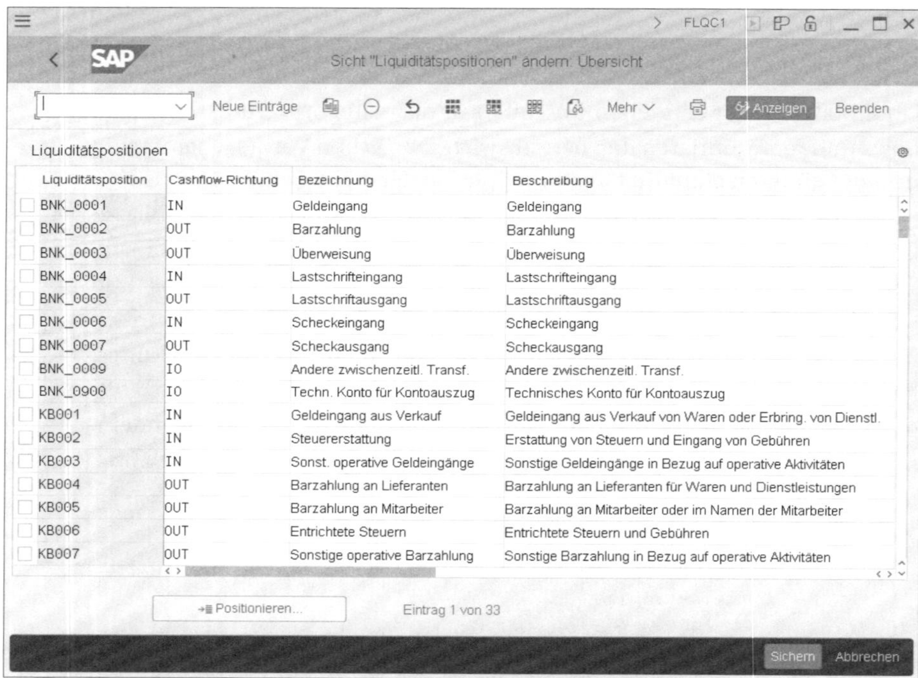

Abbildung 10.27 Liquiditätspositionen im Customizing

Liquiditätsposition anlegen

Wählen Sie in der Spalte **Liquiditätsposition** ein eindeutiges Kürzel unter der Verwendung einer stringenten Namenskonvention, und geben Sie eine Bezeichnung sowie eine Beschreibung ein. Geben Sie zusätzlich im Feld **Cashflow-Richtung** an, ob diese Liquiditätsposition Einzahlungen (IN), Auszahlungen (OUT) oder einen Mix aus Ein- und Auszahlungen (IO) beinhalten soll.

[«]

Missverständliche SAP-Hilfe zum Feld »Cashflow-Richtung«

Auch wenn in der SAP-Hilfe zu diesem Customizing-Punkt steht, dass das Feld **Cashflow-Richtung** relevant für die Berechnung des Cashflows sei, handelt es sich in Release 2020 nur um ein informatisches Feld ohne Funktion.

Ableitungslogik für Liquiditätspositionen definieren

Für die Ableitung von Liquiditätspositionen in den Cashflows können Sie Abfragen, Funktionsbausteine oder Sachkontenzuordnungen nutzen. Schauen wir uns zunächst die Einstellungen für Abfragen an.

Abfragen definieren

Abfragen definieren Sie über die SAP-GUI-Transaktion FLQQA1 (Abfrage bearbeiten (Allgemein)), die Sie auch über die Customizing-Aktivität **Abfragen für Liquiditätspostenableitung definieren** erreichen. Eine detaillierte Beschreibung, wie Sie Abfragen definieren, finden Sie in Abschnitt 9.3.5, »Ableitungslogik für Liquiditätspositionen über Abfragen«. Abfragen sind nicht an das Transportsystem angeschlossen. Sie erstellen Abfragen daher direkt im Produktivsystem, oder Sie laden die Abfragen aus Ihrem Entwicklungssystem mit Transaktion FLQUPQR (Upload Abfragen) in das Produktivsystem. Eine Dokumentation zur Erstellung der Upload-Datei ist in der Online-Hilfe der Upload-Transaktion enthalten.

Abfragefolgen definieren

Abfragen werden nur berücksichtigt, wenn Sie einer aktiven Abfragefolge zugeordnet sind. Im Customizing definieren Sie daher mindestens eine Abfragefolge pro Herkunft, die Sie nutzen möchten (siehe Abbildung 10.28). Für Abfragefolgen zu Buchhaltungsbelegen nutzen Sie die Herkunft C für Kontokorrentpositionen und die Herkunft D für die Gegenpositionen in Buchhaltungsbelegen. Für alle anderen Originalanwendungen nutzen Sie im One Exposure die Herkunft X.

Abfragen zu Abfragefolgen zuordnen

Für die Zuordnung von Abfragen zu Abfragefolgen verwenden Sie die Customizing-Aktivität **Abfragen zu Abfragefolgen zuordnen** oder direkt die SAP-GUI-Transaktion FLQQA5 (Abfragen zu Folgen). Die hier zugeordneten Abfragen werden später, aufsteigend nach Nummern, berücksichtigt. Findet das Programm eine gültige Abfrage, wird die Liquiditätsposition aus dieser Abfrage verwendet, und nachfolgende Abfragen in der Abfragefolge werden ignoriert. Die Zuordnung nehmen Sie direkt im Produktivsystem vor, oder Sie verwenden Transaktion FLQUPGRP (Upload Abfragefolge (Zuordnung)) zum Upload aus dem Entwicklungssystem.

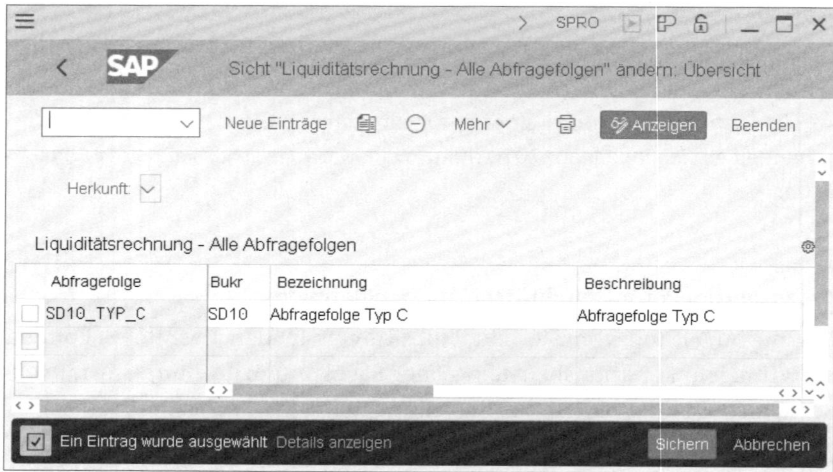

Abbildung 10.28 Abfragefolgen definieren

Abfragefolgen den Buchungskreisen zuordnen

Nachdem die Abfragefolgen definiert worden sind, müssen diese zusätzlich den Buchungskreisen zugeordnet werden, die sie nutzen sollen. Verwenden Sie dazu die Customizing-Aktivität **Einstellungen für Liquiditätspostenableitung für Buchungskreise definieren** (siehe Abbildung 10.29). Wählen Sie hier den Buchungskreis, (optional zur Filterung) die Herkunft (C, D oder X) und die Abfragefolge, die Anwendung finden soll.

Wie Sie dem ersten Eintrag (in der Abbildung) entnehmen können, ist auch eine generische Eingabe ohne die Angabe eines Buchungskreises möglich. In diesem Fall wird die Abfragefolge standardmäßig für alle Buchungskreise genutzt, wenn kein spezifischer Eintrag vorhanden ist.

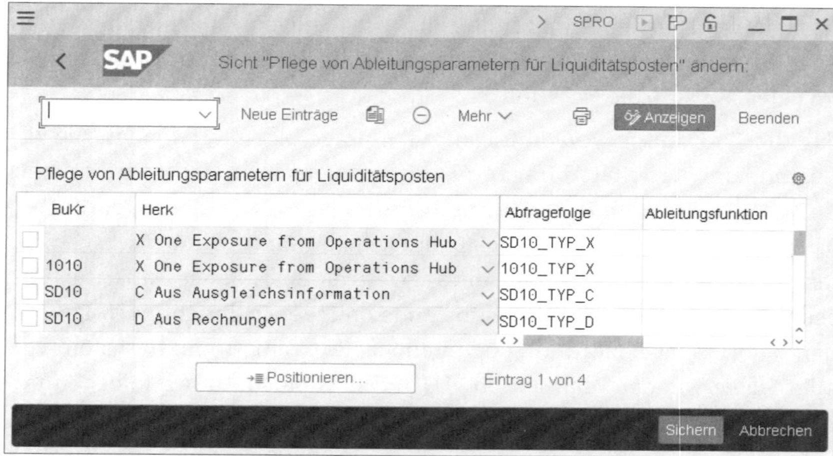

Abbildung 10.29 Liquiditätsposten für Buchungskreise definieren

Um eine frei programmierbare Logik für die Ableitung der Liquiditätspositionen zu definieren, können Sie auch Funktionsbausteine in dieser Customizing-Einstellung spezifizieren. Verwenden Sie dabei die folgenden Funktionsbausteine als Kopiervorlage:

- FCLM_LQF_DERIVE_LQITEM_SAMPLE (Herkunft C, D)
- FCLM_LQF_DERIVE_LQITEM_DEFAULT (Herkunft X).

Nachdem Sie die Abfragefolgen und gegebenenfalls die Ableitungsfunktionen den Buchungskreisen zugeordnet haben, werden diese bei neuen Buchungen angewendet. Beachten Sie, dass die Ableitungsregeln nicht automatisch bei vorhandenen Buchungen Anwendung finden.

Der nachträgliche Aufbau von Liquiditätspositionen bei vorhandenen Buchungen kann jedoch über Transaktion FQM_UPD_LITEM (Werkzeug zum Neuaufbau f. LiquidPos.) erfolgen (siehe Abschnitt 10.8.3, »Buchhaltungsdaten aufbauen«).

Änderungen an Abfragen der Materialwirtschaft

Nach der Durchführung von Änderungen an einer Abfrage für die Materialwirtschaft müssen Sie Ihre Ladeklassen über die SAP-GUI-Transaktion FCLM_FB_UTIL (Flow-Builder-Hilfsmittel) neu generieren, sodass die Änderungen vom Flow Builder berücksichtigt werden (siehe Abschnitt 10.8.2, »Flow Builder initialisieren und einrichten«).

Standardliquiditätspositionen für Sachkonten definieren

Sollten Sie ergänzend zu den Abfragefolgen und Funktionsbausteinen die Liquiditätsposition aus Sachkontonummern ableiten wollen, können Sie in der Customizing-Aktivität **Standardliquiditätspositionen für Sachkonten definieren** eine standardmäßige Liquiditätsposition pro Sachkonto bzw. Sachkontenintervall hinterlegen (siehe Abbildung 10.30).

Maskierte Einträge im Feld **Sachkonto** mit »+« oder »*« werden nicht unterstützt. Wenn das Feld **Weiter** nicht aktiviert ist, signalisiert dies dem System, dass es eine endgültige Liquiditätsposition gefunden hat und die Belegkette nicht weiterverfolgt werden muss. Beachten Sie, dass SAP diese Einstellungen für die Pflege auf dem Produktivsystem durch die Fachabteilungen aus dem Rechnungswesen vorsieht. Aus diesem Grund sind die Änderungen nicht ans Transportsystem angeschlossen.

Customizing-Aktivität »Bedingungsstrings neu generieren«

Mit der Customizing-Aktivität **Bedingungsstrings neu generieren** migrieren Sie Abfragen, die in einem SAP-ERP-System erstellt wurden (siehe SAP-Hinweis 2793486, »Performanceverbesserung für Abfragenauswertung«).

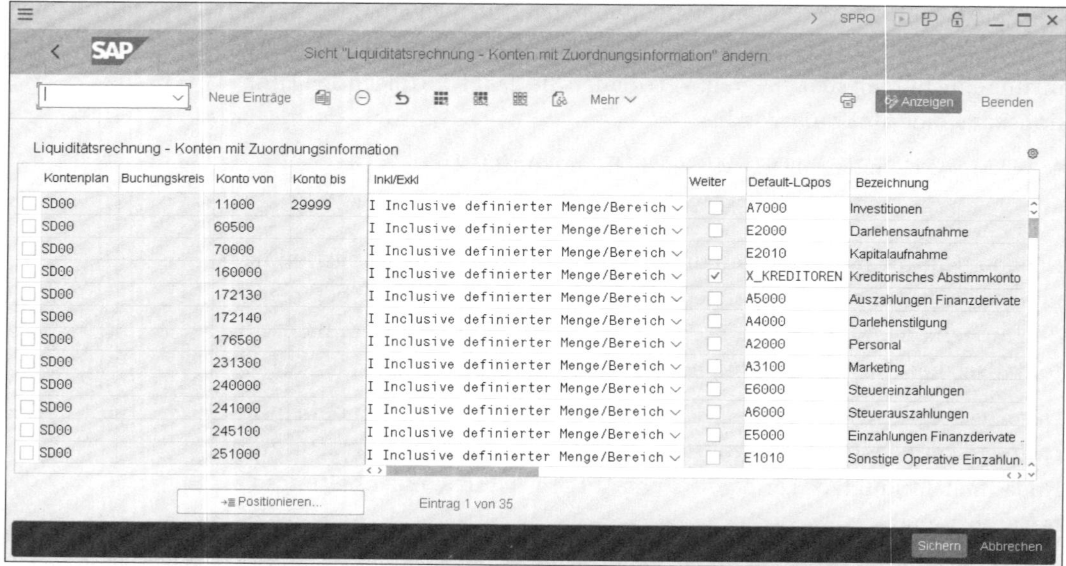

Kontenplan	Buchungskreis	Konto von	Konto bis	Inkl/Exkl	Weiter	Default-LQpos	Bezeichnung
SD00		11000	29999	I Inclusive definierter Menge/Bereich	☐	A7000	Investitionen
SD00		60500		I Inclusive definierter Menge/Bereich	☐	E2000	Darlehensaufnahme
SD00		70000		I Inclusive definierter Menge/Bereich	☐	E2010	Kapitalaufnahme
SD00		160000		I Inclusive definierter Menge/Bereich	☑	X_KREDITOREN	Kreditorisches Abstimmkonto
SD00		172130		I Inclusive definierter Menge/Bereich	☐	A5000	Auszahlungen Finanzderivate
SD00		172140		I Inclusive definierter Menge/Bereich	☐	A4000	Darlehenstilgung
SD00		176500		I Inclusive definierter Menge/Bereich	☐	A2000	Personal
SD00		231300		I Inclusive definierter Menge/Bereich	☐	A3100	Marketing
SD00		240000		I Inclusive definierter Menge/Bereich	☐	E6000	Steuereinzahlungen
SD00		241000		I Inclusive definierter Menge/Bereich	☐	A6000	Steuerauszahlungen
SD00		245100		I Inclusive definierter Menge/Bereich	☐	E5000	Einzahlungen Finanzderivate
SD00		251000		I Inclusive definierter Menge/Bereich	☐	E1010	Sonstige Operative Einzahlun...

Abbildung 10.30 Standardliquiditätspositionen für Sachkonten

10.4.4 Bewegungsarten

Die Bewegungsarten haben Sie bereits in Abschnitt 9.3, »Ableitungslogiken im One Exposure«, als Mittel zur Kategorisierung und zur Identifikation von Cashflows kennengelernt. In dem Customizing-Knoten **Bewegungsarten** definieren Sie die Bewegungsarten und verknüpfen diese mit den Bewegungstypen, Dispositionsebenen und Sachkonten.

Bewegungsarten definieren

Die Bewegungsarten können Sie kundenindividuell mit der Customizing-Aktivität **Bewegungsarten definieren** (siehe Abbildung 10.31) erweitern.

Definieren Sie neue Bewegungsarten mit einem technischen Schlüssel in der Spalte **BewegArt** und einer eindeutigen **Bewegungsartenbeschreibung**. Die Spalte **Typ** dient der Zuordnung einer Bewegungsart zu einem [SAP-Standard]bewegungstyp. Einer Bewegungsart ist immer zwingend ein Bewegungstyp zuzuweisen. Für die SAP-Standardbewegungsarten ist immer ein gleichlautender Bewegungstyp zugeordnet. Jedem Bewegungstyp ist in Tabelle FQMV_FLOW_CAT eine Bewegungsstufe zugeordnet (siehe Abschnitt 9.3.3, »Bewegungstypen und Bewegungsstufen in der Tabelle FQM_FLOW«). Diese Zuordnungstabelle kann über das Customizing nicht geändert werden.

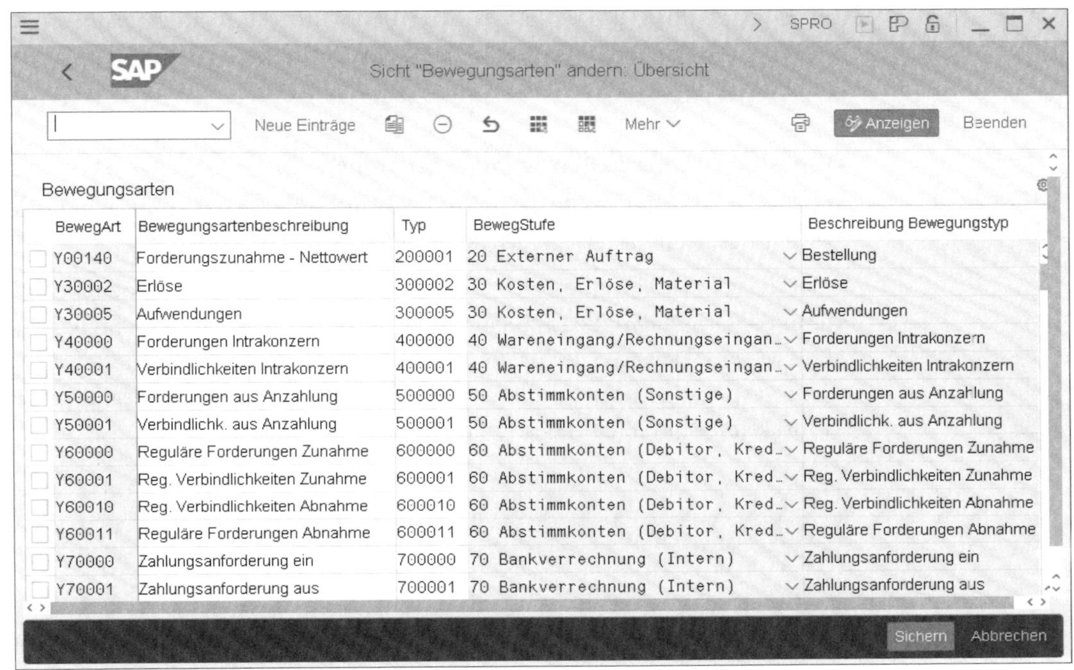

Abbildung 10.31 Bewegungsarten definieren

Die Bewegungsstufe repräsentiert die Lebenszyklusphase eines Cashflows in der Geschäftsprozesskette (siehe Abbildung 10.32). Dabei entspricht eine niedrige Stufe einem frühen Prozessschritt mit einer noch größeren Unschärfe bezüglich des Betrags und des Geschäftsdatums.

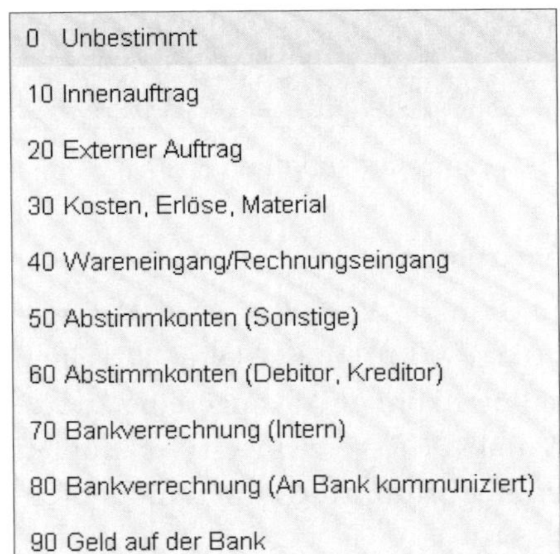

Abbildung 10.32 Bewegungsstufen für Bewegungsarten

Die höchste Stufe (90 – Geld auf der Bank) steht für einen realisierten Geldeingang auf dem Bankkonto (siehe Abschnitt 9.3.3, »Bewegungstypen und Bewegungsstufen in der Tabelle FQM_FLOW«).

Dispositionsebene zu Bewegungsart zuordnen

Im Customizing des Cash Managements können Sie Dispositionsebenen zu Bewegungsarten hinterlegen (siehe Abbildung 10.33).

Über diese Einstellung reichert das One Exposure das Feld **Dispoebene** an, wenn die Originalapplikation keinen Wert für das Feld **Dispoebene** bereitstellen kann. Dies ist z. B. für die Bewegungsarten eines importierten und nicht verbuchten Kontoauszugs oder beim Import eines Banksaldos mit Transaktion FQM21 (Bankbestände importieren) der Fall.

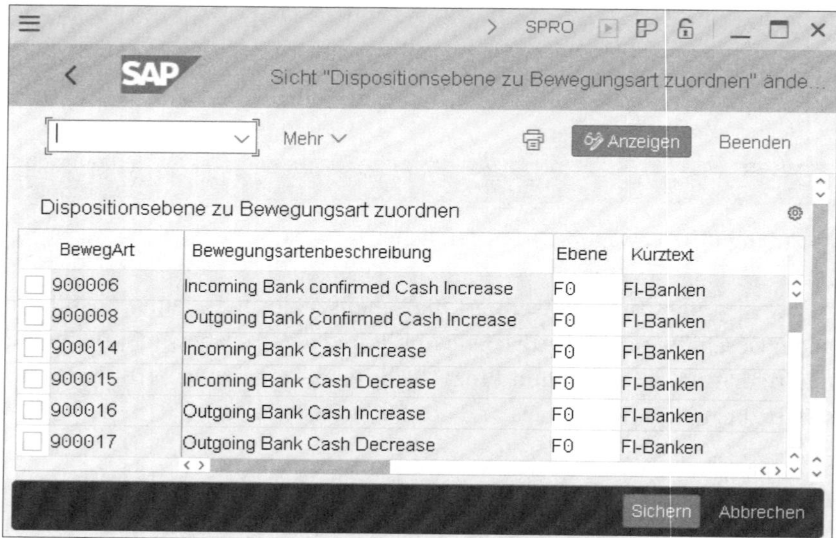

Abbildung 10.33 Dispositionsebene zur Bewegungsart zuordnen

Bewegungsarten zur Dispositionsebene zuordnen

Standardmäßig werden Cashflows im Szenario **Verteiltes Cash Management** mit den Bewegungsarten 900110 und 900111 übergeleitet. Für einen separaten Ausweis als bestätigte Cashflows können Sie auch eine Zuordnung zu den Bewegungsarten 900108 und 900109 erzwingen. Verknüpfen Sie dazu diese Bewegungsarten in diesem Customizing-Punkt mit der Dispositionsebene F0 (siehe Abbildung 10.34).

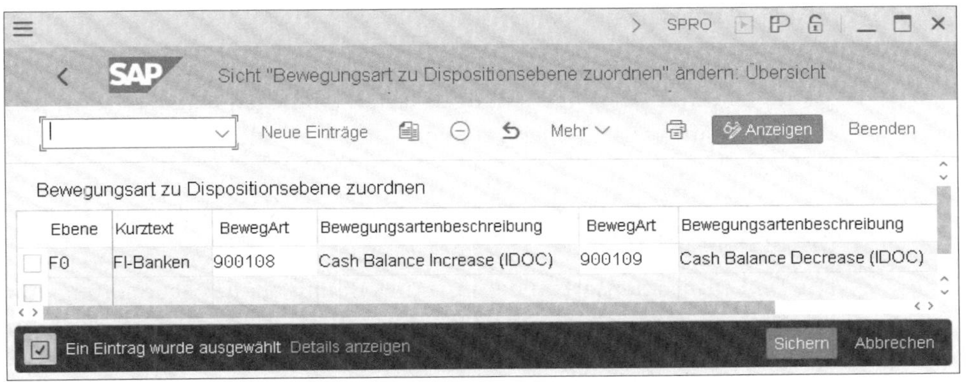

Abbildung 10.34 Bewegungsarten zur Dispositionsebene zuordnen

Bewegungsarten zu Sachkonten zuordnen

Das SAP-S/4HANA-System verarbeitet die cashrelevanten Buchhaltungsbelege automatisiert und sichert diese mit einer Bewegungsart nach der SAP-Standardlogik im Buchhaltungsbelegsegment (siehe Abschnitt 9.3.1, »Bewegungsarten in der Tabelle BSEG«). Die weitere Verarbeitung für Belegpositionen mit einer Bewegungsart erfolgt mit dem Flow Builder zur Übernahme in das One Exposure (Tabelle FQM_FLOW).

Wenn Sie zusätzlich Belegpositionen im Cash Management integrieren möchten, bei denen die Fortschreibung der Bewegungsarten nicht automatisiert erfolgt, können Sie hierzu pro Buchungskreis eine Zuordnung von Bewegungsarten zu Sachkonten für die zusätzlichen Belegpositionen definieren (siehe Abbildung 10.35).

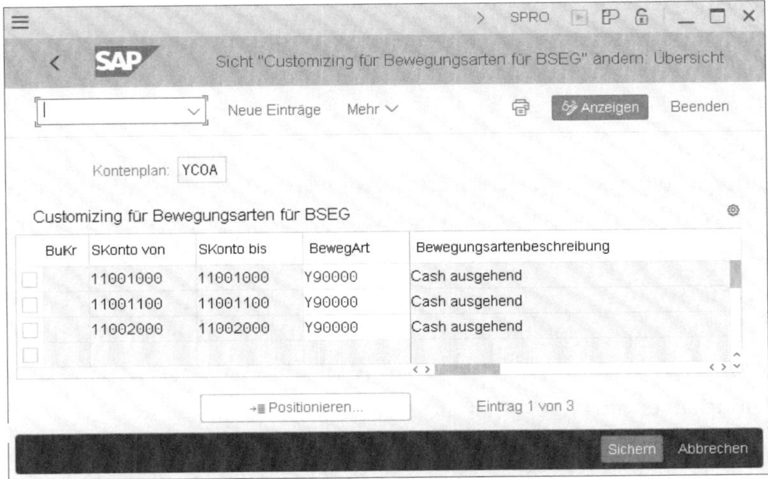

Abbildung 10.35 Bewegungsarten zu Sachkonten zuordnen

10.4.5 Einzelsätze

Im Customizing-Bereich **Einzelsätze** legen Sie die Einstellungen für geplante Ein- und Ausgangszahlungen fest, die im Cash Management nicht über Geschäftstransaktionen generiert wurden, sondern über die manuelle Erfassung.

Dispositionsarten

Das Feld **Dispositionsart** findet nur Anwendung bei der Bearbeitung von Einzelsätzen für die manuelle Planung mit den SAP-GUI-Transaktionen FF63 und FF65. Die Dispositionsart dient der Kategorisierung der Planungsposten und steuert die Bearbeitung der manuellen Eingabe von Plandaten. Das Feld **Dispositionsart** wird nur noch in Tabelle FDES gespeichert, aber nicht in der Flow-Tabelle.

Das SAP-System leitet für einen Planungssatz über die Customizing-Einstellungen ab, welche Dispositionsebene zugeordnet wird, ob ein Planposten automatisiert verfällt und welche Felder im Planungssatz eingabebereit sind. Die Zuordnung der Dispositionsebene zur Dispositionsart ist in Release 2020 nicht mehr verpflichtend und bei ausschließlicher Nutzung der SAP-Fiori-App **Einzelsätze verwalten** auch nicht notwendig.

Öffnen Sie zur Verwaltung der Dispositionsarten die Customizing-Aktivität **Dispositionsarten definieren** (siehe Abbildung 10.36). Hier sind bereits im Standard Dispositionsarten angelegt. Zusätzliche Dispositionsarten können Sie über den Button **Neue Einträge** hinzufügen. Füllen sie anschließend die folgenden Felder:

- **Dispoart**
  In diesem Feld wird die Bezeichnung der Dispositionsart festgelegt. Wählen Sie hier einen zweistelligen Schlüssel zur eindeutigen Identifizierung der Dispositionsart.
- **Dispoebene**
  Die Zuordnung der Dispositionsart zu einer Dispositionsebene erfolgt in diesem Feld. Der Einzelsatz erhält beim Anlegen diese Dispositionsebene zur Darstellung der Herkunft und Verwendung des Cashflows.
- **Archivklasse**
  Im Feld **AKlasse** wählen Sie aus, in welcher Archivklasse der Einzelsatz abgelegt werden soll, nachdem seine Gültigkeit erloschen ist.
- **Automatischer Verfall**
  Mit diesem Kontrollkästchen aktivieren Sie die Option der automatischen Verschiebung des Einzelsatzes in die Archivklasse. Ist diese Option deaktiviert, muss die Archivierung manuell vorgenommen werden.

- **Nummernkreis**
  Wählen Sie den Nummernkreis, dem die Dispositionsart angehören soll.
- **Dispo-Artentext**
  Geben Sie eine Beschreibung der Dispositionsart ein.

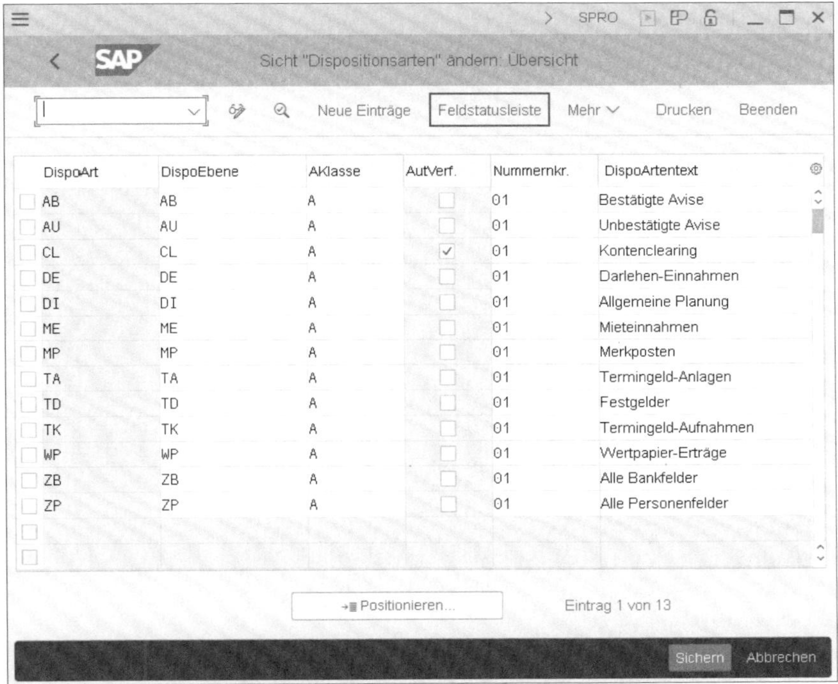

DispoArt	DispoEbene	AKlasse	AutVerf.	Nummernkr.	DispoArtentext
AB	AB	A	☐	01	Bestätigte Avise
AU	AU	A	☐	01	Unbestätigte Avise
CL	CL	A	☑	01	Kontenclearing
DE	DE	A	☐	01	Darlehen-Einnahmen
DI	DI	A	☐	01	Allgemeine Planung
ME	ME	A	☐	01	Mieteinnahmen
MP	MP	A	☐	01	Merkposten
TA	TA	A	☐	01	Termingeld-Anlagen
TD	TD	A	☐	01	Festgelder
TK	TK	A	☐	01	Termingeld-Aufnahmen
WP	WP	A	☐	01	Wertpapier-Erträge
ZB	ZB	A	☐	01	Alle Bankfelder
ZP	ZP	A	☐	01	Alle Personenfelder

Abbildung 10.36 Dispositionsarten verwalten

Feldsteuerung der Dispositionsarten

Anschließend nehmen Sie für jede Dispositionsart die Feldsteuerung vor. Dadurch legen Sie fest, welche Felder bei der Eingabe eines Einzelsatzes entsprechend der gewählten Dispositionsart angezeigt und ausgefüllt werden müssen.

Die Feldsteuerung öffnen Sie über den Button **Feldstatusleiste** zu dem jeweiligen Dispositionsarteneintrag. In der sich öffnenden Ansicht nehmen Sie die Einstellungen in den beiden Feldstatusgruppen vor:

- **Allgemeine Daten**
  Hier sind beispielsweise die Felder **Valutadatum**, **Währungskurs** und **Dispogruppe** vorhanden.
- **Zusatzangaben**
  In dieser Gruppe sind beispielsweise die Felder **Gegenkonto**, **Gegenbuchungskreis** und **Liquiditätsposition** enthalten.

In Abbildung 10.37 ist die Feldstatusgruppe **Zusatzangaben** dargestellt. Hier können Sie für jeden Eintrag entscheiden, ob das Feld ausgeblendet sein soll (**Ausblenden**), ob eine Werteingabe zwingend erforderlich (**Musseingabe**) oder optional (**Kanneingabe**) sein soll.

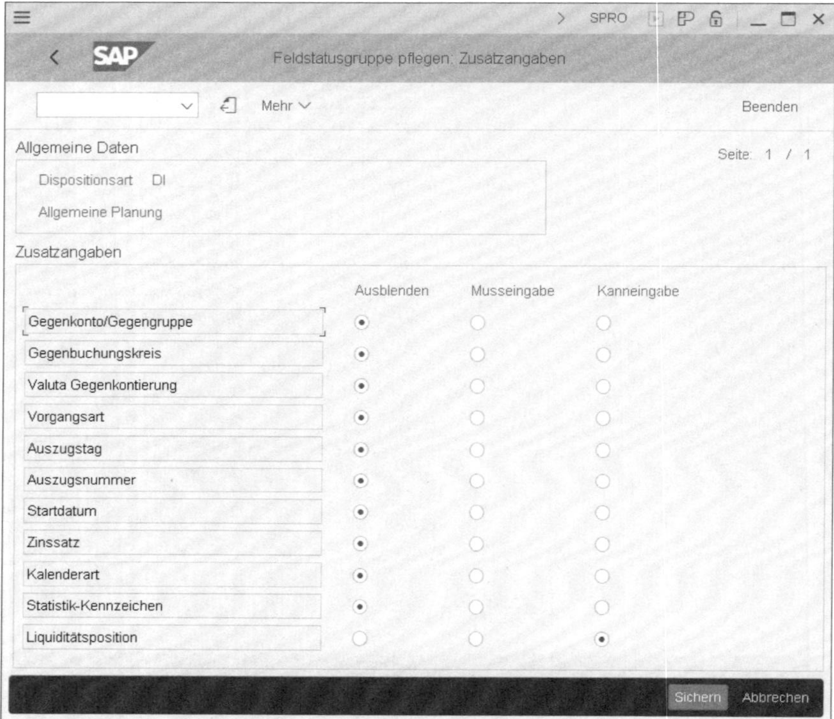

Abbildung 10.37 Feldstatusgruppen pflegen

Dispositive Kontenbezeichnungen

Die *dispositive Kontenbezeichnung* ist eine sprechende Bezeichnung zu einem Bankkonto oder Bankverrechnungskonto. In einigen SAP-GUI-Transaktionen im Cash Management, wie beispielsweise im Tagesfinanzstatus (Transaktion FF7AN) und im Kontenclearing (Transaktion FF73), ersetzt die dispositive Kontenbezeichnung die Kontonummer. In den meisten SAP-Fiori-Apps wird statt der dispositiven Kontobezeichnung das neue Feld **Bankkonto** verwendet.

Die Definition der dispositiven Kontenbezeichnung erfolgt buchungskreisspezifisch über den Button **Neue Einträge** in der Customizing-Aktivität **Dispositive Kontenbezeichnungen** (siehe Abbildung 10.38). Wenn Sie eine dispositive Kontenbezeichnung verwenden wollen, für die kein Sachkontenstamm existiert, markieren Sie das Feld **NurFD**. Pro Buchungskreis können Sie ein Konto als Standardkonto im Feld **HBZA** markieren, das für Zahlungsanforderungen ohne Hausbankinformation verwendet werden soll.

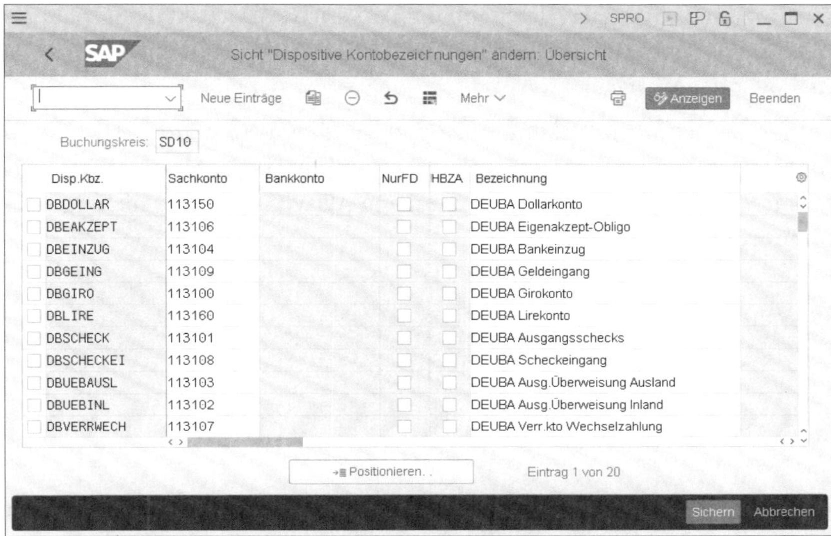

Abbildung 10.38 Dispositive Kontenbezeichnung pflegen

Dispositionsebenen zu Barmittelhandelsanforderungen zuordnen

Um für den jeweiligen Status von Barmittelhandelsanforderungen einen getrennten Ausweis im Reporting zu ermöglichen, können Sie die Customizing-Aktivität **Dispositionsebenen zu Barmittelhandelsanforderungen zuordnen** verwenden. Sie ordnen hier jeder Originaldispositionsebene für die Barmittelhandelsanforderungen, getrennt nach Status (**Angelegt**, **Abgesendet** und **Freigegeben**), eine Dispositionsebene zu (siehe Abbildung 10.39).

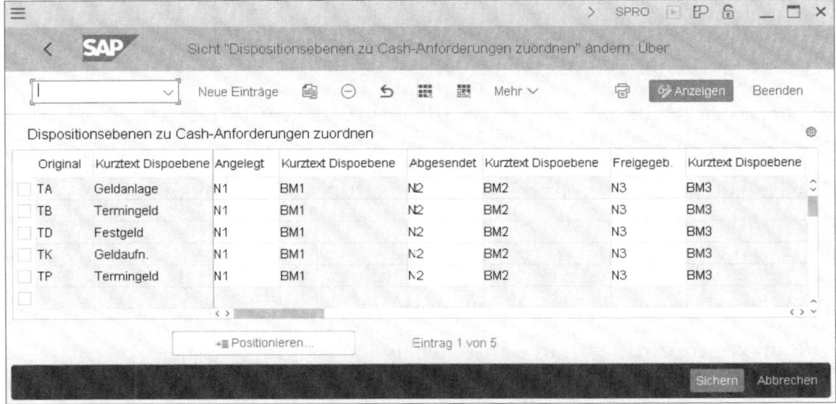

Abbildung 10.39 Dispositionsebenen zu Cash-Anforderungen zuordnen

10.4.6 Nummernkreisintervalle für Objekt FCLM_MRN anlegen (SNUM)

Für Einzelsätze im Cash Management muss ein Nummernkreisintervall gepflegt sein (siehe auch SAP-Hinweis 2781585, Cash Management: Einzelsätze in SAP S/4HANA 1809).

Öffnen Sie dafür die Nummernkreispflege über Transaktion SNUM, und hinterlegen Sie ein Intervall für das Nummernkreisobjekt FCLM_MRN (siehe Abbildung 10.40). Eine Customizing-Aktivität ist dafür nicht in dem Einführungsleitfaden enthalten.

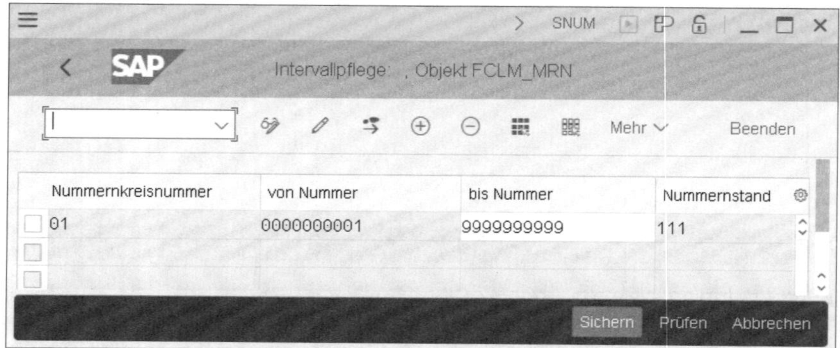

Abbildung 10.40 Intervallpflege für das Objekt FCLM_MRN

10.4.7 Health-Check: Prüfpunkte zu Profilen für den Health Check zuordnen

Sie können eigene Prüfprofile für den in Abschnitt 9.6.6, »Health-Check für das Cash Management«, erläuterten Prüfreport definieren. Definieren Sie dazu im ersten Schritt der Dialogstruktur ein Prüfprofil, und ordnen Sie dann im zweiten Schritt einen oder mehrere der folgenden Prüfpunkte diesem Profil zu (siehe Abbildung 10.41):

1. Dispositionsebenen- und Dispositionsgruppenprüfungen in Konfigurationen
2. Dispositionsebenen- und Dispositionsgruppenprüfungen in Stammdaten
3. Bankkontoprüfungen im One Exposure
4. Bankkontoprüfungen in Sachkonten
5. Bankkontoprüfungen in Kontoauszügen

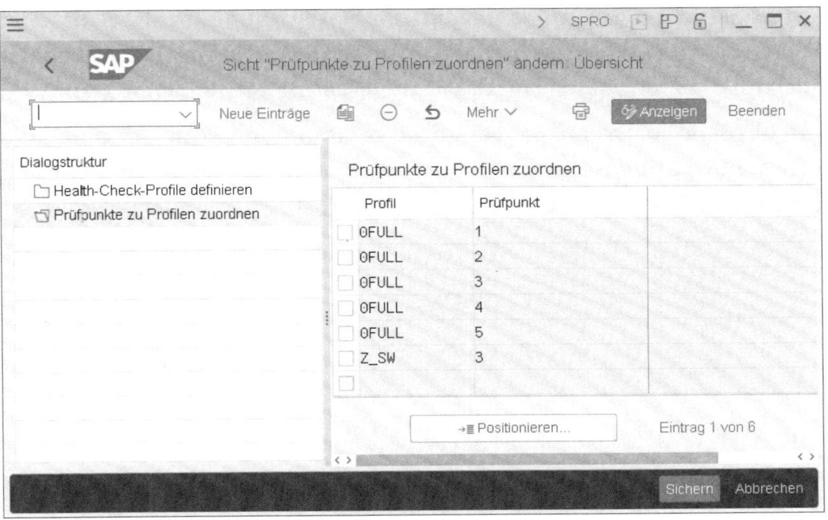

Abbildung 10.41 Customizing der Prüfschritte im Health-Check

10.4.8 Bankkontensaldenberechnung

In der Customizing-Aktivität **Dispositionsebenen zu Profilen zuordnen** definieren Sie die *Bankkontensaldenprofile*, die Sie zur Verwendung von Cash Pools und Kontenclearings benötigen. Dafür definieren Sie zunächst den Bankkontensaldenprofil-Namen, und anschließend weisen Sie diesem die Dispositionsebenen zu.

Zum Definieren eines Bankkontensaldenprofils öffnen Sie die Customizing-Aktivität und öffnen die Eingabemaske (siehe Abbildung 10.42) über den Button **Neue Einträge**.

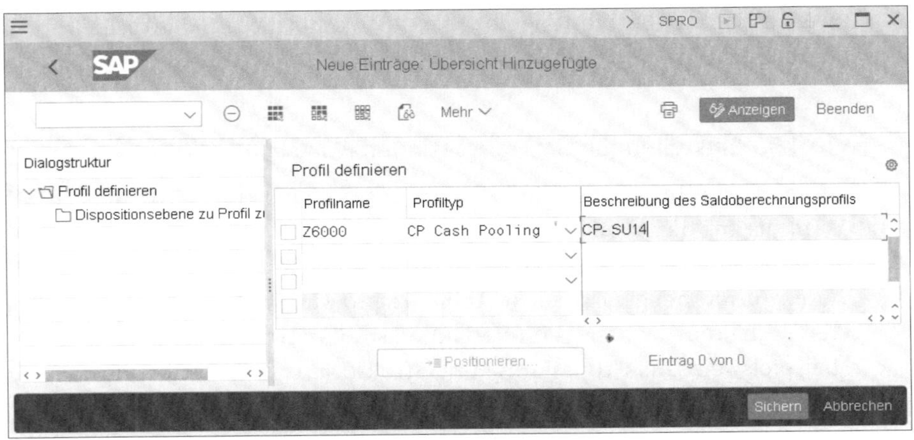

Abbildung 10.42 Bankkontensaldenprofil – Profil definieren

Tragen Sie in der Spalte **Profilname** eine Bezeichnung für das Profil ein. Wählen Sie anschließend in der Spalte **Profiltyp** die Option **CP Cash Pooling** (auch für ein Profil, das Sie für das Kontenclearing verwenden wollen).

Anschließend markieren Sie das angelegte Profil und öffnen es durch die Auswahl **Dispositionsebene zu Profil zuordnen** in der Dialogstruktur (siehe Abbildung 10.43).

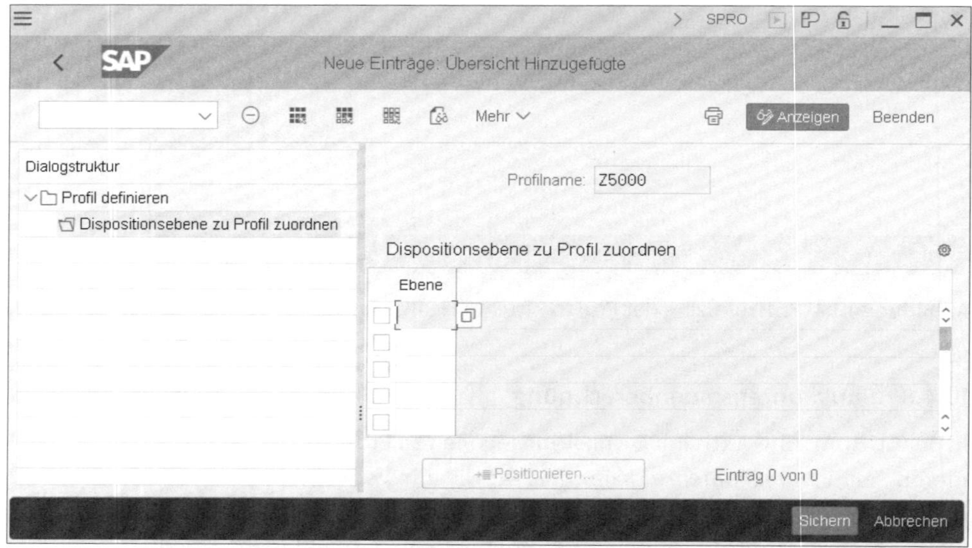

Abbildung 10.43 Bankkontensaldenprofil – Dispositionsebenen zuordnen

Wählen Sie den Button **Neue Einträge** in der Werkzeugleiste, um neue Dispositionsebenen hinzuzufügen. Zur Auswahl stehen dabei alle im System angelegten Dispositionsebenen. Alle hier definierten Dispositionsebenen werden bei der Berechnung des Banksaldos mit diesem Banksaldenprofil berücksichtigt.

10.4.9 Einstellungen für Transaktionen FF7AN und FF7BN

In dem Einführungsleitfaden-Knoten Customizing für FF7AN und FF7BN sind die für die Abbildung des Tagesfinanzstatus und die Liquiditätsvorschau über die SAP-GUI-Transaktionen erforderlichen Customizing-Aktivitäten zusammengefasst (siehe Abbildung 10.44). Dabei sind viele Aktivitäten enthalten, die bereits im Verlauf dieses Kapitels erläutert wurden, wie beispielsweise die Gruppierung und Strukturierung sowie die Verwaltung der Dispositionsgruppen und Dispositionsebenen.

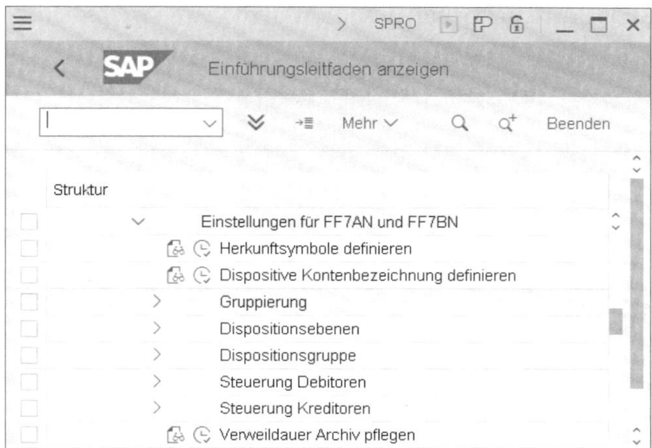

Abbildung 10.44 Einstellungen für den Tagesfinanzstatus und die Liquiditätsvorschau im SAP GUI

Die folgenden Aktivitäten ergänzen noch zusätzlich den Umfang der möglichen Einstellungen für die SAP-GUI-Transaktionen:

- **Herkunftssymbole definieren**
- **Dispositionsebenen • Ebenenzuordnung für Mittelvormerkungen**
- **Dispositionsgruppe • Gruppenzuordnung bei fehlendem Konto**
- **Steuerung Debitoren**
- **Steuerung Kreditoren**
- **Verweildauer Archiv pflegen**

10.4.10 Kontenclearing

Für die Durchführung des Kontenclearings sind verschiedene Parameter im Customizing vorzugeben. Dazu zählen die Definition des Zahlweg- und Verrechnungskontos, die Festlegung der Planbeträge sowie die Definition der Formulare für die Zahlungsavise und der Zahlwege für Zahlungsanforderungen.

Zusätzlich wird zur Durchführung des Kontenclearings mit der im Grundfunktionsumfang enthaltenen SAP-GUI-Transaktion FF73 (Bankkontenclearing) eine Gliederung benötigt (siehe Abschnitt 10.4.1, »Gruppierung«).

Zahlwegkonto, Verrechnungskonten und Beträge festlegen

In der Customizing-Aktivität **Zahlwegkonto, Verrechnungskonten und Beträge festlegen** legen Sie im ersten Schritt die Bankkonten zum Buchungskreis an, für die Sie das Kontenclearing durchführen möchten (siehe Abbildung 10.45).

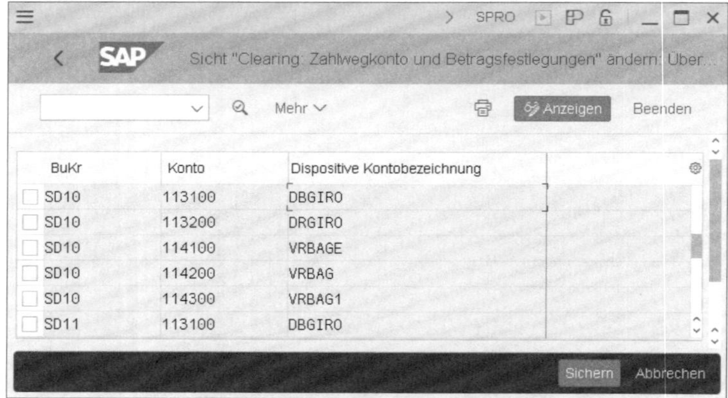

Abbildung 10.45 Zahlwegkonto und Betragsfestlegung

Anschließend öffnen Sie einen Eintrag in der Liste mit einem Doppelklick auf die korrespondierende Zeile. Dadurch öffnet sich der Eintrag in der Detailansicht (siehe Abbildung 10.46).

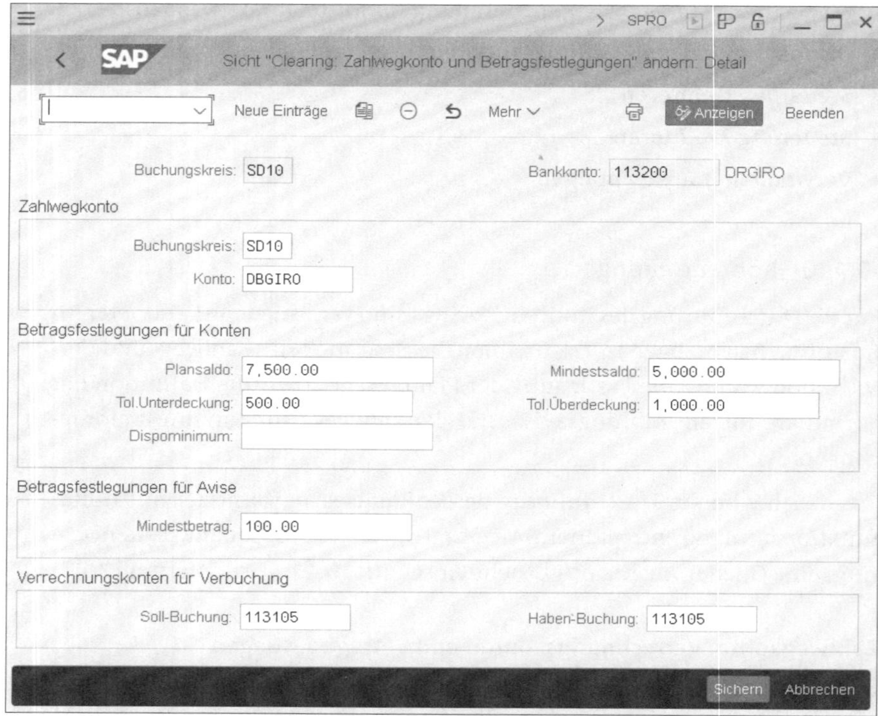

Abbildung 10.46 Betragsfestlegung für das Kontenclearing

In der Detailansicht können Sie nun die Felder zu den Bereichen **Zahlwegkonto**, **Betragsfestlegung für Konten**, **Betragsfestlegung für Avise** und **Verrechnungskonten für Verbuchung** pflegen. Legen Sie hier ein **Zahlwegkonto** fest, übersteuert dies die Einstellung aus dem Selektionsbild der SAP-GUI-Transaktion FF73 (Bankkontenclearing). Unter den **Betragsfestlegungen** definieren Sie, welche Soll-Betragswerte das automatische Kontenclearing verwenden soll.

Formulare festlegen

Mit der Customizing-Einstellung **Formulare festlegen** definieren Sie die Formulare für die Bankkorrespondenz zum Kontenclearing (siehe Abbildung 10.47).

Die Zuordnung der Formularnamen erfolgt je Buchungskreis und je Druckprogramm. Als Druckprogramme können Sie die Programme zur Erstellung von Bestätigungsschreiben für Avise (RFFDIS50 bzw. RFFDIS50_PDF) verwenden.

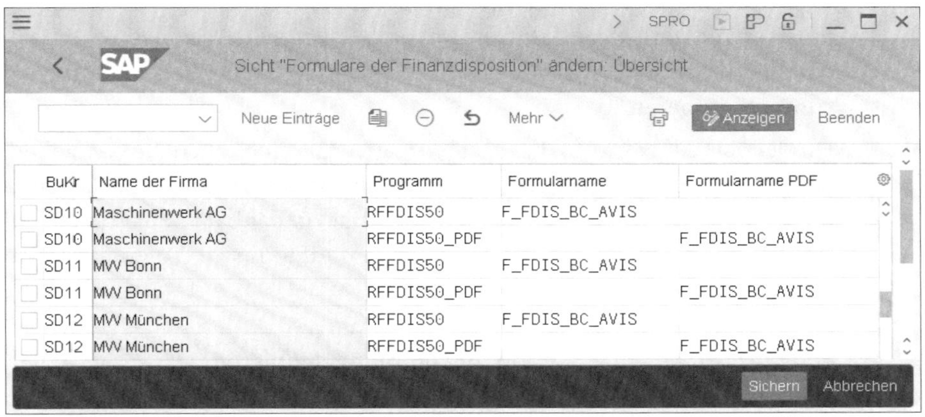

BuKr	Name der Firma	Programm	Formularname	Formularname PDF
SD10	Maschinenwerk AG	RFFDIS50	F_FDIS_BC_AVIS	
SD10	Maschinenwerk AG	RFFDIS50_PDF		F_FDIS_BC_AVIS
SD11	MW Bonn	RFFDIS50	F_FDIS_BC_AVIS	
SD11	MW Bonn	RFFDIS50_PDF		F_FDIS_BC_AVIS
SD12	MW München	RFFDIS50	F_FDIS_BC_AVIS	
SD12	MW München	RFFDIS50_PDF		F_FDIS_BC_AVIS

Abbildung 10.47 Formulare für das Kontenclearing

Zahlwege für Zahlungsanforderungen festlegen

Zum Anlegen der Zahlungsanforderungen durch das Kontenclearing wird ein Zahlweg benötigt. Die Zuordnung des Zahlwegs erfolgt in der Customizing-Aktivität **Zahlwege für Zahlungsanordnungen festlegen** (siehe Abbildung 10.48).

In dieser Ansicht ordnen Sie den benötigten Kombinationen aus Ziel- und Quellkonten die Zahlwege zu. Die Definition des Zahlwegs können Sie durch die optionale Angabe einer Währung eingrenzen. Wenn der Zahlweg für alle Währung gültig sein soll, bleibt dieses Feld unbelegt.

Abbildung 10.48 Zahlwegfindung für Zahlungsanforderungen

10.4.11 Cashflow-Abstimmung

Bei der Cashflow-Abstimmung können Differenzen zwischen untertägigen Einzelsätzen und prognostiziertem Cash entstehen. Wenn eine Abweichung erkannt wird, wird Sie das SAP-System über eine Warnmeldung darüber informieren.

Um jedoch die Warnung bei geringfügigen Abweichungen zu vermeiden, können Sie Toleranzgruppen definieren. Bevor das System eine Warnmeldung ausgibt, prüft es, ob eine Toleranzgruppe für das Bankkonto eingerichtet ist und ob sich die Betragsdifferenzen im definierten Toleranzbereich befindet.

Toleranzgruppen für Cashflow-Abstimmung definieren

Toleranzgruppe hinzufügen

Zum Hinzufügen einer Toleranzgruppe öffnen Sie die Customizing-Aktivität **Toleranzgruppen für Cashflow-Abstimmung definieren** und anschließend das Formularfenster über den Button **Neue Einträge** (siehe Abbildung 10.49).

Nun müssen Sie im ersten Schritt entscheiden, ob Sie eine allgemeine Toleranzgruppe definieren möchten, die für verschiedene Bankkonten greift, oder ob Sie eine Toleranzgruppe für ein einzelnes Bankkonto anlegen möchten.

Bei einer allgemeinen Toleranzgruppe ist die Angabe der Währung und die Definition des Abweichungsbetrags bereits ausreichend. Weder ein Toleranzschlüssel noch eine Bezeichnung wird benötigt. Den tolerierten Abweichungsbetrag können Sie entweder als festen Wert, als Prozentsatz oder als Kombination beider Felder eintragen.

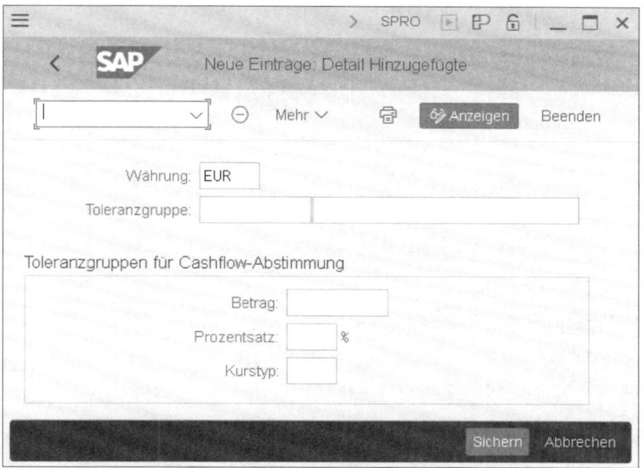

Abbildung 10.49 Toleranzgruppe hinzufügen

10

[«]

Spezifische Toleranzgruppen müssen dem Bankkontenstamm angefügt werden

Wenn Sie eine spezifische Toleranzgruppe für Bankkonten angelegt haben, müssen Sie die Zuordnung zusätzlich in der Verwaltung des Bankkontenstamms vornehmen. Dies erfolgt über die SAP-Fiori-App **Bankkonten verwalten** im Feld **Toleranzgruppe für Abstimmung**. Zusätzlich müssen Sie die Funktion **Untertägige Einzelsätze abstimmen** aktivieren.

10.4.12 Business Add-Ins (BAdIs)

Das Systemverhalten im Cash Management kann durch BAdIs beeinflusst werden (siehe Abschnitt 10.3.6, »Business Add-Ins (BAdIs) für die Bankkontenverwaltung«). In dem Customizing-Knoten **Business Add-Ins (BAdIs)** sind BAdIs für Cashflow-Positionen und für das One Exposure enthalten (siehe Abbildung 10.50).

BAdIs für Cashflow-Positionen

Die im Customizing-Knotenpunkt **Cashflow-Positionen** enthaltenen BAdIs erlauben es Ihnen, für die SAP-Fiori-App **Cashflow-Positionen prüfen** zusätzliche Felder aus folgenden Bereichen aufzunehmen:

- Bankverbindung (Felder für die Kontoauszugsübersicht)
- SAP Bank Communication Management
- Einzelsätze
- Buchhaltungsbelege
- Zahlungspositionen
- Treasury-Management-Details

- Business Add-Ins (BAdIs)
  - Cashflow-Positionen
    - BAdI: Bankverbindung
    - BAdI: Bank Communication Management
    - BAdI: Einzelsätze
    - BAdI: Buchhaltungsbelege
    - BAdI: Zahlungspositionen
    - BAdI: Treasurymanagement-Details
  - One Exposure from Operations
    - BAdI: TRM-Integration in One Exposure
    - BAdI: Korrektur von Bewegungen in One Exposure
    - BAdI: Anpassung von Bewegungen in Kontoauszugsanpassung

Abbildung 10.50 Business Add-Ins für das Cash Management

BAdIs für das One Exposure

Im Knotenpunkt **One Exposure from Operations** stehen verschiedene BAdIs zur Verfügung, mit denen Sie die Verarbeitungslogik bei der Speicherung von Cash-Bewegungen in der Flow-Tabelle beeinflussen können:

- **TRM-Integration in One Exposure**
  Dieses BAdI erweitert die Ableitungslogik der Liquiditätspositionen im One Exposure für Cashflows aus dem Treasury and Risk Management.
- **Korrektur von Bewegungen in One Exposure**
  Die Logik für das Anlegen oder Ändern von Bewegungen im One Exposure aus verschiedenen Originalanwendungen können Sie mit diesem BAdI erweitern. Die Bewegungen aus FI (Finanzwesen) und MM, die über den Flow Builder verarbeitet werden, können mit diesem BAdI nicht bearbeitet werden.
- **Anpassung von Bewegungen in Kontoauszugsanpassungen**
  Mit diesem BAdI können Sie die Logik zur Anpassung von Cashflows aus Kontoauszügen verändern. So können Sie die Bewegungen aus Kontoauszugspositionen bearbeiten, bevor sie im One Exposure fortgeschrieben werden. Dies ermöglicht beispielsweise auch die Fortschreibung von externen Vorgängen, die keiner Buchungsregel zugeordnet sind. Auch ist es ist möglich, über diesen Weg Bewegungen aus dem Kontoauszug zu ignorieren.

10.4.13 Customizing der Originalanwendungen

Für einige Originalanwendungen enthält der Einführungsleitfaden weitere Bearbeitungsaufgaben innerhalb der Customizing-Knoten der Originalanwendung. Nachfolgend beschreiben wir einige dieser Customizing-Punkte.

Treasury and Risk Management (TRM)

Customizing-Einstellungen für die Integration des Treasury and Risk Managements definieren Sie unter **Financial Supply Chain Management • Treasury and Risk Management • Transaction Manager • Allgemeine Einstellungen • Cash-Management-Anbindung**.

Hier finden Sie die Customizing-Aktivitäten:

- **Dispositionsebenen zuordnen**
  Im Customizing des Transaktionsmanagers können Sie über eine Zuordnungstabelle steuern, welche Treasury-Geschäfte ins Cash Management übertragen werden und welche Dispositionsebenen dabei verwendet werden sollen (siehe Abbildung 10.51). Hierzu können Sie in der Tabelle pro Buchungskreis in Abhängigkeit von Produktart, Status und Vorgangstyp jeweils eine Dispositionsebene für **Bank bekannt** und **Bank unbekannt** zuordnen.
- **Fortschreibungen für Cash Management angeben**
  Hier definieren Sie, welche Fortschreibungsarten für das Cash Management relevant sind.

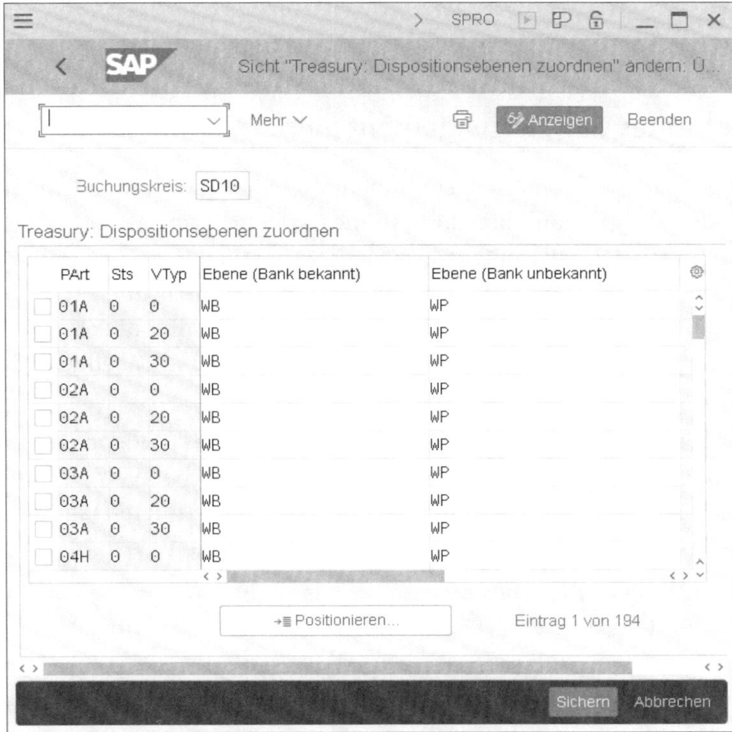

Abbildung 10.51 Dispositionsebenen im Treasury zuordnen

Vertrags- und Mietverwaltung (RE-FX)

Die Fortschreibung der Finanzströme aus der Applikation Vertrags- und Mietverwaltung definieren Sie unter dem Customizing-Pfad **Flexibles Immobilien Management (RE-FX) • Buchhaltung • Finanzdisposition**. Aktivieren Sie hier die Fortschreibung auf der Ebene von Buchungskreisen und Bewegungsarten. Die Dispositionsebenen können Sie pro Vertragsart spezifizieren.

Vertragskontokorrent (FI-CA)

Im Customizing Leitfaden finden Sie unter dem Pfad **Finanzwesen • Vertragskontokorrent • Integration • Cash-Management** Einstellungen für die Zuordnung von Sperren und Vorgängen für das Feld **Dispoebene**.

Darlehensverwaltung (CLM)

Für die Darlehensverwaltung definieren Sie die Zuordnung der Dispositionsebenen zu den Kombinationen der Felder **Produktart**, **Status** und **Vorgangstyp**. Diese Customizing-Einstellung finden Sie unter **SAP Banking • Darlehensverwaltung • Geschäftsverwaltung • Produktarten • Finanzdispoebenen zuordnen**.

10.5 Verteiltes Cash Management einrichten

In einem Szenario mit einem systemübergreifenden Cash Management (Side-by-Side-Szenario) tauschen die Systeme Daten in Form von IDOCs aus (siehe Abschnitt 9.5.3, »Verteiltes Cash Management«). Sie müssen einerseits applikationsübergreifendes Customizing für die Einrichtung der technischen ALE-Verbindung (*Application Link Enabling*) und andererseits applikationsspezifisches Customizing in Form von Mapping-Tabellen definieren.

Applikationsübergreifende Einstellungen

Die applikationsübergreifenden Einstellungen müssen im sendenden und empfangenden System eingerichtet werden. Sie verwenden hierzu die SAP-GUI-Transaktion SALE (ALE-Customizing anzeigen) und definieren hierüber die folgenden Verbindungseinstellungen (siehe Abbildung 10.52):

1. Definieren Sie ein logisches System über **logisches System benennen** für jedes System, mit dem Sie Cash-Management-Daten austauschen wollen.
2. Fügen Sie unter **RFC-Verbindungen anlegen** für jedes System, mit dem Sie eine Verbindung etablieren möchten, eine RFC-Verbindung hinzu.

❸ Generieren Sie über **Partnervereinbarungen generieren** die Partnervereinbarung.

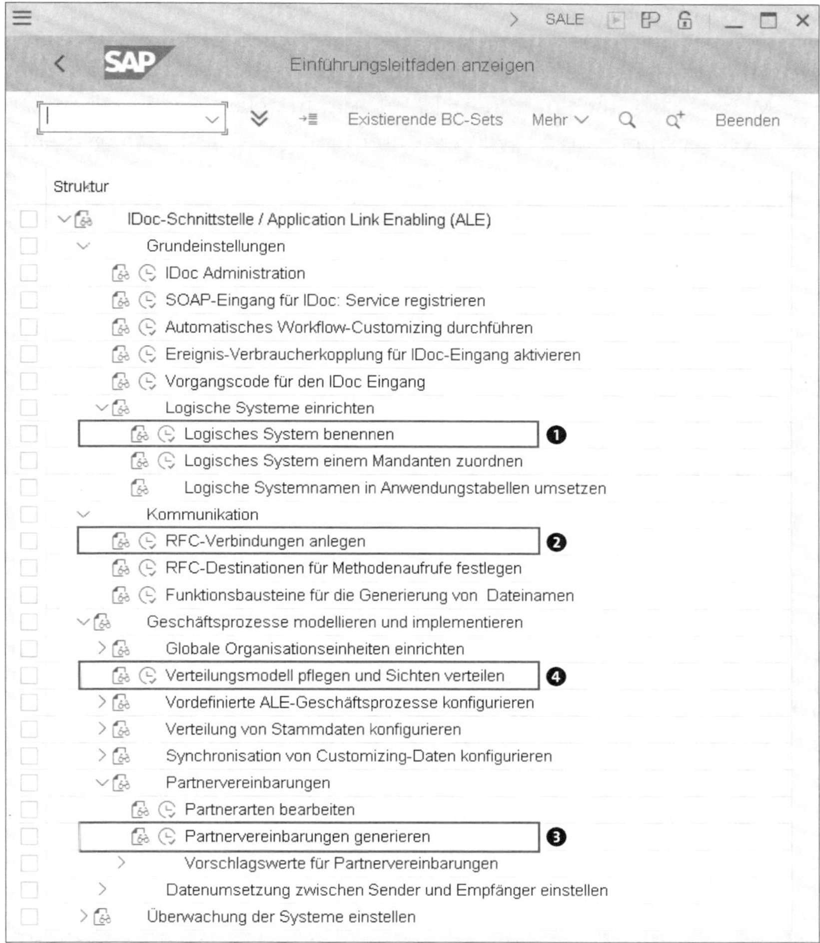

Abbildung 10.52 Zentrales Customizing für IDocs über die SAP-GUI-Transaktion SALE

Im empfangenden System führen Sie zusätzlich folgende Bearbeitungsschritte aus:

1. Definieren Sie unter **Verteilungsmodell pflegen und Sichten verteilen** das Verteilungsmodell im empfangenden System mit den Nachrichtentypen CMSEND und CMREQU, und verteilen Sie die Ansichten auf die lokalen Systeme ❹.
2. Legen Sie die remote geführten Bankkonten über die SAP-Fiori-App **Bankkonten verwalten** an. Definieren Sie unter **Hausbankkonnektivität**,

dass Sie das Konto mit einem ID-Typ für Remote-Systeme anbinden möchten.

- Legen Sie die Mapping-Tabellen für die Umschlüsselungen von Feldern für Buchungskreise, Dispositionsgruppen, Dispositionsebenen und Geschäftsbereiche im empfangenden System an. Nur mit einem Mapping der Buchungskreise ist die Schnittstelle aktiviert. Sie finden diese Customizing-Aktivitäten unter dem Pfad **Cash Management • Datenaufbau • Eingangsmapping für die Integration von Ferndaten in One Exposure**.
- Für die Ableitung des Feldes Liquiditätsposition können Sie eine Abfrage mit der Herkunft X erstellen, um die Liquiditätsposition abzuleiten (siehe Abschnitt 9.3.5, »Ableitungslogik für Liquiditätspositionen über Abfragen«).
- Für einen getrennten Ausweis von bestätigten Cashflows im Tagesfinanzstatus ordnen Sie der Dispositionsebene für bestätige Cashflows (im Standard F0) die Bewegungsarten 900108 (Saldoerhöhung (IDoc)) und 900109 (Saldoverminderung (IDoc)) zu.

Mit der SAP-GUI-Transaktion FF$6 (Überprüfen Einstellungen) können Sie abschließend Ihre Customizing-Einstellungen im sendenden und empfangenden System überprüfen.

Kriterien für die manuelle Freigabe definieren

Cashflows, die in einem Side-by-Side-Szenario aus einem externen System in das zentrale SAP-S/4HANA-System importiert werden, können durch die SAP-Fiori-App **Cashflows freigeben** vor der Nutzung im Cash Management geprüft und manuell freigegeben werden.

Dafür können Sie Regeln definieren, nach denen die Cashflows gefiltert und zur Prüfung bereitgestellt werden.

Die Definition der Regeln erfolgt mit der Customizing-Aktivität **Kriterien für manuelle Freigabe definieren** (Programm SAPLFQM_RELEASE_CFG). Diese erreichen Sie über den Pfad **Financial Supply Chain Management • Cash and Liquidity Management • Cash Management • Datenaufbau** im Einführungsleitfaden.

Hinterlegen Sie hier eine Kombination aus **LogSystem**, **Bukr** und **Ebene** (siehe Abbildung 10.53), um die freizugebenden Cashflows zu identifizieren.

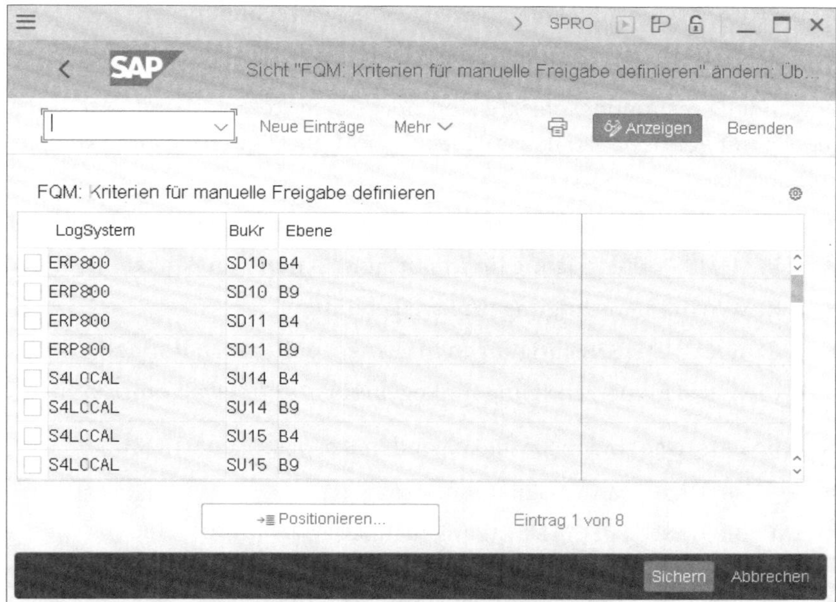

Abbildung 10.53 Kriterien für die manuelle Zahlungsfreigabe definieren

10.6 Berechtigungen ausprägen

Sie steuern über die Einstellungen im Workflow, über Berechtigungen, über Katalogzuordnungen und über Gruppenzuordnungen für SAP-Fiori in den Rollen, welche Funktionen die SAP-Benutzer ausführen dürfen.

Berechtigungsobjekte für das Cash Management

Für die Ausprägung der klassischen Berechtigungen, die Sie über die SAP-GUI-Transaktion PFCG (Pflege von Rollen) zu Rollen ausprägen, stehen Ihnen u. a. folgende Berechtigungsobjekte zur Verfügung:

- FQM_FLOW – Financial Quantity Management
- F_CLM_BAH2 – Bankkontenhierarchie
- F_CLM_BAM – Berechtigung für Bankkontenverwaltung
- F_CLM_CMR – Berechtigung für Einzelsatz
- F_CLM_CP – Berechtigung für Tagesfinanzstatus
- F_CLM_CPL – Berechtigung für Cash Pooling
- F_CLM_LQF – Berechtigung für Liquiditätsvorschau
- F_CLM_SIG – Berechtigung für Unterzeichnerkarten
- F_FDSB_BUK – Tagesfinanzstatus-Summensätze
- F_FDES_BUK – Finanzdispo-Einzelsätze Buchungskreis

- F_BNKA_MAN – Banken: Allgemeine Pflegeberechtigung
- F_FEBB_BUK – Bankkontoauszug Buchungskreis

Obsolete Berechtigungsobjekte im Cash Management

Folgende Berechtigungsobjekte sind noch im System vorhanden, wurden jedoch mit Release 2020 in das Objekt F_CLM_BAM überführt und sind damit obsolet:

- F_BAM_UP – Berechtigung für BKV – Up- und Download
- F_CLM_UP – Berechtigung für Import und Export von Bankkonten
- F_CLM_BSB – Berechtigung für Bankgebühren
- F_CLM_COND – Berechtigungen für Bankgebührenkonditionen
- F_CLM_RULE – Berechtigung für Regeln für untertägige Kontoauszüge

Als Kopiervorlage finden Sie die folgenden Beispielrollen von SAP:

- SAP_BR_CASH_MANAGER (Cash Manager)
- SAP_BR_CASH_SPECIALIST (Bankbuchhalter)

In diesen Rollen finden Sie die für das Cash Management verfügbaren Gruppen und Kataloge für die SAP-Fiori-Apps.

Die Zuständigkeiten für Genehmigungsschritte in den Workflows finden Sie in Abschnitt 10.3.3, »Zuständigkeiten für in Workflow-Schritten verwendete Regeln definieren«.

10.7 Stammdaten aufbauen

Nach dem Customizing und vor dem Aufbau der Bewegungsdaten sollten Sie die Stammdaten für Bankkonten, Sachkonten und Geschäftspartner im System pflegen, da die Stammsatzfelder zum Teil die Ableitungslogik der Bewegungsdaten beeinflussen.

10.7.1 Bankkonten – Stammdaten anlegen

Vor der erstmaligen Nutzung des One Exposure müssen Sie die Stammdaten für Ihre Hausbanken und Hausbankkonten im System anlegen. Im Rahmen einer SAP-ERP-Migration erfolgt die Anlage der Stammsätze über die in Kapitel 11, »Von SAP ERP nach SAP S/4HANA migrieren«, beschriebenen Migrationswerkzeuge.

Bei einer Greenfield-Implementierung oder Neueinführung können Sie die Importfunktion für Bankkonten (siehe Abschnitt 7.3.4, »Bankkonten exportieren und importieren«) und die Upload-Funktionen für das Bankenverzeichnis (siehe Abschnitt 7.2.1, »Bank anlegen«) zur Stammsatzanlage nutzen.

10.7.2 Sachkontenstammsätze der Finanzbuchhaltung

Die Felder **Geldbewegungsrelevant** (SKB1-SGKON) und **Verwaltung offener Posten** (SKB1-XOPVW) in den Sachkontenstammsätzen der Finanzbuchhaltung haben Einfluss auf die Überleitung der Belege in das One Exposure (siehe Abschnitt 9.3.1, »Bewegungsarten in der Tabelle BSEG«). Über diese Felder ermittelt das One Exposure, ob eine Buchung cashrelevant ist und ob diese Buchung ein Bank- oder ein Bankverrechnungskonto betrifft.

Sachkontenstammsatz für Bankkonten

Bankkonten kennzeichnen Sie über das Kontrollkästchen zum Feld **Geldbewegungsrelevant** (siehe Abbildung 10.54). Diese Konten dürfen keine offenen Posten führen. Sie ordnen diesen Konten in der SAP-Standardlogik die Dispositionsebene F0 zu.

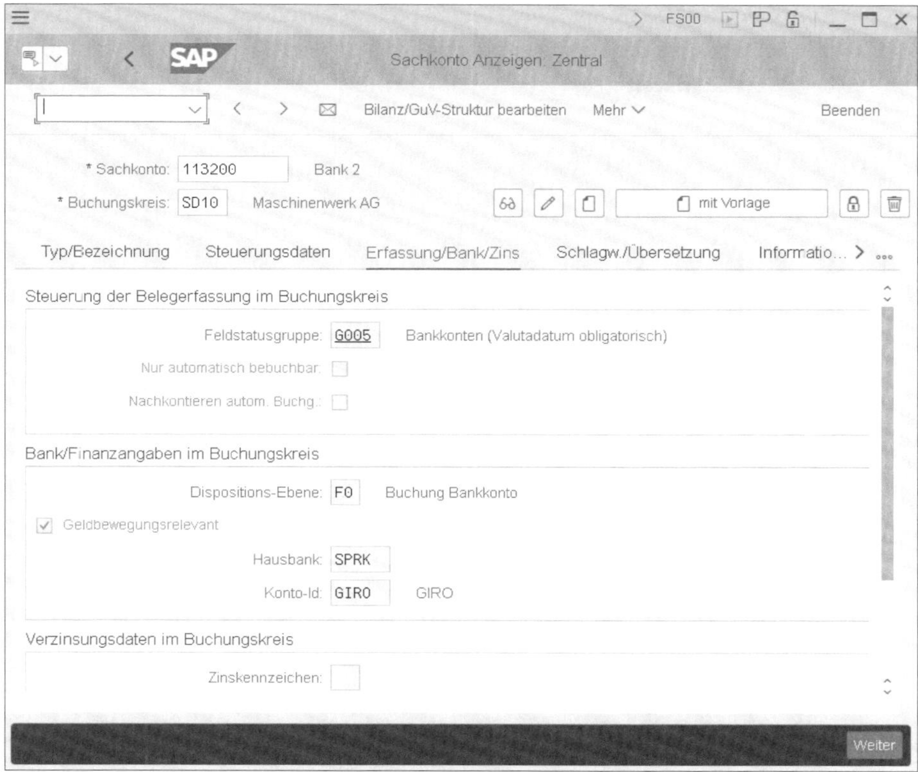

Abbildung 10.54 Einstellungen im Sachkontenstammsatz für Bankkonten vornehmen

Bankverrechnungskonten

Bankverrechnungskonten werden ebenfalls als geldbewegungsrelevant ausgeprägt, führen jedoch offene Posten. Diesen Konten ordnen Sie bei der Verwendung des SAP-Standards eine der Dispositionsebenen B1–B9 zu.

Verwendung eines Bankabstimmkontos

Bis SAP S/4HANA Release 1909 waren die Hausbankkonten für das One Exposure nur über die Tabelle T012K mit der Sachkontonummer in der Finanzbuchhaltung verknüpft. Alternativ zu einer expliziten Sachkontonummer aus der Finanzbuchhaltung können Sie ab Release 2020 Ihren Hausbankkonten nun ein sogenanntes *Bankabstimmkonto* zuordnen. Dem Bankabstimmkonto können Bankverrechnungskonten für verschiedene Zahlwege zugeordnet werden, sodass diese eine Gruppe bilden. Das Bankabstimmkonto und die korrespondierenden Bankverrechnungskonten können mehreren Hausbankkonten gleichzeitig zugeordnet werden und sind damit wiederverwendbar. Die Anzahl der Sachkonten in der Finanzbuchhaltung kann so reduziert werden. Die Zuordnung vom Zahlweg zum Bankunterkonto im Customizing des Zahlprogramms ist dann nur einmal pro Abstimmkonto notwendig.

In Abbildung 10.55 finden Sie ein Beispiel für einen Sachkontenstammsatz, der als Bankunterkonto ausgeprägt wurde. Im Feld **Sachkontoart** wählen Sie den Wert **Geldkonto**.

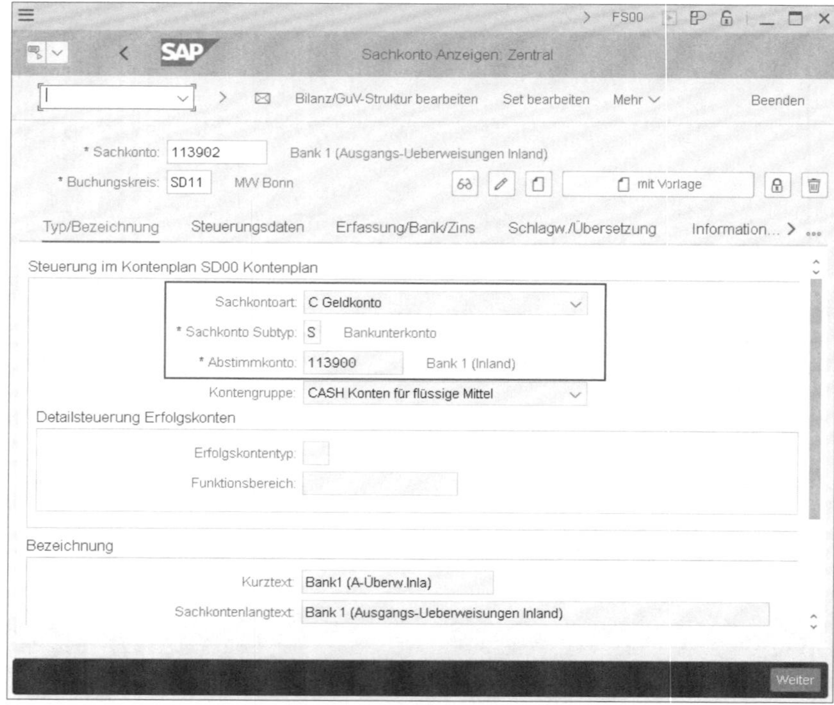

Abbildung 10.55 Sachkontenstammsatz als Bankunterkonto

Über das Feld **Sachkonto Subtyp** weisen Sie das Konto als Bankunterkonto, als Handkasse oder als Bankkonto aus. Wenn das Konto als Bankunterkonto ausgeprägt wird, müssen Sie im Feld **Abstimmkonto** die Sachkontonummer des eigentlichen Bankkontos hinterlegen.

10.7.3 Geschäftspartnerstammsätze

Die Prozesse im Cash Management greifen an verschiedenen Stellen auf die Geschäftspartnerstammsätze zu. Stellen Sie im Einführungsprojekt sicher, dass die notwendigen Stammsätze zur Verfügung stehen.

Dispositionsgruppe für Debitoren und Kreditoren

Das Feld **Dispositionsgruppe** im Geschäftspartnerstammsatz erlaubt eine Kategorisierung der Cashflows nach Debitoren- und Kreditorengruppen (siehe Abschnitt 3.3.4, »Dispositionsgruppen«). Das Feld steht in verschiedenen SAP-Fiori-Apps für Auswertungen zur Verfügung. Die Fortschreibung des Feldes in der Flow-Tabelle erfolgt nur, wenn zum Zeitpunkt der Überleitung eines Belegs in das One Exposure die Dispositionsgruppe im Stammsatz eingetragen war. Aus diesem Grund sollten Sie die Dispositionsgruppen vor der ersten Überleitung in den Stammsätzen hinterlegen.

Geschäftspartner für die Bankkontenverwaltung

Die Bankkontenverwaltung benötigt an verschiedenen Stellen Geschäftspartnerstammdaten. So hinterlegen Sie im Feld **Risikogeschäftspartner** bei den Kontakten zu einem Bankkontenstamm und für die Filialzuordnung Geschäftspartnernummern. Wichtig für die Bankenstammdaten im Cash Management sind die Rollen **Kreditinstitut** (TR0703) und **Ansprechpartner** (BUP001).

10.8 Datenaufbau im One Exposure durchführen

Im Rahmen einer SAP-S/4HANA-Migration, nach einer Customizing-Änderung oder bei einer Einführung des Cash Managements nach dem Go-live der Finanzbuchhaltung ist es erforderlich, die Daten im One Exposure aufzubauen. So werden aus den im System gespeicherten operativen Geschäftsdaten die Cashflow-Daten nachträglich erzeugt, als wäre das Cash Management schon immer aktiv gewesen. Die Einzelschritte für den Datenaufbau sind über den Customizing-Pfad **Financial Supply Chain Management • Cash and Liquidity Management • Cash Management • Datenaufbau** aufrufbar (siehe Abbildung 10.56). Die einzelnen Aktivitäten beschreiben wir in diesem Abschnitt.

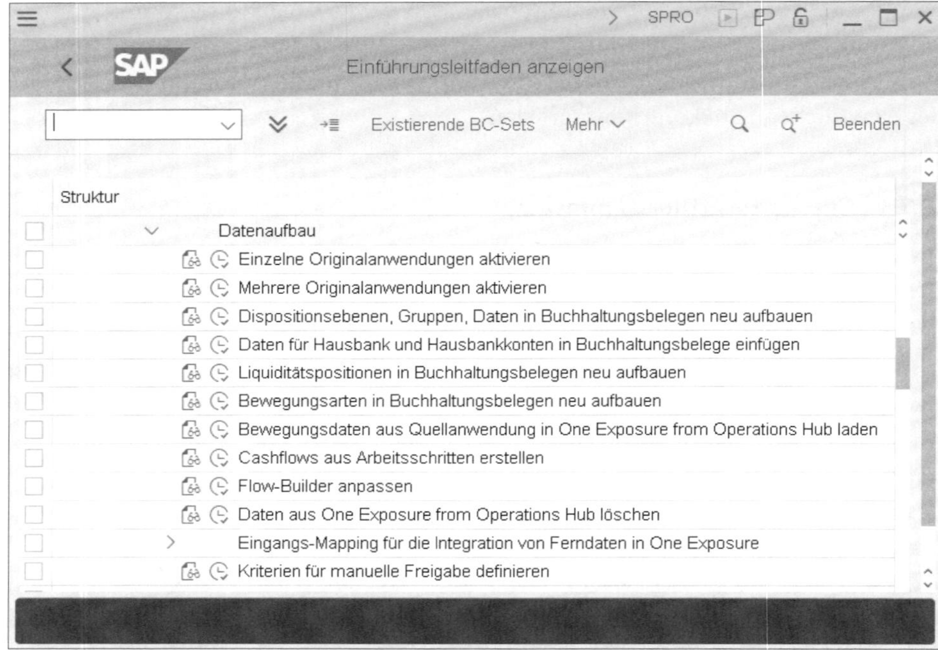

Abbildung 10.56 Aktivitäten zum Datenaufbau

10.8.1 Originalanwendungen aktivieren

Über die Customizing-Einstellung **Einzelne Originalanwendung aktivieren** definieren Sie, welche Anwendungen Daten in die Flow-Tabelle fortschreiben sollen (siehe Abschnitt 9.2, »Datenquellen für das One Exposure«).

Originalanwendung »One Exposure«

Die Originalanwendung One Exposure (FI) steht hierbei für das One Exposure als Ganzes und nicht für die Anwendung FI, wie man aus dem Schlüssel irrtümlicherweise ableiten könnte. Beachten Sie, dass die Anwendung One Exposure aktiv sein muss, da das One Exposure sonst keine Daten von anderen Anwendungen akzeptiert und keine Daten speichert. Es ist die Grundlage für alle anderen Anwendungen und aktiviert die Fortschreibung wichtiger Felder wie **Dispoebene**, **Dispogruppe** und **Liquiditätsposition** in den Belegpositionen der Finanzbuchhaltung.

Aktivierbare Originalanwendungen

Rechnungswesen (BKPF) steht stellvertretend für alle Daten aus der Finanzbuchhaltungskomponente. Diese Anwendung muss aktiviert sein, damit die Buchhaltungsbelege für Ist-Cashflows, Kontoauszüge, Rechnungen und Zahlungen im One Exposure fortgeschrieben werden.

Darüber hinaus können Sie die Fortschreibung für die Anwendungen Vertragskontokorrent (FICA), Materialwirtschaft (MM), Darlehensverwaltung

(CML), Vertrieb (SDCM), Vertrags- und Mietverwaltung (REFX) und Treasury und Risk Management (TRM) aktivieren. Abhängigkeiten zwischen den Originalanwendungen werden geprüft. Dies führt teilweise zur automatisierten Aktivierung weiterer Anwendungen.

Wie Sie Abbildung 10.57 entnehmen können, müssen Sie pro Originalanwendung (**OrigAnwnd.**) und Buchungskreis (**Bukr**) einen Datensatz in der Customizing-Tabelle definieren und diese Kombination aktivieren.

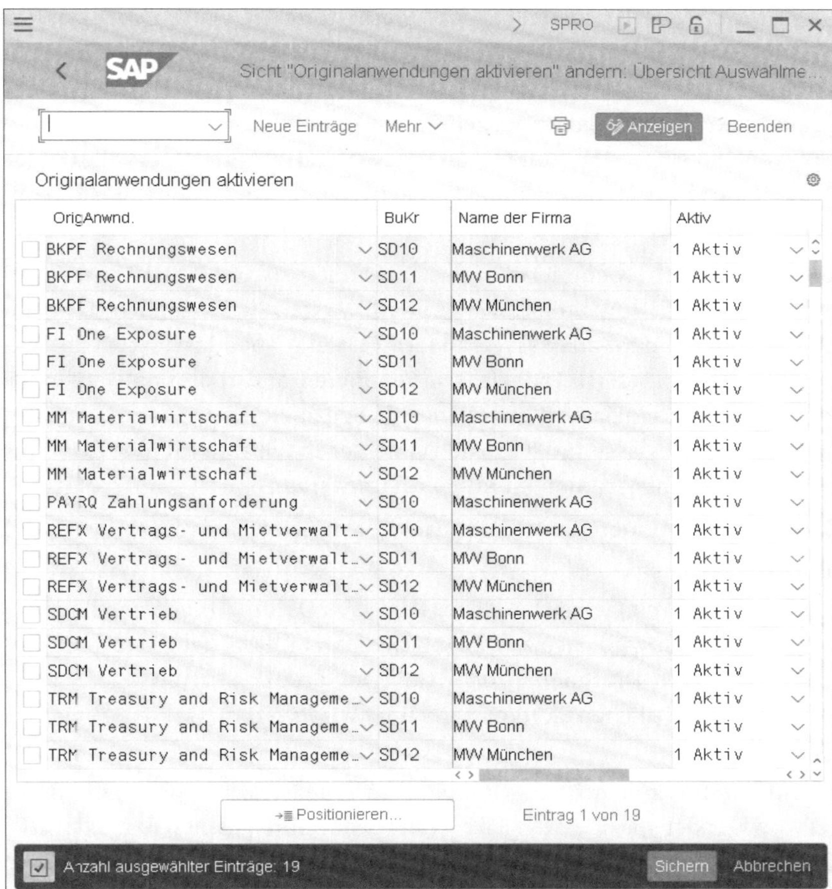

Abbildung 10.57 Einzelne Originalanwendungen aktivieren

Die Customizing-Aktivität **Mehrere Originalanwendungen aktivieren** können Sie optional verwenden, um Originalanwendungen gleichzeitig für mehrere Buchungskreise zu aktivieren oder zu deaktivieren.

10.8.2 Flow Builder initialisieren und einrichten

Die Customizing-Aktivität **Flow-Bilder anpassen** öffnet die SAP-GUI-Transaktion FCLM_FB_UTIL (Flow-Builder-Hilfsmittel). Dies ist ein kombiniertes Werkzeug zur Einrichtung des Systems, zur Prüfung der Datenkonsistenz und zur Datenbereinigung. In diesem Abschnitt zeigen wir Ihnen, welche Aktivitäten mit dieser SAP-GUI-Transaktion im Rahmen einer Neueinrichtung des Cash Managements notwendig sind.

Ladeklassen generieren

Der Flow Builder verwendet bei der Verarbeitung sogenannte Ladeklassen. SAP liefert Standardladeklassen aus, empfiehlt jedoch bei der Ersteinrichtung, die Ladeklassen neu zu generieren, da sie durch SAP-Hinweise nicht aktualisiert werden und im ausgelieferten Zustand veraltet sind (siehe SAP-Hinweis 2369432 – Flow Builder: Generieren und Zuordnen der Ladeklasse). SAP rät darüber hinaus, die Ladeklassen nach dem Einspielen von SAP-Hinweisen oder einem System-Upgrade erneut zu generieren.

Starten Sie zum Generieren der Ladeklassen die SAP-GUI-Transaktion FCLM_FB_UTIL (Flow-Builder-Hilfsmittel). Wählen Sie im Bereich **Optionen** die Aktion **Standardladeklassen ändern** ❶ (siehe Abbildung 10.58). In dem sich öffnenden Bereich **Ladeklassen generieren und zuordnen** wählen Sie den Vorgang **Ladeklassen generieren** ❷. Spezifizieren Sie in den Feldern **Name von Ladeklasse für FI** ❸ und **Name der Ladeklasse für MM** ❹ jeweils einen technischen Namen im Kundennamensraum.

Erweiterte Optionen für den Flow Builder

Zusätzliche Optionen für die Initialisierung des Flow Builders sind:

- **Datumsfeld**
  Hier definieren Sie, nach welcher Logik das Datum für geplante Zahlungen ermittelt wird, also z. B. grundsätzlich auf Basis der Nettozahlungsbedingungen. Die Standardlogik sieht vor, dass das Datum auf Basis des maximal möglichen Skontos berechnet wird.
- **Exit-Klassen**
  Für die Implementierung kundenindividueller Verarbeitungslogik im Flow Builder spezifizieren Sie hier bei Bedarf Ihre eigenen Exit-Klassen.
- **Abfragefolge für MM**
  Zur Ableitung des Feldes **Liquiditätsposition** für geplante Zahlungen aus der Materialwirtschaft hinterlegen Sie hier Ihre Abfragefolge, sodass diese vom Flow Builder berücksichtigt wird (siehe Abschnitt 10.4.3, »Liquiditätspositionen«).

Sie generieren die Ladeklassen mandantenübergreifend durch einen Klick auf den Button **Ausführen**.

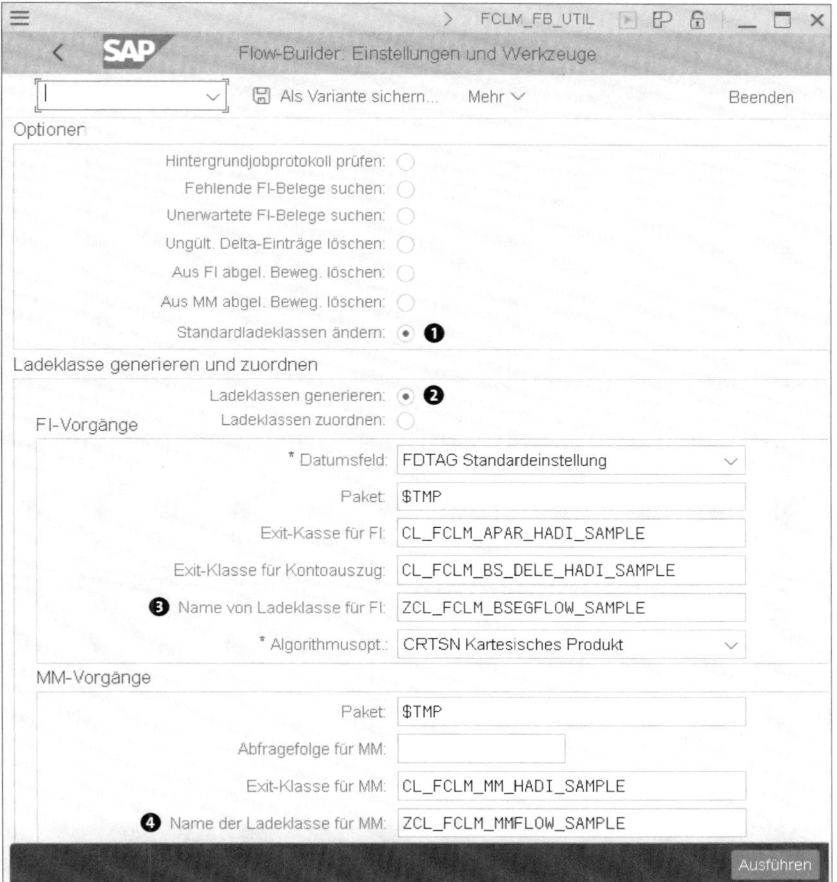

Abbildung 10.58 Ladeklassen generieren

Ladeklassen zuordnen

Nachdem Sie die Ladeklassen generiert haben, ist es erforderlich, diese im Customizing zuzuordnen. Wählen Sie dazu die Option **Ladeklassen zuordnen**, spezifizieren Sie die bei der Generierung verwendeten technischen Namen, und klicken Sie erneut auf den Button **Ausführen** (siehe Abbildung 10.59).

Transport der Ladeklassen

Die Generierung der Ladeklassen kann nur in einem Entwicklungssystem durchgeführt werden. Nach der Generierung transportieren Sie die Ladeklassen vom Entwicklungssystem auf Ihr Produktivsystem.

Automatischen Job für den Flow Builder einrichten

Im Produktivsystem ist nach dem Produktivstart der Flow Builder als Job einzurichten, um im laufenden Betrieb die neu gebuchten Belege automatisiert aus den Delta-Tabellen in die Flow-Tabelle zu überführen (siehe Abschnitt 9.6.1, »Flow Builder«). Sie können den Job entweder *ereignisgesteuert* oder *zeitgesteuert* definieren.

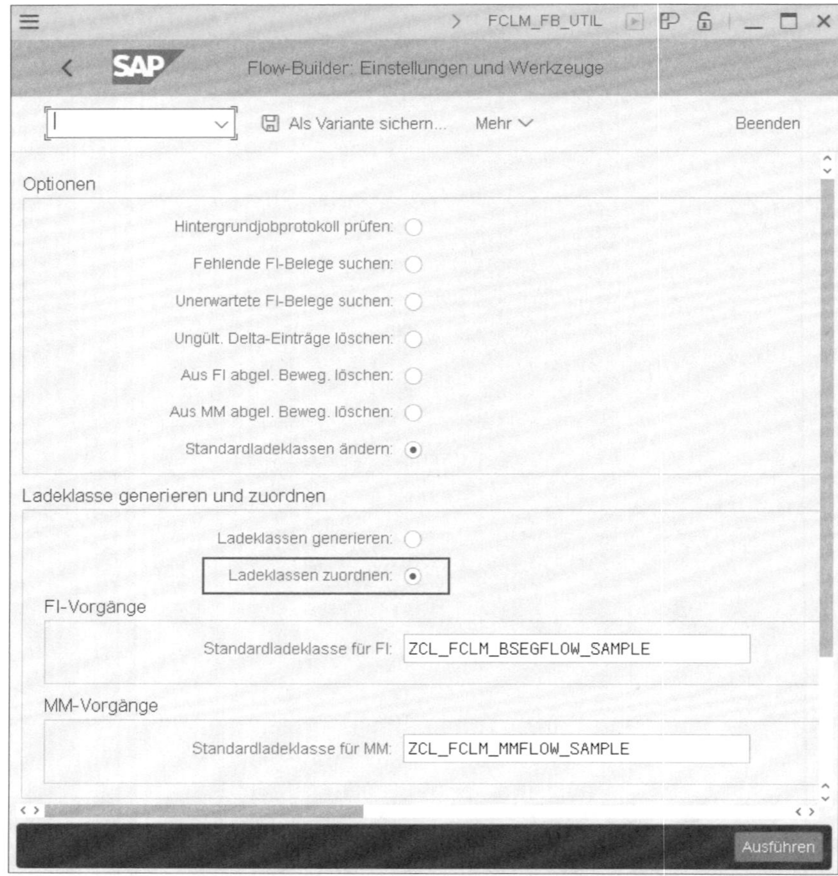

Abbildung 10.59 Ladeklassen zuordnen

Ereignisgesteuerter Job

Richten Sie für einen ereignisgesteuerten Job in jedem produktiven Mandanten einen Job ein, der beim Ereignis SAP_FCLM_FLOWBUILDER_TRIGGER ausgelöst wird (siehe Abbildung 10.60). Diesen Job können Sie entweder als technischen oder als regulären Job einrichten.

Technischer Job für den Flow Builder mit vorgegebener Variante

Für einen technischen Job aktivieren Sie den Job FCLM_FLOWBUILDER_JOB über die Aktivität **Aktivierung scopeabhängiger Hintergrundjob-Definitionen** im Customizing für SAP NetWeaver über den IMG-Pfad **SAP NetWeaver • Application Server • Systemadministration**. Der technische Job verwendet grundsätzlich die SAP-Variante **SAP&BG4**, die Sie nicht verändern können.

Manueller Job für den Flow Builder mit individueller Variante

Für den Fall, dass Sie den Flow Builder mit einer individuellen Variante starten möchten, definieren Sie einen regulären Job mit der SAP-GUI-Transaktion SM36 (Batch-Anforderung). Um Konflikte zu vermeiden, darf der Flow Builder nicht gleichzeitig als technischer und regulärer Job eingeplant sein.

Für den regulären Job können Sie das Programm FCLM_FLOW_BUILDER mit einer individuellen Variante einplanen. Als Starttermin definieren Sie **nach Ereignis SAP_FCLM_FLOWBUILDER_TRIGGER**.

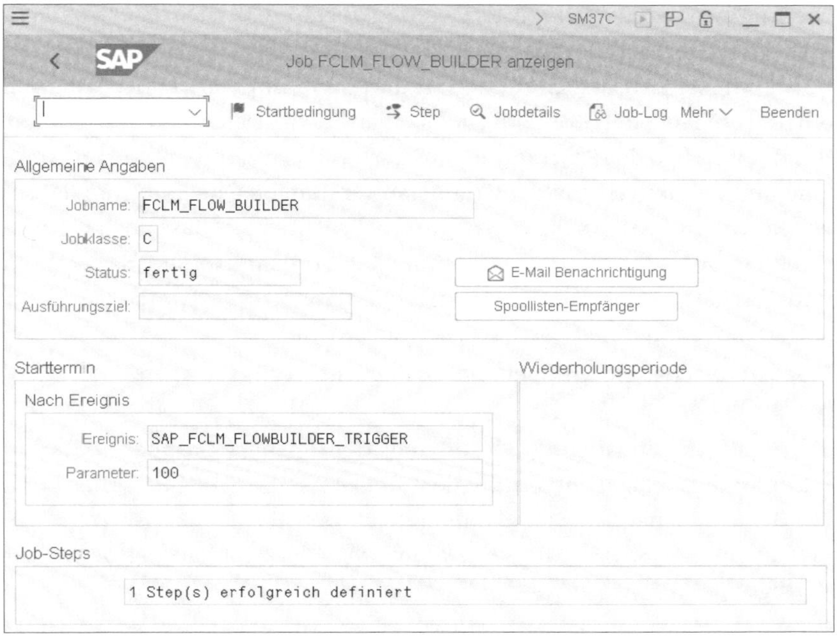

Abbildung 10.60 Hintergrundjob für Flow Builder einrichten

Zeitgesteuerter Job für den Flow Builder

Es ist außerdem möglich, den Flow Builder als zeitgesteuerten periodischen Job einzuplanen, der in kurzen Zeitintervallen auf neue Belege prüft. Dies verursacht jedoch einen zeitlichen Verzug bei der Fortschreibung der Flow-Tabelle.

SAP-Hinweise zum Flow Builder

Die Jobsteuerung des Flow Builders einzurichten, ist eine anspruchsvolle Aufgabe und war in den vorhergehenden Releases immer wieder Änderungen unterworfen. Für ein tieferes Verständnis der Jobsteuerung erhalten Sie in den folgenden SAP-Hinweisen weiterführende Informationen:

- 2560395 – Flow Builder: ereignisbasierten Hintergrundjob einrichten
- 2556759 – Flow Builder: Ereignisbasierte Jobs
- 2762697 – MM Flow Builder: Parallele Flow Builder-Jobs vermeiden
- 2992214 – Jobs im Repository für technische Jobs (SJOBREPO) in SAP S/4HANA 2020

10.8.3 Buchhaltungsdaten aufbauen

Befinden sich in Ihrem System (aus Sicht des Cash Managements) unvollständige Buchhaltungsdaten, können Sie diese über verschiedene Anreicherungsprogramme vervollständigen. Dies kann z. B. nach einer SAP-ERP-Migration oder im Falle einer nachträglichen Aktivierung des One Exposure notwendig sein. Zusätzlich können Sie die Programme verwenden, um nach einer grundlegenden Konfigurationsänderung die Daten neu aufzubauen. Vor dem Aufbau der Programme müssen das korrespondierende Customizing und die Aktivierung der Originalanwendungen One Exposure (FI) sowie Rechnungswesen (BKPF) erfolgt sein. Beachten Sie, dass auch die notwendigen Änderungen in den Stammdaten von Bankkonten, Sachkonten und Geschäftspartnern vorgenommen wurden.

Dispositionsebenen, Gruppen, Daten in Buchhaltungsbelegen neu aufbauen

Unter der Customizing-Aktivität **Dispositionsebenen, Gruppen, Daten in Buchhaltungsbelegen neu aufbauen** stellt SAP die SAP-GUI-Transaktion FDFD (Cash Management Implementation Tool) aus dem klassischen Cash Management in SAP ERP für den Datenaufbau der Buchhaltungsbelege zur Verfügung.

Sie können dieses Programm nutzen, um in der Tabelle BSEG die Felder **Dispoebene** (BSEG-FDLEV), **Dispogruppe** (BSEG-FDGRP), **Zahlbetrag** (BSEG-FDWBT) und **Dispositionsdatum** (BSEG-FDTAG) nachträglich zu füllen oder zu korrigieren. In der SAP-GUI-Transaktion können Sie über die Registerkarte **Datenaufbau** die Datenbereinigung der Tabelle BSEG als Hintergrundjob starten.

Als vereinfachte Alternativen zur SAP-GUI-Transaktion FDFD (Cash Management Implementation Tool) können Sie für die Aktualisierung die SAP-GUI-Transaktionen OT29 (Sicht »Bukrs: Finanzdispo aktiv«), OT30 (Kontokorrent) und OT31 (Nicht Kontokorrent) verwenden.

Sie sollten alle genannten SAP-GUI-Transaktionen nur ausführen, wenn in der Tabelle BSEG cashrelevante Daten fehlen, Sie Inkonsistenzen beheben möchten oder Sie die Daten nach Konfigurationsänderungen neu aufbauen möchten. Haben Sie bereits in SAP ERP das klassische Cash Management verwendet und haben Sie das System über die Brown-Field-Methode migriert, müssen Sie die SAP-GUI-Transaktionen nicht ausführen.

Daten für Hausbank und Hausbankkonten in Buchhaltungsbelege einfügen

Für Buchhaltungsbelege, die aus einem SAP-ERP-System migriert wurden, sind die Felder **Hausbank** (BSEG-HBKID) und **Hausbankkonto** (BSEG-HKTID) leer. Diese Customizing-Aktivität startet die SAP-GUI-Transaktion FQM_UPD_HBK_HKT (Hausbanken und Bankkonten einfügen), mit der Sie diese Felder anreichern können. Die SAP-GUI-Transaktion füllt die Felder in Belegen mit Dispositionsebene F0, die über den Kontoauszug gebucht wurden, und in Zahlungsbelegen, die über einen Zahllauf mit einer der SAP-GUI-Transaktionen F110 und F111 verbucht wurden.

Liquiditätspositionen in Buchhaltungsbelegen neu aufbauen

Nach der Aktivierung des One Exposure wird das Feld **Liquiditätsposition** (BSEG-LQITEM) bei der Verbuchung des Buchhaltungsbelegs gefüllt. Für Belege, die vor der Aktivierung oder vor einer Änderung der Ableitungslogik für Liquiditätspositionen gebucht wurden, können Sie mit der SAP-GUI-Transaktion FQM_UPD_LITEM (Werkzeug zum Neuaufbau f. LiquidPos.) das Feld Liquiditätsposition nachträglich in der Tabelle BSEG füllen und korrigieren. Die Ausführung dieses Programms ist nur notwendig, wenn Sie die Fortschreibung des Feldes **Liquiditätsposition** im Rahmen des erweiterten Funktionsumfangs der Full-Cash-Lizenz nutzen möchten. Vor dem Lauf dieses Programms sollte das Customizing für die Liquiditätspositionen abgeschlossen sein.

Das Programm kann in zwei Modi ausgeführt werden:

- **Erstdatenübernahme**
  Dieser Modus ist für die performante Verarbeitung großer Datenmengen ohne Filtermöglichkeiten und ohne Berücksichtigung kundenindividueller Ableitungsfunktionen vorgesehen. Dieser Modus berücksichtigt die im Customizing definierten Abfragefolgen und Zuordnungen von Sachkonten zu Liquiditätspositionen.
- **Neuaufbau**
  Mit dem Neuaufbau können Sie nach der Erstdatenübernahme die Ableitung verfeinern, in dem zusätzlich die kundenindividuellen Ableitungsfunktionen berücksichtigt werden. Diese Verarbeitung führt zu einer längeren Laufzeit des Programmes. Für eine gezielte Verarbeitung können Sie in diesem Modus die zu verarbeitenden Belege über Selektionsfelder einschränken.

Bewegungsarten in Buchhaltungsbelegen neu aufbauen

Mit dieser Customizing Aktivität füllen Sie das Feld **Bewegungsart** für Belege, die vor der Aktivierung des One Exposure gebucht wurden. In jedem Fall müssen Sie diese Aktivität durchführen, wenn Sie von einem SAP-ERP- auf ein SAP-S/4HANA-System migriert haben. Das Programm verwendet hierzu die in Abschnitt 9.3.1, »Bewegungsarten in der Tabelle BSEG«, erläuterte Ableitungslogik.

10.8.4 Cashflow-Tabelle aufbauen

Das One Exposure überträgt automatisch neue Bewegungsdaten aus den aktivierten Originalanwendungen in die Flow-Tabelle, wenn das System vollständig eingerichtet wurde. Geschäftsvorfälle, die vor der Aktivierung erfasst wurden, wie z. B. Altbelege im Falle einer SAP-ERP-Migration, müssen einmalig in die Flow-Tabelle geladen werden. Vorrausetzung ist, dass Sie den Flow Builder initialisiert, die Originalanwendungen aktiviert und das Customizing im System abgeschlossen haben.

Bewegungsdaten aus der Quellanwendung in das One Exposure laden

Das Laden für alle Originalanwendungen außer der Finanzbuchhaltung und der Materialwirtschaft erfolgt über diese Customizing-Aktivität mit der SAP-GUI-Transaktion FQM_INITIALIZE (Transaktionsdaten laden). Starten Sie dieses Programm im Modus **Transaktionsdaten laden**, und entfernen Sie den Haken im Feld **Testlauf**. Für die Überleitung der Daten können Sie nach den Feldern **Buchungskreis** und **Originalanwendung** sowie weiteren detaillierten Feldern der Originalanwendungen filtern (siehe Abschnitt 9.6.2, »Transaktionsdaten laden«).

Beachten Sie, dass Sie nach der Ausführung des Programms im zweiten Bild noch einmal die gewünschten Zeilen markieren und auf den Button **Verarbeiten** klicken müssen.

Cashflows aus Arbeitsschritten erstellen

Unter dem Customizing-Punkt **Cashflows aus Arbeitsschritten erstellen** verbirgt sich der Flow Builder (SAP-GUI-Transaktion FCLM_FLOW_BUILDER). Sie nutzen dieses Programm für das initiale Füllen der Flow-Tabelle mit den Geschäftsvorfällen aus dem Finanzwesen und der Materialwirtschaft. Wählen Sie im Selektionsfeld **Laufart** die Option **Massenlauf** aus. Mit dieser Laufart werden alle Belege der Applikation verarbeitet. Für die jeweilige Quellanwendung **Finanzbuchhaltung** und **Materialwirtschaft** führen Sie separate Programmläufe durch. Eine detaillierte Beschreibung des Flow

Builders finden Sie in Abschnitt 9.6.1, »Flow Builder«. Wenn in Ihrem SAP-System Finanzbuchhaltungsbelege aus der Tabelle BSEG archiviert wurden, beachten Sie zusätzlich Abschnitt 11.5, »Initiale Banksalden importieren«.

Daten aus dem One Exposure löschen

Für den Fall, dass Sie die Daten im One Exposure löschen müssen, können Sie über den Customizing-Punkt **Daten aus dem One Exposure from Operations Hub löschen** Transaktion FQM_DELETE (Daten aus One Exposure löschen) aufrufen. Diese Transaktion wird in Abschnitt 9.6.7, »Bewegungsdaten im One Exposure löschen«, näher erläutert.

10.9 Fazit

In diesem Kapitel haben Sie erfahren, welche konzeptionellen Entscheidungen Sie treffen müssen und wie Sie das System konfigurieren können, damit es Ihre Unternehmensprozesse bestmöglich unterstützt. Sie haben dabei das Customizing der Bankkontenverwaltung und des One Exposure sowie die Steuerungsfelder in den Stammdaten kennengelernt. Darüber hinaus haben wir die Erweiterungsmöglichkeiten über Workflows, BAdIs und Funktionsbausteine aufgezeigt. Sie haben außerdem gelernt, wie Sie die Daten im One Exposure aufbauen.

Kapitel 11

Von SAP ERP nach SAP S/4HANA migrieren

Die Umstellung von SAP ERP auf SAP S/4HANA ist komplex. Bei der Migration werden unterschiedliche Umstellungsmethoden wie die Greenfield- oder die Brownfield-Methode angewendet. In diesem Kapitel erfahren Sie, wie Sie Ihre Daten in unterschiedlichen Szenarien im Cash Management migrieren können und welche Besonderheiten dabei zu berücksichtigen sind.

Bei der Migration eines SAP-ERP-Systems nach SAP S/4HANA ist sicherzustellen, dass die Unternehmensprozesse nach der Systemumstellung fehlerfrei ablaufen und die Altdaten konsistent übertragen wurden. Darüber hinaus werden funktionale Verbesserungen für das Unternehmen nutzbar gemacht. Wesentlicher Bestandteil einer Systemumstellung ist die Migration der Systemeinstellungen, Stammdaten und historischen Bewegungsdaten in die neuen Datenstrukturen.

Dieses Kapitel zeigt Ihnen, wie Sie die Daten der Cash-Management-Anwendung migrieren können. Die hier beschriebene Verfahrensweise unterstellt, dass Sie das Cash Management in SAP ERP schon genutzt haben oder zumindest Hausbankkonten verwendet haben.

Phasenplan der Migration

In Ihrem Migrationsprojekt ist in der Regel ein übergreifenden Fahrplan für alle vorgesehen, der die komplexe Systemmigration in verschiedene Phasen, Teilprojekte und Einzelaktivitäten aufteilt. Das Teilprojekt »Cash Management« wird sich hier in den übergeordneten Fahrplan integrieren, muss jedoch im eigenen Interesse auch individuelle Anforderungen an das Gesamtprojekt adressieren.

Testmigrationen

Häufig werden in einem solchen Projekt mehrere Testmigrationen durchgeführt. Dabei wird die Qualität der migrierten Daten schrittweise verbessert, Funktionstests durchgeführt und parallel für die neuen Funktionen Know-how aufgebaut. Abbildung 11.1 zeigt einen exemplarischen Phasenplan für eine Brownfield-Migration, der die Spezifika und Abhängigkeiten einer Migration im Cash Management widerspiegelt. Hierbei ist zwischen einmaligen und sich wiederholenden Aktivitäten zu unterscheiden, die Sie in jedem Testzyklus erneut durchführen müssen.

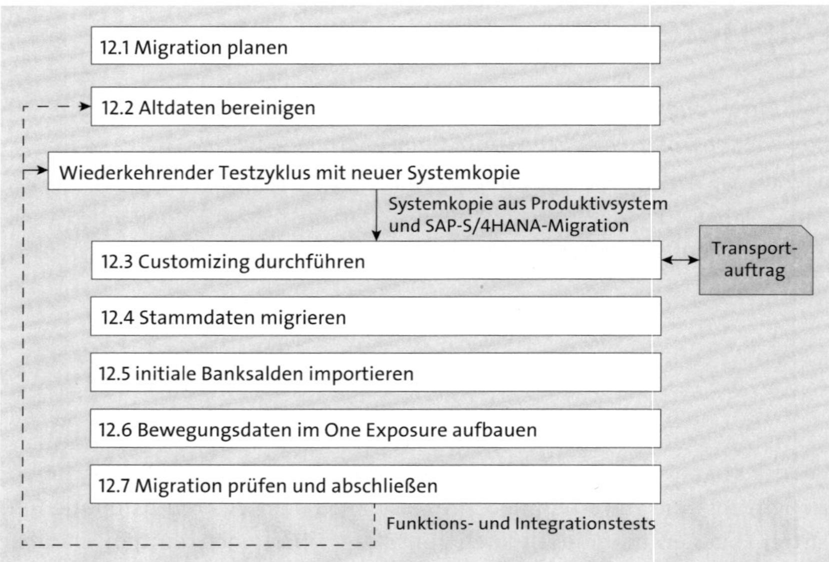

Abbildung 11.1 Phasenplan in einer Brownfield-Migration

Inhalt des Kapitels

Für jede Phase finden Sie einen korrespondierenden Abschnitt in diesem Kapitel. Sie lernen zunächst in Abschnitt 11.1, »Migration planen«, welche konzeptionellen Fragestellungen Sie klären müssen, um Ihre Migrationsschritte planen zu können. Abschnitt 11.2, »Altdaten bereinigen«, zeigt Ihnen Datenbereiche auf, für die eine vorgezogene Datenbereinigung auf dem Altsystem sinnvoll sein kann. Das vorbereitende Customizing zu einer Migration (auch Delta-Customizing genannt) finden Sie in Abschnitt 11.3, »Customizing durchführen«. Abschnitt 11.4, »Stammdaten migrieren«, beschreibt, wie Sie die Stammdaten in die neuen SAP-S/4HANA-Tabellen überführen. Für den Fall, dass in Ihrem SAP-ERP-System Buchhaltungsbelege archiviert wurden, erfahren Sie in Abschnitt 11.5, »Initiale Banksalden importieren«, wie Sie die initialen Banksalden ins System importieren, um konsistente Daten zu erhalten. Eine Erläuterung zum notwendigen Aufbau der Bewegungsdaten im One Exposure finden Sie in Abschnitt 11.6, »Bewegungsdaten im One Exposure aufbauen«. Wie Sie die migrierten Daten prüfen können, erfahren Sie in Abschnitt 11.7, »Migration prüfen und abschließen«.

11.1 Migration planen

Als Grundlage für die Detailplanung der Migration sind im ersten Schritt konzeptionelle Entscheidungen zu treffen und verschiedene Sachverhalte zu klären. Um die Datenmigration im Cash Management planen zu können, müssen Sie zunächst die Migrationsmethode für das Gesamtsystem festlegen. In Abhängigkeit vom Zustand Ihrer Daten auf dem Altsystem ist zu entscheiden, welche Daten Sie vor der Migration bereinigen möchten. Für die neuen oder geänderten Funktionen und Systemeinstellungen in SAP S/4HANA ist zu definieren, wie Sie diese nutzen möchten.

Verschiedene Migrationsmethoden

Für die Umstellung eines SAP-ERP-Systems auf ein SAP-S/4HANA-System wird methodisch zwischen dem Greenfield-Ansatz und dem Brownfield-Ansatz sowie hybriden Umstellungsmethoden unterschieden.

Greenfield-Migration

Bei einer *Greenfield Migration* wird ein SAP-S/4HANA-System von Grund auf neu konfiguriert und die Geschäftsdaten aus dem Altsystem selektiv ins neue System übernommen. Mit diesem Ansatz können Unternehmen ihre Geschäftsprozesse umfassend reorganisieren, ihre historischen Daten entschlacken und eine geänderte Organisationsstruktur im neuen System abbilden. Die Greenfield-Methode lässt eine schrittweise Umstellung einzelner Gesellschaften zu. Wenn Ihr Unternehmen eine Greenfield-Migration durchführt, orientieren Sie sich an Kapitel 10, »SAP Cash Management implementieren«, da hier die Schritte für den Neuaufbau des Cash Managements in SAP S/4HANA beschrieben sind. Für die Anlage der Stammdaten empfiehlt sich zusätzlich die Nutzung der Importfunktion für Bankkonten (siehe Abschnitt 7.3.4, »Bankkonten exportieren und importieren«) sowie die Upload-Funktionen für das Bankenverzeichnis (siehe Abschnitt 7.2.1, »Bank anlegen«).

Brownfield-Migration

Die *Brownfield-Migration* sieht vor, dass zunächst ein bestehendes SAP-ERP-System inklusive Stamm- und Bewegungsdaten, Customizing-Einstellungen und kundenindividueller Programmierung, kopiert wird. Nach der Systemkopie und vor der Migration sind vorbereitende Arbeiten und ein Delta-Customizing durchzuführen. Die Geschäftsdaten werden über Migrationsassistenten in die neue SAP-S/4HANA-Datenstruktur überführt. In einer Brownfield-Migration wird das produktive SAP-ERP-System mit allen Unternehmenseinheiten gleichzeitig umgestellt (Big Bang).

Die historischen Daten bleiben für Auswertungen und zur Erfüllung von Aufbewahrungspflichten erhalten, sodass die Altsysteme nach der produktiven Migration abgeschaltet werden können. Um die Übernahme von unnötigen Daten zu vermeiden, können Altdaten vor einer Brownfield-Migration bereinigt oder archiviert werden. Nach der Migration nutzen Sie die bislang verwendeten Einstellungen und Prozesse mit den neuen SAP-S/4HANA-Funktionen und SAP-Fiori-Apps. In diesem Kapitel beschreiben wir die Schritte für die Brownfield-Migration im Cash Management.

Hybride Migrationsmethoden

Neben den beiden klassischen Methoden Greenfield und Brownfield, werden auch hybride Migrationsmethoden, wie z. B. *Bluefield* oder *Blackfield* (System Landscape Optimization) verwendet. Hier wird in der Regel zunächst das Altsystem mit dem Customizing und den kundenindividuellen Entwicklungen, jedoch ohne Daten, kopiert. Geschäftsprozesse werden nach Bedarf reorganisiert, Konfigurationen angepasst und kundenindividuelle Anpassungen auf den Prüfstand gestellt. Die Stamm- und Bewegungsdaten können hier selektiv für bestimmte Zeitintervalle oder gefiltert nach Organisationseinheiten übernommen werden.

Eine hybride Migrationsmethode liegt auch vor, wenn Sie das SAP- System nach der Brownfield-Methode umstellen und gleichzeitig das Cash Management in SAP S/4HANA für neue Prozesse implementieren. Bei allen Varianten der hybriden Migrationsmethoden müssen Sie zur Migration des SAP Cash Managements und zur Durchführung der notwendigen neuen Systemeinstellungen die in Kapitel 10, »SAP Cash Management implementieren«, und in diesem Kapitel vorgestellten Schritte individuell zusammenstellen.

Konzeptionelle Entscheidungen im Projekt

Vor der Migration der Cash-Management-Anwendung sollten Sie wichtige konzeptionelle Fragen klären, wie z. B.:

- **Ist eine Bereinigung Ihrer Hausbankkonten notwendig, oder möchten Sie alle Bankkonten 1:1 übernehmen?**

  Definieren Sie zu Beginn des Projekts, ob eine Datenbereinigung der Hausbankkonten notwendig ist und ob diese schon auf dem Altsystem durchgeführt werden soll. Abschnitt 11.2, »Altdaten bereinigen«, zeigt Ihnen exemplarische Bereiche auf, in denen eine Bereinigung für das Cash Management sinnvoll sein kann.

- **Wurden auf Ihrem SAP-System bereits Finanzbuchhaltungsbelege archiviert?**

  Für den Fall, dass Belege archiviert wurden, ist ein zusätzlicher manueller Migrationsschritt erforderlich (siehe Abschnitt 11.5, »Initiale Banksalden importieren«).

- **Wie weit zurück möchten Sie im SAP-S/4HANA-System historische Daten für Ist-Cashflow-Bewegungen detailliert analysieren können?**

  Für den Fall, dass Sie nicht alle Belege aus der Tabelle BSEG in die Flow-Tabelle überführen möchten, können Sie entweder nur einen Teil der

Daten in das SAP-S/4HANA-System übernehmen oder nach der Migration eine Verdichtung der Daten durchführen.

- **Benötigen Sie ein Unterscheidungskriterium für Ihre Bankkonten in Form von Kontoarten, wie z. B. Kontokorrentkonto oder Gehaltskonto?**

  Um verschiedene Kontoarten in der Migration der Bankkonten zu verwenden, benötigen Sie das manuelle Migrationsverfahren.

Funktionale Veränderungen

Das SAP-S/4HANA-System bietet viele neue und geänderte Funktionen und SAP-Fiori-Apps. Ein Teil der Transaktionen aus SAP ERP steht nicht mehr zur Verfügung (siehe Tabelle 11.1).

Transaktionscode	Bezeichnung
FF$3	Finanzdispositionsdaten an zentrales System
FF$L	Anzeige der Übertragungsinformation
FF$X	Einstellen des zentralen TR-CM-Systems
FF-3	Summensätze Finanzdisposition
FF-4	Finanzdispositionsdaten in den Buchhaltungsbelegen
FF-5	Finanzdispositionssätze aus der Materialwirtschaft
FF-6	Finanzdispositionssätze aus dem Vertrieb
FF/1	Vergleich Bankkonditionen
FF/2	Abgleich Valutadatum
FF.3	Scheckrücklauf Sachkonto
FF/8	Einspielen Kontoauszug in Finanzdisposition
FF69	Finanzdisposition: Summensatzkorrektur
FF70	Tagesfinanzstatus/Liquiditätsvorschau
FF71	Tagesfinanzstatus
FF72	Liquiditätsvorschau
FF7A	Tagesfinanzstatus
FF7B	Liquiditätsvorschau

Tabelle 11.1 Transaktionen, die im Cash Management in SAP S/4HANA (Release 2020) nicht mehr unterstützt werden (Simplification List)

Transaktionscode	Bezeichnung
FF:1	Pflege Devisenkurse
FFTL	Telefonliste
FFZK	Kontoübertrag: Zahlwegfindung für Zahlungsanordnungen
FLQAB	Zuordnung aus Kontoauszugsinformation
FLQAC	Zuordnung aus FI-Information
FLQAD	Zuordnung aus Rechnungen
FLQAF	Zuordnung aus Belegketten
FLQAL	Zuordnung von Rechnungen
FLQAM	Zuordnung manuell
FLQAM_TP	Zuordnung manuell (Top)
FLQC10	Neuaufbau Bewegungsdaten
FLQC12	Einstellungen für Rechnungs-Exit
FLQC13	Einstellungen für FI-Mechanismen
FLQC13F	Einstellungen für Belegketten
FLQC1A	Liquiditätspositionen (einstufig)
FLQC2	Globale Daten
FLQC20	Globale Einstellungen

Tabelle 11.1 Transaktionen, die im Cash Management in SAP S/4HANA (Release 2020) nicht mehr unterstützt werden (Simplification List) (Forts.)

Simplification List

Eine vollständige Liste der Veränderungen finden Sie im SAP Help Portal (*https://help.sap.com/*) unter **Simplification List for SAP S/4HANA 2020** oder unter dem folgenden Link:

https://help.sap.com/doc/e8f908b4892d44ad90e8c582b0cd1866/2020/en-US/SIMPL_OP2020.pdf

(Kurz-URL: *http://s-prs.de/v803408*)

In der Simplification List finden Sie die Änderungen im Cash Management im Abschnitt **Financials – Cash Management**. Prüfen Sie im Rahmen des Migrationsprojekts, welche Änderungen Ihr Unternehmen betreffen, und berücksichtigen Sie diese Änderungen in Ihren Funktions- und Integrationstests.

Um zusätzliche Funktionen im SAP-S/4HANA-System zu aktivieren, die Sie in SAP ERP nicht genutzt haben, gehen Sie wie in Kapitel 10, »SAP Cash Management implementieren«, beschrieben vor.

Aktivierung neuer Funktionen

Planen Sie auf Basis der vorgenannten Themenfelder die Migration des Cash Managements mit allen Einzelschritten. Für die Planung der Reihenfolge sollten Sie u. a. die folgenden Punkte beachten:

Planung der Datenmigration

- Wie möchten Sie nach der Migration die Daten abstimmen? Wenn Sie zum Abgleich der Daten Reports aus dem Altsystem verwenden möchten, sollten Sie hier einen entsprechenden Schritt vor der Systemumstellung über den Software Update Manager (SUM) einplanen.
- Muss die Migration des Cash Managements innerhalb der System-Downtime des SAP-S/4HANA-Systems erfolgen, oder kann dieser Schritt mit weniger Zeitdruck nach der Freigabe des Systems durchgeführt werden?

Einplanung des Flow Builders

Beachten Sie, dass der Flow Builder erst nach der Prüfung der Migration automatisiert eingeplant werden sollte.

11.2 Altdaten bereinigen

Im Rahmen der Migrationsphase werden verschiedene Tabellen umgesetzt und die dort enthaltenen Daten in die neue SAP-S/4HANA-Tabellenstruktur überführt. Das System führt dabei verschiedene Konsistenzprüfungen durch. Um die Nacharbeiten und die Fehlerkorrekturen zu minimieren, empfiehlt es sich, nicht mehr benötigte Daten vor der Migration schon im Altsystem zu löschen.

Die folgende Liste zeigt einige Datenbereiche, in denen eine frühzeitige Prüfung und Bereinigung von Altdaten Ihren Migrationsaufwand reduzieren können. Beachten Sie jeweils die Hinweise und Dokumentationen von SAP zu den Löschprogrammen und den Abhängigkeiten im System:

- **Hausbanken und Hausbankkonten**
  Berücksichtigen Sie, dass die automatisierte Migration der Bankkonten für alle im Customizing definierten Hausbankkonten in den neuen SAP-S/4HANA-Tabellen Stammsätze für Bankkonten anlegt. Inkonsistente, unvollständige oder inaktive Bankkonten führen zu einem höheren Nachbearbeitungsaufwand. Eine Bereinigung führen Sie im Idealfall noch im Altsystem durch, da nach der technischen Umsetzungsphase mit dem Software Update Manager in einer SAP-S/4HANA-Migration die

Hausbankkonten im Customizing nicht mehr über die Standardtransaktionen gelöscht werden können. Die Customizing-Einstellungen zu den Hausbanken und Hausbankkonten finden Sie u. a. in den Tabellen T012, T012K, T042I, und T042Y. Eine Bereinigung können Sie im SAP-ERP-System über die SAP-GUI-Transaktionen FI12 (Ändern Hausbanken/Bankkonten) bzw. FBZP (Konfiguration Zahlprogramm pflegen) vornehmen.

- **Nicht mehr benötigte elektronische Kontoauszüge**
  Die Kontoauszüge befinden sich im Bankdatenspeicher (Tabellen FEBKO, FEBEP, FEBRE). Nicht mehr benötigte Daten können Sie z. B. über die Kurzschlüssel mit dem Report RFEBKA96 löschen.
- **Inaktive Buchungskreise**
  Prüfen Sie hier, ob es noch Buchungskreise auf Ihrem SAP-System gibt, die aus der SAP-Standardauslieferung stammen. Darüber hinaus ist es denkbar, dass Sie inaktive Buchungskreise auf Ihrem System führen, für die eine Dokumentation des Buchungsstoffes nicht mehr notwendig ist.

Als Basis für Bereinigungsaktivitäten können Sie nach der ersten Testmigration Transaktion FCLM_HEALTH_CHECK (Health Check) verwenden, wie in Abschnitt 9.6.6, »Health-Check für das Cash Management«, beschrieben.

11.3 Customizing durchführen

Vor der Datenmigration sind einige Einstellungen im System durchzuführen, um den späteren Betrieb und eine reibungslose Migration zu gewährleisten. Darüber hinaus müssen Sie auch die Stammdaten für die Sachkonten in der Finanzbuchhaltung überprüfen und bei Bedarf anpassen.

Vorbereitung der Migration von Bankkonten

Im Einführungsleitfaden finden Sie unter dem Knoten **Konvertierung des Rechnungswesens auf SAP S/4HANA** vorbereitende Einstellungen für die Migration von Hausbankkonten (siehe Abbildung 11.2). Diese Einstellungen müssen Sie vornehmen, bevor die Datenmigration gestartet wird.

Einstellungen für Nummernkreise und Bankkontostammdaten

Die Einstellungen zu den Nummernkreisen und Bankkontostammdaten sind korrespondierend zu den Grundeinstellungen im Customizing der Bankkontenverwaltung. Für detailliertere Informationen zu diesen Punkten verweisen wir daher auf Abschnitt 10.3.1, »Grundeinstellungen«.

Auswahl des Migrationsprogramms für Hausbankkonten

Für die Definition des Migrationsverfahrens der Hausbankkonten nutzen Sie den Customizing-Punkt **Migrationsprogramm für Hausbankkonten wechseln**. Mit SAP-S/4HANA-Release 2020 können Sie die Hausbankkonten entweder manuell mit Transaktion FCLM_BAM_MIGRATION (Hausbankkonten migrieren) migrieren oder die automatisierte Übernahme der Daten über die Migrations-Workbench (Transaktion FINS_MIG_STATUS) nutzen.

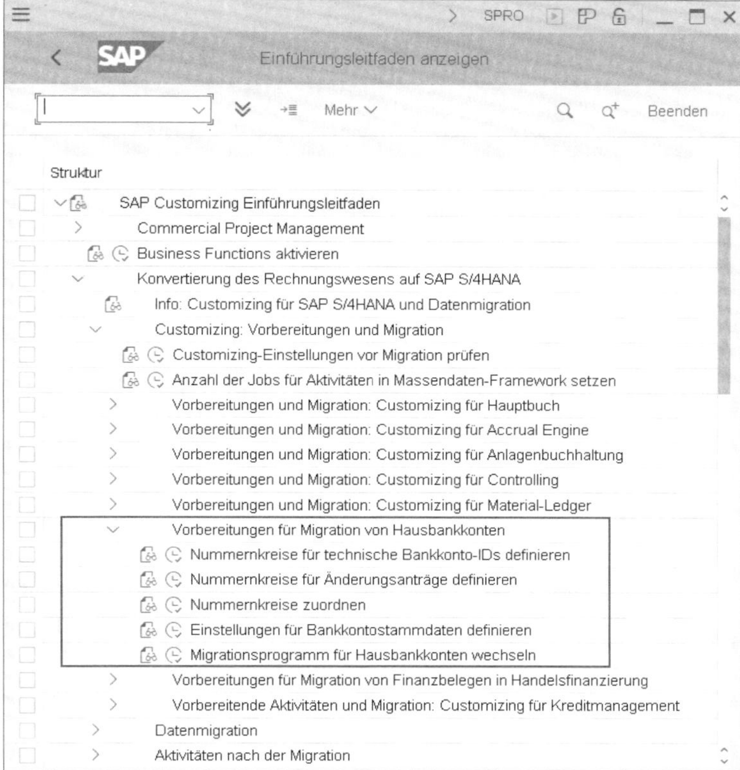

Abbildung 11.2 Vorbereitungen für die Migration von Hausbankkonten

Für die Hausbankkontenmigration ist standardmäßig die automatische Migration gesetzt. Wenn Sie zum manuellen Migrationsprogramm wechseln möchten, starten Sie die Customizing-Aktivität **Migrationsprogramm für Hausbankkonten wechseln**, klicken auf den Button **neue Einträge** und wählen die Option **Manuelle Migration** (siehe Abbildung 11.3).

Entscheidungskriterien für automatische oder manuelle Migration

Wählen Sie die manuelle Migration, wenn Sie:

- individuelle Kontoarten bei der Migration der Bankkonten verwenden möchten
- nur einen Teil der Bankkonten migrieren möchten
- das Eröffnungsdatum der Bankkonten manuell setzen möchten

Wenn Ihre Hausbankdaten einen aktuellen Stand haben und Sie ausschließlich die Kontoart 01 verwenden möchten, können Sie die automatische Migration verwenden.

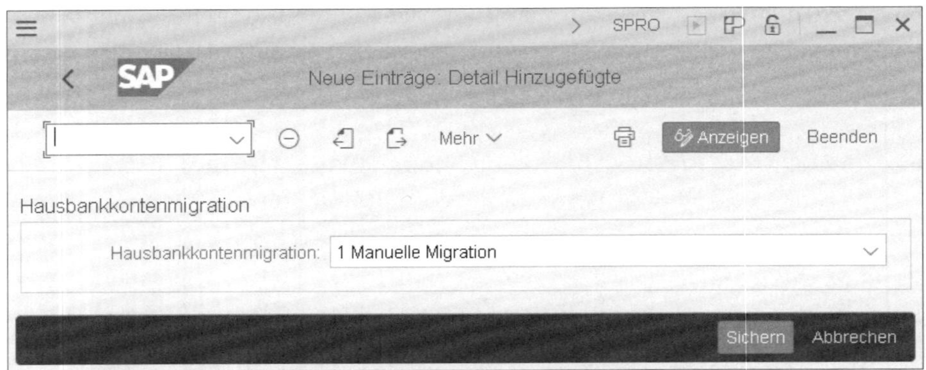

Abbildung 11.3 Customizing-Einstellung »Migrationsprogramm für Hausbankkonten wechseln«

Grundeinstellungen im Cash Management

Nach der technischen Systemumstellung in SAP S/4HANA ist die Customizing-Tabelle mit den Grundeinstellungen für das Cash Management nicht gefüllt. Definieren Sie diese vor der Datenmigration gemäß Ihrer Lizenz und Ihren funktionalen Anforderungen wie in Abschnitt 10.2, »Allgemeine Einstellungen einrichten«, beschrieben.

Originalanwendungen aktivieren

Vor dem Aufbau der Bewegungsdaten ist die Aktivierung der Originalanwendungen erforderlich. Eine detaillierte Beschreibung zu dieser Aktivität finden Sie in Abschnitt 10.8.1, »Originalanwendungen aktivieren«.

Customizing: Liquidity Planner

Für den Fall, dass Sie in SAP ERP den Liquidity Planner genutzt haben und die Funktionen auch in SAP S/4HANA nutzen möchten, müssen Sie zusätzliches Delta-Customizing im SAP-S/4HANA-System durchführen. Auch wenn das betriebswirtschaftliche Konzept mit der Kategorisierung von Cashflows über die Liquiditätspositionen mit SAP S/4HANA fortgeführt wird, haben sich die Ableitungslogik, das Customizing und die Datenablage grundlegend geändert. Überprüfen Sie daher, ob Sie User-Exits, Abfragen, die Definition der Ist-Konten oder Kontenzuordnungen neu aufbauen müssen. Für Liquiditätspositionen können Sie im Customizing in SAP S/4HANA die Richtung des Cashflows zu Informationszwecken hinterlegen. Prüfen Sie auch das Customizing zu den Liquiditätspositionen in Abschnitt 10.4.3, »Liquiditätspositionen«.

Das in diesem Abschnitt beschriebene Customizing sichern Sie in der Regel in Transportaufträgen. In den nachfolgenden Testzyklen können Sie diese Transportaufträge wieder importieren, anstatt das Customizing erneut durchzuführen.

11.4 Stammdaten migrieren

Bei einer Migration von Altdaten im Cash Management sind für einige Datenbereiche individuelle Migrationsaktivitäten und für andere Datenbereiche überhaupt keine Aktivitäten notwendig.

Stammdaten für Banken und Bankkonten

Bei den Stammdaten sind die folgenden Bereiche zu unterscheiden:

- **Sachkontenstammdaten im Hauptbuch (Tabellen SKA1, SKB1, usw.)**
  Für die Sachkontenstammdaten im Hauptbuch für Bank- und Bankverrechnungskonten ist keine Migration notwendig. Beachten Sie, dass im Sachkontenstamm einige Felder zu prüfen sind, die für das Cash Management relevant sind (siehe Abschnitt 11.4.1, »Sachkontenstammdaten migrieren«).
- **Stammdaten Hausbankkonten (Tabelle T012K usw.)**
  Die Stammdaten der Bankkonten können über zwei verschiedene Migrationswerkzeuge in die neuen SAP-S/4HANA-Tabellen migriert werden (siehe Abschnitt 11.4.2, »Bankkonten migrieren«).
- **Stammdaten Hausbanken (Tabelle T012)**
  Die Hausbanken bleiben auch in SAP S/4HANA in der Tabelle T012 gespeichert.
- **Stammdaten Banken (Tabelle BNKA)**
  Für die Stammdaten der Banken ist keine Migration erforderlich. Neue Stammsatzfelder für die Banken pflegen Sie nach der Migration über die SAP-Fiori-App **Banken verwalten**.

11

11.4.1 Sachkontenstammdaten migrieren

Sachkontenstammdaten für Bankkonten

Die Logik, wie Geldbewegungen für den Tagesfinanzstatus ermittelt werden, hat sich mit SAP S/4HANA gegenüber SAP ERP geändert. Aus diesem Grund müssen Sie die Felder **Geldbewegungsrelevant** (SKB1-SGKON) und **Verwaltung offener Posten** (SKB1-XOPVW) in den Sachkontenstammsätzen für Ihre Bankkonten überprüfen und bei Bedarf verändern.

Bankkonten müssen z. B. als geldbewegungsrelevant gekennzeichnet sein und dürfen keine offenen Posten führen. Für die Aktivität existiert kein automatisiertes Migrationsverfahren; stattdessen geben Sie die notwendigen Änderungen direkt über Transaktion FS00 (Sachkontenstammdatenpflege) für die Pflege der Sachkontenstammdaten ein. Für umfangreichere Änderungen können Sie auch Transaktion MASS (Massenänderung) mit dem Objekttyp BUS3006 (Sachkonten) verwenden.

In Abschnitt 10.7.2, »Sachkontenstammsätze der Finanzbuchhaltung«, und Abschnitt 9.3.1, »Bewegungsarten in der Tabelle BSEG«, erhalten Sie detaillierte Informationen zu den notwendigen Ausprägungen der Stammsatzfelder.

11.4.2 Bankkonten migrieren

In SAP ERP sind die Hausbankkonten in der Customizing-Tabelle T012K gespeichert. In SAP S/4HANA müssen Bankkonten zusätzlich für die Bankkontenverwaltung als Stammdaten ausgeprägt und in neuen Tabellen gespeichert werden; die Daten können sonst nicht mehr bearbeitet werden. Zur Erinnerung: Die Pflege von Hausbankkonten ist nur noch über die SAP-Fiori-App **Bankkonten verwalten** möglich, und diese App greift nur auf die neuen Stammdatentabellen zu. Die SAP-GUI-Transaktion FI12 (Ändern Hausbanken/Bankkonten) erlaubt nur noch einen lesenden Zugriff auf die Daten. Darüber hinaus müssen die neuen Stammdaten mit den Hausbankenkonten in den klassischen Tabellen verknüpft werden.

Um neue Stammdaten anzulegen, können Sie entweder die automatisierte Migration über das Migrationscockpit oder die manuelle Migration im Customizing einstellen (siehe Abschnitt 11.3, »Customizing durchführen«).

Automatisierte Migration über das Migrationscockpit

Das Migrationscockpit starten Sie über Transaktion FINS_MIG_STATUS (Migration starten und überwachen). Im Migrationscockpit werden alle Einzelschritte zur Migration des SAP-ERP-Rechnungswesens durchgeführt und protokolliert (siehe Abbildung 11.4).

Sobald ein Einzelschritt Fehler hervorgerufen hat, bleibt die Migration an dieser Stelle stehen. Sie haben dann die Möglichkeit, die Ursache zu beheben und den Schritt erneut auszuführen. Alternativ können Sie den Fehlerstatus auf **Akzeptiert** setzen. Sobald entweder alle Fehler bereinigt wurden oder sie den Status **Akzeptiert** aufweisen, kann die Migration fortgesetzt werden.

Migrationsschritt CM1

Die Migration der Hausbankkonten erfolgt im Migrationsschritt **Hausbankkonto (T012K) zu Bankkonto migrieren (CM1)**. Nur wenn im Customizing die manuelle Migration eingestellt ist, wird der Migrationsschritt CM1 übersprungen.

Für den Fall, dass der Migrationsschritt für die Hausbankkonten Fehler hervorgerufen hat, können Sie detailliertere Informationen erhalten und den Fehlerstatus ändern. Klicken Sie dazu entweder auf der Registerkarte **Übersicht** oder auf der Registerkarte **Steuerung** auf den Textlink **CM1**. Navigieren Sie im nächsten Fenster mit einem Doppelklick auf die Protokollzeile der tiefsten Ebene mit den angezeigten Fehlern und der roten Ampel.

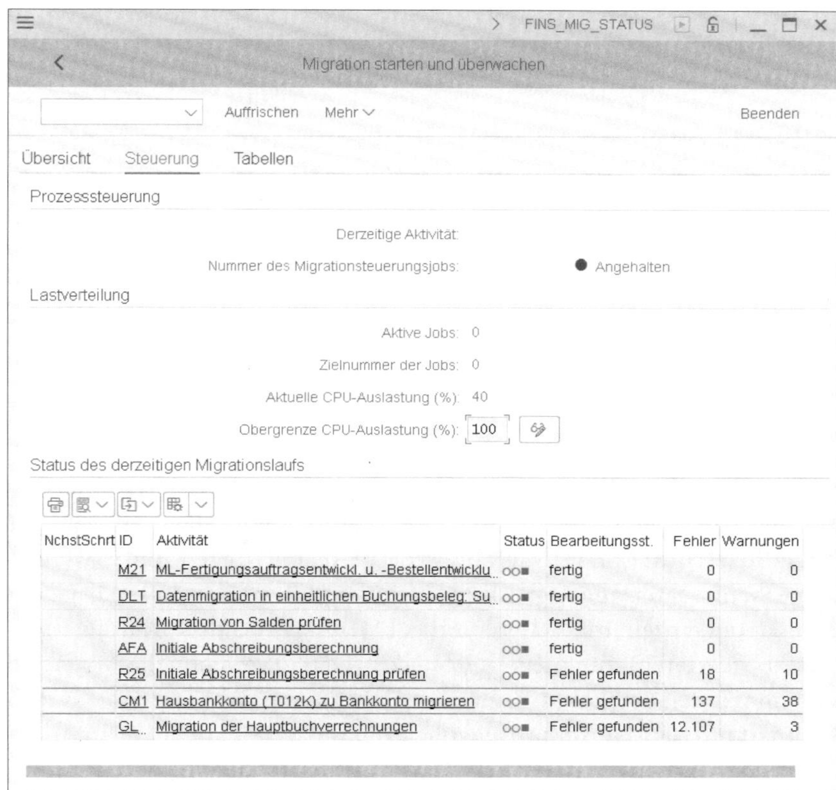

NchstSchrt	ID	Aktivität	Status	Bearbeitungsst.	Fehler	Warnungen
	M21	ML-Fertigungsauftragsentwickl. u. -Bestellentwicklu		fertig	0	0
	DLT	Datenmigration in einheitlichen Buchungsbeleg: Su		fertig	0	0
	R24	Migration von Salden prüfen		fertig	0	0
	AFA	Initiale Abschreibungsberechnung		fertig	0	0
	R25	Initiale Abschreibungsberechnung prüfen		Fehler gefunden	18	10
	CM1	Hausbankkonto (T012K) zu Bankkonto migrieren		Fehler gefunden	137	38
	GL	Migration der Hauptbuchverrechnungen		Fehler gefunden	12.107	3

Abbildung 11.4 Migrationsschritte in Transaktion FINS_MIG_STATUS

Fehler im Einzelprotokoll prüfen und akzeptieren

Im Folgebild wählen Sie den Button **Einzelprotokoll anzeigen**, um ein detailliertes Fehlerprotokoll einsehen und einzelne Fehler bearbeiten zu können. Hier prüfen Sie, ob die gemeldeten Fehler kritisch sind oder akzeptiert werden können, z. B. da Sie den Datensatz nicht benötigen oder später manuell anlegen möchten.

Im Einzelprotokoll (siehe Abbildung 11.5) können Sie einzelne Fehler links vom Meldungstyp markieren und über den Button **Fehler akzeptieren** oder den Button **Fehler zurücksetzen** den Status ändern. Detaillierte Informationen zu einem Fehler erhalten Sie über das Icon (?) (**Langtext vorhanden**) in der Spalte **Ltxt**.

Nach dem Ausführen des Migrationsschrittes CM1 sind alle Bankkonten ohne Fehlermeldung als Stammdaten mit der Kontoart 01 (Kontokorrentkonto) angelegt. Sie können die Stammdaten nun über die SAP-Fiori-App **Bankkonten verwalten** oder in der Stammsatztabelle FCLM_BAM_AMD überprüfen.

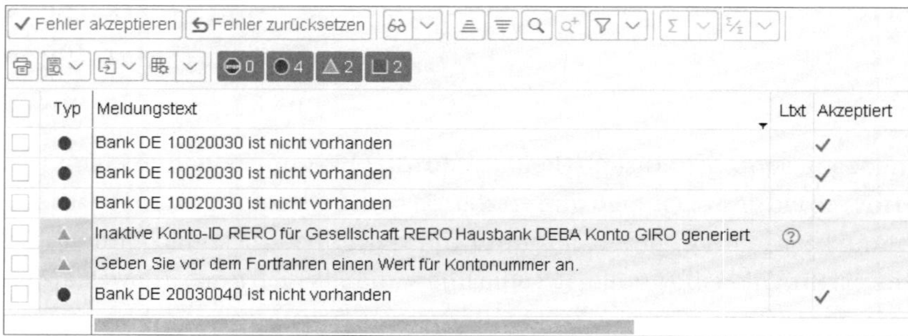

Abbildung 11.5 Fehlerbearbeitung im Einzelprotokoll des Migrationscockpits

Eine detailliertere Beschreibung des Migrationscockpits finden Sie in der Dokumentation zur Customizing-Aktivität **Datenmigration starten und überwachen**.

Manuelle Übernahme der Bankkonten

Haben Sie im Customizing die manuelle Übernahme konfiguriert, wird der Migrationsschritt CM1 im Migrationscockpit übersprungen, und es werden keine Stammdaten angelegt. Die Migration führen Sie stattdessen in jedem Mandanten einzeln mit Transaktion FCLM_BAM_MIGRATION (Hausbankkonten migrieren) durch (siehe Abbildung 11.6). Die manuelle Migration lässt Ihnen den Spielraum, Konten selektiv zu übernehmen und das Feld **Kontoart** pro Hausbankkonto vorzubelegen. Stellen Sie vor der Ausführung sicher, dass für den Zeitraum der Migration in den Grundeinstellungen zum Cash Management die Option **Direkt aktivieren** im Feld Bankkontenüberarbeitung gewählt wurde (siehe Abschnitt 10.2 »Allgemeine Einstellungen einrichten«).

Um die Konten zu migrieren, gehen Sie wie folgt vor:

1. Markieren Sie alle Konten am linken Bildrand, denen Sie die gleiche Kontoart zuweisen möchten.
2. Klicken Sie auf den Button **Kontoart festl.**
3. Geben Sie die gewünschte Kontoart ein, und bestätigen Sie die Auswahl.
4. Alternativ zu Schritt 1–3 können Sie die Kontoarten auch für einzelne Konten individuell in der Spalte **Kontoart** eintragen.
5. Füllen Sie das Feld **Eröffn. am** mit dem Datum, das Sie als Eröffnungsdatum für die Bankstammdaten verwenden möchten. Es sollte vor dem Datum des ersten Cashflows liegen, den Sie übernehmen wollen. Standardmäßig ist das Feld mit dem Tagesdatum gefüllt, was in der Regel nicht Ihren Anforderungen entspricht.
6. Stellen Sie sicher, dass alle Konten, die Sie migrieren möchten, ganz links markiert sind.

7. Klicken Sie auf den Button **Ausführen**, um die selektierten Konten zu migrieren. Beachten Sie, dass ein Klick auf den Button **Sichern** ebenfalls zur Migration der Bankkonten führt. Nach dem Klick werden die Daten umgehend migriert. Aus diesem Grund sollten Sie sehr sorgfältig prüfen, ob das Eröffnungsdatum richtig gesetzt ist und die gewünschten Konten markiert sind.

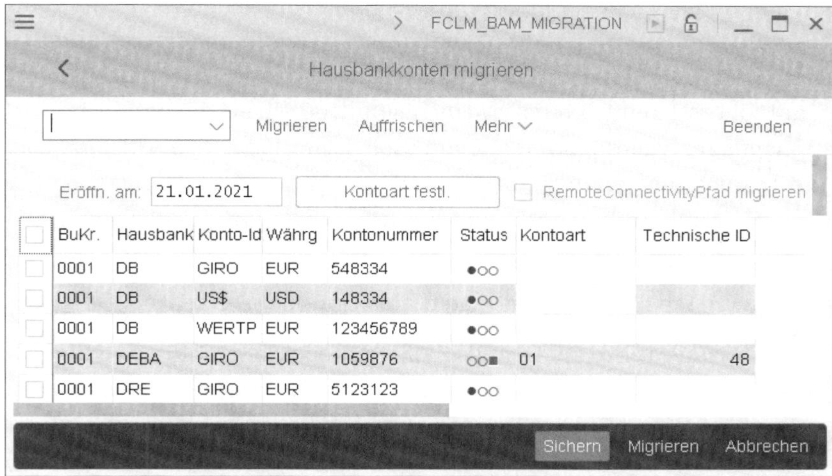

Abbildung 11.6 Manuelle Migration der Bankkonten mit Transaktion FCLM_BAM_MIGRATION

Status der Migration

Die Spalte **Status** zeigt Ihnen nach der Ausführung das Ergebnis der Migration in Form einer Ampel an:

- **Grün**
  Eine grüne Ampel signalisiert, dass der Stammsatz für das Bankkonto erfolgreich angelegt wurde und die Zuordnung zum Hausbankkonto erfolgt ist.
- **Gelb**
  Bei einer gelben Ampel weist das System Sie darauf hin, dass der Stammsatz angelegt wurde, aber dennoch Fehler aufgetreten sind. Probleme werden z. B. durch fehlende Kontonummern oder doppelte Datensätze verursacht. Für den Fall, dass ein Stammsatz mit mehreren Hausbankzuordnungen angelegt wurde oder Felder unvollständig gefüllt wurden, haben die Stammsätze in der Bankkontenverwaltung z. B. den Status **Inaktiv**. Prüfen Sie aus diesem Grund auch bei einer gelben Ampel alle migrierten Stammsätze.

- **Rot**
  Für den Fall, dass ein Fehler in der Verarbeitung aufgetreten ist oder die Migration noch nicht durchgeführt wurde, zeigt das System eine rote Ampel.

Für eine Analyse von Verarbeitungsfehlern können Sie das Verarbeitungsprotokoll über Transaktion SLG1 (Anwendungs-Log: Protokolle anzeigen) mit dem Objekt BAM_MIGRATE auswerten.

Migrierte Datensätze prüfen

Nach der Migration können Sie die migrierten Daten über die SAP-Fiori-App **Bankkonten verwalten** prüfen. Die Verbindung zwischen Hausbankkonto und Stammsatz in der Bankkontenverwaltung prüfen Sie über die Registerkarte **Hausbankenkontenkonnektivität**. Für eine direkte Prüfung der Datensätze können Sie die Tabellen FCLM_BAM_* prüfen. Die wichtigsten Tabellen sind hierbei FCLM_BAM_AMD für die Stammdaten sowie die Tabellen FCLM_BAM_AC_LINK und FCLM_BAM_ACLINK2 für die Verbindung der klassischen Tabellen mit den neuen Tabellen über die technische ID des Kontos sowie die Überarbeitungsnummer.

11.5 Initiale Banksalden importieren

In bestimmten Situationen können die Banksalden in SAP Cash Management nicht vollständig durch den Flow Builder aufgebaut werden. Dies ist z. B. der Fall, wenn im SAP-ERP-System Buchungsbelege in der Finanzbuchhaltung archiviert wurden.

Zur Erinnerung: Der Flow Builder erzeugt die Cashflow-Daten auf Basis der Belegpositionen in der Finanzbuchhaltung (Tabelle BSEG). Wurden Belege archiviert, fehlen diese beim initialen Aufbau der Flow-Tabelle, und die Kontensalden zwischen der Finanzbuchhaltung und dem Cash Management weichen voneinander ab.

Vor dem Aufbau der Cash-Flow-Tabelle über den Flow Builder müssen Sie in diesem Fall initiale Banksalden in das System importieren, die summarisch die archivierten Belege repräsentieren.

Korrekturen durchführen

Um die notwendigen Korrekturen der Banksalden vorzunehmen, gehen Sie wie folgt vor:

1. **Betroffene Konten ermitteln und kategorisieren**
   Ermitteln Sie die betroffenen Konten, und trennen Sie dabei zwischen den Konten, die mit dem ID-Typ **Zentralsystem: Hausbankkonto** und **Zentralsystem: Sachkonto** ausgeprägt wurden (siehe Abschnitt 7.3.2, »Bankkonto anlegen«, Unterabschnitt »Hausbankkontenkonnektivität

einrichten«). Konten mit anderem ID-Typ können Sie nicht über das hier beschriebene Verfahren verarbeiten.

2. **Wert der archivierten Belege ermitteln**
Ermitteln Sie pro Bankkonto den Wert der archivierten Belege. Definieren Sie pro Konto auch das Datum des letzten archivierten Belegs, um dieses als Valutadatum für die initiale Saldenbuchung zu verwenden. Als Konsequenz ist zu berücksichtigen, dass Belege aus der Tabelle BSEG, die vor dem Valutadatum des jeweiligen initialen Banksaldos liegen, vom Flow Builder nicht mehr in die Cash-Flow-Tabelle übernommen werden.

3. **Excel-Upload Datei erstellen**
Erstellen Sie für Hausbankkonten und Sachkonten getrennte Excel-Dateien, mit den Korrekturdaten in der jeweiligen Datenstruktur (siehe Abbildung 11.7). Die erste Zeile Ihrer Datei enthält die Feldnamen und die darunter liegenden Zeilen die Salden pro Konto. Beachten Sie, dass die Dokumentation der Datenstruktur in der SAP-Dokumentation des Reports noch einen alten Stand hat (Stand S4CORE 105).

Datenformat für initiale Banksalden für Hausbankkonten						
VALUEDATE	GLACCOUNT	ACCOUNT_ID	IBAN	BALANCEAMOUNT	WAERS	BASE_BALANCE_AMOUNT
31.12.2011	134100	6		3.088.423,78 €	EUR	3.088.423,78 €
31.12.2011	135100	5		3.406.147,53 €	EUR	3.406.147,53 €
31.12.2011	135120	2		207.039,47 €	EUR	207.039,47 €
31.12.2011	135140	3		- 49.994,63 €	EUR	- 49.994,63 €
31.12.2011	135150	7		- 804.838,89 €	EUR	- 804.838,89 €
31.12.2011	135160	8		641.962,66 €	EUR	641.962,66 €
31.12.2011	135170	4		977.142,43 €	EUR	977.142,43 €
31.12.2011	135180	1		5.628.863,66 €	EUR	5.628.863,66 €

Datenformat für initiale Banksalden für Sachkonten					
VALUEDATE	COMPANYCODE	GLACCOUNT	BALANCEAMOUNT	WAERS	BASE_BALANCE_AMOUNT
31.12.2011	1000	123100	1.002.400,00 €	EUR	1.002.400,00 €
31.12.2011	1000	123110	19.086.612,65 €	EUR	19.086.612,65 €
31.12.2011	1000	135998	31.000.000,00 €	EUR	31.000.000,00 €

Abbildung 11.7 Datenstrukturen für den Upload der initialen Salden

4. **Korrekturdaten importieren**
Laden Sie die Dateien mit Transaktion FQM_INIT_BALANCES (Erstbestände hochladen), getrennt nach Hausbankkonten und Sachkonten, in

das System. Wählen Sie dabei die korrespondierende Saldenart in den Reportparametern, also **Bankkontensaldo** oder **Sachkontensaldo** (siehe Abbildung 11.8). Führen Sie den Import zunächst als Testlauf durch, um Fehler vor dem Echtlauf abfangen zu können. Markieren Sie dazu das Kontrollkästchen zu **Testlauf**. Klicken Sie dann auf **Ausführen**.

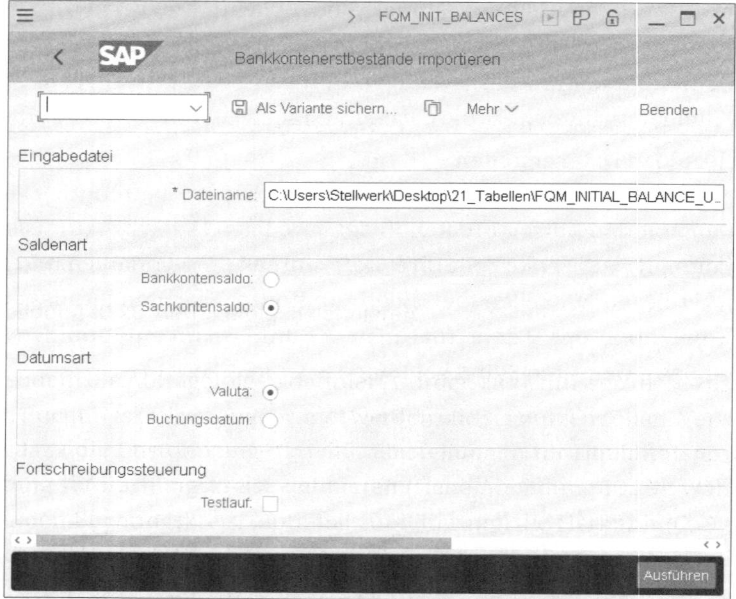

Abbildung 11.8 Selektionsbild für den Report »Bankkontenerstbestände importieren«

Nach der Ausführung öffnet das Programm die Excel-Liste mit den Importdatensätzen und zeigt im SAP GUI ein Protokoll an (siehe Abbildung 11.9). In der Spalte **Meldungstext** sind detaillierte Informationen zu aufgetretenen Fehlern ersichtlich.

Prüfen Sie nach dem Echtlauf die Werte in der Tabelle FQM_FLOW. Die initialen Salden identifizieren Sie über den Wert »IBU« im Feld **Eigentümertransaktion**.

[»]

Änderung zu SAP-S/4HANA-Release 2020 beim Upload der initialen Bankkontensalden

Mit Release 2020 für SAP S/4HANA stellt SAP erstmalig einen kombinierten Report zur Verfügung, der die Banksalden für Hausbankkonten und Sachkonten verarbeiten kann. In früheren Releases existierten dafür zwei Programme: FQM_INITIAL_BALANCE_UPLOAD für die Hausbankkonten und FQM_INITIAL_BALANCE_UPLOAD2 für die Sachkonten.

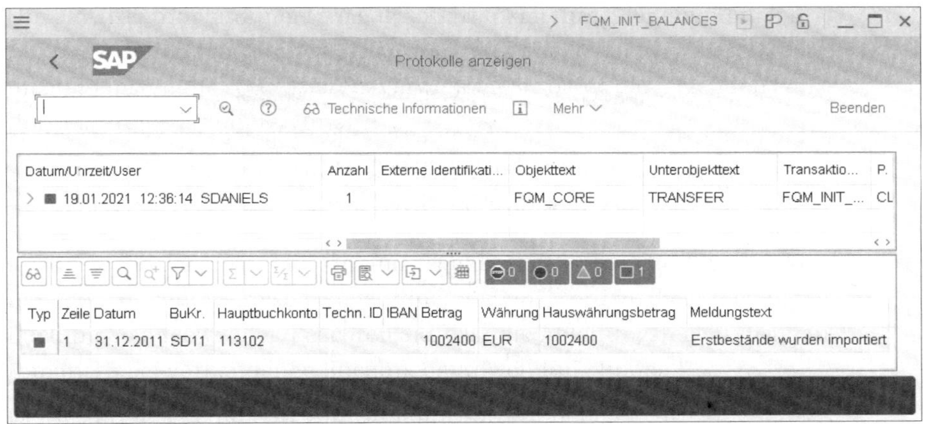

Abbildung 11.9 Verarbeitungsprotokoll für den Report »Bankkontenerstbestände importieren«

11.6 Bewegungsdaten im One Exposure aufbauen

Die zentrale Flow-Tabelle (FQM_FLOW) wurde mit SAP S/4HANA neu eingeführt. Nach einer SAP-ERP-Systemumstellung und Datenmigration über den Customizing-Punkt **Konvertierung des Rechnungswesens auf SAP S/4HANA** ist die Flow-Tabelle zunächst leer.

Bewegungsdaten im Cash Management

Für die Übernahme der Bewegungsdaten ist bis auf die Einzelposten keine direkte Migration aus den Cash-Management-Tabellen in SAP ERP in das One Exposure von SAP S/4HANA vorgesehen. Vielmehr werden die Daten im One Exposure nach der Migration der Buchhaltungsbelege analog zum Neuaufbau des Cash Managements aus den Tabellen der Originalanwendungen erzeugt, wie z. B. der Tabelle BSEG.

Datenaufbau über den Flow Builder

Führen Sie daher für die Migration die in Abschnitt 10.8. »Datenaufbau im One Exposure durchführen«, detailliert beschriebenen Aktivitäten durch.

1. Flow Builder initialisieren und einrichten (siehe Abschnitt 10.8.2)
2. Für die Cashflows aus der Finanzbuchhaltung werden die Belegpositionen in der Tabelle BSEG um verschiedene Felder angereichert. Hierzu sind, wie in Abschnitt 10.8.3, »Buchhaltungsdaten aufbauen«, beschrieben, die folgenden Customizing-Punkte durchzuführen:
   - Dispositionsebenen, Gruppen, Daten in Buchhaltungsbelegen neu aufbauen
   - Daten für Hausbanken und Hausbankkonten in Buchhaltungsbelege einfügen

- Liquiditätspositionen in Buchhaltungsbelegen neu aufbauen
- Bewegungsarten in Buchhaltungsbelegen neu aufbauen

3. Sollten bereits Belege in der Tabelle BSEG archiviert worden sein, stellen Sie sicher, dass eine entsprechende Datenkorrektur durchgeführt wurde (siehe Abschnitt 11.5, »Initiale Banksalden importieren«).
4. Danach wird die Flow-Tabelle (FQM_FLOW) mit dem Flow Builder (Transaktion FCLM_FLOW_BUILDER) mit der Laufart M (Massenlauf) und der Quellanwendung **Finanzbuchhaltung** aus den Buchhaltungsbelegen aufgebaut (siehe Abschnitt 9.6.1, »Flow Builder«). Berücksichtigen Sie, dass das One Exposure Datensätze ignoriert, die vor dem Datum der initialen Banksalden liegen.
5. In einem zweiten Lauf des Flow Builders laden Sie die zukünftigen Cashflows aus Bestellungen und Bestellanforderungen, indem Sie als Quellanwendung **Materialwirtschaft** auswählen.
6. Die Bewegungsdaten für die Liquiditätsvorschau aus den anderen Applikationen werden aus den offenen operativen Geschäftstransaktionen über Transaktion FQM_INITIALIZE (Transaktionsdaten laden) neu erzeugt (siehe Abschnitt 10.8.4, »Cashflow-Tabelle aufbauen«).

Daten zurücksetzen

Für den Fall, dass Sie die Bewegungsdaten im One Exposure zwischenzeitlich für einen Neuaufbau zurücksetzen müssen, können Sie die SAP-GUI-Transaktion FQM_DELETE (Daten aus One Exposure löschen) verwenden.

Möglicherweise ist nicht jedes Programm aus dem Datenaufbau des One Exposure zwingend in Ihrem Migrationsszenario auszuführen. Nutzen Sie z. B. die Basic-Cash-Lizenz, wird der Aufbau der Liquiditätspositionen in den Buchhaltungsbelegen keinen Mehrwert liefern.

Cash Management: Einzelsätze

Einzelsätze, die im SAP-ERP-System in der Tabelle FDES gespeichert sind, werden nach einer Migration nicht in den SAP-Fiori-Apps berücksichtigt. Seit SAP-S/4HANA-Release 1809 werden Einzelsätze nur noch aus der zentralen Flow-Tabelle gelesen. Für den Fall, dass Sie Einzelsätze in SAP ERP genutzt haben und diese ins One Exposure übertragen wollen, können Sie Transaktion FCLM_CLM_MMR_MIGRTN verwenden. Weitere Details zu diesem Thema finden Sie in SAP-Hinweis 2781585 (Cash Management: Einzelsätze in SAP S/4HANA 1809).

SAP Liquidity Planner

Tabellen des SAP Liquidity Planner, wie die Tabellen FLQSUM, FLQITEMBS oder FLQITEMFI, werden im Rahmen einer SAP-S/4HANA-Umstellung nicht migriert. Die Liquiditätspositionen und gegebenenfalls weitere Kontierungen werden über den Flow Builder aus den angereicherten Belegdaten in der Tabelle BSEG abgeleitet.

11.7 Migration prüfen und abschließen

Nach der Migration können Sie die migrierten Daten mit verschiedenen Hilfsmitteln prüfen.

Mit einer einfachen Sichtprüfung können Sie zunächst die Zieltabellen FQM_FLOW (für die Cashflows) und FCLM_BAM_AMD (für die Bankkontenstammdaten) auf Plausibilität prüfen.

Wertmäßige Abstimmung

Für die Abstimmung der Salden und Cashflows im One Exposure steht Ihnen Transaktion FCLM_BANK_RECONCIL zur Verfügung – mit den beiden Szenarien **Klassisches Cash Management** und **Delta nach Wechsel zu One Exp.**, wie in Abschnitt 9.6.5, »Abstimmung der Bankkontensalden«, beschrieben.

Eine weitere Möglichkeit zur Abstimmung der Werte von Altsystem und SAP S/4HANA ist der Vergleich des Tagesfinanzstatus im SAP-ERP-System (Transaktion FF7A) und im SAP-S/4HANA-System (Transaktion FF7AN). Analog können Sie für die Liquiditätsvorschau mit den Transaktionen FF7B (SAP ERP) und FF7BN (SAP S/4HANA) vorgehen. Wichtig ist hier, dass die Abstimmung stattfindet, bevor neue Belege auf dem SAP-S/4HANA-System gebucht werden.

Konsistenzprüfung über den Health-Check

Für eine abschließende Prüfung der Datenkonsistenz empfiehlt sich die Ausführung von Transaktion FCLM_HEALTH_CHECK (Health Check) (siehe Abschnitt 9.6.6, »Health-Check für das Cash Management«).

Die Migration der Daten im Cash Management muss nicht wie bei der Migration der Buchhaltungsdaten im System formal abgeschlossen werden. Prüfen Sie, ob nach dem Abschluss der Migration der Flow Builder automatisiert als Job eingeplant wurde (siehe Abschnitt 10.8.2, »Flow Builder initialisieren und einrichten«).

11.8 Fazit

In diesem Kapitel haben Sie erfahren, wie Sie die Daten im Cash Management von einem SAP-ERP-System auf ein SAP-S/4HANA-System migrieren. Vor der eigentlichen Migration empfiehlt es sich, Ihre Daten auf Ihrem Alt-System zu prüfen und gegebenenfalls zu bereinigen. Beim Aufbau der Bewegungsdaten in der Flow-Tabelle ist zu beachten, dass die Daten nicht direkt migriert werden, sondern Komponenten des Neuaufbaus der Daten beinhalten.

Die Autoren

Martin Peto ist Gründer und Vorstand der STELLWERK Consulting AG (*www.stellwerk.net*).

STELLWERK unterstützt seit über 20 Jahren Unternehmen im In- und Ausland bei ihren SAP-Projekten. Die kundennahe Beratung bietet umsetzbare Konzepte, mit denen die Projektverantwortlichen ihre strategischen Ziele erreichen. Aus Modellen zur Unternehmenssteuerung werden effektive digitale Lösungen für den Finanzbereich entwickelt. Der Fokus liegt dabei auf den Themen Buchhaltung, Controlling und Liquiditätsmanagement mit SAP S/4HANA sowie SAP Analytics Cloud.

Nach dem internationalen Studium der Wirtschaftsinformatik an der European Business School startete Martin seine berufliche Laufbahn in der IT-Abteilung eines Industrie-Konzerns. Seit 1994 optimiert er als Projektmanager und Berater die SAP-Prozesse im Finanzwesen. Für Unternehmen mit ganz unterschiedlichen Geschäftsmodellen etabliert Martin Lösungen für das Liquiditätsmanagement mit SAP ERP und S/4HANA. Als Dozent und Fachbuch-Autor teilt er sein Fachwissen und seine umfassenden Projekterfahrungen.

Co-Autor

Sascha Daniels hat Martin Peto als Sparringspartner und Ideengeber bei vielen Herausforderungen dieses Buchprojekts unterstützt. Durch seine Recherchen, die Formulierung einzelner Abschnitte und dem Aufbau eines vollintegrierten Prototyps für die Cash-Management-Funktionen in SAP S/4HANA und SAP Analytics Cloud hat er wertvolle Beiträge zum Buch geleistet.

Sascha fand schon während seines Studiums zu STELLWERK. Seine Bachelorarbeit mit dem Thema »Cash Management mit SAP S/4HANA« wurde von Martin Peto betreut. Inzwischen ist Sascha SAP-Berater im STELLWERK-Team.

Index

C

D

E

F

G

H

I

J

K

S

T

U

V

W

Z